DIE METALLISCHEN WERKSTOFFE
DES MASCHINENBAUES

DIE METALLISCHEN WERKSTOFFE DES MASCHINENBAUES

VON

DR.-ING. E. BICKEL†

EHEMALS PROFESSOR AN DER EIDGENÖSSISCHEN
TECHNISCHEN HOCHSCHULE ZÜRICH

VIERTE UNVERÄNDERTE AUFLAGE

MIT 462 ABBILDUNGEN

Springer-Verlag Berlin Heidelberg GmbH 1964

COPYRIGHT 1953 BY SPRINGER-VERLAG OHG., BERLIN/GÖTTINGEN/HEIDELBERG

© BY SPRINGER-VERLAG BERLIN HEIDELBERG 1961

URSPRÜNGLICH ERSCHIENEN BEI SPRINGER VERLAG OHG., BERLIN/GOTTIGEN/HEIDELBERG 1958 AND 1961.

SOFTCOVER REPRINT OF THE HARDCOVER 1ST EDITION 1961

LIBRARY OF CONGRESS CATALOG CARD NUMBER: 64–18282

ISBN 978-3-662-37223-4   ISBN 978-3-662-37946-2 (eBook)
DOI 10.1007/978-3-662-37946-2

Vorwort zur dritten Auflage

Die günstige Aufnahme der beiden ersten Auflagen hat den Versuch einer zusammenfassenden Einführung in Einzelgebiete der allgemeinen und der speziellen Metallkunde sowie der Werkstoffprüfung gerechtfertigt. Neben der zumeist zustimmenden Kritik zu dem Gesamtentwurf eines solchen Lehrbuches wurden je nach dem Standort des Kritikers Wünsche nach einer Erweiterung oder nach einer Einschränkung des behandelten Stoffes geäußert. Der Verfasser glaubt daraus schließen zu dürfen, daß er in der Anlage des Buches einigermaßen das Richtige getroffen hat, wenn man die im Vorwort zur ersten Auflage dargelegte Zielsetzung im Auge behält. Am Gesamtentwurf wurde deshalb nichts geändert; in der dritten Auflage wurden nur kleine Korrekturen berücksichtigt.

Zürich, Herbst 1960   Erich Bickel

Aus dem Vorwort zur ersten Auflage

Für den Maschineningenieur ist die Metallkunde eine *Hilfswissenschaft;* hierzu vermißte der Verfasser eine zusammenfassende *Einführung in das Gebiet der allgemeinen und der speziellen Metallkunde sowie der Werkstoffprüfung.*

Diese Zielsetzung ergab die Abgrenzung des Stoffes, eine stets besonders schwierig zu entscheidende Frage. Welche Vorkenntnisse können beim Leser vorausgesetzt werden? Der Verfasser entschied sich im allgemeinen für diejenigen eines Studenten der unteren Semester. Eine weitgehende Gliederung des Stoffes sollte dann dem Leser, wenn diese Grenze bisweilen seinen Vorkenntnissen nicht angepaßt ist, ermöglichen, den betreffenden Abschnitt zu überspringen, ohne den Zusammenhang der Lektüre zu stören.

Gänzlich verzichtet wurde darauf, dem Buch den Charakter eines Nachschlagewerkes mit Tabellen usw. zu geben, sowie auf Hunderte von Literaturangaben, deren Auswahl ja doch bei jedem Autor subjektiv und entweder unvollständig oder wegen der Überfülle für denjenigen praktisch unbrauchbar ist, der das betreffende Wissensgebiet als eine Hilfswissenschaft betrachtet.

Wenn der Leser durch dieses Buch lernt, die Nachschlagewerke und Handbücher sinnvoll zu benutzen oder die vertiefte Spezialliteratur zu verstehen, so hat es seinen Zweck als Lehrbuch erfüllt.

Es sei an dieser Stelle verschiedenen Instituten und Firmen gedankt, die Schliffbilder, Forschungsergebnisse oder sonstige Abbildungen zur Verfügung gestellt haben. Ihre Namen wurden den betreffenden Abbildungen nur durch eine Kurzbezeichnung beigefügt, weshalb sie hier voll angegeben sind.

EMPA	Eidgenössische Materialprüfanstalt, Zürich
AIAG	Aluminium Industrie Aktiengesellschaft, Neuhausen (Schweiz)
Amsler	Alfred J. Amsler & Co., Maschinenfabrik, Schaffhausen (Schweiz)
ASTM	American Society for Testing Materials
BBC	Brown, Boveri & Cie., Aktiengesellschaft, Baden (Schweiz)
Bühler	Gebr. Bühler, Maschinenfabrik und Gießereien Uzwil (Schweiz)
Carnegie Corp.	Carnegie-Illinois-Steel Corporation (USA)
Durferrit	Deutsche Gold-und Silberscheideanstalt, Abt. Durferrit, Frankfurt/Main
Dornach	Metallwerke Aktiengesellschaft Dornach, Dornach (Schweiz)
Escher Wyss	Escher Wyss Aktiengesellschaft, Zürich
+GF+	Georg Fischer Aktiengesellschaft, Schaffhausen (Schweiz)
Hilger & Watts	Hilger & Watts Ltd., London
Kanz	Hans Kanz, Metallgießerei, Zürich
Leitz	Ernst Leitz GmbH., Optische Werke, Wetzlar
Molybdenum	Climax Molybdenum Company New York (USA)
PeeWee	PeeWee Maschinen- und Apparatebau GmbH., Berlin
Philips	N. V. Philips' Gloeilampenfabrieken Eindhoven (Holland)
Plansee	Metallwerke Plansee GmbH., Reutte (Tirol)
von Roll	Gesellschaft der Ludw. von Rollschen Eisenwerke Gerlafingen (Schweiz)
SVS	Schweiz. Verein f. Schweißtechnik, Basel
Selve	Schweiz. Metallwerke Selve & Co., Thun (Schweiz)
Stellram	Wolfram u. Molybdän Aktiengesellschaft, Nyon (Schweiz)
Taber	Taber Instrument Corporation, North Tonawande (USA)
Trüb, Täuber	Trüb, Täuber & Co., Aktiengesellschaft, Fabrik elektrischer Meßinstrumente und wissenschaftlicher Apparate, Zürich
Usogas	Genossenschaft für die Förderung der Gasverwendung, Zürich
USS	United States Steel Export Company, New York (USA)
Vibro-Meter	Vibro-Meter GmbH., Fribourg (Schweiz)

Wo andere Daten, Diagramme usw. aus der Fachliteratur zur Illustration herangezogen sind, wurde als Quelle der Name des Autors angegeben, jedoch ohne Gewähr, daß es sich dort um eine Erstveröffentlichung handelte, was festzustellen bisweilen sehr mühsam ist. Für etwaige Mängel in der Quellenangabe wird deshalb um Nachsicht gebeten.

Zürich, Herbst 1953   **Erich Bickel**

Inhaltsverzeichnis

1. Der Gefügebau

2. Legierungslehre

3. Die Gebrauchseigenschaften der Werkstoffe und deren Prüfung

4. Spezielle Metallkunde

1. Der Gefügebau

Der Begriff eines metallischen Werkstoffes

Metallische Werkstoffe sind nicht identisch mit den metallischen chemischen Elementen oder den reinen Metallen. Nur in Ausnahmefällen bestehen metallische Werkstoffe aus einer einzigen reinen Metallsorte. Solche Ausnahmen sind z. B. Kupfer oder Aluminium oder Silber als elektrisches Leitungs- oder Kontaktmaterial. Aber auch in diesen Fällen besteht der Werkstoff nur mit großer Annäherung aus chemisch reinem Cu, Al oder Ag, beispielsweise zu 99,9%, während die restlichen 0,1% aus anderen, verunreinigenden Elementen gebildet werden. Eine weitere Ausnahme bilden manche galvanotechnisch, also elektrolytisch erzeugte metallische Überzüge auf Maschinen- und Apparatebauteilen, z. B. die Ni- oder Cr-Schichten auf vernickelten, verchromten usw. Objekten, die fast nur aus Atomen der betreffenden Elemente aufgebaut sind.

Meistens sind die Metallwerkstoffe *Legierungen*.

Legierungen sind im *wissenschaftlichen* Sinn Stoffe mit metallischem Charakter, die aus mehreren chemischen Elementen aufgebaut sind, von denen *mindestens eines* metallisch ist.

Nach der wissenschaftlichen Definition ist also z. B. der aus metallischen Fe- und nichtmetallischen C-Atomen aufgebaute Werkstoff Stahl eine Legierung. Ein solcher Stahl wird aber technisch nicht nur nicht als Legierung, sondern ausdrücklich als „unlegierter" Stahl bezeichnet, sogar noch dann, wenn er außer dem nichtmetallischen Element C auch noch etwas von dem metallischen Element Mn enthält.

Im *technischen* Sinn spricht man erst dann von einer Legierung, wenn der Werkstoff aus *mindestens zwei* metallischen Elementen aufgebaut ist und wenn außerdem diese zusätzlichen Elemente für die Erreichung einer bestimmten Eigenschaft des Werkstoffes hinzulegiert sind.

Im folgenden wird die Bezeichnung Legierung stets im technischen Sinn angewendet und unter Werkstoff soll stets metallischer Werkstoff verstanden sein.

Alle Werkstoffe, unlegierte oder legierte, enthalten außerdem metallische oder nichtmetallische Fremdstoffe als Verunreinigungen und gegebenenfalls als Hilfsstoffe.

Verunreinigungen sind unerwünschte Fremdstoffe, man kann oder will sie nicht entfernen, weil letzteres zu teuer wäre.

Hilfsstoffe sind Fremdstoffe, die aus dem Herstellungsgang des Werkstoffes herrühren, deren Anwesenheit sich aber nicht als nachteilig erweist.

Beispielsweise spielt im Werkstoff Stahl das Mangan die Rolle eines Hilfsstoffes im „unlegierten" Stahl, in größeren Mengen zugesetzt, jedoch die Rolle eines *Legierungselementes* oder einer *Legierungskomponente* im „manganlegierten" Stahl.

1.1. Die kristalline Struktur

1.11. Die Sichtbarmachung der kristallinen Struktur – Metallographie

Die metallischen Werkstoffe sind ein *Konglomerat aus kleinen oder kleinsten Kristallen,* die an ihren Grenzflächen meist durch eine *Zwischensubstanz* miteinander verkittet sind. Kristalle sind Körper, deren Oberfläche ausschließlich durch Ebenen begrenzt wird, wobei die letzteren je nach der Substanz des Kristalls nur ganz bestimmte räumliche Lagen zueinander einnehmen.

In seltenen Fällen erkennt man mit freiem Auge ohne weiteres, daß der Werkstoff aus vielen einzelnen Kristallbrocken besteht. Beispielsweise weist die Zinkschicht eines durch Eintauchen in eine flüssige Zinkschmelze frisch verzinkten Eisenbleches ein „Eisblumenmuster" auf (Abb. 1). Das sind Umrisse sehr flacher Zinkkristalle, ebenso wie die „Eisblumen" durch die Umrisse flacher Wasserkristalle gebildet werden. Im allgemeinen werden hingegen die Metallkristalle erst nach Anwendung von Hilfsmitteln sichtbar und meistens sind sie auch dann noch so klein, daß man sie erst unter dem Mikroskop erkennen kann.

Abb. 1. „Eisblumenmuster" auf einem verzinkten Eisenblech. Natürliche Größe

Die Kristalle oder Kristallbrocken werden *Kristallite* oder *Körner* genannt. Metalle bestehen demnach aus einem Gefüge von Kristalliten oder Körnern oder *Gefügekörnern;* sie sind ein „*kristallines Haufwerk*". Die – nicht immer vorhandene – Zwischensubstanz an den Korngrenzen heißt deshalb auch *Korngrenzensubstanz,* sie besteht im allgemeinen aus Verunreinigungen, bisweilen aber auch aus Stoffen, die absichtlich dem Metall beigefügt wurden. Zum Beispiel gibt es Stahlsorten, bei welchen die Korngrenzen durch dünne Schichten von Eisenkarbid gebildet werden, dessen Entstehung gewollt ist. Mit den Methoden der Sichtbarmachung der Gefügekörner und mit deren Klassifizierung und Beschreibung sowie der Analyse von Gefügen hinsichtlich der darin enthaltenen Gefügebestandteile befaßt sich die Wissenschaft der *Metallographie* im engeren Sinn. Sie bildet einen Zweig der Metallkunde, welche die Untersuchung der chemischen und physikalischen Eigenschaften der Metalle und Erforschung der Ursachen dieser Eigenschaften zum Ziele hat.

Die *künstliche Sichtbarmachung* erfordert die Herstellung einer möglichst glatten Oberfläche, die dann also einen Schnitt durch das kristalline räumliche Haufwerk darstellt. Wie weit diese Glättung getrieben werden muß, hängt von der Natur des Metalls und der durchschnittlichen Korngröße ab. Meistens muß eine hochwertig geschliffene und polierte Oberfläche nach Erfahrungsregeln für die Bearbeitung (Art des Schleif- und Polierverfahrens in mehreren Stufen) erzeugt werden; bisweilen gelingt die Sichtbarmachung bereits auf einer relativ rauhen Fläche. Beispiel für das erstere: Metallographische Schliffe von Stahl,

Kupfer, Bronze (Abb. 2). Beispiele für das letztere: das erwähnte Eisblumenmuster des Zinküberzuges, Gefügebilder auf einem Stück Aluminiumblech ohne vorheriges Schleifen oder Polieren (Abb. 3).

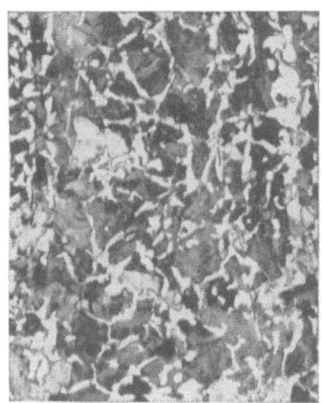

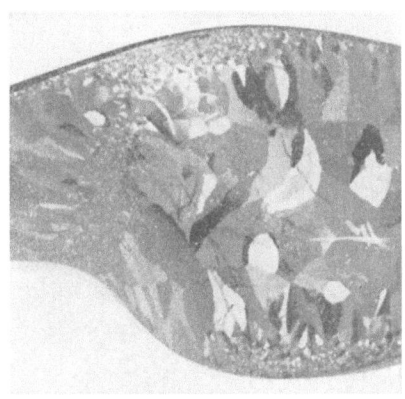

Abb. 2. Stahlgefüge, untereutektoid, geschliffen und geätzt. Vergr. 100 ×

Abb. 3. Aluminiumgefüge, ungeschliffen, nur geätzt

Auf der geschliffenen Fläche werden in Ausnahmefällen einige Korngrenzen, und zwar dort, wo die Zwischensubstanz relativ dick ist, direkt sichtbar, beispielsweise beim Gußeisen, dessen „Eisenkörner" durch Graphitschichten getrennt sind (Abb. 4). Man kann sogar auf feinstbearbeiteten Gußeisenflächen bisweilen mit freiem Auge ein feines Adernetz, herrührend vom Graphit an den Korngrenzen, erkennen, ohne daß freilich dadurch *alle* Korngrenzen sichtbar wären.

Im allgemeinen werden die Körner erst sichtbar, wenn die Oberfläche *angeätzt* worden ist; das „*metallographische Schliffbild*" entsteht oft erst durch Ätzen der feingeschliffenen Probe.

Grobgefüge, die bequem mit freiem Auge betrachtet werden können, entstehen durch „*Makroätzung*" (Abb. 3),

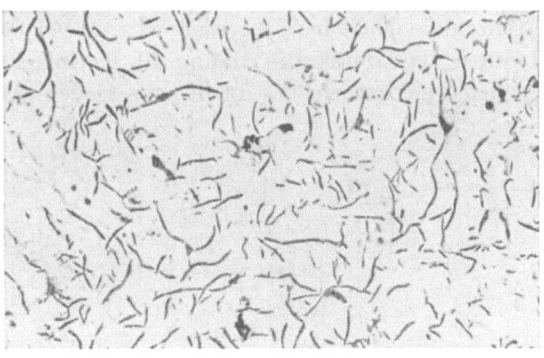

Abb. 4. Graugußgefüge, ungeätzt. Vergr. 50 ×

Feingefüge durch „*Mikroätzung*". Für die mikroskopische Betrachtung sind spezielle *Metallmikroskope* entwickelt worden, gekennzeichnet durch eine Auflichtbeleuchtung und bis zu tausendfacher Vergrößerung (Abb. 5). Auch die Elektronenmikroskopie ist für die Metalluntersuchung herangezogen worden, jedoch handelt es sich dort nicht mehr um die Untersuchung des Gefügeaufbaues aus den einzelnen Körnern im ursprünglichen Sinn der Metallographie, sondern um die Sichtbarmachung der Feinform der einzelnen Kristallite selbst (Abb. 6).

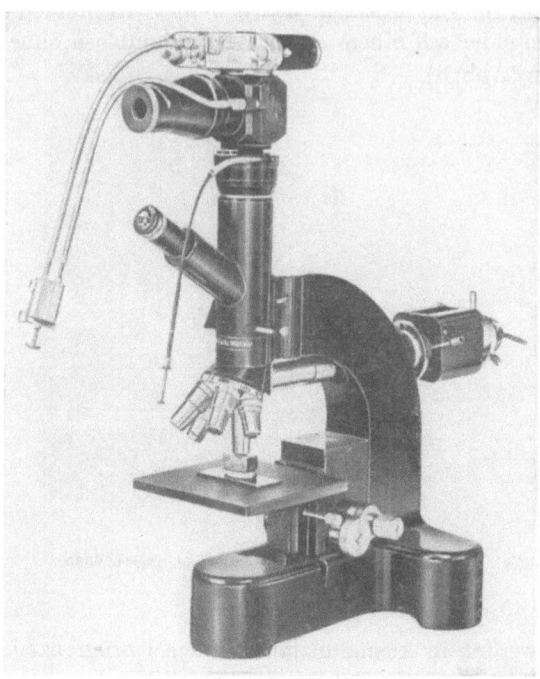

Abb. 5. Metallmikroskop mit Auflichtbeleuchtung und Kamera (Fabr. Leitz)

Es bestehen *zwei Ursachen* dafür, daß die Körner durch Ätzen sichtbar werden, die mehr oder weniger kombiniert auftreten:

1. Eine Schattenwirkung entlang den Korngrenzen, die als feine Umrisse der Körner erscheinen,

2. eine individuelle Helligkeit oder auch Färbung der einzelnen Körner, wodurch sie photographiert als ein Mosaik mit verschiedenen Tönungen zwischen weiß und schwarz erscheinen.

Beide Ursachen wiederum haben als gemeinsame Ursache den Umstand, daß die meisten Eigenschaften der Kristalle *anisotropen Charakter* haben (s. Abschnitt 1.12). Da die Kristallite regellos orientiert durcheinanderliegen, werden ihre in der Schliffebene liegenden Flächen vom Ätzmittel verschieden stark angegriffen. Der Schatteneffekt kommt dann dadurch zustande, daß an den Grenzen die Oberfläche abgestuft ist (Abb. 7), der differenzierte Helligkeitseffekt dadurch, daß durch die Ätzung die Kornflächen verschieden stark aufgerauht werden, wodurch sie das Licht verschieden stark reflektieren.

Abb. 6. Elektronenmikroskopische Aufnahme einer Aluminiumoberfläche. Vergr. 26 000 ×, Aufnahme Trüb, Täuber

Der Färbungseffekt, soweit er nicht auf der natürlichen Farbe der Metalle beruht, entsteht durch Beugung und Reflexion der Lichtstrahlen an der durch Ätzung feingerauhten Oberfläche und Zerlegung des Spektrums. Besonders augenfällig wird dies bei Betrachtung der als „Perlit" bezeichneten Gefügepartien des Stahles (s. Abschn. 4.12.1), die aus abwechselnden dünnen Schichten von Eisen- und Eisenkarbidkristallen bestehen. In der Schliffebene erscheinen diese Schichtplatten als parallele Streifen mit engem Abstand. Durch das Ätzmittel werden die Eisenkristalle stärker angegriffen als die Karbidkristalle. Die Oberfläche geht deshalb

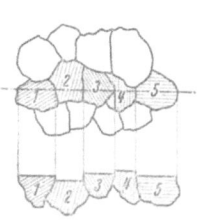

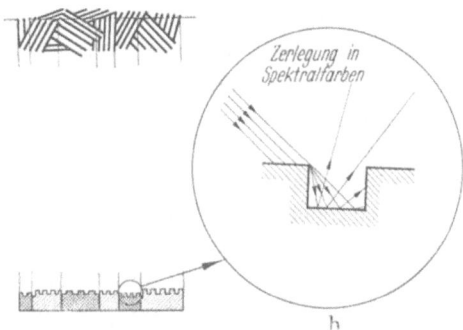

Abb. 7. Entstehung der Korngrenzen im Schliffbild durch Schattenwirkung n. CHRISTEN

Abb. 8 a u. b. Entstehung des Streifenbildes (a) und des Perlmutterglanzes (b) des Perlitgefüges

in ein Profil nach Abb. 8 über. Je nach der Dicke der Schichten und der Tiefenwirkung der Ätzung erscheinen beim Betrachten dann entweder nur die Profilschatten (Abb. 7 und Abb. 8a), oder es entsteht außerdem, wenn das Profil fein genug ausgebildet ist, eine Farbenzerlegung des Lichtes wie an einem Beugungsgitter (Abb. 8b), wodurch der Perlit mit dem perlmutterähnlichen Glanz erscheint, dem er seinen Namen verdankt.

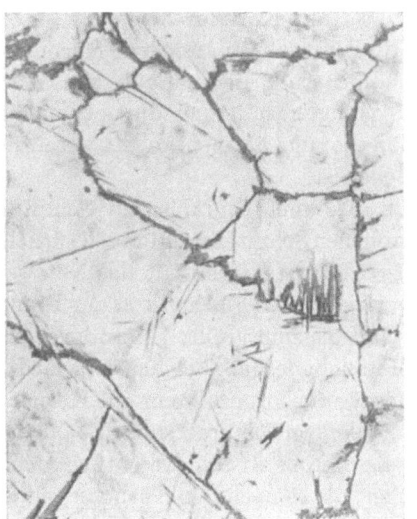

Abb. 9. Korngrenzenätzung (Natriumpikratlösung). Stahl mit ~ 1,3% C. Perlit mit Zementitnetzwerk (schwarz). Vergr. 200 ×

Abb. 10. Kornflächenätzung (alkoholische Salpetersäure). Gleiches Gefüge wie Abb. 9, jedoch Perlitbezirke sichtbar gemacht und Zementit weiß. Vergr. 200 ×

Man unterscheidet *Korngrenzenätzungen* (Abb. 9) und *Kornflächenätzungen* (Abb. 10), je nachdem die eine oder andere Wirkung der Ätzung besonders stark in Erscheinung tritt.

Die zweckmäßigsten Ätzmittel sind ebenso wie die zweckmäßigsten Methoden für das Schleifen, Polieren und Reinigen der Proben durch Erfahrung gefunden. Sie differieren nicht nur nach Werkstoffen, sondern auch, je nachdem, ob man an einer Probe den einen oder andern Gefügebestandteil besonders deutlich sichtbar machen will, ob man Wert auf die Korngrenzen legt oder auf die Struktur von Einschlüssen usw. Für Schwermetalle werden mit Wasser oder Alkohol verdünnte Säuren, wie Salzsäure, Salpetersäure, Pikrinsäure, Essigsäure und andere, auch Mischungen von Säuren, ferner Salzlösungen, wie z. B. Eisenchlorid, Natriumpersulfat und andere, für Leichtmetalle Laugen, z. B. gesättigte Natronlauge für Aluminium, verwendet.

In den Handbüchern sind erprobte Rezepte niedergelegt.

Die *Analyse* des *Schliffbildes* mittels direkter Betrachtung oder Photographie erstreckt sich auf die *Arten* der Gefügebestandteile, deren durchschnittliche *Größe* und *Form*. Die Arten und Formen werden ausschließlich durch Vergleich und Beschreibung analysiert, die Korngröße durch Vergleich oder Messung oder Auszählung.

Für die Feststellung der *Gefügesorten* bedient sich der Metallograph umfangreicher Sammlungen charakteristischer Schliffbilder, wie sie in den Handbüchern oder in einem „Atlas Metallographicus" zu finden sind, und stützt sich im übrigen auf seine Kenntnisse und Erfahrungen. Für die *Formbeschreibung* lehnt er sich an die Haupttypen an, in welchen die Kristalle aus der Schmelze erstarren, und bezeichnet sie als globulitisch, nadelig, dendritisch, körnig usw. (s. Abschn. 1.41.2). Bei der *Größenbestimmung* kann es sich immer nur um Durchschnittswerte handeln, die durch optische oder röntgenographische Methoden ermittelt werden. Die erstere ist auf das mikroskopische Gebiet, also auf Korndurchmesser $\geq 0,5\,\mu$, beschränkt, die letzteren ermöglichen auch die Messung von feinsten Körnungen im submikroskopischen Gebiet. Für die Qualifizierung der metallischen Werkstoffe genügt fast immer die optische Methode, die im übrigen auch wesentlich einfacher ist.

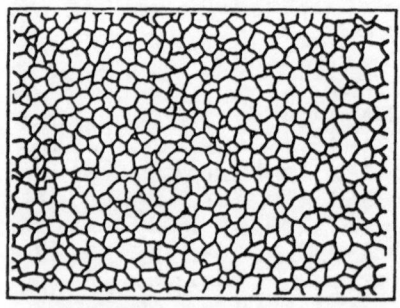

Da das metallographische Schliffbild einen ebenen Schnitt durch ein willkürliches Haufwerk darstellt, enthält das Netzwerk notwendigerweise Flächen von der Dimension Null bis zum größten Korndurchmesser. Man sieht deshalb Flächen verschiedenster Größe auch dann, wenn alle Körner in Wirklichkeit gleich groß sind. Die tatsächliche Korngröße ist also wesentlich gleichmäßiger, als es nach den Korngrenzen des Schliffbildes zu sein scheint.

Abb. 11. Korngrößenbestimmungstafel der American Society for Testing Materials für Korngröße Nr. 8 der ASTM-Skala. Vergr. 100 ×

Die einfachste Bestimmung erfolgt durch Vergleich. Von verschiedenen Forschungsstellen sind idealisierte Korngrenzenschliffbilder in 100facher Vergrößerung veröffentlicht worden für verschiedene „mittlere Korngrößen". Letztere werden dabei direkt in Mikron oder als genormte Klassenzahlen angegeben, die nach statistischen Methoden berechnet wurden. Abb. 11 zeigt beispielsweise das Netzwerk einer Korngrößenbestimmungstafel der ASTM für „Korngröße Nr. 8" der

ASTM-Skala, das einem ideal-globulitischen Gefüge mit einem mittleren Korndurchmesser von 25,4 μ bei 100facher Vergrößerung entspricht. Eine direkte Messung der Flächendurchmesser, sei es im Meßmikroskop, sei es auf der vergrößerten Photographie, ist unsicher. Bessere Methoden bestehen im Auszählen der Körner innerhalb einer bestimmten Fläche mit Rückschluß auf die wirkliche durchschnittliche Größe an Hand einer statistisch ermittelten Korrelation. Beispielsweise wählt man oft eine Kreisfläche und zählt erstens die Körner, die vom Kreis nicht geschnitten werden, Anzahl i. Zweitens diejenigen, die vom Kreis geschnitten werden, Anzahl r. Dann kann man die Gesamtzahl innerhalb der Kreisfläche mit $n = i + 0,6\,r$ ansetzen. Derartig ermittelte Werte gelten nur unter der Voraussetzung eines Gefüges von annähernd kugeligen Körnern annähernd gleicher Größe. Genauere Maßzahlen, um z. B. den Einfluß der Korngröße auf irgendwelche Eigenschaften des Gesamtgefüges zu ermitteln, erfordern eine eingehendere statistische Analyse unter Einbeziehung der Häufigkeitsverteilung.

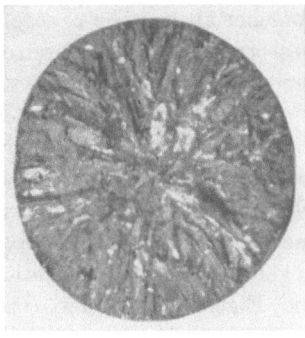

Abb. 12. Bruchstelle von grobkristallinem Zinkguß, Stengelkristalle—Transkristallisation. Natürliche Größe

Die durchschnittlichen Korngrößen in den metallischen Werkstoffen erstrecken sich über einen sehr großen Bereich von wenigen Mikron bei guten Feingefügen bis zu Zentimetern an unbrauchbaren Grobgefügen. *Allgemein ist ein metallischer Werkstoff um so besser, je feinkörniger und gleichmäßiger sein Gefüge ist.*

Daß die Metalle aus einem kristallinen Haufwerk bestehen, kann man aber auch häufig direkt an den Bruchflächen sehen, die an vielen feineren oder gröberen Stellen glitzern, wo die ebenen Grenzflächen der Kristallite bloßliegen und reflektieren (Beispiel: Glitzern eines Gußeisenbruches). Bei spröden Metallen kann man an der Bruchfläche, wenn sehr grobes Gefüge vorliegt, sogar die einzelnen Kristalle mit ihren verschiedenen Flächen direkt plastisch sehen (Abb. 12)

1.12. Das Wesen der Kristalle – Kristallographie – Anisotropie und Isotropie

Kristalle[1] sind natürlich entstandene feste Körper, deren äußere Form dadurch auffällt, daß sie nur von Ebenen begrenzt ist und daß bei jeder Kristallsorte die Ebenen nur in bestimmten, unveränderlichen räumlichen Lagen zueinander auftreten. Die Beschreibung der Formen und der besonderen Eigenschaften kristalliner Körper sowie die Erforschung deren Ursachen ist das Arbeitsgebiet der *Kristallographie.*

Aus der strengen gesetzmäßigen Regelmäßigkeit der äußeren Formen schloß man schon frühzeitig, daß auch der substantielle Aufbau in den kleinsten Bezirken analogen Gesetzen gehorcht, so daß schlußendlich auch die einzelnen Moleküle

---

[1] Im Gegensatz zu anderen Sprachen hat sich im Deutschen die Schreibweise „Kristall" eingebürgert, obgleich „Krystall" richtiger wäre, entsprechend der Herkunft aus dem griechischen κρύσταλλος. Neuerdings findet man deshalb auch wieder „Krystall", z.B. bei MASING.

oder Atome nur in ganz bestimmten räumlichen Lagen zueinander angeordnet sein könnten. Diese Hypothese wurde durch den Umstand bekräftigt, daß in der kristallinen Substanz sehr viele physikalische Eigenschaften *anisotropen* Charakter haben, d.h. daß deren meßbare Quantitäten von der *Richtung* abhängen, in welcher man sie mißt. Sie sind vektorielle Größen. Richtungsabhängige, anisotrope Eigenschaften sind bei manchen Werkstoffen ohne weitere Hilfsmittel leicht erkenntlich; z.B. erweist sich die Festigkeit eines Holzbrettes völlig verschieden, je nachdem, ob man es längs der Holzfaser oder quer dazu bricht. Im Gegensatz dazu hat die Festigkeit oder die elektrische Leitfähigkeit eines gleichmäßigen Metallgefüges *isotropen*, richtungsunabhängigen Charakter. Ebenso sind aber die Eigenschaften aller Gase und Flüssigkeiten isotrop skalare Größen. Zur Untersuchung der anisotropen Eigenschaften von Kristallen züchten die Kristallforscher auch größere, regelmäßig gebaute *Einkristalle*, die durch langsames, ungestörtes Auskristallisieren der festen Substanz aus dem flüssigen Zustand, z.B. aus einer Salzlösung oder einer Schmelze, bei langsamer Erkaltung entstehen können.

Beispielsweise ändert sich in einem Graphitkristall (C-Kristall) die elektrische Leitfähigkeit um das Tausendfache und mehr, je nach der Richtung, in der man sie mißt. Oder: In einem einzelnen Einkristall aus schwach kohlenstoffhaltigem Eisen (z.B. Armcoeisen), der als Würfel ausgebildet sein möge, ist der Elastizitätsmodul (s. Abschn. 3.21.1) parallel zur Würfelkante gemessen 13 500 kg/mm², hingegen parallel zur Würfeldiagonale 29 000 kg/mm². Analog sind in Metallkristallen die Eigenschaften der Härte, der magnetischen Permeabilität, der Lösungsgeschwindigkeit in einer Säure u.a. richtungsabhängig, vektoriell.

Manche andere Eigenschaften sind hingegen von Fall zu Fall skalar oder vektoriell, je nachdem wie der Kristall aus seinen atomaren Bausteinen aufgebaut ist.

1.13. Kristallographische Systeme

Die Kristallographie hat für die äußere Formbeschreibung, die Makrogeometrie der Kristalle, eine eigene Systematik entwickelt. Man geht dabei von den Symmetrieeigenschaften der Kristalle aus, d.h. von der regelmäßigen Wiederholung ihrer Bauformen, die anisotrop und streng stereometrisch sind. Aber nicht nur die stereometrischen Formen, die Außenflächen und Winkel, weisen Symmetrien auf, sondern die anisotropen Eigenschaften zeigen hinsichtlich ihrer Richtungen Symmetrien in bezug auf Ebenen oder Achsen oder Punkte im Kristall.

Die Natur dieser Symmetrien, die eben durch die Messung anisotroper Eigenschaften feststellbar ist, bildet die Grundlage für die Klassifizierung der Kristalle in 32 *Symmetrieklassen*, welche durch die Anzahl der möglichen Kombinationen der *Symmetrieelemente* entstehen.

Wichtige Symmetrieelemente sind z.B. a) *Symmetrieachsen;* – b) *Symmetrieebenen;* – c) das *Symmetriezentrum.*

Es ist nicht gesagt, daß alle Symmetrieelemente in allen Symmetrieklassen oder Kristallklassen auftreten.

Definition der Elemente (Abb. 13):

a) *Symmetrieachsen.* Wenn der Kristall durch Drehung um eine Achse in eine mit der ursprünglichen kongruente Lage gebracht werden kann, so ist diese Achse eine Symmetrieachse. Je nachdem, wie oft bei einer Drehung um 360° diese Kongruenz erreicht wird, bezeichnet man die Achse als 1-, 2-, 3- ... usw. zählige Symmetrieachse.

b) *Symmetrieebenen.* Wenn sich durch einen Kristall eine Ebene derart legen läßt, daß dadurch zwei Körper entstehen, die einander in bezug auf die Ebene spiegelbildlich gleich sind, so ist dies eine Symmetrieebene.

c) *Symmetriezentrum.* Ein Kristall besitzt ein Symmetriezentrum, wenn zu jedem Punkt der Oberfläche ein anderer Flächenpunkt zugeordnet werden kann, der auf der Verbindungsgeraden zwischen den Punkten durch das Zentrum liegt und der vom Zentrum denselben Abstand hat. Zu jeder Fläche gehört dann eine parallele Gegenfläche und zu jeder Kante eine parallele Gegenkante.

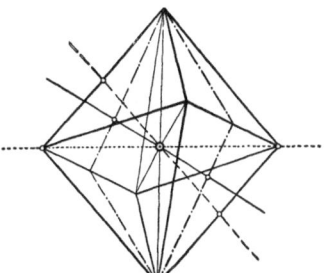

Jedes dieser Symmetrieelemente kann in einem Kristall gar nicht, einzeln oder mehrfach auftreten. Aus den mathematisch möglichen Kombinationen ergeben sich die 32 *Klassen.*

Statt der Beschreibung der Formen der 32 Klassen nach den Regeln der analytischen Geometrie in nur einem Koordinatensystem, dem kartesischen, hat man in der Kristallographie zur Vereinfachung der Beschreibung 6–7 verschiedene Koordinatensysteme aufgestellt und unterscheidet entsprechend 6–7 *Kristall*(beschreibungs)*systeme,* in welche sich alle Klassen zweckmäßig einordnen

Abb. 13. Symmetrieelemente der Kristallographie:
– – – – – – 2zählige ⎫
————— 3zählige ⎬ Symmetrieachse,
·············· 4zählige ⎭
– · – · – · – Symmetrieebene,
⊙ Symmetriezentrum des Oktaeders

lassen. Man wählt dabei 3 Raumachsen a, b und c und differenziert die Koordinatensysteme dadurch, daß a) die Winkel α, β und γ zwischen den Koordinatenachsen 90° oder andere Beträge annehmen können und daß b) die Maßeinheiten auf den Achsen a, b und c unter sich gleich oder verschieden sein können. Eines dieser Systeme ist das „kubische System", das mit dem kartesischen Koordinatensystem identisch ist. Achsen mit gleichen Maßeinheiten erhalten meistens dieselbe Bezeichnung mit dem Zeiger 1, 2 usw. Das kubische System hat also z. B. die 3 kristallographischen Achsen $a_1 = a_2 = a_3$, und es ist $\alpha = \beta = \gamma = 90°$.

Tab. 1 zeigt die 7 Systeme. Bisweilen begnügt man sich mit 6 Systemen, indem man das trigonale nicht anwendet, sondern die betr. Klassen im hexagonalen beschreibt[1].

Die Achsen der Kristallsysteme heißen *kristallographische Achsen.* Soweit wie möglich läßt man sie mit Symmetrieachsen der zu beschreibenden Klassen zusammenfallen, *aber weder sind sie mit diesen identisch, noch sagt die Form des räumlichen Einheitskörpers mit den Kantenlängen a = 1, b = 1, c = 1 irgend etwas über die mögliche Form aus, die in*

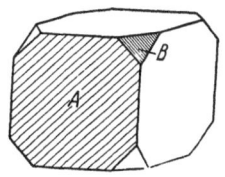

Abb. 14. Würfel- und Oktaederkombination

dem betreffenden System auskristallisieren kann. Zwar wird der Würfel im kubischen System beschrieben, aber ebensogut gehört das Tetraeder oder das Oktaeder zum „kubischen System". Ferner kann ein natürlich gewachsener Kristall ohne weiteres

---

[1] Die Reihenfolge bzw. Numerierung der Systeme wird nicht einheitlich gehandhabt.

Tabelle 1. *Die 6 oder 7 Kristallsysteme mit einigen Beispielen*

$A^{2,3}\ldots$ = 2-, 3- usw. zählige Symmetrieachse,
E = Symmetrieebene,
Z = Symmetriezentrum,

$\sphericalangle\,\overline{bc}=\alpha,\ \sphericalangle\,\overline{ac}=\beta,\ \sphericalangle\,\overline{ab}=\gamma,$
KZ = Koordinationszahl,
Z_{EZ} = Anzahl Atome je Elementarzelle.

Nr.	System	Symmetrieelemente zusätzl. minimal	maximal	Achsen	Winkel	Elementarzelle bzw. Gittertypus	Kristallformen	Stoffe	Gitterparameter a Å c		Engster Atomabstand Å	
I	Triklin	—	Z	$a\neq b\neq c$	$\alpha\neq\beta\neq\gamma$ $\neq 90°$		Pinakoide aller Lagen (gleichwertige Flächenpaare)	K_2CrO_7				
II	Monoklin	1 A² oder 1 E	Z	$a\neq b\neq c$	$\alpha=\gamma=90°$ $\beta>90°$		Schiefes Prisma	β-S $CaSO_4$ 2 H_2O				
III	(Ortho-) Rhombisch	3 A² oder 1 A² + 2 E	Z	$a\neq b\neq c$	$\alpha=\beta=\gamma$ $=90°$		Rhombisches Prisma oder Pyramide	α-S Ga Fe_3C				
IV	Hexagonal	1 A⁶ (3+3) A² (1+3+3) E Z		$a_1=a_2=a_3\neq c$ oder $a_1=b\neq c$	$\alpha=\beta=90°$ $\gamma=120°$	$Z_{EZ}=6$ Graphit	Hexagonales Prisma oder Pyramide oder Dipyramide	α-Ni α-Co Zn Cd Mg C als Graphit Be Ti β-Cr	2,49 2,51 2,66 2,97 3,2 \ 2,28 2,95 2,72	4,08 4,07 2,94 5,61 5,2 \ 3,58 4,73 4,72	2,49 2,5 2,66 2,97 3,19 \ 2,22 2,92 2,71	2,49 2,51 2,91 3,29 3,2 \ 2,28 2,95 2,72
V	Rhomboedrisch oder Trigonal	1 A³	3 A³ (1+3) E (für trigonal)	$a=b=c$	$\alpha=\beta$ $=\gamma\neq 90°$		Trigonales Prisma oder Pyramide od. Dipyramide, Rhomboeder, hexagonales Prisma	Sb \ Bi	4,5 \ 4,74		2,9 \ 3,1	3,36 \ 3,57
VI	Tetragonal	1 A⁴ (2+2)A² (1+2+2) E Z		$a=b\neq c$	$\alpha=\beta=\gamma$ $=90°$		Tetragonales Prisma Pyramide Dipyramide	β-Sn TiO_2 Martensit γ—Mn	5,83 \ \ \ 3,77	3,18 \ \ \ 3,53	3,02 \ \ \ 2,58	3,18 \ \ \ 2,67
VII	Kubisch	3 A⁴ + 4 A³	6 A² (3+6) E Z	$a=b=c$	$\alpha=\beta=\gamma$ $=90°$	Kub.-raumzentr. $KZ=8\ Z_{EZ}=2$	Würfel Tetraeder Oktaeder Rhombendodekaeder Pentagondodekaeder	Li Na K V α-Cr α-Fe Mo W	3,5 4,28 5,33 3,03 2,88 2,86 3,14 3,16		3,03 3,71 4,62 2,63 2,49 2,48 2,72 2,74	

durch Flächen begrenzt sein, die mehreren *Klassen* des betr. *Systems* angehören. Derartiges ist sogar in der Regel der Fall. Ein Kristall des kubischen Systems kann z. B. kombiniert Würfelflächen *A* und Oktaederflächen *B* aufweisen (Abb. 14).

Mit wenigen Ausnahmen kristallisieren die metallischen Elemente im kubischen, hexagonalen und tetragonalen System. Nach vorstehendem dürfte es klar sein, daß sich deren äußere Form keineswegs auf den Würfel, das reguläre rechtwinklige, sechsseitige Prisma und das reguläre vierseitige rechtwinklige Prisma beschränken, sondern daß eine große Mannigfaltigkeit von Formen und Kombinationen auftreten kann.

1.14. Die Quasi-Isotropie der Metallwerkstoffe

Wenn die metallischen Werkstoffe aus einem Gemenge von regellos-zufällig durcheinandergemischten Kristalliten bestehen, was bei einem normal-gleichmäßigen Gefüge der Fall ist, so ist es verständlich, daß sie nicht anisotropen, sondern isotropen Charakter für alle ihre Eigenschaften haben, auch wenn ihre Kristallite im einzelnen anisotrop sind. Zum Beispiel wird der erwähnte Graphit, wenn er aus einem zusammengepreßten Brocken aus Graphitpulver besteht, eine isotrope elektrische Leitfähigkeit aufweisen, die eben einen *statistischen Mittelwert aus sehr vielen anisotropen Einzelwerten bildet.* Dasselbe gilt für die Festigkeitswerte und oft für sonstige physikalische Eigenschaften der Metalle. Strenggenommen sind deshalb die Metalle nicht isotrop, sondern *quasi-isotrop.*

Es ist ebenso verständlich, daß unter Umständen die Kristallite bezüglich ihrer Achsen nicht mit gleichgroßer Häufigkeit in jeder beliebigen Raumrichtung verteilt auftreten, sondern daß eine *bevorzugte Richtung* oder *Orientierung* vorliegt. Dann wird der metallische Werkstoff mindestens hinsichtlich einiger Eigenschaften mehr oder weniger anisotrop sein.

Diese von der Richtungsverteilung der kristallographischen Achsen, der *Kristall*orientierung, verursachte Isotropie oder Anisotropie hat nichts mit der äußeren Form und Größe der Kristallite zu tun. Sie darf deshalb nicht mit der Isotropie oder Anisotropie des Werkstoffes verwechselt werden, die durch die *Struktur* (Form, Größe) der Gefügekörner verursacht wird. Der Struktur nach wird das Gesamtgefüge sich ideal quasi-isotrop verhalten, wenn die Gefügekörner a) möglichst klein, b) möglichst kugelförmig ausgebildet sind. Umgekehrt wird es typisch anisotrop, wenn z. B. die Kristallite länglich gereckt mit parallelen Längsachsen liegen, eine „Zeilenstruktur" oder „Faserstruktur" bilden (Abb. 84). Häufig treten beide Anisotropiewirkungen, nämlich bevorzugte *Kristall*orientierung und *Struktur*orientierung, zugleich und mit gleicher Wirkungsrichtung auf, weil sie durch ein und dieselbe äußere Wirkung verursacht wurden, z. B. durch Kaltverformung in einseitiger Richtung (Walzen, Ziehen). Die *Strukturanisotropie* erkennt man ohne weiteres im Schliffbild, während die *Kristallorientierung,* die regellose oder die bevorzugte Lage der kristallographischen Achsen, nur röntgenographisch feststellbar ist.

1.15. Der Feinbau der Kristalle

1.15.1. Die röntgenographische Erforschung und die stereochemische Betrachtungsweise fester Stoffe

Die Vermutung, daß Kristalle auch in den kleinsten Dimensionen regelmäßig und nach streng naturgesetzlich-stereometrischen Bauplänen aus den Atomen oder Molekülen aufgebaut sein müßten, wurde zur Gewißheit, als v. Laue und seine Mitarbeiter bei einer Durchstrahlung eines Kupfersulfatkristalles mittels Röntgenstrahlen erstmalig Interferenzerscheinungen an der Strahlung feststellten.

Laue hatte sein klassisches Experiment angestellt, um über die Natur der *Röntgenstrahlen* Aufschluß zu erlangen. Man vermutete bereits, daß die Röntgenstrahlen ihrer Natur nach identisch mit Lichtstrahlen, also elektromagnetische Wellen seien, jedoch mit wesentlich kleinerer Wellenlänge als das sichtbare Licht. Die Vermutung konnte man aber mittels der bekannten optischen Gitter nicht auf ihre Richtigkeit prüfen.

Sichtbare Lichtstrahlen werden beim Durchgang durch ein optisches Gitter in bekannter Gesetzmäßigkeit gebeugt, wobei zugleich Interferenzerscheinungen auftreten. Das Gitter muß aber, damit der Effekt beobachtet werden kann, eine sehr enge Maschenteilung haben, in der Größenordnung der Lichtwellenlängen, also 10^{-5} cm. Optische Gitter lassen sich künstlich herstellen, z.B. durch Einritzen eines feinen Netzes auf eine Glasplatte mit entsprechender Strichteilung. Der Effekt beruht darauf, daß die durch die Maschen durchtretenden Lichtwellen an den Durchtrittsstellen selbst wieder Zentren von Wellenbewegungen bilden, die sich im Raum kugelförmig, in der Ebene kreisförmig ausbreiten. Die zahlreichen eng beieinander liegenden Wellenfronten interferieren beim weiteren Fortschreiten, wodurch sie beim örtlichen und zeitlichen Zusammentreffen zweier Maxima verstärkt, beim Zusammentreffen eines Maximums und Minimums dagegen ausgelöscht werden. Fängt man die Strahlung auf einem Schirm auf, so entstehen hellste Stellen in der Richtung der fortschreitenden Interferenzmaxima und dunkle in den Richtungen der Auslöschung, dazwischen Übergänge verschiedener Lichtintensität. Die in allen Einzelheiten erforschten Gesetze für die Beugungs-, Zerstreuungs- und Interferenzerscheinungen gelten allgemein für jede Wellenbewegung und erfordern, daß die Maschenweite des Gitters in der Größenordnung der betreffenden Wellenlängen liegt. Lag die letztere weit unter der Wellenlänge des Lichtes, so war die Herstellung eines künstlichen Gitters undenkbar, jedoch konnte man annehmen, daß die Atome wegen des vermuteten regelmäßigen Bauplanes des Kristalls möglicherweise ein natürliches Gitter bildeten, mit genügend kleinem Abstand, um an einer Röntgenstrahlung Beugungs- und Interferenzeffekte zu bewirken und damit die Natur der Strahlung zu enthüllen. Das Experiment bestätigte beide Hypothesen: Einerseits die Natur der Röntgenstrahlen als kurzwellige elektromagnetische Strahlung, andererseits den Aufbau der Kristalle nach streng gesetzmäßiger gegenseitiger Raumlage ihrer Bausteine, der Atome.

Aus dieser Fundamentalerkenntnis entwickelte sich die röntgenographische Erforschung des Aufbaus der Materie, die zu der Erkenntnis führte, daß in fast allen Stoffen, die gemeinhin als „fest" bezeichnet wurden, die einzelnen Atome zueinander in ebenso streng gesetzlicher und geregelter Raumlage angeordnet sind wie in den Kristallen, auch wenn ihre sichtbare äußere Form, die Makroform, nichts von der Regelmäßigkeit einer Kristallform aufweist.

Durch die röntgenographische Erforschung der Mikrostruktur der festen Stoffe wurden deshalb nicht nur die atomaren Baupläne der Kristalle, deren Atomabstände und gegenseitige Raumlage, auf das genaueste festgestellt, sondern es entwickelte sich daraus auch ein neuer Zweig der Chemie, die *Stereochemie*, durch welche die klassische Molekularchemie ergänzt wurde. Darüber hinaus mußte der Begriff des Kristalles oder des kristallinen Zustandes sehr erweitert werden; er schließt folgerichtig jeden Zustand der Materie mit ein, bei welchem eine größere Anzahl von Atomen gleicher oder auch untereinander verschiedener Sorten gegenseitig eine bestimmte räumliche Anordnung oder *Konfiguration* aufweisen, die als *Kristallstruktur* bezeichnet wird. Da auch die Atome beispielsweise von Textilfasern bestimmte Konfigurationen bilden, ist nach diesem erweiterten Begriff auch eine Textilfaser ein „Kristall", oder sie besitzt, wenn man diesen Ausdruck vermeiden will, zum mindesten eine *kristalline Struktur*, im Gegensatz zur *amorphen* Struktur. Derartig kristalline Strukturen oder submikroskopisch kleine Kristalle sind röntgenographisch noch nachweisbar, wenn die lineare Kristallgröße in der Größenordnung von 10^{-7} cm liegt.

Der Begriff eines amorphen Stoffes oder einer amorphen Struktur bleibt demnach auf diejenigen festen Stoffe beschränkt, deren Atome keine bestimmten, gleichbleibenden, gegenseitigen Raumlagen haben, sondern zufällig, regellos und ungeordnet das Volumen des Körpers ausfüllen, so wie etwa im flüssigen oder gasförmigen Zustand regellose, zufällige Raumlagen der Atome untereinander bestehen, die sich überdies dauernd ändern.

Der echt amorphe Zustand der festen Materie erwies sich immer mehr als eine Ausnahme. Ein typischer Vertreter ist das Glas. Im Glas liegen die Atome ebenso zufällig und regellos, aber in Ruhelage, durcheinander wie etwa in einer Flüssigkeit, wenn man deren Augenblickszustand mittels einer Momentaufnahme festhalten könnte. Deshalb wird der amorphe Zustand auch häufig als *Glaszustand* bezeichnet.

Im übrigen ist es nur konsequent, das feste Glas als eine „sehr zähe Flüssigkeit" zu definieren, da auch die energetische Betrachtungsweise der Aggregatzustände für diese Definition spricht (s. Abschn. 2.6). Zwischen dem kristallinen und amorphen Zustand kann man Stoffe, die nur in kleinsten Volumenbezirken geordnete Atomfigurationen besitzen, bei denen im übrigen diese Bezirke unter sich in regelloser Unordnung liegen oder durch Bezirke mit echt amorphen Zuständen unterbrochen werden, als *pseudoamorphe* feste Substanz bezeichnen. Bei den Metallen haben häufig die äußeren Grenzschichten oder die Zwischensubstanz zwischen den echt kristallinen Gefügekörnern pseudoamorphen Charakter.

Durch die stereochemische Betrachtungsweise ist weiterhin der klassische Molekülbegriff in Mitleidenschaft gezogen worden und bedarf deshalb einer einschränkenden Fassung. Hierüber s. Abschn. 1.17.

1.15.2. Das Prinzip der röntgenographischen Strukturforschung

Analog dem sichtbaren Licht haben die Röntgenstrahlen den Charakter einer *elektromagnetischen Strahlung*. Das bedeutet, daß die Strahlung durch die Wellen eines oszillierenden elektrischen und magnetischen Feldes gebildet wird. Während die Wellenlänge der Lichtstrahlen in der Größenordnung von 10^{-5} cm liegt, hat sie bei den Röntgenstrahlen die Größenordnung 10^{-8} cm, also 1 Å. Dies ist aber auch die Größenordnung der Atomabstände in Kristallen oder die Größenordnung von „Atomdurchmessern", wenn man sich gedanklich ein Atommodell konstruiert, das aber als solches ein Fiktion ist.

Das oszillierende elektrische und magnetische Feld einer elektromagnetischen Strahlung schwingt in zwei aufeinander senkrechten Ebenen, die Fortpflanzungsrichtung der Welle steht senkrecht auf den beiden Schwingungsrichtungen (Abb. 15).

Wenn sich ein Atom in einem elektrischen Feld befindet, so erfährt sein positiv geladener Kern eine Kraftwirkung in der Richtung des Feldes, während die negativ geladenen Elektronen seiner Elektronenhülle in die entgegengesetzte Richtung

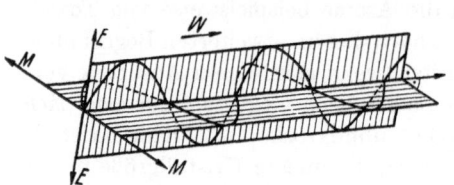

gedrängt werden. Die Elektronenbahnen werden dadurch etwas verlagert, das Atom wird *polarisiert*. Wenn nun das elektrische Feld seinerseits oszilliert, wie das der Fall ist, wenn eine elektromagnetische Welle vorüberflutet dann kehrt sich die relative Verschiebung zwischen Kern und Elektron jedesmal während einer Schwingung des Feldes um, und das Atom verhält sich dadurch selbst

Abb. 15. Schema der elektromagnetischen Strahlung:
W Fortpflanzungsrichtung der Welle,
E — E Schwingungsebene des elektrischen,
M — M Schwingungsebene des magnetischen Feldes

wie ein elektrischer Oszillator mit der Frequenz der Welle. Wenn nun weiter die Feldfrequenz zufällig gleich der Umlaufszeit eines Elektrons ist, so entsteht eine Resonanz zwischen dem Elektron und der Strahlung, die sich in einem Energiezuwachs des Elektrons auswirkt, der unter Umständen genügt, um das Elektron in eine Elektronenbahn höheren Potentials zu zwingen oder gar aus dem Elektronenverband des Atoms fortzuschleudern. Infolge der durch Resonanz bewirkten Schwingung zwischen der positiven Kernladung und der negativen Elektronenladung sendet nun das „angeregte" Atom seinerseits eine elektromagnetische Welle gleicher Frequenz aus, mit einer kugelförmigen Wellenfront, deren Mittelpunkt das Atom bildet. Die einfallende *Primärstrahlung* erzeugt dadurch bei jedem Atom eine *Sekundärstrahlung* gleicher Frequenz, die nach allen möglichen Richtungen verläuft. Dadurch wird aber der gleiche Zerstreuungs- und Interferenzeffekt bewirkt wie an einem optischen Gitter, nur daß an die Stelle der Maschenlücken des letzteren die Atomzentren des betr. Atomverbandes, also des Kristalls, treten und an die Stelle der Lichtstrahlen die kurzwelligen Röntgenstrahlen.

Im übrigen bestehen aber dieselben Gesetze für die Beziehungen zwischen den Wellenlängen, den Beugungswinkeln der durch Interferenz erzeugten gebeugten Wellen und der Gitterteilung bzw. dem Atomabstand.

Abb. 16 zeigt den Zusammenhang für den einfachsten Fall, bei welchem eine geradlinige Wellenfront einer Primärstrahlung mit nur einer Wellenlänge – monochromatisches Licht bzw. Röntgenstrahlung – auf ein optisches Gitter bzw. auf das „Atomgitter" eines Kristalls auftrifft, wobei die Gitterebene senkrecht auf der Fortpflanzungsrichtung (Strahlrichtung) der Primärstrahlung steht. Zur weiteren Vereinfachung werden nur die Vorgänge in der Ebene betrachtet.

Die ganze Atomgruppe A–A–A wird gleichzeitig von einem Wellenberg oder Wellental der heranflutenden Wellenfront getroffen. Die Atome werden deshalb gleichzeitig, d. h. in Phase, und mit gleicher Frequenz sekundäre Wellen aussenden, die ihrerseits infolge der gegenseitigen Überlagerung – Interferenz – wieder neue, geradlinige Wellenfronten, jedoch unter verschiedenen Winkeln, erzeugen. Somit entstehen Scharen von gebeugten Wellen, die sich nach verschiedenen Richtungen fortpflanzen und als gebeugte Wellen 0., 1., 2. . . . usw. Ordnung bezeichnet werden. Die Beugungsrichtungen α_1, α_2 . . . lassen sich leicht feststellen dadurch, daß man die zerstreute Strahlung auf einem Schirm auffängt, auf welchem Hellig-

keitsmaxima in der Richtung der Beugungen α_1, α_2 usw. entstehen, mit dazwischenliegenden dunklen Stellen, die in den Richtungen liegen, in welchen sich die Sekundärwellen infolge Interferenz gegenseitig ausgelöscht hatten.

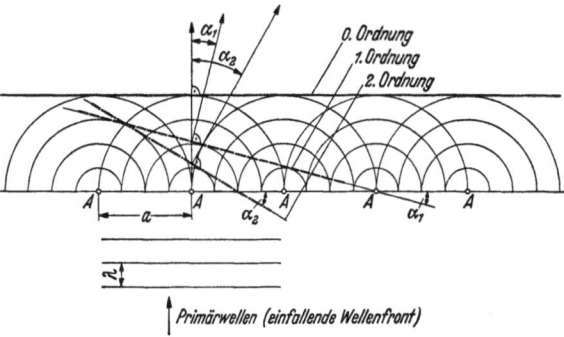

Abb. 16. Schema der Entstehung der Strahlenbeugung

Analog den bekannten Gesetzen für die Beugungserscheinungen und Interferenzen an optischen Gittern für monochromatisches Licht muß der Beugungswinkel α irgendeiner der gebeugten Wellen 0., 1., 2. . . . Ordnung der Gleichung

$$n \cdot \lambda = a \sin \alpha \qquad (1)$$

genügen, wobei

a die Maschenweite des Gitters oder der Atomabstand im Kristall,
λ die Wellenlänge der einfallenden Primärstrahlen ist und
n eine ganze Zahl sein muß.

Jedem Wert von n entspricht eine besondere gebeugte Welle mit zugehörigem Beugungswinkel α_0, a_1, α_2 . . . 0., 1., 2. . . . Ordnung, jedoch ist nur eine endliche Anzahl solcher Wellen möglich, was aus folgender Überlegung hervorgeht:

Der größtmögliche Wert für $\sin \alpha$ ist 1, für $\alpha = 90°$. Wenn $\frac{a}{\lambda} > 1$ ist, so ist der größtmögliche Wert von n derjenige, der dem Wert $\frac{a}{\lambda}$ am nächsten kommt und zugleich kleiner ist als dieser. Ist z. B. $\frac{a}{\lambda} = 2,5$, so kann Gl. (1) nur durch $n = 0, 1$ oder 2 befriedigt werden. Weitere Einzelheiten hierzu s. Abschn. 1.17.1.

Wegen der Analogie mit dem optischen Gitter bezeichnet man die durch die Atomzentren besetzten Raumpunkte als ein *Kristallgitter*. Der Abstand a heißt dann *Gitterparameter*, wegen der Messung von a s. Abschn. 1.17. In der allgemeinen Form ist allerdings das Kristallgitter weder linien- noch flächenförmig, sondern ein dreidimensionales *Raumgitter*, s. Abschn. 1.16.

Die große Bedeutung der röntgenographischen Kristallforschung liegt darin, daß es wegen der Beziehung, die durch die Fundamentalgleichung (1) ausgedrückt wird, möglich geworden ist, den Atomabstand a in der kristallinen Materie äußerst genau zu messen, sobald die Wellenlänge der Strahlung bekannt ist. Darüber hinaus hat aber die Bestrahlung von Kristallen mit Röntgenstrahlen und die Auswirkung der Interferenz- und Intensitätsmessung der zerstreuten Strahlung es ermöglicht, vollständige stereometrische Baupläne der Atomanordnung in vielen kristallinen Substanzen mit größter Genauigkeit zu ermitteln.

1.16. Das Kristallgitter

1.16.1. Gittertypen

In dem für die Beschreibung des atomaren Aufbaus eines Kristalls benützten Koordinatensystem sind die Punkte, deren Koordinaten ein ganzzahliges Viel-

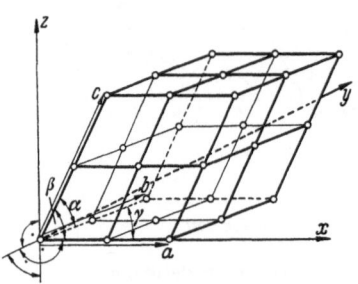

Abb. 17. Das allgemeine räumliche Kristallgitter

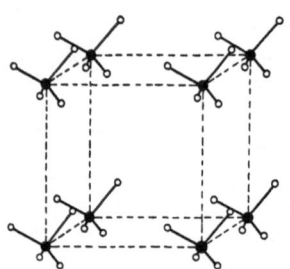

Abb. 18. Schema der Besetzung von Gitterpunkten durch Mittelpunktsatome von regelmäßig gebauten Atomgruppen (z. B. Tetraedern)

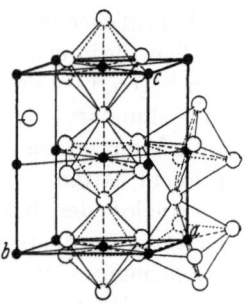

Abb. 19. Zementitgitter (Fe₃C): ● C-Atom, ○ Fe-Atom

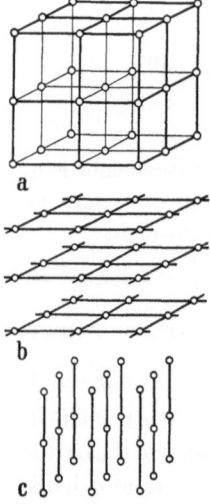

Abb. 20 a—c. Entstehung des Raumgitters a aus Netzebenen b und Gittergeraden c, nach BRANDENBERGER

faches der Parameter a, b, c ... betragen, die *Gitterpunkte* (Abb. 17). Diese sind ausgezeichnete Punkte des Systems, denn sie sind im allgemeinen durch Atome besetzt oder sie bilden den Mittelpunkt von Atomgruppen, die ihrerseits wieder fixe Raumgitter bilden können, wobei die Gruppenschwerpunkte wieder Gitterpunkte des Grundgitters bilden. Dabei kann dieser Mittelpunkt selbst von einem Atom besetzt sein (Abb. 18).

Auf diese Weise können kompliziertere Atomgitter entstehen, wie z. B. dasjenige des Eisenkarbids (Abb. 19), andererseits kann man sich auch das Raumgitter in Grenzfällen in sog. *Netzebenen* und *Gittergeraden* aufgelöst denken (Abb. 20). Man gelangt dadurch über die Beschreibung der realen Kristalle hinaus zu einer allgemeinen räumlichen Beschreibung der Atomanordnung in chemischen Verbindungen, welches die Aufgabe der Stereochemie ist.

Wesentlich ist für die Raumgitter, daß die Gitterpunkte eines Systems alle die gemeinsame Eigenschaft haben, daß die sie umgebenden Atome eine identische Lage haben.

In vielen Fällen läßt sich der atomare Kristallaufbau besonders bequem dadurch beschreiben, daß man aus dem Gesamtgitter ein Prisma herausgeschnitten denkt, dessen Kanten durch die Achsen und die Längeneinheiten der Parameter gebildet werden. Man nennt dies dann die *Elementarzelle* oder *Elementareinheit* des Systems.

Dies gilt vor allem für das kubische System, dessen kristallographische Achsen ein rechtwinkliges Koordinatensystem bilden, mit den Parametern $a = b = c$, so daß ein einziger Parameter genügt. Tatsächlich trifft man aber in der Natur außer Po kein einziges chemisches Element an, das nach diesem einfachen kubischen System derart kristallisiert, daß nur die Gitterpunkte von Atomen besetzt sind, vielmehr sitzen, wenn der Parameter a gleich dem Atomabstand auf den Achsen ist, entweder noch weitere Atome in der Mitte der Würfelflächen der Elementarzelle oder eines in der Würfelmitte.

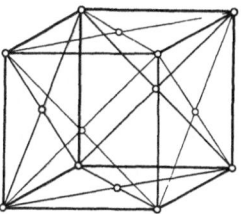
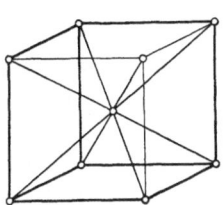
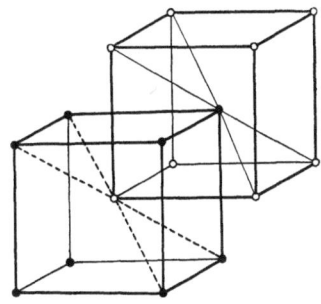

Abb. 21. Elementarzelle des kubisch-flächenzentrierten Gitters

Abb. 22. Elementarzelle des kubisch-raumzentrierten Gitters

Abb. 23. Entstehung des kubisch-raumzentrierten Gitters durch zwei einfache kubische Gitter

Der erstere Typ ist das *kubisch-flächenzentrierte* Gitter, der letztere das *kubisch-raumzentrierte* (Abb. 21 und 22).

Beide Gitter lassen sich auch durch Ineinanderschachteln mehrerer einfacher kubischer Gitter darstellen, und zwar das raumzentrierte durch zwei um eine halbe Raumdiagonale gegenseitig verschoben (Abb. 23), das flächenzentrierte durch vier um je eine halbe Flächendiagonale verschobene einfache kubische Gitter (Abb. 24).

Wenn die Atome eines Kristalls aus zwei Sorten (Ele-

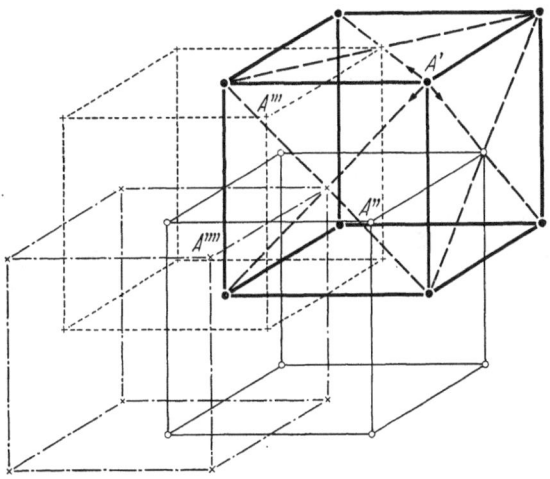

Abb. 24. Entstehung des kubisch-flächenzentrierten Gitters durch vier einfache kubische Gitter. A'—A'''' obere rechte Ecken der vier einfachen Würfel

menten) bestehen und jede Sorte für sich ein reguläres Raumgitter besitzt, wobei diese beiden Gitter gegenseitig verschoben sind, so kann das zu einem *Grundgitter* mit einer *Überstruktur* führen. Beispiel s. Abschn. 2.71.2.

In analoger Weise werden auch manche Atomgitter des tetragonalen oder anderer Systeme zwecks einfacherer Darstellung des Gesamtaufbaus durch raum- oder flächenzentrierte Einheitszellen beschrieben. Die Wahl der Einheitszelle ist aber immer durchaus willkürlich und erfolgt lediglich nach dem Gesichtspunkt einer möglichst einfachen stereometrischen Beschreibung. Die

Form der Elementarzelle hat deshalb auch mit der äußeren Form des Kristalls so wenig zu tun wie das zur Beschreibung gewählte kristallographische System. Sie bildet das einfachste Baumuster der Gesamtstruktur, die durch wiederholte Translation der Elementarzelle in jeder der drei Achsenrichtungen um die Parameterbeträge a, b und c eindeutig definiert wird.

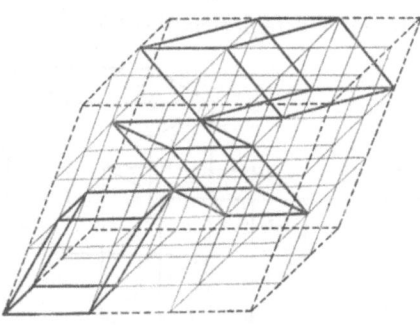

Abb. 25 zeigt, daß in einem Raumgitter beliebige Elementarzellen gewählt werden können, daß andererseits die Wahl eine Zweckmäßigkeitsfrage ist.

Abb. 25. Verschiedene Elementarzellen in einem Gitter, n. BRAGG

1.16.2. Gitter dichtester Kugelpackung

Zwei Gittertypen verdienen besondere Beachtung, weil sie beide unter sich recht verschieden sind, aber doch als gemeinsames Merkmal eine *dichteste Kugelpackung* bilden.

Denkt man sich die Atome als Kugeln im Raum so zusammengepackt, daß sie einander berühren, so läßt sich zeigen, daß es zwei verschiedene Anordnungen gibt, nach denen in einem gegebenem Raum eine Größtzahl von Atomen untergebracht, somit eine größte Dichte bei gegebener Masse und Dimension der Atome erreichbar ist. Diese Strukturen sind ferner dadurch ausgezeichnet, daß alle benachbarten Atomzentren voneinander gleichen Abstand haben.

Die dichteste räumliche Packung entsteht durch dichteste Aufeinanderschichtung von dichtesten Packungen in einzelnen ebenen Schichten. Die dichteste Packung innerhalb einer Schicht ergibt sich durch Anordnung der Kugelmittelpunkte in Dreiecken oder Sechsecken (Abb. 26); diese Zentren seien mit ● bezeichnet, die Schicht mit ①. Für die zweite Schicht müssen die Kugeln über die Mittelpunkte der Dreiecke der ersten Schicht gelegt werden. Dabei kann aber nur jede zweite Dreieckmitte besetzt werden, und man hat die Wahl zwischen allen Dreiecken, die mit der Spitze nach oben weisen, oder den andern, nach unten weisenden, so daß eine Schicht ② a △ oder ② b ▽ entstehen kann.

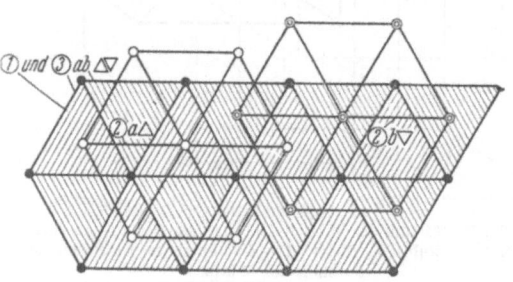

Abb. 26. Dichteste Kugelpackung in drei bzw. zwei Ebenen

Wählt man ② a △, so ergeben sich die mit ○ bezeichneten Mittelpunkte in Abb. 26.

Für die dritte Schicht entstehen wieder zwei Varianten: man kann die Mittelpunkte der Dreiecke der zweiten Schicht a) mit Spitze nach oben, b) mit Spitze nach unten besetzen. Abb. 27 zeigt schematisch die bisher beschriebenen Möglichkeiten. Man erkennt, daß die Wahl des Weges *1–2a–3ab* dazu führt, daß die Kugelmittelpunkte der dritten Schicht über denen der ersten Schicht liegen, so daß bei Wiederholung die vierte Schicht wieder über die zweite zu liegen kommt usw.

Aus dieser Packung kann man eine Elementarzelle in der Form eines sechseckigen Prismas abgrenzen, dessen Basis die Sechsecke der ersten Schicht bilden und das im Innern noch 3 Atome der zweiten Schicht enthält. Überdies sind die Sechseckmitten mit Atomen besetzt. Es ist dies eine Konfiguration des hexagonalen Systems (Abb. 28), wobei der Parameter $c = a \sqrt{8/3} = 1{,}633 \cdot a$ wird.

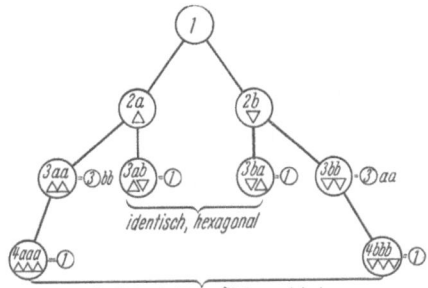

Das gleiche Atomgitter des *hexagonalen Systems dichtester Kugelpackung* erhält man, wenn man den Weg *1—2b—3ba* verfolgt (Abb. 27).

Das zweite Gitter dichtester Atompackung erhält man durch Verfolgung des Weges *1—2b—3bb*, d.h. durch Anordnung jeder Schicht in der Art, daß die Zentren über den Mittelpunkten des mit der Spitze nach unten weisenden Dreieckes der vorhergehenden Schicht liegen (Abb. 26).

Abb. 27. Schema des Aufbaus verschiedener Raumgitter dichtester Kugelpackung

Jetzt liegen die Kugelzentren der dritten Schicht aber nicht mehr über denen der ersten, sondern erst diejenigen einer vierten Schicht *4bbb* fallen mit der Netzebene der ersten wieder zusammen.

Abb. 29 zeigt die Zentren in den Schichten ①—②—③—④. Diese Packung besteht aus drei in der Lage gegeneinander verschobenen Netzebenen, während man bei der ersten Variante nur deren zwei hatte.

Aus diesem Raumgebilde zweiter Art kann man aber eine kubisch-flächenzentrierte Elementarzelle herausschneiden, die in Abb. 29 in der Blickrichtung

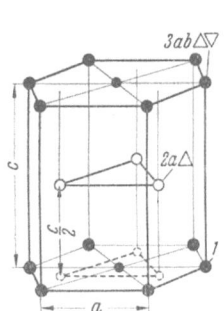

Abb. 28. Hexagonales Gitter dichtester Kugelpackung

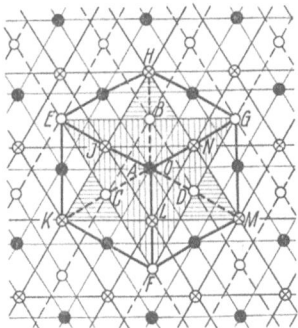

Abb.29. Dichteste Kugelpackung nach Schema *1—2b—3bb—4bbb = 1*

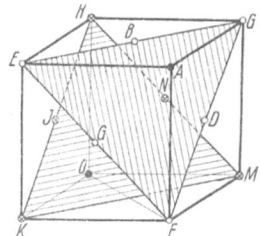

Abb. 30. Elementarzelle des kubisch-flächenzentrierten Gitters, durch dichteste Kugelpackung entstanden

einer Körperdiagonale projiziert dargestellt ist, während Abb. 30 ein Raummodell derselben zeigt.

Man erkennt: *Eine zweite Art dichtester Kugelpackung wird durch das kubisch-flächenzentrierte Atomgitter gebildet.* Trotzdem besteht keine Verwandtschaft in dem Sinne, daß durch eine verhältnismäßig einfache Platzverschiebung von Atomen das eine Gitter aus dem andern entstehen könnte.

1.16.3. Modifikationen

Die meisten metallischen Elemente kristallisieren in einem der drei einfachsten Gitter: dem kubisch-flächenzentrierten, dem kubisch-raumzentrierten oder dem hexagonalen, wobei letzteres freilich im allgemeinen nicht als Gitter dichtester Packung ausgebildet ist, also der Parameter c (Abb. 28) $\neq a \sqrt{8/3}$ ist, s. Tab. 2.

Tabelle 2. *Atomabstände und Atomdurchmesser einiger Metalle des hexagonalen Systems*
(Bei dichtester Kugelpackung wäre c/a = 1,633)
Nach BEYNON

Metall	Achsen-verhältnis c/a	Atomabstände Å		Atomdurch-messer Å (Mittel-werte)
		a_1	a_2	
Beryllium	1,57	2,22	2,28	2,25
Magnesium	1,62	3,19	3,20	3,20
Titanium	1,60	2,91	2,95	2,93
Zink	1,86	2,66	2,91	2,75
Kadmium	1,89	2,97	3,29	3,04

Einige Elemente können in mehreren Gittern kristallisieren. Man bezeichnet diese verschiedenen Formen des festen Zustandes als *Modifikationen*.

Zur Unterscheidung werden die Modifikationen mit griechischen Buchstaben bezeichnet, z. B. Alphaeisen, Fe_α, als die Modifikation des kubisch-raumzentrierten Eisenkristalls, oder Gammaeisen, Fe_γ, als diejenige des kubisch-flächenzentrierten, analog Sn_α für Zinn, dessen Struktur das sog. Diamantgitter (s. Abb. 54) ist und Sn_β für tetragonal raumzentriertes.

Die Fähigkeit mancher Metalle, in verschiedenen Modifikationen zu existieren, bezeichnet man auch als *Polymorphismus*. Wenn die Modifikationsänderung durch die Temperatur verursacht wird und überdies reversibel ist, so spricht man von *Allotropie*, von allotropem Polymorphismus und allotropen Modifikationen.

Die Modifikationen sind dann durch scharfe Temperaturgrenzen voneinander geschieden. Beispielsweise ist die Existenzgrenze für Fe_α 906 °C, während oberhalb dieser Temperatur die γ-Modifikation des Eisens beginnt.

Der Übergang von einer Modifikation zur andern bedeutet, daß innerhalb der festen kristallinen Substanz bei einer bestimmten Temperatur eine gegenseitige Verschiebung der Atome, eine Umkristallisation, eintritt. Zugleich ändern sich die physikalischen Eigenschaften plötzlich, unstetig, wie nicht anders zu erwarten ist, weil ja die neue Modifikation plötzlich einen andern atomaren Bauplan aufweist und daher, als Substanz betrachtet, etwas anderes ist, auch wenn manche Eigenschaften ähnlich geblieben sind.

Diese Modifikationsänderung ist auch der Grund dafür, daß bei der zugehörigen Temperatur diejenigen Eigenschaften, die sich innerhalb einer Modifikation *mit der Temperatur stetig* ändern, plötzlich eine *unstetige* Änderung erfahren. Ein eindrückliches Beispiel ist die Unstetigkeit des spezifischen Volumens bzw. des spezifischen Gewichtes des Eisens in seiner Abhängigkeit beim Übergang von der Alphamodifikation zur Gammamodifikation, s. Abschn. 1.16.5.

Die genaue Grenztemperatur zwischen zwei Modifikationen gilt nur für den idealen energetischen Gleichgewichtszustand, s. Abschn. 2.6. Sie kann z. B. durch Unterkühlung stark nach unten verschoben werden, s. Abschn. 2.42.

Die metallischen Elemente wichtiger Werkstoffe haben je nach der Temperatur folgende Gittertypen:

Kubisch-flächenzentriert: Al, Cu, Fe_γ, Ni, Pb, Co_β, Ag, Pt;
kubisch-raumzentriert: Fe_α, Cr, Mo, W, V, Ti_β, Ta;
hexagonal, annähernd dichtester Packung: Mg, Co_α, Ti_α, Zn, Cd, Be;
tetragonal-raumzentriert: Sn_β.

Eine überaus komplexe Struktur besitzt das Mangan, als Mn_α und Mn_β, mit 58 bzw. 20 Atomen je Elementarzelle.

Neben dem allotropen Polymorphismus findet man in seltenen Fällen einen durch die Entstehung der Kristalle bedingten *irreversiblen Polymorphismus.*

Die folgenden technisch wichtigen Metalle sind polymorph:

Es bedeutet:

	Modifi-kation	Temperatur-bereich °C	Gitter
kb-r	kubisch-raumzentriertes Gitter,		
kb-fl	kubisch-flächenzentriertes Gitter,		
kb-dia	Diamantgitter im kubischen System		
tet-r	tetragonal-raumzentriert,		
hex-d	hexagonal mit (annähernd) dichtester Kugelpackung,		
Sm	Schmelzpunkt.		

Modifi-kation	Temperatur-bereich °C	Gitter
Fe_α	< 906	kb-r
Fe_γ	$906 \div 1403$	kb-fl
Fe_δ	$> 1403 \div Sm$	kb-r
Ti_α	< 882	hex-d
Ti_β	$> 882 \div Sm$	kb-r
Co_α	< 420	hex-d
Co_β	$> 420 \div Sm$	kb-fl
Sn_α	< 18	kb-dia
Sn_β	$> 18 \div 161$	tet-r

Bemerkenswert ist der Polymorphismus des *Kohlenstoffs.* Er kristallisiert als Diamant im „*Diamantgitter*" (Abb. 54) und als *Graphit* im hexagonalen (Abb. 55). Wie bei kaum einem andern Stoff tritt hier der große Unterschied in den äußeren Eigenschaften, wie Festigkeit, Härte, Aussehen, aber auch Lichtdurchlässigkeit oder elektrische Leitfähigkeit, infolge des inneren atomaren Aufbaues so deutlich hervor.

Die Modifikationsänderung $Sn_\alpha \rightarrow Sn_\beta$, der Übergang vom festen *weißen* Zinn in ein *graues* Pulver, ist ebenfalls ein bemerkenswertes Phänomen, das als „Zinnpest" bekannt ist. Theoretisch müßte der Zerfall mit völliger Zerstörung des metallischen Gefüges, die durch ein plötzliches Volumenwachstum um 25% verursacht wird, schon bei kühler Raumtemperatur vor sich gehen, tatsächlich bleibt aber Sn_β als *Unterkühlungserscheinung* noch in tieferen Temperaturen bestehen. Der Vorgang ist insofern nicht reversibel, als zwar Sn_α in Sn_β zurückverwandelt werden kann, aber nur in Form eines weißen Pulvers, ohne daß ein festes metallisches Gefüge entsteht.

Im übrigen ist es auch experimentell gelungen, Modifikationsänderungen statt durch Temperatureinfluß durch Anwendung extrem hoher Drücke von Zehntausenden von at zu erreichen, und zwar sogar bei Elementen, die gewöhnlich nicht polymorph sind. Man kann dies so erklären, daß das betreffende Gitter zu einem solchen dichtester Packung verdichtet wurde.

1.16.4. Koordinationszahlen, interatomare Abstände und Zwischenräume

Die Anzahl nächster Nachbaratome, die einem Atom im Atomgitter zugeordnet sind, bezeichnet man als Koordinationszahl KZ der betr. Gitterstruktur. Man erkennt ohne weiteres:

Es ist im kubisch-raumzentrierten (kb-r) Gitter $\quad$ KZ = 8,
im kubisch-flächenzentrierten (kb-fl) Gitter $\quad$ KZ = 12,
im hexagonalen Gitter dichtester Packung $\quad$ KZ = 12.

Die Anzahl Z_{EZ} von Atomen, die man einer Elementarzelle des Gitters zuordnen kann, ergibt sich wie folgt: kb-r-Gitter:

8 Eckatome, deren jedes zugleich 7 anstoßenden Elementarzellen, insgesamt 8 Zellen, zugeordnet ist, somit $8 \cdot 1/8 = 1$ Eckatom je Zelle. Dazu 1 Mittelpunktatom für die Zelle allein ergibt $Z_{EZ} = 2$.

Analog für das kb-fl-Gitter: 8 Eckatome je 1/8 $= 1$

6 Flächenatome je 1/2 $= 3$

$$Z_{EZ} = 4.$$

Wenn, wie dies im allgemeinen der Fall ist, das hexagonale Gitter nicht die dichteste Packung aufweist, sondern der Parameter c etwas von $a \sqrt{8/3}$ abweicht, so zerfallen die 12 engsten Nachbarn (KZ = 12) in 2 Gruppen zu je 6 Atomen, deren Abstände ein wenig differieren, s. Abstände a_1 und a_2 in der Tab. 2.

Die *kürzesten Atomabstände* berechnet aus dem Parameter a der Elementarzelle, ergeben sich unter der Voraussetzung, daß die „Kugeln" mit dem Durchmesser D sich berühren, wie folgt: *kb-r-Gitter*:

Die Berührung erfolgt in der Richtung der Körperdiagonale, deren Länge $= a \sqrt{3} = 2 D$ ist. Der engste Abstand von Zentrum zu Zentrum wird somit $= a/2 \sqrt{3} = D$.

In den Hohlräumen zwischen den Kugeln lassen sich kleinere Kugeln mit dem Durchmesser d unterbringen, wobei dann $d_{max} = a - a/2 \sqrt{3} = 0,134 \cdot a$ ist.

kb-fl-Gitter: Hier erfolgt die Berührung in der Richtung der Flächendiagonalen, weshalb $D = a/2 \sqrt{2}$ wird. In die Hohlräume zwischen den Kugeln lassen sich kleine Kugeln mit $d_{max} = a - a/2 \sqrt{2} = 0,293 \cdot a$ einlagern.

Man erkennt daraus: Obgleich das flächenzentrierte Gitter dichter gepackt ist als das raumzentrierte, lassen sich bei gleichem Parameter im ersteren größere Kugeln in die Hohlräume einlagern. Dieser Umstand erklärt manche Erscheinungen der Löslichkeit einer Atomsorte in das Gitter einer anderen, z.B. der Kohlenstofflöslichkeit beim Stahl (s. Abschn. 2.72).

1.16.5. Atomdurchmesser

Die Kugelgestalt der Atome ist zwar eine Fiktion, denn die Elektronenhülle eines Atoms hat überhaupt keine Gestalt im Sinne unserer Raumanschauung, aber sie hat sich trotzdem als ein nützliches Modell für die Erklärung mancher Vorgänge bei der Bildung von Legierungen erwiesen. Dabei tritt dann die Frage auf, ob diese hypothetischen Kugeln immer den gleichen Durchmesser haben, wenn es sich um dieselbe Atomsorte handelt.

Da die Atomabstände im Gitter bzw. dessen Parameter weder fiktiv noch hypothetisch, sondern real und genau meßbar sind, konnte man feststellen, daß die Atome eines Elementes verschiedene Durchmesser annehmen können, je nach der Kristallstruktur, in welcher sie auftreten.

Das bedeutet: 1. Der Atomdurchmesser eines Elementes kann differieren, wenn verschiedene Modifikationen vorliegen. 2. Er kann aber auch differieren, wenn das

Atom im Gitterverband einer anderen Atomsorte den Platz eines dieser anderen Atome einnimmt.

Freilich können diese Differenzen nur in engen Grenzen auftreten.

Beispiel: Ein und dieselbe Atomsorte hat in einem Gitter dichtester Kugelpackung – kb-fl- oder hex-Gitter – mit der KZ 12 einen größeren Durchmesser als in einem kb-r-Gitter und der KZ 8. Im letzteren nimmt der Durchmesser etwa 3% ab.

Die exakte röntgenographische Bestimmung der Gitterparameter und der Konfiguration gestattet es, das spezifische Gewicht eines Metalles als Raumgewicht direkt aus dem Bauplan und den Atomgewichten zu berechnen, wie folgendes Beispiel zeigt: Das spezifische Gewicht g_S ergibt sich aus der Anzahl Z Atome je Volumeneinheit in cm³ × Gewicht eines Atoms in Gramm G_A. Als Volumeneinheit wählt man eine Elementarzelle des Gitters. Das Gewicht eines Atoms erhält man durch die LOSCHMIDTsche Zahl $N_L = 6,023 \cdot 10^{23} =$ const, die angibt, wieviel Moleküle eines Stoffes in 1 Mol oder wie viele Atome in einem Grammatom enthalten sind. Das Grammatom ist aber diejenige Anzahl Gramm, die das Atomgewicht g_A ausmacht.

Somit ergibt sich z.B. für Fe_α: Gitter kubisch-raumzentriert, Parameter $a = 2,86$ Å bei Raumtemperatur. Atomgewicht 55,85. Anzahl Atome pro Elementarkörper $Z_{EZ} = 2$.

$$g_S = \frac{g_A \cdot Z_{EZ}}{N_L \cdot a^3 \cdot 10^{-24}} = \frac{55,85 \cdot 2}{6,023 \cdot 10^{23} \cdot 2,86^3 \cdot 10^{-24}} = 7,927 \text{ g/cm}^3 .$$

Desgleichen für Fe_γ: $a = 3,564$ Å bei Raumtemperatur. $Z_{EZ} = 4$.

$$g_S = \frac{55,85 \cdot 4}{6,023 \cdot 10^{23} \cdot 3,56^3 \cdot 10^{-24}} = 8,221 \text{ g/cm}^3 .$$

Beide Werte stimmen nicht mit dem bekannten Wert von ~ 7,8 für Stahl überein, weil das technische Eisen noch andere Elemente außer Fe enthält. Aber auch für reines Elektrolyteisen findet man für die α-Modifikation bei direkter Messung einen Wert von etwa 7,87 für die Dichte. Der Unterschied erklärt sich dadurch, daß auch das Elektrolyteisen aus einem Konglomerat von Kristallbrocken besteht, somit nicht so dicht gebaut ist wie ein idealer Einkristall mit völlig ungestörtem Gitter, der bei der Berechnung vorausgesetzt wurde.

Wesentlich ist hingegen die Feststellung, daß Fe_γ spezifisch dichter ist als Fe_α, somit das kleinere spezifische Volumen aufweist. Bei der Umkristallisation von der α- zur γ-Modifikation ist deshalb eine plötzliche Volumenabnahme zu erwarten. Dieser Vorgang findet beim Stahl, je nach dessen Zusammensetzung, zwischen 721 und 906 °C statt.

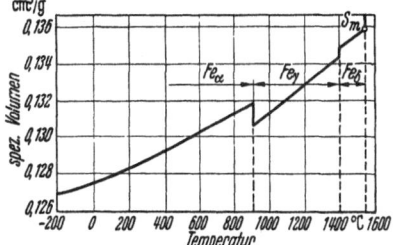

Abb. 31. Abhängigkeit des spezifischen Volumens des Eisens von der Temperatur und den Modifikationen

Tatsächlich zeigen direkte Längen- oder Volumenmessungen in ihrer Abhängigkeit von der Temperatur die stetige Volumenzunahme mit steigender Temperatur infolge der Wärmeausdehnung, die aber bei der kritischen Temperatur der Gitterumstellung $\alpha \rightarrow \gamma$ unstetig wird. Es erfolgt eine plötzliche Volumenabnahme und erst dann wieder eine stetige Zunahme infolge der Wärmeausdehnung (Abb. 31).

Bei höheren Temperaturen bildet sich nochmals eine neue Modifikation, Fe_δ, welche wieder das raumzentrierte Gitter aufweist. An dieser Stelle ist die Volumenzunahme erneut unstetig, es tritt eine sprunghafte Vergrößerung ein.

1.16.6. Kristallographische Ebenen und Richtungen

Durch das Raumgitter lassen sich Scharen paralleler Ebenen legen, derart, daß jedes Atom in einer und nur einer Ebene liegt. Abb. 32 zeigt dies beispielsweise für ein kb-r-Gitter, das in die Zeichenebene projiziert ist, in welcher auch die Spuren verschiedener senkrecht stehender Schnittebenen eingetragen sind.

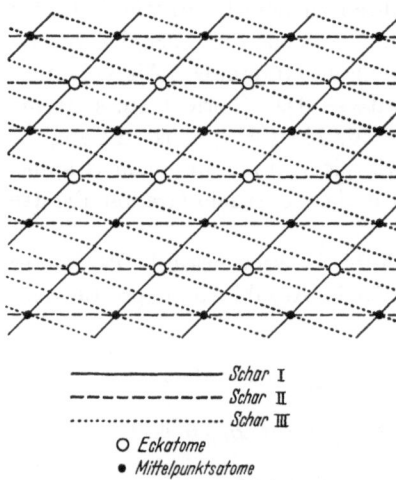

—————————— Schar I
– – – – – – – – – – Schar II
·················· Schar III
O Eckatome
● Mittelpunktsatome

Abb. 32. Verschiedene Scharen von Netzebenen im kb-r-Gitter

Je nach ihrer Lage sind die Ebenen verschieden dicht mit Atomen besetzt, und zwar um so dichter, je weiter ihr Abstand untereinander ist. Schar I ist am dichtesten besetzt.

Zur Bezeichnung der Ebenen zieht man das Koordinatensystem des betr. Kristallsystems heran.

Man bringt die betrachtete Ebene mit den Koordinatenachsen zum Schnitt und gibt an, in wieviel ganzzahlige Teile die Achsen innerhalb der Elementarzelle, die durch die Parametereinheiten gebildet ist, geteilt werden. In Abb. 33 wird an einer Zelle des triklinen Systems mit den Parametern a, b und c durch eine Ebenenschar a in 3, b in 2 und c in einen Teil geteilt. Diese Schar oder auch eine einzelne Ebene derselben ist deshalb durch die Angabe $a/3$, $b/2$, $c/1$ gekennzeichnet.

Im kubischen System hätte die Ebene wegen $a = b = c$ die Kennzeichnung $a/3$, $a/2$, $a/1$.

Da innerhalb eines Systems die Größen a, b und c bekannt und gegeben sind, so genügt die Angabe $1/3$, $1/2$, $1/1$.

Zur weiteren Vereinfachung nimmt man die reziproken Werte und bezeichnet sie mit 3–2–1, symbolisch abgekürzt (321), wobei die runden Klammern das Symbol für Ebenen sind. Man nennt diese Art der Bezeichnung auch die MILLER-Indizes und schreibt den allgemeinen Wert für Ebenen als (hkl).

In Abb. 34 sind einige Ebenen des kubischen Systems, in Abb. 35 solche des hexagonalen Systems durch MILLER-Indizes bezeichnet. Wenn die Koordinatenabschnitte negativ sind, wird als Symbol ein Strich über die Zahl gesetzt, z. B. $(1\overline{1}1)$.

Aus Symmetriegründen sind im kubischen System die Ebenen (010) oder (001) mit (100) *kristallographisch gleichwertig*, aus der sie durch Permutation der Indizes entstanden. Deshalb kann man sich zur Charakterisierung mit (100) begnügen und drückt durch geschweifte Klammern aus, daß {100} auch alle gleichwertigen Ebenenscharen umfaßt. Während von {100} 3 gleichwertige Scharen existieren, gibt es von {110} 6 Scharen und {111} 4 Scharen.

Die Anzahl n der möglichen Scharen läßt sich für das kubische System aus dem Index berechnen. Sind dessen Zahlen allgemein h, k und l, so ergibt sich

a) wenn alle 3 Indexzahlen verschieden sind und keine Null, d.h.

$$h \neq k \neq l \neq 0, \quad \text{z.B. } \{123\} \quad \text{so ist} \quad n = 24,$$

$$\text{b) } h = k \neq l \neq 0, \quad \text{z.B. } \{112\} \quad\quad n = \frac{24}{2} = 12,$$

$$\text{c) } h = k = l \neq 0, \quad \text{z.B. } \{111\} \quad\quad n = \frac{24}{6} = 4,$$

$$\text{d) } h = k, l = 0, \quad \text{z.B. } \{110\} \quad\quad n = \frac{24}{4} = 6,$$

$$\text{e) } h \neq 0, k = l = 0, \quad \text{z.B. } \{100\} \quad\quad n = \frac{24}{8} = 3.$$

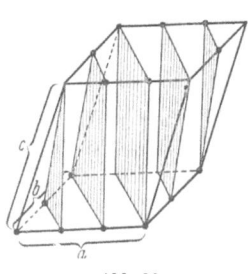

Abb. 33.
Kristallographische Ebenen (321)
im triklinen System

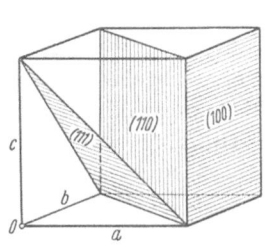

Abb. 34.
Einige kristallographische Ebenen
im kubischen System

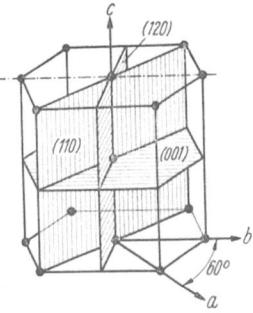

Abb. 35.
Einige kristallographische Ebenen
im hexagonalen System

Für einen gegebenen Gittertypus kann man weiter untersuchen, welche Scharen oder Netzebenen der Forderung genügen, daß alle Atome in Ebenen dieser Scharen liegen.

Das Ergebnis ist beispielsweise:

Im kubisch-raumzentrierten Gitter: (110), (200), (211), (222), (310), (321) . . .
Im kubisch-flächenzentrierten sind es: (111), (200), (220), (311) u.a.

Derartige Untersuchungen liefern den Schlüssel zur Erklärung mancher Phänomene der plastischen Verformung bzw. Verformungsfähigkeit der Metalle (s. Abschn. 1.42.14).

Neben den kristallographischen Ebenen können auch die *kristallographischen Richtungen* im Gitter untersucht und bezeichnet werden, und zwar in analoger Weise durch drei Indices.

Man denkt sich hierzu einen Strahl in der Elementarzelle gezogen und stellt dessen 3 Raumordinaten, gemessen in Einheiten des betr. Systems, fest, z.B. $O–P$ im kubischen System (Abb. 36). Er hat die Ordinaten $a–a–a/2$ bzw. in Einheiten $1–1–1/2$. Wiederum schreibt man, um Brüche zu vermeiden, die Indices durch Erweitern als ganze Zahlen $2–2–1$ und setzt sie in eckige Klammern, [221]. Weitere Beispiele sind: [100], [110] und [111]. Die allgemeine Bezeichnung ist ⟨uvw⟩.

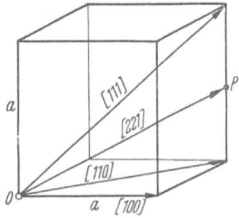

Abb. 36. Einige kristallographische Richtungen im kubischen System

Die Anzahl der möglichen gleichwertigen Richtungen ergibt sich nach derselben Rechenregel wie für die Ebenen aus den Indexzahlen.

Es zeigt sich weiter, daß im kubischen System Richtungen stets senkrecht auf den Ebenen stehen, die denselben Index haben, also $(hkl) \perp [uvw]$.

Man findet also im kubischen System 4 [111]-Richtungen, d. h. 4 Körperdiagonalen, analog den 4 (111)-Ebenen oder 6 [110] analog 6 (110) usw. und es sind die [111] $\perp$ (111), die [110] $\perp$ (110) usw.

1.17. Grundlagen der röntgenographischen Strukturbestimmungen

1.17.1. Die LAUE- und BRAGG-Gleichungen

Im Abschn. 1.15.2 war die Annahme gemacht, daß die Strahlung senkrecht auf eine Gittergerade auftrifft. Im allgemeinen Fall wird sie aber unter einem Winkel $\alpha_0 < 90°$ einfallen und die Gerade unter dem Winkel α_1 abgebeugt verlassen (Abb. 37). Damit dann der Beugungswinkel α ein solcher des Spektrums 0., 1., 2. ... Ordnung ist, muß die Bedingung erfüllt sein, daß

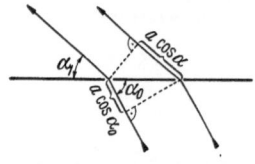

Abb. 37. Beugung an einer Netzebene

$$a \,(\cos \alpha \pm \cos \alpha_0) = n \cdot \lambda \tag{1}$$

wird, wobei n eine ganze Zahl sein muß.

Wenn Beugungsspektren (Interferenzerscheinungen) an einem dreidimensionalen Gitter entstehen sollen, muß die Bedingung für 3 Gleichungen dieser Art erfüllt sein, entsprechend den 3 Gitterparametern a, b und c.

Diese Bedingungen werden durch die 3 LAUE-Gleichungen ausgedrückt:

$$a \,(\cos \alpha \pm \cos \alpha_0) = o \cdot \lambda, \tag{2}$$

$$b \,(\cos \beta \pm \cos \beta_0) = p \cdot \lambda, \tag{3}$$

$$c \,(\cos \gamma \pm \cos \gamma_0) = q \cdot \lambda. \tag{4}$$

Dabei sind α_0, β_0, γ_0 die Winkel zwischen den einfallenden, α, β, γ die Winkel zwischen den gebeugten Strahlen und den kristallographischen Achsen a, b und c; o, p und q muß ein ganzzahliges Zahlentripel sein, das an die Stelle von n in Gl. (1) tritt.

Da alle drei Gleichungen gleichzeitig erfüllt sein müssen, sind die Bedingungen für die Entstehung eines Beugungsspektrums am räumlichen Kristall wesentlich eingeschränkt gegenüber einem linearen Gitter. Die Gleichungen sind auch nicht voneinander unabhängig. Durch die Richtung des einfallenden Strahles sind α_0, β_0 und γ_0 bestimmt. Wenn nun o und p ganzzahlig sind, so sind α und β ebenfalls bestimmt. Dadurch ist aber γ für den gebeugten Strahl nicht mehr variabel, sondern durch Gl. (2) und (3) festgelegt. Wenn q nicht zufällig ganzzahlig ist, so entstehen keine Intensitätsmaxima der Beugung, und es fehlen somit Raumgitterinterferenzen.

Um solche zu erhalten, muß man deshalb entweder den Einfallwinkel ändern oder die Wellenlänge oder aber eine polychromatische Strahlung mit einem kon-

tinuierlichen Wellenband anwenden, so daß dann durch eine der vielen Wellenlängen des Bandes die Bedingungen der Gleichungen erfüllt werden.

Letzteres ist die Erklärung dafür, daß das erste Beugungsspektrum beim Durch-
strahlen eines Kupfersulfatkristalls von LAUES Mitarbeitern FRIEDRICH und KNIP-
PING mittels *polychromatischer* Röntgenstrahlung photographiert werden konnte.

Die Beugungserscheinungen am Kristallgitter können aber nach der von
BRAGG entwickelten Methode auch als eine Reflexionserscheinung an den Netzebenen erklärt werden. Das BRAGGsche Gesetz sagt aus,
daß Röntgenstrahlen an einem Atomgitter reflektiert
werden, wenn eine bestimmte Beziehung zwischen der
Wellenlänge λ, dem Einfallswinkel ϑ zu einer Netzebene
(h, k, l) und dem Abstand d der einzelnen Ebenen in der
Schar (h, k, l) besteht (Abb. 38). Die beiden parallelen
Netzebenen im Abstand d seien a und b, die von zwei
parallelen Strahlen e_1 und e_2 der Primärstrahlung erreicht
werden, welche unter dem Winkel ϑ mit der Wellen-

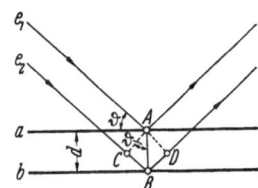

Abb. 38. Reflexion an zwei
Netzebenen, n. BRAGG

länge λ einfallen. Die Atome in A und B erzeugen wieder Sekundärwellen nach
allen Richtungen. Damit sich letztere in einer Reflexionsrichtung verstärken, müssen sie in Phase sein. Der Weg des reflektierten Strahles e_2 ist aber um den Betrag $C-B-D = 2\,d \sin \vartheta$ länger als der des Strahles e_1. Sie werden somit nur
in Phase sein, wenn

$$2\,d \sin \vartheta = n \cdot \lambda \tag{5}$$

ist, wobei n wieder eine ganze Zahl sein muß.

Ist λ bekannt, so kann man den Kristall so lange drehen, bis Reflexionen 1., 2. ...
usw. Ordnung entsprechend $n = 0,1 \ldots$ usw. erscheinen, wodurch die zugehörigen
Winkel ϑ gemessen und der Abstand d der Netzebenen bestimmt werden können.

An der Reflexion wirken zahlreiche Ebenen der Schar (h, k, l) mit. Wenn deren
Abstände Unregelmäßigkeiten durch eine Störung des idealen Atomgitters aufweisen, wie z.B. infolge von Reckungen oder Spannungen, so macht sich dies
sofort durch Unregelmäßigkeiten im Spektrum in Form unregelmäßiger Interferenzerscheinungen bemerkbar.

Die LAUE- und BRAGG-Gleichungen bilden den Ausgangspunkt für die Messungen von Atomabständen und Strukturbestimmungen von Gittern. Aus ihnen
werden die Formeln für die Beziehungen zwischen den Gitterparametern, den
MILLER-Indizes h, k, l, den Zahlentripeln o, p, q, dem Einfallwinkel und seinen
Richtungskosinus zu den kristallographischen Ebenen usw. abgeleitet, die das
mathematische Rüstzeug der röntgenographischen Kristallstrukturbestimmung
bilden, in Verbindung mit der genauen Kenntnis der verwendeten Wellenlängen
und der Intensitätsmessung der erzeugten Spektren.

1.17.2. Röntgenographische Untersuchungsmethoden

1.17.21. Polychromatische und monochromatische Strahlung

Wie die LAUE- und BRAGG-Gleichungen erkennen lassen, kann man für die
Strukturanalyse grundsätzlich polychromatische Röntgenstrahlung verwenden,
d.h. eine solche, die aus einer Mischung verschiedener Wellenlängen besteht und

deshalb in Analogie zum sichtbaren Licht als „weißes" Röntgenlicht bezeichnet wird, oder eine monochromatische Strahlung, d.h. eine solche mit nur *einer* Wellenlänge oder mit einer bestimmten Wellenlänge, die gegenüber den andern durch eine sehr viel größere Intensität hervorsticht. Das „Röntgenlicht" ist seiner Natur nach identisch mit dem sichtbaren Licht und unterscheidet sich nur

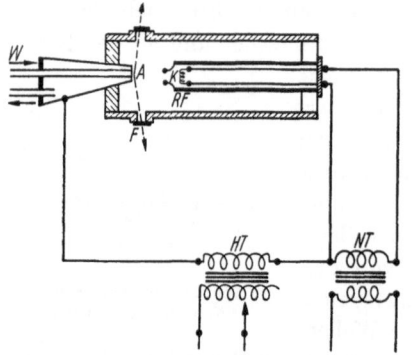

Abb. 39. Prinzip der Röntgenröhre

durch wesentlich kürzere Wellenlängen bzw. höhere Frequenzen (Größenordnung von λ 10^{-9} cm $= 1/10$ Å gegenüber 10^{-5} $= 1/10\,\mu$).

Röntgenlicht wird in Röntgenröhren erzeugt, die als kommerzielle Apparaturen in den verschiedensten Größen und Bauarten konstruktiv entwickelt worden sind. Abb. 39 zeigt das physikalisch-konstruktive Prinzip. In einer evakuierten Glasröhre sitzt auf der einen Seite die Glühkathode K aus Wolframdraht, auf der andern die wassergekühlte Anode oder „Antikathode" A.

Beide liegen an der Wicklung eines Hochspannungstransformators HT, wodurch ein hohes Potential zwischen den beiden Elektroden erzeugt wird, das in der Größen ordnung von 20 bis 200 kV liegt. Wird die Kathode durch den Strom des Niederspannungstransformators NT zum Glühen gebracht, so schleudert sie Elektronen aus, die, durch ein Rohr R_F fokusiert, unter der Wirkung des elektrischen Feldes zur Anode fliegen, wenn zwischen Kathode und Anode eine Gleichspannung besteht. Letztere kann außerhalb der Röhre durch einen besonderen Gleichrichter erzeugt werden, oder es kann auch die Röntgenröhre selbst als Gleichrichter dienen. Durch das Eindringen der Elektronen in den Atomverband des Kathodenmaterials wird von letzterem die Röntgenstrahlung ausgesendet, die durch entsprechende kon-

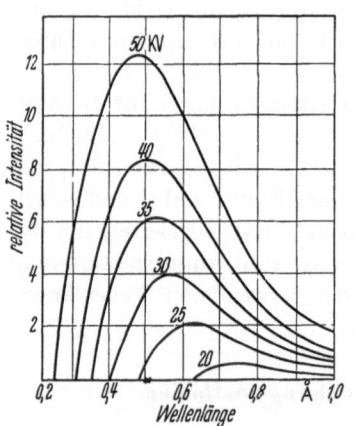

Abb. 40. Intensität einer Röntgenstrahlung, n. ULREY

struktive Gestaltung der Röhre und der Anode durch die Fenster F, welche z.B. aus einer Aluminiumfolie oder aus Beryllium oder Spezialglas bestehen, geradlinig nach außen strahlt. Diese Strahlung kann sich nach Ursache und Erscheinung aus zwei Arten zusammensetzen, der sog. *Bremsstrahlung* und der *Eigenstrahlung*.

Die rasch fliegenden Elektronen werden im elektrischen Feld an der Antikathode rasch abgebremst. Es entsteht dadurch Wärme, die im Kühlwasser W abgeführt wird, aber überdies wird eine elektromagnetische Strahlung mit kontinuierlichem Spektrum ausgelöst, als „weißes" Röntgenlicht. Die Breite dieses Spektrums, vor allem auch dessen kürzeste Wellenlänge, sowie die Strahlungsintensität der einzelnen Wellenlängen innerhalb des Spektrums hängen von der Substanz der Antikathode und von der Röhrenspannung ab. Abb. 40 zeigt diesen Zusammenhang. Der Vorgang selbst ist eine Umwandlung einer Korpuskularstrah-

lung (Elektronenstrom, elektrischer Strom) in eine elektromagnetische Wellenstrahlung (Röntgenlicht). Die kleinste Wellenlänge λ_{min} des Spektrums ergibt sich
dabei zu

$$\lambda_{min} = \frac{h \cdot c}{V \cdot e}, \tag{1}$$

wobei

h = PLANCKsches Wirkungsquantum, V = Potential im absoluten Maßsystem,
e = elektrisches Elementarquantum c = Lichtgeschwindigkeit ist.
(Ladung des Elektrons),

Rechnet man im elektrotechnischen Maßsystem, d.h. mit der Spannung in Volt,
so wird

$$\lambda_{min} = \frac{1,24}{Volt} \cdot 10^{-4}\,cm\,.$$

Neben dieser *kontinuierlichen* Strahlung treten Strahlungen *diskreter* Wellenlängen und sehr viel stärkerer Intensität hinzu, sobald ein bestimmtes Potential
überschritten wird, das sog. Anregungspotential, das für die einzelnen Atomsorten
der Antikathode verschieden ist. Es handelt sich dabei um Strahlungsenergie, die
dadurch frei wird, daß die an der Antikathode anprallenden Elektronen die Atome
der Antikathode „anregen", d.h. einzelne ihrer Elektronen, welche normalerweise
im stabilen Zustand, bildlich gesprochen, in bestimmten Bahnen und Schalen der
Elektronenhülle kreisen, auf Bahnen höheren Niveaus befördern oder aus der
Elektronenhülle herauslösen (s. Abschn. 1.23).

Die dadurch entstehenden Lücken in einer
stabilen Schale werden dann sofort durch ein
anderes, aus einem höheren Energieniveau
stammendes Elektron ausgefüllt; dabei wird
dessen Energie verringert und der dadurch freiwerdende Energieunterschied als intensive
Eigenstrahlung ausgesandt. Je niedriger das
Energieniveau ist, welches der Lückenbüßer
annimmt, desto größer ist der freiwerdende
Energieunterschied und damit die Intensität
der Strahlung. Entsprechend dem steigenden
Energieniveau der K-, L-, M- usw. Schalen ist
die ausgestrahlte Energie bei Auffüllung einer
Lücke der K-Schale am größten. Die Wellenlänge der Strahlung hängt von der Atomsorte
des Antikathodenmaterials sowie von der
Schale, die aufgefüllt wurde ab und kann nur
diskrete Werte annehmen. Man bezeichnet die

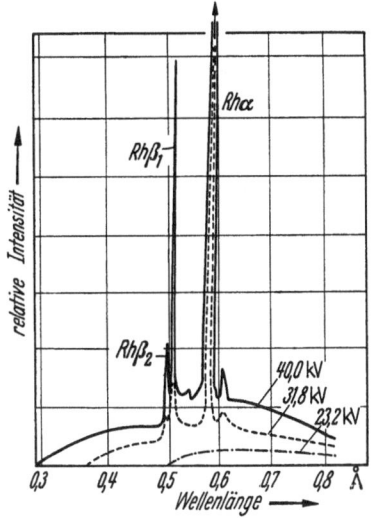

Abb. 41. Intensitätsverteilung einer
Röntgenstrahlung, n. SIEGBAHN

Eigenstrahlung als K-, L-, M- usw. Strahlung des betreffenden Materials, wobei
noch weitere diskrete Unterteilungen des Spektrums (Dublett, Triplett) vorkommen können, die dann mit K_α, K_β usw. bezeichnet werden.

Im Gegensatz zur polychromatischen „weißen" Bremsstrahlung, wie sie in
Abb. 40 dargestellt war, und die ein kontinuierliches Spektrum erzeugen, treten
also noch einzelne besonders intensive Spektrallinien, ein Linienspektrum, innerhalb des Bandes auf, herrührend durch Superposition der Eigenstrahlung. Abb. 41
zeigt die Wellenlängenverteilung und Intensität eines Gesamtspektrums, wobei

hervorzuheben ist, daß die Intensität einiger Spektrallinien der Eigenstrahlung so viel stärker ist als die Bremsstrahlung oder auch als manche schwächere Linien der Eigenstrahlung, daß dies in der Abbildung nicht maßstäblich gezeigt werden kann.

Das ist günstig, weil man dadurch in der Lage ist, praktisch monochromatisches Röntgenlicht für die Analysen zu erzeugen, wobei die schwachen Strahlen der Bremsstrahlung nicht stören, oder weil man auch die eine oder andere der schwächeren Wellenlängen der Eigenstrahlung herausfiltern kann; sie bleiben in einer passenden Metallfolie, die man zwischen die Röhre und den zu untersuchenden Kristall schiebt, stecken, unter Umständen auch schon im Material des Fensters F (Abb. 39).

Praktisch arbeiten deshalb die Röntgenographen mit „K"- und „L"-Strahlen der verschiedenen Anodenmaterialien, deren Wellenlängen genau bekannt sind.

1.17.22. Die wichtigsten Verfahren

Man kann im wesentlichen drei Verfahren unterscheiden, die die Namen ihrer Entdecker bzw. Erfinder tragen:

a) Das LAUE-Verfahren als das älteste Verfahren, durch welches der geordnete atomare Aufbau des Kristalls erstmals experimentell nachgewiesen wurde;
b) das BRAGG-Verfahren;
c) das DEBYE-SCHERRER-Verfahren. – Hinzu kommt noch
d) das Rückstrahlverfahren.

a) Beim *Laue-Verfahren* (Abb. 42) wird ein feines Bündel von polychromatischem Röntgenlicht R, das durch eine Öffnung von etwa 0,5 mm $\varnothing$ in einem Bleischirm B hindurchtritt, auf einen dünnen Einkristall K von weniger als $^1/_{10}$ mm

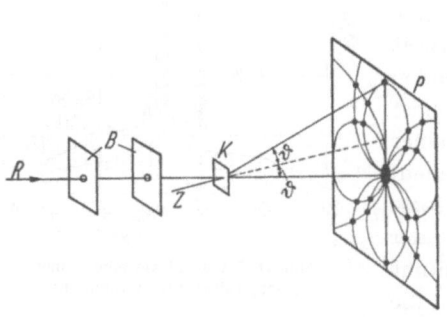

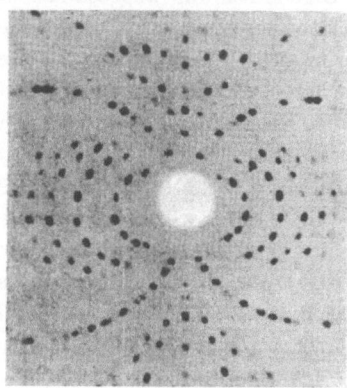

Abb. 42. Entstehung eines Röntgenbildes nach dem LAUE-Verfahren: R polychromatische Röntgenstrahlung, B Bleischirme, K Kristall, P photographische Platte, Z Zonenachse

Abb. 43. LAUE-Aufnahme von einem Quarzeinkristall (EMPA)

Dicke geworfen, hinter welchem eine photographische Platte P aufgestellt ist, normal zum Primärstrahl, wodurch im Zentrum ein größerer Fleck entsteht. Um diesen herum bilden sich durch die gebeugten Strahlen weitere Flecken als ein reguläres symmetrisches Muster aus (Abb. 43).

Diese Flecken liegen auf Schnittpunkten von Ellipsen verschiedener Größe und Lage, deren große Achsen sich alle im Zentrum schneiden.

Die Beugung der Strahlen im Atomgitter entsprechend den Bedingungen der LAUE-Gleichungen kann ebensogut als eine Reflexion aufgefaßt werden, und zwar an Netzebenen, für welche die BRAGG-Gleichung $n \cdot \lambda = 2d \sin \vartheta$ gilt.

Da bei der LAUE-Methode die Richtung des Primärstrahls und die Lage des Kristalls nicht geändert werden, liegen auch die Winkel fest, unter welchen der Primärstrahl auf die Netzebenen $\{h, k, l\}$ auftrifft. Die einzigen Variablen sind dann n und λ. Da die Strahlung polychromatisch ist, wird sie auch Wellen mit bestimmten Werten von λ enthalten, welche der BRAGG-Gleichung genügen, gleichgültig wie die Gitterebenen orientiert sind. Diese verhalten sich so wie einfache Spiegel, welche die Röntgenstrahlen reflektieren, unabhängig vom Einfallwinkel. Irgendeine Ebenenschar liegt nun parallel zu einer gegebenen Richtung, einer „Zonenachse" Z, die mit dem einfallenden Strahl den Winkel ϑ einschließt. Zur gleichen Achse liegen aber auch viele andere Ebenenscharen parallel. Die reflektierten Strahlen bilden deshalb einen Kegel mit dem Spitzenwinkel 2ϑ um diese Zonenachse, der die Ebene der photographischen Platte in einer Ellipse schneidet. Da aber eine Ebene erst in ihrer Lage bestimmt ist, wenn sie zu einer zweiten Geraden, d.h. in diesem Fall einer zweiten Zonenachse, parallel liegt, muß jeder reflektierte Fleck zwei Reflexionskegeln angehören und liegt deshalb auf dem Schnittpunkt von zwei Ellipsen als dem einzigen Punkt, der den LAUE-Gleichungen genügt.

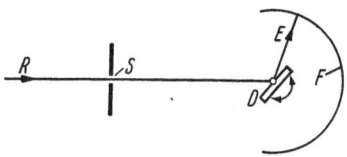

Abb. 44. Entstehung eines Röntgenbildes nach dem BRAGG- bzw. Drehkristallverfahren: R monochromatisches Röntgenstrahlenbündel, S Spalt, D Kristall, E reflektierter Strahl, F Photofilm

Die stereometrische Rekonstruktion eines unbekannten Gitters ist nach der LAUE-Methode schwierig, weil jeder Fleck durch Überschneidung von Reflexionskonen verschiedener Ordnung und von verschiedenen Wellenlängen herrührt.

Außerdem ist die Herstellung dünnster Einkristalle schwierig. Die Methode wird deshalb nicht mehr zur Strukturanalyse angewendet, wohl aber, um Gitterverzerrungen, wie sie z.B. durch Kaltverformung entstehen, festzustellen.

b) Das Bragg-Verfahren (Abb. 44) und das sogenannte *Drehkristallverfahren* sind nahe verwandt. Man benützt dafür ein monochromatisches Strahlenbündel, das auf die Oberfläche des Einkristalles geworfen wird. Letzterer wird gedreht oder geschwenkt, bis eine Netzebene in eine solche Lage zum einfallenden Strahl kommt, daß er reflektiert wird. Durch kontinuierliche Schwenkung erhält man dann Reflexionen von verschiedener Ordnung an verschiedenen Gitterebenen. Die reflektierten Strahlen belichten einen halbkreisförmig um das Drehzentrum angeordneten Film.

In Verbindung mit einer Intensitätsmessung der Strahlung an den Stellen, wo die Flecken sind, ist die Drehkristallmethode die geeignetste und genaueste für die Bestimmung der Parameter, Struktur und Stereometrie der Atomgitter. Solche Bestimmungen erfordern freilich große Übung und Kombinationsgabe, denn sie sind nur durch die Methode von Probe und Irrtum möglich.

Die Intensitätsmessung, aus welcher dann Rückschlüsse auf die Ordnungsklasse der reflektierten Strahlen und Schichtdicken möglich sind, erfolgt in einer

Ionisationskammer, die dann an die Stelle des Filmes tritt oder durch ein Geiger-
zählrohr. In vielen Fällen kann sich der erfahrene Experimentator mit einer ver-
gleichsweisen Schätzung an Hand bekannter und ausgewerteter Aufnahmen begnügen.

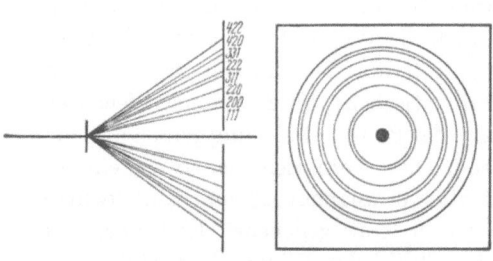

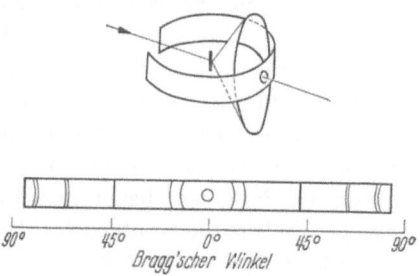

Abb. 45. Beugungskonen beim DEBYE-SCHERRER-
Verfahren

Abb. 46. Entstehung des Röntgenbildes nach dem
DEBYE-SCHERRER-Verfahren

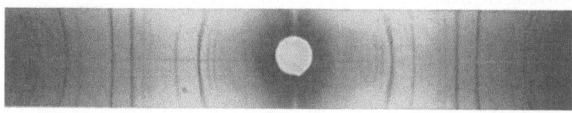

Abb. 47. DEBYE-SCHERRER-Aufnahme von Magnetit (EMPA)

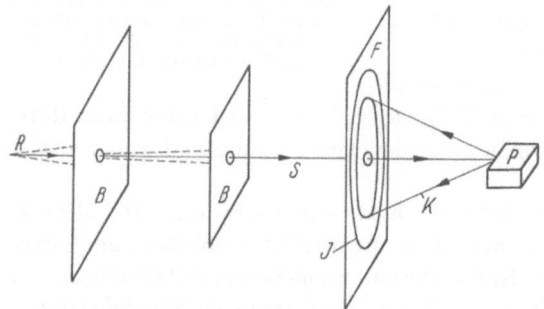

Abb. 48. Entstehung des Röntgenbildes beim Rückstrahlverfahren:
R Röntgenstrahlung, *B* Blenden, *S* ausgeblendeter Strahl, *F* Film,
K Reflexionskegel, *I* Interferenzlinien, *P* Probe

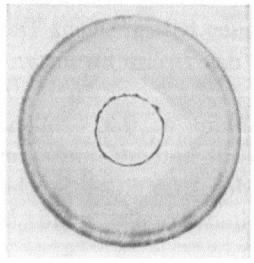

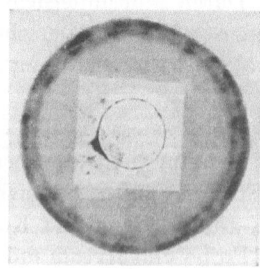

Abb. 49. Rückstrahlaufnahme von
unverspanntem α-Eisen (EMPA)

Abb. 50. Rückstrahlaufnahme von
kaltgerecktem α-Eisen (EMPA)

c) Das *Debye-Scherrer-
Verfahren*, das auch als *Pulververfahren* bezeichnet wird,
hat den großen Vorzug, daß
man nicht auf Einkristalle
angewiesen ist, sondern ein
polykristallines Haufwerk,
sei es in Form von losem Pulver, sei es ein Stück Metall,
analysieren kann. Man verwendet monochromatisches
Licht, das auf die Probe fällt.

Es liegt ihm folgende
Überlegung zugrunde: Die
kristallographische Orientierung der zahlreichen Kristallite in der Probe ist zufällig
und nach allen möglichen
Richtungen gleichmäßig verteilt. Einige der Kristallite
werden deshalb so orientiert
sein, daß einige ihrer Netzebenen der BRAGG-Gleichung
für die Reflexion genügen
und deshalb im Winkel ϑ
zum Lichtstrahl liegen. Deshalb müssen die reflektierten
Strahlen mit den Richtungs-
indizes *h, k, l* alle auf einem
Kegelmantel liegen, dessen

Spitzenwinkel $= 4\,\vartheta$ ist. Jeder dieser Beugungskonen h, k, l bildet einen geschwärzten Kreis auf der photographischen Platte ab. Statt der Platte wird meist ein gebogener Filmstreifen benützt.

Abb. 45 zeigt das Schema der Beugungskonen mit den beispielsweise angeschriebenen Indizes für die Netzebenen eines kb-fl-Gitters, Abb. 46 das Schema der Anordnung und Abb. 47 ein Beispiel einer Aufnahme.

d) In der praktischen Metallographie wird heute fast ausschließlich das *Rückstrahlverfahren* angewendet, das auf den Prinzipien des Bragg- und Pulververfahrens beruht, als eine zerstörungsfreie Methode der Feinstrukturuntersuchung (Abb. 48). Analog dem Pulververfahren gestattet das Rückstrahlverfahren, rasch eine Änderung der Struktur einer Kristallart festzustellen. Durch Vergleiche mit bekannten Röntgenbildern kann man nämlich das Auftreten bestimmter Kristallarten, deren Abweichungen vom Normalzustand, die Umwandlung von Kristallarten oder deren Verschwinden usw. verfolgen und sich durch Auswertung der Röntgeninterferenzen ein Bild von den Vorgängen im Atomgitter machen. Dabei läßt sich freilich kein Einzelergebnis, wohl aber das durchschnittliche Verhalten des kristallinen oder molekularen Zustandes feststellen.

Beispielsweise zeigt Abb. 49 die Rückstrahlaufnahme von α-Eisen im idealen, unverspannten Zustand. Da hier alle Kristallite die gleiche Gitterkonstante haben, tritt keine Störung der Gitterstruktur auf, wodurch in der Aufnahme die beiden geschlossenen Inter-

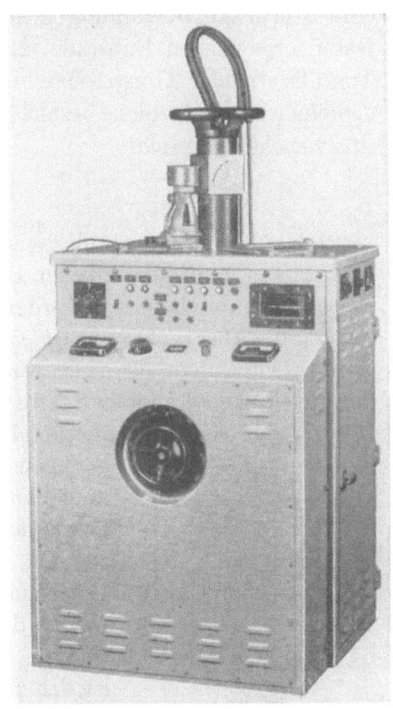

Abb. 51. Röntgenanlage für Kristallanalysen
(Fabr. Hilger & Watts)

ferenzringe (sog. Dublett) entstehen. Das gleiche Material ergibt hingegen im kaltgereckten Zustand ein Röntgenbild nach Abb. 50. Infolge der Gitterverzerrungen und schwankenden Gitterkonstanten verwischt sich das scharfe Dublett mit starken Intensitätsschwankungen längs der Interferenzringe. Abb. 51 zeigt eine moderne Röntgenanlage für solche Untersuchungen.

1.18. Kristalle und Moleküle – Begriffe

Der Begriff Kristall hat durch die Entdeckung seiner festen atomaren Baupläne eine solche Ausweitung erfahren, daß dessen Abgrenzung ohne eine gewisse Willkür nicht mehr möglich ist. Dasselbe gilt aber auch für die Begriffe Molekül, chemische Verbindung, Verbindung, Mischkristall und Legierung. Sie lassen sich nicht immer scharf abgrenzen, weil einerseits die Natur selbst keine scharfen Grenzen zieht, anderseits verschiedene Kriterien hierfür herangezogen werden müssen, wie der atomare Bauplan, die interatomaren Kohäsionskräfte, der Bau der einzelnen Atomsorten und der Energieinhalt der ganzen Gebilde. Je nach den Kriterien können sich dann die Begriffe überschneiden. Ihrer chemischen und physikalischen Natur nach sind Kristalle feste Körper, dadurch gekennzeichnet, daß sie nach einem streng gesetzlichen Bauplan aus ihren arteigenen gleichen oder verschiedenen Atomen aufgebaut und dabei in *beliebiger Größe* existenz*fähig* sind. Ihre tatsächliche Größe wird ausschließlich durch *äußere* Umstände, wie mechanische Hindernisse, Temperaturfelder, artfremde Atome oder Moleküle, Wellen- oder Korpuskularstrahlung begrenzt. Danach sind auch manche Moleküle der festen organischen Substanz, z.B. solche, die ihrerseits wieder Bausteine von Textilfasern oder Kunststoffen bilden, sehr kleine Kristalle, obgleich man sie im allgemeinen nicht als solche bezeichnet, wohl aber von der *kristallinen Struktur* solcher *Makromoleküle* spricht.

1.18.1. Moleküle

Moleküle sind aus mindestens 2 gleichen oder verschiedenen Atomen ebenfalls nach einem naturgesetzlichen Bauplan bestehende *Substanz*einheiten, die nicht weiter mechanisch zerlegt werden können. Sie können als in sich abgeschlossene, selbständig aber *nicht in beliebiger Größe* existenz*fähige* Bausteine der Materie auftreten. Je nachdem, ob die letztere gasförmig, flüssig oder fest ist, sind die zwischen den Molekülen wirkenden Kräfte abstoßend, z.B. zwischen den Molekülen O_2 eines Gases, oder schwach anziehend, z.B. zwischen den Molekülen oder Molekül-

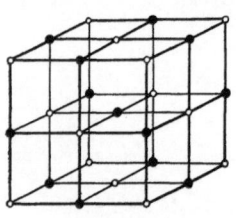

gruppen H_2O im Wasser oder zwischen den kompliziert aufgebauten größeren, abgesättigten Molekülen namentlich organischer Substanzen im festen Zustand der letzteren. Die zwischen*molekularen* Anziehungskräfte sind stets wesentlich kleiner, als die zwischen*atomaren* Kräfte, durch welche die Atome in den Molekülen zusammengehalten werden. Feste Materie, die direkt aus Atomen aufgebaut ist, d.h. Kristalle, unterscheidet sich deshalb grundsätzlich

Abb. 52.
Das Steinsalz- (NaCl) Gitter:
○ Cl-Atome, ● Na-Atome

von solcher, die aus Molekülen aufgebaut ist, z.B. von vielen organischen und Kunststoffen. In Kristallen gibt es deshalb keine Moleküle, denn weder nach ihrem atomaren Bauplan, der sich in beliebiger Wiederholung unverändert bis zu beliebiger Größe erstreckt, noch nach den im Bauplan wirkenden Kräften lassen sich Moleküle abgrenzen. Man erkennt dies besonders deutlich am einfachen monotonen einatomigen Bauplan z.B. eines Cu- oder Ni-Kristalles mit kb-fl-Gitter (Abb. 21); es läßt sich kein Molekül abgrenzen, es wirken überall starke zwischenatomare

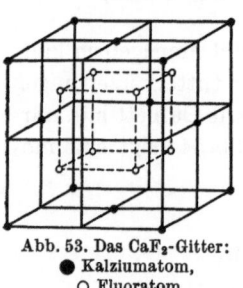

Abb. 53. Das CaF$_2$-Gitter:
● Kalziumatom,
○ Fluoratom

Kräfte. Dasselbe gilt aber auch für den monotonen zweiatomigen Bauplan des NaCl-Kristalls (Abb. 52) oder des

CaF$_2$-Kristalls (Abb. 53). Die chemischen Molekularformeln NaCl bzw. CaF$_2$ bedeuten oder beweisen nicht, daß entsprechende Moleküle abgrenzbar oder existenzfähig sind, im Gegensatz zur Molekularformel O_2 oder H_2O.

Es ginge auch nicht an, etwa nach Vereinbarung in Kristallen die kleinstmögliche Atomgruppe als deren Moleküle zu bezeichnen, also z.B. von Cu$_2$- oder NaCl-Molekülen zu sprechen. Reine C-Kristalle wären nämlich dann z.B. aus „C$_2$-Molekülen" aufgebaut. Ein Blick auf die beiden Gittertypen, in denen Kohlenstoff kristallisieren kann, das Diamantgitter (Abb. 54) und das Graphitgitter (Abb. 55) genügt, um zu erkennen, daß der Begriff eines „C_2"-Moleküls sinnlos wäre, da aus „C_2"-Molekülen Makrosubstanzen mit sehr verschiedenen Eigenschaften entstehen können, entsprechend der Struktur des entstandenen C-Kristalls.

1.18.2. Molekulare Konfigurationen

Wenn es in Kristallen auch keine Moleküle gibt, so können anderseits deutlich *abgrenzbare Baumuster* auftreten, wie beispielsweise im Fe_3C-Kristall (Abb. 19), im Diamant (Abb. 54) oder in der Zinkblende (Abb. 56).

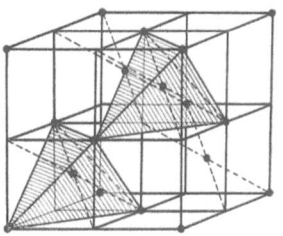

Abb. 54. Das Diamantgitter

Gegenüber Molekülen sind diese atomaren Baugruppen deutlich dadurch unterschieden, daß sie mit den benachbarten Gruppen durch *gemeinsame Atome verknüpft* sind, also durch starke zwischenatomare Kräfte und nicht durch schwache zwischenmolekulare. Abgesehen davon unterscheiden sie sich von Molekülen auch dadurch, daß es sich nicht um begrenzte, abgesättigte, für sich existenzfähige Baugruppen handelt. Wegen der gemeinsamen Atome sind Kristalle mit abgrenzbaren Baumustern in beliebiger Größe existenzfähig, Moleküle dagegen nicht. Wenn „Moleküle" in beliebiger Größe existenz*fähig* sind, müßte man sie folgerichtig nicht als solche, sondern als Kristalle bezeichnen, wenngleich man in organischen Verbindungen meist unterschiedslos von Molekülen oder Riesenmolekülen spricht, gleichgültig, ob sie von Natur aus abgesättigte und damit nur in endlicher Größe existenzfähige Substanzeinheiten sind oder nicht.

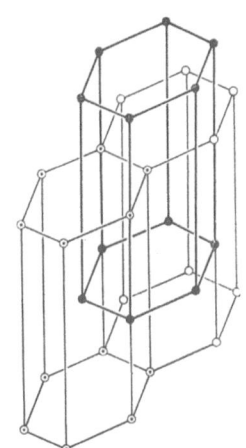

Abb. 55. Das Graphitgitter

Abgrenzbare, durch gemeinsame Atome miteinander verbundene Baugruppen in Kristallen kann man als *molekulare Konfigurationen* bezeichnen. Ebenso wie Kristalle mit monotonen Strukturen können sie aus einer oder mehreren Atomsorten bestehen. Wenn mehr als eine Atomsorte beteiligt ist, so ergeben sich ganzzahlige Atomverhältnisse und entsprechende Molekularformeln, wie z. B. Fe_3C.

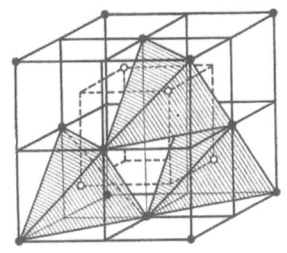

Abb. 56. Das ZnS-Gitter:
● Zinkatom, ○ Schwefelatom

1.2. Die Bindungskräfte in Kristallen

1.21. Schema einer Einteilung

Die zwischen den einzelnen Atomen bzw. zwischen Molekularverbänden auftretenden Bindungskräfte lassen sich schematisch in 1. ionische, auch als polare oder heteropolare bezeichnete; — 2. unpolare, auch als homöopolare oder covalente bezeichnete; — 3. metallische; und — 4. VAN DER WAALSsche Bindungen einteilen.

Diese Einteilung hat durchaus schematischen Charakter. In Wirklichkeit tritt nur als idealer Grenzfall die eine oder andere Bindungsart rein und für sich allein auf. Ferner ist die vierte dieser Bindungsarten eine zusammenfassende Bezeichnung für Bindungskräfte, die keinem der drei anderen Schemata entsprechen und in welcher deshalb je nach verschiedenen Hypothesen und Forschungsergebnissen verschiedene Ursachen und Wirkungen von Energiezuständen zusammengefaßt sind.

1.22. Die Elektronenhülle der Atome

Die, wie man mit größter Wahrscheinlichkeit anzunehmen berechtigt ist, nicht mehr unterteilbaren Bauelemente des Atoms sind *positive* und *negative elektrische Elementarquanten,* die, für sich isoliert betrachtet, ebensogut den Charakter einer Energie wie den einer Materie haben. Durch diese experimentell erhärtete Fundamentaltatsache sind die Gesetze von der Erhaltung der Energie und von der Konstanz der Materie in das eine Gesetz von der Erhaltung der Summe von Materie und Energie verschmolzen worden, wobei sich Materie in Energie verwandeln und Energie sich materialisieren kann.

Aus den Ur-Bauteilen bauen sich zwei deutlich verschiedene Bezirke des Atoms auf: der *Kern* und die *Elektronenhülle.* Als Modell denkt man sich den Kern als eine konzentrierte Zusammenballung von elektrisch positiv geladenen *Protonen* und elektrisch neutralen *Neutronen,* beide ihrerseits aufgebaut aus den Ur-Bausteinen und in der Größenordnung von 10^{-13} cm in der Ausdehnung beim H-Kern, der aus einem Proton mit der Masse $\sim 1,7 \cdot 10^{-24}$ g gebildet wird. Der Kern enthält nahezu die ganze Masse der betr. Atomsorte und bestimmt deshalb das Atomgewicht. Um den Kern herum bewegen sich eine Anzahl freier *Elektronen* als Träger von elektrischen Elementarladungen in einem Abstand in der Größenordnung von 0,5 Å wie Planeten um eine Sonne. Die Elektronen ihrerseits sind sehr klein im Verhältnis zum Kern und zu ihrem Abstand vom Kern, denn ihre Masse beträgt nur $\sim 0,9 \cdot 10^{-27}$ g, so daß also das Atom aus einem Kern und einer Elektronenhülle und sehr viel „freiem" Raum besteht. Der Aufbau dieser Elektronenhülle ist weitgehend erforscht und gibt einen Schlüssel für die Erklärung der chemischen und physikalischen Eigenschaften der Atomsorten sowie deren Bindungskräfte untereinander. Von den gesicherten Forschungsergebnissen ist jedoch einzig die Tatsache *vorstellbar,* daß wir es mit 92 Grundsorten von Atomen zu tun haben, die dadurch gekennzeichnet sind, daß ihre Kernmassen von der kleinsten Einheit, dem Wasserstoffkern oder Proton, bis zur größten und schwersten, dem Urankern, als einer Mischung von Protonen und Neutronen, eine Reihe bilden, deren Massengewichte ungefähr den bekannten Atomgewichten entsprechen, also eine unregelmäßige Progression von 1 bis 238 darstellen. Die Kerne besitzen positive elektrische Ladung, im Gegensatz zur Masse steigt aber ihre Ladung von Nr. 1 bis Nr. 92 exakt um jeweils eine positive Ladungseinheit an, entsprechend der Anzahl Protonen. Die Elektronenhülle des freien, für sich isoliert gedachten, elektrisch neutralen Atoms besteht aus ebensoviel Elektronen, als positive Ladungseinheiten im Kern vorhanden sind. Die Reihe der 92 Atomsorten besitzt also Elektronenhüllen, beginnend mit einem frei beweglichen Elektron und endend mit 92.

Die Elemente bilden deshalb ein *natürliches Ordnungssystem* mit den Ordnungsnummern 1 bis 92. Innerhalb dieser Ordnungsreihe mit unregelmäßig steigendem Atomgewicht des Kerns und regelmäßig steigender Anzahl von Hüllelektronen wiederholen sich in periodischen Abständen gewisse chemische und physikalische Eigenschaften bei den Elementen, wodurch sich eine Einteilung der ganzen Reihe in mehrere Perioden, das periodische System der Elemente, ergibt. Diese Perioden sind nicht alle gleich lang, vielmehr umfaßt die erste Periode nur 2 Elemente, H und He, mit den Ordnungszahlen 1 und 2, die zweite und dritte Periode je 8, die vierte und fünfte je 18, die sechste 32 Elemente, während die siebente und letzte Periode mit nur 6 Elementen unvollständig ist.

Es ergibt sich das bekannte Schema des *periodischen Systems* mit kurzen und langen Perioden, nach Abb. 57.

Die periodisch wiederkehrenden Eigenschaften bestehen vor allem in der

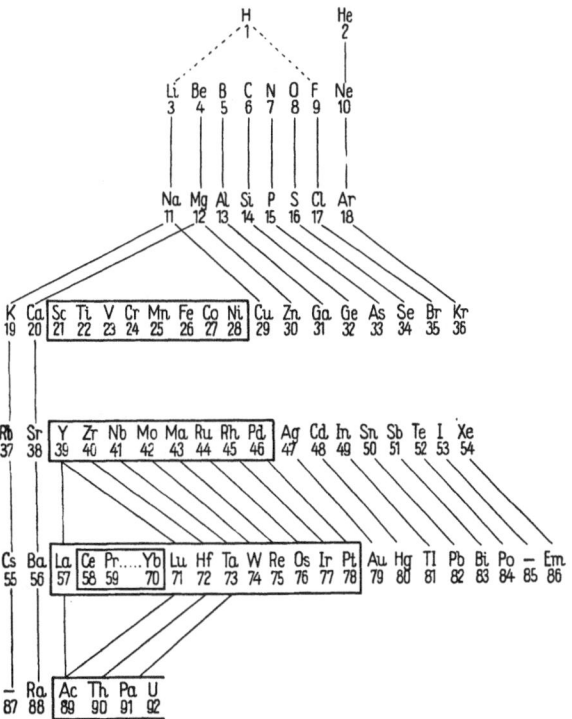

Abb. 57. Das periodische System der Elemente

Art des chemischen Verhaltens – chemischen Valenzen – und in der Natur der optischen Spektren, in welchen Spektrallinien gleicher Wellenlänge sich wiederholen. Dies führte zu der Schlußfolgerung, daß der Aufbau der Elektronenhülle als des Trägers der chemisch-physikalischen Eigenschaften ebenfalls periodisch erfolgt, d.h. daß sich stabile *Gruppen* oder „*Schalen*" von Elektronen ausbilden; die periodische Wiederkehr von Eigenschaften wird dadurch verursacht, daß sich der Reihe nach Schalen von 2, 8, 8, 18 usw. Elektronen bilden und die Anzahl der Elektronen in einer nicht komplettierten Schale in erster Linie maßgebend für die Eigenschaften ist. Die Schalen erhielten die Bezeichnung *K-*, *L-*, *M- . . .* usw. Schale.

Jeweils das letzte Element einer Periode, also 2 He, 10 Ne, 18 Ar usw., besitzt eine äußerste Schale, die vollständig mit Elektronen besetzt ist. Es sind dies die Edelgase, gekennzeichnet durch äußerste Stabilität des Atomaufbaus, was zur Folge hat, daß diese Elemente chemisch praktisch indifferent sind, d.h. keine Verbindungen eingehen.

Die Elektronen der äußersten Schale sind die *Valenzelektronen*. Da die Natur stets einen Gleichgewichtszustand anstrebt, d.h. stets den *stabilsten Zustand mit*

Periode Nr.	Element Nr. von	Element Nr. bis	Anzahl Elemente	Schale
1	1 H	2 He	2	K
2	3 Li	10 Ne	8	L
3	11 Na	18 Ar	8	M
4	19 L	36 Kr	18	N
5	37 Rb	54 Xe	18	O
6	55 Cs	86 Ru	32	P
7	87 —	92 U	6 (unvollständig)	Q
			92	

dem niedrigsten Energieniveau, liegt der Schlüssel für alle gegenseitigen Einwirkungen von Atomen, z. B. für die Bildung von Molekularverbänden oder kristallinen Bindungskräften, stets darin, daß die Tendenz besteht, einerseits die äußersten Schalen durch Einfangen oder Abstoßen von Elektronen zu komplettieren, „Edelgasschalen" zu bilden, anderseits die elektrostatischen Anziehungs- oder Abstoßungskräfte zu kompensieren.

Der Aufbau der *K-, L-, M-* ... usw. Schalen erfolgt nun bei steigender Elektronenzahl der Hülle nicht so, daß zuerst jede Schale jeweils völlig besetzt wird, ehe der Aufbau der nächsten beginnt, vielmehr treten bereits in der vierten Periode beim Aufbau der *N*-Schale Unregelmäßigkeiten auf, derart, daß bereits eine Bildung der *N*-Schale einsetzt, bevor die Auffüllung der *M*-Schale beendet wird. Es entstehen dadurch in der Periodizität *Untergruppen,* gekennzeichnet durch eine bevorzugte Bildung von *Oktetten* innerhalb einer Schale.

Die Gesetzmäßigkeit für die Bildung der Schalen, der Gruppen und Untergruppen ist durch die *Quantentheorie* erklärt worden, deren Ergebnisse und Schlußfolgerungen durch das Experiment in hervorragender Weise bestätigt wurden, die anderseits das noch real vorstellbare Atommodell, bestehend aus einem Zentralkern und den ihn planetenartig umkreisenden Elektronen, durch abstrakt-mathematische Definitionen ersetzt hat.

Wenn daher von „Bahnen" der Hüllelektronen die Rede ist, so muß hervorgehoben werden, daß diese *Fiktionen* sind, da wir nicht in der Lage sind, solche Bahnen *innerhalb unseres raum-zeitlichen Vorstellungsvermögens* mathematisch zu beschreiben. Die Unmöglichkeit der realistischen Bahnbeschreibung eines Hüllelektrons im Sinne der klassischen Mechanik beruht auf dem Umstand, daß wir uns dabei an dem *Grenzübergang der Begriffe Materie und Energie* befinden, wie er durch die *Relativitätstheorie* aufgedeckt worden ist; das hat zur Folge, daß sehr kleine und rasch bewegte Teilchen für uns wahrnehmbare und meßbare Wirkungen haben, die „sowohl" so gedeutet werden können, „als ob" es sich um „materielle Teilchen" handeln würde, „als auch" so, „als ob" es sich um nicht materielle, rein energetische Schwingungen oder Wellen handeln würde. Eine der Fundamentalfragen der Physik und unseres physikalischen Weltbildes, ob es sich z. B. bei den Lichtstrahlen um eine korpuskulare Strahlung, die demnach also z. B. der Gravitation unterliegt, handelt oder um eine nicht materielle elektromagnetische Energiewelle, wurde durch die Quantenmechanik und die Relativitätstheorie dahin beantwortet, daß die Fragestellung „entweder – oder" falsch ist und daß die Antwort „sowohl – als auch" lautet. Nach dieser grundsätzlichen Erkenntnis der *Doppelnatur* von der zweifachen *Erscheinungsform* der uns unbekannten „wahren" Natur des Lichtes und ähnlicher Erscheinungen, wie beispielsweise der Elektronenbewegungen in der Atomhülle, war es nur konsequent, diese philosophische Erkenntnis derart zu verallgemeinern, daß sie für die Materie und die Energie schlechthin gilt und daß daher die mathematisch-abstrakten Beziehungen, die für die beiden wahrnehmbaren und meßbaren Erscheinungsformen mancher Strahlungen festgestellt werden konnten, allgemein anwendbar sind auf die Beziehung zwischen Masse (Materie) und Energie. Diese Beziehung kommt in der Fundamentalformel $E = m\,c^2$ zum Ausdruck, die besagt, daß jeder Masse m eine Energie E innewohnt, wobei c die Lichtgeschwindigkeit bedeutet. Da anderseits auch Energie als Wellenstrahlung in Erscheinung tritt, wird in der *Wellenmechanik* der Masse eine „Materiewelle" zugeordnet, deren Wellenlänge $\lambda = \dfrac{h}{m \cdot v}$ ist, wobei h eine Naturkonstante, das *elementare Wirkungsquantum* $= 6{,}62 \cdot 10^{-27}$ erg sec ist und v die Geschwindigkeit der Masse. Für $v = 0$ würde $\lambda = \infty$, d.h., es geht eine unendlich weiche „Strahlung" von der Masse aus, die als solche nicht wahrnehmbar oder meßbar ist. Rasch bewegte Partikelchen, z.B. Elektronen, können dagegen als härtere Strahlung wirken und dadurch den Wellengesetzen der Strahlung gehorchen.

Für ein Elektron ist insbesondere $h/m = 7{,}27$, was zur Folge hat, daß Elektronen, die sich beispielsweise mit 10^7 bis 10^9 cm sec^{-1} bewegen, in den Wellenlängen der zugehörigen Materiewellen mit den Röntgenstrahlen übereinstimmen und deshalb auch völlig den gleichen Wellengesetzen für die Beugung usw. gehorchen.

1.23. Die diskreten Energiestufen der Hüllelektronen

Wegen der Doppelnatur der Hüllelektronen hat das Atommodell, das zur Veranschaulichung der Elektronenhülle herangezogen wird, nur einen symbolischen Charakter. Anderseits lassen sich die quantentheoretischen Erkenntnisse mit Hilfe solcher symbolischen Elektronenbahnen am einfachsten formulieren.

Die *Quantentheorie* behauptet, gestützt auf Messungen und deren theoretische Interpretation, daß Energie nicht in beliebig kleinen Mengen existieren kann, sondern daß analog einer minimal existenzfähigen Menge Materie, die entweder existiert oder nicht existiert, auch die Energie unterhalb kleinster Mengen oder Quanten nicht vorhanden sein kann. Die kleinste Menge einer Strahlungsenergie ist proportional der Schwingungszahl oder Frequenz ν der Strahlung, wobei als Proportionalitätsfaktor wieder die universelle Naturkonstante, das elementare Wirkungsquantum h, auftritt. Darnach ergibt sich für das kleinste Energieelement, das sog. *Lichtquant* oder *Photon*, $h \cdot \nu$ erg, wobei das Photon analog dem Elektron die Doppelnatur Korpuskel-Energiewelle zeigt. Der Energieinhalt (Energieniveau) und die Energieänderung von Hüllelektronen sind deshalb auch an die Bedingung gebunden, daß sie nicht beliebige Werte annehmen können, sondern nur abgestufte, diskrete oder „gequantelte" Beträge, in deren Berechnung stets wieder das elementare Wirkungsquantum h und die elementare (kleinste) elektrische Ladungseinheit $e = 4{,}768 \cdot 10^{-10}$ elektrostatische Einheiten auftreten. Infolge der Wellennatur der Bahnelektronen ergibt sich weiter die Forderung, daß ihre – symbolische – Bahnlänge ein ganzzahliges Vielfaches der Länge ihrer Materiewelle sein muß. Aus der letzteren Bedingung folgt wiederum, daß die Elektronen nicht – symbolische – Kreisbahnen beliebiger Durchmesser einnehmen können, wie dies beispielsweise grundsätzlich für die Bahnen von richtigen Planeten um ihre Sonnen möglich ist, sondern nur Bahnen bestimmter, diskreter Radien. Für das Element Nr. 1, H, bestehend aus dem einfach positiv geladenen Kern, dem Proton, und einem Hüllelektron, ergibt sich dessen Bahnradius aus der Bedingung, daß der Impuls dieses Elektrons einen kleinsten Wert aufweisen muß, der durch das elementare Wirkungsquantum vorgeschrieben ist. Dieser Radius berechnet sich in der Größenordnung von 0,5 Å. Es hat dabei aber keinen physikalischen Sinn, von dem „augenblicklichen Ort" des Elektrons auf seiner Bahn zu reden, denn die Bewegung solcher Partikel wie Elektronen und Lichtquanten kann aus relativistischen Gründen nicht mit den bestimmten Begriffen beschrieben werden, wie dies für die Bewegungsgleichungen in der klassischen Mechanik der Fall ist.

Die mathematisch-physikalische Beschreibung erfolgt vielmehr mit Hilfe einer *Wahrscheinlichkeits-Verteilungsfunktion*, die formal einer Wellenfunktion entspricht, wodurch wiederum die Doppelnatur Korpuskel-Welle auch in der formal-mathematischen Beschreibung zutage tritt. Diese statistischen Methoden und die Wahrscheinlichkeitsrechnung mußten in der Atomphysik zu Hilfe genommen werden, weil es unmöglich ist, „genau" anzugeben, wie sich Partikel, wie Elektronen oder Photonen verhalten werden, so wenig, wie man „genau" vorausberechnen kann, welche Zahl man mit einem Würfel werfen wird, weil man nicht alle Einflüsse erfassen kann und deshalb nur mittelst der Wahrscheinlichkeitsrechnung eine Aussage über den Wurf machen kann. Die grundsätzliche Unbestimmbarkeit des gleichzeitigen Ortes und der Geschwindigkeit eines Elektrons ergibt sich daraus, daß das Produkt aus der Ungenauigkeit Δs für den Ort und Δv für die Geschwindigkeit größer ist als das spezifische Energiequant des Elektrons, d.h. $\Delta s \cdot \Delta v > h/m$, wobei $m =$ Masse des Elektrons. Für eine große Masse ist das unerheblich, da h/m dann sehr klein wird. Für ein Elektron oder Photon ist dies jedoch wesentlich. Dort ist die Konsequenz, daß, wenn die eine Unbestimmtheit, z.B. des Ortes, null würde, verschwindet, die andere ∞ wird und umgekehrt. Deshalb könnte man auch sagen, der Kreislauf oder Ellipsenlauf eines Elektrons um den Atomkern gleiche weniger der Bewegung eines Planeten um die Sonne, als vielmehr der Drehung eines allseitig symmetrischen Ringes um sich selbst, so daß also der Ring als Ganzes stets die nämliche Lage im Raum hätte.

Unter Berücksichtigung all dieser Bemerkungen hinsichtlich des sinnbildlichen Charakters von Begriffen wie Elektronenbahn usw. ergeben sich aus der Quantenmechanik die folgenden zwingenden Schlüsse und Erkenntnisse über den „gequantelten" Aufbau der Elektronenhülle freier, stabiler Atome, den man am besten vom einfachsten Element, H, mit nur einem Elektron ausgehend verfolgen kann.

1. Ein Elektron kann sich nur auf einer bestimmten Normalbahn im Grundzustand bewegen, weil sein Impuls nur das ganzzahlige Vielfache einer elementaren Impulseinheit sein kann, die durch das elementare Wirkungsquantum vorgeschrieben ist.

2. Durch Energieaufnahme, beispielsweise durch Wärme oder Lichtbestrahlung, erweitert sich die Bahn, jedoch nur sprunghaft, da der Impuls des Elektrons nur um feste Beträge, quantenhaft, vergrößert werden kann. Den elementaren Impulsen 1, 2, 3, 4 ... entsprechen zunächst einmal „Kreisbahnen", deren Durchmesser sich wie $1^2 : 2^2 : 3^2$ ... verhalten. Je höherquantig die Bahn ist, desto höher ist der Energiewert des umlaufenden Elektrons. Wenn ein Elektron durch Energie-

aufnahme in eine höhere Quantenbahn übergeht, als es dem Normalzustand entspricht, so bezeichnet man dies als den „angeregten Zustand" des Atoms. Kehrt
das Elektron wieder sprunghaft auf die Grundbahn zurück, so vermindert es
seinen Energiewert und gibt die Differenz als Energie in Form von Lichtquanten
$h \cdot \nu$ ab (worunter natürlich nicht nur sichtbares Licht zu verstehen ist). Gewöhnlich bleiben Elektronen nur sehr kurze Zeit auf der höherquantigen Bahn. Das
Energieniveau der Grundbahn wird durch die *Hauptquantenzahl* 1, 2, 3 . . ., allgemein mit n, ausgedrückt, dem ein Drehimpuls $\dfrac{n \cdot h}{2\,\pi}$ entspricht.

Die durch die Hauptquantenzahl vorgeschriebene Bahn braucht aber nicht
nur eine Kreisbahn zu sein, sondern sie kann auch als Ellipse gedacht werden.
Eine elliptische Bewegung kann man als eine Kreisbewegung auffassen, der sich
längs eines Durchmessers eine hin und her gehende Schwingung überlagert hat.
Deshalb kann der Gesamtimpuls in einen kreisenden oder *Bahnimpuls* und in
einen *radialen Impuls* längs der großen Ellipsenachse unterteilt werden. Diese
Unterteilung ist aber auch wieder nur in ganzen Impulseinheiten zulässig.

Ist der Radialimpuls 0, so haben wir es mit einer Kreisbahn zu tun. Je größer
der Anteil des Radialimpulses am Gesamtimpuls wird, desto gestreckter wird die
Ellipse. Der Grenzfall, daß der Radialimpuls gleich dem Gesamtimpuls, der Bahnimpuls also null wird, ist dagegen für die Elektronenbahn nicht mehr möglich, da
die Bahn dann geradlinig durch den Atomkern verlaufen würde.

Man ordnet dem Radialimpuls eine *Nebenquantenzahl l* zu, die nach der vorstehenden Überlegung alle Werte von $l = 0$ bis $l_{max} = n - 1$ annehmen kann, für
eine Hauptquantenzahl $n = 4$ also beispielsweise die Werte 0, 1, 2 und 3.

Bei gegebener Hauptquantenzahl n könnte daher ein Elektron sich auf n verschiedenen Bahnen bewegen, vier verschiedene Zustände besitzen.

Die Bezeichnung „Nebenquanten" entstand dadurch, daß die Erforschung der
verschiedenen „Zustände" der Elektronen spektralanalytisch erfolgt. Die Spektrallinien lassen sich dabei in Haupt-
linien und Nebenlinien einteilen,
welch letzteren die „Neben"quanten
koordiniert wurden. Die Nebenquan-
tenzahlen $l = 0$, 1, 2, 3 werden deshalb auch durch die Buchstaben s,
p, d und f bezeichnet, als Abkürzun-
gen für sharp, principal, diffuse und
fundamental.

Bei der weiteren Erforschung der
Spektrallinien in magnetischen und
elektrischen Feldern zeigte es sich,
daß unter deren Einwirkung Aufspal-
tungen der Linien auftreten, die auf

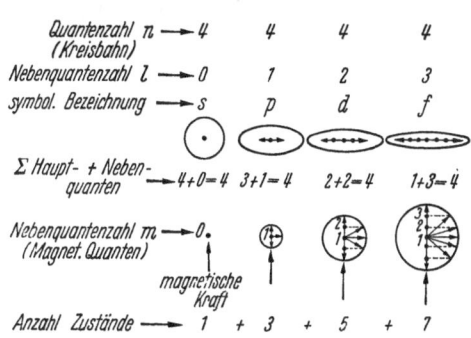

Abb. 58. Schematische Darstellung der Anzahl Zustände
einer Elektronenbahn bei gegebener Quantenzahl,
n. GREINACHER

eine weitere Unterteilung der möglichen Elektronenbahnen schließen lassen. Eine
theoretische Begründung wurde darin gefunden, daß die Bahnebenen in bezug auf
eine magnetische Kraftrichtung verschiedene Lagen einnehmen können, aber auch
hier ergab sich, daß nur bestimmte, diskrete Lagen möglich sein können, die durch
eine weitere Unterteilung in *magnetische Quantenzahlen m* gekennzeichnet sind.

Die möglichen Neigungsrichtungen ergeben sich daraus, daß die Projektion des Radialimpulses auf die Richtung der magnetischen Kraft nur ein ganzzahliges Vielfache der Impulseinheit sein kann, einschließlich des Wertes 0 (Abb. 58), wo das Schema für die sieben möglichen Bahnneigungen bei einem Radialimpuls $l = 3$ dargestellt ist. Daraus ergibt sich allgemein, daß mit jeder Nebenquantenzahl l noch $2l + 1$ weitere mögliche Zustände verbunden sind, gekennzeichnet durch die Nebenquantenzahl m, welche die Werte von $-l$ bis $+l$, einschließlich des Wertes 0, annehmen kann. Die bisherigen Betrachtungen ergaben:

1. Die Elektronen bewegen sich in Bahnen, deren Größen durch die Hauptquantenzahl bestimmt sind. Den Bahndurchmessern mit $n = 1, 2, 3 \ldots$ entsprechen die Schalen $K, L, M \ldots$ der Elektronenhülle, die jeweils von Elektronen besetzt sind.

2. Elektronen mit einer Hauptquantenzahl n können n verschiedene Bahnzustände besitzen, gekennzeichnet durch die erste Nebenquantenzahl l, wobei $l_{min} = 0$, $l_{max} = n - 1$ ist.

3. Jeder Bahnzustand l kann wiederum in verschieden geneigten Ebenen vorliegen, gekennzeichnet durch die zweite oder magnetische Quantenzahl m. Die Anzahl m-Zustände ist $2l + 1$.

Daraus ergibt sich folgendes Schema für die Anzahl möglicher, verschiedener Zustände:

Elektronenhülle	K	L	M	N
Hauptquantenzahl n	1	2	3	4
Nebenquantenzahl l	0	0—1	0—1—2	0—1—2—3
m-Werte $= 2l + 1$	1	1—3	1—3—5	1—3—5—7
Summe der möglichen verschiedenen Zustände:	1	4	9	16

Da die Anzahl möglicher m-Werte $= 2l + 1$ für $l = 0, 1, 2 \ldots$ ist, ergibt sie sich als die natürliche Reihenfolge der ungeraden Zahlen, wobei m_{max} wegen $l_{max} = n - 1$ sich zu $2n - 1$ ergibt.

Es ist aber allgemein $\sum_{1}^{n} (2n - 1) = n^2$, so daß die Anzahl der möglichen Zustände pro Hauptquantenzahl ebenfalls $= n^2$ ist.

Es zeigte sich aber, daß bei den Spektrallinien, deren jede einem möglichen Bewegungszustand eines Elektrons entspricht, gelegentlich Verdoppelungen auftreten, was zu der Forderung führt, daß die *Anzahl der möglichen Zustände* $= 2n^2$ sein muß.

Dies stimmt mit dem theoretischen Postulat überein, daß das kreisende Elektron eine Eigenrotation um seine Achse und deshalb einen Drall besitzt, der mit *Spin* bezeichnet wurde. Dessen Drehsinn kann aber nur in zwei verschiedenen Richtungen erfolgen, wofür eine *weitere Quantenzahl* $s = \pm 1/2$ eingeführt wurde.

Die theoretisch abgeleitete Anzahl der möglichen Quantenzustände eines Elektrons innerhalb einer Schale ist für die Erklärung von Lichtspektren grundlegend und findet dort eine ausgezeichnete experimentelle Bestätigung. Aber diese Kenntnis der $2n^2$ möglichen Zustände erklärt auch den sukzessiven Aufbau und Ausbau der Elektronenhülle mit der steigenden Ordnungszahl der Elemente.

Tabelle 3. *Aufbau der Elektronenhülle einiger Elemente*

Element u. Ordnungs-Nr.	Schale → K	L		M			N				O			P
Hauptquantenzahl n →	1	2		3			4				5			6
Nebenquantenzahl l	0	0	1	0	1	2	0	1	2	3	0	1	2	0
bzw. s, p, d, f	s	s	p	s	p	d	s	p	d	f	s	p	d	
1 H	1													
2 He	2													
3 Li	2	1												
4 Be	2	2												
5 B	2	2	1											
6 C	2	2	2											
7 N	2	2	3											
8 O	2	2	4											
9 F	2	2	5											
10 Ne	2	2	6											
11 Na	2	2	6	1										
12 Mg	2	2	6	2										
13 Al	2	2	6	2	1									
14 Si	2	2	6	2	2									
15 P	2	2	6	2	3									
16 S	2	2	6	2	4									
17 Cl	2	2	6	2	5									
18 Ar	2	2	6	2	6									
19 K	2	2	6	2	6	—	1							
20 Ca	2	2	6	2	6	—	2							
21 Se	2	2	6	2	6	1	2							
22 Ti	2	2	6	2	6	2	2							
23 V	2	2	6	2	6	3	2							
24 Cr	2	2	6	2	6	5	1							
25 Mn	2	2	6	2	6	5	2							
26 Fe	2	2	6	2	6	6	2							
27 Co	2	2	6	2	6	7	2							
28 Ni	2	2	6	2	6	8	2							
29 Cu	2	2	6	2	6	10	1							
30 Zn	2	2	6	2	6	10	2							
31 Ga	2	2	6	2	6	10	2	1						
32 Ge	2	2	6	2	6	10	2	2						
33 As	2	2	6	2	6	10	2	3						
34 Se	2	2	6	2	6	10	2	4						
35 Br	2	2	6	2	6	10	2	5						
36 Kr	2	2	6	2	6	10	2	6						
37 Rb	2	2	6	2	6	10	2	6			1			
38 Sr	2	2	6	2	6	10	2	6			2			
39 Yt	2	2	6	2	6	10	2	6	1		2			
40 Zr	2	2	6	2	6	10	2	6	2		2			
usw.	:	:	:	:	:	:	:	:	:		:			
43 Mo	2	2	6	2	6	10	2	6	5		1			
:	:	:	:	:	:	:	:	:	:		:			
47 Ag	2	2	6	2	6	10	2	6	10		1			
48 Nb	2	2	6	2	6	10	2	6	10		2			
49 In	2	2	6	2	6	10	2	6	10		2	1		
50 Sn	2	2	6	2	6	10	2	6	10		2	2		
51 Sb	2	2	6	2	6	10	2	6	10		2	3		
:	:	:	:	:	:	:	:	:	:		:	:		
54 Xe	2	2	6	2	6	10	2	6	10		2	6		
73 Ta	2	2	6	2	6	10	2	6	10	14	2	6	3	
74 W	2	2	6	2	6	10	2	6	10	14	2	6	4	
:	:	:	:	:	:	:	:	:	:	:	:	:	:	
79 Au	2	2	6	2	6	10	2	6	10	14	2	6	10	
:	:	:	:	:	:	:	:	:	:	:	:	:	:	
82 Pb	2	2	6	2	6	10	2	6	10	14	2	6	10	2 2

Es können nämlich nie zwei oder mehr Elektronen den genau gleichen Quantenzustand einnehmen. Das besagt, daß innerhalb der einzelnen Schalen K, L, M ... mit den Hauptquantenzahlen 1, 2, 3 ... jeweils maximal so viele Elektronen existieren können, als es die Anzahl der möglichen Quantenzustände ergibt, also $2n^2$. Der Aufbau der Elektronenhülle geht demnach zunächst so vor sich, daß, beginnend mit der Hauptquantenzahl 1, die einzelnen Schalen durch Hinzutreten von jeweils einem Elektron sukzessive bis zur zugehörigen Maximalzahl aufgefüllt werden. Diese Maximalwerte sind für $2n^2$ ($n = 1, 2, 3 \ldots$) $= 2, 8, 18, 32, 50, 72$. Ist eine maximale Sättigung erreicht, so hat sich ein stabilster Zustand der Elektronenhülle herausgebildet, was zur Folge hat, daß das betreffende Element chemisch nahezu neutral ist, d.h. keine Reaktionen eingeht, da die Reaktionen durch die Valenzelektronen der äußersten Schalen verursacht werden, die bei maximaler Sättigung einen so hohen Grad eines energetischen Gleichgewichtszustandes erreicht haben, daß sie diesen unter der Einwirkung anderer Atome oder Energiezufuhr nur noch schwer aufgeben.

In den höherquantigen Schalen vollzieht sich die Auffüllung nicht ganz nach dem Schema der Schalen K, L, M, es werden vielmehr schon vor der vollständigen Auffüllung Bahnen der nächsthöheren Schale besetzt, jedoch treten auch hier Gesetzmäßigkeiten zutage, die zeigen, daß innerhalb einer Hauptquantenzahl die Anzahl von 2, 6, 8, 10 und 18 Elektronen relativ stabile Zustände bedeuten, was zur Bildung von Unterperioden innerhalb der langen Perioden des natürlichen Ordnungssystems führt, die auch durch die äußeren chemisch-physikalischen Eigenschaften zutage treten. Die chemische Wertigkeit entspricht dabei stets der Anzahl Elektronen in der höchstquantigen Schale, wobei mehrfache Wertigkeiten entsprechend den Elektronenzahlen der Nebenquanten auftreten können.

Tab. 3 zeigt den Aufbau der Elektronenhülle für eine Anzahl von Elementen.

Die Elektronenhülle von Cu kann demnach beispielsweise durch (2), (8), (18), (1) bezeichnet werden, wobei das eine Elektron in der N-Schale das Valenzelektron ist. Die Untergruppen von 2 und 6 Elektronen sind bisweilen so stabil, daß sie auch in Kristallverbänden bestehenbleiben. Allgemein ist noch zu beachten, daß die in der Tabelle angegebene Elektronenverteilung nur für freie Atome gilt. In metallischen kristallinen Atomverbänden und im flüssigen Zustand sind die Elektronen der äußersten Gruppen bisweilen etwas anders verteilt, was eine Änderung der chemischen Valenz zur Folge hat. Daraus erklärt sich, daß Elemente verschiedene Wertigkeiten zeigen können. Wie die Tabelle zeigt, enthält ein komplettes M-Niveau 2 s-Elektronen, 6 p- und 10 d-Elektronen. Dieses Niveau ist beispielsweise im Eisenatom nicht vollständig besetzt, da es nur 2 s-, 6 p- und 6 d-Elektronen aufweist. Die gesamte Elektronenhülle des Eisens umfaßt 2 s-Elektronen im ersten Quantenniveau, 2 s- und 6 p- im zweiten, 2 s-, 6 p- und 6 d-Elektronen im dritten und 2 s-Elektronen im vierten Niveau. Man beschreibt deshalb bisweilen eine solche Hülle symbolisch durch $1s^2\, 2s^2\, 2p^6\, 3s^2\, 3p^6\, 3d^6\, 4s^2$.

1.24. Die Theorien der Bindungskräfte

Die Ursachen für die schematisch in vier Arten eingeteilten Bindungskräfte zwischen den Atomen liegen einerseits im Aufbau ihrer Elektronenhüllen, anderseits in der stereochemischen Konfiguration, die sie untereinander eingehen. Die

Theorien hierzu sind noch keineswegs abgeschlossen, aber geben in den Grund-
zügen befriedigende Erklärungen.

1.24.1. Ionische, polare oder heteropolare Bindung

Die Atome innerhalb einer Konfiguration suchen einen möglichst stabilen Zustand zu erreichen, was durch Komplettierung der äußeren Hauptquantenschale
oder durch Bildung von Zweier-Sechser-Achter-Gruppen in den Nebenquanten-
gruppen erfolgen kann. Diese Komplettierung erfolgt bei der ionischen Bindung
durch gegenseitigen Elektronenaustausch.

Allgemein werden elektrisch neutrale Atome durch Abstoßung oder Aufnahme
von Elektronen *ionisiert*, d.h. sie erhalten dadurch positive oder negative Ladungseinheiten im Überschuß. Durch Abstoßung eines Elektrons verwandelt sich
das neutrale Atom in ein positiv geladenes *Kation* des betreffenden Elementes,
durch Aufnahme eines zusätzlichen Elektrons in seine Hülle in ein negatives *Anion*.
Die Ionenbildung kann durch eine Differenz von 1 oder mehr Elektronen erfolgen,
was zur Bildung von einfach oder mehrfach geladenen Ionen führt. Anionen und
Kationen gleicher Ladungsstärke üben aufeinander eine elektrostatische An-
ziehungskraft aus.

Die chemische Verbindung NaCl kann nun in einfacher Weise dadurch erklärt
werden, daß das Atom Na gerade 1 Elektron in der $3s$-Stufe zu viel hat gegenüber
dem wesentlich stabileren Zustand der kompletten Schalen $K + L$, während dem
Atom Cl gerade 1 Elektron zur Komplettierung der stabilen Elektronengruppe $3p$
fehlt. Wenn beide Atome in ihren gegenseitigen Kraftwirkungsbereich kommen,
stößt deshalb das Na-Atom 1 Elektron ab, welches in die Hülle des Cl-Atoms aufgenommen wird. Es ist dadurch ein Na-Kation und ein Cl-Anion entstanden, das
erstere positiv, das zweite negativ elektrisch geladen, die jetzt eine starke elektrostatische Anziehung aufeinander ausüben. Sind sie in einem Mengenverhältnis 1 : 1
gemischt, so ordnen sie sich zu einer solchen Konfiguration, daß alle Kräfte im
Gleichgewichtszustand sind. Dies ist, wie man ohne weiteres erkennt, für die
Konfiguration des Steinsalzgitters der Fall (Abb. 52). Diese Bindung heißt *ionische
Bindung*, weil sie auf *Ionenbildung* beruht, oder auch *polare*, weil die ionisierten
Atome eine *Polarität* (+ −) haben, oder auch *hetero*polare, um auszudrücken, daß
die Polarität *verschieden* ist.

Die ionische Bindung ist an die Voraussetzung geknüpft, daß die beiden Atomsorten durch Austausch von nur 1 oder evtl. 2 Elektronen beide ihre Hüllen in
einen wesentlich stabileren Zustand überführen können.

1.24.2. Covalente, homöopolare oder unpolare Bindung

Diese zweite Art der Bindung besteht darin, daß zwei *gleichartige* Atome sich
in 1 oder mehrere ihrer Valenzelektronen *teilen*, welch letztere dadurch nicht mehr
einem, sondern zwei Kernen zugeordnet sind. Jedes gemeinsame Elektron gehört
zeitweilig der Atomschale des einen oder des anderen Atoms an. Durch diese
gemeinsame Benutzung von Elektronen wird die Anzahl der äußersten Schale
wieder auf eine stabilere Zahl, insbesondere 8, gebracht. Als Beispiel möge ein
Verband von zwei Cl-Atomen dienen. Jedes hat 17 Elektronen in den verschiedenen

Schalen, s. Tab. 3; es fehlt jedem das 18., um eine chemisch neutrale, stabile Elektronenhülle zu bilden, die von der Natur angestrebt wird. Wenn nun jedes der beiden Atome je 1 Elektron zur gemeinsamen Stabilisierung hergibt, so hat jeder Kern 18 Bahnelektronen als Begleiter. Abb. 59 zeigt schematisch, wie der Vorgang bildlich gedacht werden kann. Beide Cl-Atome, die dieselbe Valenz und die gleiche Polarität hatten, bilden jetzt das elektrisch neutrale echte Molekül Cl_2 mit covalenter Bindung. Ein anderes Beispiel einer covalenten Bindung mittels jeweils 4 gemeinsamen Elektronen ist der Kohlenstoff im Diamantgitter (Abb. 54), wo durch Teilung der 4 Valenzelektronen $2s^2 p^2$ die Bindungskräfte entstehen. Es entspricht dies der chemischen Schreibweise

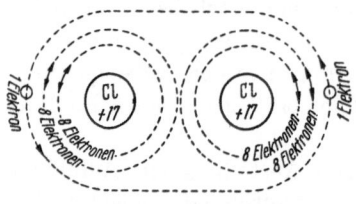

Abb. 59. Schema der homöopolaren Bindung des Moleküls Cl_2

$$=C=C= \qquad -\overset{|}{\underset{|}{C}}-\overset{|}{\underset{|}{C}}-$$
$$=C=C= \qquad \text{oder} \qquad -\overset{|}{\underset{|}{C}}-\overset{|}{\underset{|}{C}}-$$

1.24.3. Metallische Bindung

Während die ionische und die covalente Bindung eine befriedigende Erklärung für die Kohäsion in Kristallgittern geben, wenn wenigstens eine der beteiligten Atomsorten einen mehr oder weniger elektronegativen Charakter hat, versagen solche Theorien für die Kristallgitter von Metallen, die ja außerdem *elektrische Leitfähigkeit* besitzen, verursacht durch eine *Wanderung von Elektronen durch den ganzen Gitterverband hindurch*. Im Cu-Kristall besitzt z. B. jedes Atom 1 Valenzelektron. Eine Ionenbildung ist ebenso unmöglich wie eine covalente Bindung. Im ersteren Fall müßte jedes Cu-Atom 7 Nachbarn je 1 Elektron wegnehmen, um zur Komplettierung eines Oktetts zu gelangen, was zu einer ganz unstabilen Konfiguration führen würde, im zweiten Fall kann aber auch nicht ein Oktett aufgebaut werden, weil nur 1 Valenzelektron zur Verfügung steht. Man kann in vereinfachender Weise sagen, daß eine neue Art von Bindung in Funktion tritt, wenn nicht genügend Valenzelektronen pro Atom zur Verfügung stehen, um stabile Elektronengruppen durch ionische oder covalente Bindungen aufzubauen. Bei dieser, der *metallischen Bindung*, ist dann das einzelne Valenzelektron mehr als nur 1 oder 2 Atomen zugeordnet, ja, es gehört jetzt überhaupt nicht mehr zur Hülle eines bestimmten Atoms oder einer abgegrenzten Atomgruppe, sondern dem Atomgitter als Ganzem. Man kann deshalb ein metallisches Gitter als eine Konfiguration von Metallionen ansehen, die durch die Wirkung freier, keinem einzelnen Atom zugeordneter Valenzelektronen zusammengehalten werden: Letztere verhalten sich wie eine „*Elektronenwolke*" oder ein „*Elektronengas*" im Gitter und setzen sich deshalb auch durch die Wirkung eines elektrischen Feldes, eines elektrischen Potentials, in Bewegung. Da sie Träger negativer elektrischer Ladungen sind, kommt ein elektrischer Strom zustande, wenn sie sich alle in einer Richtung bewegen. Die Geschwindigkeit dieser Leitungselektronen ist klein, in der Größenordnung von 1 cm/sec. Das hat nichts damit zu tun, daß man gemeinhin sagt, „die Elektrizität" besitze die Lichtgeschwindigkeit. Es ist das elektrische Feld, also die antreibende Kraftwirkung auf die Elektronen im metallischen Leiter, das sich mit Lichtgeschwindigkeit fortpflanzt und bewirkt, daß die Elektronenströmung sehr schnell längs des ganzen Leiters *einsetzt*, aber die eigentliche Strömung der Elektrizität verläuft ganz träge kontinuierlich.

1.24.4. Sonstige Bindekräfte

Für die Kohäsion von Edelgasatomen im festen oder flüssigen Zustand oder vor allem für diejenige zwischen den einzelnen echten Molekülen, wie sie vor allem bei organischen Substanzen anzutreffen sind, liefert keine der drei erwähnten Kategorien von Bindungskräften eine ausreichende Erklärung; die Kohäsion wird in diesen Fällen vielmehr durch komplizierte, nicht einfach schematisierbare Kraftwirkungen bewirkt, die zusammenfassend auch als „VAN DER WAALSsche Kräfte" bezeichnet werden. Verschiedene Theorien innerhalb der Quantentheorie und der Wellenmechanik analysieren solche Kraftwirkungen innerhalb molekularer Konfigurationen und zwischen den echten Molekülen zwar im einzelnen, beweisen aber dabei zugleich, daß die hier erwähnte Differenzierung der Bindungsursachen rein schematisch ist, daß mit anderen Worten stets ein Zusammenspiel mehrerer Ursachen vorliegt, so daß auch im Metallgitter die Atome nicht nur durch die Wirkung der erwähnten „Elektronenwolke" zusammengehalten werden. Die Quantenmechanik betrachtet somit alle verschiedenen Kohäsionskräfte in Kristallen als Beispiele des allgemeinen Problems, wie die Atome so zusammengehalten werden können, daß sie die stabilste Struktur aufweisen, d.h. den niedrigsten Energieinhalt haben. Ionische und homöopolare Typen von Kristallen sind nur Grenzfälle, in welchen ein Typus der Bindungskräfte vorwiegend ist. In metallischen Bindungen ist das Problem zu komplex, um irgendeine rigorose Lösung zu erlauben. Das Phänomen der verschiedenen Löslichkeitsgrenzen von Mischkristallen und damit die Legierungsbildung, für welches die Gittertypen und die Atomdurchmesser zwar notwendige, aber nicht hinreichende Bedingungen bilden (s. Abschn. 2.71), konnte in vielen Fällen durch die Konstitution der betreffenden Atomhüllen und die Theorie der Elektronenkonzentration erklärt werden, die in der „Zonentheorie" ihren Niederschlag gefunden hat.

1.25. Elektronenkonzentration und Zonentheorie

Im freien Atom sind für die einzelnen Elektronen nur diskrete, gequantelte Energiezustände möglich, die nur durch Zuführung gewisser minimaler Energiemengen in andere Zustände übergehen können. Es bestehen deshalb ausgeprägte *Energie- oder Potentialbarrieren* zwischen den einzelnen Zuständen. Es erwies sich, daß im Metallgitter infolge der dichten Packung der Metallionen diese Potentialbarrieren für die Valenzelektronen so gesenkt werden, daß das Valenzelektron von einem Ion zum anderen übertreten kann, wodurch die elektrische Leitfähigkeit entsteht. Unter diesem Gesichtspunkt ist ein Metallgitter ein riesiger Ionenverband, in welchem die Elektronen eine ganze Serie von Energiestufen besetzen können. Es bestehen deshalb im Kristall als Ganzem eine enorme Anzahl aller möglichen Elektronenzustände, auf die sich die einzelnen Elektronen verteilen, wobei aber nie zwei Elektronen denselben Zustand einnehmen können, nach dem allgemeinen Prinzip, das auch für die Hülle des freien Atoms gilt.

Wenn man sich ein metallisches Ionengitter denkt, in welches sukzessive so viele Valenzelektronen eingeführt werden sollen, bis die Struktur als Ganzes elektrisch neutral ist, so werden die ersten Valenzelektronen zunächst die niedrigsten Zustände einnehmen, von denen jeder durch 2 Elektronen mit entgegengesetztem Spin besetzt werden kann. Die weiteren besetzen sukzessive die kontinuierliche Serie der Zustände mit schrittweise wachsendem Energieinhalt. Diese diskreten Zustände sind gequantelt und deshalb diskontinuierlich, aber in einem realen Stückchen Kristall liegen die zahlreichen Energiestufen so dicht beieinander, daß man von einem stetigen Anwachsen eines gesamten Energieinhaltes sprechen darf.

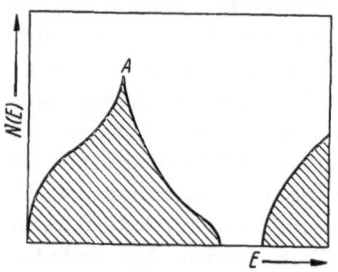

Bezeichnet man mit $N(E)dE$ die Anzahl Elektronenzustände mit einem Energieinhalt zwischen E und dE pro Volumeneinheit des Gitters, so lassen sich $N(E)$-Kurven aufstellen (Abb. 60).

Die Zonentheorie weist nun nach, daß, solange die Anzahl Elektronen pro Ion klein ist, die Energiebeziehungen denen der Hülle des freien Atoms ähnlich sind. Mit zunehmender Elektronenzahl und damit Energieinhalt des Gitters wird

Abb. 60. Anzahl Energiezustände der freien Elektronen in Abhängigkeit des Gesamtenergieinhaltes eines Gitterverbandes (schematisch), nach der Zonentheorie. Zustand für einen Isolator, n. HUME-ROTHERY

aber die noch zur Verfügung stehende Anzahl an Elektronenzuständen immer kleiner, weil die möglichen Bewegungsrichtungen der freien Elektronen immer mehr eingeschränkt werden. Vom Wendepunkt A der Kurve an nimmt die Anzahl der noch unbesetzten Zustandsmöglichkeiten ab, bis schließlich keine Elektronen mit Geschwindigkeiten in bestimmten Richtungen mehr hinzugefügt werden können. Damit ist eine „Zone" ausgefüllt, es ist eine gewisse maximale Konzentration des Gitters an Valenzelektronen erreicht. Eine weitere Hinzufügung wäre erst auf einer höheren Energiestufe möglich, die beispielsweise durch Wärmezufuhr erreicht wird.

Wenn nun ein Kristall gerade so viele Elektronen enthält, daß die erste Zone ausgefüllt wird und dann eine Lücke bis zum Beginn der nächsten besteht, so wirkt der Stoff als elektrischer *Isolator*. Ein elektrisches Feld oder eine elektromotorische Kraft sucht zwar jetzt die Elektronen in einer bestimmten Richtung zu beschleunigen, aber innerhalb der ausgefüllten Zone stehen keine unbesetzten Zustände höheren Energieinhaltes zur Verfügung, in welche die Elektronen übergehen könnten. Es besteht eine *Potentialbarriere* zwischen dieser und der nächsten Zone, die erst durch Erhöhung des Energieinhaltes des Gitters, z. B. durch Wärmezufuhr, überwunden werden könnte. Es können keine freien Elektronen durch das Gitter wandern, somit kein Strom fließen, es sei denn, daß durch Temperaturerhöhung das gesamte Gitter in verstärkte Schwingungen der Ionen gerät, so daß für die freien Elektronen wieder höherquantige unbesetzte Zustände der folgenden Zone zur Verfügung stehen. In diesem Fall wird ein Isolator leitend.

Rechnerisch ergab sich, daß im Diamantgitter eine Zone gerade ausgefüllt ist, wenn die Elektronenkonzentration, d. h. die Zahl der Valenzelektronen, pro Atom = 4 ist. Es stimmt dies vollständig mit der hochisolierenden Eigenschaft des Diamanten überein. Dies bildet eine starke Bestätigung der Zonentheorie, welche die Valenzelektronen nicht mehr bestimmten Atomen oder Ionen, sondern dem Gitter als Ganzem zuordnet und dadurch scheinbar im Gegensatz zur Annahme einer covalenten Bindung im Diamantgitter steht, nach welcher jeweils 1 Valenzelektron 2 Atomen zugeteilt ist. In Wirklichkeit widersprechen sich aber beide Theorien nicht, sondern sie ergänzen sich. Grundsätzlich können sich nach der Zonentheorie die Valenzelektronen frei im ganzen Gitter bewegen und werden daran nur gehindert, wenn eine Zone ganz gefüllt ist und eine Potentialbarriere bis zur nächsten Zone besteht, wodurch der Stoff ein Isolator ist. Im speziellen Fall zeigt sich aber, daß die größte Wahrscheinlichkeit für die Bewegung der freien Elektronen im Diamantgitter eben nahezu in denjenigen Richtungen liegt, in welchen nach der anderen Theorie die covalenten Bindungskräfte wirken.

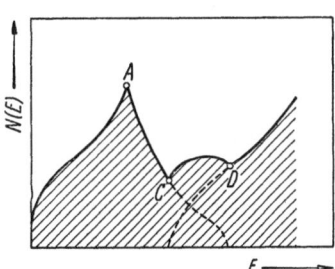

Abb. 61. Anzahl Energiezustände der freien Elektronen nach der Zonentheorie in einem Leiter, n. HUME-ROTHERY

Im normalen Metallgitter überlappen sich nun die einzelnen Zonen (Abb. 61). Infolgedessen existieren immer freie Möglichkeiten für Bewegungen von Elektronen in verschiedenen Richtungen und somit die Möglichkeit eines elektrischen Stromflusses. Im übrigen hängt die Form der Zonenkurven von der Kristallstruktur und der Hüllenstruktur der Atome ab. Durch die Zonentheorie erklärt sich auch die gute Leitfähigkeit von Ag und Cu als dem besten und zweitbesten Stromleiter. Der Aufbau der Elektronenschalen ist beim

$$\text{Cu: } 2, 8, 18, 1,$$
$$\text{Ag: } 2, 8, 18, 18, 1.$$

Mit nur 1 Valenzelektron ist bei beiden Metallen die Zone sehr unvollständig besetzt. Durch Energiezufuhr (EMK) bestehen für das Elektron noch viele höherquantige Zustände und Bewegungsmöglichkeiten im Gitter. Beim Cu gehört das Valenzelektron der vierten Schale an, beim Ag der fünften. Im letzteren Fall erfährt es eine geringere Bindungskraft durch den Kern, kann deshalb leichter aus dem Elektronenverband eines Atoms gelöst werden, weshalb der gleiche Elektronenfluß mit weniger Energieaufwand bewirkt wird als beim Cu, mit anderen Worten die Leitfähigkeit besser ist.

1.25.1. Der Temperatureinfluß auf die elektrische Leitfähigkeit

Die Atome bzw. ihre Kerne befinden sich in den Gitterpunkten nicht in einer Ruhelage, sondern sie schwingen um jene Punkte. Bei Wärmezufuhr wird fast die ganze zugeführte Energie von den *Atomen* absorbiert und wirkt sich in einer Vergrößerung der Schwingungsamplituden aus, während die Valenzelektronen keine Wärme absorbieren. Beim absoluten Nullpunkt hören die Schwingungen auf.

Dies erklärt eine Reihe von Eigenschaftsänderungen:

1. Die Wärmeausdehnung. Das Gitter expandiert bei Erwärmung.

2. Isolatoren werden bei hohen Temperaturen leitend, da die Potentialbarriere zwischen den Zonen durch Vergrößerung des Energieinhaltes überbrückt wird.

3. Umgekehrt nimmt die Leitfähigkeit der Metalle bei Erwärmung ab, weil die freien Elektronen infolge der größeren Amplituden in der Beweglichkeit gehindert werden. Eine analoge Behinderung tritt aber auch ein, wenn das reguläre, aus einer Metallatomsorte bestehende Gitter durch Fremdatome (Mischkristallbildung) oder durch Bildung von Molekularverbänden gestört wird.

4. Anderseits können sich bei 0 °K die Elektronen frei durch ein vollständig reguläres Metallgitter bewegen, es entsteht die *Supraleitfähigkeit* der Metalle bei sehr niedrigen Temperaturen, der Ohmsche Widerstand wird unmeßbar klein. *Vollständige* Supraleitfähigkeit tritt allerdings nur bei einigen Metallen, beispielsweise Sn, Pb und Hg auf, während auffallenderweise gerade bei den guten Leitern Cu und Ag der Widerstand nur auf etwa $^1/_{100}$ desjenigen bei Raumtemperatur absinkt.

5. Analog wird durch eine Gitterverzerrung, wie sie bei Kaltverformung auftritt, die Leitfähigkeit vermindert.

1.3. Aus mehreren Atomsorten (Elementen) aufgebaute Kristalle – Begriffe und Benennungen

Kristalle, die aus mehr als einer Atomsorte aufgebaut sind, lassen sich begrifflich in *Chemische Verbindungen*, *Mischkristalle* und *Metallide* einteilen. Auch für diese Begriffe sind die Grenzen von Natur aus fließend und es gilt auch hier der einleitende Hinweis zu Abschn. 1.18.

Alle drei Kategorien können in Legierungen auftreten. Dort sind vor allem die Mischkristalle wichtige Gefügebestandteile.

1.31. Chemische Verbindungen

Man bezeichnet den Kristall als chemische Verbindung, wenn 1. ein ganzzahliges stöchiometrisches Mischungsverhältnis der Atomsorten vorliegt, 2. mindestens eine Atomsorte *nicht*metallischen Charakter hat, 3. *vorwiegend* ionische und/oder kovalente Bindungskräfte wirken, 4. die Atomsorten nach einem geordneten Bauplan beliebiger Ausdehnung die Gitterpunkte besetzen, sei es in monotoner Anordnung, sei es in Form molekularer Konfigurationen.

Beispielsweise entsprechen Fe_3C-, NaCl- und ZnS-Kristalle (Abb. 19, 52 und 56) diesen Bedingungen. Wegen der nicht scharf abgrenzbaren Bedingungen zu 2. – es gibt „Übergangselemente" zwischen den metallischen und nichtmetallischen! – und 3. – vorwiegend! – ist der Übergang zwischen chemischen Verbindungen und Metalliden fließend.

In den Legierungen treten chemische Verbindungen vor allem als Verunreinigungen oder als Korngrenzsubstanz auf. Als gewünschte Gefügebestandteile sind es vor allem die sehr harten Karbide und Doppelkarbide des Fe, Cr, W und andere oder auch Nitride, die als härtesteigernde Bestandteile in das weichere Stahlgefüge eingebaut werden (s. Abschn. 4.11, 4.12.92, 4.13.22). *Nur* aus chemischen

Verbindungen aufgebaute Werkstoffe gibt es nicht, jedoch wird deren große Härte für die Herstellung der Hartmetalle ausgenützt, deren Gefügekörner zu 80 % und mehr aus Karbiden bestehen, die durch ein Metall zusammengebacken sind (Abschn. 4.63).

1.32. Mischkristalle

Eine strenge, allgemein gültige Definition des Begriffes Mischkristall – abgekürzt MK – ist nicht möglich, weil die Natur keine scharfe Grenze zwischen Mischkristallen und Metalliden gezogen hat.

Zum Verständnis der MK-Bildung und ihres Einflusses auf die Eigenschaften von Legierungen genügt eine vereinfachte Betrachtung, die den Unterschied zu den Metalliden wenigstens für besondere Fälle deutlich erkennen läßt.

Dabei ist es zweckmäßig, sich auf Kristalle aus nur zwei verschiedenen Elementen zu beschränken.

Mit dieser einschränkenden Vorbemerkung lassen sich MK als *feste* atomare *Lösungen* zweier metallischer Komponenten A und B ineinander definieren, d.h. in dem Atomgitter beispielsweise des Metalls A sind neben dessen Atomen auch B-Atome eingebaut oder „gelöst", mit überwiegender metallischer Bindung. Diese Lösung läßt sich, analog einer chemischen Verbindung, nicht mechanisch, sondern nur chemisch in ihre Komponenten trennen. Im Gegensatz zu einer chemischen Verbindung sind aber MK nicht nur mit einem bestimmten stöchiometrischen Mischungsverhältnis A–B existenzfähig, sondern innerhalb eines mehr oder weniger ausgedehnten *Mischungs-* oder *Konzentrationsbereiches*, analog den flüssigen Lösungen. In weiterer Analogie zu den letzteren sind die B-Atome im Grundgitter A unregelmäßig, ungeordnet und zufällig verteilt. Es existiert also *kein geordnetes Baumuster* A–B, weder in monotoner Form noch als molekulare Konfiguration.

1.32.1. Substitutions- und Einlagerungsmischkristalle

Nach *der Art des Einbaues* der B-Atome in den A-Kristall lassen sich typologisch *zwei Grundtypen* von MK unterscheiden, *die Substitutions-MK* (abgekürzt SMK) und die *Einlagerungs-MK* (abgekürzt EMK).

In den SMK sind einzelne A-Atome durch B-Atome ersetzt oder substituiert. In den EMK sind dagegen B-Atome zusätzlich in Zwischenräume des A-Gitters eingelagert.

Es können als Varianten der beiden Grundtypen auch Kombinationen auftreten, wo in den SMK A–B zusätzlich Atome C eingelagert sind, sowie aus mehr als 2 Atomsorten aufgebaute SMK.

Als Variante der SMK spricht man auch von *Defekt-MK*, wenn an einzelnen Gitterplätzen Leerstellen entstanden sind (s. Abschn. 1.42.13).

Zwischen manchen Atomsorten A und B sind MK beliebiger Konzentration existenzfähig. In solchen Fällen bezeichnet man alle die mit den verschiedensten Konzentrationen existenzfähigen MK als eine *ununterbrochene Reihe* von MK zwischen A und B und man kann dann ebensogut sagen, daß die Atomsorte B im Kristall A gelöst ist, wie umgekehrt A in B.

Eine solche ununterbrochene Reihe kann natürlich nur durch Substitution, nicht dagegen durch Einlagerung gebildet werden. EMK sind im Gegenteil nur mit verhältnismäßig niedrigen Konzentrationen existenzfähig. Sie sind allgemein harte Gefügebestandteile, weil das Grundgitter – das Lösungsgitter – durch die zusätzlich eingelagerten Fremdatome verspannt und aufgeweitet wird.

Aber auch für SMK sind häufig die Konzentrationsgrenzen, sei es für die Lösung von B-Atomen im Kristall A oder umgekehrt, beschränkt. In der kontinuierlichen Konzentrationsreihe von $100\% A + 0\% B$ bis zu $0\% A + 100\% B$ besteht dann eine *Mischungslücke*; evtl. bestehen auch mehrere Lücken, zwischen denen wiederum MK mit bestimmten unteren und oberen Konzentrationsgrenzen existenzfähig sind.

Bedingungen für die Entstehung von SMK und EMK und deren Konzentrationsgrenzen sind ein Gegenstand der Legierungslehre (Abschn. 2).

1.33. Metallide oder intermetallische Verbindungen

Ein Metallid oder eine intermetallische Verbindung liegt dann vor, wenn a) ein Kristall aus mehreren metallischen Atomsorten mit überwiegend metallischer Bindung aufgebaut ist, b) ein genaues und relativ kleines ganzzahliges atomares Mischungsverhältnis besteht und c) die Atomsorten dabei einen regelmäßigen, geordneten Bauplan untereinander aufweisen, mit andern Worten eine nur dem Metallid eigene Kristallstruktur gebildet haben.

Dem Bauplan nach lassen sich zwei Kategorien von Metalliden unterscheiden: a) solche, die in einer MK-Reihe durch Bildung einer geordneten Verteilung oder Überstruktur auftreten und b) solche, die eine arteigene Struktur durch Bildung einer molekularen Konfiguration aufweisen.

1.33.1. Ungeordnete und geordnete Atomverteilung – Überstrukturen

Während eingelagerte Atome der gelösten Komponente stets in unregelmäßiger, zufälliger Verteilung in die Plätze zwischen dem Grundgitter eingelagert sind,

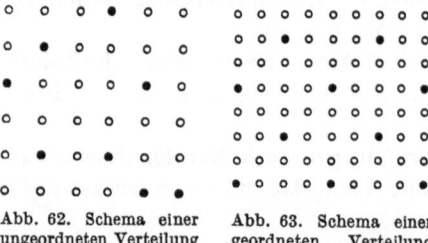

Abb. 62. Schema einer ungeordneten Verteilung der Atome in einem Substitutionsmischkristall:
O Atomsorte A,
● Atomsorte B

Abb. 63. Schema einer geordneten Verteilung der Atome in einem Substitutionsmischkristall:
O Atomsorte A (Grundgitter), ● Atomsorte B

kann die Substitution der A-Atome durch B-Atome sowohl in *ungeordneter* als auch in *geordneter Verteilung* auftreten, s. Abb. 62 und 63, in denen der Unterschied beispielsweise für eine Netzebene dargestellt ist. Der analoge Unterschied tritt dann in Raumgittern auf.

In beiden Fällen kann ferner die atomare Konzentration ein genau ganzzahliges Mischungsverhältnis annehmen, beispielsweise $75\% A + 25\% B$, $50\% A + 50\% B$ usw., dem dann chemische Molekularformeln A_3B, AB usw., allgemein A_mB_n entsprechen würden. Wenn die Vorbedingung der metallischen Bindung erfüllt ist, so sind aber bei ungeordneter Verteilung in einer kontinuierlichen Mischungsreihe AB trotzdem noch keine

Metallide entstanden, vielmehr handelt es sich dann immer noch um MK, dadurch gekennzeichnet, daß bei stetiger Änderung ihrer Konzentration auch deren Eigenschaften sich stetig ändern.

Anders, wenn zugleich mit dem genau ganzzahligen Mischungsverhältnis sich eine geordnete Verteilung einstellt. Die letztere bedeutet aus stereometrischen Gründen stets auch ein genau ganzzahliges Verhältnis $A_m B_n$. Da Metalle im allgemeinen in verhältnismäßig einfachen Gittern kristallisieren, bedeutet eine geordnete Verteilung zugleich ein kleines ganzzahliges Mischungsverhältnis, das außerdem häufig stereometrisch zur Bildung einer Überstruktur führt (s. Abschn. 1.16.1 und Abb. 136 und 139). Jetzt handelt es sich nicht mehr um ein MK, sondern um die intermetallische Verbindung $A_m B_n$, die nicht nur durch ihren geordneten atomaren Bauplan gekennzeichnet ist, sondern auch dadurch, daß innerhalb der MK-Reihe, in welcher durch stetige Konzentrationsänderung ein bestimmtes ganzzahliges Mischungsverhältnis erreicht war, zugleich eine Unstetigkeit in den Eigenschaftsänderungen aufgetreten war.

Es ist bemerkenswert, daß es Metallegierungen A–B gibt, die mit einem ganzzahligen atomaren Verhältnis $A_m B_n$ sowohl in ungeordneter als auch in geordneter Verteilung existenzfähig sind, also bei gleicher chemischer Zusammensetzung sowohl als MK als auch als Metallid, beide mit deutlich verschiedenen physikalischen Eigenschaften. Ihr Existenzbereich ist dann freilich durch eine Temperaturgrenze getrennt, oberhalb deren ungeordnete Verteilung herrscht, während unterhalb dieser sich ein Metallid bildet.

Die geordnete Verteilung mit Überstruktur ist bisweilen stereometrisch identisch mit dem Bauplan von Metallsalzen oder anderen chemischen Verbindungen, z. B. des NaCl (Abb. 52) oder des CaF_2 (Abb. 53). Bei diesen chemischen, d. h. vorwiegend ionischen Verbindungen spricht man jedoch nicht von Überstrukturen, sondern man beschränkt diese Bezeichnung auf monotone, einfache Baupläne von Metalliden. Die Grenze zwischen chemischen und intermetallischen Verbindungen läßt sich anderseits nicht scharf ziehen, wie bereits unter 1.31 erwähnt.

Im CaF_2-Gitter kristallisieren z. B. Verbindungen, wie $SnMg_2$, $PbMg_2$ oder $SiMg_2$, die man aber eher als chemische Verbindungen, analog CaF_2, bezeichnet, und nicht als Metallide.

1.33.2. Intermediäre Kristalle

Die Strukturen von Metalliden sind keineswegs auf monotone Gitter mit Überstrukturen beschränkt, vielmehr kristallisieren viele Metallide mit abgrenzbaren molekularen Konfigurationen in komplizierteren Gittern, wodurch dann Verbindungsformeln wie $Cu_5 Zn_8$, $Cu_9 Al_4$ oder $Cu_{31} Sn_8$ Gültigkeit erlangen.

Wenn die Gittertypen der Metallide von denjenigen ihrer Komponenten abweichen, so bezeichnet man sie als *intermediäre* Kristallarten. Solche intermediäre Metallide sind hart und spröde; sie werden in den Werkstoffen als härtesteigernde Gefügebestandteile eingebaut, z. B. in Bunt-, Leicht- und Weißmetallen (s. Abschn. 4.21.61, 4.32, 4.42.1) dagegen finden Werkstoffe, die *nur* aus intermediären Metalliden bestehen, wegen ihrer Sprödigkeit keine Anwendung. Entstehungsbedingungen von Metalliden sind ein Gegenstand der Legierungskunde (s. Abschn. 2.7).

1.4. Die Gefügeformen

Die Gefüge lassen sich ihrer Entstehung nach in drei Kategorien einteilen:

a) *Primärgefüge*, d.h. solche, die durch *Erstarrung* einer Schmelze auf natürlichem Wege entstehen. Sie heißen deshalb *Gußgefüge*.

b) *Sekundärgefüge*, d.h. solche, die durch *Umformung* eines Primärgefüges entstehen. Diese Umformung kann künstliche oder natürliche Ursachen haben. Bei den künstlichen handelt es sich um eine mechanische Zertrümmerung oder Verformung, wie z.B. durch Walzen, Ziehen, Drücken usw. Sie werden zusammengefaßt als *Knetgefüge* bezeichnet.

Als natürliche Ursachen können Wärme oder chemische Vorgänge einwirken. Es gehören hierzu die Vorgänge der Modifikationsänderungen, die Entstehung neuer „Phasen" (s. Abschn. 2.6), der Rekristallisation u.a.m.

Bisweilen rechnet man die Knetgefüge nicht zu den Sekundärgefügen, da es sich nicht um natürlich entstandene Gefüge handelt. Da sie andererseits als ein zweiter Vorgang aus den Primärgefügen entstehen, ist es berechtigt, sie in die Kategorie der Sekundärgefüge einzureihen.

c) *Sintergefüge*, d.h. solche, die durch das Zusammenbacken von pulverigen kleinen Kristalliten in Formen unter Druck und Wärmeeinwirkung entstehen.

1.41. Primärgefüge

1.41.1. Keimbildung und Kristallwachstum

In der Metallschmelze befinden sich die Atome in einem weitgehend ungeordneten Zustand, der sich außerdem wegen der in allen Flüssigkeiten vorhandenen ständigen Bewegung (BROWNsche Bewegung) der Atome, die mit elastischen Stößen aufeinanderprallen, ständig ändert. Bei Wärmeentzug verringert sich der Energieinhalt der Atome. Zufällig werden irgendwo einige Atome zusammentreffen, deren Energieinhalt, und damit ihre kinetische Energie, bereits so weit reduziert ist, daß die Bindungskräfte, wie sie im festen kristallinen Verband auftreten, die Überhand gewinnen, so daß einige wenige Atome in einer kleinsten, geordneten kristallinen Konfiguration beisammen bleiben. Damit ist ein kleinster Kristall, ein „*Kristallkeim*" oder ein „*Kern*" entstanden, an welchem sich jetzt weitere Atome anlagern können, wodurch der Kristall *wächst*. Freilich befinden sich die Atome auch in dem festen Kristall noch längst nicht in absoluter Ruhelage, da die Wärmewirkung auch im festen kristallinen Körper ja gerade darin besteht, daß die Atome um die Gitterpunkte herumschwingen (s. Abschn. 1.25.1). Immerhin ist ein deutlicher, diskreter Energieunterschied zwischen dem frei beweglichen Atom in der Schmelze und dem durch die Bindungskräfte eingefangenen entstanden, weshalb diese Energieverminderung ihrerseits das Freiwerden einer Energiemenge zur Folge hat, die als *Kristallisationswärme* oder *Erstarrungswärme* in Erscheinung tritt.

Die allgemeine Folge ist, daß beim Erstarren Kristallisationswärme des Stoffes frei wird, beim Schmelzen umgekehrt *Schmelzwärme* des Stoffes verbraucht wird.

Diese nach außen in Erscheinung tretende Wärmeenergie ist das Kriterium für den Übergang des Stoffes von einem energetischen Zustand in einen anderen, und diese diskreten Zustände werden als „*Phasen*" bezeichnet. Nicht immer bedeutet der Übergang von einem äußerlich flüssigen in einen äußerlich festen Zustand zugleich den Übergang von einer Phase in eine andere, und umgekehrt können Phasenübergänge auch von einem festen Zustand in einen anderen festen Zustand auftreten. Die äußeren Erscheinungsformen „flüssig – fest", allgemein als *Aggregatzustände* bezeichnet, sind also nicht identisch mit den „Phasen", obgleich sie häufig zusammenfallen.

Da nun bei der Bildung eines Kerns, der aus etlichen Elementarzellen und mindestens 100 Atomen besteht, Kristallisationswärme frei wird, wird diese umgekehrt die Wirkung einer Schmelzwärme auf den eben gebildeten festen Kern haben, d.h. die Atome sofort wieder zu trennen suchen. Ob und in welchem Ausmaß dieser Effekt eintritt, hängt davon ab, in welchem Maße und mit welcher Geschwindigkeit die Kristallisationswärme vom Ort ihrer Entstehung durch Wärmeleitung oder Strahlung weggeführt wird. *Bleibt der gesamte Wärmeinhalt der Schmelze unverändert, so spielen sich bei dieser kritischen Schmelz- oder Erstarrungstemperatur abwechselnd fortwährend an allen möglichen zufälligen Punkten eine Keimbildung und ein Schmelzen des Keims ab. Gibt hingegen das System nach außen die Kristallisationswärme ab, so können die entstandenen Keime bestehenbleiben und weitere Atome einfangen und anlagern.*

Die Chance für die Ausbildung stabiler Keime steigt somit mit der Möglichkeit der Wärmeabgabe an die Umgebung und damit mit dem Temperaturgefälle. Letzteres wächst mit der *Unterkühlung* der Schmelze unter die kritische Erstarrungstemperatur. Bezeichnet man allgemein mit K die Anzahl der Keimbildungen pro Zeit- und Volumeneinheit, so leuchtet es ein, daß diese „*Keimbildungszahl*" mit zunehmender Unterkühlung steigen muß. Tatsächlich wurde dieser Effekt gemessen, wobei sich Charakteristiken nach Abb. 64 ergaben. Die Keimbildung ist zunächst träge und steigt dann mit der Unterkühlung rasch an. Bei sehr langsamer und vorsichtiger Abkühlung kann jede Flüssigkeit mehr oder weniger unterkühlt in einen energetisch unstabilen Zustand gebracht werden.

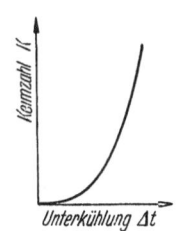

Abb. 64.
Charakteristik der Keimbildungszahl in einer Schmelze, n. TAMMANN

Die Ursache der *Unterkühlungserscheinung* liegt in folgendem Umstand: Bei der Kristallisation wird zwar Wärme frei, aber die Bildung einer Phasengrenze flüssig – fest am Kern erfordert ihrerseits auch Energieaufwand für die Bildung der Oberfläche des Kerns. Die relative Oberfläche von Kernen ist aber um so größer, je kleiner deren Atomzahl ist. Da die frei werdende Kristallisationswärme von der Anzahl Atome abhängt, ist diese zunächst kleiner als die benötigte Energie für die Bildung der Oberfläche, was zur Folge hat, daß die letztere sich immer wieder auflöst. Erst wenn eine gewisse Unterkühlung erreicht ist, entsteht Kristallisationswärme im Überschuß, da das einzelne Atom beim Kristallisieren jetzt infolge des größeren Temperaturunterschiedes auch einen kleineren Energieinhalt angenommen hat, somit pro Atom mehr Kristallisationswärme abgegeben wurde. Ist aber diese Unterkühlungsschwelle überschritten, so haben sich die Bedingungen für die Kernbildung verbessert, und die Kernbildungszahl steigt rasch an.

Stark unterkühlte Schmelzen sind in einem unstabilen energetischen Zustand. Durch äußere Einwirkungen, wie z. B. Erschütterungen, aber auch durch Eindringen kleinster Kristallite, sogenanntes „Impfen", setzt dann spontan eine sehr intensive Keimbildung ein. Es kann z. B. auch Wasser bei genügender Vorsicht um einige Grad unter Null unterkühlt werden. Wirft man dann etwas Schnee hinein, so erstarrt die Menge augenblicklich zu Eis.

Durch Impfen wird aber nicht nur ein labiler Unterkühlungszustand augenblicklich beseitigt, sondern es kann dadurch auch die normale Keimbildungsgeschwindigkeit erhöht werden. Dabei ist es nicht einmal nötig, daß die Impfung durch kleinste Kristallite desselben Stoffes erfolgt. Von diesem Umstand wird technisch Gebrauch gemacht, indem man den Metallschmelzen in kleinen Mengen Stoffe zusetzt, die erfahrungsgemäß kornverfeinernd wirken, z. B. Natrium in der Aluminiumlegierung Silumin (s. Abschn. 4.32.2) oder Aluminium im Stahl, wo kleinste Kristallite Al_2O_3, deren Schmelzpunkt wesentlich über dem des Stahles liegt, als Keime wirken, um welche herum sich Eisenkristallite bilden und die deshalb als Einschlüsse in den Gefügekörnern sitzenbleiben, anstatt, wie manche andere Verunreinigungen, an die Korngrenzen zu wandern und dort die Korngrenzensubstanz zu bilden.

Die physikalischen Ursachen oder Zusammenhänge solcher Effekte sind aber noch wenig erforscht und die praktisch angewandten Impfungen zwecks günstiger Beeinflussung des Gefüges beruhen auf direkten Beobachtungen und Erfahrungen.

Nach der erfolgten Keimbildung hängen die *Richtung* und die *Intensität* des *Wachstums* der Kristalle von der kristallographischen Orientierung und dem Temperaturgefälle, der Konzentration der Lösung und der Anwesenheit anderer Atomsorten ab. Unter sonst gleichen Bedingungen hängt insbesondere die lineare *Kristallisationsgeschwindigkeit* W in irgendeiner kristallographischen Richtung analog der Keimbildungszahl K vom Temperaturgefälle, somit auch von der Unterkühlung der Schmelze ab. Sie nimmt mit der Unterkühlung zu, erreicht einen Höchststand, um dann wieder abzunehmen. Durch intensiven Wärmeentzug kann W gesteigert werden.

1.41.2. Formen des Gußgefüges

Vom Keim ausgehend, wächst der Kristall, bis er auf einen Nachbar stößt, zwischen dem sich dann die Korngrenze als unregelmäßige, zufällige Fläche ausbildet. Dabei werden im allgemeinen die Verunreinigungen, d. h. Fremdatome oder Molekularverbände, die nicht im Gitter als Mischkristalle gelöst werden können, an die Korngrenze gedrängt, wo sie als Korngrenzensubstanz eingelagert bleiben. In einem örtlich und zeitlich homogenen Temperaturfeld müssen sich bei gleichmäßiger Abkühlung deshalb annähernd gleichgroße polyedrische Kristallite ausbilden, die sich der Kugelform bzw. im Schliffbild der Kreisform annähern. Abb. 65 zeigt diesen Vorgang schematisch, wobei angenommen sei, daß der Kristall Würfelform besitze. Die Kristallwürfel bilden sich in regelloser Orientierung, parallele Schnittebenen schneiden deshalb die Kristalle im allgemeinen in Dreiecken. Gefügekörner, die sich der Kugelform annähern, heißen *Globulite* oder auch *Sphärolite*, wenn der Kristallit dadurch entstand, daß vom Kern aus nach allen Raumrichtungen Nadeln herauskristallisierten, zwischen die sich mit der Entfernung vom Zentrum aus weitere Nadeln einzwängen. Das globulitische Gefüge ist das Idealgefüge insofern, als dadurch die Quasiisotropie des metallischen Werkstoffes am besten erreicht wird (s. Abschn. 1.14).

Der durchschnittliche Durchmesser D der Globuliten hängt von der Keimbildungszahl/Zeiteinheit K und der Wachstumsgeschwindigkeit W ab. Allgemein wird das Korn um so feiner ausfallen, je mehr Keime bis zur völligen Erstarrung der ganzen Schmelze entstehen können und je kleiner die Wachstumsgeschwindigkeit ist. Es wird also allgemein $D = f(1/K, W)$. Beide Vorgänge, K und W, sind andererseits Funktionen der Temperatur und K hängt auch wieder von W ab, denn wenn die Kristalle schnell wachsen, nimmt die Zahl der neu gebildeten Kerne trotz weiter sinkender Temperatur rasch ab, weil das flüssige Restvolumen rasch kleiner wird. Die Keimbildungsgeschwindigkeit in Abhängigkeit von der Unterkühlung hat deshalb analog der Wachstumsgeschwindigkeit ein ausgesprochenes Maximum, um dann wieder abzusinken (Abb. 66). Bei jeder Erstarrung hängt deshalb die Korngröße davon ab, ob der

Abb. 65. Schema der Korngrenzenbildung bei Erstarrung im kubischen System

Einfluß der Unterkühlung bzw. der Abkühlgeschwindigkeit auf die Keimbildung oder das Kornwachstum größer war. Abb. 67 zeigt schematisch die drei Möglichkeiten: Im Falle a) ist die Steigerung des Wachstums mit abnehmender Tem-

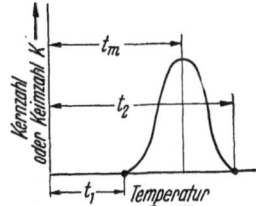

Abb. 66. Keimbildungszahl K in Abhängigkeit von der Temperatur: t_1, t_2: obere und untere Unterkühlungsgrenze für die Keimbildung, t_m: Unterkühlung für $K = \max$

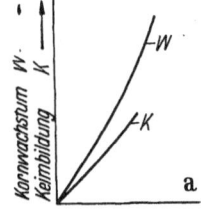 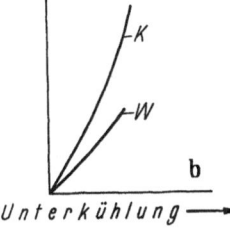 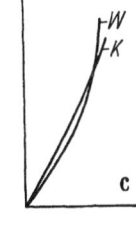

Abb. 67.
Einfluß der Geschwindigkeiten der Keimbildung und des Kristallwachstums auf die Korngröße, schematisch, n. DOAN und MAHLA

peratur stark überwiegend, d.h., die Schmelze erstarrt durch Bildung weniger großer Kristalle. Im Falle b) tritt das Gegenteil auf, eine Feinkornbildung, im Falle c) überschneiden sich die Kurven. Das Endgefüge wird zwei Zonen, die eine mit Feinkorn, die andere mit Grobkorn, aufweisen.

Bei den Metallen begünstigt eine rasche Abkühlung meistens die Feinkornbildung. Kokillenguß hat deshalb feineres Korn als Sandguß. Die gleiche Wirkung haben Abschreckplatten. Es ist aber wohl zu beachten, daß diese Regel nur für die direkte Erstarrung aus der Schmelze, also für die Bildung des Primärgefüges, gilt, während beim Übergang eines erstarrten Gefüges in ein anderes erstarrtes Gefüge (Umkristallisation) genau das Gegenteil der Fall sein kann, weshalb dann z.B. Feinkorn durch Glühen und möglichst langsames Abkühlen erreicht wird, s. Abschn. 4.12.5.

Ein allgemein bekanntes und bequem zu verfolgendes Beispiel für den Einfluß der Abkühlgeschwindigkeit auf die Korngröße zeigen die „Eisblumenmuster" auf feuerverzinktem Eisenblech. Läßt man das Blech, nachdem es sich im flüssigen Zinkbad mit einer dünnen Zinkschicht überzogen hat, an der Luft abkühlen, so entstehen große, mit freiem Auge sichtbare Kristalle (Abb. 1), kühlt man in warmem Wasser ab, so werden die Körner so klein, daß man sie mit freiem Auge nicht mehr erkennen kann.

Außer den Globuliten findet man mitunter noch andere charakteristische Formen: *Nadeln, Dendrite* und *Stengelkristalle*. Der Entstehungsart nach sind sie im Grunde alle dasselbe, nämlich Dendrite. Vom Kern aus schießt eine Kristallnadel in die Schmelze, und zwar in der Richtung nach der kältesten Stelle. Aus dieser Nadel schießen wieder Quernadeln unter kristallographisch festliegenden Winkeln heraus, die ihrerseits wieder Quernadeln ausscheiden usw., so daß die räumliche Struktur eines Tannenbäumchens entsteht (Abb. 68). Es wachsen dann Schichten herum, die vielleicht an einigen Stellen wieder abschmelzen, weil rein örtlich die Temperatur infolge der frei werdenden Kristallisationswärme sich erhöht. Wird eine örtliche warme Stelle durch eine kleine Strömung weggewirbelt, so schießt dort wieder eine Quernadel heraus, in die kältere Schmelze hinein. In einer homogenen Schmelze füllen sich

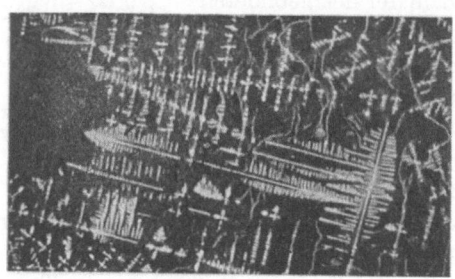

Abb. 68. Dendritisches Kristallgefüge
(Al—Si-Legierung)

schließlich auch die Zwischenräume mit kristallisierter Schmelze aus, wodurch die Dendrite zu Globuliten zusammenwachsen können, so daß sie nachher nicht mehr gefunden werden. Es läßt sich daher oft nicht entscheiden, ob Globulite durch gleichmäßige Schichtenlagerungen um den Kern herum entstanden waren oder durch Dendritbildung mit nachfolgender Ausfüllung der Zwischenräume. Wenn dagegen die Schmelze aus mehreren Atomsorten besteht, die keine Mischkristalle bilden, sondern zu einem heterogenen Gefüge erstarren, so können die Dendrite deutlich sichtbar werden.

Die dendritische Struktur wird begünstigt, wenn die Löslichkeit der kristallisierten Substanz mit der Temperatur stark abnimmt und außerdem die Abkühlung schnell vor sich geht, die Erstarrungswärme also rasch abgeleitet wird, so daß die Lösung rasch übersättigt wird. Da in schwachen Konzentrationen allgemein im ersten Augenblick wenig Erstarrungswärme frei wird, wird die Entstehung von Dendriten durch schwache, aber gleichwohl stark übersättigte Lösungen begünstigt. Diese Verhältnisse können bei Legierungen bestimmter Erstarrungscharakteristik auftreten, s. Abschn. 2.45.

Eine *nadelige Struktur*, bei welcher die Nadeln in den verschiedensten Richtungen liegen, kann oft als steckengebliebene Dendritbildung aufgefaßt werden.

Dendritische und nadelige Strukturen bewirken eine starke Versprödung des Materials, bei grober Ausbildung bis zur Unbrauchbarkeit. Einige typische Beispiele für nadelige Strukturen sind die „WIDMANNSTÄTTENsche Struktur" (grobnadelig), Abb. 69 (s. auch Abschn. 4.12.53), und der „Martensit" (Abb. 273 und Abschn. 4.12.54), welcher freilich nicht aus einer Schmelze, sondern aus einer „festen Lösung" entsteht.

Stengelkristalle dürfen nicht mit Dendriten verwechselt werden. Es sind dies parallel geordnete, langgestreckte Fäden oder Stengel, die in dickwandigen Gußstücken und vor allem in Blöcken, wie sie zur Weiterverarbeitung zu Walzwerksprodukten vorgegossen werden, oft in beträchtlicher Größe auftreten (Abb. 70 und 12). Sie entstehen in der dem Wärmefluß entgegengesetzten Richtung, also in einem zylindrischen Gußblock radial von außen nach innen. Die Ursache liegt

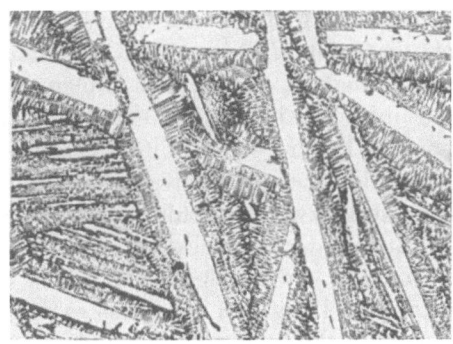

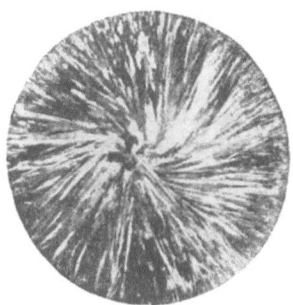

Abb. 69.
Dendritisch-nadelige Struktur. „WIDMANNSTÄTTENsche" Struktur. Weißes übereutektisches Gußeisen 5% C. Weiße Primärzementitnadeln im Ledeburit. Vergr. 100 ×

Abb. 70.
Stengelkristalle infolge Transkristallisation in einem Rundbarren aus Elektrolytkupfer

nach dem oben Erwähnten auf der Hand: außen, an der Form- oder Kokillenwand, sinkt die Temperatur zuerst unter den Schmelzpunkt. Dort bilden sich regellos Keime und Kristallite. Beim weiteren Wachstum werden letztere durch Nachbarn behindert, sie wachsen deshalb mit sinkender Temperatur dem Wärmefluß entgegen ins Innere hinein, im Grenzfall bis ins Zentrum, weil sich mangels genügender Unterkühlung auf ihren Wegen ins Innere keine Kerne bilden konnten. Das Gefüge ist dann durch und durch *strahlig* oder *stengelig* und als solches unbrauchbar. Dieses Hindurchwachsen wird auch als *Transkristallisation* bezeichnet. Der Grenzfall braucht nicht immer aufzutreten. Häufig findet man außen und im Inneren noch Gefüge mit Globuliten. Die Erklärung liegt wiederum im Zusammenspiel der Abkühl-, Kernbildungs- und Wachstumsgeschwindigkeit. Außen war eine genügend dicke Schicht so unterkühlt worden, daß sich Globulite bilden konnten (Abschreckwirkung der Kokillenwand beim Eingießen). Dann setzte aber eine Transkristallisation ein. Währenddessen kühlte sich auch der Kern ab, und zwar sehr gleichmäßig und ohne ausgeprägten Wärmefluß, was die Globulitbildung begünstigt. Noch ehe die Stengel im Zentrum zusammentrafen, hatten sich dort genügend Keime gebildet, so daß der Rest globulitisch erstarrte (Abb. 71).

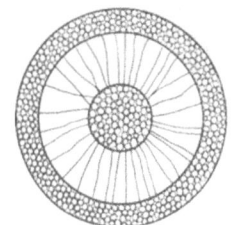

Abb. 71.
Schema des Zusammentreffens einer Globulitbildung mit Transkristallisation

Schließlich ist als weiterer Formtypus die Bildung plattenförmiger Kristallschichten von Bedeutung. Solche *Platten*- oder *Lamellenkristallite* können nur in heterogenen Gefügen, d.h. solchen, die aus zwei verschiedenen Kristallsorten bestehen, auftreten. Die beiden Sorten kristallisieren gleichzeitig aus einer homo-

genen flüssigen oder festen Lösung aus, die sich dabei entmischt, und zwar derart,
daß sich dünne, plattenförmige oder lamellare, ebene oder gekrümmte Schichten
der beiden Kristallsorten abwechseln. Im Schliffbild erscheinen diese Schichten
als eine feine Streifung (Abb. 262). Ein typisches Beispiel für ein Auskristallisieren
aus fester Lösung ist der „lamellare Perlit" im Stahlgefüge, bestehend aus Schichten von Fe- und Fe_3C-Kristalliten. Jede Schicht ist also ein besonderer Kristallit
mit festen Grenzen, und somit *ist Perlit kein Gefügekorn im strengen Sinn*. Nun
sind aber im allgemeinen die Gefügekörner an ihren Grenzen durch die Korngrenzensubstanz voneinander getrennt, die beim Wachsen des Kristalliten an
dessen Rand geschoben wurde. Bei der Bildung von solchen Kristallplatten, wie
beim Perlit, entsteht aber keine Zwischensubstanz zwischen jeder einzelnen Platte,
sondern nur um einen größeren Platten*bezirk* herum, welcher durch Zerfall eines
größeren Bezirkes einer homogenen Lösung in differenzierte Kristallplatten entstanden war. Dadurch bildet sich ein Netzwerk bzw. ein räumliches Schalenwerk
um die einzelnen Plattenbezirke, und es entsteht der Eindruck, als ob man es mit
größeren Körnern oder Kristalliten zu tun hätte, die in sich gestreift wären. Man
verwendet deshalb bedenkenlos den Ausdruck „Perlitkorn", obgleich es sich hier
nicht um einzelne homogene Körner oder Kristallite handelt, sondern um *abgegrenzte Bezirke*, da ja jede Platte für sich ein „Korn", einen abgeschlossenen
Kristallit bildet. Es wäre daher richtiger, von „Perlitbezirken" statt von Perlit-
körnern zu sprechen, jedoch haben sich die Ausdrücke wie „Perlitkorn, feinkörniger Perlit (für kleine Bezirke)" so eingebürgert, daß man sie beibehalten möge
wenn man sich nur klar darüber ist, daß ein solches „Gefügekorn" seiner Natur nach
ein durch Zwischensubstanz abgegrenzter *Bezirk vieler sehr feiner plattenförmiger
Körner ist.*

1.41.3. Modifizierte Gußgefüge

Gußgefüge können nicht nur durch nachträgliche mechanische oder thermische
Behandlung (s. Abschn. 1.42.1 und 1.42.3) in Sekundärgefüge verwandelt und dadurch verbessert werden, sondern die Ausbildung des Primärgußgefüges selbst
läßt sich häufig technisch beeinflussen und verbessern.

Hierfür werden drei Mittel oder Methoden herangezogen:

1. Die Beeinflussung der *Abkühlgeschwindigkeit*, die, wie im Abschn. 1.41.1
gezeigt wurde, eine wichtige Rolle bei der Entstehung des Gußgefüges spielt.

2. Die *Impfung* der Schmelze mit Atomen oder Molekülen anderer Stoffe,
welche nicht im Sinne von Legierungszusätzen der Schmelze und dem Gefüge
einen substantiell anderen Charakter verleihen sollen, sondern ausschließlich die
Aufgabe erfüllen, die Keimbildung und die Kornausbildung bei der Erstarrung
günstig zu beeinflussen und die deshalb, analog einem Katalysator, in kleinen
Mengen zugesetzt werden. Ein Beispiel hierfür ist der Zusatz von Natrium in die
Schmelze der Aluminium–Silizium-Legierung, Siluminguß (s. Abschn. 4.32.2),
dessen Gefüge im nicht modifizierten Zustand technisch unbrauchbar wäre, ein
anderes der Zusatz von Aluminium in eine Stahlschmelze oder von Magnesium
oder Cer in Gußeisenschmelze zur Erzielung feiner, punktförmiger Graphitnester
(s. Abschn. 4.16.8). Die diesbezüglichen Rezepturen sind durch praktische Erprobung gefunden, die theoretische Begründung ihrer Wirksamkeit ist hingegen
noch nicht immer erforscht.

3. Das *Gießen und Erstarrenlassen unter Druck*, wofür wiederum zwei Wege in der Technik eingeschlagen werden: a) Einspritzen der Schmelze in geschlossene Formen unter hohem Druck, bis 60 at, das Spritzgußverfahren, b) Druckerzeugung beim Erstarren durch Zentrifugieren der Schmelze, das Schleudergußverfahren. Letzteres kommt vor allem für dünnwandige Hohlkörper (Röhren) in Frage, z. B. für die Serienfabrikation hochwertiger gußeiserner Röhren, oder auch für die Erzeugung von gegossenen Ringen, die dann aufgeschnitten und zu Stangen, Bändern oder Drähten ausgewalzt werden, vor allem solche aus Buntmetallen.

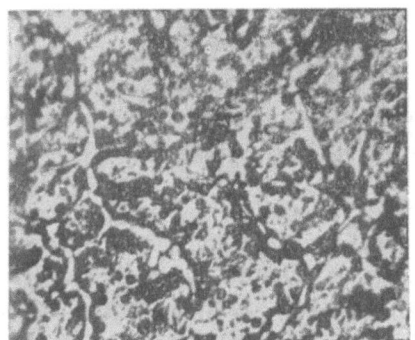

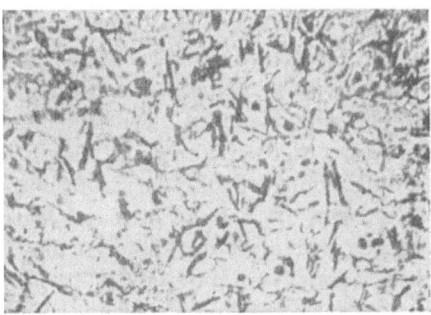

Abb. 72. Sandgußgefüge einer Aluminiumlegierung. Vergr. 200 × (Bühler)

Abb. 73. Gefüge aus der gleichen Schmelze wie Abb. 72, jedoch als Spritzguß vergossen. Vergr. 200 × (Bühler)

Bei der Erstarrung unter Druck bildet sich dann ein gleichmäßigeres, dichteres und festeres Gefüge aus als beim normalen Guß. Die für die Herstellung von Spritzgußformteilen verwendeten Zink- und Aluminiumlegierungen (s. Abschn. 4.21.11 und 4.32.2) wären wegen ihrer ungünstigen Gefügestrukturen und daraus resultierenden schlechten Fertigkeitseigenschaften als Baustoffe uninteressant, wenn sie im normalen Gießverfahren, ohne Druck, gegossen würden. Abb. 72 und Abb. 73 zeigen den Unterschied zwischen einem gewöhnlichen und einem modifizierten Al-Gußgefüge.

1.42. Sekundärgefüge

1.42.1. Knetgefüge

Manche Gußgefüge sind zu spröde, um sich durch plastische Verformung in Knetgefüge umwandeln zu lassen. Dazu gehören vor allem der Temperrohguß, der Hartguß, Gußmessing, gegossene Hartmetalle, Chrom u. a. Das Gußeisen ist im kalten Zustand ebenfalls zu spröde, um plastisch verformt zu werden, läßt sich aber bei höheren Temperaturen walzen.

Andere Gefüge, wie vor allem Stahl, Kupfer und seine Legierungen (Buntmetalle), ferner Nickel, Zink, Zinn, Blei, Aluminium und Magnesium und deren Legierungen werden überwiegend nach dem Guß zunächst zu Walzwerksprodukten (Halbzeug) umgeformt, wodurch sie ein *Knetgefüge* erhalten, ohne daß damit ihre Verwendung als fertige Formgußteile ausgeschlossen wäre. Vor allem die Werkstoffe „Stahl" sowie die Buntmetall- und die Leichtmetallegierungen (Bronze,

Messing-, Aluminium- und Magnesiumlegierungen) werden im Maschinenbau sowohl als Formgußstücke („Stahlguß", „Bronzeguß" usw.) als auch in der Form geschmiedeter, gepreßter usw. Formteile und schließlich vor allem als gewalztes, gezogenes usw. „Halbzeug" (Bleche, Profilstäbe usw.) angewendet.

Das Walzen, Ziehen, Schmieden usw. vorgegossener Blöcke hat dabei nicht nur den Zweck, die äußere Form zu verändern, sondern es erfüllt zugleich die wichtige Aufgabe, das Gefüge zu *verbessern*, vor allem durch mechanische Zerstörung grobkristalliner stengeliger oder nadelig-dendritischer Gußstrukturen. Bisweilen ist dies überhaupt der einzige Zweck der mechanischen Durchknetung im kalten oder warmen Zustand.

Dabei macht sich die Technik auch den Umstand zunutze, daß nicht nur Gußgefüge, sondern auch Strukturen von Knetgefügen, wie sie beispielsweise durch Walzen von Gußblöcken entstanden waren, durch nochmaliges mechanisches Durchkneten bisweilen hinsichtlich der Gleichmäßigkeit, Festigkeit und Zähigkeit verbessert werden können (s. Abschn. 3.22.24). Beispielsweise wird für die Formgebung von Wellen, von Laufradscheiben für Dampfturbinen und ähnlichem weitgehend die Schmiedetechnik statt der billigeren Zerspanungstechnik herangezogen, lediglich, um dadurch das Gefüge mechanisch zu verbessern und die Belastbarkeit des Materials zu steigern. Man stellt z. B. die Nabenbohrung einer Laufradscheibe schmiedetechnisch her, oder man walzt Gewinde, staucht Schraubenköpfe an usw., statt sie aus dem Vollen herauszuschneiden, und erhält dadurch an den hochbeanspruchten Stellen ein besonders zähes, sehniges Gefüge (Abb. 89). Die Wirtschaftlichkeitsfrage spielt in solchen Fällen eine zweite Rolle.

Der bei der plastischen Verformung auftretende Vorgang im ganzen löst sich in eine Reihe verschiedener Vorgänge in den einzelnen Gefügebestandteilen auf, wie nicht anders zu erwarten, wenn man sich vor Augen hält, daß Metallgefüge nur quasiisotrop, nicht echt isotrope Substanzen sind. Die recht komplexen Vorgänge bei der plastischen Verformung sind keineswegs in allen Einzelheiten erforscht, geschweige denn hinsichtlich der Ursachen einwandfrei begründet. Man hat aber Einblicke in die Vorgänge am Einkristall gewonnen und konnte, darauf gestützt, Theorien für viele Erscheinungen und Vorgänge im polykristallinen Haufwerk aufbauen.

1.42.11. Elastische und plastische Verformung des Gitters

Das ideale Atomgitter befindet sich im stabilen Gleichgewichtszustand mit niedrigstem Energieinhalt, dem Zustand, den die Natur immer anstrebt, wenn sie ungestört wirken kann.

Ideale, ungestörte Raumgitter bestehen aber nur in so kleinen Bezirken, daß selbst in kleinen Kristalliten kaum je mit einem durchwegs idealen Gitter gerechnet werden kann, s. Abschn. 1.42.13.

Wird das ideale Gitter eines Kristalls durch äußere Kräfte beansprucht, so wird es zunächst lediglich verzerrt, sei es durch Winkeländerung der Gitterachsen, sei es durch Änderung der Atomabstände oder durch beides. Die Atome behalten dabei ihre Plätze im Gitter bei, es tritt kein atomarer Platzwechsel auf. Deshalb kehrt das Gitter in seine Grundstellung zurück, sobald die Kraftwirkung aufhört. Dies ist der *Verformungsmechanismus* der *elastischen Formänderung*. Die zugehörige Elastizitätskonstante (*E*-Modul), d.h. der Proportionalitätsfaktor zwischen Kraft und Verformungsweg, ist richtungsabhängig, anisotrop. Die Rückbildung in die Ausgangslage erfordert Zeit, unter Umständen sogar ziemlich lange Zeit bis zur Wiederherstellung der völlig stabilen Ausgangslage.

Der elastische Mechanismus hat drei Auswirkungen im großen:

1. Die Elastizität metallischer Werkstoffe; – 2. die Möglichkeit der Volumenänderung im elastischen Gebiet; – 3. das Phänomen elastischer Nachwirkungen.

Die Anisotropie des *E*-Moduls kann an Einkristallen gemessen werden. Während für isotrope Körper (Glas) oder auch für quasiisotrope (Metallgefüge) für die Beziehung zwischen den Spannungen und elastischen Dehnungen zwei Materialkonstanten, der Elastizitätsmodul *E* und der Gleitmodul *G*, ausreichen, hängt deren Anzahl bei anisotropen Kristallen von der Anzahl der Symmetrieelemente des Gitters (s. Abschn. 1.13) ab. Im kubischen Gitter treten maximal 3, im hexagonalen 5 Konstanten auf. Im kubischen Gitter werden diese beispielsweise folgendermaßen bestimmt: 1. Durch Messung der Längsdehnung ε_{xx} bei Zug oder Druck längs der *x*-Achse, 2. desgleichen der Querdehnung ε_{xy} (positiv oder negativ) beim gleichen Spannungszustand, 3. desgleichen der Schubdehnung bei reiner Schubbeanspruchung in einer Richtung senkrecht zur *x*-Achse, γ_{yz}. Diese drei unabhängigen Konstanten werden im allgemeinen mit C_{11}, C_{12} und C_{44} bezeichnet. Ihre Werte sind beispielsweise in kg/mm²:

Dabei kommt durch das negative Vorzeichen zum Ausdruck, daß der Kristall beim Zug eine Querkontraktion erfährt, beim Druck eine Querdehnung. Vergleicht man diese Zah-

	C_{11}	C_{12}	C_{44}
Fe$_\alpha$	12800	−34800	11400
Cu	6580	−15700	7400

len mit denjenigen des technischen *E*-Moduls, beispielsweise von Stahl bzw. Fe$_\alpha$ mit 20000 gegenüber 12800, so erkennt man ohne weiteres, daß es sich bei der ersteren Zahl um einen statistischen Durchschnittswert für ein regellos orientiertes kristallines Haufwerk handeln muß.

Bei Metallkristallen mit niedrigerem Symmetriegrad steigt die Anzahl der Elastizitätskonstanten; für Sn oder Bi gibt es beispielsweise 6 Konstanten.

Wird nun das Gitter über ein bestimmtes Ausmaß elastisch verzerrt, so beginnen ganze Partien des Kristalls in bestimmten Ebenen aneinander vorbeizugleiten, ohne daß dabei die Kohäsion verlorengeht. Der Kristall hat jetzt plastische oder bleibende Formänderung erfahren.

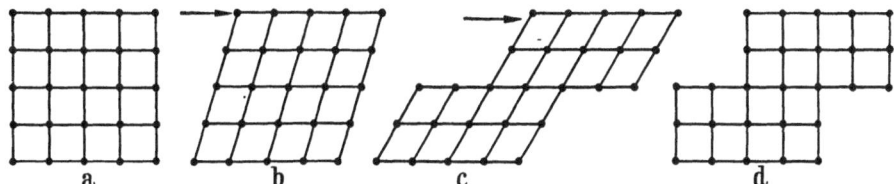

Abb. 74a—d. Schema der elastischen und plastischen Verformung eines Kristallgitters

Abb. 74 zeigt den Vorgang schematisch, wobei als Kraft- und Spannungswirkung eine reine Schubbeanspruchung angenommen ist. Von der Ausgangslage (*a*) kann das Gitter elastisch nach (*b*) deformiert werden, d.h. es bildet sich nach (*a*) zurück, wenn die Kraftwirkung aufhört. Wird letztere aber gesteigert, so deformiert sich der Kristall nach (c). Wird die Kraft jetzt entfernt, so tritt eine gewisse elastische Rückbildung ein, aber nur innerhalb der einzelnen gegeneinander verschobenen Partien, so daß mit (d) die bleibende Formänderung erreicht ist.

1.42.12. Der Mechanismus der plastischen Verformung des Einkristalls

Folgende Grundphänomene der plastischen Verformung sind bemerkenswert:

1. Die plastische Formänderung ist mit einer elastischen verbunden, die sich in einer Rückfederung auswirkt. Das zeigt sich auch im kristallinen Haufwerk.

2. Die plastische Verformung kann nur so stattfinden, daß zwei Kristallpartien sich längs einer Netzebene des Gitters verschieben. Dabei werden diejenigen Netzebenen als Gleitebenen bevorzugt, welche am dichtesten mit Atomen besetzt sind (Abschn. 1.16.6) und innerhalb der Gleitebenen diejenigen Richtungen, welche am dichtesten besetzt sind.

3. Der Grund dafür liegt darin, daß die Natur nach dem Eintritt der Gleitung das alte stabile Gitter wiederherstellen will, was zur Folge hat, daß der Gesamtbetrag der Translation ein ganzzahliges Vielfaches der Atomabstände in der betreffenden Gleitebene und Gleitrichtung sein muß. Dabei vollzieht sich der relative *Platzwechsel* der Atome in den Gleitschichten stets um ein beträchtliches Vielfaches der Atomabstände. Die Gleitwege können Dimensionen weit in das mikroskopische oder direkt sichtbare Gebiet hinein annehmen. Auch die Dicke der Schichten, die sich gegeneinander in Bewegung setzen, hat nicht die Dimension einiger Å, sondern von μ oder mm. Die Gleitschichten bilden an der Kristallgrenze Verformungslinien oder Bänder. Sie sind deshalb an polierten Metallflächen deutlich erkennbar. Eine polierte Metalloberfläche wird beim Biegen matt, zeigt nur noch einen Seidenglanz.

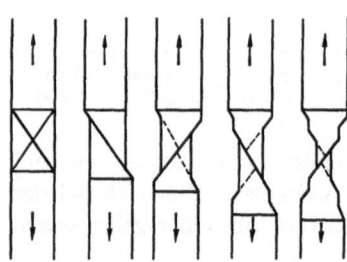

Abb. 75. Fortschreiten der plastischen Verformung eines Einkristallzugstabes bei gleich günstiger Lage verschiedener Gleitebenen, n. Smithell

4. Die Gleitung setzt in irgendeiner Ebene der günstigsten Ebenenschar ein, in welcher das Gitter die geringste Schubfestigkeit hatte. Nach erfolgter Gleitung erhöht sich diese Festigkeit der betreffenden Ebene, worauf sich die Gleitung in der nächst festeren Ebene fortsetzt und so fort. *Der Kristallit verfestigt sich während und infolge seiner plastischen Verformung.*

5. Wenn die Verformungskraft nur eine kleine oder evtl. gar keine Komponente in einer günstigen Gleitebene besitzt, so kann keine Gleitung und deshalb auch keine plastische Verformung eintreten; vielmehr tritt bei wachsender Kraft ein Trennungsbruch ein. Der Stoff bricht ohne vorhergehende plastische Verformung. *Er verhält sich spröde.*

Andererseits können auch zufällig mehrere Gleitsysteme gleich günstig relativ zur äußeren Kraftwirkungsrichtung liegen. In solchen Fällen kann dann die Verformung beispielsweise nach dem Schema der Abb. 75 vor sich gehen.

Diese fünf Grundphänomene bei der plastischen Verformung von Einkristallen durch Translationsgleitung lassen sich besonders gut an den Experimenten ver-

folgen, die von MASING und POLANYI an Zugstäben aus Zinkeinkristallen durchgeführt wurden und zur Ausbildung eines „Gleitmodells" führten.

Zink kristallisiert im hexagonalen Gitter (Abb. 28). Die Basisebene hat eine
dichteste Kugelpackung, und die Richtungen der Sechseckseiten haben dichteste
Atombesetzung. Verglichen
mit diesen Ebenen und Richtungen sind alle anderen
Netzebenen und Richtungen
wesentlich ungünstiger für
die Gleitung.

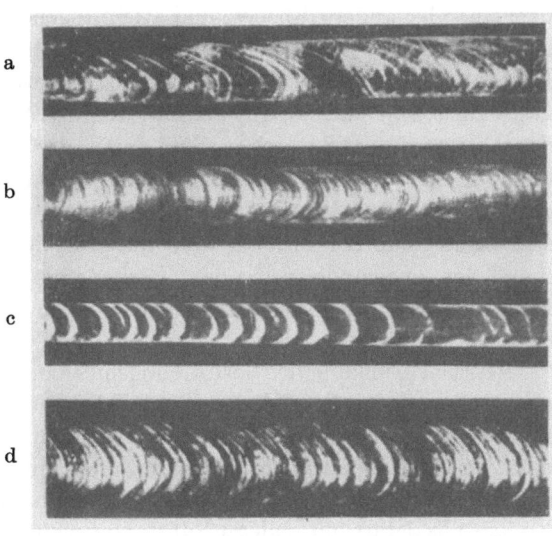

Ein Rundstab, der aus
einem Zinkeinkristall angefertigt wurde, dessen kristall-
lographische Achsen aber
nicht mit der Stabachse zu-
sammenfielen, zeigt unter
Zugbeanspruchung an seiner
Mantelfläche Verwerfungs-
linien, welche in denjenigen
elliptischen Schnittebenen
liegen, die den Basisebenen
des Kristalls parallel sind. In
diesen Ebenen fanden also
Gleitungen statt; sie fallen
keineswegs mit den Ebenen

Abb. 76a—d. Verwerfungslinien (Gleitebenen) an Einkristallzug-
stäben aus a) Zn, b) Cd, c) Snβ, d) Bi, n. TAYLOR

größter Schubspannungen zusammen, die beim einachsigen
Spannungszustand unter 45° zur Stabachse liegen (Abb. 76).

Abb. 77 zeigt schematisch, wie die Verformung unter der
Zugwirkung weiter fortschreitet: Beim Gleiten streben die
Gleitebenen und die Gleitrichtungen darnach, sich parallel
zur Zugrichtung zu stellen; das hat sowohl eine zunehmende
Schwenkung der elliptischen Querschnitte (Winkel α) als auch
eine Verdrehung der Ellipsenachse (Winkel β) infolge des
entstandenen Drehmomentes zur Folge.

Würden die Gleitebenen senkrecht zur Stabachse liegen,
so würde der Einkristallstab ohne plastische Verformung
reißen als spröder Bruch. So aber erleidet er zunächst eine
plastische Verformung, sein Querschnitt verkleinert sich mit
abnehmendem Winkel α und der Kreiszylinder verformt sich
zu einem gewendelten elliptischen Zylinder, bis schließlich
ein Trennungsbruch durch Gleitung entsteht.

Man erkennt an diesem Gleitmodell vor allem auch, daß
der Kristall seine Orientierung während der Verformung
ändert.

Wenn nun Kristalle, im Gegensatz zu dem betrachteten hexagonalen, eine größere Anzahl gleichwertiger oder
nahezu gleichwertiger Gleitebenen besitzen, wie z. B. solche

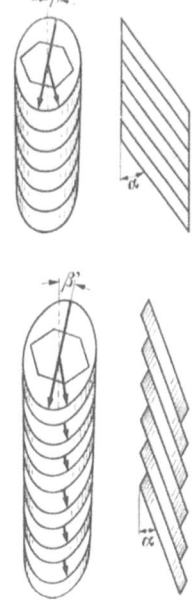

Abb. 77. Schema der pla-
stischen Verformung eines
Zn-Einkristallzugstabes,
Gleitmodell, n. POLANYI

des kubischen Systems, so setzen auch hier die Gleitungen in irgendeiner günstigst besetzten und günstigst gelegenen Ebenenschar $\{h, k, l\}$ und in einer entsprechend günstigen Richtung ein, aber sie brauchen sich bis zum Bruch durchaus nicht auf diese Ebenen und Richtungen zu beschränken, denn während der Verformung ändert der Kristall zumeist seine Orientierung, so daß nacheinander andere Ebenen und Richtungen in eine günstigere Lage gelangen können, wodurch der Verformungsmechanismus auf andere Ebenen übergeht. Entscheidend ist, in welchen Ebenen und Richtungen die Spannungskomponente von Fall zu Fall einen Betrag erreicht, der den Widerstand gegen eine Translation des Gitters übersteigt, ohne daß dabei die Normalspannungskomponente so angewachsen wäre, daß die Kohäsion zwischen den Netzebenen verlorengeht, also ein Trennungsbruch des Kristalls ohne weiteres Gleiten erfolgt. Es ergibt sich daraus, daß der Bruch sowohl durch Gleitungen bis zur vollständigen Trennung der aneinandergleitenden Partien als auch durch Überwindung der Kohäsionskraft, die zwischen den Netzebenen und senkrecht zu diesen besteht, entstehen kann.

Bei der Verfolgung des Verformungsmechanismus am Gleitmodell erkennt man aber weiter, daß selbst bei einer größtmöglichen Vereinfachung der Vorgang sich nicht in der idealisierten Weise abspielen kann, weil die äußere Kraftwirkung ja nicht in der Fiktion einer Spannung oder eines Kraftvektors besteht, sondern darin, daß an den Enden des Stabes in ganz konkreter Weise größere Partien des Einkristalls derart mit anderer Substanz verbunden sind, daß sie sich voneinander in der Zugrichtung entfernen würden, wenn sie nicht durch die interatomaren Kräfte der zwischen ihnen befindlichen Kristallmasse daran gehindert würden. Das bedeutet aber, daß die Drehungen und Schwenkungen der kristallographischen Ebenen und Achsen sich nicht in der vereinfachten und idealisierten Weise vollziehen können, sondern daß die wirkliche Verformung des Stabes davon abweicht, und zwar örtlich verschieden stark. Die Folge ist, daß nach der Verformung das ideale Raumgitter nicht mehr besteht. Es bleiben örtliche Verzerrungen zurück, auch Verbiegungen der Netzebenen, kleine Änderungen des Gitterparameters usw., die eine Verfestigung des Kristalles zur Folge haben. Auch der Einkristall erfährt durch die plastische Verformung eine *Verfestigung*, die generell quantitativ gar nicht bestimmbar ist und unter Umständen unmeßbar klein, unter anderen Umständen beträchtlich sein kann. Für diese Kaltverfestigung durch plastische Verformung sind eine Anzahl Theorien zur Begründung aufgestellt worden, die aber weder rechnerisch noch experimentell als allein richtig verifiziert werden konnten. Mit Sicherheit ist jedoch die Gitterverzerrung als solche röntgenographisch nachweisbar, wodurch ja die Verfestigung als solche genügend erklärt ist.

An Einkristallen des kubischen Systems tritt die Gleichwertigkeit mehrerer Gleitebenen und Richtungen durch Verwerfungslinien an den Außenflächen in Form von *Fließ- oder Druckfiguren* deutlich zutage.

Im kubisch-flächenzentrierten Kristall sind die Oktaederflächen gleichwertige dichtest besetzte Ebenen, die Oktaederkanten gleichwertige dichteste Richtungen (Abb. 78).

Drückt man mit einer Nadel auf die Flächen von Kupfereinkristallen, so entstehen Fließfiguren oder Gleitlinien nach Abb. 79 und 80, wenn man auf die Oktaederfläche bzw. auf die Würfelfläche drückt.

Die bemerkenswerte Duktilität der kubisch-flächenzentrierten Metalle ist darauf zurückzuführen, daß in ihren Kristalliten vier Gleitebenenscharen und in jeder derselben drei Richtungen, insgesamt also zwölf Raumrichtungen mit absolut engstem Atomabstand, existieren. Man bezeichnet die günstigsten Ebenen und

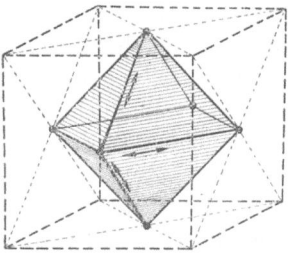

Abb. 78.
Günstigste Gleitebenen und Richtungen in einem kubisch-flächenzentrierten Kristall

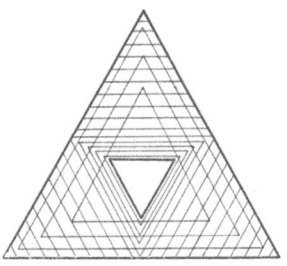

Abb. 79. Druckfließfiguren auf der Oktaederfläche eines kubisch-flächenzentrierten Cu-Kristalls, n. TAMMANN

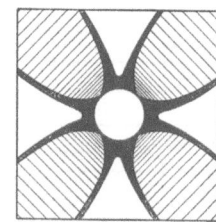

Abb. 80. Druckfließfiguren auf der Würfelfläche eines kubisch-flächenzentrierten Cu-Kristalls, n. TAMMANN

Richtungen zusammengefaßt auch als *Gleitsysteme*. Die kubisch-flächenzentrierten Metalle mit zwölf günstigsten Gleitsystemen sind durchweg duktil, wie z.B. Fe_γ, Cu, Al, Ag u.a.

Im kubisch-raumzentrierten Gitter finden wir keine Ebene dichtester Kugelpackung, wohl aber 4 Raumrichtungen [111], in welchen sich die „Atomkugeln" berühren. Die entsprechenden Metalle sind deshalb im allgemeinen weniger duktil.

Die trotzdem verhältnismäßig gute Duktilität des α-Eisens und damit des Stahles bei Raumtemperatur läßt sich folgendermaßen erklären:

Die für die Verformung in Betracht kommenden Ebenen relativ dichter Besetzung sind {110}, {200}, {211}, {222}, {310} und {321}. Die 4 [111]-Richtungen liegen nur in den {110}-, {211}- und {321}-Ebenen. Diese 3 Gruppen {110}, {211} und {321} enthalten aber je 6, 12 und 24 Scharen, zusammen 42 Ebenen für die [111]-Richtung. Dadurch existieren vor und während der fortwährenden Umorientierung bei der Verformung sehr viele Ebenen mit günstigen Richtungen zur Auswahl, d.h. es bedarf relativ wenig Arbeit, um den Kristall in eine günstige Orientierung umzuwenden. Auch die ausgeprägte physikalische Streckgrenze des Stahles $(Fe)_\alpha$ (Abschn. 3.21.15) läßt sich vielleicht teilweise dadurch erklären, daß während des Kraftstillstandes, bei dem aber doch immer noch äußere Arbeit aufgewendet wird, eine relativ leicht vollziehbare Umorientierung der Kristallite vor sich geht und erst dann, unter höherem Arbeitsbedarf, das eigentliche Gleiten in den [111]-Richtungen wieder einsetzt mit zunehmender Verfestigung während der Verformung.

Andererseits zeigen Metallkristalle mit gleichem Raumgitter oft einen recht verschiedenen Verformungsmechanismus. Beispielsweise beschränkt sich beim kubisch-raumzentrierten Wolfram die Gleitung ausschließlich auf die {110}-Ebenen. Dadurch stehen nur 6 Ebenenscharen zur Verfügung gegenüber den 42 beim Fe_α, weshalb Wolfram viel weniger duktil ist als Eisen. Im übrigen hängen die Gleitsysteme, welche bei den einzelnen Kristallsorten wirksam werden, auch noch von der Temperatur ab. Beim Mg tritt z.B. bei Raumtemperatur die Gleitung nur in der (110)-Ebene ein, bei höheren Temperaturen jedoch auch noch in anderen Ebenen. Fe_α wird bei sehr tiefen Temperaturen sehr spröde, da die Gleitungen sich dann nur noch auf eine einzige Ebenenschar beschränken.

Außer durch die einfache *Translationsgleitung* kann bei der plastischen Verformung von Kristallen auch noch die sogenannte *Zwillingsbildung* auftreten. Es bedeutet dies, daß in bezug auf eine Symmetrieebene die eine oder andere der kristallographischen Achsen des betreffenden Systems plötzlich, sprunghaft, eine spiegelbildliche Stellung einnimmt. Dadurch verschiebt sich plötzlich, unstetig, eine Teilmasse des Kristalls gegenüber der Restmasse in eine spiegelbildliche Lage in bezug auf eine Symmetrieebene, ohne daß dabei die Kohäsion verlorengeht. Abb. 81 zeigt schematisch den Unterschied zwischen einfacher Translationsgleitung und einer solchen mit Zwillingsbildung. In kb-fl-Gittern treten keine Zwillingsgleitungen auf, hingegen kommen sie in kb-r-Gittern, z. B. beim Fe_α, vor und sind im Schliffbild durch entsprechende Verwerfungsgleitfiguren

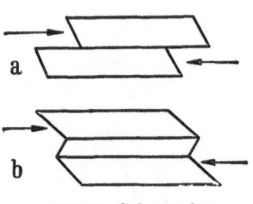

Abb. 81. Schema der Translationsgleitung (a) und der Zwillingsbildung (b), n. TAMMANN

erkennbar. Die Zwillingsbildung beeinflußt die Eigenschaften der Kristallite unwesentlich; ihre Bedeutung liegt darin, daß sie einen Beweis für eine Warm- oder Kaltverformung mit nachfolgender Erwärmung bilden, wenn sie im Schliffbild auftreten, da sie vor allem beim Weichglühen (Kristallerholung, s. Abschn. 1.42.17) ausgelöst wird.

1.42.13. Fehler in der Kristallstruktur

Das Atomgitter der Kristalle ist in Wirklichkeit nie fehlerfrei, sondern es weist *Störstellen* oder *Gitterfehler* auf, wie *Leerstellen* (unbesetzte Plätze des Idealgitters), Atome auf Zwischengitterplätzen, *Versetzungen* (falsch gelagerte Gitterebenen) einzelne *Fremdatome* oder auch Partikel von Korpuskularstrahlen.

Einzelne Leerstellen, Fremdatome usw. bedeuten nur sehr kleine Störbereiche, die wegen ihrer statistischen Verteilung im Kristall praktisch keinen Einfluß auf dessen Eigenschaften haben.

Versetzungen ganzer Gruppen von Atomen können sich dagegen stark auf die mechanischen Festigkeiten auswirken, sei es als Steigerung des Verformungswiderstandes (Kaltverfestigung, s. Abschn. 1.42.14), sei es als dessen Verminderung. Allgemein nimmt man an, daß der Mechanismus der plastischen Verformung in den Gleitebenen oder -richtungen an Störstellen „anspringt" und sich von dort, als Weiterwanderung der Störstelle, wie eine Welle fortpflanzt. Manche Abweichungen von gemessenen Eigenschaften gegenüber denen, die aus der idealen Kristallstruktur und den Bindungs- und Abstoßungskräften der Atome berechnet werden können, zwingen zu der Annahme, daß ideal gebaute Kristalle nur innerhalb sehr kleiner räumlicher submikroskopischer Bezirke bestehen, die gesamthaft als *Mosaikstruktur* den wirklichen Kristall bilden. Auch manche andere Erscheinungen werden auf Gitterfehler zurückgeführt, wie z. B. die Kristallerholung (1.42.17) als eine Wiederannäherung an ein gestörtes thermisch-energetisches Gleichgewicht.

Andere Erscheinungen wiederum setzen für eine befriedigende Erklärung das Vorhandensein von Gitterlücken geradezu voraus, so z. B. die Wanderung von Atomen im Kristall, sei es als Selbstdiffusion, sei es als Diffusion fremder Atome bei der Mischkristallbildung (s. Abschn. 2.44), bei Korrosionsvorgängen (s. Abschn. 3.22.52), beim Austenitzerfall (s. Abschn. 4.12.54.7) oder beim Homogenisierungsglühen (s. Abschn. 1.42.33). Die Diffusions- und Leerstellentheorien konnten durch Versuche mit radioaktivierten Atomen (Isotopen) teilweise auch experimentell erhärtet werden.

1.42.14. Der Mechanismus der plastischen Verformung des polykristallinen Haufwerks

Bedeutet die plastische Verformung hinsichtlich Ursache und Ablauf bereits beim Einkristall einen recht komplizierten, von vielen Umständen abhängigen Vorgang, so wird der Mechanismus erst richtig komplex bei der Verformung des polykristallinen Haufwerks. Nicht nur sind die einzelnen Kristallite, durch welche die Wirkung der äußeren Kraft fortgepflanzt wird, hinsichtlich ihrer Form, Größe und Orientierung verschieden, sondern sie sind überdies voneinander durch die kristalline oder amorphe Korngrenzensubstanz miteinander verkittet. Außerdem bestehen manche Legierungen aus Kristalliten verschiedener Substanz, die verschiedenen kristallographischen Systemen angehören können. Je nach Gitterstruktur und Orientierung wird deshalb beim einzelnen Korn unter der vektoriellen Kräftewirkung der Nachbarkörner zuerst eine Änderung seiner Raumlage durch Drehungen oder eine plastische Formänderung durch den inneren kristallinen Gleitmechanismus eintreten, wobei beide Vorgänge mit elastischen Gitterverzerrungen verbunden sind. Im weiteren wird sich nach der plastischen Formänderung sofort die Orientierung ändern, so daß die weiter anhaltende äußere Kraftwirkung evtl. zunächst wieder eine Lageänderung bewirken muß, ehe der Gleitmechanismus wieder anspricht usw. Die Gleitungen selbst fallen keineswegs mit der Wirkungsrichtung der äußeren Kräfte zusammen, vielmehr spricht der Gleitmechanismus ja nur dann an, wenn in bestimmten Ebenen und Richtungen eine genügend große Kraftkomponente auftritt. Derart geht das Spiel von Drehungen oder Verschiebungen kleiner Kristallite, die sich gegenseitig dabei behindern, und von wirklichen plastischen Verformungen derselben mit gegenseitiger Wechselwirkung vor sich. Zugleich treten in den Kristalliten fortwährend elastische Formänderungen, also Gitterverzerrungen auf, die sich nur teilweise wieder zurückbilden können und die deshalb die Wirkung haben, *daß sich das Metall während des Fließens fortgesetzt verfestigt.*

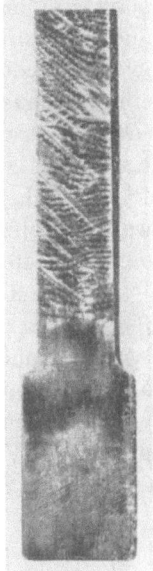

Abb. 82. Frysche Fließfiguren (makroskopische Rutschflächen) an einem plastisch durch Zug verformten Stahlstab. Sichtbar gemacht durch Erwärmung und Ätzung

Natürlich erfolgt letztendlich im makroskopischen Gebiet eine plastische Formänderung des kristallinen Haufwerks in der Richtung der äußeren Kräfte oder der größten Schubspannungen. Ein Zerreißstab verlängert sich plastisch und an seiner Oberfläche treten Gleitlinien, Fließfiguren, unter 45° in der Richtung der größten Schubspannungen auf, Abb. 82, sogenannte Frysche Fließfiguren, jedoch dürfen diese Phänomene im *makroskopischen* Gebiet des polykristallinen Haufwerkes nicht verwechselt oder gleichgesetzt werden mit denen, die am Einkristall auftreten, vielmehr handelt es sich hier um eine statistische Häufigkeit der Verformungsvorgänge der einzelnen Kristallite. Dasselbe gilt für die *äußere* Form, welche die Kristallite nach der plastischen Verformung des Haufwerkes annehmen: Im großen ganzen wird ein globulitisches Gefüge in ein länglich gerecktes, ein sehniges Gefüge umgewandelt und dadurch auch den ursprünglich quasiisotropen Charakter verlieren, aber auch das gilt wieder nur im Sinne einer größten statistischen Häufigkeit für die *äußere* Form, welche das einzelne Korn annimmt (Strukturanisotropie). Diese Umwandlung in eine bevorzugte *äußere*, z. B. längliche Form braucht keineswegs zu bedeuten, daß auch eine bevorzugte *kristallographische Orientierung* der einzelnen Körner aufgetreten war. Es kann, aber es braucht dies nicht der Fall zu sein. Diese Frage läßt sich nur röntgenographisch entscheiden. Die beiden Arten der Anisotropien des polykristallinen Haufwerkes, die sowohl getrennt als auch gemeinsam auftreten können, dürfen nicht miteinander verwechselt werden (s. Abschn. 1.14).

Die Rückbildung der elastischen Verformung der einzelnen Kristallite wird im polykristallinen Haufwerk natürlich noch stärker behindert als beim Einkristall, und zwar durch die Nachbarkörner und die Korngrenzensubstanz. Erst recht tritt jetzt während der plastischen Verformung eine *Verfestigung* des Haufwerkes ein, eine *Zunahme der Härte und der Zerreißfestigkeit und eine Abnahme der Dehnbarkeit* (*Duktilität*), die man kurz als *Kaltverfestigung* oder *Kalthärtung* bezeichnet. Die Kaltverfestigung kann bei duktilen Werkstoffen ein sehr hohes Ausmaß erreichen. Die Festigkeit von Stahl, Kupfer, Bronze, Aluminium usw. kann durch Kaltwalzen, Kaltziehen oder Kaltdrücken auf den mehrfachen Betrag gesteigert werden (Abb. 407), wobei sie freilich zugleich anisotrop wird.

Mit der Kaltverfestigung nimmt der Energieinhalt der einzelnen Kristallite zu (Gitterverzerrung, unstabiler Gleichgewichtszustand der Atome im Gitter!). Das ist der Grund dafür, daß bei der plastischen Kaltverformung die aufgewendete äußere Arbeit nicht vollständig in Wärme umgesetzt wird, wie man zunächst aus energetischen Gründen annehmen könnte. Freilich erwärmen sich Metalle bei plastischer Verformung, aber kalorimetrische Messungen zeigen, daß die dabei entstehende Wärmemenge kleiner ist, als es dem Wärmeäquivalent der aufgewendeten mechanischen Arbeit entspricht. Das gilt auch für Zerspanungsvorgänge (Drehen, Bohren usw.), bei denen Trennungsarbeit und Verformungsarbeit am ablaufenden Span aufgewendet werden muß. Die dabei erzeugte Wärme zeigt ein energetisches Defizit, um welches der innere Energiebetrag der plastisch verformten und kaltgehärteten Späne erhöht wurde.

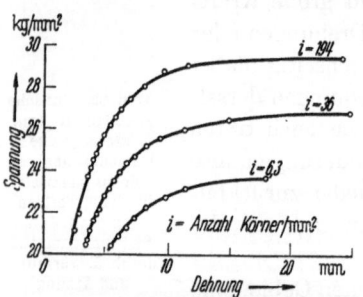

Abb. 83. Einfluß der Korngröße auf die Festigkeitseigenschaften von Eisen, n. C. A. EDWARDS und L. B. PFEIL

Der Verformungsmechanismus und die bleibende Verfestigung im polykristallinen Gefüge werden sehr stark durch die Korngrenzen und deshalb auch durch die *durchschnittliche Größe der Körner* beeinflußt. Auch hierfür wurde die Begründung experimentell gefunden durch Versuche an Zugstäben, die aus einigen wenigen, beliebig orientierten Einkristallen bestehen, welch letztere an ihren Grenzen durch die spröde Korngrenzensubstanz verkittet sind. Dann tritt beim Zug an den Korngrenzen keine Deformation ein, wohl aber verformen sich der Reihe nach die einzelnen Grobkristalle entsprechend ihrer Orientierung mit gleichzeitiger Verfestigung: Das am günstigsten orientierte Korn schnürt sich zuerst ein, dann folgen die anderen, analog polykristallinen Zugstäbe, deren Enden fest eingespannt sind. Da nun im polykristallinen Gefüge die Kristallite überall an den Grenzen mit anders orientierten Nachbarn verkittet sind, diese Verkittung aber der freien Verformung nach den kristallographischen Gesetzen hinderlich ist, und da die feineren Körner im Verhältnis zum Volumen größere Oberflächen haben, ist die Folge, daß die *feinere Körnung die Festigkeit und Härte des Werkstoffes steigert* (Abb. 83).

1.42.15. Die Fiktionen der Elastizitätstheorie

Die überaus komplexen Vorgänge bei der Einwirkung äußerer Kräfte auf ein polykristallines Haufwerk lassen sich ebensowenig rechnerisch-analytisch erfassen wie etwa die wirkliche Oberflächengestalt von Meereswellen auf Grund der allgemeinen einfachen Schwingungsgesetze, gleichgültig, ob es sich um elastische oder plastische Formänderungen handelt. Für die Festigkeitsrechnung ging deshalb die Elastizitätstheorie von der vereinfachenden Annahme aus, *als ob* es sich bei den metallischen Werkstoffen um echt isotrope Körper handle, und man führte den Begriff von Spannungen ein, *als ob* es sich um geradlinig sich fortpflanzende Kraftwirkungen von einem unendlich kleinen Flächen- oder Raumelement auf ein benachbartes handeln würde. Im weiteren einigte man sich durch Definitionen auf die mechanischen Festigkeitsbegriffe, wie Härte, Fließgrenze, Dehnung, Elastizitätsmodul usw. der Werkstoffe, und legte durch Normen fest, wie empirische Maßzahlen für diese Begriffe zu gewinnen sind, welche wiederum, in Verbindung mit der Elastizitätstheorie, das Fundament der *Festigkeitsrechnung* bilden.

Für die Praxis entstand daraus eine brauchbare Methode, so weit es sich um das Gebiet der elastischen Formänderungen handelt. Man darf aber nicht übersehen, daß man bei dieser Methode von offenkundigen *Fiktionen* und nicht etwa von Hypothesen ausgeht und daß die *technologischen Festigkeitseigenschaften nur als statistische Häufigkeitswerte einen realen Sinn haben.* Im Gebiet der plastischen Verformung versagt die analytisch-rechnerische Methode, vollends, wenn auch noch der wesentliche Einfluß der Formänderungs*geschwindigkeit* auf den Form-änderungs*widerstand* berücksichtigt werden soll. Es ist dies auch der Grund, weshalb zwar verschiedene Bruch*hypothesen*, nicht aber ein Bruch*gesetz* aufgestellt werden konnte. Bei der Technologie der plastischen Verformung, also Schmieden, Pressen, Walzen, Ziehen usw., ist man daher nach wie vor auf direkte empirische Ermittlung der Zusammenhänge zwischen den äußeren Kräften, der Formänderungsgeschwindigkeit, dem Formänderungswiderstand und dem Formänderungsvermögen bis zum Bruch des Materials angewiesen. Ob es gelingen wird, durch statistische Rechenmethoden über die reine Empirie bzw. die Ermittlung summarischer Materialkoeffizienten hinauszukommen, sei dahingestellt. Erste Anläufe in dieser Hinsicht sind zu verzeichnen.

1.42.16. Knetgefügeformen

Durch genügendes plastisches Kneten verschwinden in erster Linie alle typischen Gußstrukturen, wie Nadeln, Dendriten usw., so daß sich grundsätzlich durch allseitiges Kneten das ideale globulitische Gefüge erreichen läßt. Andererseits

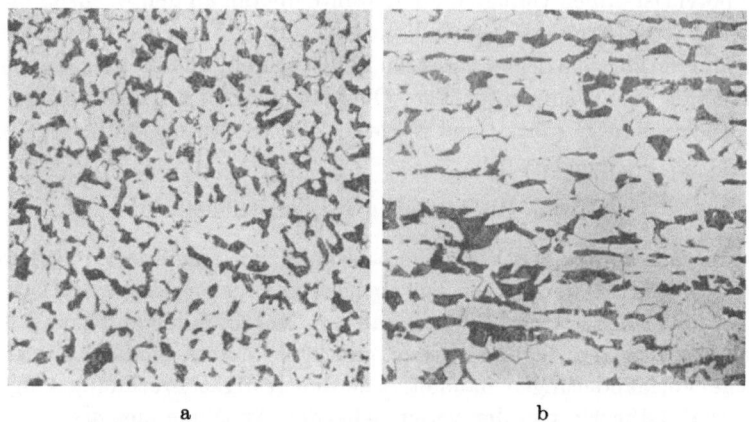

a   b

Abb. 84a u. b. Untereutektoider Baustahl (Perlit + Ferrit): a) globulitisches Normalgefüge, Querschliff zur Walzrichtung, b) mit Zeilenstruktur in Walzrichtung (a und b gleiche Probe)

Abb. 85. Zwei halbe Schliffbilder eines Schraubenkopfes. Links von der Stange gedreht, rechts gestaucht

bewirkt eine einseitige Verformungsrichtung, wie sie etwa beim Walzen oder Ziehen auftritt, die Deformation der Globuliten zu länglichen Gebilden, die im Schliffbild leicht zu erkennen sind. Es entsteht eine *sehnige Struktur*, die auch als

Zeilenstruktur bezeichnet wird (Abb. 84). Zeilenstrukturen können auch entstehen, ohne daß die Kristallite wesentlich deformiert sind, also lediglich dadurch, daß Verunreinigungen (Schlackenreste) zeilenförmig eingelagert sind. Die *Faserstruktur* bewirkt natürlich, daß das Material anisotrop wird. Wenn man z. B. ein Blech

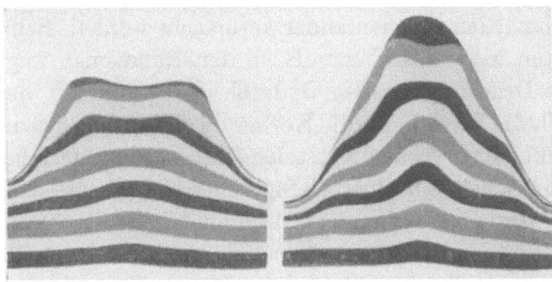

Abb. 86. Verformungsvorgang beim Gewinderollen, durch Plastilinmodell verdeutlicht

parallel zur Walzfaser abbiegt, so tritt der Bruch bei einem viel kleineren Biegewinkel ein als beim Abbiegen quer zur Walzfaser. Umgekehrt nützt man die Erhöhung der Zähigkeit in der Richtung der Faserstruktur technisch aus, indem man den betreffenden Maschinenteilen durch Schmieden, Gesenkschmieden oder sonstige Verformung eine in der Richtung günstige Faserstruktur ver-

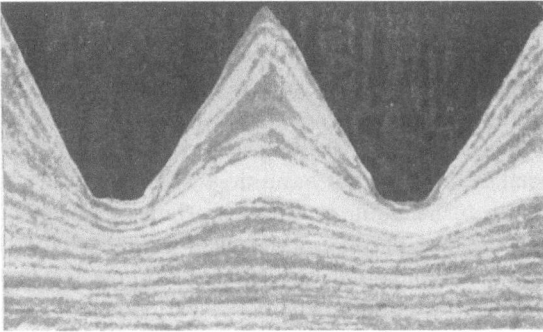

Abb. 87. Schliffbild von gewalztem Gewinde

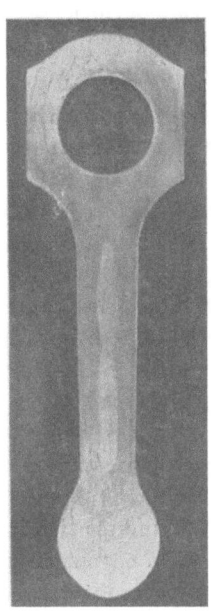

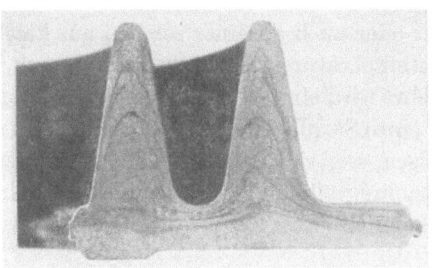

Abb. 88. Faserstruktur eines im Gesenk geschmiedeten Waffenteils

Abb. 89. Faserstruktur einer geschmiedeten Pleuelstange

leiht. Man sucht eine Faserung zu erreichen, die der Richtung des hypothetischen oder fiktiven „*Kraftflusses*" der Beanspruchung möglichst parallel liegt. Ein typisches Beispiel bilden Schrauben mit angestauchten Köpfen, Abb. 85, ein anderes die gerollten Gewinde, Abb. 86 und 87, wo in beiden Fällen die Festigkeit verbessert wird. Aber auch andere hoch beanspruchte Stahlteile werden deshalb im Gesenk geschmiedet, weil sich dabei eine günstige Faserstruktur herausbildet, Abb. 88 und 89.

1.42.17. Kristallerholung

Im kaltverformten, verfestigten Metallgefüge bestehen innere Spannungen, die man schematisch in solche des *Makro-* und des *Mikrogebietes* einteilen kann. Unter den ersteren seien diejenigen verstanden, die durch die zwangsweise Verschiebung von ganzen Körnern oder Gefügepartien gegeneinander verursacht werden. Beim Kaltziehen von Stangen, Drähten usw. entstehen z. B. in den Randzonen Zugspannungen, in der Kernzone Druckspannungen dadurch, daß während des Ziehens, wenn das Material durch die Düse fließt, die Körner der Randzone gegenüber denen der Kernzone zurückbleiben. Analog entstehen Makrospannungen bei ungleichmäßiger Abkühlgeschwindigkeit einzelner Gefügezonen als Wärmespannungen, vor allem auch beim Härten (Abschn. 4.12.8). Immer handelt es sich dabei um Spannungen, die in einem *größeren Gefügebezirk* auftreten, weil die Körner verhindert wurden, gegenseitig diejenige Raumlage einzunehmen, die dem stabilsten Gleichgewichtszustand ihrer gegenseitigen Kohäsionskräfte entspricht. Im Gegensatz dazu seien unter *Mikrospannungen* diejenigen im einzelnen Korn infolge der Verzerrung seines Atomgitters verstanden. Beide Arten von Spannungen bedingen sich gegenseitig und können nur schematisch auseinandergehalten werden.

Die inneren Spannungen können mit der Zeit langsam mehr oder weniger abklingen, freilich im allgemeinen nur um kleine Beträge und erst nach langen Zeitspannen, so wie etwa Federn langsam ermüden. Dieses *Abklingen der Spannungen*, der Übergang von einem elastischen in einen spannungsfrei-plastischen Verformungszustand nach einer gewissen *Relaxationszeit* kann ursächlich nur auf atomare Platzwechselvorgänge im Gitter zurückgeführt werden, verbunden mit kleinsten Formänderungen der Kristallite und der Korngrenzensubstanz, ohne daß dabei die äußere Form des Materials oder auch nur das Gefügeschliffbild nennenswert bzw. wahrnehmbar verändert wird. Man bezeichnet das Abklingen der Spannungen als *Kristallerholung*.

Ob und in welchem Ausmaß eine Kristallerholung eintritt, hängt a) von der Materialsorte, b) von dem kombinierten Einfluß der Zeit und der Temperatur ab. An einer normal gehärteten Stahlfeder oder auch an einer solchen aus kaltblank gezogenem Stahl wird man bei Raumtemperatur auch nach Jahren noch keine Relaxation feststellen können. Umgekehrt wird eine scharf angezogene Verschraubung aus Aluminium oder der Preßsitz eines Stahlbolzens in Aluminium sich schon nach wenigen Tagen als lockerer erweisen, weil der elastische Spannungszustand des Aluminiums sich infolge Kristallerholung allmählich in einen bleibenden umzuwandeln begonnen hat, ohne daß dabei von außen her weitere Formänderungen vorgenommen wurden.

Durch *Temperaturerhöhung* wird die Kristallerholung begünstigt bzw. beschleunigt. Dies ist verständlich, da ja die Raumlage der Atome im Gitter mit steigender Temperatur unstabiler wird, somit die Gitterentzerrung leichter vor sich geht.

Im Grenzfall kann die Kristallerholung durch kombinierte Zeit- und Temperatureinwirkung bis zum Verschwinden der inneren Spannungen führen. Das Material wurde dann „*spannungsfrei geglüht*". Nach außen dokumentiert sich das darin, daß die Verfestigung, welche durch die Kaltverformung entstanden war, wieder verschwunden ist.

Somit kann prinzipiell gesagt werden: *Jeder metallische Werkstoff, der sich durch plastische Kaltverformung verfestigen läßt, läßt sich durch eine kombinierte Zeit- und Wärmeeinwirkung wieder entfestigen,* d.h. spannungsfrei oder weich glühen. Hierbei muß freilich mit Nachdruck darauf hingewiesen werden, daß die Begriffe „kalt" und „glühen" für die einzelnen Werkstoffe sehr verschieden liegen und nicht mit dem verwechselt werden dürfen, was wir in bezug auf die Raumtemperatur als „kalt" oder „warm" bezeichnen. Das Kriterium wird vielmehr durch die Temperaturgrenze gezogen, bei welcher die sogenannte *Rekristallisation* (Abschn. 1.42.2) einsetzt, die für die einzelnen Metalle sehr verschieden liegt. Ferner wird im allgemeinen und vor allem bei der praktischen Anwendung des Spannungsfreiglühens oder Weichglühens der spannungsfreie Zustand nicht nur durch Kristallerholung erreicht, sondern dadurch, daß zugleich eine Rekristallisation eintritt. Beide Zustände, die Kristallerholung und die Rekristallisation, folgen dabei zeitlich aufeinander; die genaue Grenze ist oft schwierig zu ziehen. Trotzdem müssen beide Begriffe gut auseinandergehalten werden, da es sich um wesentlich verschiedene Vorgänge im Gefüge handelt.

1.42.2. Die Rekristallisation

Wird ein plastisch deformiertes und kaltverfestigtes Sekundärgefüge einer je nach Metallart verschiedenen Zeit- und Wärmeeinwirkung ausgesetzt, so tritt zunächst die Kristallerholung ein. Bei Fortdauer der Wirkung bzw. nach Überschreitung einer bestimmten Temperatur entsteht anschließend ein neuer Effekt, nämlich die *Bildung eines neuen Gefüges aus neuen Kristalliten,* die als *Rekristallisation* bezeichnet wird.

Die Rekristallisation spielt sich ähnlich ab wie die Kristallisation eines Primärgefüges aus der Schmelze, d.h. es wachsen auch hier, ausgehend von Keimen, neue Kristallite, die schließlich mit ihren Außenflächen zusammenstoßen und dort neue Korngrenzen bilden. Der einzige Unterschied ist der, daß diese neuen Körner nicht aus flüssiger Substanz, der Schmelze, herauskristallisieren, sondern aus fester kristalliner Substanz, dem alten Gefüge das allmählich von den neugebildeten Körnern aufgesaugt wird. Das rekristallisierte Gefüge hat in der Form und Größe der Körner nichts mehr mit dem alten gemein. Es ist nicht mehr plastisch-kaltverformt, besitzt keine inneren Spannungen mehr und ist deshalb ebenso weich wie das Ursprungsgefüge vor der Kaltverfestigung.

Die Keimbildung für eine neue Atomkonfiguration erfordert ein Minimum an Energie. Die Gebiete der stärksten Gitterstörungen des alten Gefüges sind am unstabilsten und haben deshalb den höchsten Energieinhalt. Dort ist am wenigsten Energiezufuhr von außen, durch Wärme, nötig, um einen neuen Keim entstehen zu lassen. Die Rekristallisation beginnt deshalb an den Stellen der stärksten Gitterstörungen des alten Gefüges und allgemein wird die Keimbildungszahl um so größer sein, je häufiger solche Störungsstellen vorliegen, je stärker also die plastische Kaltverformung gewesen war. Analog den Vorgängen bei der Primärkristallisation hat auch hier eine hohe Kernbildungszahl ein feineres Korn zur Folge und umgekehrt. *Das bedeutet praktisch, daß das rekristallisierte Gefüge um so feinkörniger ist, je stärker das Ausgangsgefüge verformt war.*

Die Rekristallisation ist zeit- und temperaturabhängig. Bei allen Metallen muß eine bestimmte Mindesttemperatur überschritten werden, um die Rekristallisation einzuleiten.

Diese Mindesttemperatur, die *Rekristallisationsschwelle*, für reine Metalle liegt z. B. für

Eisen	bei 450 °C,	Kupfer	bei 200 °C,
Aluminium	bei 150 °C,	Nickel	bei 600 °C.

Für Zink, Kadmium, Blei und Zinn liegen die Rekristallisationstemperaturen unterhalb 20 °C.

Das bedeutet: Man kann Blei und Zinn bei Raumtemperatur durch plastische Verformung gar nicht verfestigen, weil gleichzeitig mit der Verformung bereits die Rekristallisation einsetzt, die ein neues, spannungsfreies und entfestigtes Gefüge hervorbringt.

Man erkennt jetzt, daß die Bezeichnungen „Kaltverformung, Kaltverfestigung, Warmpressen, Weichglühen" usw. irreführend sind, wenn man den Begriff kalt und warm auf die Raumtemperatur bezieht. Entscheidend für das entstehende Gefüge und seine Festigkeitseigenschaften ist, *ob die plastische Verformung bzw. „Glühen usw." unterhalb oder oberhalb der betreffenden Rekristallisationstemperatur stattfindet*[1]. Wenn man Blei oder Zinn bei Raumtemperatur hämmert oder walzt, so ist dies in bezug auf die Rekristallisationstemperatur ein „Warmschmieden" oder „Warmwalzen" analog dem Schmieden oder Walzen von rotglühendem Stahl; Blei oder Zink oder Zinn werden schon bei Raumtemperatur „weich geglüht". Bei 300 °C wird Kupfer „warm" gewalzt, Nickel und Eisen hingegen „kalt".

Die vorstehend angeführten Mindesttemperaturen sind aber auch wieder von der *Zeitdauer* abhängig. Sie liegen um so niedriger, je länger die Zeiteinwirkung ist. Eine Verdoppelung der Zeitdauer ist ungefähr einer Temperatursteigerung von 10 °C äquivalent. Ferner ist die Temperaturschwelle zur Einleitung des Vorganges auch abhängig vom vorhergegangenen Verformungsgrad. Beispielsweise konnte an reinem Kupfer, dessen Querschnitt um 88% kalt-plastisch reduziert worden war, bereits bei 100 °C völlige Rekristallisation erreicht werden, wenn die Temperaturwirkung 24 Stunden anhielt.

Wenn die neue Keimbildung an den Stellen der stärksten Gitterverzerrung eingesetzt hat, dann wachsen die neuen Kristalle auf Kosten der alten, die also aufgesaugt werden. Zugleich bilden sich weitere Keime an den weniger deformierten Stellen. Der Temperaturbereich der Rekristallisation bildet zugleich die scharfe Grenze für die Festigkeitseigenschaften des kaltgereckten, gehärteten und des normalen, weichen Gefüges, außer wenn die Kaltverformung sehr gering war und der Temperaturbereich deshalb sehr weit ausfällt. In diesem Fall können neue Kristallite auch auf Kosten anderer, bereits gebildeter neuer Kristallite wachsen;

---

[1] Im Englischen bezeichnet man die Verfestigung, die durch plastische Verformung unterhalb der Rekristallisationstemperatur erzeugt wird, als „strain-hardening", also „Dehnhärtung". Die irreführende Bezeichnung „kalt" ist dadurch vermieden, und in dieser Hinsicht ist der englische terminus technicus besser gewählt. Andererseits führt nicht jede Dehnung zu einer Verfestigung, sondern nur, wenn sie unterhalb der RK-Temperatur vorgenommen wird. Da es sich um eine Verfestigung handelt, die auf inneren Spannungen beruht, wäre der Ausdruck „Spannungsverfestigung", „Spannungshärtung" o. ä. vorzuziehen. Da andererseits die Bezeichnungen „Kalthärtung, Kaltverfestigung, Kaltreckung usw." in der technischen Sprache eingeführt sind, werden sie auch hier und im folgenden weiter benützt.

die neuen Körner saugen sich also gegenseitig auf, und es entsteht dadurch unter Umständen sehr grobes Korn.

Allgemein gilt für die Anfangs- und Endtemperatur der Rekristallisation, daß sie um so niedriger liegen, 1. je stärker die Kaltverformung gewesen war; – 2. je feiner das Ausgangskorn war; – 3. je reiner das Metall ist; – 4. je länger die Glühdauer ist, je langsamer also aufgeheizt wird.

Für die Qualität des rekristallisierten Gefüges ist die *Korngröße* von großer Bedeutung. Sie hängt vom Verformungsgrad, der Glühtemperatur, der Glühdauer, dem Reinheitsgrad des Metalles und bei Legierungen von dem Grad der Löslichkeit der Legierungselemente ab.

Durch ein ungünstiges Zusammenwirken dieser Einflüsse kann durch Weichglühen ein derart grob rekristallisiertes Gefüge entstehen, daß die Werkstücke unbrauchbar werden. Diese Gefahr besteht z. B. bei Zwischenglühungen zwischen den einzelnen Ziehoperationen der Blechtiefziehtechnik, durch welche die verhärteten und versprödeten Ziehteile wieder weichgeglüht werden müssen, um weitere Züge vornehmen zu können. Dabei kann durch Grobkornbildung beim Weichglühen das Material unrettbar verdorben werden.

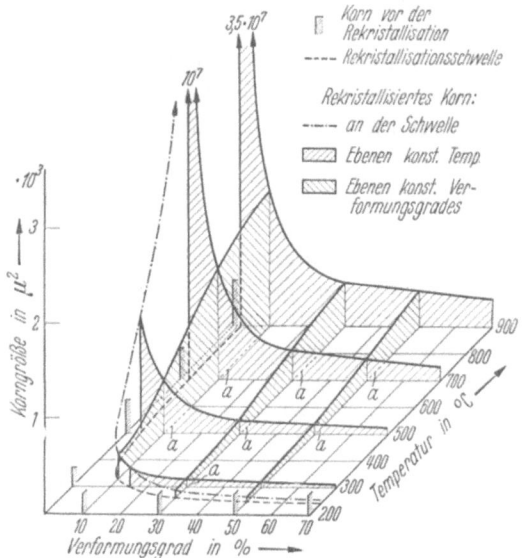

Abb. 90. Rekristallisationsschaubild für Kupfer. Einfluß des Verformungsgrades und der Temperatur auf die Korngröße des rekristallisierten Gefüges, n. CZOCHRALSKI und HANEMANN

Allgemein gilt für das rekristallisierte Gefüge, daß es um so feinkörniger ist, 1. je stärker der Verformungsgrad war; – 2. je kürzer die Aufheizzeit bis zur kritischen Anfangstemperatur ist; – 3. je niedriger die Glühtemperatur ist, d. h. je weniger beim Glühen die kritische Anfangstemperatur überschritten wird; 4. je kürzer die Glühdauer ist; – 5. je mehr unlösliche Teilchen das Gefüge enthält und je feiner sie verteilt sind.

Von dieser Regel weicht kohlenstoffarmer Stahl insofern ab, als dort bei sehr geringem Verformungsgrad kein Grobkorn entsteht, sondern erst bei Überschreitung eines Schwellenwertes der Verformung, der bei etwa 5 bis 8% Verformungsgrad liegt. Für Tiefziehstahlblech ist deshalb ein Verformungsgrad von etwa 5 bis 20% der gefährliche Bereich, innerhalb dessen bei zu hoher Glühtemperatur, beispielsweise 650 °C, unbrauchbar grobes Korn entsteht.

Für den Zusammenhang zwischen dem Verformungsgrad, der Glühtemperatur und der Korngröße wurden räumliche Diagramme für die wichtigsten Metalle ermittelt, wobei als konstante Erwärmungsdauer $\frac{1}{2}$ bis 1 Stunde zugrunde gelegt wurde, beispielsweise das Rekristallisationsdiagramm für Kupfer (Abb. 90). Alle Rekristallisationsdiagramme haben den Charakter dieses Beispieles.

1.42.3. Ausscheidungsgefüge

Wie die Rekristallisation sinnfällig zeigt, befinden sich feste kristalline Gefüge nicht in einem starren und unveränderlichen Zustand, sondern es können unter dem kombinierten Einfluß der Zeit und der Wärme höchst bedeutsame Umwandlungen im festen Zustand vor sich gehen. Neben der völligen Umkristallisation kann unter dem Zeit-Temperatur-Einfluß bei Mischkristallen eine Entmischung, eine *Ausscheidung der gelösten Atome aus dem Grundgitter* einsetzen, sei es, daß diese Atome ihrerseits neue Kristalle eines reinen Elementes zu bilden trachten, sei es, daß sie beim Herauswandern aus dem Gitter des Mischkristalles ihrerseits auch noch Atome des Lösungsgitters enger an sich binden und mit diesen zusammen Kristalle einer echten Verbindung zu bilden suchen. Allgemein gesprochen wird durch die Ausscheidung die Bildung einer neuen Phase eingeleitet oder vollzogen.

Alle diese Vorgänge können zusammengefaßt als *Ausscheidungsvorgänge* bezeichnet werden und bedeuten natürlich eine Gefügeumbildung. Sehr häufig sind aber diese Ausscheidungspartikelchen so klein, daß sie im Metallmikroskop nicht wahrnehmbar sind, ja nicht einmal röntgenographisch eindeutig nachgewiesen werden können. Man kann auf ihre Existenz nur indirekt daraus schließen, daß bei weiterem Fortgang des Vorganges die Partikelchen schließlich doch sichtbar werden. Da aber ihre Wirkung auf die Eigenschaften des Gefüges, vor allem auf die Festigkeitseigenschaften, schon lange vorher eindeutig festgestellt und gemessen werden kann, und da diese Eigenschaftsänderung stetig vor sich geht und schon vor der Sichtbarwerdung einsetzt, ist der Schluß erlaubt, daß *auch dann Ausscheidungen eingesetzt haben und vorhanden sind, wenn sie mit keinem Mittel direkt nachweisbar sind.*

Die Unmöglichkeit des direkten Nachweises erschwert die Forschung auf diesem Gebiete stark und führt oft zu verschiedenartigen Hypothesen für die Erklärung einer Ausscheidungswirkung. Bei vielen Wirkungsphänomenen, z.B. Festigkeitsänderungen, muß man sich einstweilen mit der Feststellung der Tatsache begnügen, ohne die Ursachen im einzelnen erklären zu können.

Im allgemeinen führen Ausscheidungsvorgänge im submikroskopischen Gebiet zu einer Verfestigung des Gefüges, es gibt aber auch Ausnahmen, bei denen das Gefüge weicher wird, z.B. Cu—Au-Legierungen und Cu—Be-Legierungen. Im Maschinenbau haben Ausscheidungsvorgänge im allgemeinen nur als *Ausscheidungshärtung* eine Bedeutung. Erstmalig wurden diese Phänomene bei Leichtmetallegierungen, wo sie besonders deutlich in Erscheinung treten, beobachtet und anschließend in breitem Umfang für die Vergütung von Leichtmetallen technisch angewendet. Später entdeckte man, daß auch bei Stahl und anderen Metallen in großem Umfang offensichtlich Ausscheidungen stattfinden, an die man bisher nicht gedacht hatte, weil sie nicht direkt wahrnehmbar sind, andererseits aber auch ihre Wirkung und damit ihr indirekter Nachweis oft recht gering ist.

Eine hypothetische Ausscheidungshärtung wird auch in zunehmendem Maße für die Erklärung des Phänomens der *Alterung*, d.h. der *Verfestigung von kaltgerecktem Stahlgefüge* lediglich durch die Zeiteinwirkung sowie für das sonst unerklärliche Phänomen der Festigkeitszunahme des Stahles bei Temperaturen bis gegen 250 °C herangezogen.

Wenn also zur Entfestigung (Weichglühen) eines kaltverfestigten Gefüges gesagt werden kann, daß unter der kombinierten Zeit- und Temperatureinwirkung das kaltgereckte Gefüge infolge Kristallerholung und Rekristallisation entfestigt wird, so ist einschränkend hinzuzufügen: vorausgesetzt, daß nicht durch dieselbe Zeit-Temperatur-Einwirkung zunächst eine Ausscheidungshärtung einsetzt, durch welche die Wirkung der Kristallerholung überkompensiert wird, so daß zunächst eine Verfestigung stattfindet und erst bei weiterer Temperatur-Zeit-Einwirkung die erwartete Festigkeits- und Härteabnahme eintritt.

Wie die Ausscheidungshärtung im Einzelfall sich auf die Eigenschaften des Werkstoffes auswirkt, sei es als *Vergütung* oder als *Alterung* oder als *Blaubrüchigkeit* (Versprödung), wird besser im Zusammenhang mit den einzelnen Werkstoffsorten beschrieben.

Im übrigen wird von einer *künstlichen Unterdrückung der Ausscheidung* der gelösten Atome aus den Mischkristallen vor allem bei der Umwandlungshärtung des Stahles technisch der bedeutsamste Gebrauch gemacht, wozu auf Abschn. 4.12.54 verwiesen sei.

1.42.4. Modifikationseinwirkungen

Wie bereits in Abschn. 1.16.3 dargestellt, können bei Überschreitung einer kritischen Temperaturgrenze Gefügebestandteile andere Gittertypen annehmen. Solche *Modifikationswechsel* haben ebenfalls die Entstehung eines neuen Sekundärgefüges zur Folge und können zudem von Ausscheidungsvorgängen begleitet sein. Eine technisch überaus wichtige Gefügeänderung ist diejenige des Stahles bei der Umwandlung der Fe-Kristallite vom kubisch-raumzentrierten Gitter zum kubisch-flächenzentrierten und umgekehrt, wozu auf Abschn. 4.11 verwiesen wird.

1.42.5. Zusammenfassung

In festen Sekundärgefügen können durch die verschiedenartigsten Ursachen starke Änderungen eintreten, welche alle Eigenschaften des Materials, die Festigkeitseigenschaften, aber auch die elektrischen, magnetischen usw. sehr stark und bisweilen sprunghaft verändern. Die möglichen Ursachen waren:

1. Rein mechanische Durchknetung des Gefüges, die plastische Verformung, durch welche

a) die einzelnen Kristallite bleibend zertrümmert und verformt werden; – b) innere elastische Spannungen zurückbleiben; – c) der Energieinhalt vergrößert wird; – d) das Gefüge verfestigt, verhärtet und versprödet wird; – e) bisweilen auch noch andere physikalische Eigenschaften – elektrische und magnetische – stark geändert werden.

2. Die Kristallerholung, wobei durch kombinierte Zeit- und Temperatureinwirkung die inneren elastischen Spannungen mehr oder weniger abklingen, ohne daß im Gefüge sichtbare Veränderungen vor sich gehen. Die Folge ist eine Entfestigung.

3. Die Rekristallisation, verursacht durch eine kombinierte Zeit- und Temperatureinwirkung, wodurch ein völlig neues Gefüge entsteht, welches wieder die Eigenschaften des alten Gefüges vor der plastischen Verformung besitzt.

4. Ausscheidungsvorgänge, verursacht durch Zeit- und Temperatureinwirkung, die sich im submikroskopischen Gebiet abspielen und im allgemeinen eine langsame Verfestigung zur Folge haben, die in manchen Fällen auch als Alterung bezeichnet wird.

5. Gitterumstellungen, d. h. Modifikationsänderungen von Gefügebestandteilen bei Überschreitung einer kritischen Temperaturgrenze. Sie können die mannigfaltigsten Folgen für die Eigenschaften des Materials haben.

Diese fünf Gefügeumbildungen werden dort, wo sie bei den einzelnen Werkstoffsorten auftreten und von technischer Bedeutung sind, im einzelnen hinsichtlich ihres Ablaufes und ihrer Auswirkungen behandelt, und es wird deshalb auf die betreffenden Abschnitte für die einzelnen Werkstoffe verwiesen.

1.43. Sintergefüge

Neben den Werkstoffen, die ein Gußgefüge oder ein durch dessen Umwandlung erzeugtes Sekundärgefüge besitzen, existieren noch solche, deren Gefüge auf eine ganz andere Art technisch erzeugt wurde, nämlich durch Sinterung. Die Gefügebestandteile werden als feines kristallines Pulver in einer Form zusammengepreßt und dann mit oder ohne äußeren Druck erhitzt. Dabei backen die Körner an ihren Grenzen zu einem festen Gefüge zusammen, ohne daß sie schmelzen. Man bezeichnet die so entstandenen Werkstoffe auch als *Sintermetalle* oder *Sinterwerkstoffe*.

Die Sintermethode ist eine neuere Technik, die auch als *Pulvermetallurgie*, bisweilen als *Metallkeramik* bezeichnet wird. Die Technik ist noch in starker Entwicklung, die physikalischen und metallurgischen Grundlagen sind noch relativ wenig erforscht und die Anwendungsmöglichkeit für die Herstellung neuer Werkstoffe ist noch nicht zu übersehen.

Der Prozeß des Zusammenbackens spielt sich äußerlich im festen Zustand ab, bei manchen Zusammenmischungen tritt aber beim Sintern auch ein leichtes Schmelzen, sei es einzelner Gefügebestandteile, sei es an den Korngrenzen der Kristallite, ein.

Die Sintermetallurgie und die Sinterwerkstoffe sind durch folgende Merkmale charakterisiert:

1. Es können ebensogut reine Metallgefüge aus nur einer Metallsorte als auch Mischungen von Metallen (Legierungen) als auch Mischungen von Metallen mit Nichtmetallen hergestellt werden. Letztere werden als *Zwitterwerkstoffe* bezeichnet. Ein Beispiel dafür ist Sinterbronze mit Graphiteinlagerungen, die auf keine andere Weise erzeugt werden kann.

2. Es lassen sich sowohl fertige maßgenaue Formstücke herstellen als auch Rohlinge oder Brammen, die dann durch Walzen oder Ziehen zu Halbzeug weiterverarbeitet werden.

3. Aus technischen Gründen ist das Stückgewicht von Formteilen beschränkt, $\leq \sim 1$ kg, während Brammen bis zu einigen 100 kg hergestellt werden.

4. Metallische Werkstoffe mit sehr hohem Schmelzpunkt, wie z. B. Wolfram, lassen sich praktisch nur durch Sinterung herstellen. Das Sinterverfahren wurde ursprünglich nur aus diesem Grund und für solche Metalle entwickelt. Ein anderes

Beispiel sind die Hartmetalle, z. B. eine Legierung aus Wolframkarbid und Kobalt, oder Magnetwerkstoffe.

5. Das Gefüge kann mit einer bestimmten, gewünschten Porosität erzeugt werden, z. B. selbstschmierende Lagerbronze, deren Poren mit Öl imprägniert werden.

6. Das Verfahren ist teuer und kommt deshalb nur in Frage, wenn keine andere technische Herstellungsmöglichkeit für die Werkstoffe oder Werkstücke besteht oder wenn es sich um kleine Massenartikel handelt.

Im übrigen ist das Sintergefüge globulitisch; seine Korngröße hängt von der Feinheit des Pulvers ab.

Im weiteren s. Abschn. 4.6.

1.5. Die Gefügequalität

1.51. Einfluß der Form und Größe der Körner

Der quasiisotrope Charakter eines Metalles geht um so mehr verloren, je stärker das Gefüge durch Auftreten von Dendriten, Nadeln usw. vom idealglobulitischen abweicht oder je stärker in einem an sich globulitischen Gefüge die einzelnen Kristallite in der Größe schwanken. Man kann keine Grenze dafür angeben, wann ein Gefüge als technisch unbrauchbar oder als fehlerhaft zu bezeichnen ist, wenn es außer den verschiedenen Kornformen und Größen sonst keine weiteren Unregelmäßigkeiten, vor allem keine Hohlräume, aufweist, denn diese Frage hängt im Einzelfall vom Anwendungszweck ab. Ein Beispiel für einen Materialausschuß infolge Grobkorn zeigt Abb.91.

In der allgemeinen Bewertung ist das idealglobulitische Gefüge am höchsten einzusetzen, da es wegen des quasiisotropen Charakters die durchschnittlich besten Festigkeitseigenschaften, Härte und Zähigkeit, aufweist und auch die sonstigen physikalischen Eigenschaften am gleichmäßigsten auftreten.

Abb. 91. Grobkorn als Materialfehler. Die aus Flachkantaluminium bestehenden Spulen für eine elektrische Maschine reißen beim Biegen wegen Grobkorn (links). Das Feinkornmaterial läßt sich hochkant biegen (rechts)

Unter sonst gleichen Verhältnissen sind ferner die genannten Eigenschaften, vor allem die Festigkeit, um so besser, je feinkörniger das Gefüge ist.

Der Grund dafür liegt in folgenden Umständen: Die Belastungsfähigkeit eines Gefüges gegen Bruch hängt davon ab, was zuerst nachgibt: die Körner selbst oder die Zwischensubstanz.

Im ersten Fall verläuft der Bruch durch die Körner, er ist ein *Kornbruch* oder *intrakristalliner Bruch*; im zweiten Fall verläuft er längs der Korngrenzen, als *Grenzbruch* oder *interkristalliner Bruch*.

Im allgemeinen verlaufen die Brüche bei Raumtemperatur als Kornbrüche, bei höheren Temperaturen als Grenzbrüche.

Kornbrüche erkennt man am *Glitzern* der zerbrochenen Kristallite, deren Bruchflächen frei liegen, bisweilen mit freiem Auge. Freilich kann auch die Korngrenzsubstanz, die im allgemeinen amorphe oder pseudoamorphe Struktur hat und aus harten und spröden Karbiden, Oxyden, Sulfiden, Nitriden, Phosphiden und ähnlichen Verunreinigungen besteht, gröbere kristalline Teile enthalten, so daß auch der Korngrenzenbruch glitzern kann. Beim Gußeisen werden z. B. beim Bruch vor allem die an den Korngrenzen liegenden Graphitadern freigelegt, die stark glitzern. Da der Graphit eine wesentlich geringere Festigkeit hat als die sonstigen stahlähnlichen Körner des Gußeisens, ist es verständlich, daß gerade das Gußeisen eine Ausnahme von der obigen Regel macht, d. h. daß auch im kalten Zustand der Bruch interkristallin erfolgt.

Je feiner das Korn ist, desto kleiner sind beim intrakristallinen Bruch die einzelnen freigelegten und verschieden orientierten reflektierenden Kristallitoberflächen, weshalb der glitzernde Bruch in einen gleichmäßig matten *Seidenglanz* übergeht. Vor allem verschwinden die spiegelnden Flächen, wenn dem Bruch eine starke plastische Verformung voranging, also bei allen duktilen Metallen, weil dadurch auch Verwerfungslinien oder Gleitlinien an den Kristalliten entstanden waren. Das Bruchgefüge eines zähen Stahles ist z. B. *sehnignarbig und matt.*

Da nun die Oberfläche einer Kugel, deren Form sich ja das globulitische Korn annähert, von der zweiten, das Volumen aber von der dritten Potenz ihres Durchmessers abhängt, wird für Feinkorn die Flächensumme der Körner größer als für Grobkorn. Die gleiche Menge der Zwischensubstanz (Verunreinigungen usw.) verteilt sich auf eine größere Fläche, die Dicke der Korngrenzensubstanz ist also beim Feinkorn kleiner. Die Zwischensubstanz ist aber im allgemeinen härter, fester und spröder als die Kornsubstanz, und sie verkittet deshalb die Körner so fest, daß bei Raumtemperatur der Bruch zuerst intrakristallin durch die Körner geht.

Ist die spröde Zwischensubstanzschicht dagegen zu dick, wie beim Grobkorn, so hat sie keine hohe Festigkeit mehr und bricht, ehe das Korn nachgibt. Das grobkörnige Haufwerk hat dadurch oft eine geringere Festigkeit, vor allem aber eine geringere Zähigkeit als das feinkörnige.

Als Beispiel sei angeführt (nach SWINDON und BOLSOVER) Stahl 0,5% C, gehärtet bei 840 °C, in Öl abgeschreckt und auf 650 °C angelassen:

Korngröße in mm	Streck-grenze σ_S kg/mm²	Zerreiß-festigkeit σ_B kg/mm²	Bruch-dehnung δ_4 %	Kerbzähig-keit n. IZOD in ft-lb
0,144	37,0	53,1	59,2	16,7
0,036	35,1	50,0	61,6	76,0

In diesem Fall war durch das feinere Korn die Festigkeit eher verringert, andererseits aber die Kerbzähigkeit ganz erheblich auf den $4^1/_2$fachen Betrag gesteigert worden.

In anderen Fällen tritt eine Festigkeits- und Dehnungssteigerung ein (z. B. nach BUOH und PHILLIPS):

Ein ungünstiger Effekt tritt am Gußgefüge auf, wenn eine Transkristallisation an scharf ausspringenden Ecken stattgefunden hatte (Abb. 92). Die Zwischensubstanzschicht, die sich längs den zusammenstoßenden Spit-

Magnesiumlegierung c — HTA		Bruch-dehnung δ_4 %
Korn mm	Zerreiß-festigkeit kg/mm²	
0,08	28,5	1,5
0,6	22,5	0,9

zen der Stengelkristalle gebildet hatte, gibt keine gute Verklammerung und hat Rißgefahr durch Gußspannungen längs der Linie $a-a$ zur Folge. Man vermeidet das konstruktiv durch Abrundung der Kante.

Grobstengelige Transkristallisation nach Abb. 70 oder grobe Nadeln (WIDMANNSTÄTTENsche Struktur, Abb. 69) bedeuten zumeist technisch unbrauchbare Gefüge.

Besteht das Gefüge aus heterogenen Bestandteilen mit sehr verschiedener Festigkeit, so ist neben der Feinkörnigkeit vor allem eine möglichst feine und gleichmäßige Verteilung der schwächsten Bestandteile

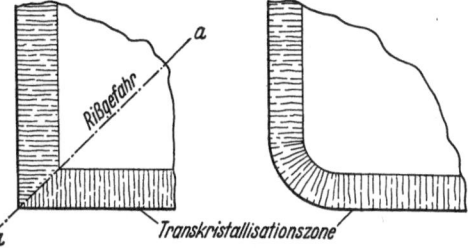

Abb. 92. Ungünstige Wirkung an der scharfen Ecke eines Gußteiles mit Stengelgefüge

erwünscht und außerdem sollten die letzteren auch wieder möglichst kugelförmige Einschlüsse bilden und nicht längliche Schichten, Platten oder Adern. Dieser Umstand ist von größter Bedeutung beim Gußeisen, dessen Gefüge ein Gemenge von Graphit und Stahlkristalliten ist. Der Graphit hat eine sehr geringe Festigkeit. Die Festigkeit des Gesamtgefüges hängt deshalb in erster Linie von der Art der Graphitverteilung und der Form der Graphiteinschlüsse ab (Abschn. 4.16.4).

In seltenen Fällen ist eine Grobverteilung heterogener Bestandteile im Grundgefüge technisch erwünscht. Ein Beispiel dafür bilden gewisse Lagermetalle (Abschn. 4.4).

1.52. Gefügefehler

Während man hinsichtlich Größe und Form der Körner nicht ohne weiteres von Gefügefehlern, sondern nur von brauchbarem und unbrauchbarem Gefüge sprechen kann, gibt es auch ausgesprochene generelle Gefügefehler, verursacht durch Herstellungsfehler bei der Metallerzeugung. Es sind dies *Lunker*, *Gasblasen*, und *Seigerungen*, die im Gußgefüge entstehen und sich bis zur letzten Verarbeitungsstufe am fertigen Werkstück durchschleppen können.

1.52.1. Lunker

Lunker sind *Hohlräume* in einem Gußgefüge. Sie können dadurch entstehen, daß das in eine Form gegossene flüssige Metall sich beim Erkalten zusammenzieht, aber kein weiteres flüssiges Metall in die dabei gebildeten Hohlräume nachfließt. Der Vorgang wickelt sich schematisch nach Abb. 93 ab. Die offene Form F war bis zur Höhe H mit flüssigem Metall gefüllt. Beim Erkalten erstarren nacheinander von außen nach innen die Schichten 1, 2, 3 ... Das Volumen dieser Schichten ist nach der Erstarrung kleiner, als es im flüssigen Zustand war. Nach Erstarrung einer Schicht sinkt deshalb der Flüssigkeitsspiegel der Restschmelze sukzessive auf das Niveau H_1, H_2, H_3 ... usw., wodurch am erstarrten Block oben ein Trichter entsteht. Da aber auch die Oberfläche schneller abkaltet als der Kern, wird beim Erstarren unter Umständen oben eine Decke zufrieren. Dadurch wird der Trichter abgeschlossen, und es entstehen Hohlräume, die evtl. von außen nicht mehr erkenntlich sind. Der Lunker zieht sich, unterbrochen von Zwischenschichten, trichterförmig ins Innere hinein.

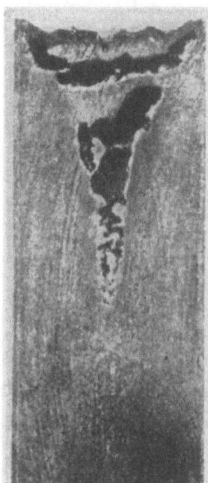
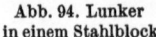

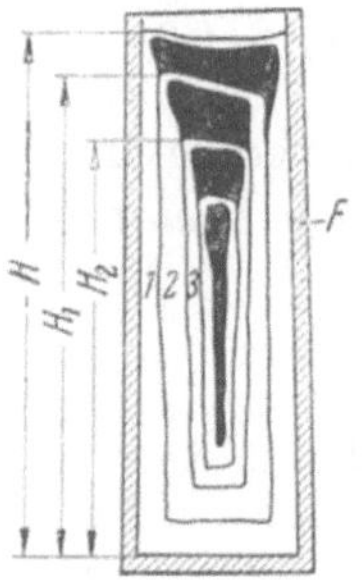

An einem Formgußstück bedeutet der Lunker natürlich ohne weiteres Ausschuß. An einem Block, der das Ausgangsmaterial für Schmiede- oder Walzprodukte bildet, hängt dies davon ab, ob die Wandungen der Hohlräume oxydiert waren oder nicht. Nur wenn letzteres – selten! – der Fall war, können die beim Walzen zusammengequetschten Hohlräume wieder zu einem gesunden Gefüge zusammenschweißen. Andernfalls entstehen schwere Gefügefehler, da im Inneren große Rißflächen mit eingewalzt werden.

Abb. 93
Entstehung eines
Lunkers
(schematisch)

Beispiel für eine Lunkerung in einem Stahlblock s. Abb. 94, desgleichen für einen Lunkerfehler, der unbemerkt in das fertige Werkstück (Kammwalze) mitgeschleppt worden war, s. Abb. 95.

1.52.2. Gasblasen

Metalle können Gase wie O_2, H_2, N_2, CO und CO_2 lösen, sowohl atomar als auch molekular. Das Lösungsvermögen steigt meistens, im Gegensatz z. B. des Wassers, mit zunehmender Temperatur. Beim Übergang in den geschmolzenen Zustand steigt das Lösungsvermögen sprunghaft sehr stark an, um dann – bei konstantem Druck – weiterhin proportional zuzunehmen.

Abb. 96 zeigt das Löslichkeitsdiagramm für H_2 in reinem Fe und Ni.

Was diese Gasmengen technisch bedeuten können, erkennt man, wenn man sie volumetrisch mißt. Es beträgt z. B.:

Abb. 94. Lunker
in einem Stahlblock

Abb. 95. Lunker
in einer Kammwalze

für Nickel 4 mg Wasserstoff pro 100 g Nickel bei 1600 °C umgerechnet auf Normaldruck 0,448 l pro 1 kg Nickel; für Eisen 3 mg Wasserstoff pro 100 g Eisen bei 1700 °C entsprechend 0,336 l pro 1 kg Eisen bei Normaldruck. 1 g H_2 = 11,2 l, 1 Mol H_2 = 22,4 l = 2 g.

Das bedeutet, daß beim Erstarren einer Schmelze erhebliche Gasmengen frei werden. Wenn sie dabei nicht entweichen können, bleiben sie als Gasblasen im Gefüge eingeschlossen, und der Guß wird *porös*. Als Gefügefehler sind Gasporen von Lunkerstellen leicht zu unterscheiden, weil die Hohlräume glatte Wandungen haben (Abb. 97). Enthalten sie reduzierende Gase (H_2, CO), so sind überdies die

Wandungen blank. Solche Blasen verschweißen dann bei plastischer Weiterverarbeitung. Kommen aber die Gasblasen durch Poren oder Kanäle mit der Außenluft in Verbindung, so tritt beim Warmwalzen Oxydation ein, ein Verschweißen

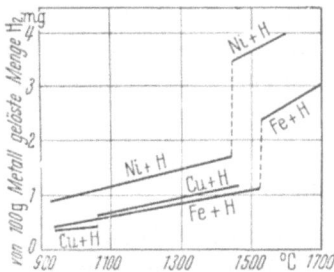

Abb. 96. Löslichkeit von Wasserstoff in Eisen, Nickel und Kupfer bei verschiedenen Temperaturen, n. SIEVERTS

Abb. 97
Gasblase in einem Graugußbruch

findet nicht statt, und das Material behält Risse im Innern. Welche Folgen entstehen können, zeigt Abb. 98, ein Schnitt durch das Blech eines Ventilatorflügels, der beim Betrieb schadhaft wurde.

„Poröser Guß" (Stahlguß, Gußeisen, Bronze) ist bekanntlich einer der häufigsten Ausschußgründe. Für seine Verhinderung stehen dem Hütten- und Gießereiingenieur verschiedene Methoden zur Verfügung.

Bei manchen Metallen, z.B. Kupfer und Nickel, ist die Gasabführung beim Erstarren so schwierig, daß man aus *technischen Gründen nicht in der Lage ist, genügend porenfreie Formgußteile herzustellen.* Kupferformguß wäre für die Elektrotechnik von großer Bedeutung; durch Zulegieren von etwas Beryllium erreicht man praktische Porenfreiheit, freilich auf Kosten der Leitfähigkeit (Abschn. 4.21.61.45).

1.52.3. Seigerungen

Seigerung bedeutet allgemein „*Entmischung*". Als Gefügefehler können drei Arten von Entmischungen eintreten: 1. Schwerkraftseigerungen, 2. Blockseigerungen, 3. Kristallseigerungen.

Abb. 98. Infolge eingewalzter Gasblase aufgerissenes Blech eines Ventilatorflügels an einem Elektromotor

1.52.31. Schwerkraftseigerungen

Wenn mehrere Metallsorten mit verschiedenem spezifischen Gewicht zusammengeschmolzen werden, dabei aber nicht völlig ineinander löslich sind, so kann beim Erstarren der Fall eintreten, daß die schwereren Teile sich im Gußstück unten angereichert haben. Das Gefüge ist ungleichmäßig und deshalb Ausschuß.

Der Fehler tritt in der Praxis relativ selten auf, schon aus dem Grunde, weil Legierungen aus Metallen mit sehr verschiedenen spezifischen Gewichten entweder technisch nicht herstellbar sind (z. B. Pb—Fe) oder nur kleine Anwendungsgebiete haben. Als Beispiel für den möglichen Fall einer Schwerkraftseigerung sei eine Lagermetallegierung (sog. Weißmetall) aus Blei—Antimon—Zinn erwähnt. Im übrigen wirken sich bei solchen Legierungen kleine örtliche Unterschiede in der Zusammensetzung im allgemeinen nicht weiter nachteilig oder gar gefährlich aus. Eine nachträgliche Beseitigung im festen Zustand ist nicht möglich.

1.52.32. Blockseigerung

Hierunter versteht man die *örtliche Anhäufung von Verunreinigungen* in gegossenen Blöcken, die zu Walzwerksprodukten weiterverarbeitet werden, vor allem in Stahlblöcken. Die in Frage kommenden Verunreinigungen sind dort *Phosphor* und *Schwefel*; von beiden wirken sich bereits Promillebeträge der Konzentration stark auf die Qualität des Stahles aus, weshalb die meist vorhandene geringe Menge dieser Stoffe recht gleichmäßig verteilt sein muß, sollen nicht unbrauchbare Bezirke im Gefüge entstehen, die mangelnde Festigkeit oder eine Versprödung aufweisen.

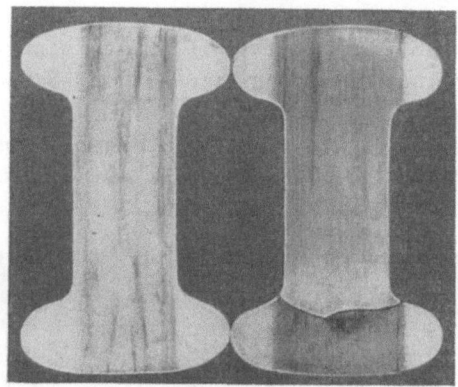

Die Verunreinigungen haben analog der Lunkerung die Tendenz, sich dort anzureichern, wo der Gußblock am *längsten flüssig* bleibt. Diese schlechten Zonen wandern dann in die Walzwerksprodukte mit hinein, sind äußerlich nicht erkennbar und können zu schweren Materialschäden noch an fertigen Maschinen führen. Die Verhinderung der Blockseigerung bzw. die laufende Prüfung der Hütten- und Walzwerksprodukte auf diesen Fehler hin ist eine Spezialaufgabe

Abb. 99. Materialfehler: Klöppel eines Hochspannungsisolators, gerissen infolge Blockseigerung

gabe des Hütteningenieurs. Abb. 99 zeigt solche Fehler an einem Klöppel einer Hochspannungs-Überlandleitung, der ohne besondere äußere Ursachen im Betrieb gerissen war. Die Schwefelseigerung kann, wo sie an der Oberfläche zutage tritt, durch die sog. BAUMANNsche *Schwefelprobe* leicht festgestellt werden, indem man mit verdünnter Säure getränktes Bromsilberpapier auf den Stahl auflegt, das durch die Schwefelanreicherungen geschwärzt wird.

Auch die Blockseigerung kann nicht nachträglich behoben werden.

1.52.33. Kristallseigerung

Während es sich bei der Schwerkraft- und Blockseigerung um örtliche Entmischung und Anreicherung von *Substanzen* wie Blei- oder Schwefel- oder Phosphorkristalliten bzw. deren chemische Verbindungen im Gefüge handelt, hat man es bei der Kristallseigerung um eine *atomare Entmischung* bzw. Anreicherung in

Mischkristallen zu tun. Im Gitter von Mischkristallen sind die beiden Atomsorten, aus denen der Kristall besteht, nicht mehr gleichmäßig verteilt, sondern örtlich verschieden stark konzentriert, und zwar dadurch, daß sich bei der Erstarrung des Kristalls aus der Schmelze Schalen verschiedener Konzentration um den Kern herum gebildet hatten. Über die Ursache des Phänomens s. Abschn. 2.44. Solche Kristalle werden auch als *Zonenmischkristalle* bezeichnet. Äußerlich, d.h. im Schliffbild, ist die Kristallseigerung nicht erkennbar, und auch auf die Festigkeitseigenschaften des Gesamtgefüges und damit des Werkstoffes hat eine Kristallseigerung praktisch keinen Einfluß, sondern allenfalls nur auf elektrische Eigenschaften, weshalb der Fehler nur in Ausnahmefällen von praktischer Bedeutung ist.

Indirekt läßt sich die Kristallseigerung oft dadurch feststellen, daß die Härte des einzelnen Kristalliten örtlich verschieden ist, was durch die Mikrohärteprüfung nachgewiesen werden kann (Abschn. 3.22.12, Abb. 225).

Eine Kristallseigerung läßt sich im festen Gefüge durch Glühen beheben, da die atomare Entmischung nicht dem stabilsten Zustand des Mischkristallgitters entspricht, so daß man durch Wärmezufuhr die Beweglichkeit (Platzwechsel) der Atome erleichtern kann, die der gleichmäßigen Verteilung im Gitter zustreben. Kristallseigerung bedeutet also praktisch keinen Ausschuß.

Bisweilen wird auch eine andere Art von Entmischung als Kristallseigerung bezeichnet, die nicht atomarer, sondern substantieller Art ist, wenn nämlich bei der Bildung von Ausscheidungsgefügen, z.B. bei der Entstehung von Karbiden aus festen Lösungen, eine ungleichmäßige Verteilung und örtliche Ansammlung solcher Karbide in der Grundsubstanz stattfindet. Die örtliche Anreicherung kann dann z.B. auch darin bestehen, daß neben den gleichmäßig verteilten und gleichmäßig kleinen Karbiden einzelne Karbidgrobkörner anzutreffen sind. Derartige Gefügefehler können vor allem in Stählen durch falsche thermische Behandlung entstehen und sind meistens nicht zu beheben (Abschn. 4.12.5).

Im eigentlichen Sinn versteht man aber unter Kristallseigerung die erwähnte *atomare* Entmischung, während spezielle Seigerungen, wie die letzterwähnte, besser von Fall zu Fall als *Karbidseigerung* oder ähnlich bezeichnet werden.

2. Legierungslehre

2.1. Definitionen

Wie bereits im einleitenden Abschn. 1 hervorgehoben, sind Legierungen im *technischen* Sinn Mischungen von mindestens zwei verschiedenen Metallen, die technisch durch Zusammenschmelzen oder in selteneren Fällen durch Sinterung hergestellt werden. Als Ausnahmefall findet man eine natürlich entstandene Kupfer-Nickel-Legierung, das sogenannte Monelmetall.

Die Metallsorten in einer Legierung bezeichnet man als deren *Komponenten*. Je nach deren Anzahl spricht man von einer Zwei-, Drei-, Vier-usw.-Stofflegierung oder von einer *binären*, *ternären*, *quaternären* usw. Legierung. Bisweilen enthalten Legierungen auch nichtmetallische Komponenten. Im technischen Sprachgebrauch wendet man aber die Bezeichnung „Legierungskomponenten" meistens nur auf die metallischen an.

Das *Mischungsverhältnis* der Komponenten wird durch deren prozentualen, als *Konzentration* bezeichneten Anteil ausgedrückt.

Für die Werkstoffe wird die Konzentration in Gewichtsprozenten angegeben; beispielsweise bedeutet „Messing 60/40" eine Legierung mit 60 Gewichtsprozenten Kupfer und 40 Gewichtsprozenten Zink.

In der wissenschaftlichen Metallkunde wird häufig daneben die Konzentration in *Atomprozenten* angegeben, d.h. durch das Mengenverhältnis der beteiligten Atome.

Die Umrechnung von Gewichtsprozenten auf Atomprozente erfolgt nach folgender Überlegung:

Das Gewicht G_A der beteiligten Komponente A geteilt durch das Atomgewicht a ihrer Atomsorte ergibt die Anzahl der beteiligten Grammatome N_A. Das gleiche gilt für die Komponente B. Die Legierung enthält $N_A + N_B$ Grammatome.

Da alle Grammatome gleich viel Atome enthalten (Gesetz von Avogadro bzw. Loschmidtsche Zahl), ist die Anzahl der beteiligten Atome proportional der Anzahl der beteiligten Grammatome.

Diese prozentuale Atommenge ist demnach

$$A = \frac{N_A}{N_A + N_B} \cdot 100 = \frac{\dfrac{G_A}{a}}{\dfrac{G_A}{a} + \dfrac{G_B}{b}} \cdot 100 \; [\%]$$

Beispiel: In 100 g Messing war für Kupfer: $G_A = 60$, $a = 63{,}57$
für Zink: $G_B = 40$, $b = 65{,}38$

somit

$$N_{Cu} = 60 : 63{,}57 = 0{,}9438$$
$$N_{Zn} = 40 : 65{,}38 = \underline{0{,}6119}$$
$$N_{Cu} + N_{Zn} \quad\quad = \underline{\underline{1{,}5557}}$$

Atomprozentsatz Cu $= \dfrac{0{,}9438}{1{,}5557} \cdot 100 = 60{,}66\,\%$

Atomprozentsatz Zn $= 100 - 66{,}66 = 39{,}34\,\%$.

Wie alle technischen Metalle enthalten die Legierungen außer ihren Komponenten Fremdstoffe als *Verunreinigungen*.

Die überwiegende Mehrzahl der Werkstoffe sind *Mehrstofflegierungen*. Häufig werden in der Bezeichnung zwecks Vereinfachung nicht alle Komponenten angeführt, sondern nur die *Haupt*komponenten, die den größten Anteil ausmachen. Manche klassische Legierungen haben alte Eigennamen beibehalten, z.B. Bronze für die Cu–Sn-Legierungen oder Messing für diejenigen, in welchen Cu und Zn die Hauptkomponenten sind. Wenn andererseits durch eine anteilmäßig geringe Komponente eine besondere Gebrauchseigenschaft erzeugt oder deutlich verbessert wird, so wird jene häufig in der Benennung des Werkstoffes hervorgehoben. So spricht man beispielsweise von Nickelstahl, bleihaltigem Messing oder Phosphorbronze, auch wenn dort Ni, Pb oder P nur in wenigen Prozenten enthalten sind. Man behalte deshalb stets die Unklarheit oder Zweideutigkeit der Bezeichnung Legierung, legiert usw. im Auge. Eindeutig gekennzeichnet ist der Werkstoff nur durch die vollständige chemische Analyse.

2.2. Allgemeine Eigenschaften

Durch das Legieren entstehen Metalle mit neuen Eigenschaften. Es wäre grundfalsch, anzunehmen, daß sich die Eigenschaften einer Legierung aus denen der Komponenten und deren Mischungsverhältnis mittels einer Durchschnittsrechnung ermitteln ließen. Nur für eine einzige Eigenschaft, das spezifische Gewicht, ergibt eine einfache Mischungsrechnung einen angenähert richtigen Wert. 60 g Kupfer mit dem spezifischen Gewicht 8,93 und 40 g Zink mit 7,14 ergeben 100 g Messing, dessen spezifisches Gewicht mit dem errechneten von 8,214 annähernd übereinstimmt.

Für alle anderen Eigenschaften darf man weder eine solche Mischungsrechnung anstellen noch erwarten, daß die Eigenschaft irgendwie zwischen den Eigenschaften der beiden Komponenten liegen muß. Letzteres kann, es braucht aber nicht der Fall zu sein. Manche Eigenschaften mancher Legierungen sind geradezu paradox verschieden von denjenigen ihrer Komponenten. Beispiel: Cu hat eine sehr gute elektrische Leitfähigkeit, 58 $\frac{m}{\Omega\,mm^2}$, Ni auch noch eine relativ gut mit 14,5. Eine Legierung aus 70% Cu und 30% Ni hat hingegen nur 2,7 und wird deshalb als Widerstandsmaterial verwendet. Dies deutet darauf, daß mit beiden Elementen durch das Legieren Änderungen in *atomaren Bereichen* vor sich gegangen sein müssen, um solche Eigenschaftsänderungen zu bewirken. Weitere Beispiele dafür können die Farbänderungen bieten: Cu ist rot, Zn weiß. Die Cu–Zn-Legierungen, zu denen auch das gelbe Messing gehört, ändern zwar mit zunehmendem Zinkanteil ihre Farbe von rot über gelb zu weiß, aber keineswegs in ständig gleichsinnigem Verlauf. Zum Beispiel ist die Legierung 80/20 (d.h. mit 80% Cu und 20% Zn) rötlichgelb, diejenige mit 72/28 hellgelb, diejenige mit 63/37 wieder rötlichgelb, mit 60/40 rötlich und mit 40/60 weiß.

Man hüte sich deshalb, bei den Buntmetallegierungen Cu–Zn (Messingsorten) und Cu–Sn (Bronzen) aus der Farbe auf den Kupfergehalt schließen zu wollen, wie dies in der Praxis oft fälschlich geschieht. Ebenso wie die rote Kupferfarbe schon bei 60% Zinkmischung völlig verschwunden ist, ist dies bei Gold–Silber-Legierungen der Fall, wo die Legierung 70/30 weiß ist.

Bei Mehrstofflegierungen können die Eigenschaftsänderungen noch unerwarteter werden. Beispiel:

Weiches Blei wird durch Zulegieren von Antimon härter. Durch Zulegieren von Arsen wird es noch härter, die Wirkung ist etwa die dreifache derjenigen des Antimons. Durch kombinierte Zulegierung von Sb und As nimmt dagegen die Härte weniger zu als durch Antimon allein!

Manche Legierungskomponenten beeinflussen irgendeine Eigenschaft zunächst stetig, wenn sie in steigender Menge hinzugefügt werden, jedoch bei einem gewissen Prozentsatz unstetig. Es tritt innerhalb eines engen Mischungsverhältnisses eine sprunghafte Eigenschaftsänderung auf. Dies gilt vor allem für elektrische Eigenschaften.

Ein anderes, zunächst paradoxes Phänomen tritt bei der Zulegierung von Nickel zu Eisen auf: Die Magnetisierbarkeit sinkt mit zunehmender Nickelbeimischung stetig praktisch auf Null, um bei weiterer Erhöhung des Nickelanteils wieder anzusteigen.

Bei den Festigkeitseigenschaften sind die Änderungen zumeist nicht so unerwartet oder sprunghaft, jedoch gibt es genügend Fälle, in denen auch diese unerwartet variieren.

Hinsichtlich ihrer Eigenschaft *ähneln* also die Legierungen den *chemischen Verbindungen*, deren Eigenschaften bis auf das Molekulargewicht ja ebenfalls nichts mit denen der sie bildenden Elemente gemein haben. Andererseits besteht der grundsätzliche Unterschied darin, daß Legierungen in *beliebigem Mischungsverhältnis* der Komponenten gebildet werden können – wenn auch nur bestimmte Mischungsbereiche technisch brauchbar sind –, während für echte chemische Verbindungen nur bestimmte und ganzzahlige Mischungsverhältnisse der beteiligten Atome möglich sind.

Die Art und das Ausmaß der Eigenschaftsänderung in ihrer Abhängigkeit vom Mischungsverhältnis sind in manchen Fällen empirisch so gut ermittelt, daß man mit ziemlicher Treffsicherheit Legierungen hinsichtlich ganz bestimmter Eigenschaften neu herstellen oder variieren kann. Ferner hat die Forschung auch in vielen Fällen die physikalisch-chemischen Gründe für die Eigenschaftsänderungen aufgedeckt, so daß die Metallurgen für die Entwicklung und Verbesserung der Legierungen oder für die Heranzüchtung besonderer Eigenschaften nicht auf blinde Versuche angewiesen sind, sondern systematisch vorgehen können, jedoch gilt dies noch längst nicht für alle Eigenschaften und alle Legierungskomponenten, weshalb auch die technische Entwicklung der metallischen Werkstoffe nach wie vor sehr lebhaft ist und wesentliche Eigenschaftsverbesserungen der einen oder anderen Art noch durchaus möglich sind. Als Beispiel für die sprunghafte Verbesserung einer Eigenschaft sei die Entwicklung der Legierungen für permanente Magnete erwähnt, deren magnetische Eigenschaften in einer kurzen Entwicklungsspanne auf das Mehrfache gesteigert werden konnten, oder die Entwicklung von Hartmetallen, deren Dauerwarmhärte diejenige der besten legierten Stähle plötzlich um das Mehrfache übertraf. Da ferner die Eigenschaften der Legierungen häufig durch *Wärmebehandlungen* sehr stark beeinflußt werden können, sind auch in dieser Hinsicht dauernd neue Entwicklungen zu verzeichnen und zu erwarten, vor allem für die Eigenschaft der Dauerwarmfestigkeit und der Festigkeit bei sehr tiefen Temperaturen.

2.3. Die Gefügebestandteile von Legierungen

Klassifiziert man die Gefügekörner nach ihrem substantiellen Aufbau, so kann man fünf Kategorien unterscheiden, von denen *eine oder mehrere* in einer Legierung auftreten *können*, nämlich: 1. *Reine Elemente*; – 2. *Mischkristalle*; – 3. *Metallide*; – 4. *Chemische Verbindungen*; – 5. *Eutektika*.

Zu 1: Streng genommen können reine Elemente in Legierungen nicht existieren, denn es handelt sich immer um Mischkristalle mit sehr geringer Konzentration einer zweiten Atomsorte. Die Konzentration ist aber bisweilen so gering, daß die Gefügekörner in solchen Fällen praktisch als Kristallite reiner Elemente gelten können.

Zu 2 bis 4: Wegen der Definitionen s. Abschn. 1.3.

Die Kategorien 1 bis 4 sind homogene Kristallite, d.h. sie bestehen innerhalb ihrer Korngrenzen aus nur einer kristallinen Substanz mit ihrer spezifischen Kristallstruktur. Ein homogenes Korn ist also ein *atomares* Gemenge.

Zu 5: Ein *Eutektikum* ist hingegen ein Gefügekorn, das aus mehreren substantiell verschiedenen Kristallsorten besteht, die ein mehr oder weniger feines *substantielles* Gemenge bilden, das sich bei grober Ausbildung sogar mechanisch in seine einzelnen kristallinen Substanzen trennen läßt. Die letzteren können wiederum reine Elemente, Mischkristalle, Metallide oder chemische Verbindungen sein.

Es ist deshalb eine Ermessensfrage, ob man hierfür noch von einem Gefüge*korn* sprechen will, da es sich nicht um einen einzigen Kristallit handelt. Um die eventuelle Zweideutigkeit zu vermeiden, bezeichnet man eutektische Körner besser als *eutektische Bezirke* des Gefüges. Da ihre Ausdehnung andererseits durch Korngrenzensubstanz abgegrenzt ist, ist es zulässig, auch von eutektischen Gefügekörnern zu sprechen.

Das Eutektikum hat drei bemerkenswerte Eigenschaften[1]:

1. Es kann sich nur bei *einer* bestimmten *Konzentration* bilden. Es ähnelt also in dieser Hinsicht einer chemischen Verbindung, jedoch braucht dieses Mischungsverhältnis der Komponenten $A-B$ oder $A-B-C$ usw. nicht ganzzahlig zu sein.

2. Es hat den *tiefsten Schmelzpunkt* der betreffenden Legierungsreihe, der stets tiefer liegt als die Schmelzpunkte der Komponenten.

3. Es hat wie die reinen Komponenten nur *einen festen Schmelzpunkt*, während für alle anderen Konzentrationen der betreffenden Legierungsreihe ein breiiger Übergangszustand zwischen dem festen und dem flüssigen Zustand, ein sogenanntes *Schmelzintervall*, auftritt.

Welche von den genannten Kategorien im Einzelfall auftreten, erkennt man aus dem *Phasen-* oder *Zustandsdiagramm* der betreffenden Legierungsreihe, das eine Analyse der Gefügebestandteile nach Kategorien gestattet und damit den betreffenden *Legierungstypus* kennzeichnet. Die Gründe für die Entstehung der Zustandsgrenzen in diesen Diagrammen erklärt die *Phasenlehre*, die ein Sonderzweig der *Thermodynamik* ist.

2.4. Die äußeren Erscheinungen bei der Legierungsbildung und die daraus entwickelten Zustandsdiagramme

2.41. Die Löslichkeit im flüssigen und festen Zustand

Legierungen entstehen durch Zusammenschmelzen von mindestens zwei Sorten reiner Metalle, die man dann erstarren läßt; unter Umständen werden noch metallische oder nichtmetallische Hilfsstoffe mit eingeschmolzen. Ferner werden Mehrstofflegierungen technisch auch so erzeugt, daß man eine Legierung einschmilzt und weitere Metallsorten hinzufügt. Eine allgemeine Voraussetzung für eine Legierungsbildung besteht darin, daß die Komponenten im *flüssigen Zustand sich völlig ineinander lösen*, also eine *atomare* Mischung bilden.

Beispiele für *vollständige Löslichkeit* in beliebiger Konzentration der Schmelze sind: Fe–Ni, Fe–Mn, Fe–Co, Cu–Ni, Cu–Zn, Cu–Sn, Al–Mg und andere.

Beispiele für *unvollständige Löslichkeit* sind die Komponenten Pb–Zn, die sich nur bis zu einer bestimmten maximalen Konzentration ineinander lösen, oder

---

[1] Vom griechischen εὔτηκτον = gut schmelzend. Ursprünglich war der Begriff durch die 3 Eigenschaften vollständig gekennzeichnet. Heute wird er meist mit der Einschränkung angewendet, daß das Et. aus mindestens zwei Phasen besteht. Vgl. Abb. 111 u. 131.

Al–Pb, Fe–Pb, Fe–Sn, die praktisch ineinander *unlöslich* sind, so daß sich in einer Schmelze zwei verschiedene Schichten entsprechend dem spezifischen Gewicht übereinander ablagern. Es würde also eine vollständige Schwerkraftsseigerung (s. Abschn. 1.52.31) eintreten, die erstarrte Schmelze würde aus zwei Metallbrocken, z. B. Eisen–Blei, bestehen, einem technisch sinnlosen Werkstoff.

Diese Differenzierung zwischen völliger, teilweiser und überhaupt keiner Löslichkeit findet man analog bei nichtmetallischen Flüssigkeiten. Zum Beispiel sind Wasser und Alkohol vollständig, Wasser und Schwefeläther teilweise und Wasser und Öl überhaupt nicht ineinander löslich. Ein Wasser–Öl–Gemisch kann zwar so verquirlt sein, daß es zunächst äußerlich als eine homogene Flüssigkeit erscheint. Es ist dies aber *keine atomare*, sondern eine *substantielle* Mischung, eine Emulsion, die sich allmählich trennt, so daß schließlich eine Ölschicht auf einer Wasserschicht schwimmt.

Wenn die ,,völlige Löslichkeit im flüssigen Zustand bei beliebiger Konzentration" als Voraussetzung für eine Legierungsbildung bezeichnet wurde, so ist dies nicht streng wörtlich zu verstehen, sondern mehr im Sinne der angewandten Technik. Dasselbe gilt für den Begriff ,,Unlöslichkeit". Bei allen derartigen schematischen Einteilungen halte man sich den alten naturphilosophischen Satz vor Augen: natura non facit saltus – die Natur macht keine Sprünge –, d.h. der Übergang von einer äußeren Erscheinung, z. B. völliger Unlöslichkeit, zur anderen, z. B. teilweiser Löslichkeit, erweist sich bei strengerer Betrachtung nicht als unstetig, sondern stetig, und eine scharfe Grenze läßt sich nur gedanklich-schematisch oder auch in der praktischen Anwendung ziehen, nicht aber exakt-theoretisch.

	A. Vollständige Löslichkeit bei beliebiger Konzentration	B. Unvollständige Löslichkeit, d. h. nur bis zu einer maximalen Konzentration	C. unlöslich
1. Im flüssigen Zustand, z. B. →	Wasser–Alkohol Voraussetzung für echte Legierungen wie Fe–Ni Cu–Ni Cu–Zn Pb–Sb　Pb–Sn	Wasser–Schwefeläther H$_2$O–NaCl Pb–Zn (Keine Legierung	Wasser–Öl Al–Pb Fe–Pb Fe–Sn (Keine Legierung)
2. Im festen Zustand, z. B. →	Cu–Ni Fe–Ni Au–Ag d. h. Mischkristallbildung beliebiger Konzentration. Kein Eutektikum	Pb–Zn Cu–Zn　Pb–Sn d. h. Mischkristallbildung mit *Mischungslücke* mit oder ohne Eutektikum	H$_2$O–NaCl Pb–Sb d. h. keine Mischkristalle im Gefüge, sondern reine Komponenten mit oder ohne Eutektikum
Typen nach Roozeboom →	I, II, III	IV, V	Va

Ist die Voraussetzung erfüllt, so können beim Erstarren Legierungen mit *verschiedenen Typen des Gefügeaufbaues* entstehen, die sich wiederum je nach der

Löslichkeit der Komponenten im festen Zustand, also je nach der Fähigkeit einer Mischkristallbildung, in drei Hauptgruppen einteilen lassen, nämlich solche mit

1. vollständiger; – 2. teilweiser (d. h. bis zu einer maximalen Konzentration); – 3. gar keiner Löslichkeit im *festen* Zustand.

In den Hauptgruppen 2 und 3 sind weiter die Varianten „mit oder ohne Eutektikumbildung" und „mit oder ohne Bildung eines Metallides oder einer chemischen Verbindung" möglich.

Die Typen selbst wurden erstmals von ROOZEBOOM klassifiziert und numeriert. Für das „Lesen" der Zustandsdiagramme der metallischen Werkstoffe genügt es praktisch, die Entstehung der Legierungstypen I, V und Va nach ROOZEBOOM zu verfolgen sowie noch das Wesen einer „peritektischen Reaktion" (s. Abschn. 2.46) zu erfassen.

Das vorstehende Schema gibt einen Überblick über die Typen der Legierungsbildung an Hand des Begriffes „Löslichkeit".

Man erkennt: Die Systeme Cu–Ni, Pb–Sn, Pb–Sb sind Legierungsbildner, da Voraussetzung A-1 erfüllt ist.

Ihre Gefüge differieren aber hinsichtlich der Kategorie der Gefügebestandteile stark, da die Löslichkeit im festen Zustand nach A, B und C differiert.

Entsprechend verläuft der Erstarrungsvorgang nach den Typen I, V und Va.

2.42. Haltepunkte

Erwärmt man Wasser, beginnend beim festen Zustand, z. B. — 40 °C, gleichmäßig und mißt man die Temperaturen als Funktion der Zeit, so erhält man ein Temperatur-Zeit-Diagramm nach Abb. 100. Trotz stetiger Wärmezufuhr bleibt die Temperatur beim Schmelzpunkt und beim Siedepunkt längere Zeit stehen. Die Ursache liegt darin, daß für das Schmelzen bzw. Verdampfen dem Stoff zunächst die nötige Schmelz- bzw. Verdampfungswärme zugeführt werden muß, ehe seine Temperatur weiter ansteigen kann. Die Temperatur, bei welcher der Temperaturanstieg vorübergehend unterbrochen wird, heißt *Haltepunkt*. Die Umwandlung Eis–Wasser bzw. Wasser–Dampf erfolgt *endotherm*, d. h. wärmeverschluckend.

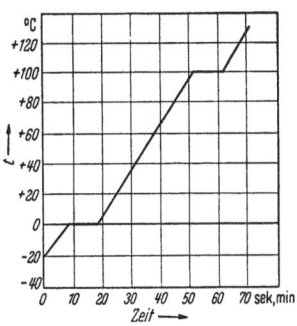

Abb. 100. Schema der Haltepunkte des Wassers

Bei stetigem Abkühlen des Dampfes treten analog bei 100 bzw. 0 °C wieder Haltepunkte auf. Trotz dem fortgesetzten Wärmeentzug bleibt die Temperatur eine Zeitlang stehen, weil die Umwandlung jetzt umgekehrt *exotherm* verläuft, d. h. Kondensations- bzw. Kristallisationswärme frei wird, die erst abgeführt werden muß, ehe die Eigentemperatur des Stoffes wieder sinken kann.

Allgemein bezeichnet man Haltepunkte mit A (von arrêt) und numeriert sie von unten nach oben. Ferner symbolisiert man Haltepunkte, die beim Erwärmen auftreten, mit A_c (chauffement) und diejenigen beim Abkalten mit A_r (refroidissement).

Nicht immer fallen, wie man zunächst denken sollte, die A_c- und A_r-Punkte zusammen, vielmehr können infolge Unterkühlung die A_r-Punkte tiefer liegen. Im Schema nach Abb. 100 ist für den Stoff H_2O $A_{c1} = A_{r1} = 0$ °C und $A_{c2} = A_{r2} = 100$ °C.

Für die praktische Metallkunde sind die A_r-Temperaturen die wichtigsten, da der Werkstoff ja beim Erstarren entsteht. Wenn die Haltepunkte bzw. die Temperaturen nicht ausdrücklich nach A_c und A_r unterschieden sind, kann man stets annehmen, daß A_r gemeint ist.

Bei vorsichtiger, erschütterungsfreier Abkühlung kann man Wasser unter 0 °C unterkühlen, also A_{r1} senken. Bei der geringsten Erschütterung oder durch Impfen mit kleinen Eiskristallen erstarrt dann die Schmelze H_2O plötzlich zu H_2O-Kristallen, wobei die Kristallisationswärme so spontan frei wird, daß sogar vorübergehend die Eigentemperatur ansteigt, vgl. auch Abschn. 1.41.

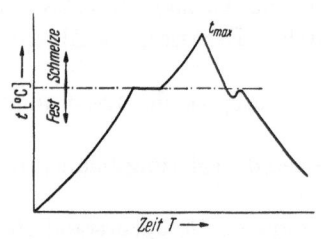

Abb. 101. Haltepunkte einer unterkühlten Metallschmelze, schematisch

Analoge A_c- und A_r-Haltepunkte treten beim Schmelzen von Metallen auf. Während aber beim Wasser eine nennenswerte Unterkühlung nur mit besonderer Vorsicht zu erreichen ist, ist sie bei Metallen oft die natürliche Regel, d. h., die Schmelze ist unterkühlungsfähig. Bei Sn, Pb oder Zn kann die Unterkühlung 10 bis 40 °C erreichen. Das Temperatur-Zeit-Diagramm für das Schmelzen und Kristallisieren hat dann die Charakteristik nach Abb. 101.

Für die Legierungskunde interessieren die Verdampfungshaltepunkte der Metalle nicht, wohl aber die Schmelz- und Erstarrungspunkte.

Ändert ein Metall seine Modifikation, so treten ebenfalls Haltepunkte auf. Der Schmelzpunkt kann dann beispielsweise die Nummer 3,4 oder mehr bekommen. Beim Eisen ist er, von unten gerechnet, beispielsweise der 5. Haltepunkt.

Die Haltepunkte zeigen deutlich, daß

1. in der inneren Beschaffenheit des Stoffes eine Änderung vor sich geht; —
2. diese Änderung mit einer *Änderung des Energieinhaltes* verbunden ist, sei es, daß der Inhalt durch Aufnahme vergrößert wird (Schmelzwärme oder Umkristallisationswärme, endothermer Vorgang), sei es, daß er durch Abgabe verkleinert wird (Kristallisationswärme oder Umkristallisationswärme, exothermer Vorgang).

Solche Temperaturhaltepunkte sind aber nur ein Beispiel unter mancherlei Phänomenen, die allgemein durch die Unstetigkeit des Verlaufes einer physikalischen Meßgröße y – hier die Temperatur – bei stetiger Änderung einer Wirkungsgröße x – hier die Wärmezufuhr – gekennzeichnet sind. Bei einem Haltepunkt war insbesondere dy/dx, d.h. die Abkühl*geschwindigkeit* plötzlich und vorübergehend *Null* geworden. Letzteres braucht nicht immer der Fall zu sein, vielmehr treten in Legierungen oft nur Unstetigkeiten in den Abkühlgeschwindigkeiten auf; statt eines Halte*punktes* findet man ein Halte*intervall*, siehe z. B. Abb. 110.

Die einzelnen Zustandsbereiche eines Stoffes, die durch Haltepunkte und entsprechende Änderungen der inneren Energie voneinander getrennt sind, bezeichnet man als *Phasen*. Diese Phasen sind nicht identisch mit den *äußeren Erscheinungsformen* der Stoffe, d.h. dem gasförmigen, flüssigen oder festen *Aggregatzustand*, wenngleich sich bisweilen beide Begriffe decken.

Es zeigt dies schon der Umstand, daß im festen Zustand verschiedene Modifikationen (s. Abschn. 1.16.3) auftreten können und daß auch eine feste Modifikationsänderung stets einen Haltepunkt zur Folge hat, analog dem Übergang von einer festen Phase in eine flüssige. Andererseits kann sich der Übergang vom festen in den flüssigen Aggregatzustand auch *ohne* Haltepunkt oder Halteintervall vollziehen, was der eindeutige Beweis dafür ist, daß dabei keine neue Phase gebildet wurde. Hierfür ist das typische Beispiel das Schmelzen oder Erstarren des Glases. Die Erstarrung erfolgt allmählich, ohne Haltepunkte. Der dünnflüssige Aggregatzustand wird immer zähflüssiger und kann schließlich als „fest" bezeichnet werden. Flüssiges und festes Glas ist ein und dieselbe Phase. Das feste Glas ist eine extrem zähflüssige Phase, die allgemein als *Glaszustand* bezeichnet wird. Die Atome bzw. Moleküle weisen dabei keine regelmäßige Konfiguration auf, analog der Unregelmäßigkeit ihrer Raumlagen in einer flüssigen Phase, im Gegensatz zu einer festen kristallinen Phase.

Der Zustand eines Stoffes wird deshalb besser nach den Phasen, wie Gasphase, flüssige Phase, Glaszustand, kristalliner Zustand, feste Phase, Modifikation usw., gekennzeichnet als nach dem „Aggregatzustand".

Wenngleich die Phasengrenzen grundsätzlich durch Haltepunktsbestimmungen festgestellt werden können, so ist doch bisweilen diese Methode so heikel, daß man für deren Ermittlung andere Unstetigkeiten des Verlaufes einer physikalischen Meßgröße bevorzugt, wie beispielsweise eine sprunghafte Änderung des Volumens oder der elektrischen Leitfähigkeit oder auch eine röntgenographisch festgestellte plötzliche Änderung der Kristallstruktur.

2.43. Das Zustandsdiagramm bei Unlöslichkeit im festen Zustand (Typus Va)

Da das System Wasser–Kochsalz in fester Form dem Typus Va (s. Schema S. 92) entspricht und einige seiner Haltepunkte leicht von jedermann nachkontrolliert werden können, liefert es ein anschauliches Beispiel für die Entstehung eines Zustandsdiagrammes des Typus Va.

Kochsalz löst sich bis zu einer gewissen maximalen Konzentration vollständig im Wasser, die Lösung entspricht dann der Voraussetzung für die Legierungsbildung aus einer Metallschmelze. Die Frage ist die, ob und in welcher Weise durch den Konzentrationsgrad die Haltepunkte der Lösung und die Qualität des kristallisierten Gefüges beeinflußt werden.

Verfolgt man die Erstarrung von Kochsalzlösungen verschiedener Konzentration, so stellt man folgende Haltepunkte bzw. Unstetigkeiten des Abkühlverlaufes fest:

% NaCl	Haltepunkte °C
0	0
10	− 7 und −21
15	−12 und −21
20	−18 und −21
22,5	−21
25	−21 und 1–2

Das Ergebnis ist also:

1. Außer bei reinem Wasser und 22,5%iger Lösung treten stets 2 Haltepunkte auf.

2. Der untere Haltepunkt ist konstant bei − 21 °C.

3. Der obere Haltepunkt sinkt mit steigender Konzentration bis zum unteren Haltepunkt, um dann wieder anzusteigen.

Die Kristallisation selbst vollzieht sich folgendermaßen:

4. In der 10%igen Lösung treten erstmals bei − 7 °C Kristalle auf, die in der Lösung herumschwimmen. Ihre Zahl und Größe nimmt zu mit sinkender Temperatur. Bei − 21 °C verschwindet der letzte Rest der Lösung.

5. Das analoge Phänomen tritt bei den 15-, 20- und 25%igen Lösungen auf, bei den entsprechenden Haltepunkten.

6. In der 22,5%igen Lösung erscheinen bis − 21 °C keine Kristalle, das ganze Volumen bleibt flüssig. Bei − 21 °C gefriert die ganze Lösung, erst dann sinkt die Temperatur weiter. Die Erstarrung vollzieht sich äußerlich genau wie bei der 0%igen Lösung, also reinem Wasser, nur eben bei − 21 °C statt bei 0 °C. Bei allen anderen Lösungen erscheint im Temperaturbereich zwischen dem oberen und unteren Haltepunkt ein breiartiges Gemisch von Kristallen und Flüssigkeit, wobei der Anteil der festen Substanz mit sinkender Temperatur stetig zunimmt.

Analysiert man die Kristalle chemisch, so findet man:

7. Bei 0% reine H_2O-Kristalle.

8. Bei 10-, 15- und 20%igen Lösungen erweisen sich die Kristalle, die sich oberhalb − 21 °C gebildet haben und in der Lösung herumschwammen, ebenfalls als reines H_2O.

9. Bei 25%iger Lösung bestehen dagegen die oberhalb − 21 °C in der Lösung herumschwimmenden Kristalle aus NaCl.

10. Bei der 22,5%igen Lösung enthält das Kristallisationsprodukt einheitlich 22,5% NaCl und 77,5% H_2O. Analysiert man es feiner, so zeigt sich, daß es sich nicht um Mischkristalle, sondern um eutektische Bezirke handelt, d. h. um solche, die aus einem feinen substantiellen Gemenge aus reinen H_2O- und reinen NaCl-Kristalliten bestehen, wobei dieses Gemenge als solches genau 22,5% NaCl-Substanz enthält.

11. Die festen kristallinen Substanzen der 10-, 15- und 20%igen Lösungen unterhalb − 21 °C erweisen sich als ein substantielles Gemenge aus reinen H_2O-Kristallen und Eutektikum genau der gleichen Art und Konzentration, das aus der 22,5%igen Lösung entstanden war.

12. Die kristallisierte 25%ige Lösung ist analog ein Gemenge aus reinen NaCl-Kristallen und den nämlichen eutektischen Bezirken.

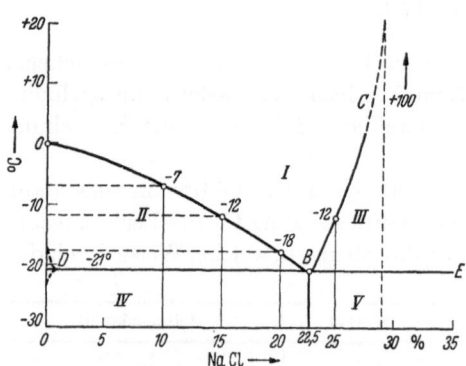

Abb. 102. Zustandsdiagramm einer Kochsalzlösung (System H_2O−NaCl)

Danach kann man jetzt für das *System* H_2O−NaCl ein Zustandsdiagramm entwerfen, indem man die Haltepunkte als Funktion der Temperatur aufzeichnet. Statt einzelner Punkte erhält man Linien, wenn man viele Messungen mit fein abgestuften Konzentrationen ausführt.

Das Ergebnis ist in Abb. 102 dargestellt. Die Linien sind Phasengrenzen. Da oberhalb der Linie *O−B−C* alles flüssig war, heißt sie *Liquiduslinie*. Entsprechend heißt die Linie *D−B−E*, unterhalb derer alles fest war, *Soliduslinie*. Wegen des Haltepunktes *D* besteht ein Zweifel, denn reines Wasser gefriert bei *O* und nicht bei *D* und außerdem wurde kein zweiter Haltepunkt unterhalb 0 °C festgestellt, was an sich denkbar wäre, denn es könnte ja infolge einer Modifikationsänderung auch beim reinen H_2O-Eis unterhalb 0 °C nochmals ein Haltepunkt auftreten. Dies ist aber tatsächlich nicht der Fall, weshalb der Punkt D in Wirklichkeit nicht existiert. Man stellt aber fest, daß schon bei sehr kleiner Konzentration an NaCl dieser zweite Haltepunkt auftritt bei $- 21$ °C. Einstweilen sei deshalb der Punkt D mit den Koordinaten 0%, $- 21$ °C eingesetzt, als vereinfachende Fiktion.

Experimentell läßt sich das System bzw. der Erstarrungsvorgang für Konzentrationen, die wesentlich über 25% liegen, bei Atmosphärendruck nicht mehr so einfach erforschen, weil die Voraussetzung verschwindet, daß man nämlich von einer völligen Löslichkeit im flüssigen Zustand ausgehen wollte, analog den Metalllegierungen. Es ist dies aber auch nicht nötig, da sich bereits im untersuchten Bereich die einzelnen Felder des Zustandsdiagrammes qualitativ beschreiben lassen und dabei zu wesentlichen Erkenntnissen führen.

Die Zustände sind:

im Feld: I: alles flüssig, Grenze: die Liquiduslinie $O-B-C$;

im Feld II: Mischung von Eiskristallen und Salzlauge;

im Feld III: Mischung von Salzkristallen und Salzlauge.

Unterhalb der eutektischen Temperaturgrenze $D-B-E$, der Soliduslinie,

im Feld IV: alles fest, Gemenge von Eiskristallen und eutektischen Bezirken 22,5%iger Konzentration;

im Feld V: alles fest, Gemenge von Salzkristallen und eutektischen Bezirken.

Bei 22,5%iger Konzentration: nur eutektische Bezirke.

Die Konzentration $< 22,5\%$ nennt man *untereutektisch*, die $> 22,5\%$ *übereutektisch*.

Das Eutektikum ist durch eine bestimmte Konzentration, durch nur einen Haltepunkt und durch den tiefsten Schmelzpunkt des Systems ausgezeichnet. Trotzdem handelt es sich bei diesem Eutektikum *weder um eine chemische Verbindung noch um ein Mischkristall, sondern um ein mechanisches Gemenge der Stoffe* H_2O *und* NaCl.

Es gibt Legierungen, die analog dem System Wasser–Kochsalz erstarren und deren Gefüge demnach je nach Konzentration besteht:

a) bei untereutektischer Konzentration aus der reinen Komponente $A +$ Eutektikum; – b) bei übereutektischer Konzentration aus der reinen Komponente $B +$ Eutektikum; – c) bei eutektischer Konzentration: nur aus Eutektikum.

Dieser Erstarrungstypus ist *Typus Va nach* ROOZEBOOM, der als erster eine Typologie aufgestellt hatte.

Als Beispiel sei dargestellt:

Legierung Blei–Antimon, praktische Anwendung: Letternmetall bei bestimmtem Konzentrationsbereich. Das Zustandsdiagramm zeigt die Haltepunkte sowie die Art der Gefügebestandteile für den ganzen Legierungsbereich.

Die Liquiduslinie besteht aus zwei gekrümmten Ästen. Sie werden empirisch ermittelt, können aber auch thermodynamisch berechnet werden. Auf den Gefügezustand hat die Form der Liquiduslinie bei diesem Typus keinen Einfluß. Man kann deshalb das Diagramm ohne weiteres, wie in Abb. 103 vereinfacht-schema-

tisiert mit geraden Liquiduslinien darstellen bzw. nach empirischer Ermittlung
einiger weniger Punkte aufzeichnen; diese sind:

Schmelzpunkt Pb: 327 °C,   eutektische Konzentration: 13% Sb,
Schmelzpunkt Sb: 630 °C,   eutektische Temperatur: 247 °C.

Es ist:

$A-B-C$ die Liquiduslinie, $D-B-E$ die Soliduslinie.

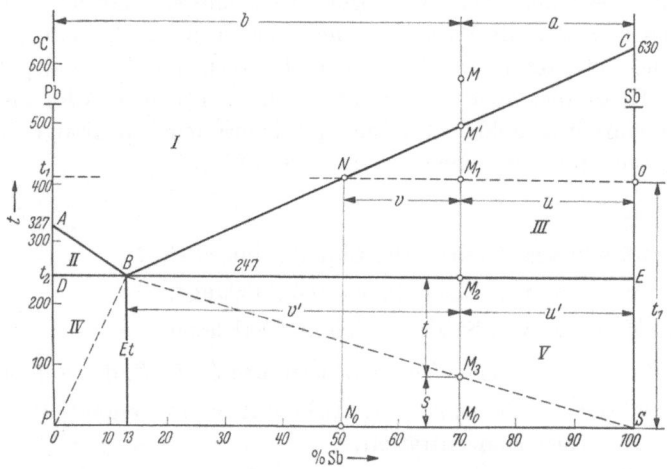

Abb. 103. Zustandsdiagramm Typus Va des Systems Pb—Sb, vereinfacht

Es existiert im Feld

I: homogene Schmelze,   IV: Pb-Kristalle + Eutektikum,
II: Pb-Kristalle + Schmelze,   V: Sb-Kristalle + Eutektikum.
III: Sb-Kristalle + Schmelze,

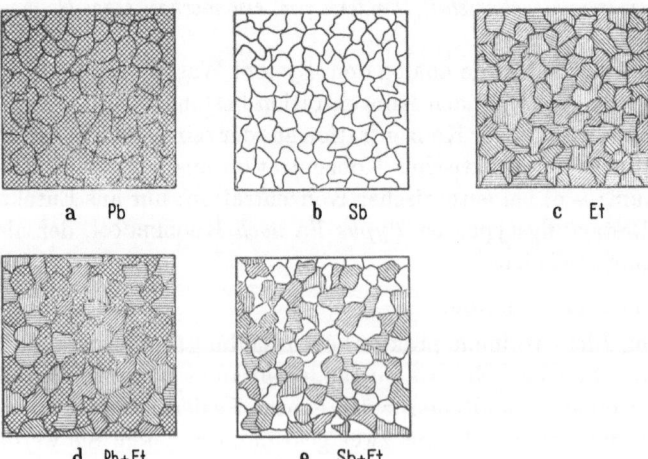

Abb. 104a—e. Gefüge von Pb—Sb-Legierungen verschiedener Konzentration, schematisch:
a) 0% Sb, reines Pb, b) 100% Sb, c) 13% Sb, Eutektikum, d) < 13% Sb, untereutektisch, Pb + Eutektikum,
e) > 13% Sb, übereutektisch, Sb + Eutektikum

Bei 13% Sb unterhalb 247 °C: nur Eutektikum, bestehend aus einem innigen mechanischen Gemenge aus Pb- und Sb-Kristalliten, derart, daß insgesamt 13% Sb vorhanden sind.

Abb. 104a–e zeigt schematisch den Gefügebau, die Abb. 105, 106 und 107 Schliffbilder einer eutektischen, unter- und übereutektischen Pb–Sb-Legierung.

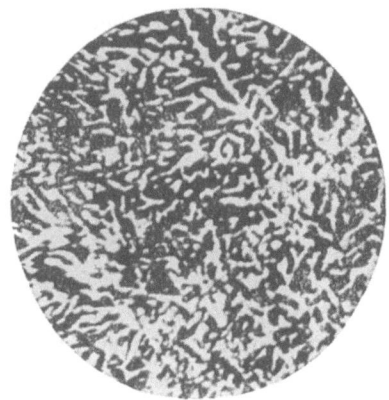

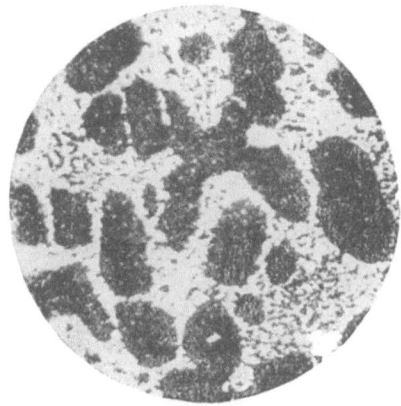

Abb. 105. Blei–Antimon-Eutektikum (13% Sb). Vergr. 350 ×

Abb. 106. Untereutektische Blei–Antimon-Legierung (7,5% Sb). Vergr. 150 ×

2.43.1. Der Phasenzerfall beim Erstarren

Verfolgt man die Erstarrung einer Schmelze nach diesem Typus, so lassen sich im einzelnen noch verschiedene wichtige Veränderungen feststellen, analysieren und messen.

Es handle sich (Abb. 103) um die Schmelze, deren Ausgangszustand durch den Zustandspunkt M gegeben ist, also um eine homogene Lösung oder homogene flüssige Phase mit der Konzentration M_0, d.h. 70% Sb und 30% Pb bei 550 °C.

Bei der Abkühlung tritt ein Haltepunkt M' bei der Temperatur 480 °C auf[1].

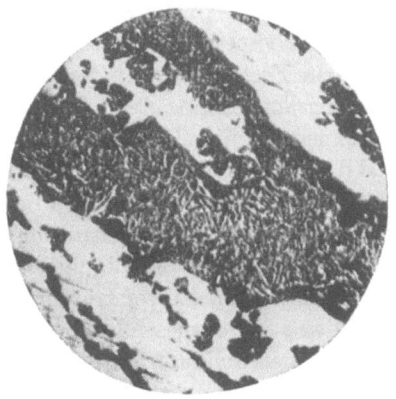

Abb. 107. Übereutektische Blei–Antimon-Legierung (40% Sb). Vergr. 150 ×

Zugleich treten die ersten festen Sb-Kristallite auf, die in der Schmelze herumschwimmen und deren Menge anwächst, wenn die Temperatur auf etwa 400 °C gesunken ist, d.h. der Zustandspunkt M_1 erreicht ist.

Statt der einen flüssigen Phase existieren jetzt zwei Phasen nebeneinander, nämlich Schmelze (flüssige Phase) und festes Antimon (feste Phase). *Die flüssige Phase ist in zwei koexistierende Phasen, eine flüssige und eine feste, zerfallen.*

[1] Zwecks besserer Anschaulichkeit sind im folgenden konkrete Temperaturen und Konzentrationen angeführt. Sie gelten, abgesehen von der Ungenauigkeit einer graphischen Darstellung, schon aus dem Grunde nur angenähert, weil zwecks Vereinfachung die Liquiduslinie als Gerade angenommen ist. Die grundsätzlichen Erkenntnisse und Schlußfolgerungen werden dadurch nicht berührt.

Hält man dieses Gemisch bei dieser Temperatur t_1, so tritt keine Veränderung auf, d. h., die Natur strebt von sich aus keine weitere Veränderung an, der Zustand ist den natürlichen Bedingungen nach *stabil*. Ein natürlicher stabiler Zustand bedeutet andererseits, daß ohne Energiezufuhr oder Verminderung von außen her sich nichts ändert. Da aber alle Stoffe eine innere Energie besitzen (s. Abschn. 2.6), bedeutet dies zugleich, daß die beiden Phasen, die flüssige Schmelze und die festen Sb-Kristalle im *energetischen Gleichgewicht* sind. Keine der koexistierenden Phasen vermag infolge eines Energieüberschusses irgendeine Wirkung auf die Menge, Temperatur und Konzentration der anderen Phase auszuüben. *Deshalb sind die Zustands- oder Phasendiagramme energetische Gleichgewichtsdiagramme für jeden Punkt innerhalb des ganzen Diagramms.*

Es stellt sich die Frage nach der Konzentration der koexistierenden Phasen bei der Temperatur etwa 400 °C. Da die eine derselben, festes Sb, zu 100% aus Sb besteht, da also aus der ursprünglich 70%igen Schmelze 100%iges Sb herauskristallisiert wurde, muß die Restschmelze an Sb verarmt, ihre Konzentration also gesunken sein. Tatsächlich ergibt eine Analyse der Restschmelze, daß deren Konzentration genau derjenigen des Punktes N entspricht, der auf dem Schnittpunkt der Liquiduslinie mit der Parallelen zur x-Achse durch M_1 liegt, also der Isothermen durch M_1. Die Konzentration erweist sich zu 50%. Diese Parallele schneidet die andere Grenzlinie des Feldes III in O, einem Punkt der Geraden SC, welche die Zustände für eine Konzentration „100%" Sb, also reines Sb, charakterisiert.

Analysiert man die Konzentration der koexistierenden Phasen bei beliebigen anderen Temperaturen zwischen den Punkten M' und M_2, so kommt man zu analogen Feststellungen: Zerfall des Zustandes M der flüssigen Phase mit der Ausgangskonzentration M_0 in eine feste und eine flüssige Phase, deren Konzentrationen sich jeweils durch Schnitt einer Isothermen mit der Liquiduslinie $B–C$ und der Soliduslinie $S–C$ für reines Sb ergeben, d. h. immer 100% Sb in der festen Phase und wechselnde Konzentration in der Restschmelze, je nach der Temperatur. Die jeweilige Konzentration der Restschmelze findet man durch den Schnitt der Isothermen mit der Liquiduslinie.

Die Restschmelze verarmt also bei sinkender Temperatur immer weiter an Sb, weil dieses fest ausgeschieden wird. Das geht weiter bis zur eutektischen Temperatur an der Solidusgrenze. Jetzt hat sich die Konzentration der Restschmelze gerade auf die eutektische Konzentration, 13% Sb, verringert. Es existieren im Gleichgewicht eine gewisse Menge festes Sb und eine gewisse Restschmelze eutektischer Konzentration, in welcher die Sb-Kristallite herumschwimmen. Bei weiterem Wärmeentzug wird aber bei M_2 wieder ein Haltepunkt bemerkbar. Es erstarrt jetzt die eutektische Restschmelze, ohne daß weitere reine Sb-Kristallite ausgeschieden werden und ohne daß die Temperatur dabei fällt. Ist die eutektische Restschmelze vollständig erstarrt, so hat sich ein festes Gefüge gebildet, bestehend aus Sb-Körnern, eingebettet in eutektisches Gefüge, s. Abb. 104 und 107.

Da die letzte Restschmelze stets eutektische Konzentration hat, da andererseits die eutektische Konzentration einen ganz bestimmten Erstarrungspunkt hat, muß bei jeder beliebigen Konzentration der Ausgangsschmelze dieser letzte Rest stets einen zweiten Haltepunkt bei der eutektischen Temperatur verursachen. Deshalb liegen alle diese Haltepunkte auf einer Isotherme, also auf einer zur Abszissenachse parallelen Geraden durch B.

Am erstarrten Gefüge ändert sich nichts mehr bis zur Abkühlung auf Raumtemperatur, da im Diagramm keine Phasengrenze oder Umwandlungslinie mehr geschnitten wird.

Die untereutektischen Legierungen des Systems erstarren nach der gleichen Gesetzmäßigkeit. Die Schmelze zerfällt statt in festes Antimon und Restschmelze in festes Blei und Restschmelze, deren Antimonprozentsatz sich bei weiterer Abkühlung allmählich bis zur eutektischen Konzentration erhöht (da ja diesmal Blei ausgeschieden wird), so daß schließlich ein Gefüge aus Blei, eingebettet in oder vermengt mit Eutektikum, entsteht.

Eine Schmelze eutektischer Konzentration erstarrt hingegen, ohne daß vorher Blei oder Antimon ausgeschieden wird, bei B und mit nur einem Haltepunkt vollständig zu eutektischem Gefüge.

2.43.2. Das Hebelgesetz

An Hand des Zustandsdiagrammes kann man nicht nur die Konzentrationsänderungen beim Erstarren einer Schmelze bequem verfolgen, sondern man kann auch das Mengenverhältnis der verschiedenen Phasen- oder Gefügeanteile sehr leicht mittels des sogenannten Hebelgesetzes berechnen. Dadurch gibt das Zustandsdiagramm Aufschluß über Art und Menge der Gefügebestandteile einer Legierung.

Der Anteil Sb in der Schmelze bei M ist durch den prozentualen Abszissenmaßstab zu $\frac{70}{100}$ gegeben oder auch durch den Zahlenwert M_0 des Fußpunktes des Lotes von M auf die Abszissenskala geteilt durch 100. Eine Ausgangsmenge 1 der Schmelze vom Zustand M enthält demnach $\frac{1 \cdot M_0}{100}$ Sb. Diese Menge bleibt bei jeder Temperatur unverändert.

Die Schmelze M ist bei M_1 in die flüssige Phase mit der Konzentration N_0 und die feste Phase mit der Konzentration S zerfallen. Die Menge der flüssigen Phase sei x, die der festen $1 - x$.

Die Gesamtmenge Sb setzt sich jetzt zusammen aus dem Anteil Sb in der flüssigen und dem in der festen Phase.

Es ist somit:

$$\frac{M_0}{100} = x \cdot \frac{N_0}{100} + (1 - x)\frac{S}{100}, \tag{1}$$

$$M_0 = x \cdot N_0 + (1 - x)\,S = x \cdot N_0 + S - x\,S = x\,(N_0 - S) + S$$

und
$$x = \frac{M_0 - S}{N_0 - S}. \tag{2}$$

Die Differenzen dieser Zahlenwerte auf dem Abszissenmaßstab sind aber Strecken oder Längenabschnitte der Abszisse, und zwar ist die Länge $M_0 - S$ $= M_1 - O = u$ und die Länge $N_0 - S = N - O = u + v$.

Somit ist bei M_1 der Anteil x der Restschmelze an der Gesamtmenge $= \dfrac{u}{u + v}$

und der Anteil $1 - x$ des festen Antimons an der Gesamtmenge $1 = 1 - x = \dfrac{v}{u + v}$.

Oder es verhält sich auch bei M_1

$$\frac{\text{Menge der Restschmelze}}{\text{Menge der festen Sb-Kristalle}} = \frac{u}{v}. \tag{3}$$

Man kommt aber zu derselben Proportion, wenn man den Phasenzerfall symbolisch wie folgt betrachtet:

Bei M_1 sind eine flüssige und eine feste Phase im Gleichgewicht. Man ziehe durch M_1 eine Parallele zur x-Achse, welche die Grenzen dieser 2-Phasen-Felder in N und O schneidet. N und O charakterisieren die Zustände der beiden koexistierenden Phasen. Es entstehen die Streckenabschnitte u und v. Man denke sich M_1 als Drehpunkt einer Waage, an deren Hebelarmen u und v die Phasen O und N hängen. Das mechanische Gleichgewicht ist vorhanden, wenn $O \cdot u = N \cdot v$ ist, d.h. wenn

$$\frac{N}{O} \quad \text{d.h.} \quad \frac{\text{Flüssige Phase}}{\text{Feste Phase}} = \frac{u}{v} \quad \text{ist.}$$

Wegen dieser mnemotechnisch-symbolischen Hilfe für die Anwendung des Mengengesetzes hat dieses den Namen Hebelgesetz erhalten. Das Hebelgesetz hat allgemeine Gültigkeit für sämtliche Zustandsdiagramme bei beliebiger Form der Liquiduskurven bzw. der Phasengrenzenkurven und für alle Zustandsfelder. Es kann deshalb als Rechenregel auch ganz allgemein so formuliert werden: Will man das Mengenverhältnis wissen, mit welchem Grenzzustände eines Zustandsfeldes an einem beliebigen Zustand innerhalb des Feldes beteiligt sind, so zieht man vom betrachteten Zustandspunkt Parallelen zu den Feldgrenzen, deren Schnittpunkte die beteiligten Grenzzustände charakterisieren. Das Mengenverhältnis dieser Grenzzustände ist dann umgekehrt proportional den Längen der Streckenabschnitte.

Beispiel: Im Liquidusfeld sind für alle Zustände die Grenzzustände durch Atome der Sorte Pb, also 100% Pb, und solche der Sorte Sb, also 100% Sb, gekennzeichnet. Auch für den Punkt M sagt deshalb das Hebelgesetz aus, daß sich Pb/Sb $= a/b$ verhalten muß, was an sich ja unmittelbar einleuchtet.

Andererseits: Für M_3 sind die Grenzzustände Eutektikum und reines Antimon gekennzeichnet durch die Streckenabschnitte v' und u', somit $\dfrac{\text{Menge Eutektikum}}{\text{Menge reines Antimon}} = \dfrac{u'}{v'}$, oder

auch: Anteil des Eutektikums der 70%igen Legierung an der Gesamtmenge $= \dfrac{u'}{u' + v'}$.

Dieser eutektische Anteil eines Gefüges in Abhängigkeit von der Legierungskonzentration läßt sich im Zustandsdiagramm auch bequem durch die Hilfsgeraden $P{-}B$ und $B{-}S$ darstellen und ergibt sich für M_3 wegen $u' : v' = s : t$ auch zu $\dfrac{s}{s + t}$. Man erkennt ferner, da u' und v' sich unterhalb der Soliduslinie nicht mehr ändern, daß dieser Anteil für M_2, M_3 und M_0 derselbe bleibt.

Stellt man die Frage nach einer völligen Analyse für die Verteilung der Elemente Pb und Sb im Gefüge, so ergibt sich durch das Hebelgesetz beispielsweise für 100 kg einer 70%igen Legierung:

reines Sb: Gesamtmenge $= v' : (u' + v') = 57 : 87$, d.h. 65,5 kg

$$\text{Eutektisches Gefüge} = 100 - \text{Sb} = \quad \underline{\quad 34,5 \text{ kg} \quad}$$
$$100 \quad \text{kg}$$

In den 34,5 kg Eutektikum stecken
13% Sb und 87% Pb.

Somit: Sb im Eutektikum $= \dfrac{34,5 \cdot 13}{100} = 4,5$ kg,

Pb im Eutektikum $= \dfrac{34,5 \cdot 87}{100} = 30,0$ kg.

Zusammengefaßt:

Sb rein	65,5 kg	
Sb im Eutektikum	4,5 kg	
Sb insgesamt	70,0 kg	
Pb im Eutektikum	30,0 kg	
Gesamtmenge	100,0 kg	

Die allgemeine Form der Zustandsdiagramme Typus Va ist diejenige der Abb. 108. Das Gefüge besteht aus Eutektikum allein oder aus Eutektikum und reinen Komponenten (Elementen) *A* oder *B*, hingegen sind weder Mischkristalle noch Verbindungen anzutreffen. Das Eutektikum hat stets den tiefsten Schmelzpunkt des Systems, der stets unter demjenigen der Komponenten liegt.

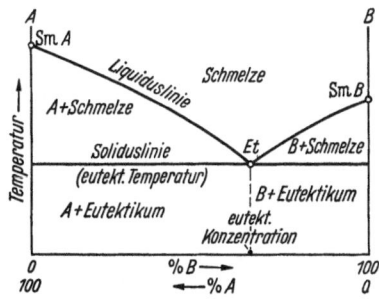
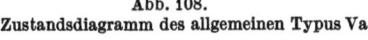

Abb. 108.
Zustandsdiagramm des allgemeinen Typus Va

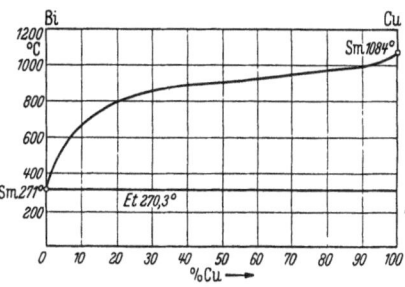

Abb. 109.
Zustandsdiagramm Wismut —Kupfer

Er liegt um so tiefer, je näher die eutektische Konzentration bei 50% liegt und je näher die Schmelztemperaturen der Komponenten beieinander liegen.

In Grenzfällen kann deshalb auch umgekehrt die eutektische Temperatur praktisch mit derjenigen einer Komponente zusammenfallen, wobei das Eutektikum dann auch nahezu die Konzentration der einen Komponente hat. Dies trifft z. B. zu für das System Bi—Cu, das scheinbar kein Eutektikum aufweist und dessen Diagramm (Abb. 109) scheinbar einem anderen Typus angehört. Es kommt dies daher, daß der Schmelzpunkt Bi bei 271 °C, Schmelzpunkt Cu bei 1084 °C, die eutektische Konzentration bei 0,2% Cu und die eutektische Temperatur bei 270,3 °C liegen.

Hier besteht das feste Gefüge praktisch nur aus einem Gemenge von Bi- und Cu-Kristalliten. Die Legierung findet technisch keine Anwendung.

Weitere Legierungen, die nach Typus Va erstarren, sind in der nachstehenden Tabelle aufgeführt.

Komponente		Schmelzpunkt		Eutektikum	
A	*B*	*A*	*B*	% *B*	Schmelzpunkt °C
Pb	Sn	327	232	61,9	183
Sn	Zn	232	419	9,0	199
Ag	Bi	900	271	97,5	262
Ag	Cu	960	1083	28,5	779
Ag	Pb	960	327	97,5	304
Al	Sn	660	232	99,5	229
Al	Si	660	1410	12,0	577
Bi	Cu	271	1083	0,2	270,3
Cd	Zn	321	419	17,4	266

Technisch bedeutsam sind hiervon nur die Systeme Pb–Sn als Weichlot (s.
Abschn. 4.21.31) und Al–Si als Silumin (s. Abschn. 4.32). Die anderen sind als
Beispiele für die Schmelzpunktverschiebung aufgeführt.

2.44. Das Zustandsdiagramm bei vollständiger Löslichkeit im festen Zustand (Typus I)

Während Legierungen nach Typus Va durch völliges Fehlen von Mischkristallen, also festen Lösungen, dafür aber durch ein Eutektikum gekennzeichnet sind
und deshalb einen Grenzfall bilden, liegt der entgegengesetzte Grenzfall im
Typus I vor: Die Schmelze erstarrt bei beliebiger Konzentration *nur* zu Misch-

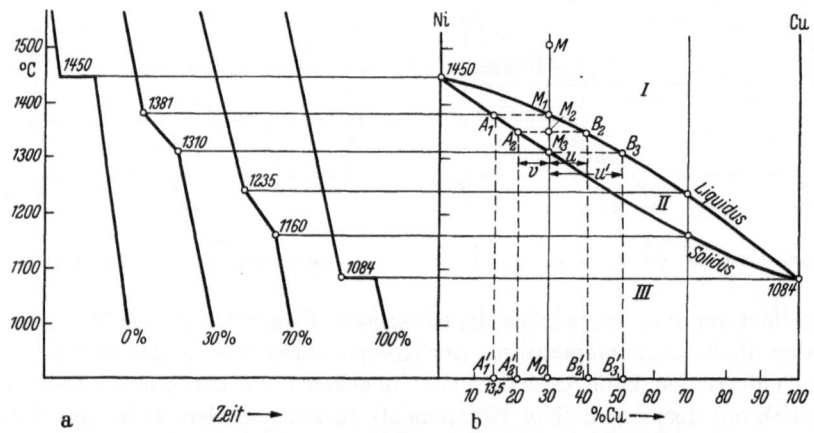

Abb. 110. Haltepunkte und Zustandsdiagramm des Systems Ni–Cu, Typus I

kristallen der betreffenden Konzentration. Es bildet sich eine *ununterbrochene
Reihe von Mischkristallen* in dem betreffenden System (vgl. Abschn. 1.32.1) und
es tritt kein Eutektikum auf.

Ein typisches Beispiel ist das System Nickel–Kupfer, dem auch das Monelmetall sowie Widerstandsmetalle, wie z. B. Nickelin, angehören, s. Abschn. 4.21.61
und 4.5.

Bei der Erstarrung treten nicht mehr deutliche Haltepunkte auf, vielmehr
ändert sich zweimal im Laufe der Erstarrung die Abkühlgeschwindigkeit unstetig,
s. Abb. 110, in welcher die schematischen Zeit-Temperatur-Kurven (*a*) für einige
Konzentrationen und das daraus entwickelte Zustandsdiagramm (*b*) nebeneinander
gezeichnet sind. Während die beiden reinen Metalle deutliche Haltepunkte aufweisen, kann man bei den Legierungen infolge der vorübergehenden Abkühlungs-
verzögerung besser von einem *Halteintervall* oder *Verzögerungsintervall* sprechen.

Durch die Liquidus- und die Soliduslinie werden drei Felder abgegrenzt.

Im Feld I ist alles flüssig-homogene Schmelze; – im Feld II besteht ein Gemisch aus festen Kristallen und Restschmelze; – im Feld III ist alles fest.

Prüft man die festen Bestandteile, so findet man, daß diese ausschließlich aus
einer Sorte von Substitutionsmischkristallen jedoch verschiedener Konzentration

bestehen. Im Feld III haben alle Mischkristalle die Konzentration der betreffenden Legierung, es besteht eine einheitliche homogene feste Lösung.

Im Feld II hingegen entspricht die Konzentration der Mischkristalle nicht derjenigen der betreffenden Schmelze, aus der sie entstanden waren.

Verfolgt man den Erstarrungsvorgang einer Schmelze M mit beispielsweise 30% Cu, so stellt man fest:

Von M bis M_1 homogene flüssige Phase mit der Konzentration $M_0 = 30\%$. Bei Unterschreitung der zu M_1 gehörigen Temperatur beginnen sich Kristalle auszuscheiden, die flüssige Phase zerfällt in eine feste Phase und die Restschmelze. Dabei wird Kristallisationswärme frei, weshalb die Abkühlung langsamer verläuft.

Die ausgeschiedenen Kristalle erweisen sich aber nicht, wie im Falle Va, als reine Komponente (Ni), sondern als Mischkristalle, deren Konzentration sich aus der Konzentrationskoordinate A_1' des Schnittpunktes A_1 der Isotherme durch M_1 und der Soliduslinie ergibt, im vorliegenden Fall zu 13,5% Cu.

Da Mischkristalle (feste Lösung) mit weniger Cu-Gehalt sich aus der Ausgangsschmelze von 30% ausscheiden, muß der Cu-Gehalt der Restschmelze notwendigerweise ansteigen. Er verändert sich entlang den Schnittpunkten der Isothermen mit der Liquiduslinie. Demnach ist bei M_2 die Ausgangsschmelze zerfallen in

Mischkristalle mit der Konzentration A_2' und
Restschmelze mit der Konzentration B_2'.

Derart geht der Prozeß weiter, bis bei M_3 die sich bildenden Mischkristalle gerade wieder die Konzentration M_0 der Ausgangsschmelze haben, während die letzten Reste der Restschmelze mit der Konzentration $B_3' \sim 50\%$ Cu flüssig bleiben.

Nun sollte man zunächst denken, daß das Gefüge aus dieser Ausgangsschmelze aus Mischkristallen mit den verschiedensten Konzentrationen zwischen A_1' und M_0 bestehen sollte, da sich beim Durchlaufen des Temperaturintervalls von M_1 nach M_3 ja jeweils Mischkristalle mit den entsprechenden Konzentrationen zwischen A_1' bis M_0 gebildet hatten, wobei zugleich die Restschmelze ihre Konzentration von M_0 auf B_3' erhöhte.

Das ist aber nicht der Fall, vielmehr besteht unterhalb M_3 das ganze Gefüge einheitlich aus Mischkristallen der Konzentration M_0.

Diese zunächst paradoxe Tatsache erklärt sich daraus, daß die Kristalle, die mit einer kleineren Konzentration, z.B. A_2', sich gebildet hatten und in der Schmelze herumschwammen, bei weiterer Abkühlung ihre Konzentration erhöhen; es diffundieren aus der Restschmelze in deren Gitter Cu-Atome hinein. *Die Konzentration fester Lösungen kann sich also durch Diffusion von Atomen in das feste Gitter ändern.* Der energetische Gleichgewichtszustand verlangt, daß bei Temperaturen unterhalb M_3 die feste Lösung durch und durch homogen ist. Deshalb ändert sich der Zustand A_2 der bei der Temperatur t_2 gebildeten Mischkristalle bei deren weiterer Abkühlung entlang der Soliduslinie, bis er den Zustand M_3 erreicht hat, durch Aufsaugen von Cu-Atomen aus der Restschmelze. Dies ist andererseits der Grund dafür, daß aus der Restschmelze, deren Zustand sich ja entlang der Liquiduslinie von M_1 nach B_3 verändert und deren Konzentration sich deshalb von M_0 auf B_3' erhöht, nicht Mischkristalle mit einer höheren Konzentration als M_0 herauskristallisieren können. Aus dem letzten Rest der Schmelze mit Konzentration B_3' entsteht kein Mischkristall mit dieser Konzentration, sondern nur ein solcher mit der Konzentration M_0, während die überschüssigen Cu-Atome dieses Schmelzrestes in bereits vorhandene, aber ungenügend konzentrierte Mischkristalle hineindiffundieren.

Diese fortgesetzte Konzentrationsänderung der bereits festen Mischkristalle entlang $A_1 - M_3$ in der sie umgebenden Schmelze durch Hineindiffundieren von Cu-Atomen entspricht dem energetischen *Gleichgewichts*zustand. Der Vorgang benötigt aber Zeit. Bei zu rascher Abkühlung kann der Vorgang gestört sein, so daß die Cu-Atome nicht gleichmäßig im Gitter der Mischkristalle verteilt sind, vielmehr in den äußeren Schichten steckenbleiben; dann weisen die einzelnen Mischkristalle des fertigen Gefüges unter sich ungleiche durchschnittliche Konzentrationen auf, und innerhalb der einzelnen Mischkristalle sind einzelne Zonen verschieden stark konzentriert. Diese Störung ist dann eine *Kristallseigerung*, die Kristalle sind *Zonenmischkristalle*, vgl. Abschn. 1.52.33. Da die steckengebliebene Diffusion im festen Zustand durch hohe Temperaturen, bei welchen die Atome im Gitter lebhafter um ihre geometrischen Gitterpunkte schwingen und deshalb ein Platzaustausch leichter vor sich geht, befördert wird, kann man ein Gefüge mit Kristallseigerung *homogenisieren* durch genügende Wärme- und Zeiteinwirkung, ohne daß man die Solidustemperatur zu überschreiten braucht.

Für die Berechnung des Mengenverhältnisses koexistierender Phasen läßt sich wieder das Hebelgesetz anwenden. Wenn die Schmelze M bei M_2 in MK mit der Konzentration A_2' und Restschmelze mit der Konzentration B_2' zerfallen war, so ist das Mengenverhältnis

$$\frac{\text{MK}}{\text{Restschmelze}} = \frac{M_2 - B_2}{M_2 - A_2} = \frac{u}{v}.$$

Nach dem Typus I erstarren die Legierungen, die im festen Zustand eine *ununterbrochene Reihe von Mischkristallen* bilden, wofür die Voraussetzungen im Abschn. 2.71 angegeben sind. Es gehören hierzu die Systeme:

Fe—Ni, Fe—Mn, Fe—Co,   Au—Ag, Au—Pt,
Cu—Ni, Cu—Mn, Cu—Pt, Cu—Au,   Mn—Ni,
Co—Ni, Co—Cr,   Mg—Cd
Cr—Ni,

und andere mehr.

Solche homogene Legierungen aus homogenen Mischkristallen haben im allgemeinen günstige mechanische Eigenschaften (Festigkeit, Zähigkeit, Verformbarkeit) und gute Korrosionsfestigkeit. Sie behalten die entsprechenden Eigenschaften ihrer Komponenten bei bzw. weisen günstige Eigenschaftskombinationen auf. Hingegen sinkt ihre elektrische Leitfähigkeit gegenüber derjenigen ihrer Komponenten, s. Abschn. 2.2. In den magnetischen Eigenschaften können unerwartete und außerordentliche Auswirkungen bei der Legierungsbildung auftreten, s. Abschn. 4.14.33.

Eine Variante des Typus I sind Legierungen, die nach dem Schema der Abb. 111

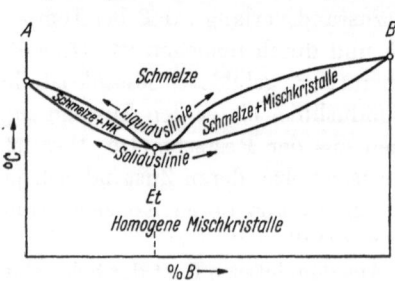

Abb. 111. Zustandsdiagramm Typus III

erstarren, Typus III nach ROOZEBOOM. Hier existiert eine ausgezeichnete Konzentration mit nur einem Haltepunkt und niedrigstem Schmelzpunkt, die ein „Eutektikum" eigener Art darstellt, insofern, als dieses kein substantielles, sondern atomares Gemenge ist, so daß also auch da eine ununterbrochene Reihe von Mischkristallen gebildet wird. Derart erstarrt z. B. das Legierungssystem Cu—Mn.

2.45. Das Zustandsdiagramm mit Mischungslücke im festen Zustand (Typus V)

Zwischen den beiden Grenzfällen des Typus Va – keine Mischkristalle, aber Eutektikum und Typus I – nur Mischkristalle, kein Eutektikum – liegen die Systeme, die nach Typus V erstarren und sowohl Mischkristalle als auch ein Eutektikum aufweisen. Sie sind dadurch gekennzeichnet, daß jede der beiden Komponenten als Lösungsmittel einen gewissen Prozentsatz der anderen Komponente in ihrem Gitter lösen kann. Dadurch entstehen zwei verschiedene Arten von Mischkristallen oder festen Lösungen, jede mit einem anderen Gittertypus, die zur Unterscheidung gewöhnlich mit griechischen Buchstaben bezeichnet werden, also α- und β-Mischkristalle. Die Konzentrationsgrenze hängt dabei von der Temperatur ab.

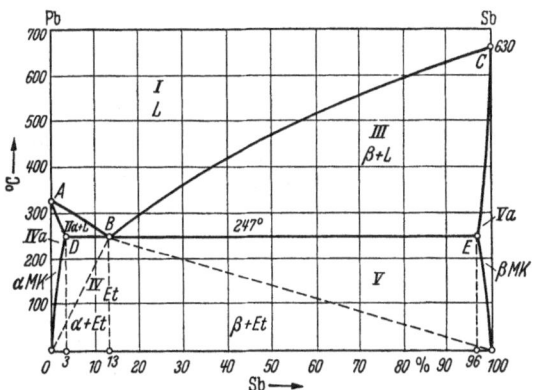

Abb. 112. Bereinigtes Zustandsdiagramm Pb—Sb als Typus V

Es war bereits in Abschn. 2.43 darauf hingewiesen worden, daß der Punkt D bzw. E der Abb. 103 unmöglich die Konzentrationswerte 0 bzw. 100% Sb haben könne, da reine Metalle nur einen Erstarrungspunkt haben, somit reines Pb oder reines Sb, die bei 327 bzw. 630 °C erstarren, nicht nochmals bei 247 °C erstarren können.

Tatsächlich stellt sich das Erstarrungsschaubild des Systems Pb—Sb in bereinigter Form nach Abb. 112 dar. Die Soliduslinie verläuft von A nach D—E—C.

Es entstehen zwei weitere Felder IV a und V a, die, da ihre Temperaturen unterhalb der Soliduslinie liegen, nur festes Gefüge enthalten können.

Im Feld IV a bestehen α-Mischkristalle, d. h. Mischkristalle, deren Gitter das Bleigitter ist, in welchem etliche Atome Sb gelöst sind. Analog sind die β-Mischkristalle aus dem Antimongitter gebildet, mit etlichen gelösten Bleiatomen. Nicht wegen des Konzentrationsunterschiedes, sondern wegen des verschiedenen Gitteraufbaues haben die beiden MK-Sorten nichts miteinander gemein; sie sind zwei verschiedene Phasen.

Die von der Temperatur abhängige größte Löslichkeit von Sb in Pb ergibt sich aus der Feldgrenze A—D—0, diejenige von Pb in Sb aus C—E—100.

Man erkennt: Die größte Löslichkeit von Sb in Pb beträgt 3% bei der eutektischen Temperatur, die von Pb in Sb 4%. Die Löslichkeit selbst sinkt bei den α- und β-MK bei Raumtemperatur praktisch auf Null. Die wenigen Atomprozente, die bei der eutektischen Temperatur gelöst worden waren, werden bei der Abkühlung auf Raumtemperatur wieder ausgeschieden, weshalb man im Schliffbild nichts mehr von α- und β-MK findet, sondern nur Pb und Sb und Eutektikum aus diesen beiden Substanzen.

Der Typus Va ist eine Fiktion, er ist so gedacht, „als ob" es gar keine Mischkristalle gäbe. In Wirklichkeit müssen sich, wenn auch mit noch so schwacher

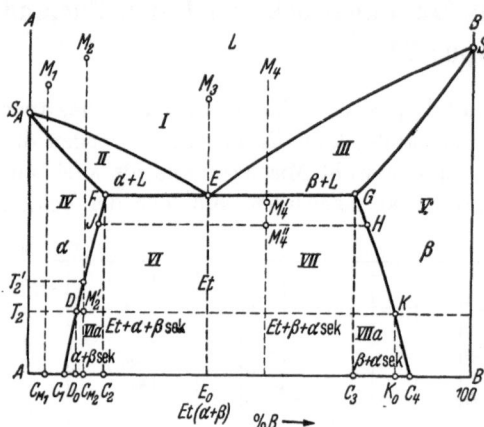

Abb. 113. Schema des allgemeinen Typus V der Zustandsdiagramme

Konzentration und vielleicht mit keinem Mittel nachweisbar, bei der Erstarrung mindestens vorübergehend – bei der eutektischen Temperatur – etwas Mischkristalle bilden. Für die Praxis ist diese Fiktion des Typus Va aber durchaus sinnvoll und zulässig.

Sobald nun die Löslichkeitsgrenzen der beiden MK-Sorten α und β wesentlich höher liegen als im System Pb—Sb, geht der Typus Va in den allgemeinen Typus V nach Abb. 113 über, von dem er ja nur einen Grenzfall bildet.

Die Komponenten A und B haben die Schmelzpunkte S_A und S_B.

Die Liquiduslinie verläuft analog Typus Va nach $S_A—E—S_B$, die Soliduslinie analog der Korrektur für das Pb—Sb-Diagramm nach $S_A—F—E—G—S_B$. Im Feld I besteht die homogene Schmelze (L), in den Feldern IV und V bestehen feste α- bzw. β-Mischkristalle.

Bei Raumtemperatur kann nicht eine ununterbrochene Reihe von MK bestehen, da die Konzentrationsgrenzen für α mit C_1 und für β mit C_4 gezogen sind. Zwischen den Konzentrationen C_1 und C_4 besteht eine *Mischungslücke*.

In den Feldern II und III, zwischen der Liquidus- und Soliduskurve, bestehen wieder nebeneinander zwei Phasen, eine flüssige und eine feste. Aber aus welcher Substanz bestehen diese festen Phasen?

Um das zu entscheiden, verfolge man die Erstarrung einer Schmelze M_1 mit einer Konzentration $C_{M1} < C_1$. Man findet: flüssige Phase – Haltepunkt – Phasenzerfall in flüssige und feste Phase – Haltepunkt – homogene feste Phase, d. h. α-Mischkristalle.

Dieser Verlauf entspricht vollständig dem einer Erstarrung nach Typus I. Tatsächlich sind im Feld II die festen Bestandteile α-Mischkristalle mit einer von der Temperatur abhängigen Konzentration. Der Erstarrungsvorgang und die Homogenisierung der MK erfolgt so, als ob Feld II das entsprechende Feld II eines Typus I wäre.

Somit enthält Feld II Schmelze + α MK, das Feld III Schmelze + β MK.

Eine Schmelze M_2 mit einer Konzentration C_{M2} zwischen C_1 und C_2 erstarrt analog M_1, aber nur bis zu der Temperatur T_2'. Hier bildet die Konzentrations- und Phasengrenze für die α-MK zunächst einmal einen Haltepunkt. Bei weiterer

Abkühlung nach M_2', Temperatur T_2, können die α-MK nicht mehr mit der Konzentration C_{M2} existieren, vielmehr ist diese feste Lösung jetzt übersättigt. Sie scheidet durch Diffusion im festen Zustand Atome der Komponente B aus. Man würde also zunächst erwarten, bei M_2' neben α-MK der Konzentration D_0 noch ausgeschiedene und im festen Zustand neu gebildete Kristallite aus B-Atomen als reine B-Kristallite zu finden. Das ist aber nicht der Fall. Auch hier müssen, entsprechend dem allgemeinen Hebelgesetz, beim Zerfall einer homogenen Phase in zwei heterogene Phasen, wie er nach Unterschreitung der Temperatur T_2' eintrat, die durch die Feldgrenzen gegebenen Grenzzustände für die beiden heterogenen Phasen im Gleichgewicht sein. Diese Grenzzustände sind auf der einen Seite α-MK mit der Konzentration D_0, auf der anderen Seite nun aber nicht reine B-Kristalle, sondern β-MK der Konzentration K_0. Reines B ist ja bei diesem Erstarrungstypus ebensowenig existenzfähig wie reines A, sondern es existieren als feste Phasen nur α- und β-MK verschiedener Konzentration. Die bei der Übersättigung von α herauswandernden B-Atome nehmen also gleich einige A-Atome mit, genau in der richtigen Menge, um mit ihnen neue β-MK der Konzentration K_0 zu bilden.

Während im Feld V β-MK aus der flüssigen Phase entstanden waren, sind im Feld VI a ebenfalls β-MK, diesmal aber aus der festen α-Phase infolge deren Übersättigung, ausgeschieden worden. Zum Unterschied von den β-MK, die als Primärgefüge direkt aus der Schmelze entstanden, werden die β-MK im Feld VI a, die aus der festen Lösung auskristallisieren, sekundäre β-MK genannt.

Im Feld VI a besteht also ein Gemenge aus primären α- und sekundären β-MK. Das Mengenverhältnis und die Konzentrationen dieser koexistierenden festen Phasen ergibt sich wieder nach dem Hebelgesetz:

$$\alpha : \beta = \overwidehat{M_2'-K} : \overwidehat{M_2'-D}. \text{ Konzentration } \alpha = D_0, \beta = K_0.$$

Analog existiert im Feld VII a ein Gemenge aus primärem β und sekundärem α.

Die eutektische Schmelze M_3 erstarrt bei E als ein Gemengekristall aus α- und β-MK der Konzentrationen F und G. Die im Eutektikum enthaltenen α- und β-Teile scheiden ihrerseits bei weiterer Abkühlung sekundäre β bzw. α aus, entsprechend dem Verlauf der Konzentrationsgrenzen $F-C_1$ und $G-C_4$. Dadurch verändert sich das Mengenverhältnis $\alpha : \beta$ im Eutektikum, das bei der Bildung $= \overwidehat{E-G} : \overwidehat{E-F}$ war, allmählich zu $\overwidehat{E_0-C_4} : \overwidehat{E_0-C_1}$, ohne daß aber die Gesamtmenge des Eutektikums oder das Massenverhältnis von A-Atomen : B-Atomen im Eutektikum sich ändern würde, das ein für allemal als eutektische Konzentration E_0 bzw. als $\overwidehat{E_0-B} : \overwidehat{E_0-A}$ festgelegt ist.

Die Änderung des Mengenverhältnisses $\alpha : \beta$ im Eutektikum beruht auf der Entstehung von sekundärem α bzw. β. Es läßt sich also nicht unterscheiden oder nachweisen, welche Partikelchen der α- oder β-Substanz im Eutektikum schlußendlich als modifizierte Primärkristallite und welche als Sekundärkristallite anzusprechen sind, wohl aber können diese Einzelbeträge nach dem Hebelgesetz leicht berechnet werden.

Im Feld VII bildet sich aus der Schmelze M_4, nach Unterschreitung der eutektischen Temperatur, ein Gemenge aus Eutektikum und primären β-MK, Mengenverhältnis $E t : \beta\text{-MK} = \overwidehat{M_4'-G} : \overwidehat{M_4'-E}$. Nach Abkühlung auf den Zustandspunkt M_4'' kann sich die Gesamtmenge an Eutektikum, die bei M_4' entstanden war, nicht mehr ändern, denn diese Menge ist substantiell gegeben und hat mit atomaren Diffusionsvorgängen oder Ausscheidungen nichts zu tun. In dieser konstanten Menge Eutektikum spielen sich hingegen dieselben Vorgänge ab, wie in der oben erwähnten, rein eutektischen Schmelze, d. h., sowohl das Mengenverhältnis $\alpha : \beta$ als auch die Konzentrationen dieser α- und β-Anteile ändern sich innerhalb der konstanten Gesamtmenge des eutektischen Anteiles des Gesamtgefüges.

Ebenso ändert sich die Gesamtmenge des freien Primär-β-Anteiles am Gefüge, der bei der Erstarrung $= \widehat{M_4'-E} : \widehat{E-G}$ gewesen war, sowie die Konzentration dieser freien β-Kristalle infolge Ausscheidens von sekundären α-MK aus den primären β-MK.

Deshalb ist der Gleichgewichtszustand im Felde VII schlußendlich durch Eutektikum $+$ primärem $\beta +$ sekundärem α bestimmt und Analoges gilt für Feld VI.

Die vorstehende Analyse der Gefügearten und Anteile in den einzelnen Feldern des Typus V gilt für den idealen energetischen Gleichgewichtszustand. In Wirklichkeit wird die zur Erreichung dieses Zustandes notwendige Diffusion von A- und B-Atomen sowie die Bildung von sekundären α- und β-MK durch Ausscheidung im festen Zustand kaum vollständig stattfinden, vollends nicht bei den tieferen Temperaturen und vollends nicht, wenn die Konzentrationsgrenzen $F-C_1$ bzw. $G-C_4$ nahezu senkrecht verlaufen, also die Felder VIa und VIIa klein werden. Man wird dann praktisch von den sekundären Kristalliten keine Spuren im Gefüge finden, vielmehr kann man vereinfacht sagen:

Im kalten Gefüge findet man bis zur Konzentration C_2 nur α-MK, oberhalb der Konzentration C_3 nur β-MK.

Entsprechend findet man im Feld VI nur Eutektikum $+ \alpha$, im Feld VII nur Eutektikum $+ \beta$.

Meistens wird deshalb der Typus V in dieser vereinfachten Form dargestellt, es ist aber zweckmäßig, den idealen Gleichgewichtszustand einmal streng theoretisch analysiert zu haben, da bei manchen Legierungen zwar Sekundärausscheidungen nicht direkt nachweisbar sind, andererseits aber Eigenschaftsänderungen (Ausscheidungshärtung, Alterung usw.) vor sich gehen, deren Ursachen nur darin zu suchen sind, daß eben solche Sekundärkristallisationen entweder in kleinsten Partikelchen eintreten oder durch steckengebliebene Atomdiffusionen von der Natur angestrebt werden.

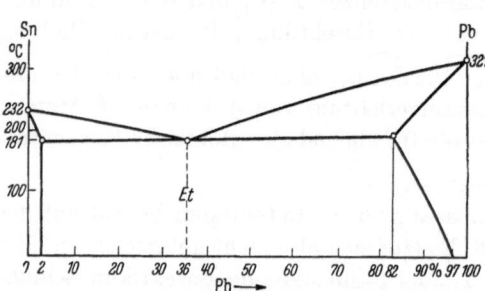

Abb. 114. Zustandsdiagramm des Systems Sn—Pb (Weichlot, ohne Phasengrenzen für die Sn-Modifikationen)

Nach dem Typus V, Mischkristallbildung mit Mischungslücke, erstarren strenggenommen alle unter Va aufgeführten Systeme sowie zahlreiche weitere, wie Ag—Bi, Ag—Cu, Au—Ni, vor allem auch Pb—Sn, d. h. die Weichlote. Abb. 114 zeigt das letztere System. Man erkennt, daß auch bei Raumtemperatur das Gefüge Mischkristalle, wenn auch geringer Konzentration, enthält. Die Zinnkristalle haben 2% Blei gelöst, die Bleikristalle 3% Zinn. Die tiefste Schmelztemperatur der Zinn–Blei-Lote ist 181 °C für die eutektische Legierung 36/64. Die übliche Legierung 50/50 schmilzt höher. Bei 60% Bleizusatz liegt der Schmelzpunkt noch höher. *Durch entsprechende Steigerung des Bleizusatzes kann also die Warmfestigkeit des Lotes verbessert werden,* was vor allem für Lötverbindungen an elektrischen Maschinen oder Apparaten, ebenso für Warmwasserapparate und ähnliches von Bedeutung sein kann. Es ist deshalb ein oberflächliches, in der Praxis oft gehörtes falsches Urteil, wenn die Qualität einer Weichlotverbindung um so höher eingeschätzt wird, je mehr Zinn das Lot enthält.

2.46. Peritektische Reaktionen

In den Diagrammen I und V traten von den in Legierungen möglichen Gefüge-kategorien reine Elemente, Mischkristalle und Eutektika auf, nicht aber chemische

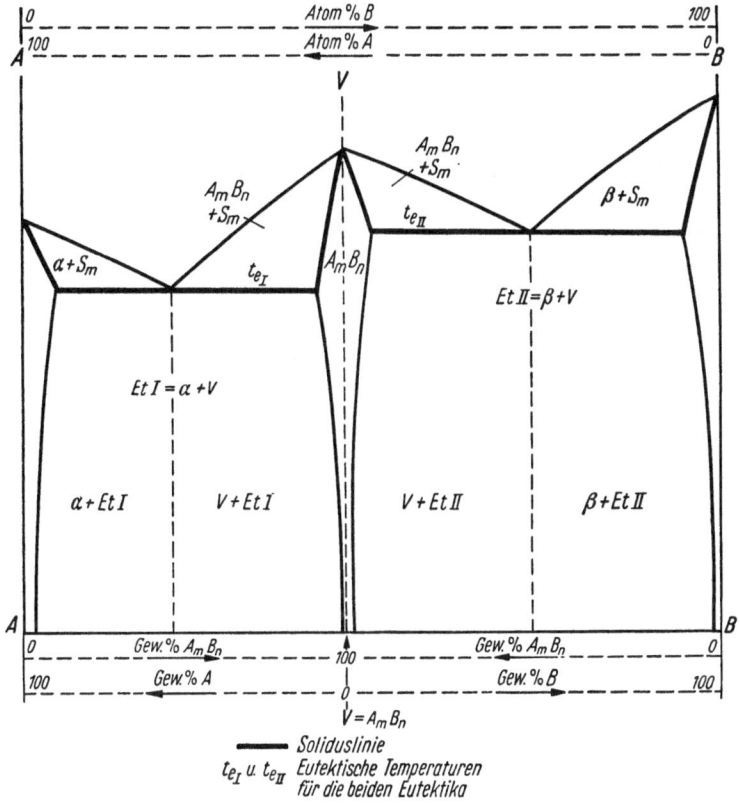

Abb. 115. Zustandsdiagramm für ein System, in welchem eine chemische Verbindung $A_m B_n$ auftritt und bis zu ihrem Schmelzpunkt existenzfähig bleibt

oder intermetallische Verbindungen. Da in Verbindungen ganzzahlige Atomver-hältnisse bestehen, ist es vor allem in solchen Fällen zweckmäßig, die Konzen-trationskoordinate des Diagramms mit einem zweiten Maßstab für die prozentuale Atommenge zu versehen, nach dem im Abschn. 2.1 angegebenen Rechnungsgang.

Zwischen den Komponenten A und B kann bei einer bestimmten Konzentration eine Verbindung V entstehen, die bei der Erwärmung entweder

<blockquote>
a) bis zu ihrem Schmelzpunkt stabil bleibt oder

b) vorher zerfällt.
</blockquote>

Im ersteren Fall hat sie dann nur *einen* Schmelzpunkt, wie Eutektika und reine Elemente, aber kein Schmelzintervall, wie die übrigen Konzentrationen der Legierung. Das allgemeine Zustandsdiagramm entspricht dann dem Schema nach Abb. 115. Es ist dies eine Aneinanderreihung zweier Typen V, jeder Typus für sich eine Legierung zwischen A und V bzw. V und B. Das Feld A_mB_n besteht natürlich nur bei einer Konzentration, eben dem Atomverhältnis $m : n$, als reine

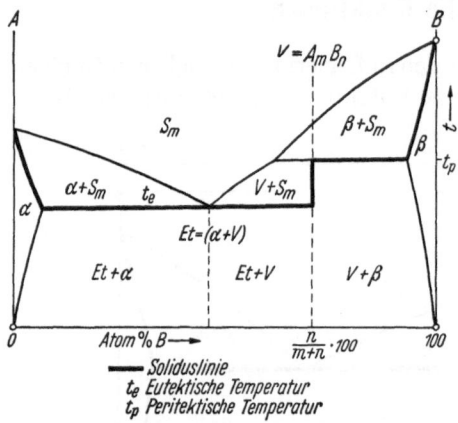

Verbindung, enthält im übrigen aber Mischkristalle der Art, daß im Gitter von V noch A- oder B-Atome gelöst sind, d. h. Verbindungs-MK, s. Abschn. 2.71.3.

Für den zweiten Fall zeigt Abb. 116 ein Schema. Der Zerfall bzw. die Bildung von V wird als *peritektische Reaktion* bezeichnet. Die *peritektische Temperatur* tp bedeutet einen Haltepunkt, da die Bildungsenergie der Verbindung frei bzw. aufgenommen wird. Welche Phasen im übrigen in den Feldern anzutreffen sind, ergibt sich nach dem Schema der Grundtypen I und V von selbst.

Abb. 116. Zustandsdiagramm mit peritektischer Reaktion

Es können aber nicht nur Verbindungen, sondern auch Mischkristalle unterhalb des Schmelzpunktes zerfallen. Derart können dann Diagramme entstehen mit mehr als zwei Mischkristallsorten, also α-, β-, γ- usw. MK des betreffenden Systems und mehreren Mischungslücken, wobei außerdem die eine oder andere Mischkristallsorte nur innerhalb eines bestimmten Temperaturbereiches stabil ist, jenseits dessen aber mit peritektischer Reaktion zerfällt.

Dadurch entstehen Zustandsdiagramme mit mehreren peritektischen Isothermen, Mischkristallfeldern und Mischungslücken, wie beispielsweise das Diagramm für das System Cu—Zn (Messing) oder Cu—Sn (Bronze) (Abb. 413 und 423). Auch diese scheinbar komplizierten Diagramme sind leicht zu deuten und mittels des Hebelgesetzes mengenmäßig zu analysieren, wenn man die Vorgänge in den grundlegenden Diagrammen des Typus I und V richtig übersieht und analog heranzieht.

2.5. Dreistoffdiagramme

2.51. Das Konzentrationsdreieck

Das Mischungsverhältnis der Komponenten einer Dreistofflegierung läßt sich graphisch durch das *Konzentrationsdreieck* darstellen (Abb. 117). Im gleichseitigen Dreieck ABC bedeuten die Ecken die Punkte für 100% der Komponenten A, B, C.

An den Seiten werden die Konzentrationsskalen aufgetragen, und zwar an Seite
$A-B$ diejenige für B usw.

Zieht man von einem Punkt P im Inneren des Dreiecks die Parallelen $P-c_A$,
$P-c_B$, $P-c_C$ zu dessen Seiten, so schneiden sie auf diesen Stücke $A-c_B$ usw. ab,
deren Summe gleich der Seitenlänge des Dreiecks ist. Es ist nämlich, wenn man
die Lote h_1, h_2, h_3 von P fällt, $h_1 + h_2 + h_3 = h$,
andererseits auch

$$\widehat{C-c_A} = \frac{h_1}{\sin 60} \qquad \widehat{A-c_B} = \frac{h_2}{\sin 60} \qquad \widehat{B-c_C} = \frac{h_3}{\sin 60}.$$

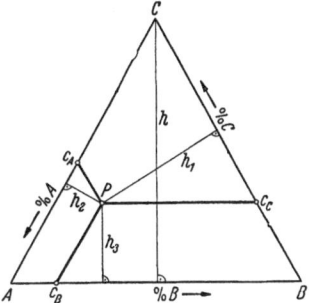

Somit ist die Summe der Abschnitte $C-c_A$ usw.
auf den Konzentrationsskalen $= (h_1 + h_2 + h_3)$
$\dfrac{1}{\sin 60} = \dfrac{h}{\sin 60} = \text{const} = $ Seitenlänge, die jeweils
$= 100\%$ der Skala ist.

Die Konzentration des Systems wird deshalb
durch einen Punkt P im Konzentrationsdreieck dargestellt, die Anteile der Komponenten werden auf
den drei Konzentrationsskalen abgelesen.

Abb. 117.
Konzentrationsdreieck für
Dreistofflegierungen

2.52. Das räumliche Zustandsschaubild

Liegt der Konzentrationspunkt P' auf einer der Dreieckseiten, so ist die Kon-
zentration einer der drei Komponenten Null. Die Dreieckseiten sind deshalb die
Basislinien für Zweistoffdiagramme, die man sich dort angelegt denken kann.
Abb. 118 zeigt dies beispielsweise für das System Blei—Wismut—Zinn, wobei zur
Vereinfachung die Zweistoffdiagramme nach Typus Va angenommen sind, was

für diesen speziellen Fall
auch angenähert richtig ist.
Klappt man die Zweistoff-
diagramme hoch, so kommt
man zu einem räumlichen
Koordinatensystem, dessen
dritte Achse die Tempera-
turachse ist. Was nun für die
Haltepunkte der auf den
Dreieckseiten   liegenden
Konzentrationspunkte P',
P'' gilt, gilt auch für die
Haltepunkte, wenn P be-
liebig, d.h. im Inneren
des Konzentrationsdreiecks
liegt: Zu jedem Konzen-
trationspunkt gehört eine
Liquidus- und Solidustem-
peratur, die festgestellt
werden kann. Die Tem-

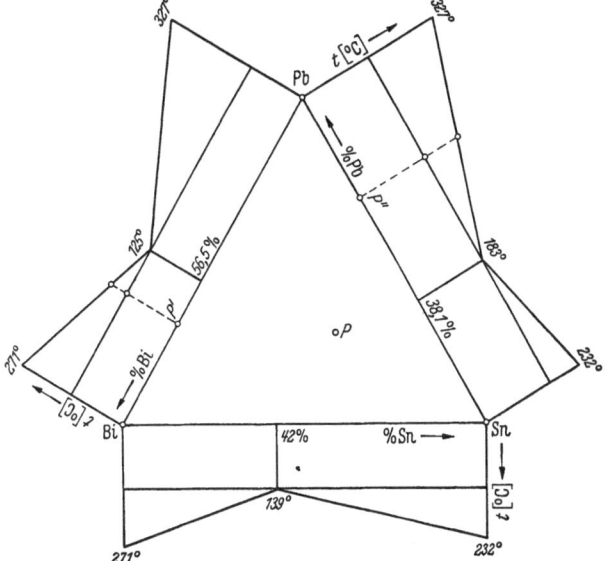

Abb. 118. Entstehung des Dreistoffzustandsschaubildes des Systems
Blei—Wismut—Zinn

peraturen bilden *Liquidus-* bzw. *Solidusflächen* an Stelle der Linien in den Zwei-
stoffdiagrammen.

Werden die Liquiduslinien der Zweistoffdiagramme zur Vereinfachung als
Gerade angenommen, so entstehen die Liquidusflächen der Dreistofflegierung
durch die drei Ebenen, welche jeweils durch ein Paar dieser Geraden bestimmt
sind (Abb. 119). Die drei Ebenen schnei-
den sich wiederum in drei Geraden, den
eutektischen Rinnen, die durch die jeweiligen eutektischen Punkte der drei
Zweistofflegierungen gehen. Der gemeinsame Schnittpunkt der drei Ebenen bzw.
der drei eutektischen Rinnen ergibt den
eutektischen Punkt E der Dreistofflegierung. Die Konzentration dieses *ternären
Eutektikums* ergibt sich durch die Lage
des darunterliegenden Punktes E' im Konzentrationsdreieck, seine Erstarrungstemperatur durch den Temperaturmaß-
stab der dritten Raumkoordinate des
Systems. Man erkennt ohne weiteres, daß
die Temperatur des ternären Eutektikums, 96 °C, nicht nur tiefer liegen muß

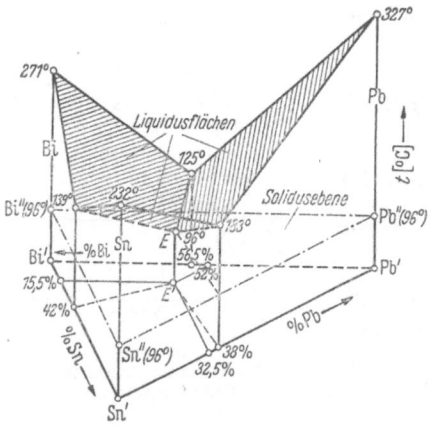

Abb. 119. Das räumliche Dreistoffzustandsschaubild
des Systems Blei — Wismut — Zinn mit den vereinfachten Liquidusflächen (Ebenen)

als die Schmelztemperatur jeder Komponente, sondern auch tiefer als die
eutektischen Temperaturen der drei binären Systeme Pb—Bi, Bi—Sn, Sn—Pb,
125, 139 und 183 °C, die als Grenzfälle des ternären Systems auftreten.

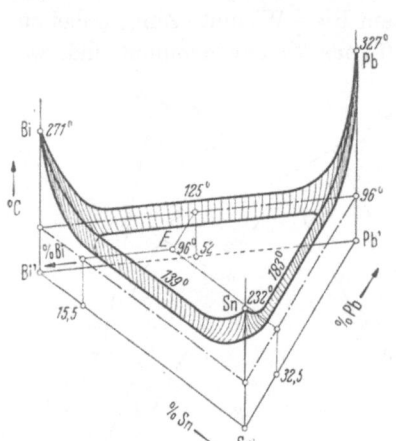

Abb. 120. Solidusfläche des Systems
Pb—Bi—Sn

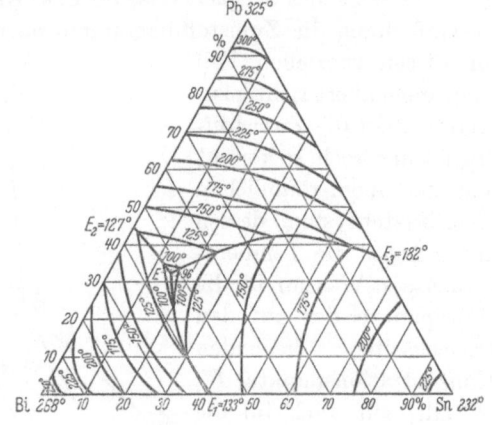

Abb. 121. Konzentrationsdreieck des Systems Pb—Bi—Sn
mit Isothermen der Liquidusfläche

Analog den isothermen eutektischen Geraden in den Zweistoffsystemen Typus
Va hat man durch den eutektischen Punkt E eine isotherme Ebene Pb''—Bi''—Sn''
zu legen, welche die Solidusfläche des Systems darstellt, aber analog dem Fehler,
der in den Zweistoffsystemen dadurch entsteht, wenn man die isotherme Gerade
bzw. Soliduslinie bis zu den Konzentrationen 0 bzw. 100% durchzieht (Abschn.

2.45), darf diese Solidusebene nicht bis zum Schnitt mit den hochgeklappten Zwei-stoffdiagrammen gebracht werden, da sonst für die reinen Komponenten, gekenn-zeichnet durch die Eckpunkte des Dreiecks, ein zweiter Erstarrungspunkt ent-stünde, so gut wie für die drei binären Eutektika. Die Solidusfläche, in ihrem größten Bezirk ein ebenes Dreieck mit abgerundeten Ecken, muß deshalb an

dessen Seiten nach oben abbiegen, derart, daß sie die Schmelzpunkte der drei Kom-ponenten und der drei binären Eutektika mit enthält (Abb. 120).

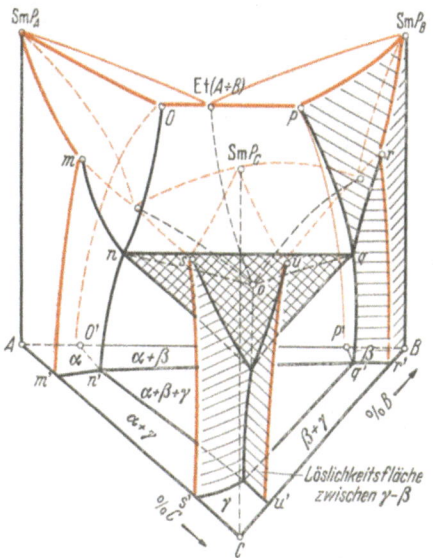

Gibt man die vereinfachte Annahme der geradlinigen Liquiduslinien in den Zweistoffdiagrammen auf, so gelangt man zu gekrümmten Liquidusflächen an Stelle der Ebenen und zu gekrümmten eutekti-schen Rinnen. Dies ändert aber nichts an den Konzentrations- und Temperaturkoor-dinaten für die wichtigen Punkte des Systems, wie Schmelzpunkte der Kompo-nenten und der verschiedenen Eutektika, so wenig wie an der Gestalt der Solidus-fläche nach Abb. 120. Man erkennt, daß das System ein ternäres Eutektikum mit 32,5% Pb, 52,0% Bi, 15,5% Sn bei 96 °C besitzt. Derartige starke Reduktionen der Schmelztemperaturen in Mehrstofflegie-rungen werden technisch für Schmelz-

Abb. 122. Das allgemeine räumliche Zustands-schaubild für das System $A-B-C$. Die „C-Ecke" durchsichtig gemacht (gestrichelt), die drei 2-Stoff-Diagramme Typus V rot gezeichnet, n. MARSH

sicherungen ausgenützt, beispielsweise für Schmelzpfropfen, durch welche automatische Feuerlöscheinrichtungen in Funktion gesetzt werden, u.ä. Bekannt ist vor allem der tiefe Schmelzpunkt von 68 °C des *quaternären Eutektikums* mit 50% Bi, 25% Pb, 12,5% Sn und 12,5% Cd, das sogenannte *Woodmetall*.

Beide Flächen lassen sich mittels „Höhenkurven" im Konzentrationsdreieck abbilden, welche die Projektionen von Isothermen sind. Ebenso lassen sich die eutektischen Rinnen projizieren, und man gelangt dann zu ebenen Darstellungen nach Abb. 121.

Der allgemeine Fall des Typus V mit ausgedehnten Bezirken von α-, β- und γ-Mischkristallen führt zu einer etwas komplizierteren Gestaltung des räumlichen Schaubildes (Abb. 122), bei welchem auch wieder eine größere dreieckige Solidus-ebene charakteristisch ist, ohne daß aber deren Dreieckseiten mit denen des Kon-zentrationsdreiecks parallel zu sein brauchen.

2.53. Das doppelte Hebelgesetz

Auch für Dreistofflegierungen gilt das Hebelgesetz, das sinngemäß im Konzen-trationsdreieck angewendet werden kann.

Zur Kennzeichnung der Legierung K (Abb. 123) genügt der Prozentsatz B und der Prozentsatz C.

8*

Nach Unterschreitung der Liquidustemperatur zerfällt die Schmelze K in einen festen Anteil S und einen flüssigen L. Es läßt sich beweisen, daß die Konzentrationspunkte S und L für diese Anteile mit K auf einer Geraden liegen müssen.

Dazu stellt man zuerst die Anteile der flüssigen und der festen Teilmengen an den Stoffen B und C fest. Es enthält:

	Gehalt an B	Gehalt an C
1. Legierung K	$K_b\,{}^0/_0 = \widehat{KK''} = \widehat{AK'}$	$K_c\,{}^0/_0 = \widehat{KK'}$ da $\widehat{KK'} = BD$
2. Flüssige Phase L	$L_b\,{}^0/_0 = \widehat{LL''}$	$L_c\,{}^0/_0 = \widehat{LL'}$
3. Feste Menge S	$S_b\,{}^0/_0 = \widehat{SS''}$	$S_c\,{}^0/_0 = \widehat{SS'}$

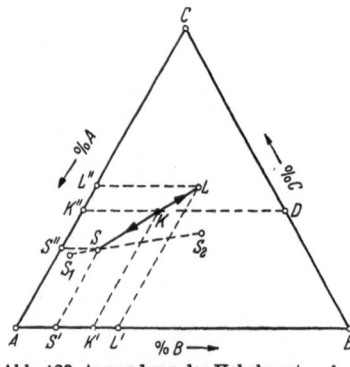

Abb. 123. Anwendung des Hebelgesetzes im Konzentrationsdreieck

Die Menge der Legierung sei 1, z. B. 1 kg, die in einen flüssigen Anteil x und einen festen Anteil $1 - x$ zerfallen ist.

Da die Gewichtsmengen A, B und C konstant bleiben müssen, so gilt beispielsweise für die Menge B

$$\frac{x \cdot L_b}{100} + (1 - x)\,\frac{S_b}{100} = \frac{K_b}{100}.$$

Daraus folgt:

Menge des flüssigen Anteils $\quad x = \dfrac{K_b - S_b}{L_b - S_b}$,

Menge des festen Anteils $= 1 - x = \dfrac{L_b - K_b}{L_b - S_b}$.

Analog gilt für den Stoff C

$$\frac{x \cdot L_c}{100} + (1 - x)\,\frac{S_c}{100} = \frac{K_c}{100}$$

und

$$x = \frac{K_c - S_c}{L_c - S_c}$$

$$1 - x = \frac{L_c - K_c}{L_c - S_c}.$$

Das bedeutet im Konzentrationsdreieck, daß

$$x = \frac{\widehat{S'K'}}{\widehat{S'L'}}, \qquad \text{aber ebenso} \qquad x = \frac{\widehat{S''K''}}{\widehat{S''L''}} \qquad \text{sein muß.}$$

Beide Werte für x können aber nur gleich sein, wenn S—K—L auf einer Geraden liegen.

Im weitern läßt sich nun das Hebelgesetz durch folgende Überlegung anwenden:

Der Anteil der festen Menge am Ganzen ist, wie oben ermittelt, $\dfrac{\widehat{KL}}{\widehat{SL}}$, entsprechend dem *einfachen* Hebelgesetz.

Damit ist noch nichts darüber festgestellt, ob der feste Anteil aus einer Phase, z. B. Mischkristallen α, oder einem Gemenge zweier fester Phasen, z. B. $\alpha + \beta$ oder $A + B$, besteht.

Wenn letzteres der Fall ist, so zeigt sich dies im Konzentrationsdreieck analog der vorstehenden Ableitung auch wieder durch eine Gerade durch S an, welche die mit S_1 und S_2 bezeichneten beiden festen Phasen verbindet, und es gilt analog

$$\frac{\text{Menge } S_1}{\text{Menge } S_2} = \frac{\widehat{SS_2}}{\widehat{SS_1}}$$

und

$$S_1 + S_2 = \frac{\widehat{KL}}{\widehat{SL}}.$$

Man erhält deshalb durch Anwendung des *doppelten Hebelgesetzes*

1. Den Anteil der flüssigen Phase $L = \dfrac{\widehat{KS}}{\widehat{SL}}$,

2. den Anteil der festen Phase $S_1 \quad = \dfrac{\widehat{KL}}{\widehat{SL}} \dfrac{\widehat{SS_2}}{\widehat{S_1S_2}}$,

3. den Anteil der festen Phase $S_2 \quad = \dfrac{\widehat{KL}}{\widehat{SL}} \dfrac{\widehat{SS_1}}{\widehat{S_1S_2}}$.

2.54. Der Erstarrungsvorgang in ternären Legierungen

Wenn schon für Zweistofflegierungen eine größere Anzahl Erstarrungstypen möglich wird, so gilt dies noch viel mehr für Dreistofflegierungen entsprechend den Kombinationen, die durch das Zusammenwirken verschiedener Zweistoffsysteme entstehen können. Zum Verständnis seien einige wenige charakteristische Fälle herangezogen, von denen zunächst die Legierung Pb—Bi—Sn betrachtet wird, dadurch gekennzeichnet, daß alle drei Komponenten im festen Zustand praktisch ineinander unlöslich sind, d. h. die entsprechenden Zweistofflegierungen nach Typus Va erstarren.

Ebenso wie die Liquidusfläche, nach Abb. 121, läßt sich die Solidusfläche (Abb. 120) durch Isothermen in das Konzentrationsdreieck projizieren (Abb. 124).

Wenn die Legierung K erstarrt, so durchstößt die Kennlinie (das Lot auf das Konzentrationsdreieck) die Liquidusfläche. Die flüssige Phase zerfällt in einen festen und flüssigen Anteil, die dabei möglichen Konzentrationen liegen auf den Isothermen der Liquidus- und Solidusfläche bzw. deren Projektionen.

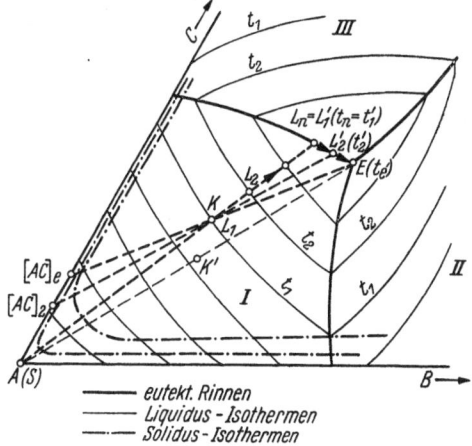

———— eutekt. Rinnen
———— Liquidus-Isothermen
—·—·— Solidus-Isothermen

Abb. 124. Ecke eines Konzentrationsdreiecks mit den Projektionen der Liquidus- und Solidusisothermen sowie der eutektischen Rinnen und Erstarrungsverlauf der Schmelze K

Hinsichtlich der Liquidusisotherme gibt dies ein ziemlich ausgedehntes Gebiet, aber die zugehörige Solidusisotherme ist praktisch nur ein kleines Bogenstück in der Ecke, d.h. praktisch das reine Metall A, B oder C, je nachdem Punkt K in dem durch die eutektischen Rinnen abgegrenzten Feldteil I, II oder III lag. Deshalb muß auch der Punkt S für den erstarrten Anteil (Abb. 123) praktisch in der betreffenden Ecke A, B oder C liegen.

Die Kennlinie durchdringt die Liquidusfläche am Punkt K, der auf einer zugehörigen Isotherme t_1 liegt. Bei dieser Temperatur hat die Liquidusmenge L_1 noch die Konzentration K, die Menge der ausgeschiedenen A-Kristalle ist zunächst noch Null.

Sinkt die Temperatur weiter auf t_2, so muß der Punkt L_2, der die Konzentration der Restschmelze angibt, irgendwo auf der Isotherme t_2 liegen. Andererseits muß er nach dem Hebelgesetz auch auf der Verbindungsgeraden $S-K$ liegen. Da S praktisch mit A zusammenfällt, wird L_2 durch den Schnittpunkt der Geraden $A-K$ mit t_2 bestimmt. Auch das Mengenverhältnis ist für die Temperatur t_2 eindeutig bestimmt, nämlich:

Anteil der Schmelze am Ganzen $\qquad = \dfrac{\widehat{KA}}{\widehat{AL_2}}$,

Anteil der A-Kristalle am Ganzen $= \dfrac{\widehat{KL_2}}{\widehat{AL_2}}$.

Die Konzentration ändert sich also nach L_1, L_2, L_3 ... usw., die auf der Verbindungsgeraden $A-K$ liegen, so lange, bis die Gerade bei L_n auf die eutektische Konzentrationsrinne der Komponenten A und C trifft. Hier ist jetzt ein neues Gleichgewicht zwischen A- und C-Kristallen.

Es beginnt deshalb eine neue Konzentrationsreihe L' der Schmelze, wobei L_1' mit L_n bei der Temperatur $t_n = t_1'$ zusammenfällt. Die flüssige Phase L_1' steht sowohl mit festem A als auch mit festem C im Gleichgewicht, wobei die Menge C zunächst ∞ klein ist.

Bei weiterem Temperaturabfall kann sich die Konzentration der Restschmelze aber nur entlang der eutektischen Rinne ändern, denn nur dort steht sie im Gleichgewicht mit den beiden festen Phasen A und C. Konzentration und Temperatur ändern sich beispielsweise zum Punkt L_2'; $t_2' < t_n$. Die Verbindungsgerade $L_2'-K-$ Solidus geht jetzt aber nicht mehr durch A, vielmehr schneidet sie die Konzentrationsseite $A-C$ im Punkt $[AC]_2$. Das bedeutet, daß im festen Anteil jetzt auch C-Kristalle aufgetreten sind, wobei der Punkt $[AC]_2$ ohne weiteres das Mengenverhältnis der beiden festen Phasen A und C angibt. Es ist nach dem doppelten

Hebelgesetz $\dfrac{\text{Menge } C}{\text{Menge } A}$ innerhalb des festen Anteils $\dfrac{\widehat{A\,[AC]_2}}{\widehat{[A\,C]_2\,C}}$.

Die Anteile der Gesamtmenge betragen somit:

1. Anteil Schmelze $\qquad\qquad \dfrac{\widehat{K\,[A\,C]_2}}{\widehat{[A\,C]_2\,L_2'}}$,

2. Anteil A-Kristalle $\qquad \dfrac{\widehat{K\,L_2'}}{\widehat{[A\,C]_2\,L_2'}} \cdot \dfrac{\widehat{[A\,C]_2\,C}}{\widehat{A\,C}}$,

3. Anteil C-Kristalle $\qquad \dfrac{\widehat{K\,L_2'}}{\widehat{[A\,C]_2\,L_2'}} \cdot \dfrac{\widehat{[A\,C]_2\,A}}{\widehat{A\,C}}$.

Bei weiterer Abkühlung erstarrt die Restschmelze bei E, Temperatur t_e, ternär-eutektisch, während der fest ausgeschiedene Anteil durch $[AC]_e$ charakterisiert ist.

In der erstarrten Legierung findet man deshalb drei Gefügesorten:

1. Reine A-Kristalle, ausgeschieden im Temperaturintervall $t_1 - t_n$.

2. Ein inniges, feines Gemenge von A- und C-Kristallen, ähnlich dem binären eutektischen Gemenge, ausgeschieden im Temperaturintervall $t_n - t_e$, ein *Quasi-eutektikum* des Systems $A-C$.

Dieses Gemenge ist zwar einem Eutektikum ähnlich, unterscheidet sich aber vom binären Eutektikum des Systems $A-C$ durch zwei wesentliche Merkmale:

Es war nicht bei einer Haltepunktstemperatur erstarrt, sondern in einem Temperaturintervall,

es besitzt nicht eine unveränderliche Konzentration, sondern einen Konzentrationsbereich zwischen A und $[AC]_e$.

3. Ternäres Eutektikum $A-B-C$ entsprechend der Konzentration E.

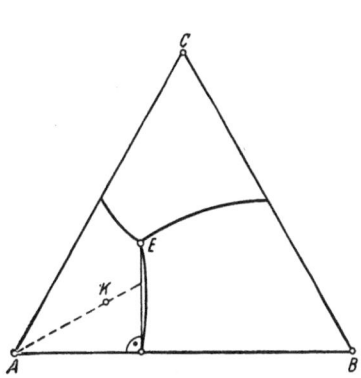

Abb. 125. Erstarrung einer
ternären Legierung mit Bildung eines echten
binären Eutektikums

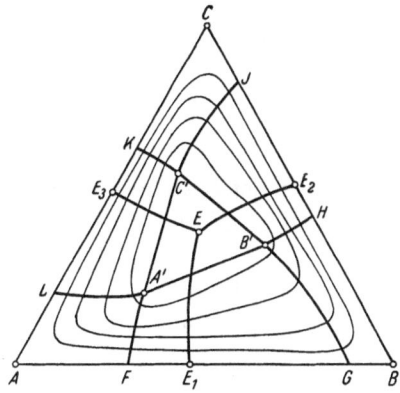

Abb. 126.
Konzentrationsdreieck mit beschränkter
Mischkristallbildung

Ein Schliffbild zeigt dann:

A-Kristalle, eingebettet in die Zweistoffmischung oder das Quasieutektikum $A-C$, das Ganze als Inseln eingebettet in das ternäre Eutektikum $A-B-C$.

In Abb. 124 ist der Konzentrationsverlauf der Restschmelze des Systems, in welchem keine Mischkristalle auftreten, durch die Pfeile markiert.

Als Sonderfälle (Grenzfälle) sind zu betrachten:

1. Liegt K auf einer der Verbindungsgeraden zwischen E und A, B oder C, z. B. K', so entsteht nur ein Gemenge aus reinem A, B oder C, eingebettet in ternärem Eutektikum.

2. Wenn eine eutektische Rinne so verläuft, daß die Verbindungsgerade ihres Anfangs- und Endpunktes senkrecht auf der zugehörigen Dreieckseite steht (Abb. 125), so bleibt das Mischungsverhältnis des sekundär ausgeschiedenen binären Quasieutektikums konstant. Das Quasieutektikum geht dadurch in das echte binäre Eutektikum über. Das Endgefüge der Konzentration K besteht deshalb aus:

primär: A-Kristallen,

sekundär: echtem, binärem Eutektikum $A-B$,

tertiär: ternärem Eutektikum $A-B-C$.

Wenn im allgemeinen Fall zwischen den Komponenten AB, BC und AC beschränkte Mischkristallbildung eintritt, so entsteht das räumliche Schaubild nach

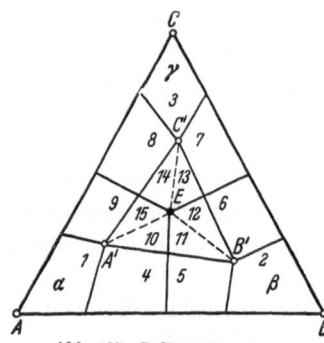

Abb. 127. Gefügearten eines ternären Systems mit beschränkter Mischkristallbildung

Abb. 122. Die Projektion der Isothermen, der eutektischen Rinnen und der Konzentrationsgrenzen für die Mischkristalle auf das Konzentrationsdreieck ergibt daraus Darstellungen nach Abb. 126, wobei die Punkte F, G, $H \ldots L$ den Konzentrationsgrenzen der α-MK im System AB, β-MK im System AB, β-MK im System BC, γ-MK im System BC usw. bei Raumtemperatur entsprechen, während $A'-B'-C'$ die eutektische Ebene ist.

Das Konzentrationsdreieck läßt sich deshalb schematisch und zwecks Gefügeanalyse in 15 Felder einteilen (Abb. 127). Man erhält in den Feldern:

1.
2. α-, β-, γ-MK, wobei der betreffende Mischkristall, z.B. α, je nach dem Ausgangspunkt der Legierung und je nach der primären Kristallbildung ein MK des Systems AB oder AC sein wird, in beiden Fällen mit A als Lösungsgitter und B oder C als gelöstem Stoff. A', B' und C' sind die Grenzkonzen-
3.   trationen der betreffenden MK, deren Sättigungszustand bei Raumtemperatur mit α', β' und γ' bezeichnet sei.

4. $\alpha +$ Quasieutektikum $(\alpha + \beta)$
5. $\beta +$ Quasieutektikum $(\alpha + \beta)$
6. $\beta +$ Quasieutektikum $(\beta + \gamma)$
7. $\gamma +$ Quasieutektikum $(\beta + \gamma)$ Letzteres als sekundäre Kristallisation.
8. $\gamma +$ Quasieutektikum $(\alpha + \gamma)$
9. $\alpha +$ Quasieutektikum $(\alpha + \gamma)$

10. $\alpha' +$ Quasieutektikum $(\alpha' + \beta')$
11. $\beta' +$ Quasieutektikum $(\alpha' + \beta')$
12. $\beta' +$ Quasieutektikum $(\beta' + \gamma')$
13. $\gamma' +$ Quasieutektikum $(\beta' + \gamma')$ $+$ ternäres Eutektikum E.
14. $\gamma' +$ Quasieutektikum $(\gamma' + \alpha')$
15. $\alpha' +$ Quasieutektikum $(\gamma' + \alpha')$

16. Punkt E: Nur ternäres Eutektikum, bestehend aus $\alpha' + \beta' + \gamma'$.

Welches dieser 16 Endgefüge entsteht, hängt vom Ausgangspunkt ab und von der Wanderung des Soliduspunktes auf den Solidusisothermen während der Erstarrung. Dabei werden gebildete α-, β-, γ-MK während der Erstarrung ihre Konzentrationen der Grenzkonzentration α', β', γ' annähern und unter Umständen zusätzlich tertiäre β'/γ' oder α'/β'-MK ausscheiden.

2.6. Die energetische Betrachtungsweise der Legierungsbildung (Phasenlehre)

Die von GIBBS begründete Phasenlehre ist ein Zweig der Thermodynamik und deshalb die energetische Betrachtungsweise der Zustandsdiagramme für die verschiedenen Systeme. Sie führt zur sogenannten GIBBSschen *Phasenregel* und zur mathematischen Interpretation der energetischen Gleichgewichtszustände in einem allgemeinen System von Stoffen und damit auch in Legierungssystemen. Durch den Ausbau der Theorie können in manchen Fällen auch die Kurven der Phasengrenzen analytisch berechnet werden.

Um aus dem Zustandsdiagramm einer Legierung die Arten und anteiligen Mengen der Gefügebestandteile herauszulesen, bedarf es nicht der Kenntnis der Phasenlehre, hingegen bildet diese den Schlüssel für die Gründe, warum ein Diagramm so und nicht anders aussieht und weshalb das „Hebelgesetz" ein echtes Gleichgewichtsgesetz ist, zwar nicht ein mechanisches mit „Hebelarmen" einer Waage, wohl aber ein energetisches.

Wenn im Abschn. 2.6 versucht wird, einen orientierenden Einblick in das Gebäude der Phasenlehre zu geben, ohne in die Disziplin der Thermodynamik einzudringen, so ist dies nur durch Anwendung einiger einfacher Analogien möglich, für welche vor allem die trefflichen Beispiele benützt werden, die von MARSH[1] dafür herangezogen wurden.

Die Phasenlehre kann als eine abgeschlossene Theorie bezeichnet werden, im Gegensatz zu der neueren atomistischen Betrachtungsweise, die vom Atomaufbau ausgeht. Die Phasenlehre läßt die Fragen nach dem Atomaufbau, Bindungskräften, der stereochemischen Struktur usw. ganz beiseite. Trotzdem geht sie keineswegs von der Fiktion oder Annahme einer auch in unendlich kleinen Bezirken homogenen Materie aus, sondern sie umgeht die Notwendigkeit der atomistischen Betrachtungsweise dadurch, daß sie Begriffe, wie Masse, physikalisch-chemischer Zustand, Energiegehalt usw. als statistische Häufigkeitswerte, als *wahrscheinlichste Größen* auffaßt.

Wenn also in der Phasenlehre vom „Zustand" eines „Stoffes" oder eines „Systems" die Rede ist, so ist mit letzterem stets eine mindestens so große Anzahl von Atomen oder Molekülen gemeint, daß trotz den eventuell verschiedenen Energiezuständen der einzelnen Atome oder sonstigen kleinen Partikelchen oder trotz den durchaus verschiedenen Bewegungszuständen, die beispielsweise die einzelnen Moleküle eines Gases oder einer Flüssigkeit in irgendeinem Augenblick haben, mit Recht gesagt werden darf, daß diese minimale Stoffmenge als Ganzes einen einheitlichen und eindeutigen Zustand, z.B. „Druck", besitzt, eben denjenigen, der durch den häufigsten und wahrscheinlichsten Wert bestimmt ist. Diese gedanklich abgegrenzte, aber durchaus reale „quasihomogene" Stoffmenge mit quasihomogenem physikalischem und chemischem Verhalten wird auch als *Systemzelle* bezeichnet.

---

[1] MARSH: Principles of Phase Diagrams, New York 1935.

2.61. Definitionen

2.61.1. System

Die Gesamtheit der Körper in den verschiedenen Zuständen der Materie, deren Zustandsänderung verfolgt werden soll, ist ein thermodynamisches *System*.

Wenn alle seine Zellen dieselben Eigenschaften besitzen, so ist dies ein *homogenes System*. Wasser oder Eis oder eine flüssige Metallschmelze sind homogene Systeme.

Im Gegensatz dazu handelt es sich um ein *heterogenes System* mit mehreren homogenen Anteilen, wenn die Anteile zwar in sich einheitlich sind, aber verschiedene Eigenschaften haben. Beispiele: Wasser, in welchem Eis herumschwimmt, oder eine Kochsalzlösung, in welcher Eis- oder Kochsalzkristalle schwimmen (Abb. 102, Zustandsfeld II oder III), oder ein Gemisch von Wasser und Dampf.

2.61.2. Phasen

Die homogenen Anteile in einem heterogenen System bezeichnet man als *Phasen*. Ist das System homogen, so ist es *einphasig*. Enthält es beispielsweise drei Phasen, etwa Schmelze und zwei verschiedene Kristallarten, z.B. α- und β-Mischkristalle, so ist es heterogen, dreiphasig.

Eine flüssige Lösung ist einphasig, ebenso eine feste Lösung. Das System „Wasser—Alkohol", die vollkommen ineinander löslich sind, ist z.B. einphasig, so gut wie eine geschmolzene Zinn—Kupfer-Legierung. Ebenso ist eine feste homogene Lösung des Systems Cu—Zn, die überall aus Mischkristallen gleicher Konzentration besteht, einphasig. Dagegen stellen die beiden nicht vermischbaren Schichten einer Mischung von Wasser und Azeton oder Wasser und Öl zwei flüssige Phasen dar, gleichgültig, ob sie durch eine Ebene getrennt sind oder ob sie sich zu einer Emulsion verbunden haben. Analog können auch in einem festen Körper mehrere feste Phasen nebeneinander auftreten.

2.61.3. Stoffe

Im weiteren ist zwischen Einstoff- und Mehrstoffsystemen zu unterscheiden. Wasser—Eis—Dampf bilden ein Einstoffsystem, Wasser—Kochsalz ein Zweistoffsystem. Legierungen sind mindestens Zweistoffsysteme, meistens Mehrstoffsysteme.

Der Begriff „Stoff" ist dabei nicht identisch mit dem der chemischen Elemente. Das System Wasser—Kochsalz gilt als Zweistoffsystem, obgleich es 4 chemische Elemente, H, O, Na und Cl, enthält. Ferner wird bei der Zählung der Stoffe nicht berücksichtigt, daß die Verbindung NaCl, wenn sie in Wasser gelöst ist, teilweise dissoziiert, d.h. in Na- und Cl-Ionen zerfällt. Und schließlich wird eine chemische Verbindung in einem System dann nicht als besonderer Stoff gezählt, wenn sie aus den Stoffen besteht, die für sich allein, also chemisch ungebunden, bereits im System anzutreffen sind. Zum Beispiel trifft man in dem technisch so wichtigen System Eisen—Kohlenstoff meistens auch die Verbindung Fe_3C, das Eisenkarbid, an. Trotzdem ist dies nach Definition ein Zweistoffsystem. Maßgebend ist also immer die *kleinste Anzahl der voneinander unabhängigen Stoffe*.

2.61.4. Zustand

Der Zustand eines Systems wird durch eine Kombination von physikalischen Größen eindeutig bestimmt. Man kann dies durch eine Analogie verdeutlichen. Die bestimmte Form eines Dreiecks sei als ein Zustand gedacht, den Dreiecke annehmen können. Dieser „Formzustand" wird dann durch die Winkel und Seiten bestimmt – oder analog durch die „Größen" Winkel und Seiten. Umgekehrt werden die „Größen" durch die Form, d. h. den „Zustand", bestimmt.

Diese Größen, welche den Zustand eines Körpers bestimmen, sind dessen *Eigentümlichkeiten*.

Die letzteren lassen sich in zwei Arten unterteilen:

a) Additive, wie z. B. die Masse oder das Volumen des Stoffs. Analog: Die Seiten eines Dreiecks. Die additiven Eigentümlichkeiten werden auch als *extensive* oder *kapazitive Bestimmungsfaktoren* bezeichnet.

b) Nichtadditive, wie z. B. der Druck oder die Dichte des Stoffes. Sie hängen nicht davon ab, ob viel Stoff oder Masse oder Volumen da ist oder wenig. Analog: Die Winkel des Dreiecks, deren Größe auch nicht von der Größe des Dreiecks oder der Länge der Seiten abhängt. Die nichtadditiven Eigentümlichkeiten werden auch als *intensive Bestimmungsfaktoren* bezeichnet. Alle intensiven Faktoren lassen sich durch Differentiation oder Division aus den extensiven ableiten, aber nicht umgekehrt.

2.61.5. Energie

Zwischen den Größen, welche den Zustand eines Systems bestimmen, besteht ein gesetzmäßiger funktioneller Zusammenhang.

Im Fallgesetz der Mechanik sind beispielsweise die Größen: Weg s – Gravitation g – und Zeit t funktionell verbunden. Die implizite Form der genauen und vollständigen Funktion ist:

$$f(s, g, t) = 0,$$

während eine explizite Form beispielsweise in der bekannten Gleichung $s = {}^1\!/_2\, g\, t^2$ gegeben ist. Die Funktion $f(s, g, t) = 0$ bestimmt die aufeinanderfolgenden Fallzustände nicht nur richtig, sondern auch eindeutig und vollständig, d. h. mit voller Sicherheit. Im Gegensatz dazu enthielte die Funktion $f(g, t) = 0$ eine Unsicherheit. Sie wäre unvollständig, da die Weggröße dann fehlt.

Wenn aber 2 von den 3 durch das Fallgesetz verknüpften Größen oder Variablen als bestimmteWerte festgelegt sind, so besteht keineUnsicherheit mehr über die dritte Größe, da diese dann durch das Gesetz $f(s, g, t) = 0$ ebenfalls festgelegt ist. Ist hingegen nur 1 der 3 Variablen festgelegt, so bleibt eine Unsicherheit in der genannten Beschreibung des Zustandes. Der Zustand besitzt dann *1 Freiheitsgrad*. Allgemein ist der Freiheitsgrad gleich der Anzahl der möglichen variablen Größen abzüglich der bei einem bestimmten Zustand festgelegten Variablen oder invarianten Größen.

Analog dem Fallgesetz sind die thermodynamischen Größen eines Zustandes durch eine Funktion verknüpft. Diese Zustandsfunktion ist die *Energie* des Systems.

Die Gesamtenergie setzt sich aus 3 Arten von Energie, der thermischen, der mechanischen und der chemischen Energie, zusammen. In einem isolierten System, dem von außen Energie weder zugeführt noch entzogen wird, bleibt der Energieinhalt konstant, jedoch können die Mengen der drei Arten sich gegenseitig verschieben, d.h., es kann sich Energie der einen Art in die einer anderen Art nach einer funktionellen Gesetzmäßigkeit verwandeln.

Die Größe jeder dieser drei Energiearten kann als Produkt aus einem intensiven und einem extensiven Bestimmungsfaktor dargestellt werden, und zwar durch die Dimensionsgleichungen:

$$\text{thermische Energie} = \text{Temperatur } T \cdot \text{Entropie } S,$$
$$\text{mechanische Energie} = \text{Druck } P \cdot \text{Volumen } V,$$
$$\text{chemische Energie} = \text{chemisches Potential } \mu \cdot \text{Masse } M.$$

Daß Produkte aus einem intensiven und extensiven Faktor die Dimension einer Energie haben, erkennt man deutlich aus der Dimensionsgleichung Arbeit = Kraft · Weg, wo Kraft die intensive, Weg die extensive oder additive Größe ist.

Es ist somit $$E = T\,S + P\,V + \mu\,M. \qquad (1)$$

Die positiven Vorzeichen dieser Grundgleichung haben zunächst nur den Sinn, daß die Gesamtenergie in drei Anteile aufgeteilt werden kann. Im übrigen ist es eine Vereinbarung, was man positiv oder negativ zählen will. Wenn mechanische Arbeit $P \cdot V$ einer Systemzelle zugeführt wird, so pflegt man sie als einen negativen, von der Zelle geleisteten Arbeitsbetrag aufzufassen. Nach dieser Vereinbarung gilt dann:

$$E = T\,S - P\,V + \mu\,M. \qquad (1\,\text{a})$$

Der Begriff des (elektro)chemischen Potentials entspricht vollständig dem des allgemeinen Potentialbegriffes, d.h., es ist diejenige qualitative Eigenschaft oder treibende Kraft, die verursacht, daß aus dem Bezirk des höheren Potentials „Etwas" (Wärme, Volumen, Masse) in den Bezirk des niedrigeren Potentials hinübergetrieben wird. Eine chemische Potentialdifferenz bewirkt deshalb einen Strom oder eine Verschiebung von Materie von einem Stoff zum andern (chemische Reaktion).

Der Mengenanteil der einzelnen Stoffe oder Komponenten wird zweckmäßig als molare oder atomare Konzentration ausgedrückt. Sind m_1, $m_2 \ldots m_n$ die Massen, a_1, $a_2 \ldots a_n$ die Molekular- oder Atomgewichte der einzelnen Komponenten, dann ist $N_i = \dfrac{m_i}{a_i}$ die Anzahl Mole oder Grammatome einer bestimmten Komponente.

Die molare bzw. atomare Konzentration ist dann

$$c_i' = \frac{N_i}{N_1 + N_2 + \cdots N_n}$$

als Bruch bzw. $c_i = c_i' \cdot 100$ die atomare oder molekulare Konzentration in Prozent (Abschn. 2.46).

Welche Einheit, c_i oder c_i', gewählt wird, ist für die grundsätzliche Betrachtung bedeutungslos.

Die gesamte chemische Energie eines Mehrstoffsystems ist dann

$$M\left(\mu_1 c_1 + \mu_2 c_2 + \cdots \mu_n c_n\right) = M \sum_{i=1}^{i=n} \mu_i c_i. \tag{2}$$

Dieser Energieanteil wird auch als
GIBBSsche Energie bzw. μ als GIBBSsches Potential bezeichnet. Somit ist auch

$$E = TS - PV + G$$

bzw. $$G = E - TS + PV. \tag{3}$$

Anderseits wird auch mit

$$F = E - TS \tag{4}$$

die freie HELMHOLTZsche Energie bezeichnet, und es ist ferner

$$J = E + PV \tag{5}$$

die sogenannte Enthalpie.

2.61.6. Stabiles und metastabiles Gleichgewicht

Wenn man die Natur frei wirken läßt, strebt sie stets einen energetischen Gleichgewichtszustand der aufeinander einwirkenden Körper oder Stoffe an. Dieser natürliche Ablauf einer Zustandsänderung ist nur mit Einschränkungen und nur durch Energiezufuhr von außen her umkehrbar. Wasser fließt den Berg hinunter, kann anderseits wieder hinaufgepumpt werden.

Dies gilt auch für den thermodynamischen Gleichgewichtszustand zweier oder mehrerer benachbarter Systemzellen. Ist deren Energieinhalt verschieden, so findet als Wechselwirkung Energieaustausch statt, bis das Gleichgewicht erreicht ist. Das *thermodynamische Gleichgewicht* ist dann erreicht, wenn die intensiven Bestimmungsfaktoren oder Potentiale, also T, P und μ, gleich geworden sind.

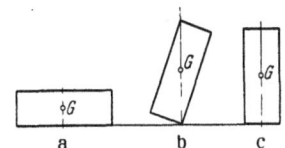

Abb. 128. Mechanische Gleichgewichtszustände

Das Gleichgewicht kann einen verschiedenen *Grad der Stabilität* annehmen. Dies läßt sich am anschaulichsten durch ein mechanisches Beispiel zeigen (Abb. 128). Ein Ziegelstein kann in den drei Stellungen a, b und c auf eine Platte gelegt werden. In der Stellung a liegt der Schwerpunkt der Auflage am nächsten, näher als in irgendeiner andern Stellung. Die potentielle Gravitationsenergie E_p ist ein Minimum, das Gleichgewicht ist absolut stabil. Das Kriterium des stabilen Gleichgewichtes ist also, daß $\partial E_p \geqq 0$ ist.

Stellung b ist die labile Gleichgewichtslage, deren Kriterium umgekehrt durch $\partial E_p \leqq 0$ gegeben ist.

Stellung c ist auch im Gleichgewicht, denn auch hier gilt $\partial E_p \geqq 0$, aber es besteht nicht das stabile Gleichgewicht mit $E_p = $ minimum.

Man kann deshalb diesen Zustand als *metastabiles* Gleichgewicht bezeichnen.

Metastabiles Gleichgewicht wird in Mehrstoffsystemen oft angetroffen, vor allem im System Eisen—Kohlenstoff (Abschn. 4.11). Der Zustand läßt sich häufig nicht ohne weiteres vom absolut stabilen mit dem niedrigsten Potential unterscheiden. Analog dem mechanischen Beispiel gilt ferner allgemein, daß zur Erreichung des stabilen Zustandes eine gewisse minimale Energiezufuhr nötig ist, daß dann aber die Zustandsänderung irreversibel zum stabilen Gleichgewicht hin verläuft. Ein typisches Beispiel hierfür bietet ebenfalls das System Fe—C, in welchem das metastabil erstarrte Gefüge durch Erwärmen in den stabilen Zustand überführt werden kann (technische Anwendung: das Tempern), während das Umgekehrte nicht möglich ist (Abschn. 4.17).

Der Ausgleich der Potentiale in einem thermodynamischen System ist stets mit einem Wärmefluß von der Systemzelle höherer Temperatur zu derjenigen mit niedrigerer Temperatur begleitet, unter Zunahme der Entropie (2. Hauptsatz der Wärmelehre). Dabei kann außerdem von der Zelle höheren Druckes Arbeit auf die mit niedrigerem Druck verrichtet werden und es kann Stoff aus der Zelle höheren chemischen Potentials in diejenige niedrigeren Potentials übertreten.

Für diese Vorgänge braucht es *Zeit*, und zwar unter Umständen viel Zeit. Die Gleichgewichtsreaktion kann unter Umständen so träge verlaufen, daß scheinbar ein Gleichgewichtszustand besteht. Die thermodynamische Betrachtungsweise gibt keine Auskunft über die Zeitdauer oder Geschwindigkeit, mit der Gleichgewichtszustände erreicht werden. *Die Zustandsdiagramme sind deshalb energetische Gleichgewichtszustandsdiagramme, welche Zustände zeigen, die eventuell nur bei sehr langsamer Zustandsänderung* (z. B. Temperaturänderung) *erreicht werden.*

2.62. Die Zustandsgleichungen

Innerhalb einer Phase kann der Stoff unendlich viele Zustände besitzen, die durch unendlich kleine Unterschiede der Bestimmungsgrößen gekennzeichnet sind.

Der analytische Ausdruck für die Beziehung zwischen den Größen, die man zur vollständigen Bestimmung des Zustandes gewählt hat, ist eine *Zustandsgleichung*.

Es sind Zustandsgleichungen unter Benützung der verschiedensten variablen Bestimmungsgrößen aufgestellt worden. Sie sind, wenn die notwendige und hinreichende Zahl voneinander unabhängigen Variablen eingeführt wird, grundsätzlich alle gleichwertig. Aus Zweckmäßigkeitsgründen werden für die rechnerische Behandlung im einen oder andern Fall die einen oder andern bevorzugt. *Die drei intensiven Faktoren allein genügen nicht zur vollständigen Bestimmung eines Zustandes, es ist mindestens eine extensive Bestimmungsgröße zusätzlich nötig.*

Wenn z. B. Wasser siedet, so sind die drei intensiven Faktoren oder Potentiale: Temperatur — Druck (Dampfdruck) — chemisches Potential für die gleichzeitig existierenden Zustände Dampf und Wasser gleich. Würden sie zur Bestimmung des Zustandes einer Phase ausreichen, so wäre zu schließen, daß Wasser und Dampf ein und derselben Phase angehören. In Wirklichkeit sind es aber zwei koexistierende Phasen, was aber erst durch Hinzunahme einer extensiven Größe, z. B. des spezifischen Volumens, ersichtlich wird, das für Wasser und Dampf verschieden ist.

Für eine vereinfachte (angenäherte) Bestimmung oder bei Annahme eines idealisierten Stoffes genügen Zustandsgleichungen mit weniger als vier Bestimmungsgrößen, wie die bekannte Gleichung für ideale Gase, $P \cdot V = R \cdot T$, zeigt.

Obgleich also die drei intensiven Faktoren für die vollständige Zustandsbeschreibung nicht ausreichen, möge durch eine vereinfachende Analogie gezeigt werden, wie das Gleichgewicht zweier koexistierenden Phasen dadurch zustande kommt, daß die intensiven Faktoren in beiden Phasen gleich werden.

In Abb. 129 entspreche die Gleichung $y = x$ der Zustandsgleichung einer Phase α, die Gleichung $y = \frac{x}{3} + 2$ derjenigen einer Phase β. In beiden Gleichungen repräsentieren die Variablen x und y die intensiven variablen Bestimmungsgrößen, während die Konstanten die Analogie zu den additiven oder extensiven Größen bilden, die in diesem Fall also invariant wären.

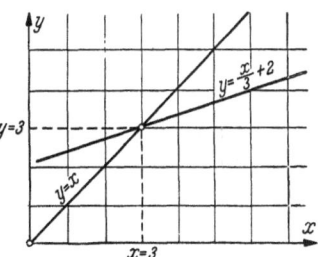

Die Phasen α und β seien jede für sich existenzfähig, mit einer ∞ Mannigfaltigkeit von Zuständen, was eben gerade durch die ∞ vielen variablen Werte von x und y ihrer Gleichungen ausgedrückt wird.

Ein koexistenter Gleichgewichtszustand ist aber nur möglich, wenn die intensiven Bestimmungsgrößen x und y gleich sind. Dies ist offenbar im Schnittpunkt mit $x = 3$ und $y = 3$ der Fall.

Abb. 129. Analogie der intensiven Bestimmungsgrößen von Zuständen mit algebraischen Gleichungen

Rechts vom Schnittpunkt hat Phase α in allen Zuständen eine höhere Summe $x + y$, also ein höheres Potential, als Phase β; links vom Schnittpunkt gilt das Umgekehrte. Die Koexistenz im energetischen Gleichgewicht wäre in beiden Fällen unmöglich, vielmehr würde wegen den Potentialdifferenzen von den Systemzellen der einen zu denen der andern Phase Wärme und/oder Masse überfließen (chemische Reaktion) und/oder eine Verdichtung der Systemzellen (Umwandlung der Gasphase in die flüssige oder der flüssigen in die kristalline) stattfinden.

Man erkennt ferner: Im Gleichgewichtszustand sind zwar für beide Phasen die intensiven Größen gleich, aber dieser Punkt ist für jede Phase nur ein Zustand der Zustandsmannigfaltigkeit, welche durch ihre Zustandsgleichung ausgedrückt ist. Die letztere unterscheidet sich aber für beide Phasen durch ihre extensive Bestimmungsgröße (1 und 1/3 + 2). Die zwei singulären Zustände $x = 3$, $y = 3$ der Phasen α und β, welche zwei verschiedenen Zustandsmannigfaltigkeiten $y = x$ und $y = 1/3\, x + 2$ angehören, können deshalb durch die invarianten Größen ihrer Zustandsgleichungen grundsätzlich unterschieden werden. Dies bedeutet analog: Trotz Ausgleich ihrer Potentiale können verschiedene Phasen im Gleichgewicht durchaus verschiedene extensive Bestimmungsgrößen besitzen. Ferner zeigt dies: *Da für den Gleichgewichtszustand nur die Gleichheit der intensiven Faktoren maßgebend ist, ist er unabhängig vom Ausmaß der additiven Größen. Es kann ebensogut viel Wasser und wenig Eis wie wenig Wasser und viel Eis bei konstanter Temperatur und konstantem Druck nebeneinander existieren.*

2.63. Bestimmungsgrößen für Zustandsgleichungen

Aus der Grundgleichung (1) bzw. (1a), die den ersten Hauptsatz der Thermodynamik ausdrückt, folgt, daß jede der vier Größen E, S, V und M eine Funktion der andern ist. Für Lösungen tritt an Stelle der Größe M wieder die Summe der molaren Anteile oder auch der Konzentrationen c_i. Für irgendeine Zustandsänderung gilt deshalb:

$$dE = \left(\frac{\partial E}{\partial S}\right)_{V,\,c_i} dS + \left(\frac{\partial E}{\partial V}\right)_{S,\,c_i} dV + \sum_{i=1}^{i=n} \left(\frac{\partial E}{\partial c_i}\right)_{S,\,V,\,c_j} dc_i, \tag{6}$$

wobei c_j alle molaren Anteile, außer c_i, bedeutet.

Aus (1a) und (6) folgt:

$$dE = T\,dS - P\,dV + \sum_{i=1}^{i=n} \mu_i\,dc_i, \tag{7}$$

somit auch

$$\left(\frac{\partial E}{\partial S}\right)_{V,\,c_i} = T\,; \qquad \left(\frac{\partial E}{\partial V}\right)_{S,\,c_i} = -P\,; \qquad \left(\frac{\partial E}{\partial c_i}\right)_{S,\,V,\,c_j} = \mu_i. \tag{8}$$

Weiter ergibt sich durch Differentiation von (5) in Verbindung mit (7)

$$dJ = T\,dS + V\,dP + \sum_{i=1}^{i=n} \mu_i\,dc_i \tag{9}$$

und

$$\left(\frac{\partial J}{\partial S}\right)_{P,\,c_i} = T\,; \qquad \left(\frac{\partial J}{\partial P}\right)_{S,\,c_i} = V\,; \qquad \left(\frac{\partial J}{\partial c_i}\right)_{S,\,P,\,c_j} = \mu_i. \tag{10}$$

Analog aus (4):

$$d-F = -S\,dT - P\,dV + \sum_{i=1}^{i=n} \mu_i\,dc_i \tag{11}$$

sowie

$$\left(\frac{\partial F}{\partial T}\right)_{V,\,c_i} = -S\,; \qquad \left(\frac{\partial F}{\partial V}\right)_{T,\,c_i} = -P\,; \qquad \left(\frac{\partial F}{\partial c_i}\right)_{T,\,V,\,c_j} = \mu_i. \tag{12}$$

Analog aus (3):

$$dG = -S\,dT + V\,dP + \sum_{i=1}^{i=n} \mu_i\,dc_i \tag{13}$$

sowie

$$\left(\frac{\partial G}{\partial T}\right)_{P,\,c_i} = -S\,; \qquad \left(\frac{\partial G}{\partial P}\right)_{T,\,c_i} = V\,; \qquad \left(\frac{\partial G}{\partial c_i}\right)_{T,\,P,\,c_j} = \mu_i. \tag{14}$$

Danach hat man vier Quartette von Fundamentalgrößen zur Verfügung, um aus jedem derselben alle andern Größen zu bestimmen, nämlich

a) E, S, V, c_i,
b) J, S, P, c_i,
c) F, T, V, c_i,
d) G, T, P, c_i.

Das letztere wird vor allem für die Berechnung oder Darstellung von Phasendiagrammen angewendet. Da bei der Entstehung von Legierungen der Druck konstant ist (Atmosphärendruck), beschreibt die Funktion $f(G,\ T,\ c_i) = 0$ das System vollständig.

Die notwendige und hinreichende Bedingung für einen stabilen Gleichgewichtszustand ist dann, daß G ein Minimum wird in bezug auf jeden ∞ kleinen isothermen und zugleich isobaren Prozeß $dP - dT$ oder auch daß $\partial G \geqq 0$ ist, analog der in 2.61.6 festgestellten Bedingung für einen mechanischen Gleichgewichtszustand.

2.64. Die vollständigen Umwandlungsschaubilder

Beim plötzlichen isothermen Übergang von einer Phase in eine andere wird Umwandlungswärme U frei oder absorbiert, je nachdem die neue Phase einen niedrigeren oder höhern Energieinhalt hat. Dies gilt allgemein, gleichgültig, ob es sich um einen Phasenübergang Gas—Flüssigkeit oder Gas—Kristall oder Flüssigkeit—Kristall oder Kristall—Kristall handelt. Wenn keine Verwandlungswärme in Erscheinung tritt, so liegt auch kein Phasenwechsel vor, gleichgültig, ob der Körper äußerlich als flüssig, fest usw. erscheint. Findet der Phasenwechsel bei konstantem Volumen statt, so ist er mit keiner mechanischen Arbeit verbunden. Es ist dann

$$U_v = \Delta E . \tag{15}$$

Für einen Prozeß bei konstantem Druck wird zusätzlich mechanische Arbeit $- P \Delta V$ dem System zugeführt. Es ist deshalb

$$U_p = \Delta E + \Delta (P V) = \Delta J , \tag{16}$$

d.h., die Umwandlungswärme manifestiert sich vollständig als Differenz des Wärmeinhaltes vor und nach der Umwandlung.

Im Einzelfall ist die Umwandlungswärme identisch mit der Verdampfungs-, Kristallisations-, Schmelz- oder Umkristallisationswärme.

Wenn die Schmelztemperaturen und die molaren Schmelzwärmen beider Komponenten einer binären Legierung durch Versuch bei konstantem Druck ermittelt sind, so lassen sich die Temperaturgrenzen für die flüssigen und die festen Phasen in Abhängigkeit von der Konzentration statt durch Haltepunktsbestimmungen auch durch einen analytischen Ausdruck für $T(c)$ rechnerisch ermitteln. Dabei ist aber hervorzuheben, daß die üblichen Zustandsdiagramme, also die $T-c$-Diagramme bei $P =$ const, die energetischen Zustände nicht vollständig beschreiben, da sie von den vier notwendigen Bestimmungsgrößen nur drei darstellen, nämlich T, c und P. Für die vollständige Beschreibung muß noch als vierte Größe in diesem Falle G herangezogen werden, was dann zu räumlichen Schaubildern führt, von denen das $T-c$-Diagramm nur eine Projektion auf die $T-c$-Ebene darstellt, das für die praktischen Bedürfnisse genügt.

Wenn man nun in einem Zweistoffsystem (Legierung) $A-B$ P und T konstant wählt, so läßt sich die Energie G in Abhängigkeit der Konzentration c in einem Diagramm aufzeichnen. Führt man dabei T als Parameter ein, so ergibt sich eine Schar von Energiekurven G_1, G_2 ..., die zu den Temperaturen T_1, T_2 ... gehören. Stabilste Zustände bzw. Gleichgewichtszustände sind dann stets bei den Konzentrationen vorhanden, bei denen die Energiekurven Minima aufweisen.

Die theoretischen G-Kurven können für die festen und flüssigen Phasen in ihrer Abhängigkeit von der Konzentration aufgestellt werden. Roozeboom transponierte die theoretisch möglichen $G-c$-Diagramme in die $T-c$-Diagramme und gelangte dadurch zu den verschiedenen Typen I—V für Zweistofflegierungen (binäre Legierungen), welche die Prototypen für Legierungszustandsdiagramme der Metallkunde darstellen. Abb. 130 zeigt, wie auf diesem Weg der Typus I mit vollständiger Löslichkeit in der flüssigen und festen Phase entsteht. Diagramme $a-d$ sind die $G-c$-Diagramme für den jeweils rein theoretisch gedachten flüssigen und festen Zustand der Lösung mit den Energien G_L bzw. G_S bei den Temperaturen $T_1 > T_2 > T_3 > T_4$. Da bei der Temperatur T_1 G_L bei allen Konzentra-

tionen $< G_S$ ist, ist auch bei allen Konzentrationen nur die flüssige Phase existenzfähig. Deren Energie G wiederum liegt bei keiner Konzentration höher als die
Summe der Energien, welche die reinen Komponenten in ihren Schmelzpunkten
besitzen. Deshalb kann die flüssige Phase bei keiner Konzentration in zwei flüssige
Phasen, bestehend aus reinen Komponenten A und B, zerfallen, vielmehr besteht
völlige Löslichkeit, anders gesagt nur 1 flüssige Phase beliebiger Konzentration.

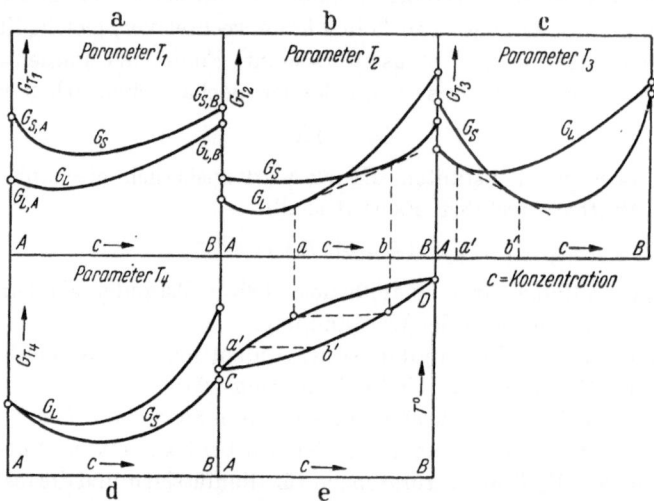

Abb. 130 a—e. Energieinhalt G der flüssigen und festen Phase als Ursache für die Entstehung des Zustandsdia-
gramms Typus I, n. TAYLOR

Anders bei der Temperatur T_2. Für ein Teilgebiet der Konzentration ist die
Energie des festen Zustandes G_S kleiner als die des flüssigen G_L. Deshalb erfolgt
bei dieser Temperatur ein Zerfall in zwei koexistierende Phasen, die flüssige und
die feste. Damit sie stabil sind, muß die Energie des Systems als Energiesumme
der koexistierenden Phasen ein Minimum sein. Das trifft zu für die feste Phase
mit der Konzentration b und die flüssige mit a, gekennzeichnet durch die Berüh-
rungspunkte der gemeinsamen Tangente an die G_L- und G_S-Kurve. Daraus ergeben sich die Punkte a und b im $T-c$-Diagramm e. Analog entstehen die Punkte a'
und b', während aus dem Energiediagramm d zu erkennen ist, daß bei Temperaturen $< T_4$ bei allen Konzentrationen nur die feste Phase (feste Lösung, Mischkristalle) existenzfähig ist als stabilster Zustand des Systems.

In analoger Weise entstehen die bei den Metallegierungen selten anzutreffenden Typen II und III (Abb. 131 a u. b). Die Typen IV und V (Abb. 131 c u. d)
entstehen dadurch, daß die Solidusfunktion Wendepunkte und zwei Minima für
bestimmte Konzentrationen aufweist. Das Ergebnis ist, daß nach den Gleich-
gewichtsbedingungen in einem bestimmten Konzentrationsbereich zwei verschiedene feste Phasen, α und β, auftreten, was je nachdem, ob eine feste oder eine
flüssige Phase in zwei feste Phasen zerfällt, zu einer peritektischen oder einer eutektischen Reaktion führt.

Man erkennt aus dieser energetischen Betrachtungsweise, daß eutektische
Bezirke keine besondere Phase sind, sondern die Koexistenz zweier fester Phasen
im Gleichgewicht. Dies entspricht völlig der substantiell-atomistischen Feststel-

lung des Eutektikums als eines mechanischen Gemenges zweier Kristall- oder Substanzsorten, Abschn. 2.3.

Der Typus IV (Abb. 131 c) unterscheidet sich, grundsätzlich betrachtet, nicht von dem in Abb. 116 gezeigten Diagramm mit peritektischer Reaktion, sondern

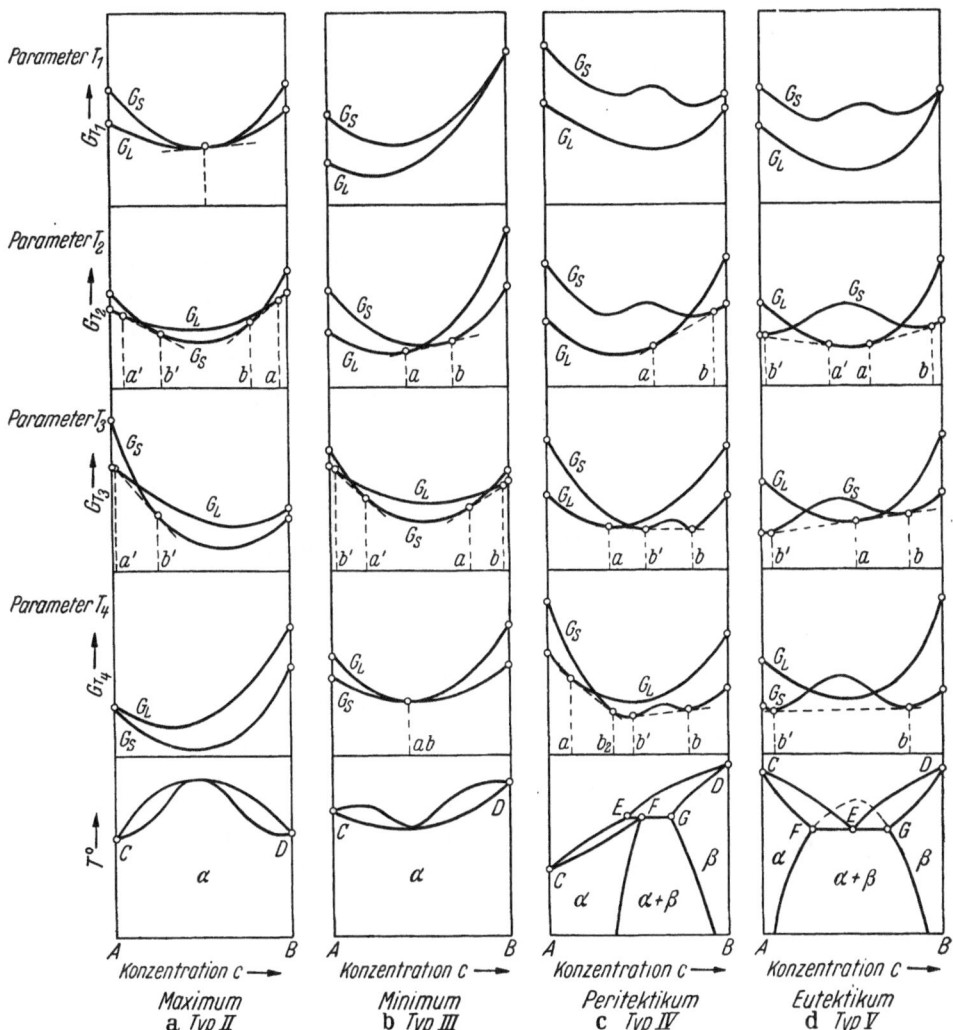

Abb. 131 a—d. Entstehung der T—c-Zustandsdiagramme aus den G—c-Diagrammen, n. TAYLOR

lediglich dadurch, daß der Schmelzpunkt der einen Komponente tiefer liegt als die peritektische Temperatur.

Die Konzentrationsgrenzen der festen Lösungen α und β bis zur eutektischen Temperatur im Typ V (Abb. 131 d) sind nur ein Ausschnitt aus einem Diagramm, welches die vollständige Mischungslücke darstellt. Der restliche Teil, welcher die Mischungslücke im festen Zustand beschreibt, ist gestrichelt gezeichnet, tritt aber reell nicht in Erscheinung, weil dort die Energiewerte höher liegen als diejenigen für die homogene flüssige Phase.

9*

2.65. Das vollständige isobare Zustandsschaubild

Daß die $T-c$-Diagramme für isobare-isotherme Zustände nur Projektionen von entsprechenden isobaren $G-T-c$-Raumdiagrammen sind, erkennt man aus den Abb. 132 und 133.

In Abb. 132 ist dargestellt, wie eine homogene Phase (Lösung) bei sinkender Temperatur in zwei Phasen zerfallen muß, weil die Energiefunktion unterhalb einer kritischen Temperatur zwei Minima aufzuweisen beginnt. Es ist dabei gleich-

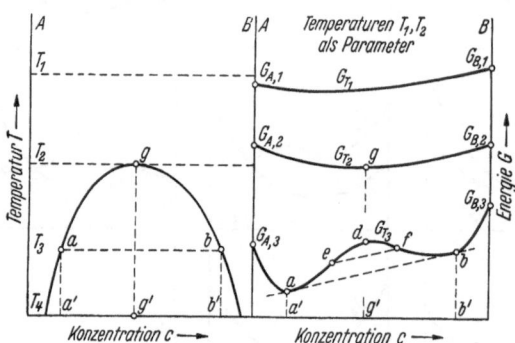

Abb. 132. Zerfall einer homogenen Phase in zwei Phasen bei sinkender Temperatur, n. MARSH

gültig, ob es sich um feste oder flüssige Lösungen handelt oder ob das ganze Gebiet der Mischungslücke, innerhalb deren zwei Phasen oder Lösungen ko-existieren, vollständig reell ist oder durch eine andere Phasentransformation unterbrochen wird.

Die Kurve G_{T_1} ist wieder charakteristisch für vollständige Löslichkeit. Kurve G_{T_2} zeigt zwei Minima a und b. Die zugehörigen Konzentrationen sind wesent-

lich stabiler als die Konzentrationen e oder d oder f. Daher muß die homogene Phase in zwei Lösungen oder Phasen mit den Konzentrationen a' und b' zerfallen, die die Löslichkeitsgrenzen a und b im $T-c$-Diagramm bezeichnen. Mit steigender

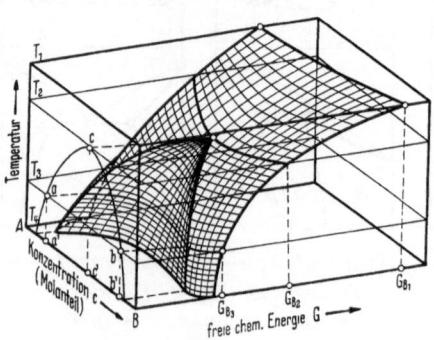

Abb. 133
Das vollständige isobare Zustandsschaubild
$T-c-G.$ G (T, c) für $p =$ const, n. MARSH

Temperatur verändert aber die G-Kurve ihren Charakter und geht bei der Temperatur T_2 in die Kurve G_{T_3} über, die wieder nur noch 1 Minimum, den Punkt g, auf-weist. Im entsprechenden Punkt g des $T-c$-Diagramms schließt sich deshalb die Mischungslücke.

Das vollständige $G-T-c$-Diagramm (Abb. 133) zeigt an Stelle der Energie-kurven die zugehörige Energiefläche $G(T, c)$. Die Projektion der Phasengrenz-kurven der Energiefläche auf die $T-c$-Ebene ergibt das Bild der Mischungslücke im $T-c$-Diagramm.

2.66. Die Phasenregel

Die von GIBBS aufgestellte *Phasenregel* besagt, daß die Anzahl der in einem System im *Gleichgewicht stehenden Phasen nicht größer sein kann als die um zwei vermehrte Anzahl der Stoffe.*

Ist n die Anzahl der Stoffe und r die Anzahl der Phasen, so ist

$$r_{max} = n + 2 \,. \tag{1}$$

Dies ist ein *Maximum*. Die tatsächliche Anzahl der Phasen kann also kleiner sein.

Die Phasenregel bildet den Ausgangspunkt für die *Anzahl Freiheitsgrade* des Systems. Entsprechend 0, 1, 2 ... usw. Freiheitsgraden unterscheidet man *nonvariantes, monovariantes, bivariantes* usw. Gleichgewicht im System.

Die Begriffe lassen sich am deutlichsten am Zustandsdiagramm des Einstoffsystems H_2O verdeutlichen, in welchem die drei Phasen Eis, Wasser und Dampf

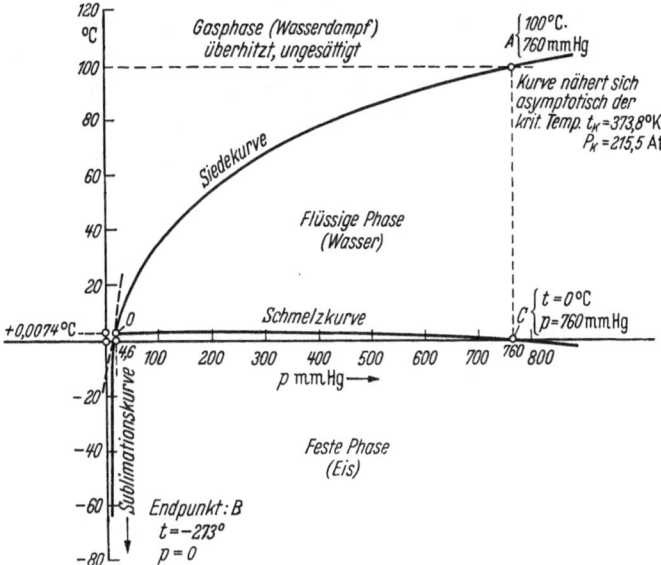

Abb. 134. Phasendiagramm $p-t$, c = const für Eis—Wasser-Dampf. (Koordinaten des Tripelpunktes O nicht maßstäblich)

in Erscheinung treten. Da die Konzentration stets 100% H_2O ist, kann die Zustandsfunktion $f(p, t, c) = 0$ zweidimensional in einem $p-t$-Diagramm dargestellt werden (Abb. 134).

A ist der bekannte Siedepunkt mit $t = 100$ °C und $p = 760$ mm Hg = 1 At,
C der Gefrierpunkt mit $t = 0$ °C, $p = 760$ mm Hg,
O ist die höchste Temperatur, bei der Eis existieren kann, nämlich + 0,0074 °C.

Dieser stabile Zustand ist nur bei dem niedrigen Druck von 4,6 mm Hg möglich. B hätte die Ordinaten $p = 0$; $t = -273$ °C (0 °K), wenn diese Temperatur realisierbar wäre.

Die Phasengrenzen Dampf—Wasser (Siedekurve), Wasser—Eis (Schmelzkurve) und Eis—Dampf (Sublimationskurve) schneiden sich im Punkt O, dessen Lage aus maßstäblichen Gründen mit verzerrten Koordinaten (+ 4,6; + 0,0074) eingezeichnet werden mußte. Die imaginären Fortsetzungen der Kurven, die also keineswegs ineinander übergehen, wurden gestrichelt angedeutet.

Im Gebiete innerhalb jedes der drei Phasenbereiche bestehen zwei Freiheitsgrade: Man kann, von irgendeinem Zustand ausgehend, sowohl den Druck als auch die Temperatur beliebig ändern, ohne die Stabilität der Phasen zu stören. Alle diese Punkte sind deshalb *bivariante Gleichgewichtszustände*.

Anders auf den Grenzkurven, welche die Gleichgewichtszustände zwischen zwei Phasen charakterisieren. Auf jedem Punkt, z.B. der Siedekurve, ist die Dampfphase mit der Wasserphase im Gleichgewicht, und zwar *unabhängig davon, wie groß die Menge* der einen oder andern Phase ist. Gelangt man durch Wärmezufuhr und Temperatursteigerung bei konstantem Druck aus der Wasserphase an die Siedekurve, so beginnt die Phasentransformation Wasser—Dampf, aber die Temperatur bleibt unter Adsorption der Verdampfungswärme stehen (Haltepunkt), bis die Wasserphase völlig verschwunden ist.

Für diesen Gleichgewichtszustand Wasser—Dampf besteht nur 1 Freiheitsgrad, man kann nur die Temperatur oder den Druck ändern, um einen andern Gleichgewichtszustand der koexistierenden Phasen zu erreichen. Deshalb ist es ein *monovariantes Gleichgewicht*. Der Tripelpunkt O, wo drei Phasen koexistieren, hat keinen Freiheitsgrad. Dort besteht *nonvariantes Gleichgewicht*.

Die Phasenregel sagt bezüglich der Freiheitsgrade aus:

Der Freiheitsgrad eines im Gleichgewicht befindlichen Systems ist gleich der Differenz der maximal möglichen Phasenzahl und der beim betreffenden Zustand tatsächlich vorhandenen Phasen.

Es ist also Freiheitsgrad $\qquad f = r_{max} - r$ $\qquad\qquad\qquad$ (2)

oder auch nach (1) $\qquad\qquad f = n + 2 - r$.

In Worten: *Der Freiheitsgrad ist gleich der Anzahl Stoffe des Systems minus die Anzahl der vorhandenen Phasen plus 2.*

Die innere Begründung der Regel erkennt man aus folgender Überlegung:

In jeder Phase sind die Variablen p, T und c durch die Gleichung $f(p, T, c) = 0$ miteinander verknüpft. Die Anzahl der unbekannten Variablen ist z, in einer Phase ist ihre Anzahl 3.

In einem System mit n Stoffen hat man es mit den

$$\text{Drücken } p_1, p_2 \ldots p_n,$$
$$\text{Temperaturen } T_1, T_2 \ldots T_n$$
$$\text{und Konzentrationen } c_1, c_2 \ldots c_n,$$

daher mit $n \cdot 3$ Variablen, zu tun.

Anderseits sind im Gleichgewichtszustand von n Stoffen die Drücke und Temperaturen überall gleich, also

$$p_1 = p_2 = \ldots p_n = p$$
$$\text{und } T_1 = T_2 = \ldots T_n = T.$$

Die Anzahl z der Unbekannten ist also:

$$\text{Wegen } n \text{ verschiedenen Konzentrationen} = n$$
$$\text{dazu } p \text{ und } T = \text{const} \qquad\qquad = 2$$
$$\overline{\qquad\qquad\qquad\qquad z = n + 2}$$

Wenn im System mit n Stoffen und $z = n + 2$ Unbekannten r Phasen im Gleichgewicht sind, so bestehen auch r Bestimmungsgleichungen von der Form $f(p, T, c) = 0$ für die Unbekannten.

Wenn nun bei z Unbekannten die Anzahl der unabhängigen Gleichungen, durch welche sie verknüpft sind, ebenfalls $= z$ ist, so sind alle Unbekannten eindeutig, invariabel, bestimmt. Ist hingegen die Anzahl der Gleichungen kleiner, so gibt die Differenz beider Zahlen an, wie viele Unbekannte beliebig, d.h. frei, gewählt werden können, ohne daß dadurch die Erfüllung der Gleichungen durch Berechnung der verbleibenden Unbekannten gehindert würde.

Es ergeben nun n Stoffe $z = n + 2$ Unbekannte,
      r Phasen r Bestimmungsgleichungen.

Ist $r = n + 2$, so sind alle Unbekannten invariabel bestimmt und es ist $f = 0$.
Ist hingegen $r < n + 2$, so ist $f = n + 2 - r$.

2.67. Anwendungen der Phasenregel auf Systeme

Die Gültigkeit der Phasenregel möge bei einigen Systemen kontrolliert werden.

a) Einstoffsystem H_2O.

Es ist $n = 1$, $r_{max} = n + 2 = 3$.
Im Tripelpunkt O ist $r = 3$, also $f = 3 - 3 = 0$, nonvariantes Gleichgewicht.
Auf der Siedekurve: $n = 1$, $r = 2$, $f = n + 2 - r = 1$, monovariantes Gleichgewicht.
Im Eiszustand; $n = 1$, $r = 1$, $f = n + 2 - r = 2$, bivariantes Gleichgewicht.

b) Zweistoffdiagramm Typus Va (Abb. 135).

Oberhalb der Liquiduskurve: Schmelze, bestehend aus einer flüssigen Phase, somit $r = 1$ und $f = 3$, dreifach freies Gleichgewicht, d. h. p, T und c beliebig veränderlich. Da aber in der Praxis $p = \text{const} = 1$ At besteht, bestehen praktisch nur zwei Freiheitsgrade, für T und c.

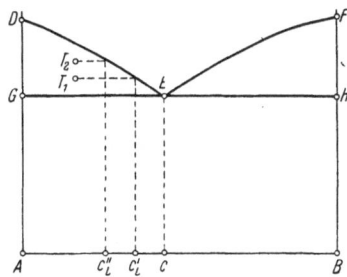

Im Feld $D–G–E$: Zwei koexistierende Phasen im Gleichgewicht, $r = 2$. Die feste Phase hat die Konzentration $c_A = \text{const} = $ derjenigen der Komponente A. Die flüssige hat die Konzentration c_L.

Abb. 135. Freiheitsgrade in Systemen des Typus Va

Somit $n = 2$, $r = 2$, $f = 2 - 2 + 2 = 2$ bzw. da $p = \text{const}$, praktisch $f = 1$. Man kann z. B. die Temperatur frei ändern, dabei ändert sich aber c_L automatisch und abhängig von T. Oder, wenn man c_L ändert, ändert sich T zwangsläufig.

c) Zweistoffdiagramm Typus V (Abb. 112).

Im Feld $A–D–B$ ist c_A nicht mehr $= 100\% = \text{const}$. Anderseits ist c_A von c_L abhängig, da ja die Summe des Stoffes B konstant bleibt. Deshalb ist bei $p = \text{const}$ ebenfalls der Freiheitsgrad $f = 1$. Die drei Variablen T, c_A und c_L sind derart verbunden, daß bei freier Wahl der einen die beiden andern bestimmt sind.

d) Der eutektische Punkt E der beiden Typen V und Va:

Es sind drei koexistierende Phasen im Gleichgewicht: flüssige Lösung, feste Phase A oder feste Lösung α-Mischkristalle und feste Phase B bzw. β. Es ist $n = 2$, $r = 3$, somit

$f = 2 - 3 + 2 = 1$, oder da $p = $ const, praktisch $f = 0$, d.h., es besteht *nonvariantes Gleichgewicht des Eutektikums*.

Nach Unterschreitung der eutektischen Temperatur verschwindet die flüssige Phase, der Freiheitsgrad wird um 1 erhöht, das Eutektikum ist bei beliebiger Temperatur existenzfähig.

e) Beliebiger Zustand unterhalb Solidus: Es bestehen nur die beiden festen Phasen der α- und β-Mischkristalle, daher 2 Freiheitsgrade, nämlich Temperatur und eine Konzentration α oder β, da die zweite Konzentration von der andern abhängt. Bei $p = $ const praktisch nur ein Freiheitsgrad, Temperatur oder Konzentration.

Die Phasenlehre sagt über die eutektische Mischung selbst nichts aus, aber auch nichts über das Mengenverhältnis $\alpha : \beta$ im Eutektikum oder über den Anteil von freiem α oder β. Diese Frage muß vielmehr durch die allgemeine Gefügelehre (Hebelgesetz, Abschn. 2.43.2) ergänzt werden.

2.7. Die atomistische Betrachtungsweise der Legierungsbildung

Während die thermodynamische Phasenlehre vom Atomaufbau, den Konfigurationen im Atomgitter und der Natur der Bindungskräfte gänzlich absieht, ziehen die atomistischen Theorien gerade diese letzteren Einzelerkenntnisse heran, um zu einer Erklärung der Legierungsbildung und der Phasengrenzen zu gelangen.

Von den fünf im Abschn. 2.3 erwähnten Kategorien von Gefügebestandteilen scheiden für die atomistische Betrachtung die reinen Metalle und die Eutektika aus, die ersteren, weil sie keine Legierungen sind, die letzteren, weil sie keine homogene Phase, sondern ein mechanisches Phasengemenge darstellen. Es bleiben als besondere kristallchemische Forschungsobjekte die Mischkristalle, die intermetallischen und die chemischen Verbindungen.

Für die technischen Eigenschaften der Legierungen und für die Phasengrenzen der Legierungsreihen sind in erster Linie die Mischkristalle und die Metallide von Bedeutung.

Aus der Fülle der Forschungsergebnisse über die allgemeinen Entstehungsbedingungen und Existenzgrenzen dieser Phasen seien einige wesentliche Erkenntnisse für die Gefügebildung und Phasengrenzen in binären Legierungen angeführt.

2.71. Entstehungsbedingungen und Löslichkeitsgrenzen der Substitutionsmischkristalle

2.71.1. Ununterbrochene und unterbrochene Legierungsreihen

Zwei *notwendige*, aber *nicht ausreichende* Bedingungen für die Entstehung einer lückenlosen Reihe von SMK sind: a) die Komponenten A und B müssen demselben Gittertypus angehören oder mindestens zwei Typen, die stetig ineinander übergehen können, wie z.B. dem kubischen und dem tetragonalen; – b) ihre Atomradien müssen eine ähnliche Größe aufweisen. Dann *kann* eine lückenlose atomare Mischbarkeit beliebiger Konzentration, d.h. eine ununterbrochene Reihe von MK entstehen.

Beispiele solcher Reihen mit kb-fl-Gitter sind:

Die Reihen Au—Ag; Au—Cu; Cu—Ni (s. Abb. 110), Fe—Ni.

Desgl. mit kb-r-Gitter: Mo—W; Fe—Cr.

Daß trotz der erfüllten Bedingungen *Mischungslücken* entstehen können, zeigen als Beispiel die Legierungsreihen Al—Cu (s. Abb. 426) oder Cd—Zn.

Wenn die Bedingungen nicht erfüllt sind, entstehen Mischungslücken oder praktische Unmischbarkeit, ersteres z. B. zwischen Cu—Zn, Cu—Sn, letzteres a) trotz gleichem Gittertypus z. B. bei Fe—Ag, Fe—Pb; – b) bei verschiedenem Gittertypus z. B. bei Sn—Zn, Cu—W.

2.71.2. Geordnete und ungeordnete Verteilung

In einem binären SMK besetzen die beiden Atomsorten A und B die Gitterpunkte im allgemeinen in einer ungeordneten Verteilung, in besonderen Fällen dagegen in einer geordneten, s. Abb. 62 und 63.

Wie im Abschn. 1.33.1 bereits ausgeführt, sind bei ungeordneter Verteilung die MK mit ganzzahligen stöchiometrischen Mischungsverhältnissen $A_m B_n$ immer noch MK und nicht Metallide.

Alle MK der ununterbrochenen Legierungsreihe bilden dann ein und dieselbe *Phase*. Sie sind *Element-MK*, denn sie haben den Gittertypus der beiden reinen Elemente A und B, der beiden Grenzfälle der Reihe.

Wenn dagegen in der ununterbrochenen Reihe A—B bei der einen oder andern Konzentration eine geordnete Verteilung entsteht, so ist dies nur bei einem ganzzahligen stöchiometrischen Verhältnis wie z. B. 1:1, 1:2, 2:3 möglich, mit gleichzeitiger Bildung einer *Überstruktur*, siehe Abb. 24, 136 u. 139.

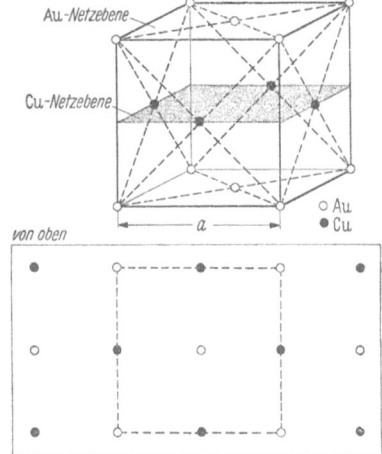

Ein derartiger Kristall ist dann ein *Metallid* mit der Verbindungsformel $A_m B_n$, z. B. Cu—Au, Cu_3Au, FeAl usw., und er ist als solcher eine neue, besondere Phase, auch wenn im Phasendiagramm bisweilen keine Phasengrenzen eingetragen sind, weil diese nicht scharf bestimmt werden können.

Daß es sich aber tatsächlich um eine neue Phase handelt, zeigt der folgende Umstand: Wenn die kontinuierliche MK-Reihe mit durchwegs ungeordneter Verteilung und deshalb als einzige homogene Phase des Systems gebildet wird, so ändern sich mit der *stetigen* Konzentrationsänderung des MK auch deren Eigenschaften,

Abb. 136. Anordnung der Atome im Mischkristallgitter Cu—Au bei geordneter Verteilung und Bildung des Metallids Cu—Au, n. BEYNON

wie die Dichte, Härte, elektrische Leitfähigkeit usw., *stetig*. Tritt aber bei einer bestimmten Konzentration eine geordnete Verteilung auf, so ändern sich dort manche Eigenschaften *unstetig*, wie dies im Beispiel des Verlaufes der Härte und des Leitwiderstandes im System Cu—Au (Abb. 137) besonders deutlich in Erscheinung tritt.

Das Beispiel zeigt weiter, daß in manchen Fällen bei ganzzahligen atomaren Mischungsverhältnissen sowohl die ungeordnete Verteilung als auch die geordnete existenzfähig sind, d.h. sowohl der *MK* mit *25 Atomprozenten Au*, als auch das *Metallid Cu₃Au*, beide mit dem gleichen Gittertypus. In solchen Fällen sind die stabilen Zustände der Phasen dadurch gekennzeichnet, daß oberhalb einer kriti-

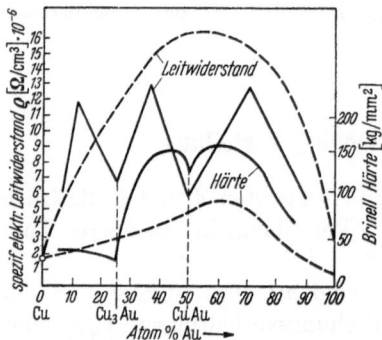

Abb. 137. Spezifischer elektrischer Leitwiderstand und Brinellhärte des Systems Cu—Au bei geordneter und ungeordneter Atomverteilung in den Mischkristallen, n. BEYNON. ——— langsam abgekühlt oder niedrig angelassen, - - - - abgeschreckt

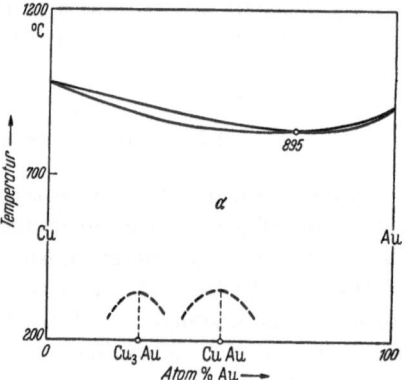

Abb. 138. Zustandsdiagramm Cu—Au, n. The Royal Soc. of Arts

schen Temperatur die homogene MK-Phase mit ungeordneter Verteilung existiert. Bei langsamer Abkühlung tritt geordneter Zustand und damit die Bildung des Metallids als neue Phase auf (Abb. 138). Durch Abschrecken kann die ungeordnete α-Phase unterkühlt, metastabil, erhalten bleiben. Dadurch kann, wie im Beispiel des Systems Cu—Au, die zunächst paradoxe Erscheinung auftreten, daß ein Metall durch Abschrecken weicher wird, bei langsamer Abkühlung dagegen hart, also das Gegenteil des für Stahl oder Leichtmetalle bekannten Härtungseffektes. Cu—Au-Legierungen werden für zahnärztliche Prothesen benützt und durch *langsames* Abkalten „gehärtet“. Im Maschinen- und Apparatebau finden Cu—Be-Legierungen (Abschn. 4.21.61) Anwendung, die analoge Härtungseigenschaften aufweisen. Ein weiteres Beispiel für differenzierte Phasen mit ungeordneter und geordneter Verteilung ist das β-Messing, s. Abschn. 2.71.51 und 4.21.61.1.

Wenn in der stetigen MK-Reihe *A—B* bei bestimmten Konzentrationen Metallide A_mB_n als neue Phasen auftreten, so vollzieht sich die Annäherung an den geordneten Zustand mit stetiger Konzentrationsänderung häufig ebenfalls stetig und zugleich gesetzmäßig. Ein gutes Beispiel hierfür liefert das System Fe—Al (Abb. 139), in welchem die Metallide Fe₃Al und FeAl durch Bildung von Überstrukturen auftreten.

Das Lösungsgitter ist das kb-r-Fe$_α$-Gitter. In der Figur sind 8 Elementarzellen zu einer größeren Einheit zusammengefügt. Durch Substitution werden mit zunehmender Konzentration die Fe-Atome der 8 Würfelzentren durch Al-Atome ersetzt, zunächst sporadisch, wobei eine ungeordnete Verteilung der Al-Atome entsteht. Steigt die Konzentration über 18%, so zeigen die Al-Atome die deutliche

Tendenz, drei von den mit ⊖ bezeichneten Zentren bevorzugt zu besetzen. Bei 25 % besteht bereits eine geordnete Verteilung der Art, daß alle ⊖-Zentren und nur diese mit Al-Atomen besetzt sind. Letztere haben also für sich im Fe-Gitter eine Überstruktur gebildet, die aus einer Aneinanderreihung von Tetraedern besteht. Die 8 Elementarzellen haben 16 Atome (Abschn. 1.16.4). Von diesen sind 4 substituiert, somit enthält die Verbindung genau 25 % Al, das Metallid mit der Formel Fe$_3$Al ist entstanden.

Bei weiterer Konzentration werden die restlichen Mittelpunktsatome des kb-r-Gitters, ①, sukzessive mit Al-Atomen besetzt. Dies führt schließlich zur Bildung FeAl. Das Übergitter des Al ist jetzt ein kubisches Gitter. Es sind zwei gleichartige Gitter ineinandergeschachtelt.

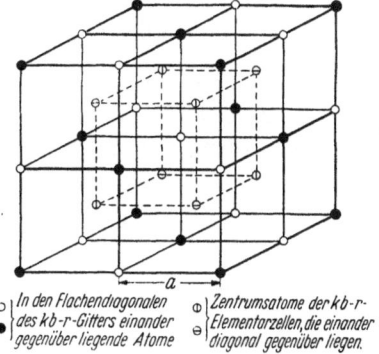

Verfolgt man den Mechanismus der Bildung dieser Überstrukturen, so stellt man fest, daß die Al-Atome zunächst einmal solche Plätze besetzen, die möglichst weit voneinander entfernt sind, nämlich $a \cdot \sqrt{2}$, wenn a der Gitterparameter ist. Anschließend besetzen sie diejenigen mit dem Abstand a, während sie die gegenseitigen Lagen mit dem Abstand $\frac{a}{2}\sqrt{3}$ vermeiden.

○ } In den Flächendiagonalen des kb-r-Gitters einander
● } gegenüber liegende Atome

① } Zentrumsatome der kb-r-Elementarzellen, die einander
⊖ } diagonal gegenüber liegen.

Abb.139. Übergang von der Bildung von Fe—Al-Mischkristallen ungeordneter Verteilung zur geordneten Verteilung und Bildung der Metallide Fe$_3$Al und FeAl in einem Block von 8 kb-r-Elementarzellen (Fe$_\alpha$), n. BEYNON

Die Bildung von Überstrukturen wird allgemein erschwert, wenn die Substitutionsatome einen ungünstigen Größenfaktor haben (s. Abschn. 2.71.41) und wenn sie außerdem bei der betreffenden Konzentration die kleinstmöglichen Abstände des Grundgitters einnehmen müßten. Statt ein Übergitter im Grundgitter zu bilden, ordnet sich in zu ungünstigen Fällen der Atomverband zu einem neuen Gittertypus um und bildet damit eine neue feste Phase mit neuen Konzentrationsgrenzen in der betreffenden Legierungsreihe.

Zusammengefaßt ergibt sich:

1. In ununterbrochenen MK-Reihen besteht im allgemeinen ungeordnete Verteilung und damit eine einzige homogene Phase.

2. Wenn eine geordnete Verteilung auftritt, so bedeutet dies zugleich die Entstehung eines Überstrukturmetallids und damit eine neue Phase.

3. Die Reihe ist dann gekennzeichnet durch SMK mit stetig steigender Konzentration und häufig zugleich mit stetiger Erhöhung des Ordnungsgrades, bis bei idealem Ordnungsgrad aus dem MK ein Metallid geworden ist mit dem ganzzahligen und geordneten Atomverhältnis A_mB_n und gekennzeichnet durch eine Unstetigkeit in einer Eigenschaftsänderung der betreffenden MK-Reihe. Bei weiterer stetiger Konzentrationsänderung muß man dann wieder von MK sprechen, bis eventuell ein zweites Mal ein neues Metallid mit neuer Überstruktur und neuem Atomverhältnis A_pB_q auftritt. Der Grenzübergang MK-Metallid-MK ist notwendigerweise unscharf.

4. Eine geordnete Verteilung geht bei höherer Temperatur häufig in eine ungeordnete über. Auch diese Grenze ist unscharf. Das gleiche Mischungsverhältnis $A_m B_n$ kann dann bei hoher Temperatur als MK, bei tiefer als Metallid auftreten.

5. Durch Unterkühlung kann deshalb auch bei *gleicher* Temperatur und mit dem *gleichen* Mischungsverhältnis $A_m B_n$ sowohl ein MK als auch ein Metallid existieren. Da aber beide Unterschiede ihre physikalischen Eigenschaften aufweisen, macht man sich dies durch thermische Behandlung in der Technik zunutze.

2.71.3. Mischkristallreihen mit Mischungslücken und intermediären Phasen

Der einfachste Fall einer Mischungslücke ist durch das Zustandsdiagramm Typus V (Abb. 113) gekennzeichnet. Im Gitter der reinen Komponente A können Atome des Elementes B bis zu einer größten, von der Temperatur abhängigen

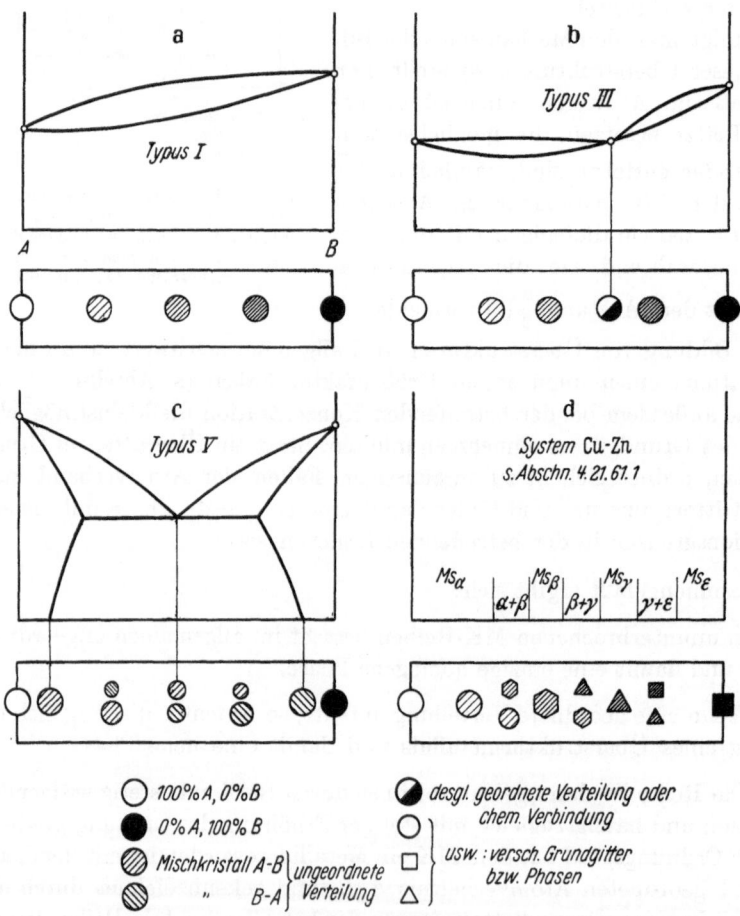

Abb. 140 a—d. Bildung verschiedener Phasen bzw. Mischkristalle, Eutektika usw., schematisch

Konzentration, gelöst werden, als *Element*-MK α. Dasselbe gilt für das *Element*-MK β. Alle zwischen den Maximalkonzentrationen für die α- und β-Phase liegenden Legierungen sind keine weitere Phasen, sondern ein mechanisches Gemenge aus α

und β. In manchen Fällen ist aber die Lücke zwischen den Grenzphasen durch Auftreten neuer Phasen innerhalb bestimmter Konzentrationen unterbrochen. Sie unterscheiden sich von den erstgenannten dadurch, daß sie neue, kompliziertere Kristallstrukturen aufweisen. Man bezeichnet sie als *intermediäre Phasen oder Kristalle* des betreffenden Systems oder auch als β-, γ-, δ- usw. MK.

Die Ausdehnung dieser intermediären Phasen erstreckt sich nach beiden Seiten einer atomaren Konzentration, die einem ganzzahligen, wenn auch nicht immer sehr kleinen, stöchimetrischen Verhältnis entspricht, z.B. im System Cu—Zn (Messing) als γ-Phase beidseitig der Konzentration, die mit 61,6 Atomprozenten Zn der Formel Cu_5Zn_8 entspricht.

Tatsächlich existiert auch die intermetallische Verbindung Cu_5Zn_8 und ihre Kristallstruktur (s. Abb. 144) ist diejenige der γ-Phase des Messings. Die Ausdehnung der Phase bis zu ihren Konzentrationsgrenzen erfolgt durch die Bildung von SMK oder Defekt-MK, wobei jetzt das *Gitter des Metallids* das *Lösungsgitter* ist; diese MK werden deshalb als *Verbindungs-MK* bezeichnet.

Analog den Verhältnissen beim stetigen Übergang von Element-MK zu Metalliden mit Überstruktur existiert also in einer intermediären Phase ein singulärer Konzentrationspunkt mit der idealen Struktur und Atombesetzung eines Metallids von der Formel A_mB_n, während die benachbarten Konzentrationen als MK bzw. im speziellen als Verbindungs-MK zu gelten haben. Die Konzentration des echten Metallids ist wiederum durch eine Unstetigkeit einer Eigenschaftsänderung der Legierung gekennzeichnet.

Die intermediären Phasen haben ihre Grenzen nicht nur in den Konzentrationen ihrer MK, sondern auch in bestimmten Temperaturbereichen. Zumeist zerfallen sie bei einer peritektischen Temperatur in zwei oder mehr Phasen ohne einen eigenen Schmelzpunkt zu besitzen. Die Zustandsdiagramme für Messing und Bronze (Abb. 413 und 423) sind typisch für Systeme mit einer größeren Anzahl intermediärer Phasen mit peritektischen Reaktionen. Bisweilen entsteht auch aus dem Metallid einer intermediären Phase bei höherer Temperatur ein MK mit gleichem Gitter, jedoch ungeordneter Verteilung, beispielsweise aus der β'-Phase des Messings die β-Phase. Abb. 140 zeigt ein typologisches Schema von in binären Legierungsreihen auftretenden Phasen und Gefügebestandteilen.

2.71.4. Konzentrationsgrenzen für Element-Mischkristalle

HUME-ROTHERY und andere sind bei der Erforschung der Löslichkeitsgrenzen von Element-MK auf auffallende Tatsachen gestoßen, die zur Aufstellung von „Regeln" führten. Für die Bildung bzw. die Löslichkeitsgrenzen von Element-MK haben sich folgende Faktoren als wesentlich erwiesen:

1. Der Größenfaktor; — 2. der Valenzfaktor; — 3. die Elektronenkonzentration; — 4. der elektrochemische Faktor.

Die Regeln wurden empirisch vor allem an Legierungen abgeleitet, in welchen Cu und Ag die Lösungsmittel (LM) und verschiedene andere metallische Elemente die gelösten Komponenten (GK) bildeten.

Zur Illustrierung dieser Forschungsrichtung seien einige der auffallenden Tatsachen angeführt.

2.71.41. Der Größenfaktor

Wenn der „*Atomdurchmesser*" der gelösten Komponente (GK) nicht mehr als ± 14% von dem des Lösungsmittels (LM) abweicht, so liegt für die MK-Bildung ein „günstiger" Größenfaktor vor. Die Löslichkeitsgrenze *kann* dann sehr hoch liegen, im Grenzfall bei 100%, d.h. es *kann* eine ununterbrochene MK-Reihe gebildet werden.

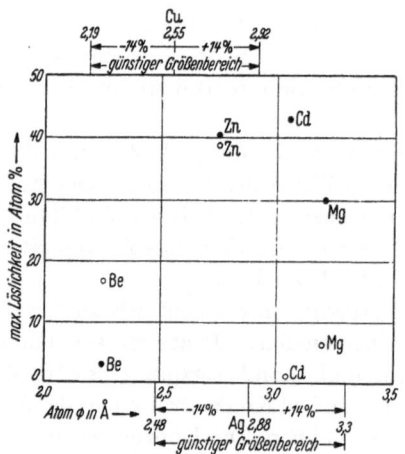

Wenn umgekehrt der Durchmesserunterschied mehr als ± 14% beträgt, so hat dies *stets* eine Mischungslücke zur Folge. Abb. 141 zeigt den Einfluß des Größenfaktors auf die Löslichkeit von Be, Mg, Zn und Cd in Cu einerseits und in Ag andererseits. Allgemein steigt die Löslichkeitsgrenze mit der Temperatur.

Abb. 141. Einfluß des Größenfaktors auf die Löslichkeit verschiedener metallischer Elemente im Cu- und Ag-Kristall: ● Löslichkeit in Ag, ○ Löslichkeit in Cu

2.71.42. Der Valenzfaktor

Als Regel gilt: *Gleiche Valenz begünstigt die Löslichkeit und umgekehrt*. Als Beispiel sei die maximale Löslichkeit c_{max} verschiedener Elemente im Atomgitter des Kupfers aufgeführt.

	LM	GK			
	Cu	Zn	Ga	Ge	As
Atom-∅ Å	2,55	2,75	2,7	2,79	—
Valenz	1	2	3	4	5
c_{max} in Atom %	—	38,4	20,3	12,0	6,9

Hat die GK eine höhere Valenz als das LM, so verringert sich die Löslichkeit.

Gleiche Valenz hingegen begünstigt die Löslichkeit. Im Grenzfall kann eine ununterbrochene Reihe von MK entstehen, wenn außerdem der Größenfaktor günstig ist. Beispiele hierfür sind die Systeme Ag/Au; – Mg/Cd; – As/Sb; – Ag/Bi; – Mo/W; – Ni/Pt.

Die kombinierte Wirkung des Größenfaktors und des Valenzfaktors beeinflußt die Löslichkeitsgrenze in folgender abnehmender Reihenfolge:

	Größenfaktor	Valenz
1.	günstig	gleich
2.	günstig	ungleich
3.	ungünstig	ungleich

2.71.43. Die Elektronenkonzentration

Im Kupfergitter, das aus Cu^+-Ionen besteht, trägt jedes Ion 1 freies Elektron zur Bildung des „Elektronengases" (Abschn. 1.24.3) bei. Wird nun bei MK-Bildung ein Cu-Ion durch ein zweiwertiges Ion der GK ersetzt, so trägt dieses 2 Elektronen zur Elektronenwolke bei. Letztere wird dadurch konzentrierter. Das bedeutet allgemein:

Mit zunehmender Valenz der GK verdichtet sich das Elektronengas. Für dessen Konzentration besteht eine oberste Grenze.

Wenn mit 1 die maximale Löslichkeit c_{max} einer zweiwertigen GK bezeichnet wird, so müßte sich c_{max} für andere Wertigkeiten von GK verhalten wie:

$$\text{Wertigkeit der GK: } 2 \quad 3 \quad 4 \quad 5$$
$$c_{max}: \qquad\qquad 1 : 1/2 : 1/3 : 1/4$$

Dies trifft für die c_{max}-Werte im Abschn. 2.71.42 tatsächlich annähernd zu. Auch für $c_{max} = 20,4\%$ des dreiwertigen Al in Cu (Aluminiumbronze) stimmt die Regel. Die kleinen Abweichungen lassen sich durch den Größenfaktor erklären, die stärkere Abweichung beim As durch den elektrochemischen Faktor (Abschn. 2.71.4).

Die Konzentration an freien Elektronen im Gitter pro Atom des Gitters, ε, läßt sich einfach berechnen.

In einem MK-Gitter des Systems Cu-Zn mit $c_{max} = 40$ Atomprozenten Zn entfallen auf 100 Atome:

$$60 \cdot 1 + 40 \cdot 2 = 140 \text{ freie Elektronen,}$$

Es ist deshalb $\varepsilon = 1,4$.

Desgleichen erhält man im System Cu—Al mit $c_{max} = 20$ Atomprozente Al

$$\varepsilon = \frac{80 \cdot 1 + 20 \cdot 3}{100} = 1,4 \,.$$

Desgleichen im System Ag—Sn mit $c_{max} = 12\%$

$$\varepsilon = \frac{88 \cdot 1 + 12 \cdot 4}{100} = 1,36 \sim 1,4 \,.$$

Auch für die maximale Konzentration von Cd in Cu oder Ag erhält man wieder $\varepsilon \sim 1,4$.

Es leuchtet ein, daß das kein Zufall sein kann, sondern daß die *maximale Elektronenkonzentration* ebenfalls ein wichtiger Faktor für die Sättigungsgrenzen fester metallischer Lösungen ist.

2.71.44. Der elektrochemische Faktor

Wenn die beiden Komponenten einen großen Unterschied ihrer elektrochemischen Potentiale aufweisen, d.h. weiten Abstand in der Spannungsreihe haben, so kann statt einer MK-Bildung bei bestimmter ganzzahliger Atomkonzentration eine Verbindung entstehen, die trotz des metallischen Charakters beider Elemente besser als eine chemische statt eine metallische bezeichnet wird, weil vorwiegend ionische oder kovalente Bindungskräfte zwischen den Atomen wirken, s. die Beispiele im Abschn. 1.31.1.

2.71.5. Die Metallide der intermediären Phasen

Auch für die Bildung dieser Metallide mit eigenen Kristallstrukturen sind Theorien und Regeln aufgestellt worden. Nach deren Begründern wurden diese Phasen als HUME-ROTHERY-, LAVES-, ZINTL- usw. -Phasen bezeichnet.

Die Metallide der intermediären Phasen und deren Verbindungs-MK werden zusammengefaßt als *intermediäre Kristallarten* bezeichnet. Sie sind allgemein harte und spröde Gefügebestandteile in der Legierungsreihe.

2.71.51. Die Hume-Rothery-Regel für die Bildung elektronischer Verbindungen

Ein Beispiel für die Theorien über die Bildung von Metalliden ist die HUME-ROTHERY-Regel, die Zusammenhänge zwischen dem Atombau und der Bildung intermetallischer Verbindungen aufzeigt. Sie geht von den binären Legierungen des Cu aus, mit

1. dem zweiwertigen Zn (Messing) (Abb. 413);
2. dem dreiwertigen Al (Aluminiumbronze – Duralumin) (Abb. 426);
3. dem vierwertigen Sn (Bronze) (Abb. 422).

Die verschiedenen, durch Mischungslücken getrennte Phasen dieser Legierungsreihen seien, von Cu ausgehend, mit α-, β-, γ- . . . bezeichnet.

Die Elektronenkonzentration der α-Phasen ergab sich nach Abschn. 2.71.43 als $\varepsilon_\alpha \sim 1,4$.

Die β-Phasen der obigen Zustandsdiagramme erstrecken sich um die *Atom*konzentrationen:

$$50\% \text{ für Zn}, \quad 25\% \text{ für Al}, \quad 16,7\% \text{ für Sn}, \quad \text{was den Metalliden}$$
$$\text{CuZn}, \qquad\quad \text{Cu}_3\text{Al}, \qquad\quad \text{Cu}_5\text{Sn} \qquad\quad \text{entspricht,}$$

welche die idealen Strukturen der β-Phasen aufweisen.

Davon ausgehend stellte HUME-ROTHERY eine Regel für die Bildung *intermetallischer Verbindungen mit abnormalen Valenzen* auf, die auch als *elektronische Verbindungen* bezeichnet werden.

Es zeigt sich nämlich, daß in diesen und anderen β-Phasen als gemeinsames Charakteristikum auf je 2 beteiligte Atome 3 Valenzelektronen entfallen.

Beispiele: Cu˙Zn˙˙, d.h.   3 Elektronen und 2 Atome,
Cu$_3$˙˙˙Al˙˙˙, d.h.   6 Elektronen und 4 Atome,
Cu$_5$˙˙˙˙˙Sn˙˙˙˙, d.h.   9 Elektronen und 6 Atome.

Die Elektronenkonzentration der β-Phase, ε_β, ist also $3:2$. Analog läßt sich für die γ-Phasen als gemeinsames Charakteristikum ein und dasselbe Verhältnis zwischen der Anzahl der beteiligten Elektronen und Atome im Kristallverband feststellen.

Diese Phase liegt für das System

Cu—Zn bei 61,6 Atomprozenten Zn,
Cu—Al bei 30,8 Atomprozenten Al,
Cu—Sn bei 20,5 Atomprozenten Sn,

was den Verbindungen

Cu_5Zn_8,   d.h. $5 \cdot 1 + 8 \cdot 2 = 21$ Elektronen und 13 Atome,
Cu_9Al_4,   d.h. $9 \cdot 1 + 4 \cdot 3 = 21$ Elektronen und 13 Atome,
$\text{Cu}_{31}\text{Sn}_8$,   d.h. $31 \cdot 1 + 8 \cdot 4 = 63$ Elektronen und 39 Atome

entspricht.

Hier ist also $\varepsilon_\gamma = 21 : 13$.

In der nächsten, der ε-Phase, kommt man auf die Verbindungen:

$CuZn_3$. d.h.   7 Elektronen und 4 Atome,

Cu_5Al_3, d.h. 14 Elektronen und 8 Atome,

Cu_3Sn, d.h.   7 Elektronen und 4 Atome.   Somit $\varepsilon_\varepsilon = 7 : 4$.

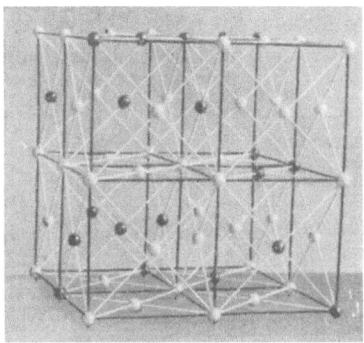

Abb. 142. Atomgitter des α-Messings, kb-fl, *KZ* = 12, Weiß: Cu-Atome, Schwarz: Zn-Atome

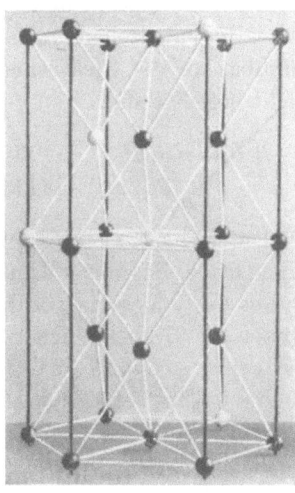

Abb. 145. Atomgitter des ε-Messings. Magnesiumstruktur mit relativ kleiner c-Achse

Abb. 143. Atomgitter des β-Messings, kb-r, *KZ* = 8 (Wolframtypus), Weiß: Cu-Atome, Schwarz: Zn-Atome

Abb. 144. Atomgitter des γ-Messings. Wolframtypus mit Leerstellen

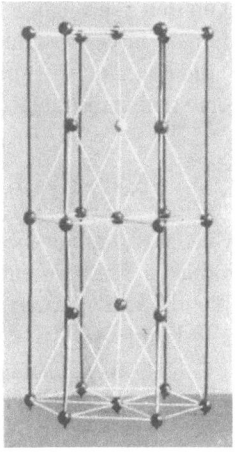

Abb. 146. Atomgitter des η-Messings. Zinkkristalle mit geringem Ersatz des Zn durch Cu (Magnesiumtypus)

Die Regel besagt, daß die *Bildung verschiedener fester Phasen als intermetallische Verbindungen mit abnormalen Valenzen an bestimmte ganzzahlige Elektronenkonzentrationen geknüpft ist.* Die Konzentrationen für diese *elektronischen Verbindungen* wurden mit 3 : 2, 21 : 13, 7 : 4 festgestellt.

Die Regel gilt auch für die technisch wichtigen Legierungen des Eisens mit Metallen niedriger Valenzen der Übergangsserie, wie Co, Ni usw., jedoch dürfen dabei die Valenzelektronen des Fe als Lösungsmittel nicht mitgezählt werden, die offenbar an die Elektronenwolke abgegeben werden und deshalb am Verband nicht beteiligt sind.

Beispiele: FeAl   3 Elektronen vom Al, 2 Atome, $\varepsilon_\beta = 3:2$,

         Fe_5Zn_{21} 42 Elektronen vom Zn, 26 Atome, $\varepsilon_\gamma = 21:13$.

Die β-Phase, $\varepsilon_\beta = 3 : 2$, ist ein Mischkristall mit ungeordneter Verteilung und kb-r-Gitter, das unter Umständen modifiziert ist. Die γ-Phase, $\varepsilon_\gamma = 21 : 13$, der Typus des γ-Messings, enthält 52 Atome im Elementarkörper. Man kann dessen Gitter aus 27 kb-r-Würfeln zusammengesetzt denken, von welchem 2 Atome entfernt sind, so daß $27 \cdot 2 - 2 = 52$ Atome bleiben. Man kann das γ-Messing deshalb auch 4 Cu_5Zn_8 schreiben. Die ε-Phase, $\varepsilon_\varepsilon = 7 : 4$, hat ein hexagonales Gitter dichtester Packung.

Nachstehend sind einige weitere Beispiele von Legierungen angeführt, deren β-, γ- und ε-Phasen der HUME-ROTHERY-Regel gehorchen:

System ↓	β-Phase $\varepsilon = 3 : 2$	γ-Phase $= 21 : 13$	ε-Phase $= 7 : 4$
Ag—Zn	AgZn	Ag_5Zn_8	$AgZn_3$
Au—Zn	AuZn	Au_5Zn_8	$AuZn_3$
Ag—Cd	AgCd	Ag_3Cd_8	$AgCd_3$
Co—Zn	$CoZn_3$	Co_5Zn_{21}	
Ni—Al	NiAl		

Von den zahlreichen bisher röntgenanalytisch verifizierten elektronischen Verbindungen haben technisch nur die verschiedenen erwähnten Buntmetalle Interesse, die den Ausgangspunkt derartiger Untersuchungen bilden. Abb. 142 bis 146 zeigen Strukturmodelle von Buntmetallen.

2.72. Die Bildung von Einlagerungsmischkristallen

Eine notwendige Bedingung für die Entstehung von EMK ist die, daß das Fremdatom einen wesentlich kleineren Radius hat als die Atome des Grundgitters.

Für die Einlagerung in metallische Grundgitter entsprechen dieser Bedingung nur die Elemente:

     H mit Radius 0,46 Å,   C mit Radius 0,86 Å,

     O mit Radius 0,60 Å,   B mit Radius 0,97 Å,

     N mit Radius 0,71 Å,

Demgegenüber sind die Radien von $Fe_\alpha \sim 1{,}5$ Å, $Fe_\gamma \sim 1{,}8$ Å.

Die Löslichkeit von C im Fe-Gitter durch Bildung von Einlagerungsmischkristallen ist die wichtige Ursache für die Härtbarkeit des Stahles. Wie in Abschn.

1.16.4 und 1.16.5 gezeigt, lassen sich im kb-fl-Gitter des Fe_γ theoretisch Kugeln mit einem maximalen Durchmesser von $0{,}293 \cdot a = 1{,}05$ Å einlagern, im kb-r-Gitter des Fe_α jedoch nur solche mit maximal $0{,}134 \cdot a = 0{,}383$ Å. In beiden Fällen wäre das C-Atom mit einem Durchmesser von 1,72 Å zu groß, um ein-gelagert zu werden. Es wurde aber bereits in Abschn. 1.16.5 darauf hingewiesen, daß diese „Atomdurchmesser", die ohnehin nur einem Gedankenmodell des Atoms entsprechen, in gewissen Grenzen veränderlich erscheinen, je nach dem Atomverband, in welchem sie auftreten. So ist es erklärlich, daß sowohl im Gitter des Fe_α wie in demjenigen des Fe_γ eingelagerte C-Atome auftreten können.

Diese stereometrische Betrachtungsweise der EMK gibt unter Berücksichti-gung der Größenverhältnisse der „Atomkugeln" eine recht gute und anschauliche Erklärung für eine Reihe von Phänomenen.

1. Allgemein liegt bei EMK-Bildung die Löslichkeitsgrenze niedrig, in der Größenordnung von wenigen Atomprozenten oder, da es sich ja durchweg um Fremdatome mit niedrigen Atomgewichten im Vergleich zu denen der meisten technischen Metalle handelt, in der Größenordnung von Zehntel Gewichtsprozenten.

2. Im Fe_γ liegt die maximale Löslichkeit von C wesentlich höher als im Fe_α, wegen der größeren „Zwischenräume" zwischen „Fe-Kugeln". Sie ist für Fe_γ $= 1{,}7\%$ bei 1145 °C, für $Fe_\alpha = 0{,}04\%$ bei 721 °C. Dieser Unterschied $\sim 40 : 1$ ist die Ursache für die thermische Stahlhärtung.

3. Auch für die anderen Elemente bestehen nur niedrige Löslichkeitsgrenzen, z. B. für N in Fe_α $0{,}015\%$, O in Fe_α $0{,}05\%$.

4. EMK sind häufig spröde, harte Gefügebestandteile, weil das Grundgitter durch die eingesprengten Atome in seinem Aufbau gestört ist. Die Oberflächen-härtung des Stahles durch Nitrierung (s. Abschn. 4.21.92) beruht zu einem großen Teil auf der Einlagerung von N-Atomen.

5. Wegen der kleinen Atomdurchmesser ist die röntgenographische Bestim-mung der Raumlage des eingelagerten Atoms meist unmöglich. Die Struktur der EMK ist deshalb nicht so weitgehend erforscht wie diejenige von vielen SMK.

Auch für EMK kann ein empirischer Größenfaktor angegeben werden. Soll in ein kb-fl-Gitter mit Parameter a und einem Atomdurchmesser $D = \dfrac{a\sqrt{2}}{2}$ ein Atom mit dem Durchmesser d eingelagert werden, ohne daß das Gitter aufgeweitet würde, so muß

$$d \leqq a - \frac{a\sqrt{2}}{2} = 0{,}293 \cdot a$$

sein. Daraus ergibt sich ein kritischer *Größenfaktor*

$$G = \frac{d}{D} = \frac{0{,}293\,a}{a\dfrac{\sqrt{2}}{2}} = 0{,}41$$

Ist $G > 0{,}41$, so verliert das Gitter seinen kubischen Charakter. Ist $G > 0{,}59$, so entsteht die Tendenz zur Bildung eines neuen, komplexen Gitters. Dieser Fall trifft für die Bildung des Eisenkarbids, Fe_3C, zu, wo $G = 0{,}61$ ist.

Auch bei den EMK kann man solche mit metallähnlichem und salzähnlichem Charakter unterscheiden. Die Karbide der Übergangsmetalle Fe_3C, WC, W_2C,

TiC, MoC, Cr_3C_2 haben metallähnlichen Charakter: Sie sind stromleitend, meist sehr hart und spröde mit hohem Schmelzpunkt (z. B. WC $\sim$ 3000 °C). Letzteres ist der Grund, daß größere Stücke pulvermetallurgisch erzeugt werden müssen und daß man allgemein diese Karbide als wichtige Bestandteile in den Gefügen von Werkzeugstählen und Hartmetallen antrifft.

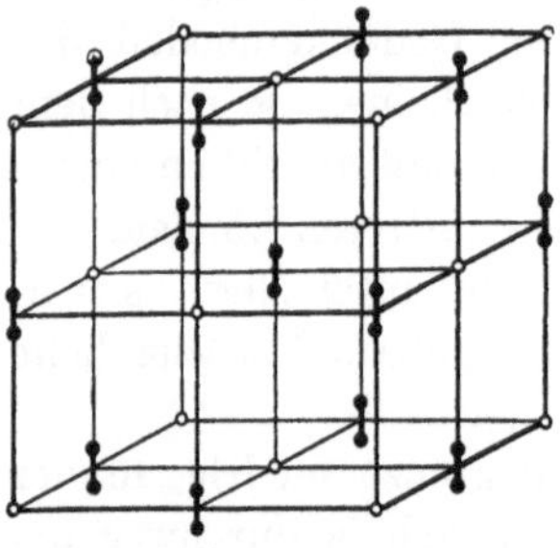

Wenn sich hingegen die kleinen Atome der Elemente H, O, N, C mit stark elektropositiven Metallen verbinden, so haben diese Verbindungen salzähnlichen Charakter, wie z. B. CaC_2, d. h., sie sind Nichtleiter und zersetzen sich im Wasser oder in schwachen Säuren. Ihr Gitter hat ionischen Charakter, wobei dann z. B. ein Gitterpunkt durch eine Gruppe von 2 C-Atomen besetzt wird, wie dies im Schema des Kalziumkarbidgitters CaC_2 (Abb. 147) dargestellt ist.

‡ *Gruppe zweier*   ○ *Kalzium*
• *Kohlenstoffatome*

Abb. 147. Schema des Kalziumkarbidgitters, n. BEYNON

Sowohl Fe_3C als auch Cr_3C_2 haben eine Mittelstellung zwischen einem metallähnlichen und einem salzähnlichen Charakter, wenn man ersteren durch Anwesenheit isolierter C-Atome, letzteren durch das Auftreten isolierter C-Gruppen kennzeichnen will.

2.8 Die künstliche Erzeugung metastabiler Phasen

Die im Abschn. 3 behandelten Gebrauchseigenschaften der metallischen Werkstoffe hängen nicht nur von der Natur der metallischen Elemente und ihrer Legierungen ab, sondern ebensosehr von den Phasen der betreffenden Legierungen und innerhalb der Phasen von der *strukturellen Ausbildung* des Gefüges (Größe und Form der Kristallite, grob- oder feindisperse Vermischung heterogener Phasen im Gleichgewicht, Kaltreckung der Kristallite usw.). Außerdem kann aber häufig durch *thermische Behandlung eine metastabile Phase* erzwungen werden, die im Diagramm für den stabilen Gleichgewichtszustand nicht erkenntlich ist, die aber wesentlich abweichende Eigenschaften gegenüber den stabilen Phasen aufweist. *Letztendlich handelt es sich bei diesen thermischen Behandlungen stets darum, daß man der Natur nicht die Zeit zur Umwandlung einer stabilen Phase in eine andere läßt*, daß also rasche Temperaturänderungen vorgenommen werden, so vor allem das *Abschrecken* fester Gefüge aus höheren Temperaturen, wie z. B. beim Härten des Stahles, das zu einer metastabilen, harten Zwischenphase führt.

Ebenso kann durch *Erwärmen* einer derartigen metastabilen Phase umgekehrt eine *Rückverwandlung* in die stabile oder meistens in zwei heterogene, koexistierende stabile Phasen bewirkt werden, und zwar graduell abgestuft, durch Variierung der *kombinierten Zeit- und Temperatureinwirkung*.

Alle thermischen Behandlungen sind in diesem Sinne stets *kombinierte Zeit- und Temperatureinwirkungen*. Die Vorgänge im Gefüge können dabei sichtbar werden, können sich aber ebensogut im submikroskopischen Gebiet abspielen. Beispiele für das erstere sind die Gefüge, die beim *Härten* und *Anlassen* des Stahles oder beim *Tempern* entstehen, Beispiele für letzteres die Vorgänge der *Ausschei-*

dungshärtung oder allgemein *Ausscheidungsvorgänge*, zu denen auch sogenannte *Alterungserscheinungen* gehören. Bei einem Gefüge, dessen Eigenschaften durch Ausscheidungsvorgänge verändert sind, kann man auch röntgenographisch oft keine Änderung feststellen und im Schliffbild schon gar nicht. Man kann es deshalb als eine Phasentransformation in statu nascendi, als einen in *atomaren Bezirken steckengebliebenen Phasenzerfall* bezeichnen.

Die durch thermische Behandlungen bewirkten Eigenschaftsänderungen und ihre Ursachen sind an Hand der konkreten Beispiele in den Abschn. 4.12.54, 4.32.1 und andern behandelt.

Meist handelt es sich darum, daß durch Abschrecken eine stark unterkühlte homogene metastabile Phase entsteht. Dies ist ja von alters her für den Stahl bekannt. *Es wäre aber eine Täuschung, zu glauben, daß Metalle immer durch Abschrecken härter, durch langsames Abkühlen weicher ausfallen*, denn es kann das Gegenteil eintreten (Abschn. 2.71.2). Obgleich das *Härten durch langsames Abkühlen*, von seltenen Ausnahmen abgesehen, im Maschinenbau keine Anwendung findet und obgleich dieses Phänomen nur in wenigen Legierungssystemen auftreten kann, darf es seiner prinzipiellen Bedeutung wegen nicht unbeachtet bleiben, s. auch Abschn. 3.32 und 4.21.61.

Während also durch Abschrecken im allgemeinen die Festigkeit und Härte gesteigert werden, können Ausscheidungsvorgänge sich ebenso härtesteigernd als auch vermindernd auswirken.

2.9. Allgemeine Bemerkungen zur Metallphysik

Wenn in den Abschn. 2.6 und 2.7 von einer energetischen und einer atomistischen Betrachtungsweise die Rede war, so darf daraus nicht gefolgert werden, daß die Ursachen der Eigenschaften der Metalle bzw. der Legierungen sozusagen auf getrennten Wegen erforscht werden. Die Forschung und die Theorien auf dem Gebiete der Metallkunde bewegen sich vielmehr in einer einheitlichen Disziplin, der *Metallphysik*, durch welche in zunehmendem Maße für alle Erscheinungen und Eigenschaften *einheitliche* Erklärungen und Begründungen aufgedeckt werden.

3. Die Gebrauchseigenschaften der Werkstoffe und deren Prüfung

3.1. Die physikalisch-chemischen und die technologischen Eigenschaften — Begriffe

Unter den Werkstoffeigenschaften kann man zwischen *physikalisch-chemischen* und *technologischen* unterscheiden.

Eigenschaften der ersten Art sind solche, die sich in den Einheiten eines allgemeinen physikalischen Maßsystems quantitativ ausdrücken lassen, ohne daß durch *besondere Übereinkunft* oder *Normen* festgelegt werden müßte, was man unter den Eigenschaften verstehen will und unter welchen Versuchsbedingungen die Meßwerte gelten sollen. Dies gilt z. B. für die Eigenschaften Dichte – spezifischer elektrischer Widerstand – Dielektrizitätskonstante – chemische Valenz – Siedepunkt – Schmelzwärme, Wärmeleitfähigkeit u. a., deren quantitative Ermittlung Sache des Physikers und Chemikers ist.

Im Gegensatz dazu handelt es sich bei den *technologischen Eigenschaften* um solche, für welche Kennzahlen für die *Zweckanwendung* des Maschinenbaus ermittelt werden, die nicht physikalische oder chemische Maßzahlen im reinen Sinn darstellen, sondern praktisch gewählte zusammenfassende Maßzahlen für komplexe Eigenschaften. Sie gelten nur unter vereinfachenden Annahmen und nur unter Versuchs- oder Prüfbedingungen, die durch Übereinkunft, häufig durch Normen, festgelegt sind. Mit der technischen Entwicklung werden deshalb im Hinblick auf den Anwendungszweck ständig neue Eigenschaften formuliert und durch Kennzahlen in Tabellen und technischen Handbüchern festgehalten.

Hierzu gehören vor allem die *mechanischen Festigkeitseigenschaften*, die für einen bestimmten *konstruktiven* Zweck von Interesse sind, sowie *Verschleiß-, Hitze-, Korrosionsbeständigkeiten* usw. oder solche, die für die Technologie der *Formgebung* wichtig sind, wie die *Gießbarkeit, Schweißbarkeit, Zerspanbarkeit* und andere.

3.2. Technologische Eigenschaften und ihre Prüfung

3.21. Eigenschaften und Kennzahlen für die Festigkeitsrechnung

Die für die Festigkeitsrechnung zulässigen Zug-, Druck- und Schubspannungen sowie die Zahlenwerte für den Elastizitäts- und Gleitmodul werden durch die grundlegenden Versuche der Materialprüfung, den *Zug-, Druck-, Biege-, Scher- und Verdrehungs-(Torsions-)Versuch* ermittelt. Je nachdem, ob diese mit ruhender, wechselnder oder schlagartiger Belastung durchgeführt werden, und je nachdem, ob es sich um verhältnismäßig kurze oder lange Versuche handelt, klassifiziert man sie auch als *statische* bzw. *dynamische Kurz-* oder *Langzeitversuche*. Für die Materialbeiwerte der Festigkeitsrechnung kommen dabei in Frage:

a) als statische Kurzzeitversuche der Zug-, Druck-, Biege-, Torsions- und Scherversuch, z. B. zur Ermittlung der *Zugfestigkeit*;

b) als statische Langzeitversuche der Zeitstand- und der Kriechversuch, zur Ermittlung der *Dauerstandfestigkeit*;

c) als dynamische Langzeitversuche die Zug-, Druck- und Torsionswechselversuche, zur Ermittlung der *Wechselfestigkeit*.

Im Gegensatz dazu dienen Kennzahlen aus dynamischen Kurzzeitversuchen, z. B. die *Kerbschlagzähigkeit*, nicht für die Festigkeitsrechnung, sondern sie haben mehr den Charakter von Kontrollversuchen für die allgemeine qualitative Beurteilung, zur Aufdeckung von Fehlern usw.

Für die grundlegenden Versuche sind die Versuchsbedingungen genormt. Internationale Normen werden angestrebt.

3.21.1. Der statische Kurzzeit-Zugversuch

Durch den Zugversuch oder Zerreißversuch ermittelt man Zahlenwerte für die Eigenschaften:

Zugfestigkeit,

Zerreißfestigkeit,

Streckgrenze oder Fließgrenze,

Proportionalitätsgrenze,

Elastizitätsgrenze,

Elastizitätsmodul oder Dehnzahl,

POISSONSche Zahl,

Bruchdehnung,

Einschnürung oder Querschnittverminderung,

Güteziffer,

Arbeitsvermögen.

Aus der Vielzahl der direkten oder abgeleiteten Meßwerte geht hervor, daß der Zugversuch die wichtigste und grundlegende Werkstoffprüfung ist.

3.21.11. Das Meßprinzip

Ein *Zerreißstab*, dessen Abmessungen genormte sind, wird in eine *Zerreißmaschine* eingespannt und durch allmähliche Steigerung der Zerreißkraft zerrissen. Während des Kraftanstieges dehnt sich der Stab. Man mißt die Kraft und den Dehnweg fortlaufend bis zum Bruch und erhält bei fortlaufender Aufzeichnung ein *Kraft-Weg-Diagramm*, das dann ausgewertet wird. Außerdem wird die *Querschnittsveränderung* der Probe gemessen und ausgewertet.

3.21.12. Die Meßeinrichtung

Die Zerreißmaschine, in horizontaler oder vertikaler Bauart (Abb. 148), besteht aus einem geschlossenen Rahmengestell, in welchem eine verstellbare, aber feste sowie eine gleitend geführte Klemmvorrichtung für die beiden freien Stabenden sitzen. Auf die gleitende Vorrichtung wirkt die Zerreißkraft, die meist durch einen ölhydraulischen Kolben ausgeübt wird. Die *Kraftmessung* erfolgt dann einfach durch Messung des Öldrucks, der auf die Kolbenfläche wirkt. Für die Öldruckmessung wird häufig ein sogenanntes *Pendelmanometer* verwendet, das nach dem Prinzip der üblichen Pendelbriefwaagen arbeitet. Der Öldruck wirkt auf einen kleinen Meßkolben, der auf ein Gestänge wirkt, durch welches ein frei hängendes schweres Pendel aus der vertikalen Ruhelage in eine Schräglage geschwenkt wird. Dieser Ausschlag wird mechanisch auf den Manometerzeiger übertragen, dessen Skala die Kolbenkraft anzeigt. Häufig ist das Pendelmanometer mit dem Steuerorgan für die Druckregelung im Arbeitszylinder zusammengebaut. Der Druck wird durch Drosselung des von einer Kolbenpumpe gespeisten Ölkreislaufes geregelt. Das

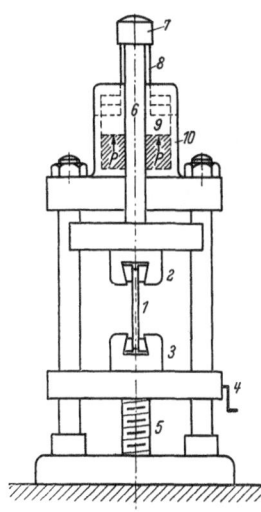

Abb. 148. Hydraulische Zerreißmaschine, schematisch.

1 Zerreißstab; *2* Klemmvorrichtung, gleitend; *3* Klemmvorrichtung, verstellbar durch Gewindespindel *5* mittels Kurbel *4*; *6* Zuganker; *7* Joch; *8* Kolbenstange; *9* Kolben; *10* Zylinder; *P* Öldruck

Pendelmanometer besitzt einen Schleppzeiger, um die Maximallast bequem und sicher ablesen zu können.

Für die Messung des *Dehnweges* ist eine einfache Schreibtrommel am Pendelmanometer angebracht. Sie wird durch einen Schnurzug, der sie mit der gleitenden Kolbenstange verbindet, um ihre Achse proportional der Dehnung verdreht. Diese Drehung ergibt den Abszissenweg des Kraft-Weg-Diagramms, das auf der Schreibtrommel selbständig aufgezeichnet wird. Die Ordinatenwerte (Kraftwerte) entstehen dadurch, daß der Schreibstift längs der Mantellinie der Schreibtrommel durch die Bewegung des Pendelmanometers mechanisch proportional dem Öldruck und damit der Zerreißkraft verschoben wird. Abb. 149 zeigt eine solche vertikale Zerreißmaschine einfachster Bauart. Durch Verwendung einfacher Zusatzeinrichtungen kann man auch den Druck- und Biegeversuch ausführen

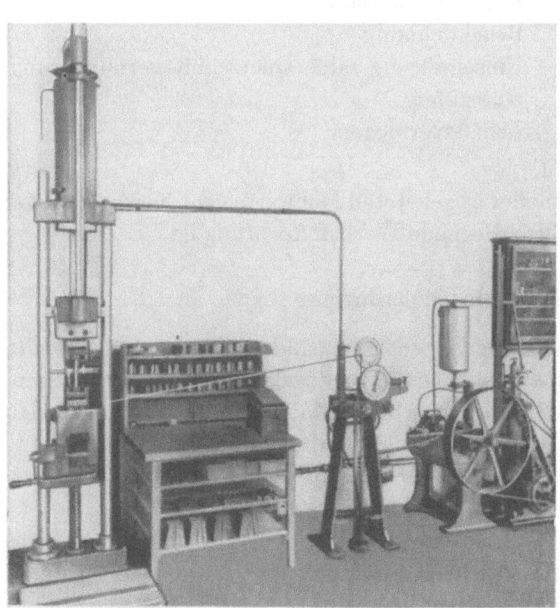

Abb. 149. Einfache vertikale ölhydraulische Zerreißmaschine mit Pendelmanometer und selbsttätiger Aufzeichnung des Kraft-Weg-Diagrammes (Fabr. Amsler)

Für Feinmessungen der Dehnung ist diese selbsttätige Aufzeichnung auf der Schreibtrommel zu unempfindlich und zu ungenau. Hierfür werden Dehnungsmesser anderer Art verwendet (Abschn. 3.21.18).

3.21.13. Die Probenformen

Die Formen und Abmessungen der Zerreißstäbe sind genormt (s. z. B. DIN 1605 oder VSM-Norm 10.921[1]), da sie einen Einfluß auf die Meßwerte haben. Die Grundform ist der *Rundstab* (Abb. 150) mit dem Durchmesser d und der Meßlänge l_0. Für d sind 10 oder 20 mm übliche Maße. Hinsichtlich der Länge sind zwei Varianten genormt, der *kurze Prüfstab* mit $l_0 = 5\,d$ und der *lange* mit $l_0 = 10\,d$. Rundstäbe mit diesen Längenverhältnissen werden auch als kurze bzw. lange *Proportionalstäbe* bezeichnet, Wenn A_0 der Querschnitt des runden Proportionalstabes ist, so gilt auch, wegen $d = \sqrt{\dfrac{4A_0}{\pi}} \sim 1{,}13\,\sqrt{A_0}$, für den kurzen Proportionalstab: $l_0 \sim 5{,}6\sqrt{A_0}$ und den langen $l_0 \sim 11{,}3\sqrt{A_0}$.

Im englischen Zollsystem sind Prüfstäbe mit $l_0 = 2'' = 50{,}8$ mm genormt, wobei $l_0 = 4\sqrt{A_0}$ ist.

---

[1] Normen des Vereins Schweiz. Maschinenindustrieller.

Lange und kurze Normalrundstäbe bzw. Proportionalstäbe ergeben unter sich praktisch die gleichen Meßwerte mit Ausnahme des Wertes für die Bruchdehnung (Abschn. 3.21.16), der für den kurzen Proportionalstab wesentlich höher ausfällt als für den langen.

Neben dem runden Proportionalstab ist noch ein *flacher Proportionalstab* mit rechteckigem Querschnitt, ebenfalls in den zwei Varianten, genormt, dessen Querschnitt das Seitenverhältnis 4 : 1 nicht überschreiten soll.

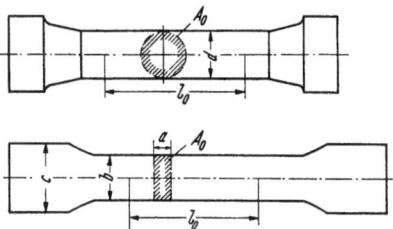

Die Meßlänge der flachen (quadratischen oder rechteckigen) Proportionalstäbe ergibt sich wieder zu $5,6 \sqrt{A_0}$ bzw. $11,3 \sqrt{A_0}$.

Wenn aus dem Material keine Proportionalstäbe angefertigt werden können, z.B. bei Blechen, Röhren usw., so weichen die Meßwerte von den Grundwerten ab, die an Proportionalstäben ermittelt werden. In

Abb. 150. Runder und flacher Zerreißstab, n. VSM-Norm 10921

solchen Fällen müssen besondere Vereinbarungen für Abnahmeprüfungen getroffen werden.

Für die Werkstoffe Gußeisen und Temperguß sind besondere Probestäbe genormt worden, die dann auch nicht die Formen und Eigenschaften von Proportionalstäben haben, s. z.B. VSM 10921.

3.21.14. Typologie der Kraft-Weg-Diagramme

Die Zerreißdiagramme zeigen die Abhängigkeit der Längenänderung der Probe von der Zerreißkraft P bis zum Bruch. Dabei ist es üblich, die Längenänderung (= Weg l) als Abszisse zu wählen, also $P = f(l)$ aufzutragen. Die einzelnen Werkstoffe ergeben dabei nicht nur quantitativ verschiedene Diagramme, sondern auch qualitativ lassen sich typische Formen unterscheiden, zwischen denen alle möglichen Übergänge vorkommen.

1. Der allgemeine Typus ist der nach Abb. 151a. Charakteristik: $\frac{dP}{dl} \neq \text{const}$ und abnehmend auf Null bei $P_{\max}$. Anschließend $\frac{dP}{dl}$ sogar negativ, d.h. trotz Abnahme der Zerreißkraft geht die Dehnung weiter, bis der Bruch erfolgt. Dies ist charakteristisch für die meisten *duktilen* Metalle, wie weiches Kupfer, weiche Buntmetall- und Leichtmetallegierungen, sehr weiches Eisen, Baustähle bei höheren Temperaturen u.a.m. Der Begriff duktil = dehnbar oder zähe ist dabei relativ, z.B. im Vergleich zu Gußeisen, hartem Stahl, Glas u.ä. Eine quantitative Grenze für den Begriff gibt es nicht.

2. Häufig ist am Anfang der Funktionskurve $\frac{dP}{dl}$ praktisch = const. Das Diagramm beginnt mit einer Geraden und geht dann mit mehr oder weniger scharfer Abbiegung in die allgemeine Form über (Abb. 151b).

Charakteristik: Bis zu einer gewissen Grenze besteht *Proportionalität* zwischen der Last und der Dehnung. Dieser Typus tritt bei denselben Metallen wie zu 1. auf, wenn sie durch Kaltreckung gehärtet sind, ferner bei ausgehärteten Leichtmetallen, legierten Stählen, Temperguß u.a.

3. Wie Typus 1 und 2, jedoch mit dem Unterschied, daß P nicht wieder unter P_{max} sinkt, sondern bei P_{max} der Bruch eintritt, wobei zugleich l sehr klein wird. Dieser Fall (Abb. 151c) ist typisch für Gußeisen, dagegen Abb. 151d für Mangan-Hartstahl oder für Muntzmetall.

4. Das Diagramm zerfällt in drei deutlich unterscheidbare Zweige (Abb. 151e). Im ersten Abschnitt verläuft es nach Typus 2, d.h. mit P proportional l. Dann wird plötzlich $\dfrac{dP}{dl} = 0$ oder sogar vorübergehend negativ, d.h., bei sinkender Last geht die Dehnung weiter, unter Umständen mit kleinen Schwankungen in einem unstetigen Bereich, hierauf verläuft der dritte Zweig nach Typus 1 oder 2.

Dieser sehr prägnante Typus 4 ist die Charakteristik der *Baustähle*, die in dieser Hinsicht eine *Sonderstellung* einnehmen.

Den Diagrammtypen entsprechen typische Verformungsvorgänge bis zum Bruch.

Bei Typus 1 und 2, Abb. 151a u. b, tritt zunächst eine stetige, gleichmäßige Längung ein, wobei der Durchmesser auf der ganzen Länge gleichmäßig leicht abnimmt. Allmählich markiert sich aber eine *Einschnürung*, wo der Durchmesser rascher abnimmt, während die Länge stark zunimmt; bei P_{max} nimmt die Einschnürung stark zu, bis ein typischer plastischer Verformungsbruch eintritt. An der Bruchstelle hat sich ein ausgesprochenes Minimum des Querschnittes ausgebildet.

Beim Typus 3 hat sich keine Einschnürung und kein Querschnittsminimum an der Bruchstelle entwickelt. Beim Gußeisen, das nach Abb. 151c *spröde*, ohne nennenswerte vorhergehende *plastische Verformung* gerissen war, ist praktisch noch überall der Ausgangsquerschnitt vorhanden, bei andern Metallen, die erst nach größerer plastischer Dehnung reißen, Abb. 151d, hat sich über die ganze Stablänge der Querschnitt nahezu gleichmäßig verkleinert. Beim Typus 4, Abb. 151e, Stahl, beginnt das typische plastische Verformen, das *Fließen*, beim ersten scharf ausgeprägten Knick. Es setzt auf der ganzen Länge ein, jedoch bildet sich allmählich eine *Einschnürung*,

Abb. 151 a—e. Typologie der Zerreißdiagramme

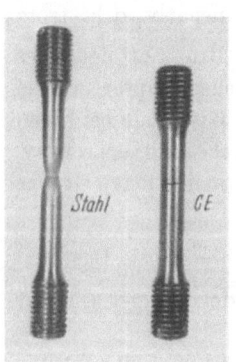

Abb. 152. Zerreißstäbe aus Stahl (duktil, zäh) und Gußeisen (spröde) nach dem Bruch

die analog Typus 1 bei P_{max} sich stärker auszuprägen beginnt, bis der *plastische Verformungsbruch* eintritt. Abb. 152 zeigt den zerrissenen Typus 3a, Gußeisen, ohne Einschnürung, und den Typus 4, Stahl, mit allgemeiner Querschnittsverringerung und ausgeprägter Einschnürung.

3.21.15. Das Spannungs-Dehnungs-Diagramm

Der Sonderfall des Typus 4, Stahl, enthält mehr Charakteristika als die andern Fälle. Das daraus abgeleitete *Spannungs-Dehnungs-Diagramm* zeigt darum alle Kennzahlen, die aus dem Zugversuch ermittelt werden können. Nach einer vereinfachenden Übereinkunft nimmt man für den ganzen Versuch bis zum Bruch einen einachsigen Spannungszustand an und bezieht außerdem die Spannung auf den Ausgangsquerschnitt A_0, unbekümmert um dessen Abnahme. Danach ergibt sich für die *Zugspannung* $\sigma = \dfrac{P}{A_0}$. Als Dimension ist kg/mm² üblich, im Gegensatz zur Festigkeitsrechnung, die meist mit kg/cm² rechnet.

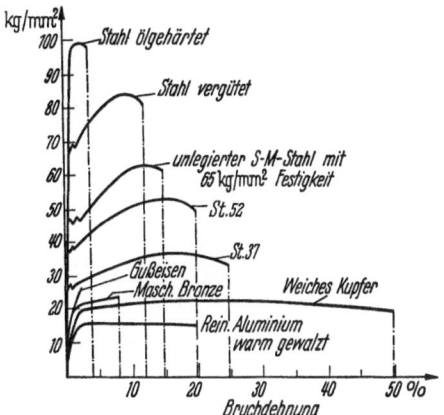

Abb. 153. Spannungs-Dehnungs-Diagramme verschiedener Werkstoffe

Die Dehnung mißt man als Längenzunahme Δl, bezogen auf die *Ausgangslänge* oder *Meßlänge* l_0. Demnach ist die *spezifische Dehnung* $\varepsilon = \dfrac{\Delta l}{l_0}$, oder wenn l_u die Länge nach dem Bruch ist, so ist die *spezifische Bruchdehnung*

$$\varepsilon_B = \frac{l_u - l_0}{l_0} \left[\frac{mm}{mm} \right].$$

Häufig wird die *Bruchdehnung in Prozenten* ausgedrückt:

$$\delta = \varepsilon_B \cdot 100 [\%].$$

Wegen $\sigma = P \cdot$ const und $\varepsilon = \Delta l \cdot$ const erhält man aus dem Kraft-Weg-Diagramm durch einfache Änderung der Koordinatenmaßstäbe unmittelbar das Spannungs-Dehnungs-Diagramm. Abb. 153 zeigt charakteristische Spannungs-Dehnungs-Diagramme verschiedener Werkstoffe.

3.21.16. Die Kennzahlen des Zugversuches

Aus dem Diagramm Abb. 154, in welchem zwecks Verdeutlichung einige Abschnitte mit übertriebenen Dehnungswerten eingezeichnet sind, sowie durch weitere Messungen erhält man die folgenden Kennzahlen oder Materialbeiwerte des Zugversuches:

1. Die *Proportionalitätsgrenze P* mit der zugehörigen Spannung σ_P, d.h. die Spannung, bis zu welcher die Dehnung proportional der Spannung verläuft.

2. Die *Elastizitätsgrenze EL* mit der Spannung σ_E, d.h. die Spannung, bis zu welcher die Dehnung elastisch ist, so daß also nach einer Entlastung ε wieder Null wird.

3. Den *Elastizitätsmodul E* oder die Dehnzahl $\alpha = \dfrac{1}{E}$.

4. Die *Fließgrenze* σ_F, beim Zugversuch auch *Streckgrenze* σ_S genannt, d.h. die Spannung, bei welcher $\dfrac{d\sigma}{d\varepsilon}$ erstmals $= 0$ wird. Hier beginnt der Stab zu fließen,

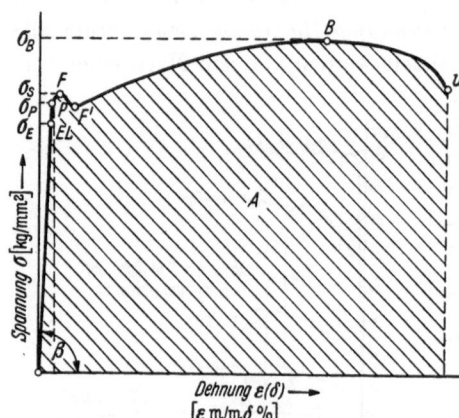

d.h. die Dehnung nimmt zu, ohne daß die Last gesteigert wird. Bisweilen nimmt die Dehnung sogar mit abnehmender Last noch zu; in solchen Fällen kann man noch zwischen

4a) der oberen Fließgrenze σ_F und

4b) der unteren σ'_F unterscheiden.

Erfolgt keine nähere Bezeichnung, so ist mit Fließgrenze stets die obere gemeint.

5. Die *Zugfestigkeit* σ_B, d.h. die Spannung, die bei der Höchstlast auftritt, $= \dfrac{P_{\max}}{A_0}$, Punkt B des Diagramms.

Abb. 154. Spannungs-Dehnungs-Diagramm des Stahles, schematisch

6. Die *Zerreißfestigkeit* σ_U, d.h. die Spannung beim Bruch, Punkt U.

7. Die *Bruchdehnung* $\delta = \varepsilon_{\max} \cdot 100 [\%]$.

8. Die *Güteziffer* oder auch das *Arbeitsvermögen* des Werkstoffes pro Volumeneinheit, $A \left[\dfrac{\text{kg mm}}{\text{mm}^3}\right]$.

9. Die *Querschnittsverminderung* oder *Einschnürung* ψ [%].

10. Die Poissonsche Zahl des Werkstoffes.

Diese Kennziffern seien noch näher erläutert.

Zu 1–3: Bisweilen liegt die Elastizitätsgrenze unterhalb der Proportionalitätsgrenze. Die beiden Punkte sind überhaupt meßtechnisch schwierig zu unterscheiden. Im übrigen liegen sie auch häufig so nahe bei der Fließgrenze, daß alle 3 Punkte praktisch zusammenfallen.

Bis zum Punkt P bzw. praktisch bis EL gilt die Beziehung $\sigma = \varepsilon \cdot \text{const} = \varepsilon \cdot E = \varepsilon \cdot \text{tg}\,\beta$, die auch als das „Hookesche Gesetz" bezeichnet wird. Der *Elastizitätsmodul E* entspricht also dem Proportionalitätsfaktor des Hookeschen Gesetzes. Er ist die Federkonstante des Materials. Für $\varepsilon = 1$, d.h. bei einer Verlängerung des Stabes auf das Doppelte der Ausgangslänge, wäre $\sigma = E$.

Der E-Modul ist die virtuelle Spannung für eine Dehnung von 100%. Er hat deshalb auch die Dimension einer Spannung, kg/mm².

Die Definition des Elastizitätsmoduls hat den Nachteil, daß sie dem natürlichen Empfinden für die Eigenschaft „elastisch dehnbar" entgegengesetzt ist. *Je stärker ein Material elastisch dehnbar ist, desto kleiner ist sein Elastizitätsmodul.* Kautschuk hat einen wesentlich kleineren Elastizitätsmodul als Stahl.

Dem natürlichen Empfinden entspricht deshalb besser die Elastizitäts*dehnzahl* $\alpha = \frac{1}{E}$. Sie gibt auch die anschauliche Analogie zur Wärmedehnung. Hier wächst die Stablänge l_0 bei $t\,°C$ Temperatursteigerung auf $l = l_0(1 + \lambda t)$, wenn λ die lineare Wärmedehnzahl ist. Dort ist analog $l = l_0(1 + \alpha \cdot \sigma)$, da $\varepsilon = \sigma \cdot \alpha$.

In der Technik finden beide Begriffe, Elastizitätsmodul und Dehnzahl, Anwendung.

Zu 4–6: Die wahre Festigkeit gegen Zug entspricht natürlich nicht σ_B, sondern der Spannung, bei welcher der Bruch eintritt.

Aus mehreren Gründen hat man aber die Zugfestigkeit des Werkstoffs durch die Spannung $\sigma_B = \frac{P_{max}}{A_0}$ definiert.

1. Der Wert ist leichter zu messen als die *Zerreißfestigkeit* σ_U.

2. Auch $\sigma_U = \frac{P_U}{A_0}$ ist nicht die wahre Zerreißfestigkeit, vielmehr eine Fiktion, so daß es keinen Sinn hätte, den bequemen, wenn auch ungenauen Wert σ_B durch den fiktiven Wert σ_U zu ersetzen.

3. Für den konstruktiven Zweck kommt es überhaupt nicht darauf an, die Zug- oder Zerreißfestigkeit genau zu kennen oder zu unterscheiden. Maßgebend sind hierfür die Fließgrenze, die Bruchdehnung und der Elastizitätsmodul, denn konstruktiv darf der Werkstoff durch keine Spannungen beansprucht werden, die über der Fließgrenze liegen, da die Maschinenbauteile ja sonst „fließen", d.h. ihre Maße ändern würden.

Auch unterhalb der Fließgrenze, oberhalb deren die *elastischen Formänderungen* in die *plastischen* übergehen, verändern die Maschinenbauteile ihre Formen, jedoch sind diese Änderungen so gering, daß sie oft konstruktiv nicht berücksichtigt zu werden brauchen. Für Stahl ist beispielsweise der E-Modul $\sim 20\,000$ kg/mm^2 oder die Dehnzahl $\frac{1}{20\,000}$. Bei einer Zugspannung von 1000 kg/cm^2 ist somit ε nur $\frac{10}{20\,000}$, d.h. ein Maß von 100 mm Länge verändert sich um 0,05 mm elastisch.

In manchen Fällen müssen freilich die Bauteile nicht nur hinsichtlich der größten auftretenden Spannungen, sondern hinsichtlich der größten zulässigen elastischen Formänderungen durchgerechnet werden. Dies ist z.B. vielfach für Bauteile von Werkzeugmaschinen nötig, die unter Last möglichst kleine Formänderungen erleiden sollten, damit die Arbeitsgenauigkeit der Maschine erhalten bleibt. Will man daher Maschinen möglichst „starr" bauen, so muß man Werkstoffe mit hohem E-Modul verwenden. Der E-Modul ist daher ein *Starrheitsmaß*. *Stahl* mit einem E-Modul $\sim 20\,000$ *ist wesentlich starrer als z.B. Gußeisen*, dessen E-Modul kaum die Hälfte beträgt. Wohl läßt sich Stahl sehr viel stärker dehnen als das spröde Gußeisen, aber nicht, weil er weniger starr wäre, sondern weil er duktil oder plastisch dehnbar, das Gußeisen hingegen spröde ist. *Spröde darf aber nicht mit starr verwechselt werden*. Wenn trotzdem gerade im Werkzeugmaschinenbau Gußeisen in besonders starkem Maße für die Maschinengestelle, Getriebegehäuse usw. verwendet wird, so deshalb, weil es sich durch andere vorteilhafte Eigenschaften auszeichnet, vor allem die *Dämpfungsfähigkeit* gegen Schwingungen (Abschn. 3.22.3).

Zu 7 und 8: Obgleich in der Festigkeits- und Deformationsrechnung als Materialkennziffern nur die Fließgrenze und der E-Modul herangezogen werden, ist auch die Bruchdehnung von großer Bedeutung für die Beurteilung der konstruktiven Eignung des Werkstoffes, denn sie charakterisiert die *Zähigkeit*. Bei der Formgebung muß der Werkstoff häufig weit über die Dehnung der Fließspannung beansprucht werden, sei es bei Biegeoperationen an Blechen, Stabmaterial oder Röhren. Hier besteht Rißgefahr, wenn der Werkstoff eine zu geringe Bruchdehnung besitzt, also zu spröde ist. Aber auch dann, wenn keine plastische Verformung vorzunehmen ist, ist stets bei sonst gleichen Eigenschaften der zähere Werkstoff dem spröderen konstruktiv vorzuziehen, aus Sicherheitsgründen. Es können an den Maschinenteilen vor allem bei wechselnder Beanspruchung, aber auch durch Kerbwirkungen oder durch stoß- oder schlagartige Beanspruchungen örtliche *Spannungsspitzen* auftreten, die rechnerisch nicht erfaßt werden können. Je zäher der Werkstoff ist, desto sicherer werden kleine Risse in kleinsten Bereichen vermieden, aus denen sich allmählich größere Schäden entwickeln können.

Deshalb ist ein „zähfester" Werkstoff noch besser als ein nur „fester". Als Maß für die *Zähfestigkeit* dient in erster Annäherung die *Güteziffer*, d.h. das Produkt aus Zugfestigkeit und Bruchdehnung, das dem umschriebenen Rechteck des Spannungs-Dehnungs-Diagrammes entspricht. Einen besseren Maßstab für diese Eigenschaft bietet die Fläche unter der Funktionskurve. Da letztere zugleich das Kraft-Weg-Diagramm darstellt, entspricht sie dem Arbeitsaufwand für das Zerreißen des Volumens des Probestabes $l_0 \cdot A_0$. Diese spezifische Arbeit ist das

Arbeitsvermögen $A = \int\limits_{\varepsilon\,=\,0}^{\varepsilon\,=\,\delta} \sigma\,d\varepsilon$, dessen Dimension mit $\dfrac{\text{kg}}{\text{mm}^2}\dfrac{\text{mm}}{\text{mm}} = \dfrac{\text{kg\,mm}}{\text{mm}^3}$ als

Arbeit pro Volumeneinheit gegeben ist.

Bei den Werkstoffen nach Typus 1, 2 und 4 kann man die plastische Dehnung nach der äußeren Form in eine *Gleichmaßdehnung* und eine *Einschnürdehnung* unterteilen. Bis zum Beginn der Einschnürung dehnt sich der Stab auf der ganzen Länge annähernd gleichmäßig, nach Beginn der Einschnürung dehnt sich fast nur noch die *Einschnürlänge*. Letztere kann nicht genau gemessen werden, denn der Übergang vom zylindrischen Teil zum Doppelkegel der Einschnürung erfolgt allmählich. Wesentlich ist, daß diese Einschnürlänge *praktisch unabhängig* ist von der Länge der Probe. Da der Hauptanteil der Gesamtdehnung auf die Einschnürdehnung entfällt, sind die Meßwerte für ε und δ stark von der Stablänge L_0 abhängig. Der kurze Proportionalstab liefert wesentlich höhere Kennzahlen ε oder δ für die Bruchdehnung als der lange. Man unterscheidet deshalb δ_{10} *für den langen und* δ_5 für den *kurzen Proportionalstab*. Allgemein wird durch den Zeiger der Quotient $\dfrac{l_0}{d}$ angegeben. Für Stahl liegen die δ_5-Werte häufig ein Drittel höher als die δ_{10}-Werte, für Nichteisenmetalle ist der Unterschied geringer.

Die Bruchdehnung der englischen Prüfstäbe entspricht ungefähr einem δ_4-Wert.

Wegen des Unterschiedes der Gleichmaß- und Einschnürdehnung ist es auch wesentlich, daß sich die Einschnürung und der Bruch annähernd in der Mitte der Stablänge ausbilden. Durch Norm ist deshalb festgelegt, daß der δ-Wert nur dann gültig ist, wenn der Bruch innerhalb des mittleren Drittels der Meßlänge erfolgte. Liegt der Bruch außerhalb, so wird der gedehnte Stab so ausgemessen, als ob der Bruch in der Mitte gelegen wäre. Zu diesem Zweck war am Stab vorher eine Gleichteilung angerissen worden, die nach dem Bruch verzerrt ist (Abb.155). Man denkt sich nach dem Bruch das kurze Ende derart verlängert und gedehnt, daß es das Spiegelbild des reellen langen Endes bildet. An Hand der Teilungsmarken kann man dann die virtuelle Bruchlänge leicht ermitteln.

Zu 9: Neben der Bruchdehnung δ wird als Maß für die Zähigkeit auch die von der Meßlänge unabhängige *spezifische Querschnittsverminderung* oder *Einschnürung* ψ des Bruchquerschnittes A_u in Prozent herangezogen.

Es ist dann

$$\psi = \frac{A_0 - A_u}{A_0} \cdot 100 [\%].$$

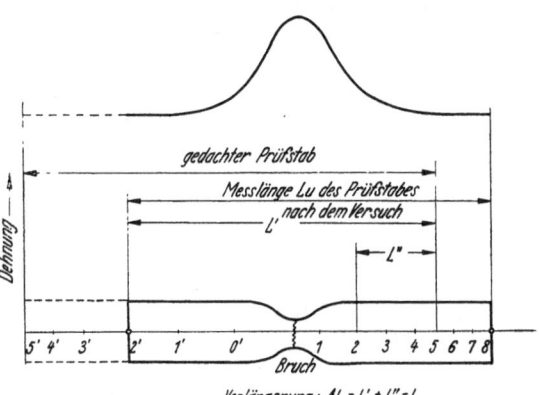

Abb. 155. Ermittlung der gedehnten Bruchlänge bei stark außermittiger Einschnürung des Zerreißstabes, n. VSM-Norm 10921

Zu 10: Auch im Bereich der elastischen Dehnung nimmt der Durchmesser ab, jedoch nur sehr gering und praktisch gleich viel über die ganze Länge. Dabei entsteht die Frage, ob das Volumen bei der elastischen Formänderung konstant bleibt oder nicht. Würde der Stab sein Volumen behalten, so ergäbe sich für das Verhältnis der spezifischen Längenänderung

$$\varepsilon_l = \frac{L_0 + dL}{L_0} \quad \text{zur } \textit{spezifischen Querkontraktion}$$

$$\varepsilon_q = \frac{D_0 - dD}{D_0} \quad \text{(Abb. 156) folgender Zahlenwert.}$$

Es ist, mit zulässiger Vereinfachung, da ΔD und ΔL sehr klein:

$$(D_0 - \Delta D)^2 \frac{\pi}{4} \Delta L = \frac{\Delta D}{2} D_0 \pi L_0. \tag{1}$$

Daraus:

$$\frac{D_0^2 \pi}{4} \Delta L - 2 D_0 \Delta D \frac{\pi}{4} \Delta L + \Delta D^2 \frac{\pi}{4} \Delta L = D_0 \pi L_0 \frac{\Delta D}{2}.$$

Beim Grenzübergang ΔD nach dD bzw. ΔL nach dL wird das 2. Glied der linken Seite ∞ klein 2. Ordnung, das 3. Glied ∞ klein 3. Ordnung; beide können vernachlässigt werden, und es ergibt sich:

$$D_0^2 \frac{\pi}{4} dL = D_0 \pi L \frac{dD}{2}, \tag{2}$$

$$\frac{dD}{D} = \frac{1}{2} \frac{dL}{L} \quad \text{oder auch} \quad \varepsilon_q = \frac{1}{2} \varepsilon_l \tag{3}$$

bzw.

$$\varepsilon_l = 2 \cdot \varepsilon_q = m \cdot \varepsilon_q. \tag{4}$$

m ist die POISSON*sche Zahl.*

Tatsächlich ist aber *m* für Stahl, wie durch Feinmessungen festgestellt wird, ∼, $\frac{10}{3}$ d.h. der Durchmesser

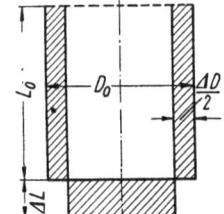

Abb. 156. Idealisierte elastische Dehnung des Zerreißstabes

nimmt weniger ab, als dies bei konstantem Volumen der Fall sein müßte. *Das Volumen eines Metalles wird bei elastischer Formänderung vergrößert oder verkleinert*, je nachdem es einer Zug- oder Druckbeanspruchung unterliegt. Während Gase elastisch hochkompressibel, Flüssigkeiten praktisch nicht kompressibel sind, läßt sich das Volumen fester kristallischer Körper und deshalb auch der Metalle in geringem Maße elastisch verkleinern oder vergrößern, um so mehr, je höher die POISSONsche Zahl ist. Sie beträgt für Gußeisen z.B. 5–9. Gußeisen ist stärker kompressibel als Stahl und daher auch in diesem Sinn weniger starr. Die Gründe dafür liegen in den Graphiteinschlüssen des Gefüges. Bei der *plastischen Verformung der Metalle bleibt hingegen das Volumen praktisch konstant.*

3.21.17. Die Feindehnmessung

Weder der E-Modul noch die POISSONsche Zahl lassen sich durch die relativ groben Messungen an der Zerreißmaschine mit selbständiger Diagrammaufzeichnung ermitteln. Für die Feinmessungen sind verschiedene Geräte entwickelt worden.

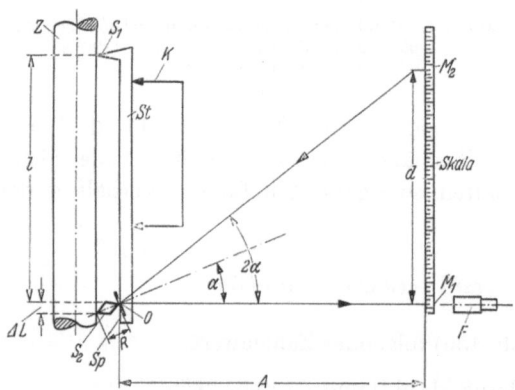

Abb. 157. Schema des Spiegelapparates nach MARTENS für Feindehnmessungen

An der Zerreißmaschine verwendet man häufig den MARTENSschen *Spiegelapparat* (Abb. 157). Es wird ein Stab St mit einer festen und einer beweglichen Schneide S_1 und S_2 mittels einer Klemmvorrichtung K an den Zerreißstab Z angeklemmt. An der beweglichen Schneide S_2 ist ein Spiegel Sp befestigt. In einem Abstand A wird eine beleuchtete Millimeterskala aufgestellt, an deren Stativ ein Fernrohr F mit Fadenkreuz befestigt ist. Solange der Zerreißstab ungedehnt ist, sieht man durch das Fernrohr irgendeinen Teilstrich M_1 der Skala. Hat sich der Stab um ΔL gedehnt, so verdreht sich der Spiegel um den Winkel α, und man erblickt im Fernrohr einen andern Teilstrich M_2 der Skala, und zwar wegen des Reflexionsgesetzes unter einem Winkel 2α gegenüber dem Strich M_1. Die Länge R der beweglichen Meßschneide, A und die Differenz d der Skalenstriche sind bekannt.

Es ist dann: $\dfrac{\Delta L}{d} = \dfrac{R \sin \alpha}{A \operatorname{tg} 2\alpha}$. Da bei der Messung α sehr klein ist, gilt $\sin \alpha \sim \operatorname{tg} \alpha \sim \alpha$, so daß $\Delta L \dfrac{d R}{2 A}$ wird. Ist z.B. $R = 4$ mm, $A = 1000$ mm, so erreicht man 500fache Vergrößerung von ΔL. Das Gerät wird meist paarweise an zwei gegenüberliegenden Seiten angebracht und das Mittel aus beiden Ablesungen genommen.

Ein anderer, rein *mechanischer Dehnungsmesser* ist das in Abb. 158 abgebildete Tensometer. Auch dieses wird meist paarweise an den Stab angeklemmt und besitzt eine feste und eine schwenkbare Schneide, nur wird hier die Schwenkung der letzteren mechanisch mit einer entsprechenden Übersetzung auf einen Zeiger übertragen, der auf der Skala die Verlängerung in μ anzeigt.

Ein *elektrisches Meßprinzip* wird bei den Draht-Widerstands-Dehnungsmessern verwendet. Wird ein Widerstandsdraht verlängert, so erhöht sich sein Widerstand sowohl wegen der Längenänderung als wegen der gleichzeitigen Querschnittsabnahme. Diese Änderung wird nach dem Prinzip der WHEATSTONEschen Brücke gemessen. Mittels Röhrenverstärkung können dabei so geringe Widerstands- bzw. Spannungsunterschiede ausgewogen werden, daß die Methode überaus empfindlich ist und relativ kurze, genau kali-
brierte, sehr dünne Drähte angewendet wer-
den können. Der Meßdraht wird mittels
einer Kunstharzmasse auf das Prüfobjekt
aufgeklebt, so fest, daß er genau die geringe
Dehnung des letzteren mitmacht. Um die
wirksame Drahtlänge zu verlängern, andererseits kurze Meßlängen an der Probe zu erreichen, sind die im Handel befindlichen
„*Dehnmeßstreifen*" in Schleifenform auf ein
Papier etwa $10 \cdot 15$ mm und größer mit
Kunstharz aufgeklebt; das Papier wird auf
das Prüfstück geklebt; sie dienen, ebenso
wie die vorher erwähnten Tensometer, meist
nicht für Dehnungs-, sondern praktisch für
Spannungsmessungen an fertigen Maschinenteilen, Fachwerkkonstruktionen usw. Kennt
man nämlich den E-Modul des betreffenden
Werkstoffes – und dieser schwankt nur in
geringen Grenzen – so erhält man aus der
Beziehung $\sigma = E \cdot \varepsilon$ leicht die örtliche Spannung. Dabei hat die elektrische Messung den
Vorzug, daß man rasche Dehnungs- und
damit Spannungsschwankungen trägheitslos
oszillographisch aufnehmen kann. Abb. 159 a
und b zeigt ein Meßblättchen, Abb. 160 eine
Exzenterpresse, an welcher örtliche Dehnungen und dadurch die Spannungen bzw.
Kräfte bei statischer und dynamischer
Belastung mittels Dehnmeßstreifen gemessen
wurden.

Ebenfalls nach einem elektrischen Meßprinzip (elektroinduktiv) und mit Röhrenverstärkung arbeiten Feindehnungsmesser
nach Abb. 161 und 162. Diese Geräte bestehen aus einem Geber und einem Empfänger (Anzeigegerät). Der Geber besteht
aus einem röhrenförmigen Teil, in welchem
das aus den Induktionsspulen *2* und einem

Abb. 158. Mechanischer Dehnungsmesser (Tensometer von Huggenberger)

längsbeweglichen Eisenkern *1* bestehende Meßsystem eingebaut ist, sowie einem federnd nachgiebigen Teil *5*, der dem Kern eine Verschiebung erteilen kann.

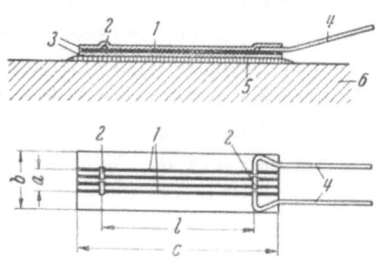

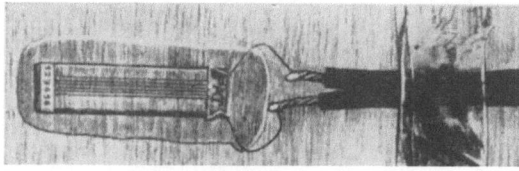

Abb. 159 a

Mittels der Schneiden *4*, deren einstellbarer Abstand die Meßstrecke bestimmt, wird der Geber an die Probe angeklemmt. Wird diese gedehnt, so verschiebt sich der Kern; es entstehen variable Impedanzen, wodurch die Amplituden einer Trägerfrequenz moduliert werden, welche oszillographisch die Meßwerte ergeben. Es lassen sich mit derartigen elektrischen Geräten Vergrößerungen der Dehnungen bis millionenfach erreichen, weshalb die Objektdehnung auch an kleinen Meßstrecken L_0 von nur wenigen Millimetern gemessen werden kann.

Abb. 159b

Abb. 159 a u. b. Elektrische Widerstands-Dehn-Meßdrähte (Fabr. Huggenberger): a *1* parallele Drähte; *2* Verbindungsstücke zwecks Schleifenbildung; *3* Papier; *4* Anschlußdrähte; *5* Klebstoff: *6* Objekt; b aufgeklebter Meßstreifen

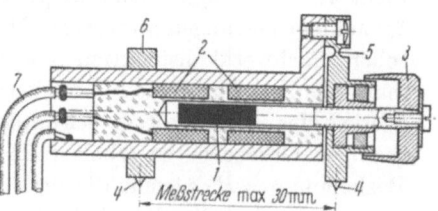

Abb. 161. Geber für elektrische Feindehnmesser (Fabr. Vibrometer)

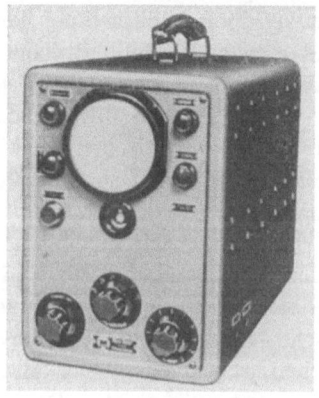

Abb. 160. Messung schwingender Kräfte an einer Exzenterpresse mittels angeklebter Dehnmeßstreifen und verschiedener elektrischer Anzeigegeräte (Apparatur Philips, Eindhoven)

Abb. 162. Elektrischer Feindehnungsmesser, Empfänger (Oszillograph). (Fabr. Vibrometer, Fribourg)

3.21.18. Kritik des einfachen Spannungs-Dehnungs-Diagramms

Die technologischen Materialkennwerte werden aus einem Spannungs-Dehnungs-Diagramm abgeleitet, das weder die wahren Spannungen noch die wahren spezifischen Dehnungen darstellt. Beide Werte dürfen nämlich nicht auf den ursprünglichen Querschnitt A_0 und die ursprüngliche Länge L_0 bezogen werden, da beide während des Versuches nicht konstant bleiben, vielmehr sind für den wahren funktionalen Verlauf der jeweilige Momentanquerschnitt und die erreichte Momentanlänge maßgebend.

Die jeweilige spezifische Längenzunahme ist

$$d\varepsilon = \frac{dl}{l},$$

wobei L die Momentanlänge ist.

Dadurch ergibt sich als wahre spezifische Dehnung

$$\varepsilon' = \ln \frac{l}{l_0}$$

bzw. die wahre Bruchdehnung zu

$$\varepsilon'_u = \ln \frac{l_u}{l_0}.$$

gegenüber der scheinbaren oder nominellen Bruchdehnung

$$\varepsilon_u = \frac{l_u}{l_0} - 1 > \varepsilon'_u.$$

Ebenso ergibt sich im plastischen Gebiet, wo das Volumen konstant ist, für den Momentanquerschnitt A und die Momentanlänge:

$$A\,dl + l\,dA = 0$$

und

$$\varepsilon' = \ln \frac{A}{A_0}.$$

Die wahre Brucheinschnürung, die auch als *logarithmisches Formänderungsvermögen* bezeichnet wird, ist analog

$$\psi' = \ln \frac{A_0}{A_u} \cdot 100 \, [\%] > \psi.$$

Von dem Wert ψ des genormten Zerreißversuches kann ψ' stark abweichen; beispielsweise entspricht einem Wert $\psi = 65\%$ $\psi' = 105\%$ oder $\psi = 78\%$ $\psi' = 150\%$. Derart hohe Formänderungsvermögen besitzen die Werkstoffe allerdings nicht, wenn sie nur auf Zug beansprucht werden, wohl aber können sie auftreten, wenn gleichzeitig quer zur Zugrichtung der Werkstoff unter Druck gesetzt wird. Bei Zugversuchen unter hydraulischem Querdruck von 12 kg/mm² wurde beispielsweise an Aluminiumstäben ein logarithmisches Formänderungsvermögen $\psi' = 280\%$ $(\psi = 94\%)$ gemessen. Die Probe zieht sich dabei in eine dünne Spitze aus.

ψ' ist eine Werkstoffkennzahl, die oft für plastische Formgebungsverfahren, wie Draht- und Stangenziehen, Blechziehen usw. herangezogen wird, s. a. Abschn. 3.23.3.

Die *wahre* Zugspannung ergibt sich aus dem jeweiligen Momentanquerschnitt

als

$$\sigma' = \frac{P}{A}.$$

Im elastischen Gebiet fällt das wahre σ-ε-Diagramm wegen der äußerst geringen Querschnittsabnahme praktisch mit dem vereinfacht-schematischen zusammen. Im Fließgebiet werden die wahren Spannungen jedoch allmählich höher als die scheinbaren, vor allem nach Beginn einer Einschnürung, und steigen zu einem Maximum beim Bruch (Abb. 163). Für die nominellen und wahren Dehnungen gilt das umgekehrte. Der Unterschied ist bei den kleinen Dehnungen im elastischen Gebiet noch so klein, daß er für die Festigkeits- oder Deformationsrechnung vernachlässigt werden darf. Aber auch für größere Dehnungen ist der Unterschied noch recht gering, z. B. für

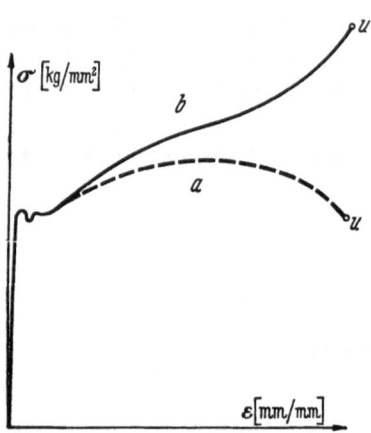

Abb. 163. Scheinbare (a) und wahre (b) Spannung beim Zerreißversuch

$\varepsilon = 0,4$ (also 40%!) ist ε' erst 0,336 [mm/mm].

Erst für sehr große Bruchdehnungen wird der wahre Wert ε'_u nennenswert kleiner als der nominelle Wert ε_u.

Auch diese Spannungen gelten nur unter der vereinfachten Annahme eines einachsigen Spannungszustandes, während in Wirklichkeit ein zweiachsiger bzw. bei Einschnürung ein dreiachsiger besteht. Jedoch fällt dieser Fehler für die Beurteilung der technologischen Materialeigenschaften nicht ins Gewicht, so daß man bei der praktischen Materialprüfung sich mit der Fiktion eines einachsigen Spannungszustandes begnügt.

Die Spannung im plastischen Gebiet ist identisch mit dem jeweiligen Formänderungswiderstand des Werkstoffes, der mit zunehmender Kaltreckung wächst. Erreicht diese den Betrag der Trennfestigkeit, so tritt der Bruch ein. Es ist mehrfach versucht worden, die Trennfestigkeit in ihrer Abhängigkeit vom Verformungsgrad für das Zugdiagramm zu ermitteln. Sie steigt ebenfalls mit dem Verformungsgrad und liegt über dem plastischen Verformungswiderstand, solange das Material noch nicht reißt. Ihre direkte Messung durch den Zerreißversuch ist deshalb nicht möglich, jedoch hat man indirekt gute Näherungswerte ermitteln können. Schematisch ist der Verlauf der Trennfestigkeit (Zerreißspannung) und des Verformungswiderstandes (Verformungsspannung) in Abhängigkeit von der Dehnung in Abb. 164 dargestellt. Die gestrichelten Kurvenzweige haben keinen reellen Charakter. Untersuchungen an perlitischen Stählen haben gezeigt, daß die Trennfestigkeit zunächst abnimmt, um dann mit der weiteren plastischen Verformung wieder zu steigen, jedoch gilt dies nicht allgemein.

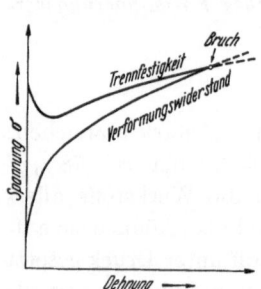

Abb. 164. Trennfestigkeit und Verformungswiderstand eines duktilen Zerreißstabes in Abhängigkeit von der Dehnung, n. HOLLOMON

Die Spannung an der Fließgrenze σ_F kann nur bei Werkstoffen des Typus 4, vor allem also bei Stahl, einwandfrei ermittelt werden, da diese eine deutliche *physikalische* Streckgrenze besitzen. Bei allen andern, also bei der Mehrzahl aller

Werkstoffe, vor allem den Nichteisenmetallen, ist der Übergang zwischen der elastischen und der plastischen Formänderung zu unbestimmt. Hier hilft man sich durch eine *willkürliche Definition*, die durch *Normung* festgelegt ist. Man bezeichnet als *Fließgrenze diejenige Spannung*, bei welcher nach erfolgter Entlastung ein *bleibender Dehnungsrest* von beispielsweise 0,2% zurückbleibt und bezeichnet sie als $\sigma_{0,2}$.

Analog definiert man auch die *Elastizitätsgrenze* durch eine $\sigma_{0,02}$-Spannung, in anderen Normen wird häufig auch die $\sigma_{0,003}$-Grenze dafür festgesetzt.

Die Frage, wo die Elastizitäts-, Proportionalitäts- und Fließgrenze eines Werkstoffes liegt, hängt in erster Linie von der Meßgenauigkeit ab. Der Typus 4 des Diagramms, Stahl, ist ein Grenzfall des allgemeinen Typus 1, und das Entsprechende gilt für die Beziehung $\sigma = E \cdot \varepsilon$, deren allgemeine Form $\sigma = E \cdot \varepsilon^k$ lautet. Dabei ist dann $E = \mathrm{tg}\,\beta$ die Neigung der Tangente an die Spannungs-Dehnungs-Kurve im Ursprung. Aus meßtechnischen Gründen wird jedoch der E-Modul in diesem Fall nicht von der Spannung $\sigma = 0$ ausgehend gemessen, sondern nach Konvention am Ort einer kleinen Spannung, $\sim 4\,\mathrm{kg/mm^2}$, bestimmt. Für den allgemeinen Typus ist bei Metallen der Verlauf der $\sigma - \varepsilon$-Kurve durch $k < 1$ gekennzeichnet, für manche nichtmetallische Werkstoffe, wie z.B. Leder, hingegen durch $k > 1$, während für den Stahl oder durch Kaltreckung stark verformte Nichteisenmetalle praktisch $k = 1$ wird.

Der Mechanismus der elastischen und der plastischen Verformung im polykristallinen Gefüge sowie der Vorgang der Kristallerholung machen es auch verständlich, daß im allgemeinen Fall die Dehnung in einen elastischen und einen plastischen Anteil zerfallen. Nach einer Entlastung bleibt ein *plastischer Dehnungsrest, der bei niedriger Belastung klein wird*, so daß man dann von vollkommen elastischer Dehnung sprechen kann (Abschn. 3.21.62).

3.21.2. Der Druckversuch

Zur Bestimmung der Druckfestigkeit, ebenfalls unter der vereinfachten Annahme eines einachsigen Spannungszustandes, dient der Druck- oder Stauchversuch, der an denselben Maschinen wie der Zugversuch durchgeführt werden kann. Die übliche Probeform ist ein Zylinder, dessen Höhe gleich dem Durchmesser ist, wobei 20, 25 und 30 mm übliche Maße sind. Andere Probeformen ergeben andere Kennzahlen.

Die Probe deformiert sich zuerst elastisch und dann plastisch bis zum Bruch, durch den sie zerquetscht wird.

Analog dem Zugversuch kann man ein Spannungs-Dehnungs-Diagramm aufstellen und die analogen Kennzahlen daraus gewinnen.

Den Zugspannungen entsprechen jetzt Druckspannungen. Die üblichen Kennzahlen sind die *Quetschgrenze*, die der Fließgrenze entspricht, die *Druckfestigkeit* und die *Stauchung* $\varepsilon = \dfrac{\Delta L}{L}$. Der Querkontraktion ψ entspricht analog die *Ausbauchung* oder *Querdehnung* des sich zu einer Tonne verformenden Zylinders. Der Verlauf der Stauchkurven ist denen der Zerreißkurve ähnlich. Die Kennwerte fallen um so höher aus, je niedriger der Probezylinder im Vergleich zum Durchmesser ist.

Beim Stauchversuch entspricht nun die vereinfachte Annahme eines einachsigen Zustandes von Druckspannungen in der Richtung der Kraftwirkung, gleichmäßig über den Querschnitt verteilt, in keiner Weise mehr den tatsächlichen Verhältnissen. Durch solche fiktiven Druckspannungen allein könnte der Körper ja

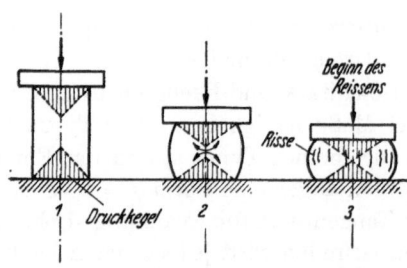

Abb. 165. Die Verformung duktiler Werkstoffe
beim Druckversuch, n. ZIMMERMANN

Rechts:
Abb. 166. Spannungs-Stauchungs-Diagramm beim
Druckversuch an weichem Stahl

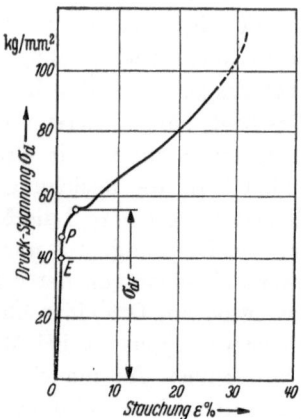

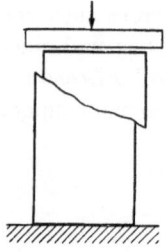

Abb. 167. Bruch beim
Zerdrücken von sprö-
dem Werkstoff

gar nicht zu Bruch gehen, er müßte eine unendlich große Druckfestigkeit haben, so, wie dies tatsächlich der Fall ist, wenn man den Körper einem allseitig gleichen hydrostatischen Druck aussetzt. Es bilden sich vielmehr im Innern Druckkegel aus, die an der Formänderung zunächst nicht teilnehmen, an deren Mantelflächen jedoch der restliche Werkstoff abgleiten kann. Sobald diese Kegel ineinander eindringen, steigt der Kraftbedarf stärker an (Abb. 165 u. 166). Dabei entstehen Zugspannungsrisse an der Mantelfläche. Dies gilt für duktile Werkstoffe, wie Blei, weiches Kupfer oder Stahl, die dann überhaupt nicht zum vollständigen Bruch kommen, also beliebig hoch „druckfest" sind. Bei spröden Metallen, wie Gußeisen, tritt jedoch völlige Materialtrennung längs der Druck- oder Rutschkegel auf, ohne wesentliche vorhergehende Ausbauchung (Abb. 167).

Der Druckversuch bildet in erster Linie einen *Vergleichsmaßstab* für die Werkstoffe untereinander hinsichtlich des Formänderungsvermögens unter Druck. Am spröden Gußeisen liefert er Kennzahlen für die zulässige Belastungsmöglichkeit. Dabei hat das σ-ε-Diagramm die gleiche Charakteristik wie beim Zugversuch, jedoch liegt die Druckfestigkeit wesentlich über der Zugfestigkeit des Gußeisens.

3.21.3. Biegeversuche

Biegeversuche werden mit zwei verschiedenen Zielsetzungen ausgeführt, nämlich

a) um die *Biegefestigkeit* zu ermitteln und daraus die Zugfestigkeit abzuleiten,

b) um die *Biegbarkeit* festzustellen.

Im letzteren Fall bezeichnet man den Biegeversuch meist als *Faltversuch.*

Die Ermittlung der Biegefestigkeit nimmt man zumeist an spröden, gegossenen Werkstoffen vor, insbesondere an Gußeisen, da hier die direkte Ermittlung der Zugfestigkeit mittels Normalstab verschiedene Schwierigkeiten macht oder zu unsicheren Meßwerten führt. Es wird ein genormter, roh gegossener Prüfstab, z. B. mit 30 mm Durchmesser, auf zwei Stützen im genormten Abstand l, z. B. 600 mm, aufgelegt und mit einer Mittellast P bis zum Bruch belastet (Abb. 215).

Die *Bruch-Biege-Spannung* auf der Zugseite des Querschnittes ist dann

$$\sigma_{bB} = \frac{P\,l}{4\,W},$$

wobei W das Widerstandsmoment ist. Die Zugfestigkeit σ_B wäre gleich der Bruch-Biege-Spannung σ_{bB}, wenn die Spannungsverteilung im Querschnitt symmetrisch und die neutrale Achse in der Mitte wäre. Dies trifft aber nur im elastischen Bereich und für gleichen E-Modul im Zug- und Druckgebiet zu, während bei der Bruch-Durchbiegung die wahre Spannungsverteilung etwa Abb. 168 entspricht. Deshalb ist die Zugfestigkeit σ_B kleiner als die vereinfacht berechnete Bruch-Biege-Spannung σ_{bB}, und zwar gilt für Gußeisen im Mittel:

$$\sigma_B = \frac{\sigma_{bB}}{1,7}.$$

Häufig wird für spröde Gußwerkstoffe dieser Versuch auch zur Ermittlung des E-Moduls an Stelle des Zugversuches herangezogen, indem man die Durchbiegung mißt und E nach den bekannten Gleichungen der Festigkeitsrechnung berechnet.

Im Gegensatz dazu wird der *Falt-Biege-Versuch* bei duktilen Werkstoffen durchgeführt, um ihre *Biegefähigkeit* bei der Formgebung zu prüfen. Hier bevor-

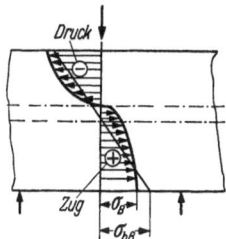

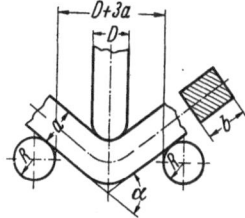

Abb. 168. Spannungsverteilung beim Biegeversuch   Abb. 169. Falt-Biege-Versuch, n. VSM-Norm 10 926

zugt man einen rechteckigen Querschnitt. Man legt den Prüfstab von der Dicke a auf zwei Rollen und drückt mit einem Stempel mit der Abmessung D so lange, bis sich auf der Zugseite ein Anriß zeigt. Dann wird der Winkel α gemessen, der als Maßzahl gilt (Abb. 169). Die einzelnen Abmessungen sind im übrigen genormt. Alternativ wird, z. B. für dünne Bleche, die Faltung um einen runden Stempel durchgeführt, wobei im Grenzfall durch völliges Zusammenfalten zwischen zwei ebenen Druckplatten auch $D = 0$ werden kann und $\alpha = 180°$.

3.21.4. Der Scherversuch

Durch den Scherversuch wird die *Scherfestigkeit* ermittelt, die als Materialbeiwert für die Berechnung der Scherfestigkeit von Nieten, Keilen usw., aber auch in der Stanztechnik Anwendung findet. Das Beispiel einer sogenannten *zweischnittigen Prüfvorrichtung* zeigt Abb. 170. Der bearbeitete runde Probestab wird durch die genau passenden Bohrungen der festen Scherbacken S_1 und des beweglichen Stempels S_2 gesteckt. Auf den letzteren wirkt die Scherkraft P. S_1 und S_2 sind gehärtet und geschliffen. Die Scherfestigkeit ist

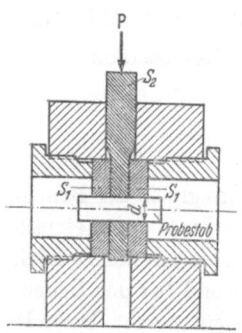

$$k_s = \frac{P}{2 \frac{d^2 \pi}{4}} .$$

Sie ist nicht identisch mit der größten Schubspannung oder Schubfestigkeit τ des Werkstoffes, da in der Scherebene infolge der elastischen Formänderung der Probe und der Vorrichtung an den Druckstellen neben Schubspannungen auch Biegespannungen auftreten.

Abb. 170. Zweischnittige Prüfvorrichtung für den Scherversuch

Bei duktilen Werkstoffen ist $k_s \sim 0.8\, \sigma_B$. Der Wert k_s läßt sich auch durch einen einfachen Lochstanzversuch ermitteln, jedoch hat der Luftspalt zwischen dem Stempel- und dem Schnittplattendurchmesser sowie das Verhältnis des Stempeldurchmessers zur Blechdicke einen Einfluß. Wenn s die Blechdicke ist, so rechnet man einfach

$$k_s = \frac{P}{d\,\pi\,s} .$$

3.21.5. Der Verdrehungsversuch

Beim *Verdrehungs-* oder *Torsionsversuch* wird der zylindrische Probestab an einem Ende fest eingespannt und an seinem freien Ende durch eine Vorrichtung derart verdreht, daß keine zusätzliche Biegebeanspruchung auftritt, sondern lediglich das Drehmoment M_d (Abb. 171).

Auf der Oberfläche entsteht dabei ein ebener Spannungszustand, dessen Hauptnormalspannungen unter 45° zur Achse verlaufen, während die größten Schubspannungen in der Richtung der Mantellinien und senkrecht dazu liegen.

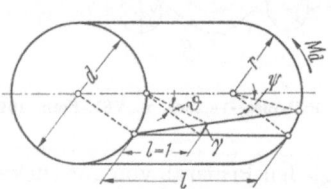

Man mißt den Verdrehungswinkel ψ zweier Ebenen im Abstand L und erhält die auf die Länge $l = 1$ bezogene *Drillung* $\vartheta = \dfrac{\psi}{l}$ sowie die Randformänderung oder *Schiebung* $\gamma = \vartheta \cdot \dfrac{d}{2}$.

Abb. 171. Verformung beim Verdrehungsversuch, n. DIN 1602

Im elastischen Gebiet ist dabei die Schubspannung $\tau = \dfrac{M_d}{W_d}$, wobei $W_d = \dfrac{\pi}{16}\, d^3$.

Analog der Beziehung $E = \sigma/\varepsilon$ für den Elastizitätsmodul des Zugversuches erhält man weiter den *Gleitmodul* $G = \tau/\gamma$ des Werkstoffes oder die *Schubzahl* $\beta = 1/G$.

Zwischen G und E besteht ferner die Beziehung $G = \dfrac{m}{2(m+1)} \cdot E$, so daß für Stahl mit $m = \dfrac{10}{3}$ $G \sim 0{,}385\,E$ ist.

Bei *spröden Werkstoffen* tritt nach kleiner Verdrehung der Bruch ein. Für sie kann man die *Verdrehungsfestigkeit*

$$\tau_D = \frac{M_{d\,\mathrm{max}}}{\dfrac{\pi}{16}\,d^3}$$

angeben.

Zähe Metalle können hingegen unter Umständen mehrere vollständige Verdrehungen bis zum Bruch unter starker plastischer Verformung aushalten, wobei schließlich ein *glatter Querbruch* auftritt. Sie brechen nicht unter dem Einfluß der größten Schubspannungen und *man kann deshalb auch nicht eine entsprechende Kennzahl ableiten.* Anderseits kann man für sie analog eine *elastische* oder *proportionale* Verdrehung aufstellen, jedoch werden derartige Kennzahlen für die Beurteilung des Materials selten herangezogen.

3.21.6. Beeinflussende Faktoren

Alle durch die Materialprüfung gewonnenen Kennzahlen werden durch die *Temperatur*, die *Zeit* und durch eine eventuelle vorgängige *Kaltverfestigung* stark beeinflußt. Deshalb sind die Versuchsbedingungen in dieser Hinsicht genormt.

Die speziellen Auswirkungen der einzelnen Faktoren oder ihre kombinierten Wirkungen sind in großer Mehrzahl empirisch ermittelt worden und in den Tabellen oder graphischen Darstellungen für die einzelnen Werkstoffe in Handbüchern niedergelegt.

3.21.61. Temperatur

Mit steigender Temperatur sinken die Trennfestigkeit und der Verformungswiderstand. Die Proportionalitäts- und Elastizitätsgrenze sinken allmählich auf Null, die physikalische Streckgrenze verschwindet. Infolgedessen sinkt die Streckgrenze und Zugfestigkeit, während die Bruchdehnung im allgemeinen zunimmt, jedoch bei sehr hohen Temperaturen wieder abnimmt. Alle Spannungs-Dehnungs-Diagramme gehen in den Typus 1 über.

Der Werkstoff Stahl macht eine bemerkenswerte und technisch bedeutsame Ausnahme von dieser allgemeinen Regel. Auch beim Stahl sinkt die physikalische Streckgrenze bzw. nach ihrem Verschwinden $\sigma_{0,2}$ stetig ab mit zunehmender Temperatur bis zum Wert Null bei beginnender Rotglut (Abb. 172). Aber die Zugfestigkeit steigt nach anfänglichem Sinken wieder stark an und erreicht ein Maximum bei $\sim 280\ ^\circ\mathrm{C}$, um erst dann stetig auf sehr kleine Werte im Gebiet der Rotglut abzufallen. Parallel mit der Festigkeitssteigerung geht die Dehnung stark zurück, um erst bei hohen Temperaturen wieder zuzunehmen. Es tritt also eine starke Versprödung im Gebiet zwischen 200 und 300 $^\circ\mathrm{C}$ ein, die sogenannte *Blaubrüchigkeit* des Stahles. Abb. 173 zeigt die σ-ε-Diagramme für verschiedene Temperaturen. Diese Versprödung hängt aber auch von der *Zeiteinwirkung* und deshalb von der *Zerreißgeschwindigkeit* der Probe ab; sie hat deshalb auch den Charakter einer Alterungserscheinung (Abschn. 3.21.62).

Die Abnahme der Temperatur unter die Raumtemperatur bis zu Tieftemperaturen wirkt sich auf die verschiedenen Metallgattungen recht verschieden aus. Unlegierte Stähle *verspröden* stark, d.h. die Zugfestigkeit nimmt zu, die Dehnung

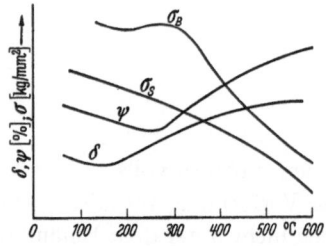

Abb. 172. Einfluß der Temperatur auf die Festigkeitseigenschaften von unlegiertem Stahl

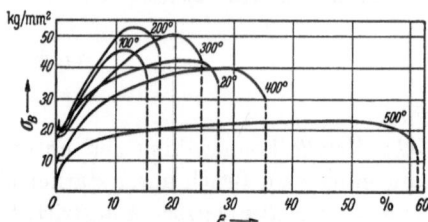

Abb. 173. Spannungs-Dehnungs-Diagramme für unlegierten Stahl bei verschiedenen Temperaturen, n. BACH

und vor allem die Kerbschlagzähigkeit (Abschn. 3.22.2) nehmen stark ab; Abb. 174 zeigt dies für sogenanntes Armcoeisen (Abschn. 4.14.22).

Im Gegensatz dazu tritt bei Aluminium und seinen Legierungen, den *Leichtmetallen* (Abschn. 4.3), *keine Versprödung* auf, sondern die *Güteziffer* wird sogar wesentlich *gesteigert* dadurch, daß allgemein die Zugfestigkeit stark zunimmt, während die Duktilität gleichbleibt oder, je nach Sorte, eventuell noch zunimmt, wie dies aus Abb. 175 hervorgeht. Auch

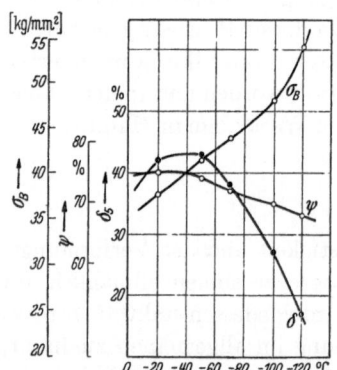

Abb.174. Festigkeitseigenschaften von niedrig gekohltem, unlegiertem Stahl (Armcoeisen) bei Tieftemperaturen

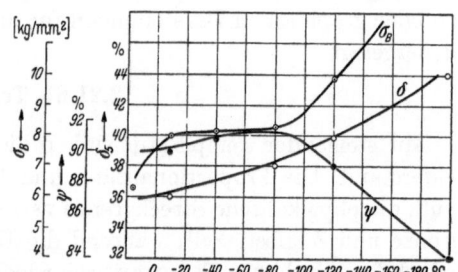

Abb. 175. Festigkeitseigenschaften von Reinaluminium bei Tieftemperaturen

bei *Kupfer* und *Nickel* nebst deren Legierungen wird die *Zähfestigkeit* durch Tieftemperaturen *gesteigert*.

Die legierten Stähle (Abschn. 4.14.3) zeigen unterschiedliches Verhalten. Austenitische Nickelstähle (Abschn. 4.14.31) weisen bei Tieftemperaturen noch beträchtliche Dehnung und Einschnürung auf, austenitische Chrom-Nickel-Stähle können eine wesentliche Zunahme der Zugfestigkeit bei guter Duktilität erfahren, z.B. $\sigma_B = 190$ kg/mm² bei -180 °C für einen Stahl mit 18% Cr und 8% Ni. Ferritische Ni-Stähle können nach entsprechender Wärmebehandlung (Härten und hoch Anlassen) auch bei sehr tiefen Temperaturen noch hohe Kerbschlagzähigkeit aufweisen.

Die Festigkeitseigenschaften bei Tieftemperaturen sind für die Werkstoffe der

Kältemaschinenbaus, vor allem aber für den Flugzeugbau (Stratosphärenflug) von großer Bedeutung. Für den Flugzeugbau trifft es sich günstig, daß gerade dessen wichtigste Baustoffe, die Leichtmetalle, aber auch manche legierte Stähle nicht nur keine Versprödung, sondern eine Verbesserung der Zähfestigkeit bei Tieftemperaturen erfahren.

Auch der *E*-Modul ist temperaturabhängig (Abb. 176), im allgemeinen mit negativem Temperaturkoeffizienten. Diese Federkonstante des Metalls muß aber für manche Zwecke, z.B. für Federn von Präzisionsinstrumenten, Uhren usw., möglichst temperaturunabhängig sein. Es gibt Legierungen, wie z.B. des Systems Fe—Ni, mit einem positiven Temperaturkoeffizienten des *E*-Moduls,

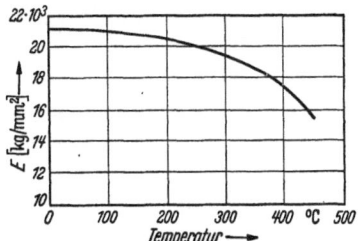

Abb. 176. Einfluß der Temperatur auf den Elastizitätsmodul von unlegiertem Stahl

und somit ist es erklärlich, daß es auch gelungen ist, Spezialstähle des Systems Fe—Ni—Cr herzustellen, die innerhalb der praktisch auftretenden Temperaturschwankungen einen konstanten *E*-Modul haben (Abschn. 4.14.35).

3.21.62. Der Zeiteinfluß

Beim Zeiteinfluß sind dreierlei Wirkungen zu unterscheiden, nämlich

1. der Einfluß der Verformungs- oder Prüfgeschwindigkeit;
2. die zeitliche Nachwirkung nach erfolgter kurzzeitiger Belastung;
3. die Dauerwirkung einer konstanten Belastung.

3.21.62.1. Die Prüfgeschwindigkeit

Die Versuchsergebnisse der statischen Kurzzeitversuche gelten unter der Voraussetzung einer gleichmäßigen langsamen Laststeigerung, durch welche die Spannung um $\leqq 1\ \text{kg/mm}^2$ in der Sekunde ansteigt.

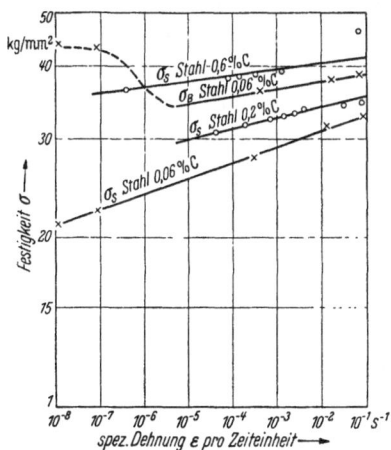

Abb. 177. Einfluß der Zerreißgeschwindigkeit auf die Streckgrenze und Zugfestigkeit verschiedener Stähle, n. HOLLOMON und JAFFE bzw. MORRISON und QUINEY

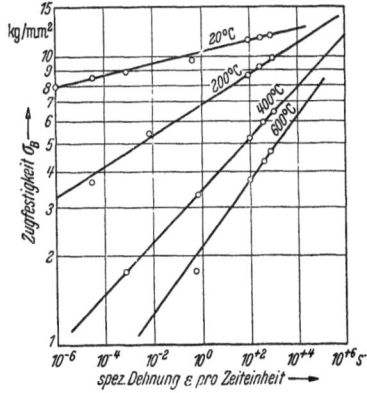

Abb. 178. Einfluß der Verformungsgeschwindigkeit auf die Zugfestigkeit von Aluminium bei verschiedenen Temperaturen, n. HOLLOMON und JAFFE

Durch eine wesentliche Steigerung der Verformungsgeschwindigkeit wird in erster Linie die Fließgrenze heraufgesetzt. Die Zugfestigkeit steigt ebenfalls, jedoch nicht im gleichen Ausmaß. Abb. 177 und 178 zeigen einige Versuchsergebnisse. Man erkennt, daß sich bei weiterer Erhöhung der Verformungsgeschwindigkeit die Fließspannung der Zerreißspannung annähern muß, d.h. daß schließlich auch das duktile Metall reißt, ohne sich vorher plastisch verformt zu haben, weil die *plastische Verformung Zeit* braucht und diese nicht mehr zur Verfügung steht. Tatsächlich findet bei schlagartiger Zugbeanspruchung (*Schlag-Zug-Versuch*) auch *keine plastische Verformung statt, der Stab bricht, als ob er spröde wäre.*

Für die praktische Festigkeitsrechnung liefern die Versuche mit erhöhter Zerreißgeschwindigkeit keine Kennzahlen, weil sich Maschinenteile nicht auf schlagartige Beanspruchung berechnen lassen. Schlag-Zug-Versuche ergeben, wie alle dynamischen Kurzzeitversuche, nur allgemeine qualitative Merkmale für das Verhalten des Werkstoffs gegen schlagartige Beanspruchungen.

3.21.62.2. Die zeitliche Nachwirkung

Zeitliche Nachwirkungen werden allgemein mit „*Altern*" bezeichnet. Die Auswirkungen können sehr verschieden sein, es können innere Spannungen abklingen (*Relaxation*) oder Gefügeumwandlungen vor sich gehen (Gitterumstellungen, Ausscheidungen), Versprödungen oder Erweichungen auftreten usw. Deshalb ist mit Ausdrücken, wie „*Altern*", „*gealtertes Material*" usw., zunächst noch nichts darüber gesagt, um welchen Vorgang und welche Auswirkungen auf die Eigenschaft es sich handelt. Man hüte sich vor einer allgemeinen, nichtssagenden Benützung oder Interpretation des Begriffes „*Alterungserscheinung*" usw., außer man wolle damit ausdrücken, daß sich „irgend etwas" ohne weitere Einwirkung von außen her, nur durch die Zeiteinwirkung, am Material geändert hat.

Für die Spannungs-Dehnungs-Eigenschaften sind etliche zeitliche Nachwirkungen festgestellt worden, ohne daß eindeutige oder befriedigende theoretische Begründungen aufgestellt werden konnten.

Verformt man einen Zugstab deutlich über die Fließgrenze, so verkürzt er sich wieder nach der Entlastung, jedoch nicht auf die Ursprungslänge. Die bei der

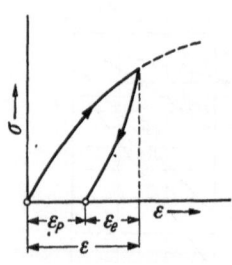

Abb. 179. Elastischer und plastischer Anteil der Verformung, schematisch

Belastung erreichte Dehnung ε läßt sich in einen *elastischen Dehnungsanteil* ε_e und einen *plastischen* ε_p aufteilen (Abb. 179). ε_p wird Null, wenn nur bis zur Elastizitätsgrenze belastet war. Da die zugehörige Spannung nur empirisch, durch Probieren, ermittelt werden kann, läßt sie sich nicht genau ermitteln und wird deshalb praktisch zumeist durch eine konventionelle Spannung σ_x ersetzt, bei welcher ein bleibender Dehnungsrest $\varepsilon = x$ gemessen wurde, z. B. $\sigma_{0,02}$ (Abschn. 3.21.15).

Während man bei Einkristallen das Gebiet der elastischen und der plastischen Formänderung noch scharf, zum mindesten begrifflich, trennen kann, ist dies für das kristalline Haufwerk grundsätzlich nicht mehr möglich. Dort wird nie der Fall eintreten, daß alle Kristallite nur elastisch oder nur plastisch verformt werden. Auch wenn die Materialprobe scheinbar nur elastisch verformt war, werden in etlichen Kristalliten infolge ihrer Orientierung kleine plastische Verformungen vor sich gegangen sein. Es bleibt zwar am Stab kein meßbarer Dehnungsrest, wohl aber hat dies eine *elastische Nachwirkung* zur Folge, d.h. nach der Entlastung geht der Stab nicht sofort auf die Ursprungslänge zurück, sondern dieser Vorgang *braucht Zeit*. Die plastisch verformten Kristallite werden durch die sich elastisch zurückbildenden wieder plastisch zurückverformt. Das σ-ε-Diagramm hat den zeitlichen Ablauf nach Abb. 180.

Wenn Probestäbe aus weichem Nichteisenmetall über die Fließgrenze belastet, dann entlastet und erneut im Zyklus be- und entlastet werden, so steigt infolge Reckverfestigung die Fließgrenze und der *E*-Modul von Belastung zu Belastung,

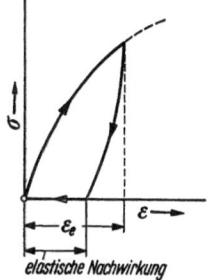
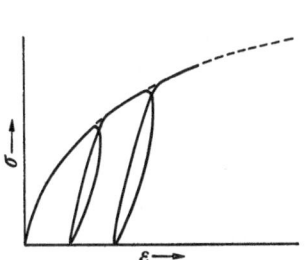
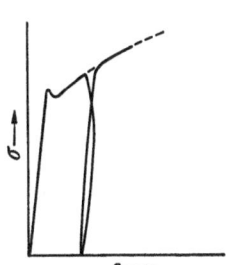

Abb. 180. Spannungs-Dehnungs-Diagramm mit elastischer Nachwirkung, schematisch

Abb. 181. Verhalten duktiler Nichteisenmetalle bei wiederholter Belastung, schematisch

Abb. 182. Verhalten des Stahles bei wiederholter Belastung über die Fließgrenze, schematisch

und es bildet sich allmählich eine Proportionalitätsgrenze und eine physikalische Streckgrenze aus, die ungefähr in die Verlängerung der ursprünglichen Spannungs-Dehnungs-Kurve des weichen Materials fällt (Abb. 181). Analog steigt auch für Stahl die physikalische Fließgrenze (Abb. 182).

Während also auf diese Weise die Streckgrenze durch wiederholte gleichmäßige Belastung in das Fließgebiet gehoben wird, wird sie umgekehrt gesenkt, wenn statt der gleichsinnigen Belastungen abwechselnd Zug- und Druckbelastung über die betreffenden Fließgrenzen hinaus vorgenommen werden. Dieser Effekt heißt nach dessen Entdecker BAUSCHINGER-*Effekt*.

Auf die Größe des BAUSCHINGER-Effektes hat die Ruhezeit nach der Entlastung einen Einfluß, im Sinne einer *Alterungsverfestigung* oder *Versprödung*.

So wurde z. B. durch das klassische Experiment von LUDWIK festgestellt, daß durch das Lagern eines um 1 % vorgereckten Stabes aus Elektrolyteisen die Fließgrenze nach halbstündiger Lagerung um 13%, nach 24 h um 25% und nach 3 Monaten um 33% gestiegen war. Bei zusätzlicher Erwärmung auf 100 °C stieg die Fließgrenze sogar um 50%.

Der BAUSCHINGER-Effekt und der Alterungseffekt wurden in erster Linie bei Stahl festgestellt. Die Phänomene treten bei den übrigen Metallen nur teilweise auf. Für die Ursachen können eindeutige und vollständige Erklärungen bisher noch nicht gegeben werden.

Als Alterungseffekt kann auch die bereits erwähnte *Blaubrüchigkeit* des Stahls gedeutet werden. Das Ausmaß der im Gebiet von 200 bis 300 °C auftretenden Versprödung hängt nämlich nicht nur von der Prüftemperatur ab, sondern auch von der Zerreißgeschwindigkeit.

Allgemein erfährt ein kaltgereckter Stahl eine gewisse Nachverfestigung, wenn man ihn liegen läßt. Diese Zeitverfestigung wird nun offenbar beschleunigt, wenn zugleich eine höhere Temperatur einwirkt. Verformt man ihn bei der kritischen höheren Temperatur nicht zu schnell, so entwickelt sich diese zusätzliche Alterungsverfestigung so rasch, daß sie noch während des Zerreißversuches auswirkt und deshalb die Zugfestigkeit steigert.

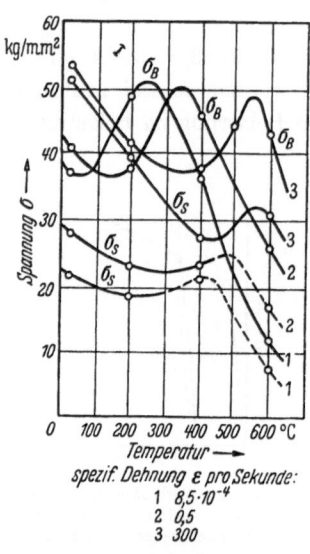

spezif. Dehnung ε pro Sekunde:
1 8,5·10⁻⁴
2 0,5
3 300

Abb. 183. Streckgrenze und Zugfestigkeit von unlegiertem Baustahl bei verschiedener Temperatur und Dehnungsgeschwindigkeit, n. MANJOINE

Somit hängen sowohl die Zugfestigkeit als auch die Streckgrenze von dem *kombinierten Einfluß von Temperatur und Zeit* ab. Versuchsergebnisse, bei denen die Spannungen in ihrer Abhängigkeit von der Temperatur aufgetragen sind, außerdem aber die Dehngeschwindigkeit als Parameter eingeführt ist, zeigen dies sehr deutlich (Abb. 183).

Während der Zeiteinfluß hinsichtlich der Verformungsgeschwindigkeit, der elastischen Nachwirkung und des BAUSCHINGER-Effektes mehr von theoretischem Interesse ist, hat die Zeitdauer einer ruhenden, statischen Belastung bei bestimmten Temperaturen eine große praktische Bedeutung. Es wird deshalb die Eigenschaft der Dauerstandfestigkeit durch statische Langzeitversuche geprüft, und es werden entsprechende Kennzahlen für die Festigkeitsrechnung ermittelt, siehe Abschn. 3.21.7.

3.21.63. Der Einfluß radioaktiver Strahlungen

Der Bau von Atomkraftwerken machte es notwendig, auch den Einfluß der radioaktiven Strahlung auf die Eigenschaften metallischer Werkstoffe zu untersuchen. Die ersten Untersuchungsergebnisse lassen bereits erkennen, daß je nach der Art der Strahlung (Alpha-, Beta-, Gamma- und Neutronenstrahlung), deren Intensität und Dauer unter Umständen starke Änderungen mancher Festigkeitseigenschaften eintreten können, wobei die Bestrahlung häufig eine ähnliche Wirkung ausübt, wie die Kaltreckung. Als Beispiel hierfür sei die *Zunahme* der Festigkeit $\Delta\sigma_B$ und Härte ΔHB von C-Stählen und rostfreien Stählen in der nachstehenden Tabelle aufgeführt. Die Strahlungsdosis ist dabei als „integrierter Neutronenfluß" nvt angegeben. Dabei bedeutet:

n = Anzahl Neutronen/cm³ bestrahlte Materie
v = Neutronengeschwindigkeit [cm/sek]
t = Bestrahlungszeit [sek]

Die Einheit nvt [Anzahl Neutronen/cm²] ist von dem betreffenden Reaktor abhängig, da es Neutronen verschiedener Energie (langsame, schnelle) gibt, was in der allgemein formulierten Einheit nicht zum Ausdruck kommt.

Während also die Streckgrenze, Zugfestigkeit und Härte erhöht werden, gilt für die Kerbschlagzähigkeit das Umgekehrte. Sie wird für C-Stähle erniedrigt,

Werkstoff u. Zustand	Eigenschaft	Bestrahlungsdosis nvt	$\Delta\sigma_B$ kg/mm²	Δ_{HB} kg/mm²
C-Stahl, weich	σ_B	10^{20}	10	—
C-Stahl, weich	σ_S	10^{20}	20	—
C-Stahl, weich	HB	10^{18}	—	38
C-Stahl, weich	HB	10^{19}	—	46
C-Stahl, gehärtet	HB	10^{18}	—	19
C-Stahl, gehärtet	HB	10^{19}	—	25

außerdem verschiebt sich der bekannte temperaturabhängige Steilabfall (s. Abschn. 3.22.2) in das Gebiet höherer Temperaturen.

Die Ursache der Eigenschaftsänderungen kann mit hoher Wahrscheinlichkeit in der Zunahme von Störstellen im Gitter gesucht werden. Durch die Neutronen werden wahrscheinlich sowohl Atome von ihren normalen Gitterplätzen weggeschossen als auch solche auf abnormale Zwischengitterplätze verpflanzt.

3.21.7. Die Dauerstandfestigkeit

3.21.71. Phänomene und Begriffe

Belastet man einen Zugstab aus einem Metall, dessen Spannungs-Dehnungs-Diagramm nach Typus 1 verläuft, mit einer Last $P < P_{\max}$ oberhalb der exakt nicht feststellbaren Elastizitätsgrenze, so tritt eine elastische und plastische Dehnung ein (Abb. 184).

Läßt man diese Last bzw. die zugehörige Spannung unverändert beliebig lange wirken, so stellt man häufig fest, daß die Dehnung weitergeht. Das Material fließt weiter. Dieses Weiterfließen unter gleicher Spannung bezeichnet man als *Kriechen*. Die *Kriechgeschwindigkeit* v_k ist $\dfrac{d\,\varepsilon}{d\,Z}$, wenn Z die Zeit ist.

Das Kriechen kann so langsam vor sich gehen, daß man praktisch auch nach sehr langer Zeit, nach Jahren, keine weitere Zunahme der Dehnung mehr messen kann. In diesem Grenzfall ist die Kriechge-schwindigkeit Null geworden.

Je nach Material, Spannung und Temperatur können drei typische Fälle eintreten:

1. v_k ist als Grenzfall von vornherein Null. Das Material erträgt die Spannung auf beliebig lange Zeit, ohne die Form zu ändern, geschweige denn zu brechen.

2. v_k ist zwar anfangs > 0, geht aber im Laufe der Zeit auf Null zurück. Auch in diesem Fall wird der Werkstoff die betreffende Spannung bei der betreffenden Temperatur beliebig lange

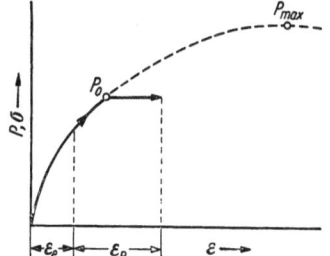

Abb. 184. Dehnverhalten bei ruhender Last, schematisch

ertragen, ohne zu brechen, aber im Gegensatz zum ersten Fall muß man damit rechnen, daß im Lauf der Tage, Monate oder Jahre noch keine Längenänderungen eintreten.

In beiden Fällen ist die betreffende Spannung mit Sicherheit unterhalb der Dauerstandfestigkeit des Werkstoffes, d. h. *derjenigen unveränderten Grenzbelastung, welche der Werkstoff beliebig lange erträgt, ohne zu brechen, unbeschadet der Frage, ob er dabei im Laufe der Zeit seine Form ändert oder nicht.*

3. In einem dritten Fall hört das Kriechen nie auf. Dann muß der Werkstoff aber irgendwann einmal brechen, denn die Dehnlänge kann nicht ∞, somit auch der Querschnitt nicht $1/\infty$ werden. Der Stab wird, vielleicht erst nach Jahren, reißen, sei es mit oder ohne örtliche Einschnürung gegen das Ende seiner Lebensdauer. Auf alle Fälle wird die Endphase abgekürzt, weil bei gleichbleibender Dauerlast sich schließlich der Querschnitt verringern, die wahre Spannung und v_k sich erhöhen müssen.

Innerhalb dieser drei typischen Grenzfälle spielen sich die Phänomene ab. Den Ursachen nach handelt es sich um einen *zeitlichen Wettlauf* zwischen dem komplexen, mehr oder weniger träge verlaufenden Vorgang a) der *plastischen Verformung*, die ohne Gegenwirkung zum Bruch führen muß, und b) der *Verfestigung* des Gefüges, sei es an den Korngrenzen, sei es innerhalb der Kristallite durch Gitterverzerrungen oder Gitteraufspaltungen infolge der Verformung, sowie c) der fortwährenden, zeit- und temperaturabhängigen *Entfestigung* des verfestigten Gefüges infolge Kristallerholung und Rekristallisation. Konvergiert das Kriechen zu einem Gleichgewichtszustand zwischen Wirkung und Gegenwirkung, so hört es auf, und es tritt kein Bruch ein, im andern Fall bricht das Material, wenn auch vielleicht erst nach sehr langer Zeit. Bei Legierungen können außerdem durch träge verlaufende Ausscheidungen Versprödungen auftreten, welche die Dehnreserve des Werkstoffes verringern und dadurch den Bruch beschleunigen.

Viele Werkstoffe, vor allem die Stähle und die Buntmetallegierungen, verhalten sich *bei Raumtemperatur* wie Typus 1, d. h. die auf Grund der normalen statischen Zug-, Druck- oder Torsionsversuche ermittelten Kennzahlen haben auch für beliebig lange Belastung Gültigkeit. In der praktischen Festigkeitsrechnung braucht dann die *Dauer* der statischen Belastung nicht berücksichtigt zu werden.

Anders hingegen, wenn diese Werkstoffe bei *höheren Temperaturen dauernd statisch beansprucht werden.* Dann beginnen sie allmählich, d. h. mit steigender Temperatur, zu kriechen und verhalten sich wie Fall 2. oder 3. Für Schaufeln für Gasturbinen oder Aufladegebläse oder für Bauteile von Düsentriebwerken usw., die dauernd bei Belastungstemperaturen von z. B. 500 °C oder mehr beansprucht werden, muß die Dauerstandfestigkeit ermittelt werden, die kleiner ist als die normale Streckgrenze oder Zerreißfestigkeit, welche im *kurzzeitigen* Zerreißversuch bei der betreffenden Temperatur auftritt und dann im Gegensatz zur Dauerstandfestigkeit einfach als *Warmfestigkeit* bezeichnet wird. Für die Festigkeitsrechnung ist also in solchen Fällen die Dauerstandfestigkeit oder auch die sogenannte *Kriechgrenze* und nicht die Warmfestigkeit maßgebend.

Einige Werkstoffe kriechen bereits bei Raumtemperatur. Ein typisches Beispiel ist Aluminium. Eine Schraubenverbindung aus Aluminium kann man zunächst scharf anziehen, und sie sitzt unter der Wirkung der elastischen Spannung fest. Nach einiger Zeit klingen aber die letzteren ab. Die Verbindung wird spannungsfrei und deshalb locker. Analog lockert sich eine Stahlschraubenverbindung mit einer Aluminiumunterlagscheibe nach einigen Tagen, weil die Unterlagscheibe zu fließen beginnt, d. h. kriecht. Erst nach wiederholtem Nachziehen in größeren

Zeitabständen wird die Verbindung fest werden, weil die Dicke der Scheibe sich unter Druckspannungen nicht beliebig verringern kann. Hingegen wird der Preß-sitz eines Stahlbolzens in einer Aluminiumnabe unter Umständen endgültig ver-lorengehen, weil die unter Zugspannungen stehende Bohrung sich bleibend auf-weitet. Gleichermaßen verhalten sich Metalle mit niedriger Rekristallisationstem-peratur, z.B. Blei oder Zinn. Man kann diese Metalle deshalb auch nicht durch Kaltreckung bei Raumtemperatur verfestigen.

3.21.72. Die Kriechkurven

Wenn ein Werkstoff unter konstanter Last kriecht und schließlich bricht, so hat seine Längenänderung ΔL als Funktion der Zeit Z stets den Verlauf nach Abb. 185.

Dabei lassen sich 4 Stadien unterscheiden:

1. Die unmittelbare Verlängerung, die nicht identisch ist mit dem „Kriechen" und die sofort als elastische und plastische Formänderung entsteht.

2. Das Stadium abnehmender Kriechgeschwin-digkeit $\dfrac{dL}{dZ} \to 0$.

3. Das Stadium konstanter Kriechgeschwin-digkeit $\dfrac{dL}{dZ} = \text{const.}$

4. Das Stadium zunehmender Kriechgeschwin-digkeit $\dfrac{dL}{dZ} \to \infty$.

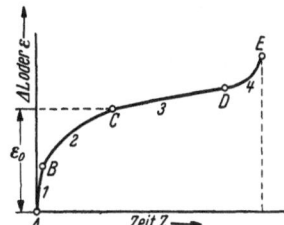

Abb. 185. Schema einer Kriechkurve

Diese Charakteristik entsteht bei jedem Metall, wenn

a) eine kritische konstante Belastung und damit nominelle Spannung oder
b) eine kritische Temperatur oder
c) beides überschritten wird.

Abb. 186 zeigt, daß für Blei bereits bei Raumtemperatur die kritische Tempe-ratur überschritten war, während bei $-180\,^{\circ}C$ die Längenänderung, d.h. das Kriechen, bereits nach kurzer Zeit zum Stillstand kam.

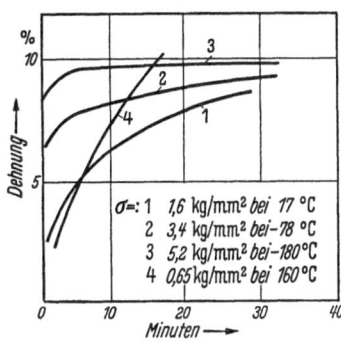

Abb. 186. Kriechkurven von Blei bei verschiedenen Spannungen und Temperaturen, n. ANDRADE

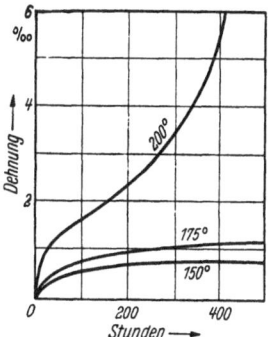

Abb. 187. Kriechkurven einer Duraluminlegierung unter 27 kg/mm² Spannung bei verschiedenen Tem-peraturen, n. STANFORD

Abb 187 zeigt, wie eine Leichtmetallegierung (Duralumintyp) nach Überschreitung einer kritischen Temperatur zum Kriechen kommt.

Abb. 188 zeigt, wie derselbe Effekt bei Stahl bei konstanter Temperatur, jedoch infolge Überschreitung der kritischen Lastgrenze eintritt.

Das Stadium 3 kann so kurz dauern, daß es praktisch zum Wendepunkt zwischen Stadium 2 und 4 wird.

Abb. 189 zeigt schematisch eine Schar von Kriechkurven, wie sie zwischen den Grenzbedingungen möglich sind: Im Falle A war Stadium 3 zu einem Wendepunkt

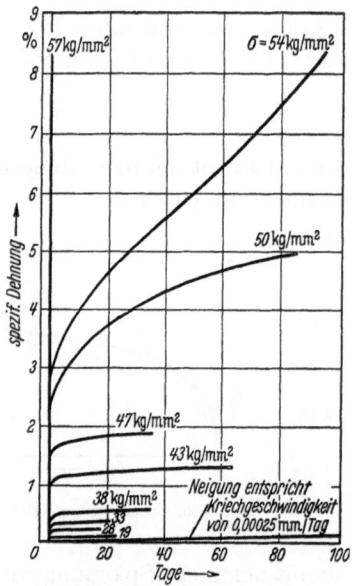

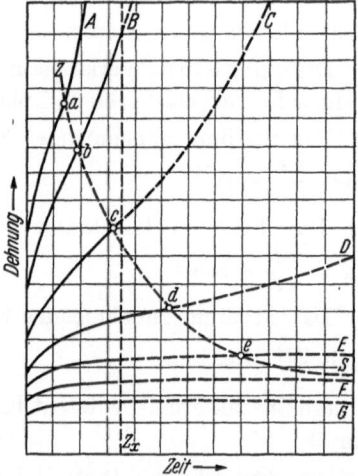

Abb. 188. Kriechkurven von Stahl für verschiedene Spannungen bei 300 °C, n. STANFORD

Abb. 189. Ausbildung des vierten Stadiums der Kriechkurven, schematisch, n. McVETTY

zusammengeschrumpft, der Bruch war bald eingetreten. Im Falle G war demgegenüber die Kriechgeschwindigkeit v_k im Stadium 3 praktisch Null geworden. Das Kriechen kam zum Stillstand, das Stadium 4, das zum Bruch führt, entwickelte sich erst nach ∞ langer Zeit. Die entscheidende Charakteristik für die Dauerstandfestigkeit ist somit die Lage des Wendepunktes, bei welchem das Stadium 4 einsetzt, also der Kurvenzug $Z_a, Z_b \dots Z_g$.

Eine genaue Feststellung der Punkte $B - C - D$ der Kriechkurve Abb. 185 ist nicht möglich, denn es ist dies wieder eine Frage der Meßgenauigkeit, die dadurch erschwert wird, daß ΔL sehr klein, Z jedoch sehr groß werden kann, weshalb sich Versuche unter Umständen über viele Jahre erstrecken müssen.

Es stellt sich deshalb die Frage, ob Stadium 4 immer eintritt oder nicht. Nur wenn im Stadium 3 v_k wirklich Null geworden ist und außerdem Stadium 4 mit Sicherheit sich nicht entwickeln wird, kann die Dauerstandfestigkeit durch die Spannung im Stadium 3 definiert werden. Weder die eine noch die andere Voraussetzung kann jedoch mit Sicherheit experimentell entschieden werden. Langzeitversuche, die sich über viele Jahre erstreckten, lassen erkennen, daß sich zwar v_k asymptotisch dem Nullwert nähern, sich aber trotzdem Stadium 4 mit nachfolgendem Bruch entwickeln kann.

3.21.73. Definition der Dauerstandfestigkeit

Die Dauerstandfestigkeit σ_∞ ist diejenige auf den ursprünglichen Querschnitt bezogene – und deshalb scheinbare! (s. Abschn. 3.21.8) – größte Zugspannung, welche der Werkstoff bei statischer Belastung unter einer gewissen Temperatur beliebig lange erträgt. Ihre Ermittlung kann nur durch die Methode von „Versuch und Irrtum" erfolgen. Weil das Kriechen unter Umständen sehr langsam abklingt, weil es schwierig und langwierig sein kann, festzustellen, ob das Kriechen tatsächlich aufgehört hat und weil andernfalls immer noch mit der Entwicklung des Stadiums 4 der Kriechkurve (s. Abb. 185) gerechnet werden muß, erfordert die Ermittlung der Dauerstandfestigkeit vor allem für Stähle unter hoher Temperatur oft einen ungewöhnlich langen Zeitaufwand. Es sind schon Versuche bis zu 100000 Stunden (> 11 Jahre!) gemacht worden. Unter Verzicht auf die Ermittlung der Dauerstandfestigkeit σ_∞ versucht man deshalb durch – relative! – Kurzzeitverfahren sich ein Bild vom Verhalten des Werkstoffes unter langdauernder statischer Belastung zu machen. Die gebräuchlichsten sind der *Zeitstandversuch* und die Ermittlung der *Kriechgrenze*.

3.21.73.1. Der Zeitstandversuch

Durch den Zeitstandversuch gewinnt man Einblick in das *Zeitstandverhalten* des Werkstoffes, dadurch, daß man bei konstanter Temperatur Kriechkurven unter verschiedenen nominellen Spannungen bis zum Bruch aufzeichnet (Parameter: Spannung) und aus diesem Diagramm graphisch ein Zeitstanddiagramm σ – Zeit entwickelt (Parameter: Dehnung), s. Abb. 190. Je nach dem Verlauf der Grenzlinie für den Bruch im Zeitstanddiagramm kann man dann mit mehr oder weniger großer Sicherheit auf die zulässige Spannung für sehr lange Belastungszeiten oder sogar auf die Dauerstandfestigkeit (Zeit ∞) extrapolieren. Letzteres ist aber immer gewagt. Andererseits gibt das Diagramm dem Konstrukteur einen Einblick, welche Spannung er zulassen kann,

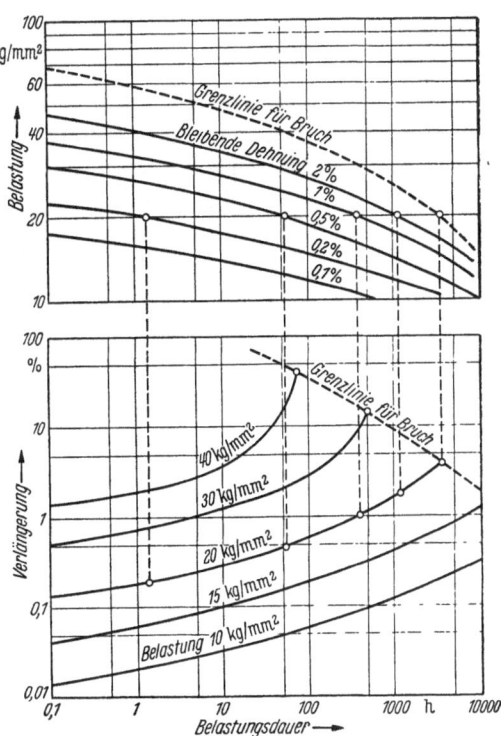

Abb. 190. Auswertung von Langzeit-Dauerstand-Festigkeitsversuchen

a) unter Inkaufnahme einer bestimmten bleibenden Dehnung,

b) unter Berücksichtigung der Lebensdauer der Konstruktion.

Ferner lassen sich (evtl. durch Interpolationen) analoge Materialkennwerte, wie aus dem Zugversuch, ermitteln, mit der Einschränkung, daß sie für eine bestimmte Zeitdauer gelten, nämlich

Zeitstandfestigkeiten, z.B. $\sigma_{B/1000}$, d.h. die Zugspannung, unter welcher der Werkstoff nach 1000 h reißt,

Zeitdehngrenzen, z.B. $\sigma_{0,5/10\,000}$, d.h. diejenige Spannung, durch welche der Werkstoff nach 10000 h eine bleibende Dehnung von 0,5% angenommen hat,

Zeitbruchdehnungen, z.B. σ_{1000}, d.h. die Bruchdehnung, die bei einem Bruch nach 1000 h entstanden war, sowie *Zeitbrucheinschnürungen*.

3.21.73.2. Die Kriechgrenze

Ein stark abgekürztes Verfahren ist die Ermittlung der Kriechgrenze σ_{KR} an Stelle der Dauerstandfestigkeit oder der Zeitstandfestigkeiten.

Dabei werden wiederum die Dehnungen in Abhängigkeit der Zeit ermittelt, mit der Spannung als Parameter. Unter der Voraussetzung, daß sich ein Fließen mit konstanter Fließgeschwindigkeit – Stadium 3 der Kriechkurve – entwickelt, definiert man: Als Kriechgrenze soll diejenige Spannung gelten, unter der erstens in einem bestimmten Zeitabschnitt eine gewisse konstante Kriechgeschwindigkeit v_K auftritt und zweitens nach einer gewissen Zeit eine bestimmte Dehnung $\varepsilon\,[\%]$ eingetreten ist. Beide Bedingungen sollen also zugleich erfüllt sein; die Ermittlung des Parameters $\sigma = \sigma_{KR}$ muß meistens durch Interpolation der Kriechkurven erfolgen. Man versucht also durch zwei numerische Wertepaare $v_K(Z)$ und $\varepsilon(Z)$ den Charakter der Fließkurve so festzulegen, daß nach Erfahrung die dabei auftretende Spannung ungefähr der Dauerstandfestigkeit entsprechen sollte. Als Beispiel für eine zahlenmäßige Definition von σ_{KR}, die im übrigen in den einzelnen Materialprüfanstalten sehr verschieden ist, sei nach DIN 50117 ausgeführt: v_K zwischen der 25. und 35. Stunde $= 10^{-3}$ %/Std. und ε nach der 45. Stunde 0,2%.

3.21.73.3. Kritik der Definitionen und Meßmethoden

Die Terminologie im Gebiet der Dauerstandfestigkeit schwankt, sogar innerhalb ein und desselben Sprachgebietes. Ohne genaue Angaben aller Versuchsbedingungen oder Parameter sind deshalb Zahlenwerte für σ mit größter Vorsicht aufzunehmen.

Genügend lange Zeitstandversuche geben noch das beste Bild über das Dauerstandverhalten des Werkstoffes; die durch Kurzzeitversuch ermittelte Kriechgrenze kann dagegen oft zu groben Fehlschlüssen führen (Abb. 191).

Ganz unzulässig sind Rückschlüsse auf die Dauerstandfestigkeit auf Grund der Streckgrenze, Zugfestigkeit und Dehnung im kalten Zustand oder auch der einfachen Warmfestigkeit. Ebensowenig sagen σ_{KR}-Werte bei hohen

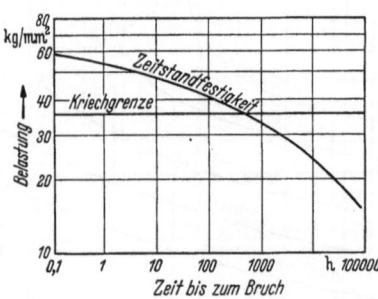

Abb. 191. Vergleich der Zeitstandfestigkeit und der Kriechgrenze bei 500 °C eines Schraubenstahles mit 0,22% C; 0,38% Si; 0,53% Mn; 1,62% Cr; 0,43% Mo; 0,39% V. $\sigma_B =$ 80 kg/mm² (nach THUM und RICHARD)

Temperaturen etwas darüber aus, wie der Werkstoff sich bei noch höheren Temperaturen verhalten wird, selbst dann nicht, wenn man vergleichsweise die chemische Zusammensetzung heranzieht, wie die nachstehende Tabelle zeigt.

Tabelle 4. *σ_{KR} verschiedener Stähle bei verschiedenen Temperaturen.*
Kriterien für σ_{KR}: v_K zwischen 16. u. 33 Std. = 0,01 °/00/Std.
ε nach der 42. Std. 0,2 °/0. nach Versuchen Brown-Boveri

Temperatur °C →	20°			400°	500°	600°
Stahl mit ↓	σ_S kg/mm²	σ_B kg/mm²	δ_{10} %	σ_{KR} kg/mm²	σ_{KR} kg/mm²	σ_{KR} kg/mm²
0,02 C	13,5	25,6	41	6	5	< 1
5 Ni — 0,14 C	67,3	80	17	25	3	< 0,1
16,5 Cr — 0,22 C	44	74	19,4	35	11	2,5
13,2 Cr — 13,4 Ni — 0,34 C	36	77	47,5	—	22	13
17,4 Cr — 7,9 Ni — 0,11 C	45	74	35	—	35	29

Die Ermittlung der *Zeitstandfestigkeiten* für *lange Belastungszeiten* und vollends der *Dauer*standfestigkeit für *beliebige Dauer* ist ein schwieriges und noch nicht allgemein befriedigend gelöstes Problem.

Wenn der Konstrukteur mit beschränkter Lebensdauer rechnen darf, so kann er Zeitstandwerte sinnvoll anwenden. Z. B. genügt es für Turbinenschaufeln in Kauf zu nehmen, wenn $v_K = \text{const} \leqq \dfrac{10^{-6}\,[°/0]}{\text{Std.}}$ geworden ist, da dies einer gesamten Kriechdehnung von $\leq 0,1\%$ in 10 Jahren entspricht.

3.21.8. Die Wechselfestigkeit

3.21.81. Die Phänomene

Wenn man einen Probestab einer wechselnden Belastung aussetzt, gleichgültig, ob die Belastung zwischen Null und einer Zug- oder Druck- oder Torsionsbeanspruchung liegt oder zwischen einer Druck- und Zugbeanspruchung bzw. wechselnden Verdrehungsrichtungen oder ob der Lastwechsel zwischen einer niedrigeren und einer höheren Zuglast oder einer niedrigeren und einer höheren Drucklast oder Schublast erfolgt, so bricht der Stab nach einer gewissen Anzahl Lastwechsel bei einer Spitzenspannung, die unterhalb seiner Zug-, Druck- oder Schubfestigkeit liegt, welche durch normale statische Belastung festgestellt worden war.

Durch wechselnde Belastung sinkt also seine Festigkeit. Das Material „ermüdet", es bildet sich ein *Ermüdungsbruch* aus.

Der Ermüdungsbruch ist bei duktilen Werkstoffen durch das völlig andere Aussehen der Bruchflächen vom sogenannten *Gewaltbruch* leicht zu unterscheiden. Die Gewaltbruchstelle ist unregelmäßig mit zähen, sehnigen Ausfransungen oder Zipfeln durchsetzt, die Ermüdungsstelle sieht dagegen glatt und eben aus, so, wie sonst bei spröden Werkstoffen. Abb. 192 zeigt einen Lenkarm, der zunächst an der glatten Stelle durch Ermüdung und anschließend im Restquerschnitt durch Gewaltbruch gebrochen war.

An Maschinenteilen, die im Betrieb gebrochen sind, findet man gewöhnlich, daß die Ermüdungsbruchflächen oxydiert, die Gewaltbruchstellen blank sind. Das deutet darauf hin, daß der Ermüdungsbruch schon vor längerer Zeit eingeleitet war. Tatsächlich bildet er sich an Maschinen im Betrieb meist so aus, daß sich die Ermüdungsbruchfläche, von außen mehr oder weniger unsichtbar, allmählich

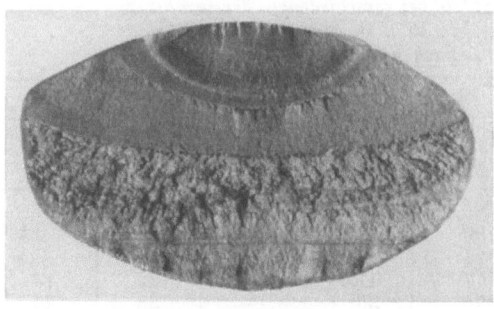

unter der wechselnden Beanspruchung ausbreitet, bis der Restquerschnitt plötzlich als Gewaltbruch nachgibt. Die Ausbreitung des Ermüdungsbruches kommt dabei mitunter während einiger Zeit zum Stillstand, z. B. wegen vorübergehendem Stillstand der Maschine, wodurch infolge verschiedener Verfärbung der verschieden lange oxydierten Bruch-

Abb. 192. Bruchstelle eines Lenkarmes; vergüteter Chrom-nickelstahl VCN 15 (EMPA)

flächen Zonen, ähnlich den Wachstumsringen von Bäumen,

sichtbar werden. Abb. 193 zeigt eine solche Bruchstelle, wo der Ermüdungsbruch etwa die Hälfte des Querschnittes ausmacht, mit deutlichen *Rastlinien*, während der Restquerschnitt dann als Ge-

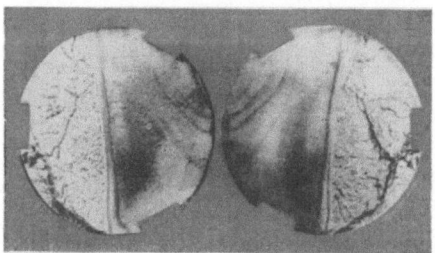

waltbruch getrennt wurde.

Ermüdungsbruch tritt ein, wenn die *Wechselfestigkeit* des Werkstoffes durch die wechselnden Spannungen überschritten wird; jene liegt weit unter der statischen Festigkeit. Für die Festigkeitsberechnung von Maschinenteilen, die einer wechselnden Belastung unterliegen, müssen daher durch Materialprüfung dem Konstrukteur Wechselfestigkeits-Kennzahlen zur

Abb. 193. Rastlinien im Ermüdungsbruch einer Stahl-welle, der von der Keilnut ausging. Restquerschnitt Gewaltbruch (BBC)

Verfügung gestellt werden. Dies geschieht durch die *dynamischen Langzeit*-Festigkeitsmessungen, die analog den statischen in Zug-, Druck-, Biege- und Verdrehungsversuchen bestehen.

3.21.82. Das Meßprinzip und die Versuchseinrichtungen

Belastet man einen Zerreißstab durch eine Zugspannung σ_n wenig kleiner als σ_B, jedoch im dauernden Wechsel mit der Spannung $\sigma = 0$, läßt man also eine konstante Prüflast $P_n < P_{max}$ des Zerreißversuches pulsierend einwirken, so zerreißt der Stab nach n Lastwechseln durch Ermüdungsbruch. Man hat dann seine Wechselfestigkeit für den Belastungsfall: obere Grenzspannung $\sigma_o = \sigma_n$ und untere Grenzspannung $\sigma_u = 0$ für n Lastwechsel ermittelt.

Wiederholt man den Versuch mit einer andern oberen Grenzspannung $\sigma_n' < \sigma_n$, so tritt der Bruch nach $n' > n$ Lastwechseln ein. Durch systematisches weiteres Probieren erhält man die obere Grenzspannung in ihrer Abhängigkeit von der Anzahl Lastwechsel, $\sigma_n(n)$. Die Meßwerte ergeben eine Kurve nach Abb. 194, die sogenannte WÖHLER-*Kurve*.

Alle WÖHLER-Kurven, gleichgültig mit welchen oberen und unteren Grenzspannungen und gleichgültig, ob aus Zug-, Druck-, Biege- oder Verdrehungsversuchen gewonnen, haben die gemeinsame Charakteristik, daß sie asymptotisch zu einem σ-Wert verlaufen, der zu $n = \infty$ Lastwechseln gehört, und daß ziemlich viele, Hunderttausende bis Millionen, Lastwechsel nötig sind, um diejenige Spannung zu ermitteln, die erst bei beliebig viel Lastwechseln zum Bruch führt.

Die Spannung, die bei $n = \infty$ Lastwechseln zum Bruch führt, ist die gesuchte Kennzahl für die Wechselfestigkeit σ_w. Sie kann nur durch Extrapolation gewonnen

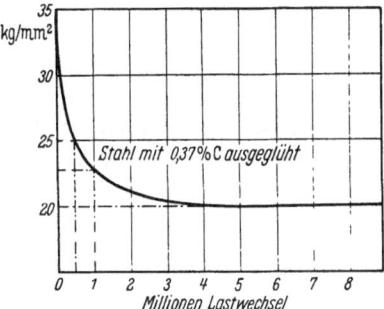

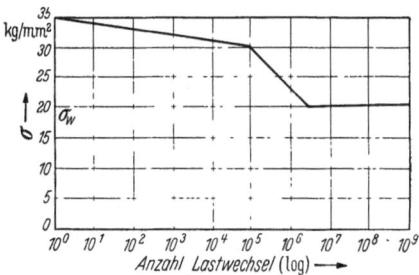

Abb. 194. Wechselfestigkeit in Abhängigkeit von der Anzahl Lastwechsel, sog. WÖHLER-Kurve

Abb. 195. Charakteristik der WÖHLER-Kurve Abb. 194 mit logarithmischem Abszissenmaßstab

werden (Abb. 194). Man kann aber auch ebenso sinnvoll definieren: „Die Wechselfestigkeit ist die Spannung, die der Werkstoff bei beliebig vielen Lastwechseln ‚gerade noch' aushält".

Trägt man die Werte einer WÖHLER-Kurve im einfach-logarithmischen Ordinatennetz ein (Abb. 195), so zeigt sich, daß diese Extrapolation praktisch mit großer Sicherheit ausgeführt werden darf. Die Kurve der σ-Werte setzt sich dann praktisch aus drei Geraden zusammen, von denen die letzte parallel zur n-Achse ist.

Für Stahl wird die Wechselfestigkeit nach $(3 \div 10) \cdot 10^6$ Lastwechseln erreicht, für Nichteisenmetall nach $(50 \div 100) \cdot 10^6$. In Grenzfällen kann die Wechselfestigkeit praktisch Null werden, d.h. man kann bei den betreffenden Werkstoffen oder Maschinenbauteilen nur mit einer beschränkten Lebensdauer rechnen, ähnlich wie bisweilen für die Dauer-Standfestigkeit. Das kommt unter Umständen auch bei Stahl vor; z.B. haben Wälzlager auch bei sehr geringer Belastung keine unbeschränkte Lebensdauer. Ähnliches kann an Reibstellen sonstiger Art oder unter Korrosionseinfluß auftreten.

Die Wechselfestigkeit wird gelegentlich auch als *Ermüdungsfestigkeit* oder als *Dauer-Wechselfestigkeit* bezeichnet, jedoch ist zu beachten, daß im Gegensatz zur Dauer-Standfestigkeit die Wechselfestigkeit *nicht von der Zeitdauer* der Beanspruchung oder des Versuches, sondern fast ausschließlich von der *Anzahl der Lastwechsel* abhängt. Sie ist nämlich praktisch frequenzunabhängig, wenn die Frequenz des Lastwechsels innerhalb der im praktischen Maschinenbau auftretenden Lastwechselfrequenzen liegt. Erst bei sehr hohen Frequenzen ist ein leichter Einfluß der Frequenz spürbar, jedoch auch da noch zu gering, als daß es einen Sinn

Abb. 196. Ölhydraulische Zerreißmaschine mit Pulsator (Fabr. Amsler)

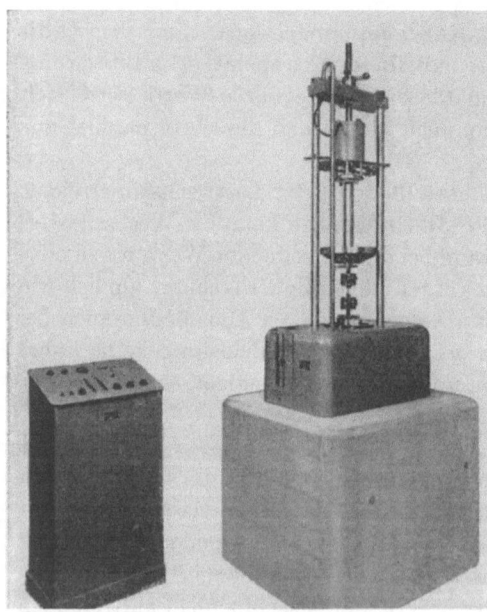

Abb. 197. Wechselfestigkeits-Zerreißmaschine, magnetelektrisch betätigt (Fabr. Amsler)

hätte, den Frequenzeinfluß auf die Kennziffern der Wechselfestigkeit zu berücksichtigen.

Für die Zug-, Druck- und Biege-Wechselversuche werden dieselben Prüfmaschinen verwendet wie für die statischen Versuche. Sie besitzen lediglich eine Zusatzeinrichtung, um die Kraft schwingen zu lassen. Bei den hydraulischen Maschinen ist ein automatisches Steuerorgan in den Ölkreislauf zwischen Pumpe und Arbeitszylinder der Zerreißmaschine eingeschaltet, durch welches der Öldruck wechselnd zwischen einer obern und einer untern Grenze gesteuert wird. Abb. 196 zeigt einen solchen *Pulsator*. Die hydraulischen Maschinen ermöglichen Frequenzen bis etwa 5 Hz. Das erfordert bei Millionen von Lastwechseln eine lange Versuchsdauer. Es sind deshalb elektromagnetisch angetriebene Hochfrequenz-Wechselprüfmaschinen entwickelt worden, mit bis zu 500 Hz Betriebsfrequenz, bei welchen zur Krafterzeugung ein Resonanzeffekt dient, der zwischen den pulsierenden Kräften eines röhrengesteuerten Wechselstrommagneten und der Eigenschwingungsfrequenz einer gefederten Masse entsteht. Bei manchen Bauarten bildet der Probestab selbst das frequenzbestimmende Federglied des Systems (Abb. 197). Die Versuchsdauer wird dadurch wesentlich abgekürzt.

3.21.83. Kennzahlen für die Wechselfestigkeit

Jede durch eine WÖHLER-Kurve ermittelte Wechselfestigkeit ist durch eine *untere* und eine *obere* *Grenzspannung*, σ_u und σ_o, charakterisiert. Statt dessen kann der Belastungsfall auch durch eine konstante *Mittelspannung* σ_m und einen überlagerten schwingenden

Spannungsausschlag σ_a charakterisiert werden. Allgemein ist dann:

$$\sigma_m = \frac{\sigma_o + \sigma_u}{2}, \qquad \sigma_a = \frac{\sigma_o - \sigma_u}{2}, \qquad \sigma_o = \sigma_m + \sigma_a, \qquad \sigma_u = \sigma_m - \sigma_a.$$

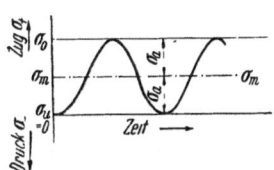
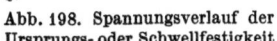
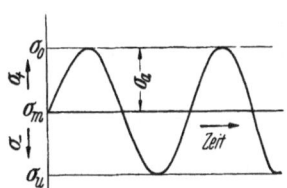
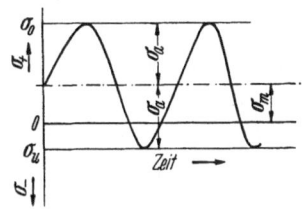

Abb. 198. Spannungsverlauf der Ursprungs- oder Schwellfestigkeit | Abb. 199. Spannungsverlauf der Schwingungsfestigkeit | Abb. 200. Spannungsverlauf im allgemeinen Fall einer Wechselfestigkeit

Für zwei charakteristische Belastungen haben sich besondere Bezeichnungen eingebürgert:

a) Unter *Ursprungs-* oder *Schwellfestigkeit* versteht man den Belastungsfall mit $\sigma_u = 0$ bei Zugbeanspruchung bzw. $\sigma_o = 0$ bei Druckbeanspruchung. Dabei ist

$$\sigma_m = \frac{\sigma_o}{2} = \sigma_a \qquad\qquad \text{(Abb. 198).}$$

b) Unter *Schwingungsfestigkeit* versteht man den Belastungsfall

$$\sigma_o = -\sigma_u = \pm \sigma_a; \sigma_m = 0 \qquad\qquad \text{(Abb. 199).}$$

Den allgemeinen Fall zeigt Abb. 200.

Eine Streckgrenze wird für die Wechselfestigkeit nicht gemessen, da sie praktisch nicht existiert.

Der Werkstoff ist erst dann für alle konstrukiv auftretenden Belastungsfälle vollständig beschrieben, wenn die Wechselfestigkeiten für alle möglichen oberen und unteren Grenzspannungen empirisch durch WÖHLER-Kurven bestimmt sind. Die Meßwerte faßt man dann in einem *Gebrauchsdiagramm* für den Konstrukteur zusammen (Abb. 201).

Dabei werden die zusammengehörigen Wertpaare für σ_o und σ_u der einzelnen Versuche in ihrer Abhängigkeit von der zugehörigen Mittelspannung σ_m aufgetragen. Die σ_o- und die σ_u-Kurve schneiden sich in einem Punkt C, der auf einer Geraden unter 45° zu den Koordinatenachsen liegt. Bei C ist $\sigma_a = 0$, d.h. der Stab bricht, ohne daß der Mittelspannung eine schwingende Spannung $\pm \sigma_a$ überlagert wird. Der Punkt entspricht also der statischen Zugfestigkeit.

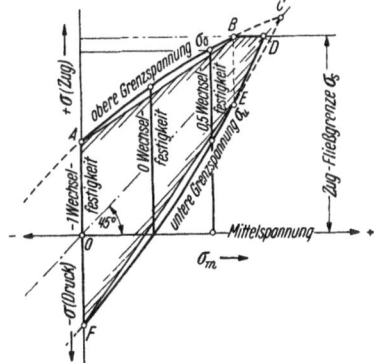

Abb. 201. Gebrauchsdiagramm für die zulässigen Grenzspannungen bei wechselnder Belastung

Der Werkstoff darf aber ohnehin nicht über die statische Fließgrenze belastet werden, da ja sonst unzulässige dauernde Formänderungen auftreten würden. Das zulässige Spannungsgebiet wird deshalb oben durch σ_s abgeschnitten und beschränkt sich auf das vom Kurvenzug $A-B-D-E-F$ umschlossene Feld.

Das Diagramm kann entsprechend nach links unten in das Druckspannungs-gebiet fortgesetzt werden, jedoch hat dies praktisch fast keine Bedeutung.

Zur Vereinfachung werden in den Gebrauchsdiagrammen die Kurvenstücke $A{-}B$ und $E{-}F$ durch Gerade ersetzt.

Da die obenerwähnten Bezeichnungen „Schwellfestigkeit" usw. zu Verwechs-lungen Anlaß geben und außerdem nur bestimmte Belastungsfälle ausdrücken, wählt man als allgemeine und eindeutige Bezeichnung besser den Begriff „Wechsel-festigkeit" und charakterisiert den betreffenden Belastungsfall durch eine voran-gestellte Zahl, die den Quotienten $\frac{\sigma_u}{\sigma_o}$ darstellt. Durch diesen Quotienten und Hinzufügung des Zahlenwertes für σ_o kann man, unter Beobachtung des Vor-zeichens, alle Wertepaare des Diagramms eindeutig und kurz ausdrücken. Die „Schwin-gungsfestigkeit" ist dann die „— 1 Wechsel-festigkeit", die „Ursprungs- oder Schwell-festigkeit" die „0-Wechselfestigkeit".

Eine Angabe: 0,4 Wechselfestigkeit $= 30$ kg/mm² bedeutet also: Spannungs-wechsel zwischen 12 und 30 kg/mm² Zug zu-lässig.

Analog werden die Gebrauchsdiagramme für die Biege- und Torsions-Wechselfestigkeit aufgestellt. Abb. 202 zeigt ein Diagramm für alle drei Arten für den Baustahl St 60.11, mit C ~ 0,45%, Mn ~ 0,7%, Si ~ 0,3% und den statischen Festigkeitswerten $\sigma_B = 65$ kg/mm², $\sigma_S = 36$ kg/mm², $\delta_{10} = 14\%$. Die *Biegefestigkeit* ist, ebenso wie bei der sta-tischen Belastung (Abschn. 3.21.3), auch bei wechselnder Beanspruchung höher als die Zugfestigkeit.

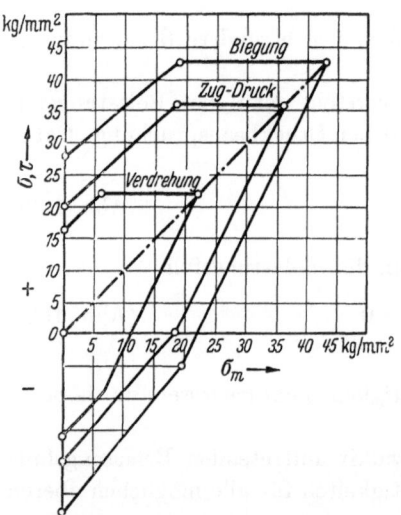

Abb. 202. Gebrauchsdiagramm für die Grenz-spannungen bei wechselnder Zug-, Druck-, Biege- und Verdrehungsbeanspruchung für Stahl St 60.11, n. CHRISTEN

3.21.84. Beeinflussende Faktoren

Die Wechselfestigkeit wird unter Umständen stark beeinflußt durch 1. Kerb-wirkung oder allgemein Oberflächenrauheit; 2. Korrosion; 3. chemisch-physikali-sche Beschaffenheit der Oberflächenschicht; 4. konstruktive Form des Werk-stückes.

3.21.84.1. Die Kerbwirkung

Wenn an einem Zugstab eine plötzliche Querschnittsveränderung, z. B. durch eine Kerbe oder ein Querloch, vorhanden ist, so ist die Spannung im schwächsten Querschnitt nicht mehr gleichmäßig verteilt, sondern ungleichmäßig und mit einer erheblichen *Spannungsspitze* σ_{max} im Kerbgrund bzw. am Lochrand (Abb. 203).

Bezeichnet man mit $\sigma_n = \dfrac{P}{a \cdot b}$ die *Nennspannung* im Querschnitt, so ist

$\sigma_{\max} > \sigma_n$ und auch

$$P = b \int\limits_{-\frac{a}{2}}^{+\frac{a}{2}} \sigma\, dx\,.$$

Analoge Spannungsspitzen treten am Grund von Gewindeprofilen, aber auch an Querschnittsübergängen, wie Wellenschultern usw., auf. Für einfache Verhältnisse läßt sich $\sigma = f(x)$ und damit die *Spannungsüberhöhung* $\dfrac{\sigma_{\max}}{\sigma_n} > 1$ berechnen, in vielen Fällen muß jedoch der tatsächliche Spannungsverlauf experimentell, z. B. durch spannungsoptische Modellversuche, ermittelt werden.

Bei *statischer* Belastung führt diese Spannungsüberhöhung an *spröden* Werkstoffen zum Bruch, *nicht hingegen an zähen* Werkstoffen. Bei letzteren tritt lediglich eine mehr oder weniger plastische Verformung in der Zone der Spannungsüberhöhung ein; diese Kaltreckung führt aber einerseits zu einer örtlichen Verfestigung des Werkstoffes, andererseits zu einem Abbau der Spannungsspitze, weil infolge der Verformung die Spannungen gleichmäßiger verteilt werden. Ferner ist am Kerbgrund eine Einschnürung fast

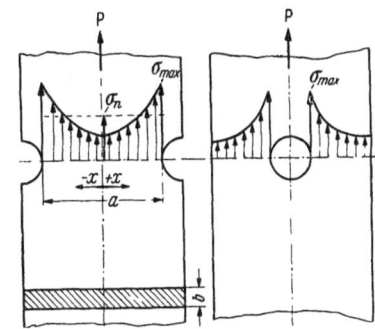

Abb. 203. Spannungsverteilung in gekerbten Querschnitten

unmöglich. *Die Folge ist, daß bei statischer Belastung an zähen Werkstoffen durch Kerbwirkung die Bruchfestigkeit häufig sogar gesteigert wird.*

Dieser Umstand wird häufig konstruktiv durch Anbringung von sogenannten *Entlastungskerben* ausgenützt, die jedoch eine wohlüberlegte Form und örtliche Anordnung haben müssen, da sonst nicht nur der Zweck verfehlt, sondern das Gegenteil bewirkt werden kann. In der Festigkeits- und Konstruktionslehre sind hierfür Hinweise oder Regeln aufgestellt worden.

Während die Kerbwirkung die Zerreißfestigkeit *zäher* Werkstoffe nicht nur nicht herabsetzt, sondern unter Umständen erhöht, tritt für die Wechselfestigkeit das Gegenteil ein.

Die Wechselfestigkeit zäher Werkstoffe wird durch Kerbwirkung stark herabgesetzt.

Die Wechselfestigkeit spröder Werkstoffe, vor allem von Gußeisen, wird hingegen durch Kerbwirkung praktisch nicht herabgesetzt. Der Grund liegt darin, daß Gußeisen infolge seines Gefügeaufbaues bereits so viele „innere Kerben" (Graphitadern) besitzt, daß deren stets vorhandene Kerbwirkung diejenige von äußeren Formkerben stark übertönt.

Somit kann allgemein gesagt werden:

Kerben oder allgemein plötzliche Querschnittsübergänge wirken sich aus:

A. bei statischer Beanspruchung

    a) auf Stahl ohne Nachteil, eventuell sogar festigkeitssteigernd;

    b) auf Gußeisen festigkeitsmindernd;

B. bei wechselnder Beanspruchung

    a) auf Stahl festigkeitsmindernd;

    b) auf Gußeisen ohne Nachteil.

Entlastungskerben können sich auf Stahl sowohl bei statischer als auch bei wechselnder Beanspruchung festigkeitssteigernd auswirken, jedoch nur bei richtiger Anordnung. Andernfalls kann das Gegenteil eintreten. An Gußeisen sind Entlastungskerben sinnlos.

Abb. 204 zeigt, wie durch richtig konstruierte Entlastungskerben die Biegewechselfestigkeit einer Stahlwelle erhöht werden kann. Abb. 205 zeigt eine unwirksame bzw. nachteilige Lösung.

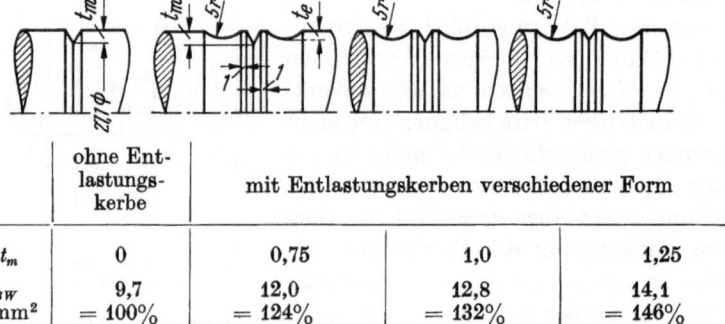

	ohne Ent-lastungs-kerbe	mit Entlastungskerben verschiedener Form		
t_e/t_m	0	0,75	1,0	1,25
σ_{BW} kg/mm²	9,7 = 100%	12,0 = 124%	12,8 = 132%	14,1 = 146%

Abb. 204. Beeinflussung der Biegewechselfestigkeit σ_{wB} einer gekerbten Stahlwelle durch Entlastungskerben. Die Vertiefung der Entlastungskerbe steigert die Festigkeit, n. VSM-Norm 14331

Abb. 205. Beispiel unwirksamer oder nachteiliger Entlastungskerben, n. VSM-Norm 14331

Wegen des starken Einflusses von Kerben auch kleinster, sogar mikroskopischer Abmessungen werden die Wechselfestigkeitswerte σ_w stets an glatten, polierten Proben ermittelt. Dieses σ_w entspricht der Grenzspannung im Beispiel der Abb. 202.

Durch die Form der Kerbe entsteht eine Spannungsüberhöhung $\frac{\sigma_{max}}{\sigma_n} > 1$. Dieser Quotient wird als *Formziffer K* bezeichnet. Die Wechselfestigkeit σ_w des glatten Stabes wird deshalb beim gekerbten Stab theoretisch auf

$$\sigma'_{wk} = \frac{\sigma_w}{K} < \sigma_w$$

herabgesetzt.

Die Formziffer hängt nicht nur von der Form und Größe der Kerbe selbst ab, sondern auch von der Form und Größe des Stabquerschnittes und der Art der Beanspruchung (Zug, Biegung, Schub). Formziffern sind außer für Kerben auch für sonstige Formen von Querschnittsübergängen, vor allem an Wellenschultern, rechnerisch oder spannungsoptisch ermittelt worden. Abb. 206 bis 209 zeigen Beispiele mit verschiedenen Parametern.

Infolge der gleichen festigkeitssteigernden Ursachen, die sich an gekerbten Stäben aus zähem Material bemerkbar machen, sinkt aber die tatsächliche Wechselfestigkeit nicht auf σ'_{wk} ab, sondern nur auf $\sigma_{wk} > \sigma'_{wk}$, wobei aber stets die wahre Wechselfestigkeit des gekerbten Stabes σ_{wk} unter derjenigen des polierten Stabes σ_w bleibt, und zwar unter Umständen erheblich. Es ist somit $\sigma_w > \sigma_{wk} > \sigma'_{wk}$.

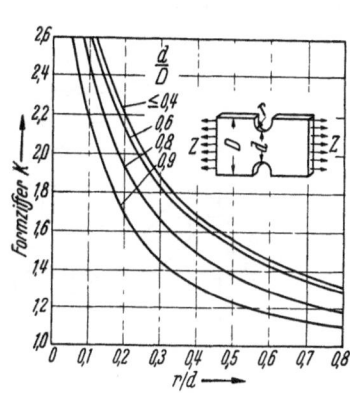

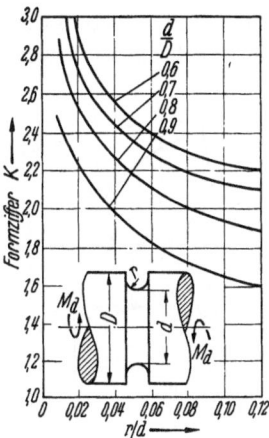

Abb. 206. Formziffern für einen gekerbten Flachstab bei Zugbeanspruchung, n. VSM-Norm 14331

Abb. 207. Formziffern für eine gekerbte Welle bei
Verdrehungsbeanspruchung, n. VSM-Norm 14331

Den Quotient $\dfrac{\sigma_w}{\sigma_{wk}}$ bezeichnet man als *Kerbwirkungsziffer* $K_w > 1$. K_w kann nur durch Versuche ermittelt werden. Die tatsächliche Spannungsüberhöhung war $K_w - 1$, die theoretische dagegen $K - 1$. Daraus läßt sich eine *Kerbempfindlichkeitszahl* $\eta_k = \dfrac{K_w - 1}{K - 1}$ des Werkstoffes ableiten, wobei $0 < \eta_k < 1$ ist.

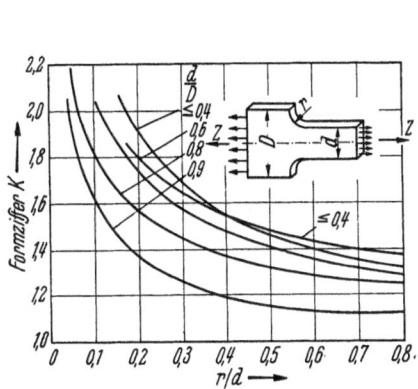

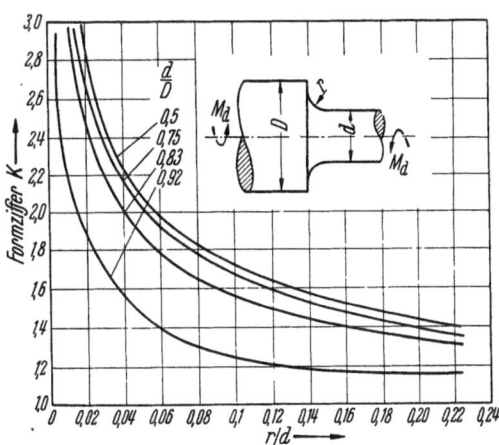

Abb. 208. Formziffern für einen abgesetzten
Flachstab bei Zugbeanspruchung, n. VSM-Norm
14331

Abb. 209. Formziffern für eine abgesetzte Welle bei Verdrehungsbeanspruchung, n. VSM-Norm 14331

Je kerbempfindlicher der Werkstoff ist, desto mehr nähert sich seine Kerbempfindlichkeitszahl dem Wert 1. Wäre er ganz unempfindlich, so wäre sie 0.

η_k ist aber keine reine Werkstoffkonstante, denn sie hängt auch von der Gestalt und der Beanspruchungsart ab, analog K_w. Ferner nimmt η_k mit wachsendem K

zu, d. h. mit wachsender Kerbschärfe wird der Werkstoff *relativ* unempfindlicher, nicht absolut!

Immerhin ist festzuhalten, daß die einzelnen Werkstoffe verschieden kerbempfindlich sind, und daß deshalb Kerben oder Querschnittsänderungen gleicher Art deren Wechselfestigkeiten verschieden stark herabmindern.

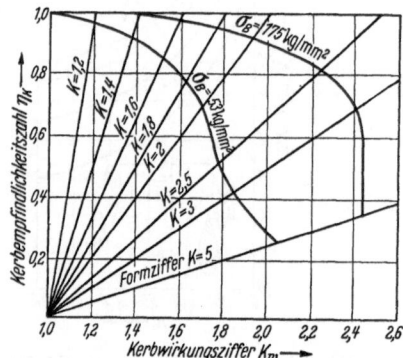

Abb. 210. Kerbempfindlichkeitszahlen eines hochfesten und eines gewöhnlichen Stahles, n. JOHNSON und LIPSON

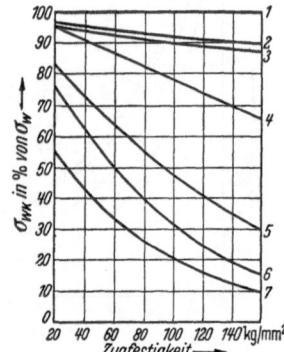

Abb. 211. Einfluß der Oberflächengüte auf die Wechselfestigkeit von Stählen verschiedener Zugfestigkeit.
1. hochglanzpoliert, geläppt, 2. poliert mit superfinish, 3. geschliffen oder feingeschlichtet, 4. geschlichtet, 5. Oberfläche mit Walzhaut, 6. Oberfläche durch Süßwasser korrodiert, 7. Oberfläche durch Meerwasser korrodiert

Häufig sind gerade die hochwertigen, festen Werkstoffe, z.B. hochlegierte Baustähle, besonders kerbempfindlich.

Abb. 210 zeigt den Zusammenhang von η_k, K und K_w, wie er sich für einen hochfesten Stahl mit $\sigma_B = 175$ kg/mm² und einen gewöhnlichen mit $\sigma_B = 53$ kg/mm² ergeben hatte.

Das kann unter Umständen dazu führen, daß bei gegebener Beanspruchung und Form ein geringwertiger Stahl sich besser bewährt als ein hochwertiger.

Kerbwirkung geht nicht nur von makroskopischen Formen aus, sondern auch von mikroskopischen oder submikroskopischen. Schon die Unterschiede der durch die Bearbeitung, wie Schruppen, Schlichten, Schleifen und Polieren entstandenen Rauheit wirken sich stark auf die Kerbwirkungsziffer K_w aus. Abb. 211 zeigt diesen Einfluß, der sich bei hochwertigen Stählen wegen deren größerer Kerbempfindlichkeit weit stärker auswirkt als bei geringwertigen.

3.21.84.2. Korrosionswirkung

Durch Korrosion wird die Oberfläche aufgerauht, so daß eine Festigkeitsminderung durch Kerbwirkung in kleinsten Bezirken entsteht. Hinzu kommt noch, daß bei fortgesetzter Wirkungsdauer die Anfressungen ins Innere fortschreiten und scharfe, in die Tiefe dringende Kerbformen ausbilden, wodurch dort feinste Anrisse entstehen, die wiederum das Vordringen der Korrosion ermöglichen und so fort. Infolgedessen wird die Wechselfestigkeit bei gleichzeitigem Korrosionsangriff besonders stark herabgesetzt (Abb. 211), derart, daß dies zum Ermüdungsbruch führen kann. Abb. 212 zeigt vergleichsweise WÖHLER-Kurven von Nickelstahl unter verschiedenen korrodierenden Einflüssen. Es wurde dabei zugleich die

Wirkung einer korrosionsschützenden Chromschicht erprobt. Irgendwelche qualitative oder quantitative allgemeine Gesetzmäßigkeiten lassen sich für die Korrosionswirkung so wenig aufstellen wie für den Korrosionsangriff auf unbelastetes Metall, vielmehr muß dieser für jeden Einzelfall durch Versuche ermittelt werden.

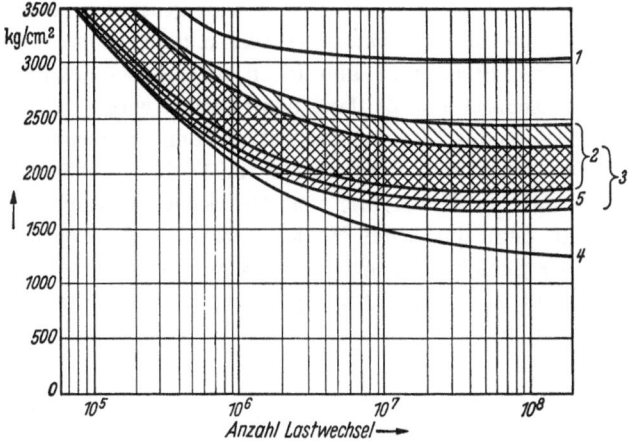

Abb. 212. Wöhler-Kurven eines Nickelstahls unter verschiedenen korrodierenden Einflüssen:
1. in Luft — warmer Luft (100 °C) — verchromt in Luft — in Öl (keine unterschiedliche Wirkung),
2. in Dampf, 3. verchromt in Dampf, 4. in Wasser, 5. verchromt in Wasser, n. Honegger

3.21.84.3. Die chemisch-physikalische Beschaffenheit der Oberflächenschicht

Da der Ermüdungsbruch vorzugsweise, wenn nicht immer, von feinen Kerben an der Oberfläche ausgeht, wird die Wechselfestigkeit eines Werkstoffes wesentlich beeinflußt, wenn die Oberflächenschicht eine besondere, vom Grundmaterial abweichende chemisch-physikalische Beschaffenheit hat. So wird beispielsweise die Wechselfestigkeit von Stahl wesentlich durch die Oxydschicht einer Walzhaut verringert, wobei es dahingestellt bleibt, ob die Rauheit dieser Schicht oder ihre substantielle Andersartigkeit oder beide die Ursache bilden. Auch hier wirkt sich der Einfluß auf höherwertige Stähle stärker aus als auf geringwertige, wie folgende Tabelle zeigt:

Stahl	σ_S kg/mm²	σ_B kg/mm²	— 1 Biege-Wechselfestigkeit σ_w kg/mm² Oberfläche	
			a) blank poliert	b) roh mit Walzhaut
Unlegiert 0,2% C	20	32	14,2	12,1
Desgleichen 0,4% C	38	45	21,0	16,5
Legiert 3,0% Ni	55	60	32,5	15,0
Desgleichen 3,2% Ni, 0,8% Cr ..	62	65	31,5	18,0

Umgekehrt wird durch *Nitrieren* (Abschn. 4.12.92) σ_w erhöht. Auch hier zeigt sich, wie bei der Oxydhaut, daß der Ermüdungsbruch bzw. σ_w offensichtlich vom Zustand der Oberflächengrenzschicht beeinflußt wird, denn die Eindringtiefe der N-Atome ist recht gering, 0,1 bis 0,3 mm im Maximum, und die Textur der Oberfläche wird durch das Nitrieren nicht beeinflußt. Welchen Einfluß dünne, galvanisch aufgetragene Schichten von Cu, Ni oder Cr haben, ist noch nicht geklärt.

Andererseits hat auch der *Vorspannungszustand* in der Grenzschicht einen erheblichen Einfluß. Durch *Druckvorspannung* kann die vor allem gefährliche Zugspannungsspitze im Kerbgrund gemildert und dadurch die Wechselfestigkeit gesteigert werden. Die Druckvorspannung in der Grenzschicht kann rein mechanisch durch Drücken oder Prägen erzielt werden. Gerollte Gewindebolzen weisen deshalb z. B. eine höhere Wechselfestigkeit auf als geschnittene. Ebenso wird ein günstiger Effekt durch das *Strahlhämmern oder Kugelstrahlen* erreicht, wobei die Oberfläche durch einen Strahl von zahlreichen, mechanisch geschleuderten harten Stahlkugeln (Strahlschrot) eine Zeitlang bombardiert wird.

Der günstige Effekt des Nitrierens so gut wie der des *Einsatzhärtens, Flammhärtens oder Hochfrequenzhärtens* (Abschn. 4.12.91) der Oberfläche beruht letztendlich ebenfalls auf der Erzeugung von Druckvorspannungen in der dünnen Oberflächenschicht, denn durch das Nitrieren bzw. die Martensitbildung wächst das Volumen dieser Schicht. Da letztere aber mit dem Grundmaterial fest verbunden bleibt, gerät sie unter Druckspannungen, die beim Nitrieren bis zu 70 kg/mm² ansteigen können. Natürlich ist die Voraussetzung der günstigen Wirkung, daß die Schicht mit dem Grundmaterial gut verhaftet bleibt, was nur bei dünnen Schichten der Fall sein wird.

Eine entgegengesetzte Wirkung entsteht jedoch, wenn die Druckvorspannung an der Oberflächenschicht sich plötzlich ändert, wie das an einem mit Preßsitz eingespannten Stab der Fall ist (Abb. 213). Dann wirkt sich die äußere Pressung dort, wo sie aufhört, bei K, ebenso aus, als ob dort eine Kerbe oder eine scharfe Querschnittsveränderung (Wellenschulter) vorhanden wäre, d. h., die Wechselfestigkeit wird herabgesetzt. Daraus ergeben sich die Konstruktionsregeln für die Preßsitze und Formgestaltung von Naben und Wellen. Wenn an Einspannstellen mit Preßsitz oder Haftsitz außerdem kleine reibende Verschiebungen der Grenzflächen stattfinden, so kann durch Luftzutritt der rote pulverige *Passungsrost*, Fe_2O_3, entstehen, wodurch die Wechselfestigkeit ebenfalls herabgesetzt wird.

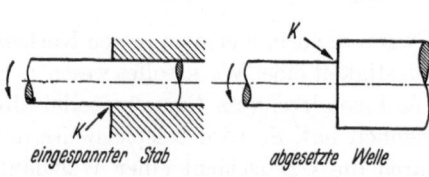

eingespannter Stab   abgesetzte Welle

Abb. 213. Preßsitz mit der gleichen Wirkung wie eine scharf abgesetzte Schulter. *K*: Gefährdete Stelle, n. VSM Norm 14331

Praktische Maßnahmen zur Verhinderung von Ermüdungsbrüchen an Einspannstellen sind ebenso wie die ermüdungsfeste Formgestaltung Fragen der allgemeinen Konstruktionslehre.

3.22. Sonstige Eigenschaften für die konstruktive Verwendung

3.22.1. Die Härte

3.22.11. Definition und Meßverfahren

Die Härte eines Körpers ist der Widerstand, den dieser dem Eindringen eines anderen, härteren Körpers entgegensetzt.

Ehe die Maschineningenieure sich für die Härteeigenschaften der Metalle interessierten und Prüfverfahren entwickelten, hatten die Mineralogen eine Härteskala zur Klassifikation der Mineralien nach Härtegraden aufgestellt. Dasjenige Mineral, mit dem man ein anderes ritzen konnte, galt als das härtere; man erhielt so durch Vergleiche eine rein qualitative Rangliste, wobei einigen bekannteren Mineralien Zahlenwerte zugeordnet wurden. Auf diese Weise entstand die *Härteskala nach* Mohs, durch eine *Ritzhärteprüfung*, die 10 Härtegrade umfaßt. Sie beginnt mit

(Mohs-)Härte   1: Talk,

Härte   2: Gips,

Härte   3: Kalkspat usw.

und endet mit   Härte 10: Diamant.

Nach dieser Skala hätte z.B. Blei: Härte   1,5,

Aluminium: Härte   2—3,

Kupfer: Härte   2,5—3,

Messing: Härte   3,5,

Stahl: Härte   4,5—6,5 usw.

Die Zahlen sagen aber quantitativ nichts aus. Tatsächlich ist die quantitative Relation der Härteskala nach Mohs wesentlich anders als die Proportion 1 : 2 : 3 : 4 usw. Zum Beispiel verhalten sich die Mohs-Härten 6 : 7 : 8 : 9 : 10 etwa wie 35 : 120 : 175 : 1000 : 140000.

Für den Maschineningenieur hat die Mohs-Skala insofern noch Bedeutung, als sie z.B. noch für die mineralischen *Schleifkörner* von Schleifscheiben angewendet wird. Für *Elektrokorundkörner* wird die Härte 9 bis $9^1/_2$ angegeben, für *Siliziumkarbid* $9^1/_2$ bis $9^3/_4$; letzteres ist also wesentlich härter als nur im Verhältnis $9^3/_4 : 9^1/_2$.

Die Härteskala Mohs ist eine Ritzhärte, sie beruht auf einem *Ritzverfahren*. Zu quantitativ brauchbaren Verfahren kam man in der Materialprüfung aber erst durch verschiedene *Eindringverfahren*, bei denen man einen Normalkörper bestimmter Form und Härte unter bestimmtem Druck in den Werkstoff hineinpreßt und die Eindringtiefe oder die Eindruckfläche direkt oder indirekt mißt und als Maßzahl benützt.

Daneben wurden für die Technik auch verschiedene *Rückprall- oder Fallhärteverfahren* entwickelt, bei welchen die Rückprallwirkung, die ein genormter Körper bei elastischem Stoß gegen die Probe erfährt, als Maßzahl herangezogen wird, sowie auch Ritzverfahren mit zahlenmäßiger Auswertung.

Die wichtigsten Härteprüfverfahren sind:

1. Eindringverfahren nach

11. Brinell; – 12. Rockwell; – 13. Vickers; – 14. Verschiedene Mikrohärteprüfverfahren;

2. Ritzhärteverfahren nach Martens;

3. verschiedene Rückprallverfahren nach Shore u. a.

3.22.12. Die Eindringverfahren

3.22.12.1. Das Brinell-Verfahren

Es wird eine *gehärtete Stahlkugel* oder bei sehr harten Werkstoffen eine *Hartmetallkugel*, Durchmesser D, mit dem Prüfdruck P auf die Probe gedrückt (Abb. 214) und die Eindruckkalotte F gemessen.

Die Härtemaßzahl ist dann $\dfrac{P}{F}\left[\dfrac{\text{kg}}{\text{mm}^2}\right]$.

D, P sowie die Lastdauer Z sind genormt, letztere mit 15 Sekunden für die Einwirkungsdauer der Vollast bei Stahl und 30 Sekunden bei Nichteisenmetallen.

Als Prüfmaschine dient eine hydraulische Presse, meist mit Pendelmanometer (Abb. 215).

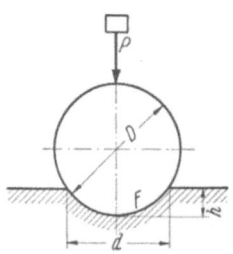

Die Fläche F ermittelt man dadurch, daß man das Maß d mit einem Meßmikroskop auf $^1/_{100}$ mm genau bestimmt. Für die Kalottenfläche eines Kugelabschnittes gilt allgemein:

$$F = \frac{\pi}{2}\, D\left(D \pm \sqrt{D^2 - d^2}\right).$$

Abb. 214. Prinzip der Härtemessung nach BRINELL

Da nur der kleinere Abschnitt in Betracht kommt, gilt der negative Wurzelwert, weshalb die *Brinellhärte* sich zu

$$HB = \frac{2\,P}{\pi\, D\left(D - \sqrt{D^2 - d^2}\right)}\ \frac{\text{kg}}{\text{mm}^2}$$

ergibt.

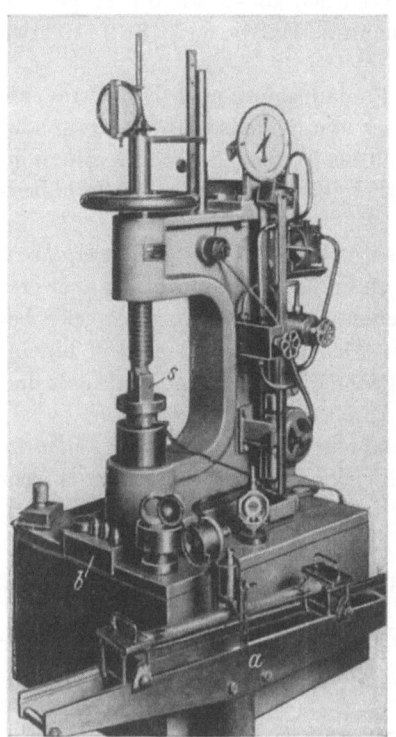

Wesentlich für vergleichbare Zahlenwerte ist, daß d genau bestimmt werden kann. Ist P zu klein und D zu groß, so wird die Kalotte zu flach, um d gut messen zu können, im andern Fall entsteht durch das verdrängte Material eine Ringwulst um die Kalotte, die nicht nur die Bestimmung von d erschwert, sondern die Vergleichbarkeit der Meßwerte überhaupt in Frage stellt. Ferner wird bei dünnen Proben die Eindringtiefe und damit d von der Härte der Unterlage abhängen. Deshalb sind P und D so zu wählen, daß d zwischen 0,3 bis 0,4 D wird, und außerdem muß P der Härte und der Dicke der Probe angepaßt werden.

Für die Kugeln sind $D = 2,5$, 5 und 10 mm genormt. Identische Härtezahlen ergeben sich, wenn man die Belastung proportional D^2 wählt. Genormte Prüflasten sind $30\,D^2$, $10\,D^2$, $5\,D^2$ und $2,5\,D^2$.

Daraus ergibt sich nebenstehendes Anwendungsschema.

Abb. 215. Hydraulische Presse mit Pendelmanometer für Brinellhärteprüfung und Biegeversuche. *a* Vorrichtung mit eingelegtem Gußeisenstab für Biegefestigkeitsprüfung; — *b* Einsätze mit Brinellstahlkugeln; — *s* Vorrichtung für Faltbiegeversuch (Fabr. Amsler)

Die Versuchsbedingungen der Härtenmessung werden durch Zeiger angegeben, z. B. bedeutet: $HB\ 5/750/15 = x\ \text{kg/mm}^2$, daß $D = 5$ mm, $P = 750$ kg, $Z = 15$ sec war.

Für die Normalbedingung: $D = 10$ mm, $P = 30\,D^2 = 3000$ kg, $Z = 15$ sec wird kein Zeiger geschrieben, so daß also bei Angabe einer *Brinellhärte* HB ohne weitere

Kugeldurch-messer D mm	Proben Dicke mm	Prüflast P kg			
		$30\,D^2$, für Stahl, Gußeisen	$10\,D^2$, für harte Buntmetalle	$5\,D^2$, für Leicht-metalle	$2,5\,D^2$, für weiche Metalle
10	> 6	3000	1000	500	250
5	3—6	750	250	125	62,5
2,5	< 3	187,5	62,5	31,25	16,5

Zusätze, die bisweilen auch als H_n geschrieben wird, die vorstehenden Prüfbedingungen angewendet wurden.

Für unlegierte Baustähle besteht die empirisch ermittelte Beziehung

$$\sigma_B \sim {}^1/_3\,HB.$$

Man kann sich daher häufig durch die rasche und billige Brinellprobe, die auch an fertigen Werkstücken ausgeführt werden kann, über die Zugfestigkeit orientieren. Aber diese Probe gibt nur einen Anhalt, kann die Zerreißprüfung niemals ersetzen und hat ihre Gültigkeit nur für ungehärtete, unlegierte Baustähle.

Auch der Zahlenwert $\dfrac{4\,P}{\pi\,d^2}$ wird bisweilen als *Härtewert* nach MEYER, vor allem in der Forschung, herangezogen.

3.22.12.2. Das Rockwell-Verfahren.

Das Verfahren unterscheidet sich in zweifacher Hinsicht vom Brinellverfahren: 1. Es wird eine Eindringtiefe als Maßzahl herangezogen, die somit die Dimension einer Länge hat. – 2. Diese Tiefe wird als Differenz der Eindringtiefe des Prüfkörpers bei einer *Vorlast* und einer *Hauptlast* gemessen.

Genormt sind: Vorlast, Hauptlast, Form und Härte der Eindringkörper sowie die Einwirkungszeit. Je nach den gewählten Normen wird eine Rockwellhärte A, B, C, D usw. unterschieden. Von diesen hat lediglich die Rockwellhärte C, abgekürzt HRC oder auch R_c, weitere Verbreitung erlangt als *Maßzahl für gehärtete Stähle*.

Der Prüfkörper ist hier ein *Diamantkegel* mit 120° Spitzenwinkel und 0,2 mm Spitzenradius, der zunächst mit einer Vorlast $P_0 = 10$ kg, dann, ohne die Vorlast zu entfernen, mit einer Zusatzlast $P_1 = 140$ kg in die Probe gedrückt wird, so daß diese unter der Gesamtlast oder Hauptlast $P = 150$ kg geprüft wird.

Die Eindringtiefen werden unmittelbar an der Prüfmaschine abgelesen, dadurch, daß an dieser eine Meßuhr angebracht ist, mit einstellbarer Skala, welche die Bewegung des Eindringkörpers anzeigt.

Der Härtewert selbst wird aber nicht in mm Eindringtiefendifferenz e ausgedrückt, sondern in *Rockwellgraden*, wobei 1 *Rockwellgrad* = 0,002 mm ist.

Diese Skala beginnt mit dem Zahlenwert $HRC = 100$ für $e = 0$, so daß die Zahlenwerte mit zunehmendem e abnehmen, wodurch den härteren Werkstoffen auch die größeren HRC-Werte zugeordnet sind.

Die erste Eindringtiefe unter Vorlast, e_a, dient nur dazu, um den Nullpunkt auf der Meßuhr für die bleibende Eindringtiefe festzulegen. Dann erst erfolgt die eigentliche Messung, indem die Belastung des Eindringkörpers stoßfrei in 3 bis 6 sec um die Zusatzlast P_1 erhöht wird. Sobald der Zeiger der Meßuhr zur Ruhe gekommen ist, wird die Zusatzlast P_1 wieder entfernt und so die Belastung auf $P_0 = 10$ kg zurückgeführt. Die bleibende Zunahme der Eindringtiefe e liefert dann den entsprechenden HRC-Wert (Abb. 216). Abb. 217 zeigt ein Prüfgerät.

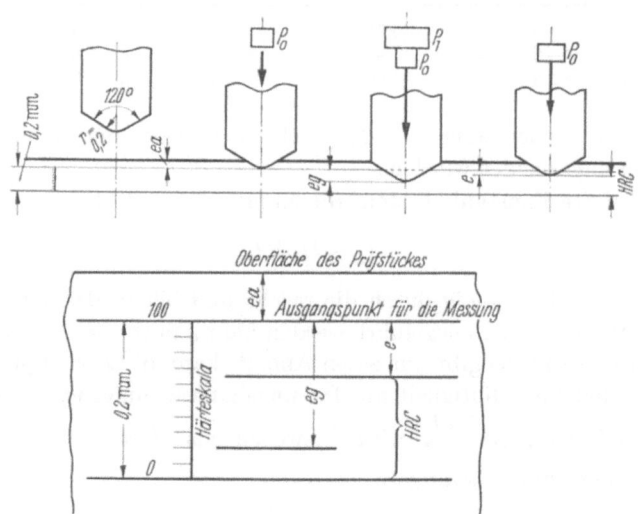

Abb. 216. Meßprinzip für die Rockwellhärteprüfung, n. VSM-Norm 10923

Die R_c-Prüfung hatte dadurch große Bedeutung erlangt, daß die Brinellprobe mit Stahlkugeln für die Prüfung gehärteter Stähle, bei welchen $HRC \sim 64$ bis 68 ist, unbrauchbar war. Auch der Umstand, daß die Oberfläche der Probe oder des

Abb. 217. Rockwellhärteprüfer, Lastdruck durch Gewichte

Werkstückes nur eine nadelstichartige Verletzung erhält, ist in manchen Fällen ihr Vorzug, z.B. bei dünnen Proben. Ebenso könnte man die Härte der harten Schichten an einsatzgehärteten Stählen durch die Brinellprobe gar nicht messen, weil sich die Schicht in die darunterliegende weiche Grundmasse einfach eindrücken würde. Anderseits ist die Prüfung heikel und mit ziemlicher Meßunsicherheit (Streuung) behaftet. Sie ist deshalb nur für härtere Stoffe sinnvoll. Ein weiterer Nachteil ist der, daß zwischen den HB- und den HRC-Werten schon wegen deren verschiedenen Dimensionen kein funktionaler Zusammenhang besteht, wenngleich für Härten im Bereich von 200 bis 400 HB bei Stählen in grober Annäherung die Rockwellhärte $\sim 1/10$ Brinellhärte ist.

Diese Nachteile suchte man durch das Vickers-Verfahren zu vermeiden, das als ein *Universalverfahren* gedacht ist, durch welches das Brinell- und Rockwell-C-Verfahren allmählich ersetzt werden könnte, so daß vergleichbare Härtewerte von den weichsten bis zu den härtesten Stoffen aufgestellt werden können.

3.22.12.3. Das Vickers-Verfahren

Das Vickers-Verfahren hat mit dem Rockwell-C-Verfahren gemeinsam, daß als Prüfkörper ein *Diamant* verwendet wird, wodurch es an allen Stoffen anwendbar ist.

Wie beim Brinellverfahren prüft man ohne Vorlast und verwendet als Maßzahl die spezifische Prüflast, bezogen auf die Oberfläche des Eindruckes. Es ist also analog

$$HV = \frac{P}{F} \left[\frac{kg}{mm^2} \right] \text{ die Vickershärte.}$$

Der genormte Eindringkörper ist eine Diamantpyramide mit quadratischer Grundfläche, deren Spitzenwinkel, gemessen zwischen zwei gegenüberliegenden Seitenflächen, 136° beträgt.

Dieser Winkel wurde empirisch so bestimmt, daß die Zahlenwerte für HV möglichst denen für HB entsprechen sollen.

Man mißt die Diagonalen d der Eindringfläche mittels eines Meßmikroskopes aus, das meist schwenkbar am Prüfgerät befestigt ist (Abb. 218). Dann ergibt sich

$$F = \frac{d^2}{2 \cdot \cos 22°}$$

oder

$$HV = \frac{P}{F} = 1,8544 \ \frac{P}{d^2} \ [kg/mm^2].$$

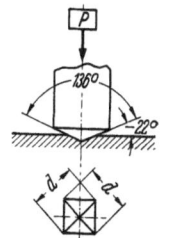

Abb. 218. Meßprinzip der Vickershärteprüfung

Dieser Wert ist in weiten Grenzen von der Prüflast unabhängig, vor allem von den üblichen, aber nicht genormten Lasten 5, 10, 30 und 50 kg. Man wählt letztere so, daß $d \geq 0,4$ mm wird. Andererseits darf die Prüflast und damit die Eindringtiefe nicht zu groß sein, wenn die Objekte sehr dünn sind oder die Härte dünner Oberflächenschichten gemessen werden soll. Eine durch Erfahrung gefundene Beziehung zwischen der Mindestdicke a der Probe, der Eindrucktiefe t, der Prüflast P und der Härte HV des Objektes ergibt sich aus der Formel

$$a - 10t = 1,945 \sqrt{\frac{P}{HV}}.$$

Daraus ergibt sich folgende Anwendungstabelle:

HV kg/mm²	P in kg bei einer Dicke der Probe a mm				
	≤ 0,1	0,1—0,2	0,2—0,3	0,3—0,4	0,4—0,5
≤ 200	—	—	(1)	(1)	(1)
200—300	—	—	(1)	5	5
300—400	—	(1)	(1)	5	10
400—600	—	(1)	5	10	10
600—800	—	(1)	5	10	10
800—1000	—	(1)	10	10	30

Für Prüflasten ≦ 5 kg gilt nicht mehr die Unabhängigkeit der Meßwerte von der Prüflast. Die Eindrücke bzw. das durch den Eindruck verdrängte Volumen werden da bereits so klein, daß sich die verschiedenen Härten oder sonstigen Eigenschaften der einzelnen Körner bemerkbar machen; zugleich wächst die Meßunsicherheit für das Maß d, weshalb die Meßwerte stärker streuen. Man nähert sich mit abnehmender Prüflast bereits dem Gebiet der Mikrohärte (Abschn. 3.22.12.4).

Die Prüflast wird, ebenso wie beim Rockwellgerät, mechanisch durch Gewichte mit Hebelübersetzung auf den Diamanthalter übertragen, wobei eine Glyzerinbremse für ein stoßfreies Aufsetzen und Eindringen sorgt (Abb. 219). Es sind auch universale Härteprüfgeräte für alle drei Methoden, HB, HRC und HV, entwickelt worden.

Der Umstand, daß drei Prüfverfahren in der Technik angewendet werden, deren Meßwerte nicht unmittelbar vergleichbar sind, ist ungünstig und nur historisch erklärbar. Die zuletzt entstandene Vickers-Methode kann als die universalste die Brinell- und Rockwell-Methode ersetzen. Die beiden letzteren sind aber nebst den in Handbüchern gesammelten Zahlenwerten bereits so weit verbreitet, daß es nicht abzusehen ist, ob sich eine einheitliche Methode in der Technik

Abb. 219. Vickershärteprüfgerät. Prüflast durch Gewichte

durchsetzen wird. Bis auf weiteres müssen daher empirisch gefundene Umrechnungstabellen oder Diagramme für den Vergleich von HB-, HRC- und HV-Werten benützt werden (Abb. 220).

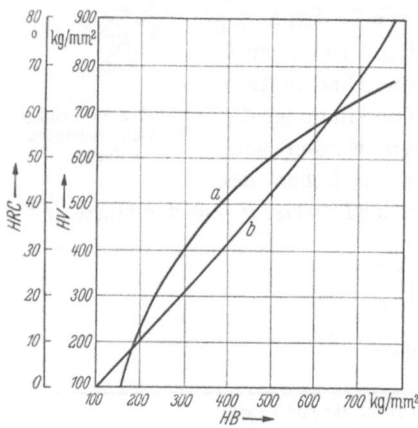

Abb. 220. Diagramm zum Umrechnen von HB — HRC — HV. Kurve a für HB — HRC. Kurve b für HB — HV

3.22.12.4. Die Mikrohärteprüfung

Die mit den vorstehenden Verfahren ermittelten Härtewerte sind *Durchschnittswerte für eine quasiisotrope Eigenschaft* der Gefüge. Die einzelnen Gefügebestandteile (Körner, Korngrenzensubstanz) haben ganz verschiedene Härten, sei es, weil sie aus verschiedenen Stoffen bestehen, sei es, weil sie verschiedene Orientierung aufweisen. Um die Härte der einzelnen Gefügebestandteile zu messen, wurden *Mikrohärteprüfgeräte* entwickelt. Es wird dabei ebenfalls ein Diamant eingepreßt, jedoch mit so schwachem Druck, daß nur ein sehr kleiner Eindruck auf einem einzelnen Gefügekorn entsteht, der unter starker mikroskopischer Vergrößerung ausgemessen wird.

Dadurch kann man heterogene Gefüge hinsichtlich der Härte der einzelnen Gefügebestandteile analysieren. Die Maßzahl ist auch wieder der gemessene spezifische Druck. Die Geräte unterscheiden sich also nur in der Größenordnung der Prüflast vom Vickersgerät, allenfalls auch durch abweichende Formen der Prüfdiamanten.

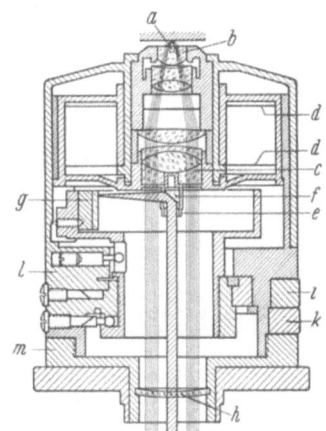

Diese Prüfung dient in erster Linie Forschungszwecken, kommt aber auch für die Messung an sehr dünnen Objekten, Härteschichten oder galvanischen Oberflächenschichten (z. B. Vernickelung, Verchromung usw.) in Betracht. Ferner kann es vorkommen, daß die Härte eines Werkstückquerschnittes in kleinsten Bezirken stark differiert, z. B. durch Kaltreckung, weshalb man nur mit sehr kleinen, eng benachbarten Eindrücken das Härtefeld bestimmen kann. Abb. 221 zeigt das Konstruktionsprinzip des *Mikrohärteprüfers nach Hanemann-Zeiß*. Der Prüfdiamant *a* ist in die Frontlinse *b* des Objektivs eingebaut, das in zwei Scheibenring-federn *d* reibungsfrei geführt wird. Unter der

Abb. 221. Mikrohärteprüfer Hanemann-Zeiß

Prüflast wird jenes aus seiner Aufhängung verlagert. Die Größe dieser axialen Verlagerung wird als Maß für die Prüflast optisch bestimmt, mittels des Hilfs-objektives *e* in der Mitte der Hinterlinse *c*. Durch *e* wird die Skala *g* beleuchtet und mittels des Spiegels *f* im Okular abgebildet. Die Eichung erfolgt durch Aufsetzen von Hilfsgewichten auf die Objektivfassung. Die Rändelringe *i* und *k* dienen zur Scharfeinstellung der Skala und zur Nullpunkteinstellung für die Last Null. Das Eindruckquadrat wird in der üblichen Weise eines Meßmikroskopes ausgemessen. Die kleinste Prüflast ist 0,5 g, die es gestattet, Einzelkristallite von

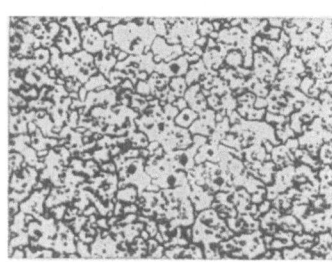

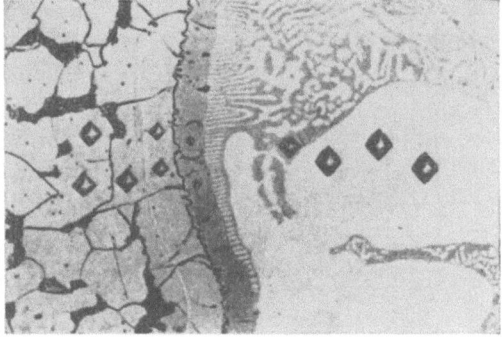

Abb. 222. Mikrohärtemessung an gehärtetem Schnelldrehstahl. Karbide 3300 kg/mm², martensitische Grundmasse 1500 kg/mm². Vergr. 850 ×

Abb. 223. Mikrohärteeindrücke an einer Hartlötfuge (Cu-P-Lot) an Stahl. Vergr. 500 ×

wenigen μ^2 Ausdehnung zu prüfen. Für Körner $\geqq 50\ \mu$ Durchmesser geht die Meßgrenze nach unten bis 1 kg/mm², nach oben besteht praktisch keine Grenze, d. h. es können Werte bis 10 000 kg/mm² gemessen werden. Die Eindrücke sind bis herab zu 1 μ^2 noch gut quadratisch, freilich in so kleinen Dimensionen nicht mehr exakt meßbar, sondern nur qualitativ vergleichbar.

Abb. 222 zeigt die Mikrohärtemessung an einem gehärteten Schnelldrehstahl, Abb. 223 an einer Hartlötfuge von Cu—P-Lot an Stahl. Interessant ist, daß auf

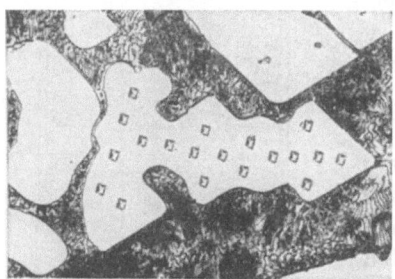

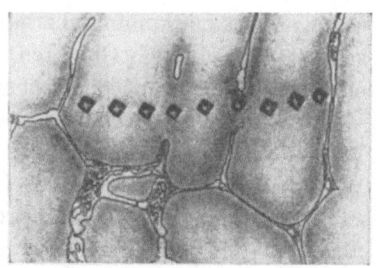

Abb. 224. Mikrohärteeindrücke an einem MK CuAl₂ (42% Cu). Homogener Mischkristall. Vergr. 1000 ×

Abb. 225. Mikrohärteeindrücke an einem Al—Cu—MK (6% Cu) mit Kristallseigerung (Zonenmischkristall). Vergr. 500 ×

diese Weise sogar Kristallseigerungen entdeckt werden können, wie Abb. 224 und 225 deutlich erkennen lassen.

Ein Beispiel für die Aufzeichnung von Härtefeldern zeigt Abb. 226, welche die starke örtliche Auswirkung der Kaltverfestigung an Blechziehteilen erkennen läßt.

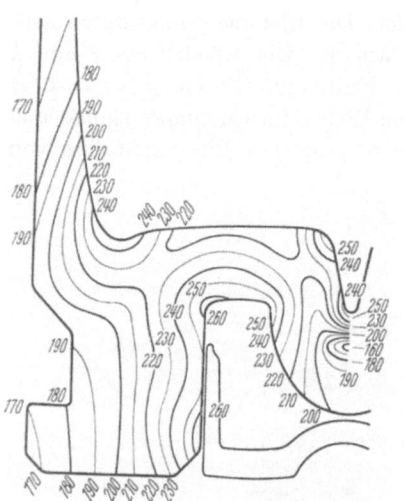

Abb. 226. Härteverteilung im Boden einer gezogenen Messingpatronenhülse, ermittelt durch Mikrohärtemessung. Verschieden starke Verfestigung durch Kaltreckung. Vergr. 10 ×

Zu dieser Messung ist freilich zu bemerken, daß es sich nicht mehr um eine eigentliche Mikrohärtemessung handelt, sondern um eine normale Härtemessung, d.h. um statistische Durchschnittswerte eines quasiisotropen Gefüges, da nicht mehr die einzelnen Gefügebestandteile isoliert gemessen werden, sondern lediglich das Gerät infolge der Möglichkeit, kleine Eindrücke nahe beieinander anzubringen, verwendet wurde.

Einen ähnlichen Zweck verfolgt man mit dem *Knoopgerät*. Dort hat die Diamantpyramide einen stark länglichen rhombischen Querschnitt, so daß eine lange und eine kurze Diagonale am Eindruck entsteht. Auch da werden kleine Lasten angewendet, und die besondere Pyramidenform gestattet es, Anisotropieeffekte deutlich werden zu lassen. Diese *Knoophärte* ergibt ähnliche Werte wie die Vickershärte, jedoch kann man trotz der kleinen Eindrücke und Prüf-

lasten noch nicht von der Mikrohärte sprechen, wenn man unter letzterer die Einzelhärte der Gefügebestandteile versteht, da mit dem Knoopgerät meistens ebenfalls statistische Durchschnittswerte vieler Körner gemessen werden, analog den sonstigen Verfahren.

3.22.13. Ritzverfahren

Aus dem schon erwähnten Ritzverfahren nach Mohs ging das Verfahren nach
Martens hervor, bei welchem an der Oberfläche der hochglanz polierten Probe
Striche mit einem gering belasteten *Diamantkegel* von 90° Spitzenwinkel einge-
ritzt werden. Die Strichbreite wird mittels eines Meßmikroskopes in Mikron ausgemessen. Als Härtemaß gilt nach Martens die *Prüflast in Gramm, die eine Strichbreite von 10 Mikron ergibt.*

Das Verfahren wurde für harte Metalle entwickelt, wurde jedoch für diesen
Zweck durch die Rockwell- und Vickersprüfung verdrängt. Für sehr dünne, harte
Schichten, z. B. galvanische Überzüge, hat es seine Bedeutung in abgeänderter
Form beibehalten, indem als Härtezahl diejenige Prüflast in $^1/_{100}$ g verwendet
wird, mit der mittels eines Diamanten von 120° Spitzenwinkel und 1 μ Spitzen-
radius eine Ritzbreite von 3 μ erzeugt wird.

3.22.14. Rückprallverfahren

Aus dem Wunsch, die Oberfläche der Probe nicht zu verletzen, entstanden verschiedene *Rückprallverfahren*, die alle auf dem Effekt beruhen, daß ein mit genormter Energie aufprallender genormter Prüfkörper einen elastischen Rückstoß
erfährt, der um so kräftiger ist, je härter die Probe ist. Beispielsweise springt eine
gehärtete Stahlkugel nach freiem Fall um so höher zu-
rück, je härter die Unterlage ist.

Unter Benützung dieses Prinzips wurden verschiedene
handelsübliche Geräte entwickelt, z. B. das *Skleroskop
nach* Shore, wo ein Hammer mit 2,5 g Gewicht (bei
neueren Geräten auch 20 g) mit Diamant- oder Stahl-
spitze aus bestimmter Höhe frei herabfällt und die
Rücksprunghöhe an einer Skala mit 100 Teilen abgelesen wird; 100 Shore-Einheiten entsprechen ungefähr
$HV = 1000$ kg/mm², jedoch besteht weiter keine Proportionalität.

Bei andern Rückprallprüfern (*Duroskop, Pendelhärte-
prüfer* nach Herbert) schwingt der Prüfkörper als
Pendel aus einer bestimmten Ruhelage gegen die Probe
und der Rückstoßwinkel bildet das Härtemaß.

Alle durch Rückprall gewonnenen Maßzahlen haben
den Nachteil, daß sie nicht nur von der Härte der Probe
– im Sinne des Widerstandes gegen das Eindringen eines
anderen Körpers – abhängen, sondern auch vom Elastizitätsmodul und der Elastizitätsgrenze. Praktisch hängen
sie außerdem von der Form und Masse der Probe ab.
Die Werte streuen deshalb stark und sind nicht vergleichbar. Man kann nicht sagen, daß zwei Metalle,
welche die gleiche Shore-Härte haben, gleich „hart"

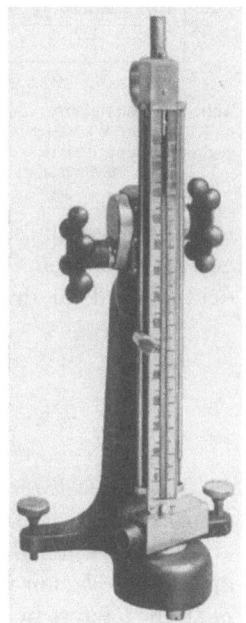

Abb. 227. Rückprallhärteprüf-
gerät nach Shore (Skleroskop)

sind, denn man mißt summarisch den Effekt verschiedener Eigenschaften.
Trotzdem haben diese Verfahren vor allem als *Kontrollverfahren* in der Fabri-

kation ihre Bedeutung und Berechtigung, vor allem in der Serienfertigung, wo man z. B. an gehärteten Werkstücken rasch und sicher den Härteausschuß ausscheiden kann. Abb. 227 zeigt ein *Fallhärteprüfgerät*.

3.22.15. Zeit- und Temperatureinfluß

Die *Zeitdauer* der Belastung hat bei den härteren Werkstoffen nicht annähernd die Bedeutung wie beim Zug- oder Druckversuch, da die plastische Verformung beim Eindringen des Prüfkörpers sehr bald zum Stillstand kommt.

Hingegen ist die *Temperatur* und deren Wirkungsdauer von stärkstem Einfluß, da alle Metalle mit steigender Temperatur erweichen, wobei der Grad der Erweichung von der Wirkungsdauer abhängt und unter Umständen recht träge vor sich geht. Es hängt dies von der Relaxationszeit, der Rekristallisationsgeschwindigkeit, von Ausscheidungsvorgängen oder von Modifikationsänderungen ab.

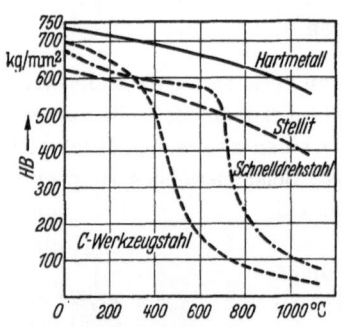

Abb. 228. Warmhärte von unlegiertem und legiertem Werkzeugstahl sowie von gegossenem und gesintertem Hartmetall, n. STELLRAM

Die *Warmhärte* und vor allem die *Dauerwarmhärte* ist aber eine technologische Eigenschaft, die vor allem für die Eignung der Metalle als Werkzeugmaterial äußerst wichtig ist. Bei Zerspanungsarbeiten entstehen hohe Schneidetemperaturen, die sich in einem mehr oder weniger raschen Erweichen der Schneide auswirken, wodurch diese plastisch verformt und abgestumpft wird (sogenannte *Blankbremsung* beim Drehen). *Gesenke für Warmpreßarbeiten, Spritzgußformen* usw. müssen ebenfalls eine gewisse Dauerwarmhärte haben.

Die Messung dieser Eigenschaft erfolgt an der erwärmten Probe, wobei entweder nur die *Warmhärte* als solche (Abb. 228) oder die *Dauerwarmhärte* als Eindringhärte gemessen wird (Abb. 369). Dauerwarmhärtemessungen sind vor allem für die Bestimmung der Anlaßwirkung an Stählen von Bedeutung und für ihre Eignung als Schneidmetalle.

3.22.2. Die Kerbschlagzähigkeit

3.22.21. Prüfmethoden und Maßzahl

Als *Kerbschlagprobe* wird ein gekerbter Stab schlagartig auf Biegung beansprucht. Entweder bricht er dabei oder er wird lediglich um einen großen Winkel abgebogen. Unter den verschiedenen Prüfverfahren sind die CHARPY-*Probe* und die IZOD-*Probe* am weitesten verbreitet, die erstere auf dem europäischen Kontinent, die letztere in England. In den USA haben beide Proben Eingang gefunden. Sie werden praktisch vor allem an Stählen und an Leichtmetallen vorgenommen, für beide sind die Prüfbedingungen in allen Einzelheiten festgelegt, für die es keine Variationen gibt.

Die Abmessungen der Probestäbe zeigen Abb. 229 und 230. *Proportionalstäbe sind nicht zulässig.*

Bei der CHARPY-Probe liegt der Stab frei auf, kann also, wenn er nicht bricht, nach einer starken Abbiegung zwischen den Auflageflächen hindurchgleiten, bei der IZOD-Probe ist er hingegen an einem Ende eingespannt.

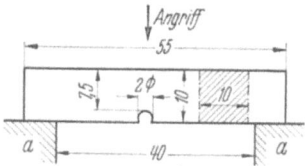

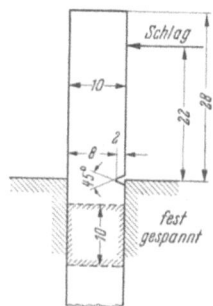

Abb. 229. Prüfstab für die CHARPY-Probe

Rechts:
Abb. 230. Prüfstab für die IZOD-Probe

Der Schlag wird mittels eines *Pendelhammers* geführt. Abb. 231 zeigt einen CHARPY-Hammer schematisch, Abb. 232 ein Gesamtbild. Die Widerlager $a - a$ (Abb. 231) liegen in der Vertikalebene. Die Schlagarbeit wird durch das Gewicht G des Hammers bzw. Pendels geleistet. Sein Schwerpunkt hat zunächst die Höhe h_1

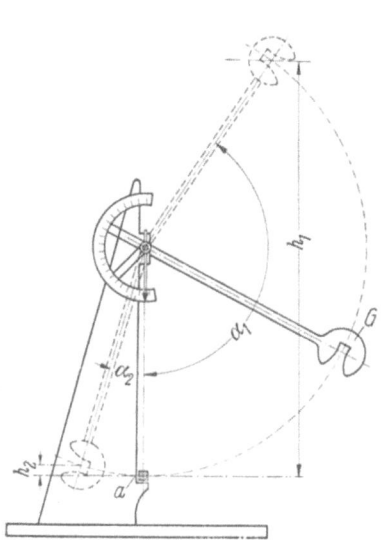

Abb. 231. Schema und Wirkungsweise des CHARPY-Pendelhammers

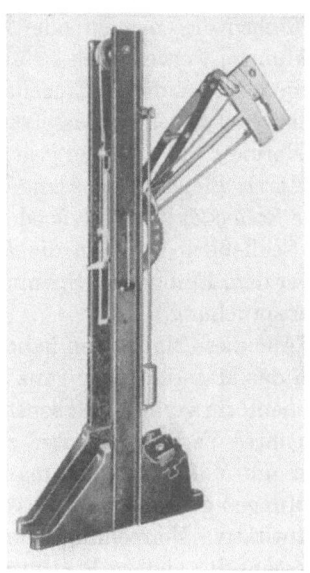

Abb. 232. CHARPY-Pendelhammer für $A_{max} = 30$ mkg (Fabr. Amsler)

über der Tiefstlage, die beim Durchschlag erreicht wird, während er nach dem Durchschlag auf die Höhe h_2 steigt. Die für den Durchschlag angewendete Schlagarbeit ist dann

$$A = G \, (h_1 - h_2) \text{ kgm},$$

wenn man von dem kleinen Reibungsverlust absieht. Die Ausgangshöhe h_1 bzw. der Winkel α_1 wird konstant gehalten. Dadurch ist es möglich, an einer Kreisskala einen Schleppzeiger anzubringen, der um den Winkel α_2 mitgenommen wird, und die Skala für den Ablesewert A zu eichen. Man bezeichnet

$$\alpha_K = \frac{A}{F} \left[\frac{\text{kgm}}{\text{cm}^2} \right]$$

als die *Kerbschlagzähigkeit* des Stahles, wobei die Trennarbeit A auf den Bruchquerschnitt F der Probe, der immer 0,75 cm² ist, bezogen wird.

In ähnlicher Weise wird die IZOD-Probe mittels eines Pendelhammers abgeschlagen und die absolute oder auf den Bruchquerschnitt bezogene Trennarbeit als Maßzahl herangezogen.

3.22.22. Interpretation der Kerbschlagzähigkeit

Die Kerb*schlag*zähigkeit darf nicht mit der *Zähigkeit* und nicht mit der Kerb*empfindlich*keit und auch nicht mit der *Kerbzähigkeit*, welch letztere an einem gekerbten Stab mittels eines *statischen* Zugversuches ermittelt werden kann, verwechselt werden, so wenig wie mit der *Schlag-Biege*-Festigkeit.

Für die Zähigkeit sind Bruchdehnung, Einschnürung und Arbeitsvermögen die aufschlußreichsten Maßzahlen, für die Kerbempfindlichkeit das Verhalten des gekerbten Zugstabes unter Wechsellast.

Neben diesen mehr oder weniger durch Konvention oder Norm festgelegten Prüfungen werden auch Prüfungen an gekerbten Stäben bei *statischer* Belastung vorgenommen, die im Einzelfall ein qualitatives Maß für eine „*Kerbzähigkeit*" darstellen, unter der Voraussetzung genau gleicher Kerbenformen. Etwas anderes ist wiederum das Verhalten gegen *schlagartige* Beanspruchung, sei es durch Zug, sei es durch Biegung eines ungekerbten Stabes, durch welche man Maßzahlen für eine *Schlag-Zug-Festigkeit* oder *Schlag-Biege-Festigkeit* gewinnen kann.

Schließlich ist dann die *Kerbschlagzähigkeit* eine Maßzahl für das Verhalten unter dem Einfluß der Spannungsspitzen im Kerbgrund gegen schlagartige Biegebeanspruchung.

Alle diese Maßzahlen haben aber nur den Sinn, daß man feststellen kann, wie sich das Material unter ganz bestimmten Beanspruchungen bei ganz bestimmter Probenform verhält und sonst nichts. Man kann verschiedene Werkstoffe hinsichtlich ihres Verhaltens unter genau gleichen Bedingungen qualitativ vergleichen, aber die Maßzahlen, die man an einem bestimmten Material durch eine dieser Prüfungen gewonnen hat, lassen keinen zwingenden Schluß, geschweige denn eine quantitative Umrechnung auf die Maßzahlen des gleichen Materials zu, die man aus einer der andern Proben gewinnt. Deshalb darf nicht einmal aus der qualitativen Rangordnung, die verschiedene Materialien bei *einer* dieser Prüfungen einnehmen, geschlossen werden, daß die gleiche Rangordnung bei einer *andern* Prüfung bestehenbleibt. Beispielsweise ist Gußeisen weniger „kerbempfindlich" als Stahl, wenn man darunter die Maßzahl versteht, die im Abschn. 3.21.84.1 erläutert wurde. Hingegen ist seine „Kerbschlagzähigkeit" unvergleichlich schlechter.

Man wird andererseits in vielen Fällen feststellen, daß der Werkstoff mit größerer Bruchdehnung auch größere Kerbschlagzähigkeit besitzt, z.B. ungehärteter Stahl gegenüber gehärtetem Stahl, aber ein allgemeiner Schluß ist in dieser Hinsicht nicht zulässig.

Eine werkstoffgerechte Konstruktion wird stets Formen mit Kerben oder plötzlichen Querschnittsübergängen zu vermeiden suchen. Ebenso wird der Metallurge grobe Schlackeneinschlüsse oder Spalten im Innern zu vermeiden trachten, da in beiden Fällen unberechenbare oder unkontrollierbare Spannungsspitzen entstehen, welche äußere Scharfkerben (Einrisse) verursachen können, die wiederum zu einem Trennungsbruch, und zwar mit sprödem Charakter, führen können, infolge der von der Scharfkerbe ausgehenden Spaltwirkung, auch an einem sonst duktilen Material.

Die Gebrauchsbeanspruchung ist häufig komplex, der genaue Spannungszustand unbekannt. Deshalb wird man stets mit Brüchen beim Betrieb der Maschinen rechnen müssen, die durch Kerbwirkung oder Kerbsprödigkeit verursacht sind, ohne daß man die entsprechende Korrelation zum Verhalten gekerbter Prüfstäbe in einem Laboratoriumsversuch feststellen kann. Andererseits geben Versuche an gekerbten Proben doch einen guten Hinweis für die Wahl des geeigneten Materials, nur muß man sich dabei stets vor Augen halten, daß keine gesetzmäßige innere Verbindung zwischen der Kerbempfindlichkeit besteht, die ein Material a) beim statischen Zugversuch, b) beim Wechselversuch, c) bei Schlagbeanspruchung aufweist. Kerbempfindlichkeit und Schlagempfindlichkeit sind zwei völlig verschiedene komplexe Werkstoffeigenschaften. Die letztere darf nicht mit der Kerbschlagzähigkeit verwechselt werden, was bisweilen aus dem Grunde geschieht, weil die Kerbschlagzähigkeit durch eine Schlagprobe bestimmt wird. Häufig wird deshalb fälschlich die Kerbschlagprobe als ein Versuch zur Beurteilung des Werkstoffes gegen Schlagbeanspruchung als solche aufgefaßt oder gedeutet. Der Spannungszustand infolge Kerbwirkung gehört aber in eine ganz andere Kategorie als derjenige, der durch Schlag (= rasche Formänderung) bewirkt wird.

Es sind verschiedentlich Theorien zur Begründung des unterschiedlichen Verhaltens eines Materials bei statischer und schlagartiger, ungekerbter und gekerbter Beanspruchung entwickelt worden, ohne daß es aber bisher gelungen wäre, hieraus gesicherte Korrelationen zwischen den verschiedenen empirisch ermittelten komplexen Eigenschaften, wie Zähigkeit, Kerbempfindlichkeit, Schlagempfindlichkeit, Kerbschlagempfindlichkeit usw., aufzudecken.

Bei der Meßzahl α_K für die Kerbschlagzähigkeit ist vor allem die Dimension als Quotient von Arbeit und Bruchfläche unbefriedigend, da offensichtlich das *beim Bruch verformte Volumen* die wesentlichere Rolle spielt als der Bruchquerschnitt. Man erkennt sehr deutlich, daß die Probe sich in einem größeren oder kleineren Bezirk plastisch verformt hatte. Das Material quillt dabei an den Seitenflächen heraus. Wird es an letzterem gehindert, so übersteigt der plastische Formänderungswiderstand sehr rasch die Trennfestigkeit, und die Folge ist, daß der Bruch auch bei duktilem Material spröde verläuft, wodurch dann wieder wesentlich weniger Schlagarbeit für den Bruch benötigt wird. Das Volumen V_s der seitlich hervorquellenden Verformungshügel (Abb. 233) ist aber praktisch unabhängig von der Breite b der Probe, was zur Folge hat, daß mit breiter werdender Probe das Material im Innern daran gehindert wird, sich plastisch zu verformen, und daher spröde bricht. Dies dürfte eine Erklärung für die paradoxe Tatsache sein, daß die Bruchschlagarbeit A_s an gekerbten Stahlproben mit zunehmender Breite b, ausgehend von der Normalbreite 10 mm, zwar zunächst zunimmt, dann aber stark abfällt, so daß bei $b = 25$ mm sogar weniger Schlagarbeit aufgewendet werden muß als für $b = 10$ mm. Erst recht sinkt natürlich α_K.

Wird hingegen die gleiche Probe langsam bis zum Bruch gebogen, so hat das Material Zeit, sich in viel größerem Umfang vorher plastisch zu verformen und, analog dem Zugstab, dabei zu verfestigen. Die Biegearbeit A_B steigt dann proportional der Breite b.

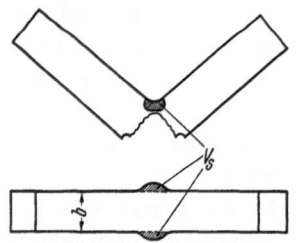

Abb. 233. Verformung an der Bruch-stelle bei der Kerbschlagprobe

Es wurde deshalb schon vorgeschlagen, als Kennziffer α_{KV} der Kerbschlagzähigkeit den Quo-tienten aus Schlagarbeit und verformtem Volumen (analog dem Arbeitsvermögen!) heranzuziehen, und nachgewiesen, daß α_{KV} von der Probenbreite un-abhängig ist. Die Zone des verformten Volumens läßt sich von außen nur so erkennen, daß man die Seitenflächen der Probe vorher poliert. Die Ver-formungszone erscheint dann nach dem Bruch matt (Abb. 234).

Abb. 234. Zone der plastischen Ver-formung beim Kerbschlagversuch

Die Kennziffer α_{KV} hat sich trotz ihres unzweifel-haften Vorzuges jedoch in der Praxis nicht durch-gesetzt, weil die Auswertung umständlich ist.

Es ist anzunehmen, daß manche noch unge-klärte Fragen der Probleme der Kerb- und Schlagwirkung mit der Zeit besser geklärt und dadurch Kennziffern von allgemeiner Gültigkeit aufgestellt werden.

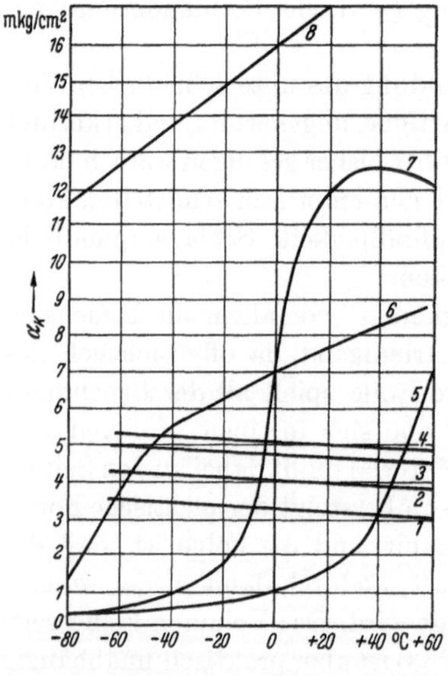

3.22.23. Beeinflussende Faktoren

Es wurde bereits hervorgehoben, daß bei allen Prüfungen, welche zur Ermittlung einer Kerbempfindlichkeit, einer Schlagempfind-lichkeit und einer kombinierten Kerbschlag-empfindlichkeit dienen, die Probeformen einen ausschlaggebenden Einfluß haben. Verglichen damit hat die Schlag*geschwindigkeit* keinen wesentlichen Einfluß, soweit es sich um die Beanspruchung durch normale Pendelhämmer handelt.

Hingegen wird die Kerbschlagzähigkeit mancher Werkstoffe, vor allem der Stähle, sehr stark von der *Temperatur* beeinflußt, im allgemeinen in dem Sinn, daß mit sinkender Temperatur eine starke Versprödung auftritt, α_K stark absinkt.

Dabei ist es besonders unangenehm, daß der Gradient für $\alpha_K(T)$ bei manchen Stählen gerade im Bereich der Raumtemperatur groß ist, so daß also für vergleichbare Prüfergeb-nisse die Prüftemperatur genau eingehalten werden muß.

Abb. 235. Einfluß der Temperatur auf die Kerbschlagzähigkeit α_K verschiedener Werk-stoffe: *1* Avional-D (Al—Cu—Mg), *2* Antcoro-dal-A (Al—Mg—Si), *3* Peraluman-2 (Al—Mg—Mn), *4* Peraluman-7 (Al—Mg), *5* St 37.11 (Baustahl), künstlich gealtert, *6* Cu—Mn—Si-Stahl, weichgeglüht, *7* Baustahl 37.11, weich-geglüht, *8* austenitischer Cr—Mn—Si-Stahl

Die Leichtmetallegierungen sind in dieser Hinsicht wesentlich günstiger. Abb. 235 zeigt die Abhängigkeit des α_K-Wertes von der Temperatur für verschiedene charakteristische Metalle. Auch hier erkennt man wieder, wie relativ α_K-Werte interpretiert werden müssen, und auch hier kann nur bemerkt werden, daß keine allgemeinen Schlüsse hinsichtlich des Temperatureinflusses auf die Kerbschlagzähigkeit auch auf andere Zähigkeitswerte, wie Kerbzähigkeit oder Schlagfestigkeit, zulässig sind. Es bleibt vorläufig nichts anderes übrig, als den Einfluß auf jede Materialart einzeln empirisch festzustellen.

3.22.24. Die praktische Bedeutung der Probe

Man könnte sich nach den vielen negativen oder warnenden Hinweisen, die zur Interpretation der Kerbschlagprobe gegeben werden müssen, fragen, welche positive Bedeutung sie eigentlich hat. Tatsächlich ist ihre praktische Bedeutung umstritten, in erster Linie dann, wenn man unzulässig weitgehende Schlußfolgerungen aus den Maßzahlen ziehen will. Sie hat aber ihre große Bedeutung, wenn man sie für die konstruktive Materialauswahl zu den sonstigen Kennwerten mit heranzieht und sich gleichzeitig auf Erfahrung stützt.

Die Prüfung gibt ferner häufig Aufschluß, wie stark sich Unterschiede in der Gefügestruktur oder der Vorbehandlung des Werkstoffes auswirken, die man durch die sonstigen Prüfverfahren nicht erkennen kann.

Beispielsweise zeigte ein unlegierter 0,35% C enthaltender Baustahl vor und nach dem Herunterschmieden von 300 mm Durchmesser auf 60 mm folgende Kennwerte:

⌀ mm	σ_B kg/mm²	σ_S kg/mm²	δ_{10} %	ψ %	α_K kgm/cm²
300	52,2	29,2	25,4	59	7,3
60	53,9	34,5	25,8	59	13,5

Dieser günstige Einfluß der intensiven *Durchknetung* des warmen Gefüges gegenüber eine ganz bestimmten Beanspruchung wäre durch kein anderes Mittel zu erkennen. Auch Schliffbilder könnten nichts weiter aussagen, als daß die Gefügestruktur eventuell etwas geändert ist. Es ist aber der Schluß erlaubt, daß der Stahl allgemein durch das kräftige Schmieden „besser" geworden ist, mehr Sicherheit gegen Betriebsbruch bietet. Der erfahrene Konstrukteur verlangt deshalb für hochbeanspruchte Wellen als *Sicherung gegen Unvorhergesehenes* schon immer ein vorgängiges gründliches Durchschmieden. Die Kerbschlagprobe liefert ihm ein Maß, ob und wieweit die erwartete Verbesserung eingetreten ist.

Im weiteren gestattet die Probe häufig, gefährliche *Versprödungseffekte* aufzudecken, die durch geringfügige *Verunreinigungen* des Stahles, vor allem zu hohen Phosphor- und Schwefelgehalt bzw. deren örtliche Anreicherung (Seigerung), oder durch *falsche Wärmebehandlung* entstanden waren. Auch hier ist sie eine wertvolle Unterstützung der sonstigen Festigkeitsprüfungen, eine Art *Sicherheitskontrolle*, denn derartige Versprödungseffekte kommen bei der Kerbschlagprobe sehr deutlich zum Ausdruck, während sie sonst unter Umständen unentdeckt blieben. Für wertvolle Großschmiedeteile oder Gußstücke aus Stahl, die zwecks Normalisie-

rung und Spannungsfreiheit geglüht wurden, hat sich deshalb die Kerbschlagprobe praktisch gut bewährt und eingeführt, so gut wie zur Kontrolle von hochbeanspruchten schweren Schweißnähten.

3.22.3. Die Dämpfungsfähigkeit

Wird ein einseitig eingespannter Metallstab am freien Ende elastisch verbogen
und anschließend sich selbst überlassen, so federt er zurück und führt harmonische
Schwingungen aus. Die Schwingungsamplituden nehmen aber allmählich ab infolge des auf „innerer Reibung" beruhenden *Dämpfungs-
widerstandes* des Werkstoffes.

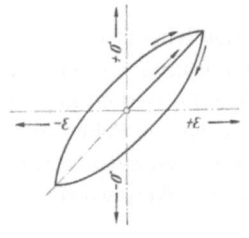

Allgemein entsteht bei wechselnder Belastung im
Spannungs-Dehnungs-Diagramm infolge der elastischen
Nachwirkung eine Hysteresisschleife (Abb. 236), deren
Fläche eine mechanische Arbeit darstellt, welche sich
in Wärme umsetzt. Die Dimension der Dämpfungsfähigkeit ist deshalb analog derjenigen des Arbeits-
vermögens des Werkstoffes, eine Arbeit pro Volumeneinheit.

Abb. 236. Hysteresis der Dehnungen bei wechselnden Spannungen

Da deren Bestimmung meßtechnisch schwierig ist,
zieht man als Maßzahl vorzugsweise eine *Wirkung* dieser
Eigenschaft, nämlich das *logarithmische Dekrement der freien gedämpften Schwingungen*, heran.

Man findet diese Maßzahl dadurch, daß man die Amplituden α der Schwingung
oszillographisch als Funktion der Zeit oder der Anzahl n der Schwingungen mißt
(Abb. 237) und die relative Abnahme der Amplituden pro Schwingung bestimmt.

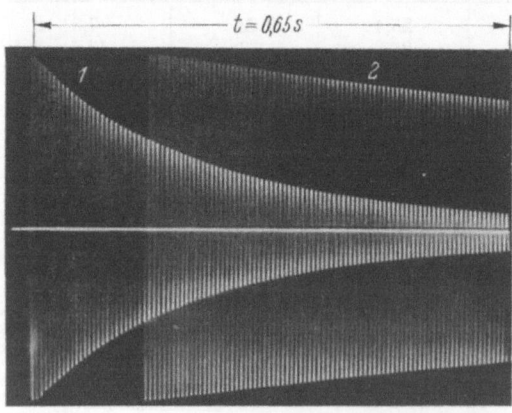

Zwecks Vereinfachung der Mes-
sung nimmt man auch einen
Mittelwert von α zwischen der
Anfangsamplitude α_0 und der-
jenigen nach n Schwingungen α_n.
Es ist dann das logarithmische
Dekrement

$$\delta = \frac{1}{n} \ln \frac{\alpha_0}{\alpha_n}.$$

δ ist seinerseits abhängig von n
und von α_o.

Für Metalle ist δ sehr klein,
weist andererseits große Unterschiede für die einzelnen Werkstoffe auf (Abb. 238). Die Dämpfungsfähigkeit wird ferner stark

Abb. 237. Schwingungsoszillogramm von Gußeisen (*1*) und
Stahl (*2*), n. Amsler

von der Gefügestruktur beeinflußt. Feinkorn gibt eine stärkere, Grobkorn eine
schwächere Dämpfung. Auch die Vorgeschichte des Gefüges ist unter Umständen
von Einfluß, wie der Vergleich der Kurven *5* und *6* in Abb. 238 zeigt.

Allgemein ist die Dämpfungsfähigkeit von Legierungen geringer als die der
Komponenten. Dies gilt vor allem für die aus Molekularverbänden gebildeten

harten und spröden Legierungen, wie beispielsweise $Sn_8\text{-}Cu_{31}$, und erklärt, weshalb z. B. die Glockenbronze mit verhältnismäßig hohem Sn-Gehalt, bis zu 22%, vergossen wird, wodurch die Glockentöne einen langen Nachhall haben.

Andererseits bewirken die Graphiteinschlüsse im Gußeisen dessen hohe Dämpfungsfähigkeit gegenüber Stahl. Diese *schwingungsdämpfende Eigenschaft des Gußeisens* ist ein wichtiger Grund dafür, daß im Werkzeugmaschinenbau schwere, *statisch weit überdimensionierte* Gußeisenbetten angewendet werden.

Die nachstehende Tabelle zeigt vergleichsweise das Dekrement δ für einige reine Metalle:

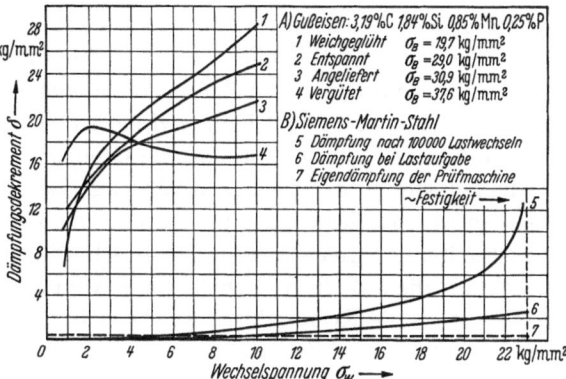

Abb. 238. Dämpfungsdekrement von Stahl und Gußeisen, n. AMSLER

Metall	$\delta = 10^{-4}$	Metall	$\delta = 10^{-4}$
Ag	50	Mg	2,1
Al	0,46	Mo	5
Au	24	Ni	72
Cd	11	Pb	45,7
Cu	35	Sn	54,2
Fe	20	Zn	7,7

Dagegen Sn_8Cu_{31} $3 \cdot 10^{-4}$!

Werkstoffe mit hoher Dämpfungsfähigkeit sind weniger kerbempfindlich und umgekehrt.

3.22.4. Die Verschleißfestigkeit

Manche technologischen Eigenschaften unterscheiden sich nicht nur dadurch von den physikalischen und chemischen Grundeigenschaften, daß sie einen komplexen Charakter haben, sondern sie kennzeichnen das Verhalten eines Stoffes gegen eine Einwirkung eines andern. Sie können deshalb im Grunde nicht einmal qualitativ, geschweige denn quantitativ als die „Eigenschaft eines bestimmten Werkstoffes" bezeichnet werden, sondern nur als das „gemeinsame Verhalten mindestens zweier Stoffe bei gegenseitiger Einwirkung".

In diese Kategorie gehören die „Verschleißfestigkeit" und die „Korrosionsfestigkeit".

Gemeint ist mit Verschleißfestigkeit der Widerstand gegen Abnutzung durch trockene, reibende Einwirkung eines andern Stoffes. Im Grunde sollte an einer Maschine eine derartige Wirkung überhaupt nicht auftreten. Wo zwei Flächen aufeinander gleitend einwirken, sollten sie geschmiert sein, und zwar derart, daß stets ein dünner Ölfilm oder eine Fettschicht eine direkte Berührung der Grenzflächen verhütet.

Es läßt sich aber nicht vermeiden, daß infolge hoher Flächenpressung dieser Film zusammenbricht und mindestens zeitweise echte *trockene Gleitreibung* entsteht, beispielsweise beim Anlauf einer Welle in einem Gleitlager oder bei Änderung ihres Drehsinnes oder auch beim Gleiten der Zahnflanken eines Zahnradpaares aufeinander, ebenso wie bei der rollenden Reibung in einem Wälzlager zwischen dem Wälzkörper und der Lauffläche. Freilich tritt auch in solchen Fällen nicht nur trockene Reibung auf, denn eine ideale trockene Reibung würde bedeuten, daß die zwei Grenzflächen ohne eine Zwischenschicht sich wirklich berühren. In letzterem Fall kann zwischen den beiden metallischen Grenzflächen eine *Kaltverschweißung* eintreten; die Grenzflächen von Kristalliten an der Oberfläche kommen in derart enge Berührung, daß starke Adhäsionskräfte, ausgelöst von den Atomen der Grenzgitterebenen, entstehen. Die Folge einer solchen Kaltverschweißung durch Druck und engste Berührung kann die sein, daß die Kohäsionskraft, die auf einen Grenzkristallit vom anderen Körper her ausgeübt wird, größer ist als die Kräfte, durch welche er in das Gefüge des eigenen Körpers eingekittet ist. Er wird deshalb aus letzterem herausgerissen und bleibt am Fremdkörper haften. Auf diese Weise entsteht *Verschleiß durch Verschweißung*, d.h. *Anfressen*.

Als Beispiel für diese Art von Verschleiß ist bekannt, daß Endmaße mit höchstwertigen Oberflächen, wenn sie aneinandergesprengt werden, beim Trennen eine gegenseitige Verschleißwirkung, eine Zerstörung der Oberflächen, ausüben können. Deshalb werden Endmaßoberflächen nicht mit der höchstmöglichen Glätte hergestellt, die technisch erreichbar wäre, sondern werden künstlich noch in geringem Maß, freilich in submikroskopischem Ausmaß, aufgerauht.

Eine andere Verschleißursache liegt in dem Umstand, daß jede metallische Oberfläche rauh ist, im Schnitt ein unregelmäßiges, zackiges Profil aufweist, das stellenweise bei sehr glatten Oberflächen durch glatte Profilstücke unterbrochen ist. Es ist nur eine Frage der Vergrößerung, wann die *Rauheit* des Profilschnittes erkennbar wird. Durch geeignete Meßmethoden (Taststiftverfahren mit elektronischer Verstärkung kleinster Taststiftbewegungen, Elektronenmikroskop) können Rauheiten im Gebiet unterhalb der optischen Mikroskopie festgestellt werden. Beim Gleiten rauher Profile übereinander entsteht Verschleißwirkung durch *Abbrechen von Vorsprüngen* des Profils. Dabei braucht dieses Abbrechen nicht im wirklichen Sinn, etwa als spröder Bruch eines festen Körpers, vor sich zu gehen, sondern es kann sich dabei eine äußerst dünne, direkt nicht wahrnehmbare Grenzschicht von echt amorphem Zustand, den man in diesem Sinn auch als flüssig bezeichnen kann, herausbilden, die sukzessive abgetragen wird und so zum Verschleiß führt.

Die verschiedenartigen physikalischen Vorgänge in den Grenzschichten, die nur zum Teil erforscht sind, machen es verständlich, daß der Verschleiß als äußere, makroskopisch erfaßbare Wirkung eine Funktion der stofflichen Eigenschaften, der Form der Grenzflächen, der Reibgeschwindigkeit, der Temperatur in den Grenzschichten und auch der gelegentlichen elektrochemischen Einwirkungen ist.

Neben dem Verschleiß bei trockener Reibung, wie sie z.B. als gleitende Reibung an Baggern, Steinbrechern, Bremsbacken u.ä. oder als rollende Reibung an Fahrzeugen aller Art auftritt, tritt auch bei *flüssiger Reibung* an geschmierten Lagerzapfen oder Lagerschalen Verschleiß auf, der in erster Linie durch die Rauheit der Grenzflächen verursacht ist. Vorstehende Spitzen brechen ab, geraten in den Ölfilm und zerstören mechanisch-kratzend die gesunden Flächen, sofern das betreffende Lagermetall nicht die Eigenschaft hat, solche abgesprengte Teilchen bis zu einem gewissen Maße wieder einzubetten, eine Eigenschaft, durch die sich beispielsweise Weißmetallegierungen (Abschn. 4.42.1) auszeichnen. Ihre Rauheiten werden durch *Einlaufen der Lager* ausgeglichen, der Verschleißvorgang dadurch zu einem Stillstand gebracht. Dadurch sind dann solche Werkstoffe relativ verschleißfest gegenüber andern, bei denen der eigentliche Verschleißvorgang nicht zum Stillstand kommt.

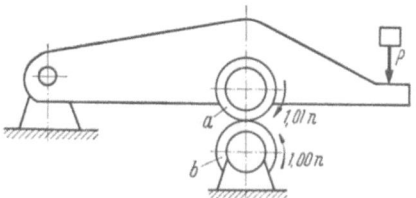

Prüfungen auf Verschleißfestigkeit müssen deshalb so erfolgen, daß die praktischen Betriebsbedingungen möglichst rekonstruiert werden.

Dann lassen sich auch Maßzahlen gewinnen, meist als *Gewichtsverlust pro Flächen- und Gewichtseinheit.*

Abb. 239. Verschleißprüfmaschine für rollende Reibung, schematisch

Für die Prüfung bei *rollender* Reibung werden beispielsweise Maschinen angewendet, die nach dem Schema der Abb. 239 arbeiten. Zwei Scheiben, die Probescheibe *a* und eine gehärtete Stahlscheibe *b*, laufen unter einem bestimmten Anpreßdruck mit 1% Schlupf gegeneinander. Als Maß wird der Gewichtsverlust nach 8- bis 10stündiger Laufdauer festgestellt. Für *gleitende* Reibung preßt man in den entsprechenden Prüfgeräten eine Bremsbacke aus dem Probenwerkstoff unter bestimmter Belastung gegen eine schmale rotierende Stahlscheibe, die sich allmählich in die Probe einschleift. Ein anderes kleines, universal gedachtes Prüfgerät zeigt Abb. 240. Auf einer Welle sitzen zwei kleine Schleifscheiben, während die Probe auf einem Halter rotiert. Die Scheiben

Abb. 240. Verschleißprüfgerät (Fabr. Taber Corp.)

werden durch Gewichte belastet. Die Bahn der Schleifscheiben, die nur durch Reibungsverschleiß mit der Probe angetrieben werden, arbeitet sich allmählich in die Probe ein.

Alle Prüfungen mit derartigen Geräten geben nur gewisse Anhaltswerte für die Beurteilung der Verschleißfestigkeit. Für den technischen Gebrauch kommt man um Prüfungen, die genau den Betriebsbedingungen entsprechen, nicht herum. Man kann auch sagen, daß die Verschleißfestigkeit eines Werkstoffes für Lagerschalen oder Zahnräder oder Kolben nur durch Erfahrung beurteilt werden kann.

3.22.5. Die Korrosionsfestigkeit

3.22.51. Erscheinungsformen

Unter *Korrosion* versteht man die Veränderung der Werkstoffe von der Oberfläche aus, die durch einen unbeabsichtigten chemischen oder elektrochemischen Angriff hervorgerufen wird. Nach den Erscheinungsformen kann man unterscheiden:

a) *Gleichmäßig fortschreitende Korrosion*, wobei die gesamte Werkstoffoberfläche einheitlich aufgelöst wird, weil die Korrosionsprodukte fortwährend vom korrodierenden Mittel (Gas, Flüssigkeit) weggeschafft (gelöst oder mechanisch entfernt) werden. Beispiel: Fortgesetzte Flugrostbildung an Eisen, Salzsäurebehälter aus Zinkblech, der binnen weniger Minuten vollständig zerstört wäre. Diese Korrosion ist insofern im allgemeinen ungefährlich, als sie von vornherein die offenkundige Unverwendbarkeit des betreffenden Werkstoffes erkennen läßt.

b) *Gleichmäßige Korrosion, die jedoch nach kürzerer oder länger Zeit vollständig zum Stillstand kommt*, dadurch, daß die Korrosionsprodukte eine festhaftende, dichte, porenfreie Schicht auf dem korrodierten Metall bilden, die ihrerseits gegen das korrodierende Mittel chemisch passiv ist. Das Grundmetall ist durch *Passivierung* korrosionsfest geworden. Dieser Vorgang ist in den meisten Fällen der Grund für die Korrosionsfestigkeit eines Metalls gegen ein bestimmtes Reagens.

Beispiel: Passivierung des Kupfers oder der Bronze durch Bildung eines „Edelrostes", der Patina, gegen den Angriff der freien Atmosphäre. Analog werden Aluminium, Blei, Chrom, Zink, Zinn, Nickel u.a. gegen die Korrosionswirkung der Atmosphäre sehr rasch passiv durch Bildung von Schutzschichten aus Oxydstufen oder Karbonaten.

Diese Schutzschichten erkennt man unter Umständen deutlich am Mattwerden oder Verfärben der Oberfläche, z.B. bei Blei, dessen glänzende Schnittfläche sehr rasch grau wird, aber auch am Aluminium oder Zink; mitunter ist sie jedoch unsichtbar dünn, wie z.B. beim Nickel oder Chrom. Wesentlich für eine völlige Passivierung ist die *Porenfreiheit* und *Rißfreiheit* der Deckschicht und eine genügende *Mindestdicke* zwecks Verhinderung einer weiteren Wirkung des korrodierenden Stoffes auf das Grundmetall.

c) *Punktförmiger Angriff (Lochfraß)*, wobei der Vorgang örtlich in die Tiefe fortschreitet, bis eine Rohrwandung oder ähnliches durchgefressen ist. Dies ist eine gefährliche, weil schlecht zu überwachende Form der Korrosion.

d) *Interkristalline Korrosion*, wobei der Angriff entlang den Korngrenzen erfolgt, derart, daß der Gefügezusammenhang gelockert und die Festigkeit herabgesetzt wird. Auch diese Erscheinung ist sehr gefährlich, da sie äußerlich oft überhaupt nicht erkennbar ist (Abb. 419).

e) *Selektive Korrosion*: In Legierungen wird nur ein Gefügebestandteil angegriffen, oder es werden Mischkristalle aufgelöst, jedoch deren eine Komponente wieder als Metall abgeschieden. Ein bekanntes und gefürchtetes Beispiel hierfür ist die „Entzinkung" des Messings. Es bilden sich Kupferpfropfen im Gefüge, wodurch es örtlich stark gelockert und geschwächt wird (Abschn. 4.21.61 und Abb. 421 und 422).

Der Lochfraß, die interkristalline und die selektive Korrosion sind fast immer auf Bildung von *Lokalelementen* zurückzuführen. Diese elektrochemischen Reaktionen treten immer dann auf, wenn zwei Metalle mit verschiedener Lösungstension in Anwesenheit eines Elektrolyten in Berührung kommen. Es entsteht dann ein kleines galvanisches Element mit Ionenwanderung und Stromkreislauf, wobei das unedlere Metall anodisch in Lösung geht, das edlere als Kathode geschützt ist.

An alltäglichen Beispielen läßt sich das leicht beobachten und verfolgen.

Leere Konservenbüchsen aus Weißblech, also Eisenblech mit Zinnüberzug, rosten im Freien viel schneller als gewöhnliches Eisenblech, und zwar sieht man, daß an den Schnittkanten Rost auftritt, aber auch bald einzelne kleine Rostflächen am Blech entstehen. Dabei ist Zinn gegen Luft und Regenwasser absolut passiv.

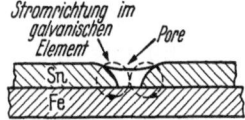

Abb. 241. Schema der Lokalelementbildung Fe—Sn an einer Pore im Zinnüberzug des Weißbleches

Durch die Verletzung der Zinnschicht (Pore, Schnittkante) war aus Eisen, Zinn und Feuchtigkeitsspuren als Elektrolyt ein Lokalelement entstanden (Abb. 241). Das Eisen, in der Spannungsreihe unedler, geht anodisch in Lösung und schlägt sich am Zinn als Kathode nieder oder wird weggespült. Der äußere Stromkreis des Elements ist durch die Berührung Eisen—Zinn geschlossen, der Vorgang schreitet ungehemmt fort, bis ein punktförmiges Loch durchgefressen ist, dort, wo durch eine Verletzung oder mangelhafte Verzinnung eine Pore in der Zinnschicht entstanden war. Analog findet man oft die Erscheinung, daß vernickelte Stahlteile durch Verletzung der Nickelschicht stark rosten, unter Umständen die Nickelschicht durch Unterrosten völlig abgetrennt wird (Fahrradlenker!).

Obgleich auch Nickel gegen Luft und Wasser passiv ist, bildet eine mangelhafte oder verletzte Nickelschicht auf Stahl infolge Lokalelementbildung einen schlechteren Rostschutz als gar keine Nickelschicht.

Die *entgegengesetzte Wirkung* des Lokalelementes kann man an verzinkten Stahlgegenständen beobachten. Zink ist unedler als Eisen, aber es passiviert recht gut gegen den Angriff von hartem Wasser infolge Oxyd- und Karbonatbildung. Ist nun die Zinkhaut verletzt, so bildet sich ein Lokalelement, in welchem Zink anodisch in Lösung geht, sich auf der freigelegten Eisenoberfläche kathodisch niederschlägt und sofort wieder passiviert (Abb. 242).

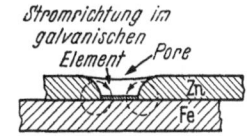

Abb. 242. Passivierende Wirkung des Lokalelementes bei der Verletzung der Zinkschicht auf Eisen

Die verletzte Stelle heilt sozusagen natürlich. Deshalb schützt man das edlere Eisen durch das unedlere Zink in zahlreichen Fällen (Eisenkonstruktionen, Wasserleitungsrohre, Gebrauchsgegenstände, Blechwaren aller Art) mittels Verzinkung.

Für die Bildung von Lokalelementen ist es nicht nötig, daß zwei verschiedene Metalle in Berührung kommen. Es kann bereits der Unterschied des chemischen Potentials einzelner Gefügebestandteile in heterogenen Gefügen genügen, ja sogar in homogenen Gefügen der Unterschied, der durch örtlich verschiedene Reckspannungen oder Temperaturen entsteht. Dadurch können dann unerwartete Korrosionen wie Lochfraß, interkristalline und selektive Korrosion entstehen.

3.22.52. Angriffsformen

Ob im Einzelfall die Korrosion durch direkte chemische Reaktion oder durch elektrochemische Wirkung (Lokalelement) erfolgt, ist häufig schwierig abzuklären oder unbekannt, so gut wie die Frage, mit welchen Zwischenreaktionen sich die Korrosion abspielt.

Typologisch lassen sich unterscheiden:

a) *Einwirkung trockener Gase.* Hier findet eine direkte chemische Reaktion an der Oberfläche statt.

Die Bildung einer Schutzschicht wird natürlich unmöglich, wenn das Korrosionsprodukt selbst flüchtig ist.

Aber auch beim Entstehen fester, am Metall haftender Produkte wird der Angriff weitergehen, wenn das spezifische Volumen der Schutzschicht wesentlich von dem des Grundmetalles abweicht. Volumenverkleinerung führt zu netzartigen Schichten, durch deren Lücken der Angriff weitergeht, Volumenvergrößerung zum Absprengen der oft spröden Schicht oder Bildung von Spannungsrissen in derselben mit nachfolgendem Abblättern. Auch Unterschiede im Wärmeausdehnungskoeffizienten und E-Modul des Grundmetalls und der Schutzschicht können zu Rißbildung oder Abblättern führen, so daß der Angriff nicht zum Stillstand kommt. Typisches Beispiel hierfür ist die ungehemmte Verzunderung des Eisens oder Kupfers bei höheren Temperaturen, wo sich fortwährend neue, abblätternde Oxydschichten bilden.

Im weitern muß eine wirksame Schutzschicht aber auch *undurchlässig gegen Diffusion* des Gases sein. Auch dies trifft beispielsweise für die Kupferoxydschicht nicht zu, die Sauerstoff zu lösen vermag, so daß die Verzunderung fortschreitet. Hingegen zeichnen sich Chrom oder Aluminium durch Bildung sehr dünner und undurchlässiger Schutzschichten gegen Sauerstoff aus. Die natürliche Al_2O_3-Schutzschicht des Aluminiums ist nur etwa 0,2 μ dick.

b) *Reaktion gegen flüssige Nichtleiter.* Sie verläuft nach ähnlichen Gesetzen wie der Angriff durch Gase, vorausgesetzt, daß die Flüssigkeiten frei von tropfbar flüssigem Wasser sind.

c) *Reaktionen gegen flüssige Metalle.* Es entstehen an den Grenzschichten Legierungen und der Fortgang des Angriffes hängt davon ab, ob und in welchem Ausmaß jene in der angrenzenden Schmelze löslich sind. Liegt deren Schmelzpunkt unter dem des Grundmetalles, so wird letzteres durch fortgesetzte Legierungsbildung aufgelöst. Man könnte z. B. auf keinen Fall einen Trog für ein flüssiges Zink- oder Zinnbad, wie er für die Feuerverzinnung oder Feuerverzinkung benötigt wird, aus Kupfer herstellen, wohl aber kann die Wanne aus Eisen bestehen. Es bildet sich zwar eine Eisen—Zink-Legierung, sogenanntes *Hartzink*, aber dieses spröde Metallid hat einen hohen Schmelzpunkt und ist im flüssigen Zink unlöslich (vgl. Diagrammtypus Abb. 115). Andererseits haftet die Hartzinkschicht schlecht am Eisenblech und wird auch durch Strömungswirbel des Zinkbades, verursacht durch örtliche Temperaturunterschiede, fortwährend wieder abgelöst. Dadurch fällt das unlösliche Hartzink aus und sammelt sich auf dem Boden der Wanne als Metallschlamm an, und der Korrosionsangriff auf die Wannenwandung geht weiter. Stahlblechwannen für Feuerverzinkung werden deshalb nach einer gewissen Zeit durch Korrosion zerstört. Ihre Lebensdauer läßt sich durch Verwendung von sehr reinem kohlenstoffarmem Stahlblech und möglichst gleichmäßiger Beheizung zur Vermeidung von Strömungswirbeln beträchtlich erhöhen.

d) *Reaktion gegen Elektrolyte*: Dies ist die weitaus häufigste, wichtigste und gefährlichste Form des Korrosionsangriffes, weil Wasser und seine Lösungen fast immer beim Angriff von Gasen oder Flüssigkeiten zugegen sind. Der Angriff erfolgt entweder unmittelbar chemisch oder zumeist elektrochemisch durch Bildung von Lokalelementen oft kleinsten Ausmaßes; *die Lokalelementbildung ist deshalb die Grundform der elektrochemischen Korrosion.*

Nach welchen Ursachen (chemisch oder elektrochemisch) und mit welchen Zwischenreaktionen die Korrosion im Einzelfall verläuft, ist häufig unklar. Allein das alltägliche Phänomen der Bildung des roten Flugrostes, Fe_2O_3, am Eisen ist keineswegs ein einfacher Oxidationsvorgang, sondern er erfolgt auf dem Umweg über verschiedene Hydroxyde.

Eisen reagiert mit *völlig sauerstoff- und CO₂-freiem Wasser* (also *nicht* normal destilliertem Wasser, welches stets aus der Luft etwas O_2 und CO_2 löst!) wie folgt:

$$Fe + 2\,H^{\cdot} + 2\,(OH)' \rightleftharpoons Fe^{\cdot\cdot} + 2\,(OH)' + H_2 \uparrow , \qquad (1)$$

d.h. es gehen Ferroionen in Lösung, bis der Gleichgewichtszustand zwischen dem ionisierten und nichtionisierten Fe eingetreten ist. Diese „unsichtbare Korrosion" kommt deshalb bald zum Stillstand.

Sobald aber Sauerstoff, sei er aus der Luft oder sei er im Wasser gelöst, hinzukommt, tritt eine Reaktion ein:

Da $$\qquad\qquad\qquad Fe^{\cdot\cdot} + 2\,(OH)' \rightleftharpoons Fe(OH)_2, \qquad\qquad (2a)$$

erfolgt $$\qquad\qquad 4\,Fe(OH)_2 + 2H_2O + O_2 = 4Fe(OH)_3 \qquad\qquad (2)$$

d.h., das unbeständige Ferrohydrat geht in das beständige Ferrihydrat über durch Oxydation.

Letzteres ist ein kolloidales Gel im Gleichgewichtszustand nach

$$2Fe(OH)_3 \rightleftharpoons Fe_2O_3 \cdot 3H_2O, \qquad\qquad (3)$$

ein rotbrauner Schlamm, der durch Verdunsten des Wassers zum reinen „Flugrost" Fe_2O_3 wird.

Der Vorgang selbst wird aber noch wesentlich beschleunigt durch eine katalytische Wirkung, die durch Spuren von dissoziiertem H_2CO_3 im Wasser ausgelöst wird, die stets in jedem normalen, d.h. nicht speziell vorbehandelten, destillierten Wasser vorhanden sind:

$$2Fe(OH)_2 + 4H_2CO_3 \rightarrow 2Fe(HCO_3)_2 + 4H_2O, \qquad (4)$$

$$2Fe(HCO_3)_2 + H_2O + {}^1\!/_2 O_2 \rightarrow 2Fe(HCO_3)_2OH, \qquad (5)$$

$$2Fe(HCO_3)_2OH + 2H_2O \rightarrow 2FeO(OH) + 4H_2CO_3, \qquad (6)$$

$$2FeO(OH) + 2H_2O \rightarrow 2Fe(OH)_3 . \qquad\qquad (7)$$

Der Gesamtprozeß (4) bis (7) ist wieder identisch mit (2), nämlich

$$2\,Fe(OH)_2 + H_2O + {}^1\!/_2\,O_2 \rightarrow 2\,Fe(OH)_3 \,. \tag{8}$$

Diese Korrosion wird durch Lokalelementbildung gefördert, da die Oxydstufen des Eisens edler sind als das letztere.

Gebrauchswasser enthält nun je nach Härte mehr oder weniger Ca$\cdot\cdot$- oder Mg$\cdot\cdot$-Ionen im Überschuß, welche zur Absättigung der aus der Luft (CO_2) stammenden CO_3'' führen, so daß die Bildung des „Katalysators" H_2CO_3 mehr oder weniger verhindert wird.

Der Endeffekt ist:

1. In *chemisch reinem* Wasser erfolgt die Korrosion nach (1) und kommt bald zum *Stillstand*.

2. In *normalem, destilliertem* Wasser erfolgt *heftige und rasche* Korrosion infolge *Katalytwirkung* nach (4) bis (7).

3. In *weichem* Wasser ist diese Wirkung etwas *abgeschwächt*.

4. In *hartem* Wasser ist die Korrosion *noch stärker abgeschwächt*.

5. In *Meerwasser* hingegen tritt wegen des Gehaltes an Na bzw. Na(HCO_3) eine ähnliche Katalytwirkung auf wie nach (4) bis (7), die eine *äußerst heftige Korrosion* zur Folge hat.

Das Beispiel vom scheinbar so einfachen Rosten des Eisens möge zeigen, daß in vielen Fällen der Korrosionsverlauf durch geringfügige Änderungen der beteiligten Stoffe stark nach Art und Intensität beeinflußt werden kann, weshalb auch viele Korrosionsvorgänge noch nicht befriedigend begründet werden können.

Die Intensität dieser Rostbildung von Eisen in Gegenwart von Wasser und Luft hängt aber auch noch von weiteren Begleitumständen ab. In Wasser getauchte Proben rosten z. B. schneller, wenn das Wasser *bewegt* wird. Eiserne Rohrleitungen oder Kessel rosten schneller, wenn sie abwechselnd gefüllt und entleert werden. An der freien Atmosphäre ist der Angriff wesentlich intensiver, wenn sie Spuren von Schwefeldämpfen enthält, wie letztere z. B. in Lokomotivrauchgasen enthalten sind, wodurch die Eisenkonstruktionen von Bahnhofshallen usw. stärker korrosionsanfällig sind als normale Eisenkonstruktionen. Der Salzgehalt der Meerluft wirkt auf Eisen und Buntmetalle stark korrosionsfördernd.

Es ergibt sich daraus, daß die *Prüfung der Korrosionsfestigkeit von Metallen analog derjenigen der Verschleißfestigkeit nur durch Messungen erfolgen kann, bei denen die praktischen Betriebsbedingungen eingehalten werden.* Ungünstig ist dabei, daß es sich meist um *langwierige* Versuche handelt. Man trachtet die Dauer dadurch abzukürzen, daß man die Wirkung des einen oder andern Einflusses, den man als vorwiegend erkannt hat, zu verstärken versucht, z. B. eine künstlich stark verunreinigte Atmosphäre schafft, den Feuchtigkeitsgehalt und eventuell auch die Temperatur dauernd variiert, die Konzentration flüssiger Korrosionsmittel über die Betriebsbedingungen hinaus steigert usw. Analog untersucht man die Wirksamkeit korrosionsschützender Mittel, wie Farbanstriche, Metallüberzüge, künstliche Bildung passivierender Schutzschichten auf dem Metall und den Einfluß von Legierungskomponenten am besten durch *praktische Erprobung*.

3.22.53. Standardproben

Für das Verhalten der Metalle bei Lokalelementbildung gibt die *Spannungsreihe* der Lösungspotentiale einen gewissen *ersten Anhaltspunkt*. Die Spannungsreihe zeigt die Potentiale der Metalle gegen einfache molare Lösungen ihrer Salze (Normalpotentiale) gemessen gegen die Normalwasserstoffelektrode. Sie gibt für einige Metalle folgendes Bild:

Element	Ka	Na	Mg	Al	Mn	Zn	Fe	Cd	Co
Spannung $\pm$ Volt	$-3{,}2$	$-2{,}8$	$-1{,}55$	$-1{,}28$	$-1{,}08$	$-0{,}78$	$-0{,}43$	$-0{,}4$	$-0{,}29$

Element	Pb	Sn	H	Cu	Ag	Hg	Au	Pt
Spannung $\pm$ Volt	$-0{,}12$	$-0{,}1$	$\pm\,0$	$+0{,}34$	$+0{,}8$	$+0{,}86$	$+1{,}5$	$+1{,}8$

Man darf daraus schließen, daß z. B. bei metallischem Kontakt zwischen Al und Cu infolge des großen Potentialunterschiedes in Gegenwart von Feuchtigkeit starke Lokalkorrosion auftreten kann. Ein solcher Kontakt muß z. B. hergestellt werden, wenn an elektrischen Sammelschienen aus Aluminium in Schalttafeln Kupferkabel auszuschließen sind. Eine einfache Schraubverbindung würde, trotz der Passivierung des Aluminiums an der Luft, zu gefährlicher Korrosionsbildung an den Kontaktstellen führen. Eine unbedingt korrosionssichere konstruktive Lösung ist deshalb nicht einfach. Man erreicht einen gewissen Schutz z. B. durch Zwischenschichten aus einem Metall, das in der Spannungsreihe zwischen dem Al und dem Cu liegt, beispielsweise Zn, indem die Verschraubung selbst durch verzinkte Stahlbolzen ausgeführt und die Berührungsstellen durch verzinkte Unterlagscheiben getrennt werden und ähnliches. Ein möglichst guter Abschluß der gefährdeten Stellen gegen die Luftfeuchtigkeit (Farbanstrich und ähnliches) erhöht ebenfalls die Sicherheit gegen Lokalelementbildung.

Neben der Spannungsreihe gibt vor allem die *Salzsprühprobe* häufig einen guten Anhaltspunkt für die Korrosionsfestigkeit der Metalle, zum mindesten gegen die Witterungseinflüsse. Die Prüfung (Abb. 243) wird so vorgenommen, daß die Metallprobe dem dauernden Sprühnebel einer Kochsalzlösung ausgesetzt wird. Man ermittelt, nachdem die Korrosionsprodukte entfernt worden sind, die *Ge-*

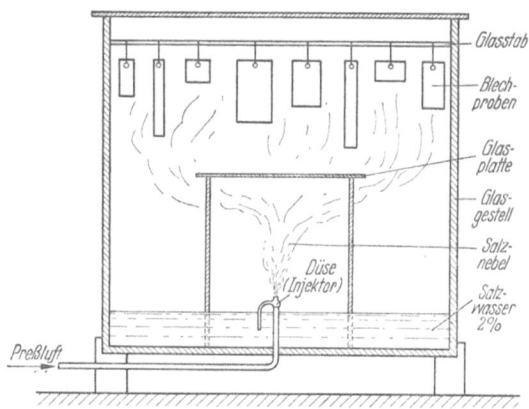

Abb. 243. Apparatur für die Salzsprühprobe, schematisch

wichtsabnahme pro Oberflächen- und Zeiteinheit als vergleichbare Maßzahl.

Im weitern läßt sich der direkte Angriff, ohne Lokalelementbildung, der verschiedenen Gase und Flüssigkeiten auf die Metalle durch die Gewichtsabnahme des Grundmetalls ermitteln, woraus sich Richtlinien für die konstruktive Verwendbarkeit ergeben.

Tabelle 5. *Verhalten von Metallen gegen einwirkende Reagenzien*

Beurteilung des Korrosionswiderstandes einiger Metalle gegenüber verschiedenen Reagenzien
1 — gut, 5 — schlecht. (Nach dem Taschenbuch der Stoffkunde-Stoffhütte.)

Korrodierendes Mittel	Alumin.							Eisen				Buntmetalle				Nickel					
	handelsüblich	mit Cu legiert	eloxiert	Silumniguß	Blei	Kadmium	Chrom	umleg. Baustahl	mit 15% Cr	mit 30% Cr	mit 18% Cr, 8% Ni	Kupfer	Messing	Bronze	Cu-Ni-Legierung	Reinnickel	mit 20% Cr	mit 15% Cr, 25% Fe	mit 30% Cu	Zink	Zinn
1. Wasser																					
11. Destilliertes Wasser	3	4	1	1	3	3	1	4	1	1	1	2	2	2	2	1	1	1	1	3	1
12. Weiches Wasser	3	4	1	1	5	3	1	3	1	1	1	2	2	2	2	1	1	1	1	5	1
13. Hartes Wasser	1	4	1	1	1	2	1	2	1	1	1	2	2	2	2	1	1	1	1	1	1
14. Meerwasser	4	5	2	1	2	5	2	4	2	2	2	4	4	2	2	1	1	1	1	5	3
15. Grubenwasser, sauer	3	5	2	1	1	4	1	4	2	1	1	5	4	3	3	4	3	3	3	4	2
2. Gase und Dämpfe																					
21. Normale Atmosphäre	1	3	1	1	1	1	1	2	1	1	1	2	2	1	1	1	1	1	1	1	1
22. Meerluft	4	5	2	1	2	4	2	3	2	2	2	4	4	3	2	2	2	2	2	3	2
23. Rauchgase	1	3	1	1	1	4	1	3	1	1	1	4	4	3	2	4	3	1	1	3	1
24. CO und CO_2	1	1	1	1	1	1	1	3	1	1	1	1	1	1	1	1	1	1	1	1	1
25. Nitrose Gase	1	3	1	1	3	3	1	5	3	1	1	4	4	3	3	5 >300°	–	–	–	3	1
26. H_2	1	1	1	1	1	1	1	5 >500°	1	1	1	5	1	1	1	1	1	1	1	1	1
27. O_2	1	1	1	1	1	5	1	5	1	1	1	5	5 >400°	2	2	1	1	1	3 >700°	4	1
28. N_2	1	1	1	1	1	1	1	1	1	1	1	1	1	1	2	5 >300°	–	–	–	1	1
29. Wasserdampf, überhitzt	4	5	2	1	5	5	1	3	1	1	1	4	3	2	2	1	1	1	1	5	1
3. Säuren																					
31. HF 40% 20°	5	5	5	5	3	5	4	–	5	–	5	–	–	–	2	1	–	1	–	5	–
32. H_3PO_4 1% 20°	2	4	2	1	1	5	4	3	1	–	1	3	3	–	2	2	1	1	1	5	–
33. HNO_3 10% 20°	2	4	2	1	5	5	2	5	1	1	1	4	4	4	3	5	3	1	2	5	3
34. HNO_3 konz. 20°	1	5	1	1	2	5	1	1	1	1	1	5	5	5	5	5	–	–	2	5	5
35. HCl 0,5% 20°	5	5	5	1	2	5	3	5	5	2	2	4	4	3	3	1	1	1	2	5	3
36. HCl konz. 20°	5	5	5	2	4	5	4	5	5	5	5	5	5	4	4	5	–	–	2	5	4
37. H_2SO_4 10% 20°	4	5	4	2	2	5	2	5	5	5	1	2	3	2	2	3	1	1	1	5	4
38. H_2SO_4 98% 20°	5	5	5	1	1	5	2	3	1	1	1	4	–	–	–	3	–	–	–	5	–
4. Alkalien																					
41. KOH 20°	5	5	5	1	3	5	2	1	1	1	1	2	2	2	–	1	–	–	1	5	4
42. NaOH 20°	5	5	5	1	3	5	2	1	1	1	1	3	2	2	2	1	–	–	1	5	4
43. NaOH 34% kochend	5	5	5	2	5	5	3	1	3	5	2	3	2	2	2	1	1	–	1	5	5
44. NaOH geschmolzen, 318°	5	5	5	5	5	5	4	1	5	5	2	–	–	–	–	1	1	1	2	5	5

Beispielsweise sind nach deutschen Vorschlägen folgende Beurteilungen klassifiziert worden:

Beur-teilung	Konstruktive Verwendbarkeit	Gewichtsabnahme/ Stunde in g/m² Oberfläche
1	gut	$< 0,1$
2	genügend beständig	$0,1—1,0$
3	noch verwendbar	$1,0—3,0$
4	nur bedingt verwendbar	$3,0—10,0$
5	unverwendbar	$> 10,0$

Die Tab. 5 ist ein Auszug aus dem Taschenbuch der Stoffkunde (Stoffhütte), wo als Beispiele Zahlenwerte der obigen Beurteilung bei direktem Angriff des Korrosionsmittels zusammengestellt sind. Man betrachte die sehr unterschiedliche Wirkung der Seeluft gegenüber der normalen Atmosphäre auf viele Metalle.

3.22.54. Korrosionsschutz von Metallen durch Metalle

Metallische Überzüge als Korrosionsschutz werden durch *Galvanostegie (Elektroplattierung)*, durch *Aufschmelzen*, durch *Einsintern*, durch *Aufwalzen (Plattieren)* oder durch *Aufspritzen* hergestellt.

Ferner werden Metalle durch Legierungselemente sehr stark in ihrer Korrosionsfestigkeit beeinflußt.

Gleichgültig, welches Überzugsverfahren angewendet wird, kann der Schutz nur wirksam und sinnvoll sein, wenn das Schutzmetall allgemein widerstandsfähiger ist als das Grundmetall und wenn der Überzug *fest haftet* und *dicht* ist, so daß keine Lokalelementbildung entstehen kann. Diesen einfachen Regeln wird oft nicht genügend Beachtung geschenkt.

Bei *galvanischen Niederschlägen* (Vernickelung, Verchromung usw.) darf nicht übersehen werden, daß sich an der Warenoberfläche außer dem Schutzmetall auch Wasserstoffionen kathodisch niederschlagen bzw. entladen, was zu einer Versprödung oder Porosität der Schutzschicht und somit zu Lokalelementbildung führen kann. Ebenso können *Schmelzüberzüge*, die durch Eintauchen des Grundmetalls in eine flüssige Metallschmelze entstehen (*Feuerverzinken, Verzinnen, Verbleien* usw.), *porös* ausfallen, weil das Schutzmetall an Stellen örtlicher Verunreinigung der Grundmetalloberfläche nicht bindet oder haftet. Feuerverzinntes Eisenblech (Weißblech) läßt sich z. B. nicht porenfrei herstellen. Die gefährliche Lokalelementbildung läßt sich dort durch nachträgliches *Verstopfen der Poren* mit einem Fett oder Wachs verhindern (Durchziehen der Weißbleche durch geschmolzenes Palmfett und anschließendes Abquetschen). Das Hilfsmittel, die Poren durch organische Stoffe zu verstopfen, versagt natürlich, wenn das Metallteil im Betrieb höheren Temperaturen ausgesetzt wird. Beispielsweise entstehen beim Feuerverzinnen von Kupferblech dort Poren, wo an der Oberfläche Kupferoxyduleinschlüsse liegen. An Wärmeaustauschapparaten, wo diese verzinnte Oberfläche mit den Verbrennungsgasen von Leuchtgas in Berührung kommt und beim Anheizen oder Abkalten Kondenswasser entsteht, welches die in den Verbrennungsgasen enthaltene schweflige Säure löst, kann an den Poren empfindlicher Lochfraß entstehen (Abschn. 4.21.6).

Galvanische Überzüge müssen auch genügend dick sein, um eine Diffusion des korrodierenden Mittels zum Grundmetall zu verhindern. Häufig läßt sich die Forderung guter Haftung, genügender Dicke und Porenfreiheit nur durch den Niederschlag mehrerer Schichten aus verschiedenen Metallen erreichen. Beispielsweise kommt eine sogenannte tropensichere *Vernicklung* oder *Verchromung* von Stahlteilen nur dadurch zustande, daß nacheinander galvanisch *verzinkt* (oder *verkadmet*), *verkupfert*, vernickelt und verchromt wird, wobei die Schichtdicken (in den Größenordnungen von $^1/_{100}$ mm) nach Erfahrung festgelegt werden.

Bei den *Sinterverfahren*, die ausschließlich für Eisen angewendet werden, wird das Eisenteil in pulverförmiges Metall, Zn oder Al, gepackt und geglüht, wodurch als Schutzschichten Legierungen des Systems Fe—Zn bzw. Fe—Al entstehen, „*Sherardisieren*" und „*Alitieren*". Besonders die letzteren sind recht widerstandsfähig gegen Verzunderung.

Beim *Aufwalzen* werden zwei Bleche, z.B. Stahlblech als Grundmetall und ein dünnes Nickelblech als Schutzmetall, in heißem Zustand gemeinsam gewalzt. Es liegt auf der Hand, daß diese Schutzschicht, was Dichtigkeit und Undurchlässigkeit betrifft, allen anders aufgetragenen weit überlegen ist. Ein nickelplattiertes Eisenblech ist hinsichtlich der Korrosionsfestigkeit einem Reinnickelblech gleichwertig, vorausgesetzt, daß keine freigelegten Schnittkanten mit dem korrodierenden Mittel in Berührung kommen.

Beim *Metallspritzen* wird das Schutzmetall in Form geschmolzener Tröpfchen mittels der Metallspritzpistole aufgespritzt. Eine metallische Bindung durch Legierung zwischen dem Schutzmetall und dem Grundmetall kann nicht oder nur unvollkommen eintreten, so wenig wie die Schutzschicht ein zusammenhängendes metallisches, kristallines Gefüge besitzt, da die einzelnen Tröpfchen in eine Oxydhaut eingeschlossen sind. Sie haben eine gewisse mechanische Verklammerung, liegen aber nur schuppenförmig auf dem Grundmetall auf, weshalb der Korrosionsschutz längst nicht so gut ist wie bei galvanischen oder Schmelzüberzügen. Etwas anderes ist es, wenn durch eine zusätzliche Glühbehandlung eine Sinterung stattfindet, wie dies für aluminiumgespritztes Eisen der Fall ist. Dann ist die Schutzwirkung gegen Verzundern der des Alitierens ebenbürtig.

Die Verbesserung der Korrosionsbeständigkeit durch Legierungszusätze beruht ausschließlich auf Erfahrung. Begründende Theorien für die verschiedenen Entdeckungen auf diesem Gebiet, z.B. die Wirkung der Chromzulegierung zum Stahl, sind nicht aufgestellt worden. Daß z.B. Chrom für sich allein durch Passivierung relativ korrosionsfest ist, gibt ja noch keine befriedigende Erklärung, daß auch ein Stahlgefüge als Ganzes diese Eigenschaft annimmt, sobald der Chromgehalt einen gewissen Prozentsatz übersteigt. Die Korrosionsfestigkeit durch Legierungsbildung kann deshalb nur als Tatsache im Einzelfall festgestellt werden, so gut wie die *Passivierung durch künstliche Oxydation, Phosphat- oder Nitridbildung.*

3.22.6. Die Hitzebeständigkeit

Die sogenannte *Hitzebeständigkeit* ist nur ein *Sonderfall der Korrosionsbeständigkeit* gegen Gase bei höheren Temperaturen. Für die konstruktive Verwendbarkeit bei höheren Temperaturen ist neben der Hitzebeständigkeit auch noch die *Warmfestigkeit* zu berücksichtigen. Praktisch kommen für solche Zwecke – Bauteile von

Dampf- und Gasturbinen, Aufladegebläsen, Düsentriebwerken usw. – nur legierte Stähle in Frage. Häufig entspricht der Korrosionsfestigkeit gegen Gase bei Raumtemperatur auch eine entsprechende Hitzebeständigkeit. Der Prototyp des korrosions- und zunderfesten Stahles war der KRUPPsche V2A-Stahl mit 18% Cr und 8% Ni. Mit dieser Kombination des Cr- und Ni-Prozentsatzes wurde sowohl die Hitzebeständigkeit als auch die Warmfestigkeit entscheidend gesteigert (Abschn. 4.14.32).

Als Maßzahl für die Hitzebeständigkeit dient die Gewichts*zunahme*, die der Stahl infolge Oxydhautbildung erfährt, in mg pro cm² Oberfläche.

Wie stark die Oxydation durch Chromzugabe verringert wird, zeigt Abb. 244. Durch Einlagerung von Cr-Atomen in die komplexe Oxydhaut wird die Diffusion

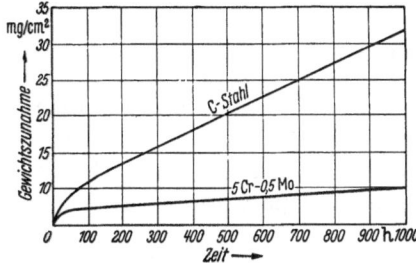

Abb. 244. Gewichtszunahme von Stahl mit und ohne Cr-Gehalt infolge Oxydation bei 600 °C (Carnegie-Illinois-Steel Corp.)

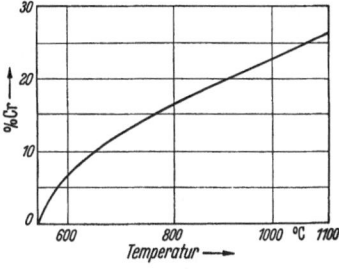

Abb. 245. Einfluß des Chromgehaltes auf die Passivierungsgrenztemperatur der Stähle bei gleicher Gewichtszunahme pro Flächeneinheit durch Verzunderung, n. ASTM

von O_2 von außen nach innen stark verzögert. Auch andere Elemente, wie Si und Al, erhöhen die Hitzebeständigkeit, vor allem wenn sie Cr-haltigem Stahl zulegiert werden, da auch sie eine größere Affinität zum Sauerstoff haben als Eisen und dadurch passivierend wirken. Abb. 245 zeigt den Einfluß des Chromgehaltes auf die Passivierungsgrenztemperatur. Neben dem Chrom werden aber auch noch andere Elemente zulegiert, um die Warmfestigkeitseigenschaften günstig zu beeinflussen, was dann wieder eine Rückwirkung auf die eigentliche Hitzebeständigkeit hat. Deshalb wird als Maßzahl für die letztere diejenige Temperatur bezeichnet, bei welcher die Gewichtszunahme durch Oxydation den Betrag von 10 mg pro cm² Oberfläche in 1000 Stunden beträgt. Vgl. hierzu Abschn. 4.14.32.

3.22.7. Die Härtbarkeit

Die Frage, auf welche Härte ein Stahl durch eine Wärmebehandlung gebracht werden kann und wie sich das Härtefeld im Querschnitt des Bauteiles ausbreitet, führt zu der für die Konstruktion wichtigen Frage der technologischen Eigenschaft „Härtbarkeit". Hierfür sind Meßmethoden und eindeutige Definitionen und Maßzahlen entwickelt worden, die jedoch nur im Zusammenhang mit den Härtungsvorgängen selbst erläutert werden können (Abschn. 4.12.54).

3.23. Eigenschaften und Kennzahlen für die Formgebungsverfahren

Neben den komplexen technologischen Eigenschaften für die konstruktive Verwendbarkeit der Werkstoffe sind auch solche für die günstige Durchführung der verschiedenen Formgebungsverfahren von Interesse. Bisweilen werden nur diese als die „technologischen Eigenschaften" bezeichnet.

Entsprechend der Vielseitigkeit der Formgebungsverfahren lassen sich mehrere derartige komplexe Eigenschaften definieren und durch mannigfaltige Methoden Kennzahlen aufstellen. Wie bereits für die Verschleiß- und Korrosionsfestigkeit bemerkt, handelt es sich hier um Eigenschaften, die quantitativ nur dann exakt definiert und gemessen werden können, wenn die Versuchsbedingungen denen der praktischen Durchführung des Verfahrens entsprechen. Man führt sozusagen das Verfahren selbst in kleinem Maßstab durch, eventuell unter vereinfachten Bedingungen, und zieht aus den Ergebnissen in erster Linie Analogieschlüsse. Entsprechend den wichtigsten Gruppen der Formgebungsverfahren kann deshalb nur angedeutet werden, welche Begriffe und Beurteilungsverfahren hierfür in Frage kommen.

3.23.1. Die Gießbarkeit

An sich läßt sich jedes Metall schmelzen und in Formen gießen. Für die praktische Anwendung ist es jedoch wesentlich, daß der Schmelzpunkt nicht zu hoch liegt für das normale Formenmaterial (Formsand, Lehm, Metall). In diesem Sinn ist z. B. Gußeisen wegen des tieferen Schmelzpunktes besser gießbar als Stahlguß.

Eine weitere Bedingung, um porenfreien Guß zu erhalten, ist die Vermeidung von Lunkern und Gasblasen. Entsprechend deren Entstehung ist dasjenige Metall besser gießbar, das ein geringeres Schwindmaß besitzt und ein geringeres Gaslösungsvermögen seiner Schmelze. Auch in dieser Hinsicht ist Gußeisen besser gießbar als Stahlguß, während Reinkupfer nicht „gießbar" ist, so wenig wie Nickel (s. a. Abschn. 1.42.1 und 1.42.2).

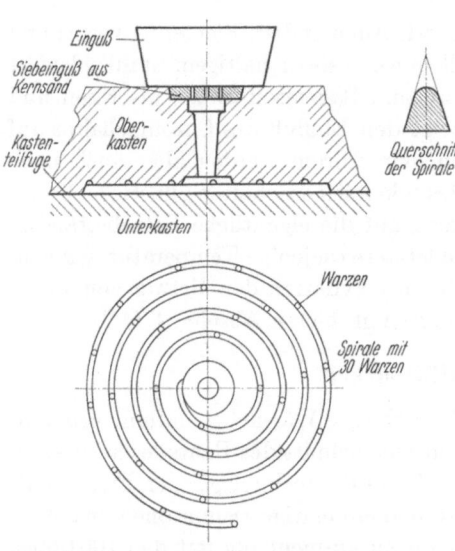

Abb. 246. Anordnung für eine Gießbarkeitsprobe, n. PIWOWARSKY

Eine weitere technische Forderung ist ein gutes „Formfüllungsvermögen". Die Hohlräume der Form sollen satt vollfließen, Ecken scharf ausgeprägt werden, in dünnen Querschnitten darf das einströmende Metall nicht infolge Zähflüssigkeit steckenbleiben usw. Auch hier ist wieder z. B. das Gußeisen dem Stahlguß überlegen, weil während seiner Erstarrung nicht nur die allgemeine Volumenabnahme (Schwindung) eintritt, sondern in einem bestimmten Temperaturintervall auch eine plötzliche Volumenausdehnung infolge Graphitausscheidung. Vergleichsproben für die Dünnflüssigkeit der Schmelze und das Formausfüllungsvermögen werden beispielsweise so gemacht, daß Spiralen gegossen und deren Längen verglichen werden, die bis zur Erstarrung entstanden waren. Abb 246 zeigt eine solche Gießform. Zur weiteren Beurteilung hat man auch versucht, die Viskosität und die Oberflächenspannung der Schmelze heranzuziehen.

3.23.2. Die Schmiedbarkeit

Diese Eigenschaft ist vor allem für die Ausführung von Gesenkschmiedearbeiten oder Gesenkpreßarbeiten wichtig. Für die vergleichende Beurteilung verschiedener Werkstoffe muß man sowohl ihren *Formänderungswiderstand* als auch ihr *Formänderungsvermögen* heranziehen. Beide Eigenschaften hängen stark von der Temperatur, der Formänderungsgeschwindigkeit und dem jeweiligen Spannungszustand während der Formänderung ab. Mit zunehmender Temperatur nimmt der Verformungswiderstand ab, das Verformungsvermögen zu, bei zunehmender Verformungsgeschwindigkeit gilt das Gegenteil. Letzteres ist der Grund, weshalb die Verformung im Gesenk durch den Schmiedehammer wesentlich mehr Arbeit erfordert als unter der Schmiedepresse. Allein die Beurteilung der „Schmiedbarkeit" nach dem spezifischen Energiebedarf für die Verformung würde keineswegs für die Praxis genügen, die vielmehr auch die *Verformbarkeitsgrenze* und das Formfüllungsvermögen im Gesenk berücksichtigen muß. Die Verformbarkeitsgrenze ist dadurch gekennzeichnet, daß der Werkstoff über eine gewisse plastische Verformung hinaus bricht. Der normale Druckfestigkeitsversuch (Abschn. 3.21.2) gibt bereits einen Hinweis, wie verschieden sich die einzelnen Werkstoffe in dieser Hinsicht verhalten.

Als Beispiel für den Temperatur- und Geschwindigkeitseinfluß auf diese Grenze sei erwähnt:

Magnesiumlegierungen, wie z.B. mit 6 bis 7% Al, 0,5 bis 1% Zn, 0,2 bis 0,5% Mn, Rest Mg (s. auch Abschn. 4.33), haben wegen des hexagonalen Mg-Gitters bei Raumtemperatur eine relativ schlechte Formänderungsfähigkeit. Es bestehen nur wenige günstige Translationsrichtungen in der Basisebene der Elementarzelle. Oberhalb $\sim$ 225 °C kann jedoch die Kristallverformung auch noch in Pyramidenflächen vor sich gehen, wodurch 12 Gleitmöglichkeiten und eine bessere Verformungsmöglichkeit entsteht. Wiederum hängt diese Grenze dann stark von der Verformungsgeschwindigkeit ab.

Gleiche Ausgangs- und Endform vorausgesetzt, kann es eintreffen, daß diese Legierung beim Schmieden unter dem Hammer reißt, unter der Presse hingegen nicht.

Neben diesem der Druckfestigkeit ähnlichen Verformungsvermögen ist für das Gesenkschmieden noch ein weiteres, als *Steigfähigkeit* bezeichnetes Verformungsvermögen von Bedeutung. Legt man beispielsweise in ein geschlossenes Gesenk nach Abb. 247 einen zylindrischen Schmiederohling mit einem Durchmesser $D_2 < D_1$ und einer Höhe $H_2 > H_1$ und mit einem etwas größeren Volumen als der Hohlraum des Gesenkes, so vergrößert sich beim Pressen oder Schlagen einerseits dessen Durchmesser D_2, andererseits fließt der Werkstoff nach oben und unten in die zylindrischen Zapfen, und zwar ist die Steigfähigkeit um so besser, je höher das Maß h am fertigen Stück ausfällt.

Durch derartige Versuche läßt sich die Schmiedbarkeit erfassen oder zahlenmäßig bewerten, indem man z.B. für verschiedene Werkstoffe vergleichsweise gegenüberstellt:

a) Arbeitsbedarf; b) erreichbares Maximum für D_1, ohne daß Bruch (Risse am Rand) eintritt; c) Steighöhe h des Werkstoffes, absolut oder je mkg zugeführte Arbeit, und dies noch vergleichsweise für langsamen Preßdruck und für Schlagarbeit sowie bei verschiedenen Temperaturen.

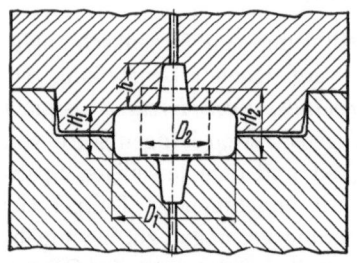

Abb. 247. Gesenkschmiedeversuch zur Beurteilung des Steigvermögens

Derartige Untersuchungen gestatten natürlich nur eine relative Bewertung unter besonderen Bedingungen. Sie lassen z. B. erkennen, daß unlegierter Stahl ein besseres Steigvermögen besitzt als chromnickellegierter Baustahl, daß jedoch der Arbeitsbedarf bei beiden Sorten ziemlich gleich ist. Andererseits ist die Steighöhe, sowohl absolut als auch spezifisch, pro mkg zugeführter Energie bei Leichtmetallen wesentlich geringer als bei Stahl, wenn es sich um langsame Formänderung (Pressen) handelt, und zwar verhalten sich Magnesiumlegierungen noch schlechter als Aluminiumlegierungen. Beim Schlagen andererseits ist die Steighöhe von Aluminiumlegierungen derjenigen der Stähle gleich, während Magnesiumlegierungen bei schlagartiger Verformung zu Bruch gehen.

Wenn der Werkstoff ein gutes Steigvermögen bei schlagartiger Verformung und Raumtemperatur besitzt, so ermöglicht das die Anwendung der Technik des „Kaltspritzens", die für die Herstellung von Tuben benützt wird. Dort ist das Zinn der günstigste Werkstoff, dem Aluminium und Stahl erst in größerem Abstand folgen. Das Verhalten der Werkstoffe beim Kaltspritzen ist noch wenig erforscht worden, während andererseits gerade auch für weiche Stähle in jüngster Zeit eine überraschend gute „Kaltschmiedbarkeit" in der Praxis festgestellt wurde.

3.23.3. Die Tiefziehfähigkeit

Die Tiefziehfähigkeit ist die von Feinblechen ($\leqq$ 3 mm Dicke) verlangte Eigenschaft, sich stanztechnisch, d. h. im kalten Zustand, mittels Ziehwerkzeugen zu Hohlkörpern umformen zu lassen. Der elementare oder einfachste Tiefziehvorgang ist die Umformung einer runden Blechscheibe vom Durchmesser D zu einem zylindrischen Näpfchen mit dem Durchmesser $d < D$ und der Höhe h, wobei die Blechdicke bzw. Wandstärke annähernd unverändert bleibt. $d/D = m < 1$ ist das *Einzugsverhältnis* der Ziehoperation. Ein Blech ist um so tiefziehfähiger, je kleiner m gewählt werden kann, ohne daß das Blech beim Ziehen reißt.

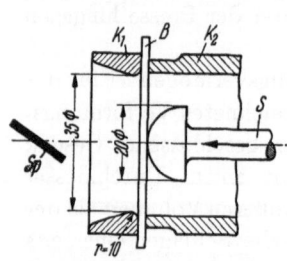

Abb. 248. Schema der Tiefungsprobe an Feinblech, n. ERICHSEN. B Blechprobe, K_1, K_2 Klemmstücke, S Stempel, Sp Spiegel

Tiefziehfähiges Blech muß eine gute Kombination von großer Bruchdehnung, hoher Festigkeit und niedriger Streckgrenze aufweisen. Es soll also einen geringen Widerstand gegen plastische Kaltverformung besitzen, andererseits genügende Zerreißfestigkeit. Das Spannungs-Dehnungs-Diagramm und das Arbeitsvermögen geben bereits einen guten Anhalt für die Tiefziehfähigkeit, jedoch genügen diese technologischen Festigkeitswerte noch nicht für die praktische Stanztechnik.

Als rein empirisch-technologische Probe hat deshalb die ERICHSEN-*Tiefungs-probe* weite Verbreitung gefunden. In einem einfachen Prüfgerät (Abb. 248) mit den genormten Maßen $D = 35$ mm und $r = 10$ mm wird das Blechstück zwischen zwei als Hohlzylinder ausgebildeten Klemmstücken K_1 und K_2 fest eingespannt und hierauf der Stempel S mittels einer Gewindespindel und Handrad vorgetrieben, so daß eine Ausbauchung an der Probe entsteht. Mittels des Spiegels Sp beobachtet man

1. die bei der Auswölbung entstehende narbenförmige Aufrauhung der Blechoberfläche;

2. das Auftreten des ersten Risses, was man auch durch das plötzliche Nachlassen des Verformungswiderstandes spürt.

Der Weg des Stempels bis zum Anriß des Bleches, der an einer Skala abgelesen wird, ist der Tiefungswert t_e [mm] nach ERICHSEN.

Zwischen t_e und dem zulässigen Einzugsverhältnis m für die Verformungsoperation besteht eine durch Erfahrung gefundene Beziehung, jedoch mit erheblicher Streuung, da zahlreiche andere Einflußgrößen, wie die absolute Größe von D, die Blechdicke s, die Radien der Ziehkanten am Ziehstempel und am Ziehring und anderes mehr ebenfalls von Einfluß sind.

Daß zwischen den Werten des Spannungs-Dehnungs-Diagrammes (Zerreißprobe) und der Tiefungsprobe keine direkte Beziehung besteht, erkennt man schon daraus, daß die Werte für t_e von der Blechdicke abhängen (Abb. 249). Im übrigen

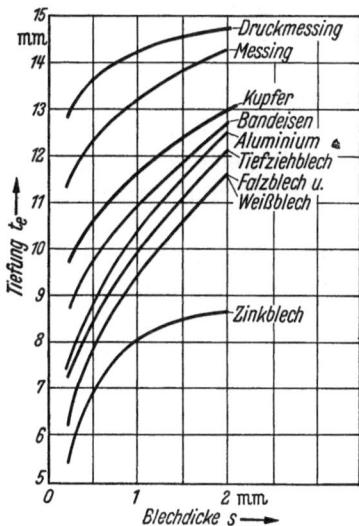

Abb. 249. ERICHSEN-Tiefungswerte zur Beurteilung der Tiefziehfähigkeit von Feinblechen

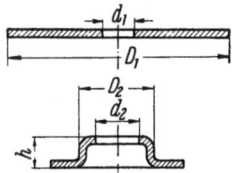

Abb. 250. Aufweitungsprobe zur Beurteilung der Tiefziehfähigkeit

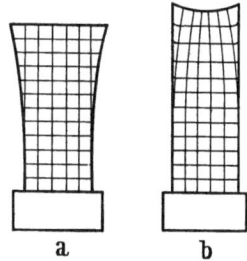

a   b

Abb. 251a u. b. Keilzugprobe zur Beurteilung der Tiefziehfähigkeit: a) vor, b) nach dem Keilzug

hat die ERICHSEN-Probe in erster Linie den Charakter einer *qualitativen Vergleichsprobe*, und in diesem Sinn wird auch die beim Tiefungsvorgang entstehende Aufrauhung der Oberfläche unter subjektiver Beurteilung herangezogen.

Zur Beurteilung der Tiefziehfähigkeit werden auch andere Proben gemacht, z.B. die *Aufweitungsprobe* und die *Keilzugprobe*. Bei der ersteren wird eine vorgelochte Ronde mit festgelegten Abmessungen D_1 und d_1 zu einem Näpfchen mit den festgelegten Abmessungen D_2 und h gezogen und die Aufweitung $d_2 : d_1$ als Maß für die Tiefziehfähigkeit bestimmt (Abb. 250); bei der letzteren wird ein Blechstreifen (Abb. 251) bestimmter Form mit aufgezeichnetem Koordinatennetz durch ein Zieheisen mit der Öffnung = Breite × Blechdicke gezogen und die Verzerrung des Koordinatennetzes zur Beurteilung der Tiefziehfähigkeit herangezogen.

Auch diese und ähnliche Proben, für welche die grundlegenden Abmessungen nicht genormt sind, haben nur einen vergleichenden Wert, oder sie gestatten bestenfalls, auf Grund vergleichender Erfahrungen den Kleinstwert von m im voraus zu bestimmen. Für die ERICHSEN-Probe haben sich dagegen wenigstens die Grundabmessungen des Apparates international durchgesetzt, so daß t_e-Werte in diesem Sinn Normwertcharakter erhalten haben.

In schwierigen Fällen zieht es die Praxis vor, bei der Festlegung der Ziehoperation und Konstruktion der Ziehwerkzeuge sich auf direkte Proben mittels gezogener Näpfchen zu stützen.

3.23.4. Die Zerspanbarkeit

Ein Werkstoff ist „gut zerspanbar", wenn er bei den zerspanenden Formgebungsverfahren große Spanleistungen der Werkzeuge, d.h. große *Spanvolumina* pro Zeiteinheit, gestattet. Ist v m/min die *Schnittgeschwindigkeit* und F mm² der *Spanquerschnitt*, so ist $V = v \cdot F$ cm³/min das minutliche Spanvolumen. Dieses könnte an sich durch die Steigerung von v beliebig gesteigert werden, jedoch würde dadurch die Werkzeugschneide entsprechend rasch abstumpfen, wodurch die Kräfte an der Schneide derart anwachsen, daß das Werkstück oder das Werkzeug bricht oder die Maschine abgebremst wird. Wegen des Anstieges des Schnittwiderstandes ist auch einer Steigerung von V durch Vergrößerung von F bald eine Grenze gesetzt.

Die Zerspanungsforschung sucht die sehr mannigfaltigen Zusammenhänge zwischen der *Standzeit der Schneide*, der *Schneidenform*, dem Werkzeugmaterial, dem zu zerspanenden Werkstoff, der Schnittgeschwindigkeit und der Form und Größe des Spanquerschnittes zu ermitteln und daraus Materialkennzahlen zu gewinnen, die es dann nach den Methoden der Zerspanungslehre gestatten sollen, einen beliebigen Zerspanungsvorgang hinsichtlich der variablen Zerspanungsbedingungen, wie v, F und andere, technisch und wirtschaftlich optimal vorauszuberechnen und durchzuführen.

Da es sich dabei um die gegenseitige Wirkung des Werkzeuges und des Werkstückes handelt, gilt für die Zerspanbarkeit grundsätzlich dasselbe wie für die Korrosionsfestigkeit: Sie ist keine Eigenschaft *eines* Werkstoffes, sondern eine kombinierte Eigenschaft zweier aufeinander einwirkender Werkstoffe, die ihrerseits noch von zahlreichen Betriebsbedingungen abhängt. Trotzdem kann man ihr als der Eigenschaft *eines* Werkstoffes näherkommen, wenn die Ermittlung von Kennwerten mittels Werkzeugen erfolgt, die nach Form und Werkstoff gleich sind. Wählt man ferner eine bestimmte Standzeit der Schneide, z.B. 60 Minuten,

als Parameter, so lassen sich für die verschiedenen Werkstoffe in erster Annäherung Beziehungen zwischen dem Spanquerschnitt und derjenigen Schnittgeschwindigkeit v_{60}, bei welcher die Schneide 60 Minuten scharf bleibt, ermitteln. Danach
läßt sich dann die Zerspanbarkeit quantitativ beurteilen. Wählt man aber einen
andern Schneidenwerkstoff, so ändert sich das Bild im relativen Verhalten der
Werkstoffe unter Umständen erheblich, analog der Korrosionsfestigkeit der Metalle je nach dem korrodierenden Mittel. Immerhin lassen sich in der angedeuteten
Weise Werkstoffe gleicher Gattung, z.B. Stahlsorten, Gußeisensorten usw., hinsichtlich ihrer Zerspanbarkeit untereinander vergleichen. Abwegig ist es hingegen,
vergleichbare Zerspanbarkeitskennzahlen der verschiedensten Werkstoffe etwa
allein aus deren *spezifischem Schnittwiderstand* (= Schnittdruck des Werkzeuges
pro Einheit des Spanquerschnittes) oder einer der mechanischen Festigkeitseigenschaften abzuleiten, wie es bisweilen geschieht. Eine ausführliche Begründung
hierfür gehört aber bereits in das Gebiet der Zerspanungslehre, weshalb die
obige grundsätzliche Betrachtung vom werkstoffkundlichen Gesichtspunkt aus
genügt.

Die Zerspanbarkeit mancher Werkstoffe kann durch geringe Modifizierungen
des Gefüges oder Legierungszusätze verbessert werden. Beispielsweise wird Stahl
besser zerspanbar durch Umwandlung des lamellaren Perlits in körnigen (Abschn.
4.12.52) Stahl und Messing durch Zulegierung geringer Mengen von Blei (Abschn.
4. 21.61).

3.23.5. Die Schweißbarkeit

Schweißbarkeit und Lötbarkeit sind technologische Werkstoffeigenschaften,
für die es keine zahlenmäßigen Kennzahlen mehr gibt. Die Begriffe und Eigenschaften sind relativ, es kann höchstens im einen oder anderen Fall gesagt werden,
daß dieser oder jener Werkstoff mittels der üblichen werkstattstechnischen Methoden gar nicht geschweißt oder gelötet werden kann oder daß die Schweiß- oder
Lötnaht im einen oder andern Fall besser oder schlechter ist hinsichtlich ihrer
Gefügeeigenschaften und Festigkeit.

*Schweißen und Löten sind metallurgisch-chemische Vorgänge im kleinen Maß-
stab.* Eine homogene Schweißverbindung ist möglich, wenn a) die Oberflächen
desoxydiert sind, b) die nötige *Wärme* entwickelt wird. Die Verbindung kann dann
grundsätzlich auf zwei Wegen erfolgen: entweder durch Zusammenpressen der
Flächen in festem bzw. teigigem Zustand (Hammerschweißung, Preßschweißung)
oder durch Verschmelzen der Grenzflächen (Schmelzschweißung), wobei zwei
Varianten, mit oder ohne Zusatzmaterial, möglich sind. Die schwierigste chemisch-
metallurgische Aufgabe ist dabei die genügende Reinigung oder *Desoxydation* der
Oberflächen selbst, die grundsätzlich mechanisch oder durch Flußmittel (schmel-
zende Schlackenbildner) oder durch ein Gas (Azetylenbrenner mit reduzierender
Flamme) erfolgt. Dabei können Schwierigkeiten auftreten, z.B. dadurch, daß die
Oxydhaut sich rasch bildet, fest haftet, hohen Schmelzpunkt hat oder sich im
Flußmittel schlecht löst. Typisch hierfür ist die Oxydschicht des Aluminiums, wo
zwar die Schweißung mittels Flußmitteln gelungen ist, nicht aber eine völlig
befriedigende Lötung mittels niedrig schmelzender Fremdmetalle, die sich in der
Lötfuge an den Grenzschichten der zu lötenden Stücke legieren sollen, um
genügende Haftung und Festigkeit zu erreichen. Ein anderes Beispiel ist die

schlechte Schweißbarkeit kohlenstoffreicher Stähle mittels Azetylenflamme. Letztere muß zwecks Desoxydation reduzierend eingestellt sein, hat aber dadurch einen Aufkohlungs- und damit Versprödungseffekt auf die Schweißnaht. Ähnliche Schwierigkeiten treten bei hochlegierten Stählen auf, die starke Karbidbildner wie Cr und andere Komponenten enthalten. Die Schweißtechnik arbeitet aber dauernd an der Verbesserung der Verfahren durch Verbesserung der Flußmittel, wie sie auch insbesondere aus der Ummantelung der Elektroden für die Lichtbogenschweißung mit abgeschmolzen werden, oder durch Schweißverfahren unter Schutzgas, so daß manche Metalle, die früher als „nicht schweißbar" galten, nun doch schweißbar werden konnten. Da bei allen Schmelzschweißungen grundsätzlich die Schweißnaht als *Gußgefüge* entsteht, hängt die Festigkeit der Schweißnaht nicht nur davon ab, daß sie chemisch-analytisch mit dem Grundwerkstoff identisch ist und keine Fremdeinschlüsse enthält, sondern auch von der Erstarrungsstruktur. Letztere wird wiederum stark durch eventuelle Nachbehandlungen, seien sie mechanisch oder thermisch, beeinflußt, aber auch durch das angewendete Verfahren für die Wärmeerzeugung (Gasflamme, Widerstandserwärmung), so daß auch in dieser Hinsicht die *Schweißarbeit* des Werkstoffes untrennbar mit dem *Schweißverfahren* verknüpft ist.

Analog liegen die Verhältnisse für die *Lötbarkeit*. Es handelt sich da, metallkundlich gesehen, um die Frage der *Legierungsfähigkeit des Grundmaterials mit dem Lötmaterial*, und zwar bei bestimmten Temperaturen, die in manchen Fällen unter dem Schmelzpunkt des Lotes und des Grundmaterials liegen kann, da ja eine Legierung einen tieferen Schmelzpunkt zu haben pflegt als die Komponenten. Im allgemeinen wird freilich das Lötmetall flüssig und durch Kapillarwirkung in die Lötfuge eindringen und mit den zu verbindenden Metallen an deren Oberfläche leicht legieren.

Natürlich schließt die prinzipielle, metallkundliche Betrachtungsweise der Eigenschaften Schweißbarkeit und Lötbarkeit nicht aus, daß auf Grund praktischer Erfahrung das eine Metall leichter, d. h. mit weniger fabrikationstechnischen Schwierigkeiten, oder besser, d. h. mit besseren Festigkeitseigenschaften der Naht, schweißbar oder lötbar ist als das andere. Einzelheiten hierüber gehören jedoch in das Gebiet der Technologie des Schweißens, weshalb auf die Fachliteratur verwiesen wird.

3.3. Physikalische Eigenschaften für die konstruktive Verwendung

Für die konstruktive Verwendung der Werkstoffe sind letztendlich *alle* physikalischen Grundeigenschaften, und neben den chemischen nur diese, maßgebend. Ihre Erforschung und Begründung gehört in das Gebiet der Physik. Einige derselben haben jedoch für den Maschinenbau eine besondere praktische Bedeutung, weshalb sie als spezielle Werkstoffeigenschaften neben die technologischen eingereiht werden können, zumal auch die Metallurgen sie als spezielle *technische* Eigenschaften der Werkstoffe durch immer neue Legierungen zu verbessern suchen. Es gehören hierzu die *Magnetisierbarkeit*, die *Leitfähigkeit für Elektrizität* und *Wärme* und die *Wärmeausdehnung*.

3.31. Die Magnetisierbarkeit

3.31.1. Physikalische Ursachen

Je nachdem, ob magnetische Stoffe von einem Magneten schwach abgestoßen oder schwach oder stark angezogen werden, unterscheidet man *diamagnetische*, *paramagnetische* und *ferromagnetische* Stoffe. Als Werkstoffeigenschaft ist vor allem der *Ferromagnetismus* wichtig. Die ferromagnetischen Stoffe sind Fe, Ni, Co und Gd. Sie sind stark magnetisierbar. Die Magnetisierbarkeit der paramagnetischen und diamagnetischen Stoffe ist in ihrer Wirkung (Anziehung oder Abstoßung) so schwach, daß sie technisch als unmagnetisch, unmagnetisierbar oder *antimagnetisch* bezeichnet werden können. Paramagnetika sind z.B. Al, Mn, Cr, W. u.a., Diamagnetika Zn, Cu, Bi u.a. Interessanterweise gibt es eine Legierung aus para- und diamagnetischen Metallen, die HEUSLERsche *Legierung* aus Mn, Al und Cu, die ausgesprochen ferromagnetisch ist.

Die Bestimmung der magnetischen Eigenschaften (Abschn. 3.31.2) erfolgt nach den technisch ausgebauten Methoden der Experimentalphysik, die Erklärung des Magnetismus kann durch die Theorie soweit als gesichert gelten, daß durch die im Atom kreisenden und kreiselnden *Elektronen Elementarmagnetchen* gebildet werden. In den ferromagnetischen Stoffen sind die durch die Elektronenbewegung gebildeten Kreisströme innerhalb größerer Atomgruppen von 10^{10} bis 10^{15} Atomen, den sogenannten WEISSschen *Bezirken*, parallel eingestellt, wodurch wiederum innerhalb eines solchen Bezirkes ein Elementarmagnet mit bestimmter Feldrichtung entsteht. Für die letztere sind aber nur diskrete Richtungen, abhängig von der Struktur des Atomgitters, möglich, z.B. im kb-r-Gitter parallel [100], im kb-fl dagegen [111] (Abschn. 1.16.6). Die magnetischen Wirkungen der Elementarmagnete heben sich infolge ihrer verschiedenen zufällig eingenommenen Richtungen auf. Durch Anlegen eines äußeren Magnetfeldes werden sie jedoch einheitlich ausgerichtet bis zum Grenzfall der parallelen Einstellung sämtlicher Elementarmagnete, wodurch die größtmögliche *Magnetisierungsintensität*, die *magnetische Sättigung*, erreicht wird.

Dieses Ausrichten der spontan gebildeten WEISSschen Elementarmagnete erfolgt sprunghaft, weshalb die Magnetisierung auch bei stetiger Steigerung des äußeren, magnetisierenden Feldes unstetig vor sich geht (sogenannte BARKHAUSEN-*Sprünge*). Die Unstetigkeit kann verschwindend klein und deshalb *technisch* unerheblich sein, sie kann aber auch sehr stark zur Auswirkung kommen. Es entstehen dadurch starke Unterschiede in der Charakteristik der Magnetisierungskurven (Abschn. 3.31.2 und 4.14.44).

Die Möglichkeit der Ausrichtung der Elementarmagnete hängt im weiteren von der Temperatur ab. Die ungeordnete Temperaturbewegung der Atome verhindert bei zunehmender Temperatur die Ausrichtung und damit die Magnetisierbarkeit, deren Maximum, von 0 °K ausgehend, bis zu einer Grenztemperatur θ, der *Curietemperatur*, sinkt, oberhalb deren auch die Ferromagnetika nicht mehr magnetisierbar sind. Die Curietemperaturen sind:

Für Fe   774 °C,
   Ni   372 °C,
   Co 1131 °C.

Im weiteren äußert sich die Verknüpfung des Kristallgittereinflusses und der Magnetisierbarkeit in verschiedenen Phänomenen. Eine elastische Gitterverspannung hat eine ausrichtende Wirkung auf die Elementarmagnete und dadurch auf die Magnetisierung und umgekehrt. Das Phänomen der elastischen Verformung durch Magnetisierung, die *Magnetostriktion*, wird technisch z. B. bei der Erzeugung von Ultraschallwellen ausgenützt. Ferner können die magnetischen Eigenschaften starke Anisotropie aufweisen, und auch die Eigenschaften der *Remanenz* und der *Koerzitivkraft* werden durch Gitterverspannungen beeinflußt.

Schließlich können auch die Phänomene des Dia- und Paramagnetismus sowie der Magnetisierung durch mechanische Rotation befriedigend als Wirkung des Elektronenspins erklärt werden.

Die Physik des Magnetismus bietet deshalb eine nahezu abgeschlossene, in vielen Punkten experimentell erhärtete Theorie für die verschiedenen magnetischen Eigenschaften der Werkstoffe, wenngleich nach wie vor die Metallurgie bei der Entwicklung neuer magnetischer Legierungen bisweilen auf unerwartete quantitative Eigenschaftsänderungen trifft (Abschn. 4.14.14).

3.31.2. Die Magnetisierungskurve und die magnetischen Eigenschaften

Für die technische Anwendung werden die magnetischen Eigenschaften allgemein durch die *Magnetisierungskurve* (Abb. 252) dargestellt. Sie zeigt die magnetische *Induktion* $\mathfrak{B}$ des Werkstoffes, gemessen in Gauß, in Abhängigkeit vom äußeren, *magnetisierenden Feld* mit der *Feldstärke* $\mathfrak{H}$, gemessen in OERSTED[1]. Es ist

$$\mathfrak{B} = f(\mathfrak{H}) \quad \text{und} \quad \mu = \frac{\mathfrak{B}}{\mathfrak{H}} = \frac{f(\mathfrak{H})}{\mathfrak{H}} = \varphi(\mathfrak{H})$$

die *Permeabilität*.

Ausgehend von $\mathfrak{H} = 0$ ist $\mu = \mu_0 = \operatorname{tg} m_0$ die *Anfangspermeabilität*. Für kleine Werte von $\mathfrak{H}$ ist μ zunächst konstant, und der Vorgang ist in diesem Bereich reversibel, d.h. $\mathfrak{B}$ verschwindet vollständig, wenn $\mathfrak{H}$ wieder Null wird. Oberhalb eines nicht scharf bestimmbaren Grenzwertes von $\mathfrak{H}$ ist μ nicht mehr konstant, steigt vielmehr zunächst stark an bis auf μ_{max}, entsprechend $\operatorname{tg} m_{max}$, um dann wieder stark abzufallen. $\mathfrak{B}$ nähert sich dabei asymptotisch einem Grenzwert, vor dessen Erreichung man eine bestimmte *Sättigungsgrenze* $\mathfrak{B}_{max}$ oder $\mathfrak{B}_s$ mit zugehöriger *Sättigungspermeabilität* μ_s definiert, jenseits deren die Erzeugung einer noch höheren Induktion durch stärkere Felder technisch und wirtschaftlich nicht mehr sinnvoll wäre. Erfolgt keine nähere Angabe

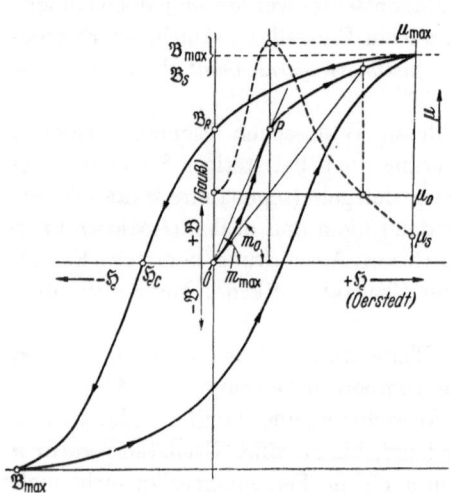

Abb. 252. Die Magnetisierungskurven

---

[1] Im cgs.-System haben GAUSS (G) und OERSTED (Oe) die Dimension $[\mathrm{cm}^{-1/2} \cdot \mathrm{g}^{1/2} \cdot \mathrm{sec}^{-1}]$, im elektromagnetischen hat $\mathfrak{B}$ die Dimension $[\mathrm{Volt} \cdot \mathrm{sec} \cdot \mathrm{cm}^{-2}]$, $\mathfrak{H}$ wird dagegen in Amperewindungen, $\mathrm{Amp} \cdot \mathrm{cm}^{-1}$ oder $\mathrm{Amp} \cdot \mathrm{m}^{-1}$ gerechnet. 1 Oersted $= 0{,}796$ AmpW/cm.

zu μ, so ist stets μ_s gemeint. Der bisher verfolgte Kurvenzweig ist die *Neukurve* der Magnetisierung.

Die Permeabiltät μ bzw. die dieser zugrunde liegende magnetische *Suszeptibilität* $\varkappa = \mu - 1$ der Stoffe bildet das Kriterium für die Einteilung der Stoffe in Diamagnetika mit $\mu < 1$, jedoch ~ 1, Paramagnetika mit $\mu > 1$, jedoch ebenfalls ~ 1, und Ferromagnetika mit $\mu \gg 1$. Für Dia- und Paramagnetika ist μ von $\mathfrak{H}$ unabhängig, für Ferromagnetika nicht.

Wird nach Überschreitung der konstanten Anfangspermeabilität, insbesondere nach Erreichung der Sättigung, das Feld $\mathfrak{H}$ auf Null reduziert, so geht $\mathfrak{B}$ nicht mehr auf Null zurück, vielmehr bleibt als remanenter Magnetismus oder *Remanenz* die Induktien $\mathfrak{B}_R$ bestehen, die erst durch Entmagnetisierung mittels Umpolung von $\mathfrak{H}$ und dessen weiterer Verstärkung zum Verschwinden kommt. Die hierfür nötige Feldstärke $- \mathfrak{H}_c$ ist das Maß für die *Koerzitivkraft* des Materials. Bei weiterer Steigerung von $- \mathfrak{H}$ tritt wieder ein gleichgroßer Sättigungswert $\mathfrak{B}_s$ mit entgegengesetzter Polarität auf, worauf wieder durch Umkehr der Feldrichtung der Wert $\mathfrak{B} = 0$ bzw. $\mathfrak{B}_{max}$ erreicht wird. Es ist also eine neue Funktion $\mathfrak{B}(\mathfrak{H})$ entstanden, die durch die *Hysteresisschleife* dargestellt wird, deren Zweige zum Koordinatenkreuz symmetrisch liegen.

Der Flächeninhalt der Hysteresisschleife ist das Maß für die einmalige vollständige Ummagnetisierung des Werkstoffes, ausgedrückt in erg/cm³. Dieser *Hysteresisverlust H_v* ist unabhängig von der Frequenz. Bei keiner Ummagnetisierung innerhalb der gleichen Grenzen $\pm \mathfrak{H}$ wird die Neukurve wieder erreicht, der Werkstoff behält also stets eine gewisse Remanenz und Koerzitivkraft. Man kann ihn aber dadurch entmagnetisieren, daß man bei den aufeinanderfolgenden Ummagnetisierungen die Maximalwerte für $\pm \mathfrak{H}$ ständig verkleinert und so die Schleife allmählich auf den Nullpunkt zurückführt (Abb. 253).

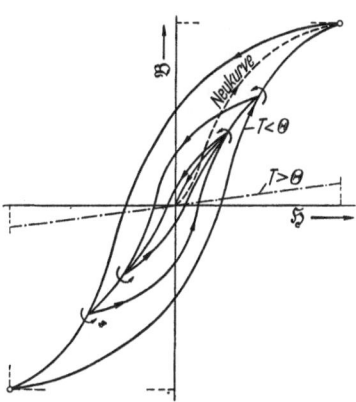

Abb. 253. Hysteresisschleifen bei allmählicher Entmagnetisierung

3.31.3. Charakteristik magnetischer Werkstoffe und Beeinflussung ihrer Eigenschaften

Die technisch wichtigsten magnetischen Eigenschaften (Grundeigenschaften) sind:

1. *Sättigungsinduktion $\mathfrak{B}_s$* oder $\mathfrak{B}_{max}$ [G],
2. *Sättigungspermeabilität μ_s*, häufig auch einfach als *Permeabilität μ* bezeichnet,
3. *größte Permeabilität μ_{max}*,
4. *Anfangspermeabilität μ_o*,
5. *Remanenz $\mathfrak{B}_R$* [G],
6. *Koerzitivkraft $\mathfrak{H}_c$* [Oe],
7. *Hysteresisverlust H_v* erg/cm³ und Zyklus.

Beim Ummagnetisieren tritt außer dem Hysteresisverlust noch ein *Wirbelstromverlust* auf, als JOULEsche Wärme infolge der im Inneren selbstindu-

zierten Ströme. Letzterer ist frequenzabhängig. Die Summe der Hysteresis-
und Wirbelstromverluste wird als die

8. *Verlustzahl oder Verlustziffer V* (Watt/kg) des Werkstoffes bezeichnet. Durch
einen Index wird dabei angegeben, für welche Induktion dieser Verlust gilt,
z.B. V_{10} für $\mathfrak{B} = 10\,000$ G.

Die Grundeigenschaften hängen ab von:

1. vom Werkstoff selbst (Legierung, Verunreinigung); – 2. der Temperatur,
d.h. der Curietemperatur θ; – 3. dem mechanischen Spannungszustand (Magneto-

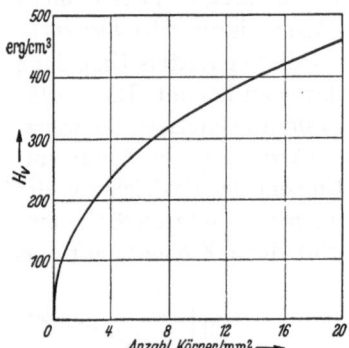

Abb. 254. Hysteresisverlust von reinem
Eisen in Abhängigkeit von der Korngröße,
$\mathfrak{B} = 10\,000$ G, n. JENSEN

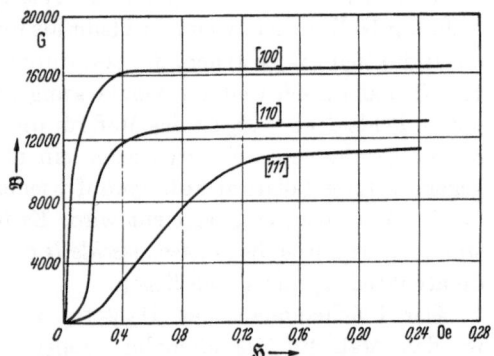

Abb. 255. Anisotropieeffekt der Magnetisierbarkeit eines
Fe—Si-Einkristalls (3,85 % Si)

Richtung	μ_{max}	$\mathfrak{B}$ (G)	$\mathfrak{H}_c$ (Oe)	
[100]	624 000	13 400	0,028	
[110]	78 000	10 400	0,043	
[111]	19 300	2 130	0,106	n. WILLIAMS

striktion) und deshalb auch von Härtespannungen; – 4. der Korngröße; – 5. eventuell von Anisotropieeffekten.

Einen allgemein gültigen Einfluß haben lediglich die Temperatur und die
Korngröße. Mit steigender Temperatur nimmt $\mathfrak{B}_{max}$ ab, um beim Curiepunkt
praktisch auf $\mathfrak{B} = \mathfrak{H}$ zu sinken, da $\mu = \mu_o = \text{const} = \sim 1$, d.h. aus dem Ferro-
magnetikum ein Paramagnetikum wird. Zugleich wird die Hysteresisschleife innen
schmaler, um beim Curiepunkt θ zu verschwinden (Abb. 253), wo dieser Grenzfall
durch die strichpunktierte Magnetisierungslinie angedeutet ist.

Der Einfluß der Korngröße resultiert allgemein daher, daß die Magnetisierbarkeit steigt, je weniger störende Einflüsse von den Korngrenzen ausgehen. Grobkorn verbessert daher die Magnetisierbarkeit, den Idealfall bildet der Einkristall
(Abb. 254).

Andererseits tritt im Einkristall die Anisotropie am stärksten zutage, wie die
Magnetisierungskurve für einen Einkristall Fe—Si (3,8 % Si) zeigt (Abb. 255).
Analog wirkt die zunehmende Kornorientierung im polykristallinen Gefüge auf
die Anisotropieeffekte aus (Abb. 256).

Die vorerwähnten Grundeigenschaften charakterisieren den Werkstoff unvollständig. Die volle Charakterisierung ergibt erst die *Form* der Magnetisierungskurve, also die vollständige Kenntnis der empirisch ermittelten Funktion $\mathfrak{B}(\mathfrak{H})$.
Trotzdem gestatten die erwähnten Eigenschaften bereits eine eindeutige Unterscheidung in sogenannte *magnetisch weiche und harte Werkstoffe*. Für beide Werkstoffe ist eine hohe Sättigungsgrenze und Permeabilität erwünscht.

Da die weichen Stoffe als Kernmaterial für Elektromagnete dauernd schwankender Feldstärke verwendet werden, ist für sie ein *geringer Hysteresisverlust* und *kleinstmögliche Koerzitivkraft* Vorbedingung. Werden sie in der Starkstromtechnik angewendet, so tritt die Forderung *niedriger Verlustziffern* hinzu.

Für die *Schwachstromtechnik* besteht andererseits zunächst die Forderung nach *hoher Anfangspermeabilität*, d. h. hoher Induktion bereits bei schwachen induzierenden äußeren Feldern.

In Abb. 257 ist der Anwendungsbereich eines magnetisch weichen Werkstoffes schematisch dargestellt. Der allgemeine Idealfall für einen solchen wäre eine

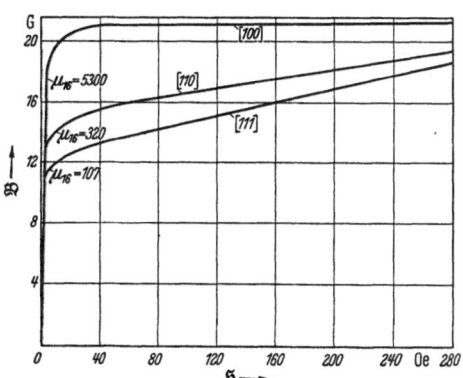

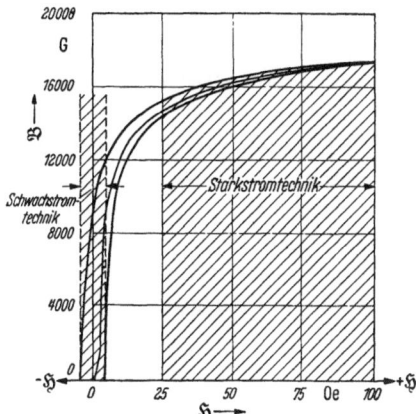

Abb. 256. Anisotropieeffekt der Magnetisierbarkeit im kristallorientierten polykristallinen Fe-Gefüge, n. HONDA und KAYA

Abb. 257. Anwendungsbereich magnetisch weicher Werkstoffe, n. BERTSCHINGER

Hysteresisschleife nach Abb. 258. Da die Hysteresis unvermeidbar ist, andererseits speziell in der Schwachstromtechnik die Forderung hoher Permeabilität bei niedrigen Feldstärken besteht, führt dies praktisch zur Forderung hoher Remanenz, verbunden mit geringster Koerzitivkraft.

Bisweilen treten im Schwachstromgebiet noch besondere Anforderungen hinzu, wie eine möglichst *konstante Induktion* über einen großen Bereich von $\mathfrak{H}$ (wie sie im schematischen Idealfall vorhanden wäre) oder auch eine möglichst *sprunghafte Änderung* der Permeabilität mit $\mathfrak{H}$ (starke BARKHAUSEN-Sprünge) oder besondere Charakteristiken des *Temperatureinflusses* auf die Induktion.

An *magnetisch harte Werkstoffe*, die für *Dauermagnete* verwendet werden, stellt man umgekehrt die Forderung, daß sie sich schwer entmagnetisieren bzw. ummagnetisieren lassen.

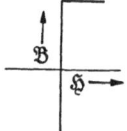

Abb. 258. Hysteresisschleife eines ideal weichen Magneten

Dies bedingt eine möglichst *große Hysteresisfläche*, durch welche ja die Ummagnetisierungsarbeit ausgedrückt wird. Die Grundforderung bzw. Grundcharakteristik sind *große Remanenz*, verbunden mit *großer Koerzitivkraft*. Abb. 259 zeigt einen Abschnitt der Entmagnetisierungskurve für einen solchen Werkstoff. Im Idealfall sollte sie nach $\mathfrak{B}_R - M - \mathfrak{H}_C$ verlaufen. Die Ummagnetisierungsarbeit wäre dann ein Maximum. Als Charakteristikum zieht man den Wert $(\mathfrak{B} \cdot \mathfrak{H})_{max}$ der Entmagnetisierungskurve heran, der dem größtmöglichen in die Entmagnetisierungskurve eingeschriebenen Rechteck $O-A-B-C$ entspricht. Eigentümlicherweise liegt dessen Punkt B stets nahe beim Schnittpunkt einer Diagonalen des aus $\mathfrak{B}_R$ und $\mathfrak{H}_C$ gebildeten Rechtecks mit der Hysteresiskurve.

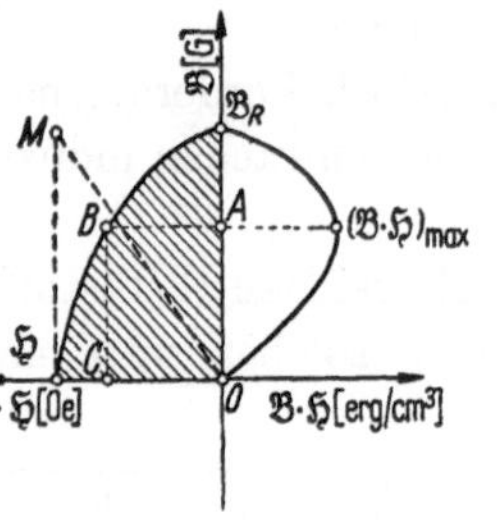

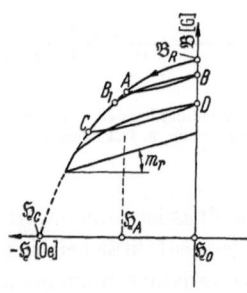

Neben dem Wert

$$\frac{(\mathfrak{B} \cdot \mathfrak{H})_{\max}}{8 \cdot \pi} \cdot 10^3 \ [\text{erg/cm}^3] \,,$$

der bisweilen auch als „*magnetische Nutzenergie*" bezeichnet wird, ist auch die *Güteziffer* oder der *Gütegrad*

$$\gamma = \frac{(\mathfrak{B} \cdot \mathfrak{H})_{\max}}{\mathfrak{B}_R \cdot \mathfrak{H}_0}$$

Abb. 259. Hysteresis eines magnetisch harten Werkstoffes

ein wichtiges Charakteristikum für die magnetisch harten Werkstoffe.

Diese charakteristischen Werte werden allgemein durch *Härtung* (Martensitbildung oder Ausscheidungshärtung) wesentlich gesteigert. Dabei kann ein besonders starker Anisotropieeffekt dadurch entstehen, daß der Stahl in einem Magnetfeld abgekühlt wird (Abschn. 4.14.44). Dieser Effekt hat dann aber nichts mit der Kornorientierung zu tun, sondern hängt sowohl skalar als auch vektoriell von der Größe und Richtung des äußeren Feldes ab, in welchem abgeschreckt wurde.

Ein weiteres *Charakteristikum* für harte Magnete ist ihr Verhalten bei partieller und wiederholter Entmagnetisierung. Wenn man (Abb. 260) den Werkstoff durch ein Feld $\mathfrak{H}_A < \mathfrak{H}_C$ entmagnetisiert, wodurch man zum Punkt A der Kurve $\mathfrak{B}(\mathfrak{H})$ gelangt und dann das Feld auf Null reduziert, so steigt $\mathfrak{B}$ nicht wieder auf $\mathfrak{B}_R$, sondern auf den Wert $B < \mathfrak{B}_R$. Wird das Feld $\mathfrak{H}_A$ wieder angelegt, so sinkt $\mathfrak{B}$ entsprechend der Kurve $B - B_1$, wodurch eine neue Hysteresisschleife entstanden ist, die von $\mathfrak{B}$ in einem Wechselfeld $\mathfrak{H}_0 - \mathfrak{H}_A$ durchlaufen wird. Analog erhielte man eine neue Hysteresisschleife $C-D$, wenn man bis C entmagnetisiert. Die Schleifen sind so schmal, daß man

Abb. 260. Entmagnetisierungs-Charakteristik eines magnetisch harten Werkstoffes

sie ohne großen Fehler durch Gerade ersetzen kann. Die letzteren liegen aber im ganzen Entmagnetisierungsfeld parallel, ihre Neigung tg m_r ist die *reversible Permeabilität* $\mu_R =$ const. des Werkstoffes, für welche ein möglichst kleiner Wert angestrebt wird.

3.32. Die elektrische Leitfähigkeit

Die elektrische *Leitfähigkeit* λ_e(m/Ω mm^2 im technischen und cm^3/Ω im physikalischen Maßsystem) nimmt allgemein mit steigender Temperatur ab. Der Kehrwert von λ_e ist der spezifische *Leitwiderstand*

$$\varrho = \frac{1}{\lambda_e} \ [\Omega \, \text{mm}^2/\text{m}].$$

Die Leitfähigkeit läßt sich fast vollständig durch die bei metallischer Bindung auftretenden freien Elektronen des Atomgitters begründen, wobei freilich nicht die Elektronenkonzentration pro Atom, sondern pro Volumeneinheit des Gitters der entscheidende Faktor zu sein scheint. Die beste Leitfähigkeit weist Silber auf mit $\lambda_e = 62,5$ bei 20 °C, es folgen als technisch angewendete Metalle das Kupfer mit 58 und Aluminium mit 36,2, während sie für reines Eisen nur 10, für Quecksilber 1,05, Titan 0,25 beträgt. Der Temperaturkoeffizient hat bei allen Metallen die Größenordnung von $400 \cdot 10^{-5}/°C$, mit Ausnahme des Quecksilbers, wo er nur $100 \cdot 10^{-5}$ beträgt. Bei 0 °K wird $\varrho = 0$, es besteht *Supraleitfähigkeit* (s. Abschn. 1.25.1).

Gute Stromleiter sind allgemein auch gute Wärmeleiter. Während die Temperatur und der Wärmeinhalt aller Stoffe vorwiegend in den *Schwingungen der Atome* – in der Größenordnung von 1/10 der Atomabstände für deren Amplituden um die Ruhelage – ihre Ursache haben, beruht die *Wärmeleitung* λ_w nicht, wie man zunächst annehmen könnte, auf der Fortpflanzung dieser Atomschwingungen, sondern ebenfalls vorwiegend auf der Anwesenheit freier Elektronen.

Für reine Metalle gilt das *Gesetz von* WIEDEMANN und FRANZ, wonach $\lambda_w : \lambda_e$ bei konstanter Temperatur für alle Metalle nahezu konstant ist. In Legierungen besteht jedoch dieses konstante Verhältnis nicht mehr.

Allgemein beeinflussen Legierungselemente λ_e und λ_w im gleichen Sinn und fast im gleichen Ausmaß.

In Legierungen, die im festen Zustand eine homogene Phase von Mischkristallen bilden, steigt der Leitwiderstand, ausgehend von dem der Komponente A, mit zunehmender Konzentration B auf ein Maximum, um dann auf den Wert für 100% B zurückzugehen, vgl. Abb. 137. *Alle Legierungen von A und B haben also eine geringere Leitfähigkeit als die reinen Komponenten A und B.*

Der Einfluß der Legierungskomponenten kann dabei sehr stark sein, vor allem hüte man sich vor dem Trugschluß, daß zwei gutleitende Elemente in legiertem Zustand auch noch relativ gute Leiter seien. Das Gegenteil kann der Fall sein. Cu mit $\lambda_e = 58$ und Ni mit 11,5 haben, zu $50/50\%$ legiert, nur die Leitfähigkeit 2,5, weshalb diese Legierung als Widerstandsmaterial Verwendung findet (Abschn. 4.5). Ähnlich haben auch Cu—Al-Legierungen, z.B. die Aluminiumbronze (Abschn. 4.21.61), ausgesprochen schlechte Leitfähigkeit, wie überhaupt die Leitfähigkeit von Cu schon durch geringe Zulegierungen stark verschlechtert wird. Dies ist der Grund, daß an das Kupfer für Leitungszwecke sehr hohe Anforderungen bezüglich des Reinheitsgrades gestellt werden, so daß nur elektrolytisch raffiniertes Metall mit $\geq 99,95\%$ Cu-Gehalt in Frage kommt (Abschn. 4.21.6).

Neben der chemischen Zusammensetzung der Legierung kann aber auch der mehr oder weniger stabile Zustand des Atomgitters die Leitfähigkeit stark beeinflussen. Die Unstabilität kann dabei auf elastischen Gitterverspannungen (z.B. durch Kaltreckung) beruhen oder auf der Art der Mischkristallbildung. Als Beispiel für eine Ursache letzterer Art sei auf das im Abschn. 2.71.2 behandelte System Cu—Au verwiesen.

4. Spezielle Metallkunde

4.1. Die Eisenmetalle (Stahl und Eisen)

Metallisch reines Eisen ist zu weich, um als Werkstoff Verwendung zu finden. Abgesehen davon wäre seine Gewinnung, die nur elektrolytisch möglich ist, zu teuer. Das technische Eisen enthält durch den Gewinnungsprozeß stets Kohlenstoff, daneben meist als gewollte *Begleitelemente* Mangan und Silizium, ferner als *Verunreinigungen* Schwefel und Phosphor. Den eigentlichen legierten Sorten werden zahlreiche metallische Elemente beigesetzt.

Für die *unlegierten Sorten ist der Kohlenstoffgehalt von ausschlaggebender Bedeutung*, denn er beeinflußt schon in Promillebeträgen alle Eigenschaften der Eisenwerkstoffe ganz erheblich.

Durch den C-Gehalt unterscheiden sich auch die beiden großen Gruppen der Eisenwerkstoffe, nämlich

1. *Stahl* und *Stahlguß* mit < 1,7% C und

2. *Gußeisen* (Grauguß) mit 1,7 bis ≈ 4,5% C,

die auch abgekürzt als „Stahl und Eisen" bezeichnet werden. Dabei ist dann in den Begriff „Eisen" auch das *Roheisen* eingeschlossen, das als Werkstoff nicht in Frage kommt, sondern die Vorstufe für die Stahlerzeugung und den Maschinengrauguß bildet.

Eine Mittelstellung zwischen beiden Gruppen, sowohl hinsichtlich C-Gehalt als auch in den Eigenschaften, nimmt der *Temperguß* ein.

In erster Annäherung kann gesagt werden:

Stahl ist zähfest, kalt und warm plastisch verformbar (schmiedbar), meist härtbar, schweißbar, bedingt gießbar, letzteres im Sinn der Herstellung von Formgußstücken verstanden.

Gußeisen (Grauguß) ist spröde, hat geringe Festigkeit, ist gut gießbar, nicht schmiedbar, nicht härtbar, schwierig schweißbar.

Diese Eigenschaftsgrenzen waren früher schärfer ausgeprägt; durch die Verfeinerung der Herstellungsprozesse und differenziertere Gefügeausbildung ist es neuerdings gelungen, auch Gußeisen plastisch warm zu verformen und zu härten.

4.11. Das Eisen—Kohlenstoff-Diagramm

Wegen des entscheidenden Einflusses des C-Gehaltes gibt das Fe—C-Zustandsdiagramm den wertvollsten Einblick in die Eigenschaften der Eisenmetalle. Zwar enthalten alle technischen Eisensorten noch weitere Komponenten, die unter Umständen deren Eigenschaften erheblich beeinflussen, jedoch gibt das Zweistoffsystem Fe—C einen derart eindeutigen Einblick in die *Grundeigenschaften*, daß dessen Analyse die Elementarlehre für alle Eisenmetalle bildet. Es genügt hierfür ein kleiner Ausschnitt des Systems, nämlich von 0 bis 6,67% C (Abb. 261).

Die Erstarrung aus der homogenen flüssigen Phase (Schmelze) kann auf dreierlei Weise erfolgen, nämlich

1. derart, daß das Gefüge nur die beiden Komponenten Fe und C enthält, wobei C in der Form des Graphites auftritt. Dies ist das *stabile System* Fe—C.

2. Derart, daß das Gefüge nur die beiden Komponenten Fe und Fe_3C enthält, aber keinen freien Kohlenstoff. Dies ist das *metastabile System* Fe—C oder auch das System Fe—Fe_3C.

Das metastabile System hat den höheren Energieinhalt. Es können deshalb Gefügebestandteile, die nach diesem System erstarrt sind, grundsätzlich in das

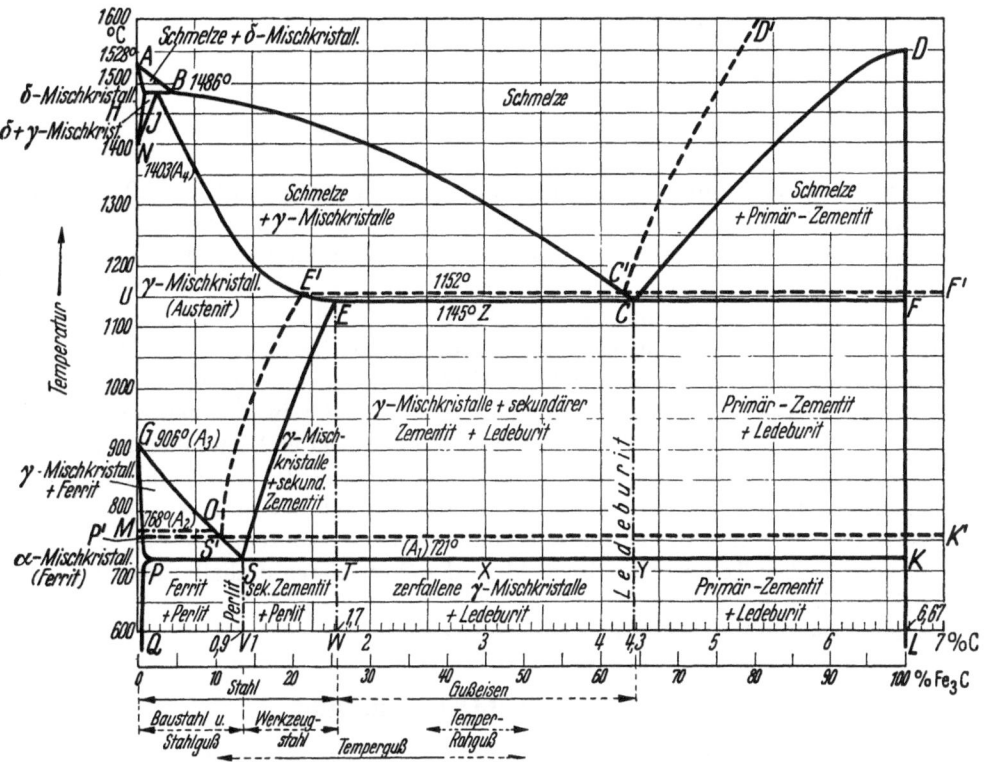

Abb. 261. Das Eisen—Kohlenstoff-Diagramm

sfabile System übergeführt werden, durch Zerfall der Verbindung Fe_3C in Fe und freien Kohlenstoff; das Umgekehrte ist aber nicht möglich (Abschn. 2.61.6).

3. Es können sich ferner auf natürlichem Wege oder durch künstliche Beeinflussung auch Gefüge ausbilden, die aus einem Gemenge der *Gefügebestandteile beider Systeme* bestehen.

Die Werkstoffe Stahl und Stahlguß bestehen ausschließlich aus Gefügebestandteilen des metastabilen Systems, der Werkstoff Gußeisen sowie der Temperguß aus solchen beider Systeme.

Ein Gefüge des rein stabilen Systems würde aus Körnern von reinem Eisen (wenn man von einer sehr schwachen Mischkristallbildung absieht) und reinem Graphit bestehen.

Ein solches Gemenge aus weichen Eisen- und Graphitkristalliten wäre als Werkstoff unbrauchbar.

Im Fe—C-Diagramm sind die Phasengrenzen für beide Systeme eingezeichnet, und zwar gelten die ausgezogenen Phasengrenzen für das metastabile System, die gestrichelten für das stabile. In der stöchiometrischen Formel Fe_3C bildet C 6,67 Gewichtsprozente. Das Diagramm hat deshalb zwei Abszissenmaßstäbe, für den C- und Fe_3C-Prozentsatz.

Für Gefüge des metastabilen Systems (Stahl) müßte man eigentlich den Fe_3C-Prozentsatz angeben. Nach allgemeiner Übereinkunft benützt man aber auch für das metastabile System den C-Prozentsatz, da man den Stahl schon lange nach C-Prozenten analysieren konnte, ehe man das Phasendiagramm Fe_3C überhaupt kannte. Man charakterisiert also nach wie vor den Stahl nach % C.

4.12. Der unlegierte Stahl

Man betrachte zunächst das metastabile System oberhalb 1000 °C. Die Liquiduslinie verläuft nach $A—B—C—D$. Zur Vereinfachung sehe man von den Phasengrenzen $A—B—J—N—H$ ab und denke sich als Soliduslinie den Linienzug $F—C—E—J$ direkt nach A verlaufend. Dann erkennt man, daß die rechte Seite dem Diagrammtypus Va, die linke dem Typus V entspricht (Abschn. 2.43 und 2.45). Bei C besteht die eutektische Konzentration und Temperatur des Systems $Fe—Fe_3C$ und entsprechend im Feld $D—C—F$ Schmelze + festes Fe_3C.

Links existiert hingegen die Komponente Fe nicht rein, vielmehr existieren unterhalb der Soliduslinie $A—E$ feste Mischkristalle aus den Systemkomponenten Fe und Fe_3C. Nun kann das Fe-Gitter nicht geschlossene Molekularverbände Fe_3C einlagern oder substituieren, deshalb ist nicht Fe_3C, sondern C im Fe-Gitter atomar gelöst, und zwar als Einlagerungs-MK, mit maximaler Konzentration 1,7% C bei der eutektischen Temperatur. Im Feld $A—E—C$ existieren deshalb diese MK im Gleichgewicht mit Schmelze.

Bei C besteht das Eutektikum aus dem Fe-MK und Fe_3C.

4.12.1. Die Gefügebestandteile

Für die bisher betrachteten Gefügebestandteile sind besondere Namen international eingeführt worden, und zwar:

Für die Komponente Fe_3C: *Zementit*. Der direkt aus der Schmelze im Feld $D—C—F$ ausgeschiedene Zementit heißt auch *Primärzementit*.

Für die Komponente Fe-MK: *Austenit* (nach dem englischen Forscher Sir ROBERTS-AUSTEN).

Für das Eutektikum: *Ledeburit* (nach dem deutschen Forscher LEDEBUR).

Das Fe-Gitter oberhalb 1000 °C ist das kubisch-flächenzentrierte Gitter, Fe_γ (Abschn. 1.16.3). Austenit wird deshalb auch als γ-MK bezeichnet.

Im weitern verfolge man jetzt das Diagramm nur innerhalb des Abszissenabschnittes $0 \div 1,7\%$ C und unterhalb $\sim 1150°$, also den Ausschnitt $U—Q—W—E$. Er entspricht dem Typus Va, wenn man sich $G—S—E$ als eine Liquiduslinie, $P—S—T$ als eine Soliduslinie denkt. Gegenüber dem Typus Va besteht die kleine

Abweichung darin, daß die Soliduslinie links nicht bis zur Konzentration 0 geht, sondern von P aus zum „Schmelzpunkt" G abbiegt, mit entsprechender Konzentrationsgrenze $P-Q$ nach unten. Dies entspricht aber auch vollständig der Korrektur, die am Typus Va angebracht werden mußte, um ihn als Grenzfall aus dem Typus V abzuleiten (Abschn. 2.45). Rechts denke man sich längs $W-E$ als Komponente Zementit (obgleich hier nicht nur Zementit besteht).

Im weitern erinnere man sich, daß reines Fe unterhalb 906 °C als Fe_α mit kubisch-raumzentriertem, oberhalb 906 °C als Fe_γ mit kubisch-flächenzentriertem Gitter existiert.

Die weitere Gefügeanalyse ergibt sich von selbst, wenn man die „feste" Lösung Austenit analog der „flüssigen Lösung" = Schmelze des Diagramms V oder Va betrachtet.

Im Feld $G-P-Q$ bestehen MK schwacher Konzentration der Komponente Fe_α. Den Haltepunkten der Liquiduslinie entspricht die Phasengrenze $G-S-E$, längs deren Fe_γ (= „Schmelze") entweder die Komponente A (= Fe_α-MK) oder B (= Zementit) auszuscheiden beginnt. Dem Eutektikum des Typus Va entspricht nach Konzentration und Temperatur Punkt S. Es ist dies tatsächlich eine Art Eutektikum, aufgebaut aus den Komponenten Fe_α-MK und Zementit. Weil es aber aus einer festen Lösung (Austenit) und nicht einer flüssigen (Schmelze) entsteht, wird es als „*Eutektoid*" (= eutektikumähnlich) bezeichnet.

Der Gefügebestandteil Fe_α-MK hat die internationale Bezeichnung *Ferrit*, das Eutektoid die internationale Bezeichnung *Perlit* erhalten.

Der Gefügeaufbau ergibt sich jetzt in völliger Analogie zum allgemeinen Typus V bzw. Va der Zustandsdiagramme wie folgt:

Im Fe—C-Diagramm		Analog im allgem. Diagramm V bzw. Va (s. Abb. 113 und 103)	
Feld	Gefügeteil	Feld	Gefügeteil
$U-G-S-E$	Austenit = feste Lösung	I	Schmelze
$G-P-S$	Austenit + Ferrit	II	Schmelze + α-MK
$E-S-T$	Austenit + (Sekundär-) Zementit	III	Schmelze + B
S	Perlit = Eutektoid = Gemenge Ferrit/Zementit	Et	Eutektikum = Gemenge α-MK/B
$P-Q-V-S$	Ferrit + Perlit	VI, Abb. 113	Eutektikum + α-MK
$S-V-W-T$	Perlit + (Sekundär-) Zementit	V, Abb. 103	Eutektikum + B

Der freie Zementit wird hier als *Sekundärzementit* bezeichnet, da er nicht primär aus der Schmelze ausgeschieden wurde.

Im Perlit ist das Gemenge Ferrit—Zementit lamellenförmig ineinander gelagert. Es ist dies der „*lamellare*" Perlit (Abb. 262). Wegen der Ursache der Streifung bzw. dem Perlmutterglanz im Schliffbild s. Abschn. 1.11. Bei feiner Streifung oder schwacher Vergrößerung ist die Streifung nicht mehr erkennbar, die Perlitbezirke erscheinen dann im Schliffbild dunkel. Reiner Ferrit und reiner Zementit erscheinen hingegen weiß.

Abb. 262. Lamellarer Perlit. Vergr. 500 ×

Gefüge bzw. Stähle mit $< 0,9\%$ C heißen *unterperlitisch* oder *untereutektoid*, mit $> 0,9\%$ *überperlitisch* oder *übereutektoid*.

Die Schliffbilder unterperlitischer Stähle zeigen abwechselnd helle Ferritkörner und dunklen (evtl. gestreiften) Perlit, deren Mengenverhältnis durch das

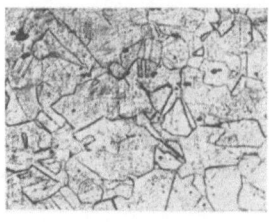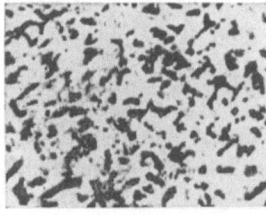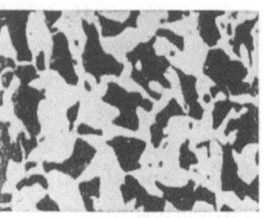

263a   263b   263c

Abb. 263a–c. Untereutektoider Stahl mit a) 0% C (Elektrolyteisen), Vergr. 120 ×, b) 0,13% C, Vergr. 75 ×, c) 0,4% C, Vergr. 75 ×

Hebelgesetz bestimmt ist. Abb. 263a–c zeigt die Gefüge mit ansteigendem C- bzw. Perlitgehalt.

Im Gegensatz dazu bildet sich der Zementit in den überperlitischen Gefügen nicht in der Form geschlossener Körner aus, sondern er lagert sich schalenförmig um die Perlitbezirke an, als sogenannter *Schalen- zementit* oder *Korngrenzenzementit*. Mit wachsendem C-Gehalt wächst die Dicke dieser Schalen. Im Schliff- bild erscheinen die hellen Zementitpartien als ein Netzwerk (Abb. 264).

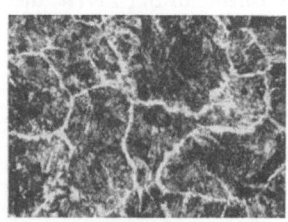

Abb. 264. Übereutektoider Stahl, 1,4% C, Perlit mit Schalenzementit. Vergr. 500 ×

Der Perlit kann statt in der lamellaren Form auch in einer anderen, als sogenannter *körniger Perlit* auftreten. Dann besteht die Perlitzone aus einer Grundmasse aus Ferrit, in welcher der Zementit in Form feinster Körner eingelagert ist (Abb. 265). Der optische Streifungseffekt und der Perlmutterglanz sind deshalb nicht mehr vorhanden.

Bei normaler Abkühlung bildet sich stets der lamellare Perlit aus. Er kann aber durch eine Wärmebe- handlung in die körnige Form über- führt werden, während das Umge- kehrte nicht möglich ist (Abschn. 4.12.22).

Den prozentualen Mengenanteil der einzelnen Gefügebestandteile bei Raumtemperatur zeigt Abb. 266. Die Mengen ergeben sich aus folgender Überlegung: Bei 0% C existiert 100%

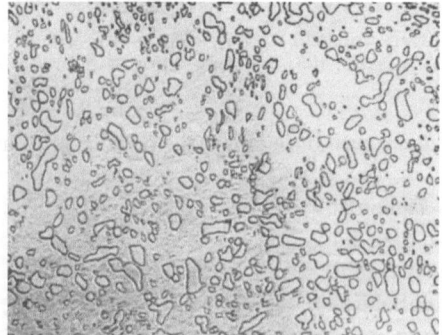

Abb. 265. Körniger Perlit. Vergr. 500 ×

Ferrit, bei 0,9% 100% Perlit. Im Zwischengebiet nimmt der Ferritanteil linear ab, entsprechend dem Hebelgesetz. Analog besteht bei 1,7% und 6,67% C 0% Ledeburit, bei 4,3%, der eutektischen

Konzentration, hingegen 100% Ledeburit. Bei 6,67% C besteht 100% Primärzementit.

Das „*Grenzgefüge*" des Stahles mit 1,7% C enthält Sekundärzementit, jedoch unmöglich 100%, da es dann identisch wäre mit dem Gefüge des 6,67%igen C-Gehaltes. Da bei 1,7% auch 0% Ledeburit vorhanden ist, kann der Rest des Grenzgefüges nur aus Perlit bestehen. Die anteiligen Mengen lassen sich wie folgt berechnen:

100 kg Grenzgefüge enthält x kg Zementit mit $\dfrac{x \cdot 6,67}{100}$ kg C sowie $(100 - x)$ kg Perlit mit $\dfrac{(100 - x) \cdot 0,9}{100}$ kg C. Die gesamte C-Menge ist 1,7 kg.

Somit: $\dfrac{x \cdot 6,67}{100} + \dfrac{(100 - x) \cdot 0,9}{100} = 1,7$ oder $x = \sim 14$, d. h. das Grenzgefüge enthält 14% Sekundärzementit.

Bei Abb. 266 ist zu beachten, daß das als Ledeburit bezeichnete Feld nicht identisch ist mit dem bei der Solidustemperatur und eutektischer Konzentration entstandenen Ledeburit, der aus γ-MK und Primärzementit gebildet wurde. Die ersteren scheiden bei Abkühlung ebenfalls Sekundärzementit aus, entsprechend der Konzentrationsgrenze $E{-}S$ (Abb. 261), verarmen somit an C bis zur Perlitkonzentration und zerfallen nach Unterschreitung der A_1-Temperatur zu Perlit, so daß bei idealem Gleichgewicht der Ledeburit bei Raumtemperatur ein Gemisch aus Primärzementit, Sekundärzementit und Perlit ist, letzterer wieder aus Ferrit und Sekundär

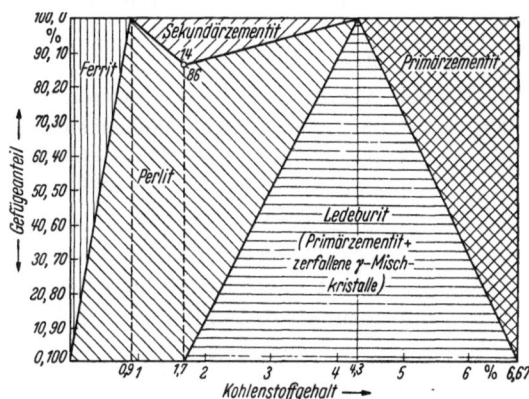

Abb. 266. Gefügeanteile des metastabilen Systems Fe—C in Abhängigkeit vom C-Gehalt

zementit zusammengesetzt. Dieser Zerfall spielt sich in den eutektischen Ledeburit-Bezirken ab, wobei die verschiedenen durch Ausscheidung oder Umwandlung entstehenden Zementitkristalle auch miteinander verwachsen können. Im Schliffbild erkennt man nur noch ein Gemenge von zumeist grobnadeligem Zementit mit eingelagertem Perlit (Abb. 382), das zur Vereinfachung ebenfalls als Ledeburit bezeichnet wird.

Will man das Grenzgefüge mittels des Hebelgesetzes analysieren, so ist deshalb zu beachten, daß als Grenzbedingungen 100% Perlit einerseits, 100% Zementit andererseits gelten, weshalb sich

$$\text{Perlit : Gesamtmenge} = \widehat{TK} ; \widehat{SK} \text{ (Abb. 261)}$$

verhält, woraus sich $\dfrac{6,67 - 1,7}{6,67 - 0,9} \sim 86\%$ Perlit ergibt bzw. 14% Sekundärzementit, wie oben berechnet.

Analog findet man für irgendeine andere Temperatur und Konzentration, z. B. 3% C bei 1145 °C:

Ledeburit: Austenit $= \widehat{ZE} : \widehat{ZC}$, wobei der Austenit 1,7% C enthält. Der Ledeburit besteht dabei aus Austenit mit 1,7% C und Zementit, und zwar verhalten sich deren Mengenanteile im Ledeburit wie $\widehat{CF} : \widehat{CE}$.

Bei weiterer Abkühlung scheidet der freie Austenit Sekundärzementit aus und zerfällt bei 721 °C zu Perlit.

Das kalte Gefüge besteht somit aus

Perlit + Sekundärzementit + Ledeburit,

und zwar verhalten sich:

Ledeburit: (Perlit + Sekundärzementit) $= \widehat{XT} : \widehat{XY}$
und Perlit : Sekundärzementit $= \widehat{TK} : \widehat{TS}$.

4.12.2. Die Haltepunkte

Die Phasengrenzen bilden die Haltepunkte. Man erkennt, daß bei 721 °C ein Haltepunkt auftritt, sobald eine sehr geringe Menge C vorhanden ist. Die Sättigungsgrenze der Ferritmischkristalle beträgt bei dieser Temperatur nur 0,025% C. Da praktisch der C-Gehalt stets höher ist, wird 721 °C als A_1-Punkt bezeichnet, *obgleich A_1 für reines Eisen ausfällt.*

Bis 906 °C hat reines Fe die kubisch-raumzentrierte α-Modifikation, zwischen 906 und 1403 °C die kubisch-flächenzentrierte γ-Modifikation, zwischen 1403 °C bis zum Schmelzpunkt, 1528 °C, wieder die kubisch-raumzentrierte δ-Modifikation, die mit Fe_α strukturell identisch ist.

Ehe reines Fe_α bei 906 °C in Fe_γ umstellt, tritt bei 768 °C noch ein Haltepunkt auf, der *Curiepunkt*, bei welchem das Fe_α seine Magnetisierbarkeit verliert (Abschn. 3.31). Dies war schon vor Erforschung der Gitterstrukturen bekannt, weshalb man diese Temperatur als A_2 und überdies, in der Annahme, daß eine neue Modifikation zwischen 768 und 906 °C vorliege, das unmagnetische Fe_α als β-Modifikation, Fe_β, bezeichnete. Die letztere Bezeichnung wurde später fallen gelassen, woraus es sich erklärt, daß die beim Haltepunkt A_3, 906 °C, entstehende Modifikation mit kubisch-flächenzentriertem Gitter nach wie vor als γ-Eisen bezeichnet wird und der Austenit als γ-MK.

Der Haltepunkt A_4 liegt bei 1403 °C; das Gitter stellt sich nochmals um, mit entsprechender plötzlicher Volumenvergrößerung (Abschn. 1.16.5).

Für die Wärmebehandlung des Stahles ist der Haltepunkt A_1, 721 °C = const, Linie $P–T$, sowie der Haltepunkt A_3, Linie $G–S–E$, je nach C-Gehalt, von größter Bedeutung.

4.12.3. Die Abhängigkeit der Festigkeitseigenschaft vom C-Gehalt

Die Festigkeitseigenschaften des Stahles werden ausschlaggebend vom Mengenverhältnis der Gefügebestandteile Ferrit–Perlit–Zementit beeinflußt, in dem Sinn, daß die übrigen Einflüsse, wie vor allem die Korngröße und die Verunreinigungen, von diesem grundlegenden Einfluß überschattet werden.

Die Berechnung der Zugfestigkeit und der Härte auf Grund des Mischungsverhältnisses der Gefügeanteile ergibt ein schematisch angenähertes Bild von dem starken Einfluß des C-Gehaltes. Dabei betrachtet man den Werkstoff als quasiisotrop mit normalem globulitischem Gefüge mittlerer Feinheit. Zusätzliche Einflüsse (Korngröße, Orientierung, Zeilenstruktur usw.) ergeben Abweichungen von den schematischen Mittelwerten oder sie haben Anisotropieeffekte.

Reiner Ferrit ist weich und sehr duktil, $\sigma_B \sim 25$ kg/mm². Reiner Perlit ist wesentlich fester und weniger duktil, $\sigma_B \sim 70$ kg/mm². Reiner Zementit hat eine etwas geringere Festigkeit, praktisch keine Dehnung, dafür sehr hohe Härte. Er ist der *absolut härteste Gefügebestandteil* des Systems Fe—C, auch härter als gehärteter Stahl. Als Werkstoff wäre Zementit wegen seiner Sprödigkeit unbrauchbar.

Zwischen 0 und 0,9% C steigt der Perlitanteil im Gefüge nach dem Hebelgesetz proportional von 0 auf 100%.

Demnach hat z.B. Stahl mit 0,18% C $\frac{0,18}{0,9} \cdot 100 = 20\%$ Perlit und 80% Ferrit, woraus sich $\sigma_B = 0,8 \cdot 25 + 0,2 \cdot 70 = 34$ kg/mm² ergibt.

Analog ergibt sich für einen Stahl mit 0,72% C:

$$80\% \text{ Perlit} + 20\% \text{ Ferrit und } \sigma_B, = 61 \text{ kg/mm}^2.$$

Somit läßt sich (Abb. 267) eine Kurve $\sigma_B = f(\text{C}\%)$ konstruieren, die aber im technischen Stahl nach Erfahrung den Punkt $\sigma_B = 70$ nicht ganz erreicht, sondern etwa nach $\sigma_B = 68$ abbiegt. Da für untereutektoide Stähle nach Erfahrung gilt:

$$HB = \frac{\sigma_B}{0,35} \text{ (s. Abschn. 3.22.12.1)},$$

wurde im Diagramm die Kurve HB' durch entsprechende Wahl des Maßstabes für die HB'-Werte mit der σ_B-Kurve zusammengelegt.

Diese Werte würden gelten, wenn man es mit reinem Ferrit zu tun hätte, weshalb die Werte mit σ_B' bezeichnet seien. Der technische Stahl enthält aber Begleitelemente, wodurch die σ_B-Werte für Ferrit bis etwa 30 kg/mm², für Perlit bis etwa 90 kg/mm² ansteigen können. Die zugehörige obere Grenzwertkurve ist mit σ_B'' bezeichnet, analog eine obere Grenzwertkurve für HB mit HB''. Ein Mittelwert, aus dem man eine Faustformel ableiten kann, ist als σ_B-Gerade eingetragen. die der Funktion $\sigma_B = 30 + 50 \cdot \% $ C entspricht. Somit ergibt sich die nützliche Faustformel:

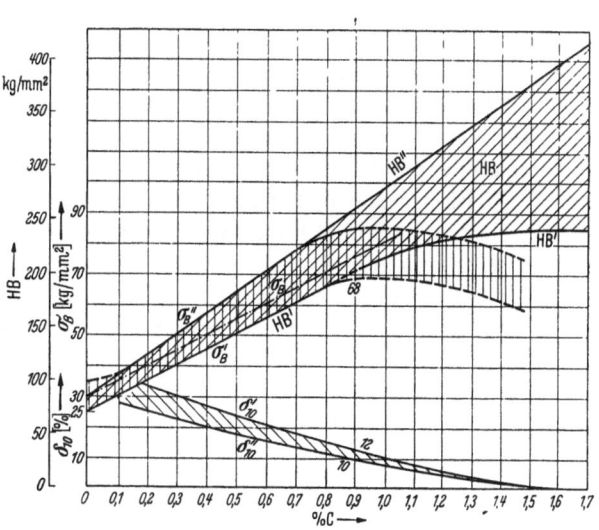

Abb. 267. Abhängigkeit der Festigkeitseigenschaften des unlegierten Stahles vom Kohlenstoffgehalt

„Die Zugfestigkeit eines unlegierten unterperlitischen Stahls (Baustahls) ist ungefähr = 30 + 50 mal der C-Prozentsatz.“

Bei überperlitischen Stählen ist dieser einfache Zusammenhang gestört, weil ab 0,9% Schalenzementit auftritt, dessen Festigkeit eher geringer ist als die des

Perlits. Entsprechend verläuft die Zugfestigkeit innerhalb der Streuung, die im Diagramm angedeutet ist. Die Härte wird hingegen durch den wachsenden Zementitanteil weiter gesteigert, ebenfalls mit großer Streuung, da die Form der Ausbildung des Sekundärzementits einen starken Einfluß hat. Deshalb hat auch die Faustformel $\sigma_B \sim 0{,}35 \, HB$ für überperlitische Stähle nicht mehr Gültigkeit.

Im Diagramm ist im weitern das Streuungsfeld für δ_{10} eingetragen.

4.12.4. Die Einteilung des unlegierten Stahles

In erster Annäherung kann man *Baustähle (Konstruktionsstähle)* mit 0 bis 0,9% C und *Werkzeugstähle* mit 0,9 bis 1,7% C unterscheiden (Abb. 261). Die Baustähle, wozu auch der Stahl(form)guß gehört, liegen im unterperlitischen Gebiet, denn die überperlitischen wären für eine solche Anwendung viel zu spröde. Umgekehrt wird für Werkzeugstähle meistens eine hohe Härte verlangt. Diese wird zwar durch das eigentliche Härten erzeugt, aber hierbei wirkt das Auftreten von freiem Zementit im Gefüge ebenfalls härtesteigernd, weshalb sie aus dem überperlitischen Gebiet gewählt werden. Durch die thermische Härtung wird der Stahl ohnehin spröde, so daß in dieser Hinsicht nichts verloren ist, wenn man für Werkzeuge überperlitische Stähle benützt. Diese Grenze der Anwendungs- und Einteilungsgebiete gilt nur schematisch. Der Werkstoff Stahlguß in normaler, unlegierter Ausführung beschränkt sich auf ein kleines Gebiet innerhalb der unterperlitischen Stähle, etwa zwischen 0,2 und 0,4% C, da hoher C-Gehalt sich infolge der Versprödung ungünstig auf die Gußspannungen auswirkt, niedriger C-Gehalt andererseits die Gießbarkeit verschlechtert (hoher Schmelzpunkt, zähflüssige Schmelze).

Zur Nomenklatur ist zu beachten: Nicht nur im Deutschen, sondern auch in anderen Sprachen beschränkte man ursprünglich den Begriff Stahl auf härtbare Stähle. Die *Härtbarkeitsgrenze* beginnt bei $\sim 0{,}3\%$ C. Stähle mit $< 0{,}3\%$ C bezeichnete man deshalb einfach als „Eisen". Später ging man allgemein dazu über, *alle* Werkstoffe des metastabilen Fe–C-Systems als „Stahl" zu bezeichnen, ob härtbar oder nicht. Andererseits wurden eingeführte Bezeichnungen wie „Profileisen", „U-Eisen" usw. beibehalten, obgleich unter Umständen das Material härtbar ist, also zum „Stahl" im alten Sinn gehört. Daraus ist eine Verwirrung entstanden. Man spricht heute von Ganz*stahl*karosserien usw., wobei dieses Stahlblech nicht härtbar ist, zugleich aber oft von *Eisen*blechen, auch wenn sie härtbar sind. Ohne Angabe des C-Gehaltes ist deshalb in der technischen und Umgangssprache nichts über die Natur dieses Werkstoffes ausgesagt.

Eine weitere Verwirrung entsteht bisweilen *durch die Bezeichnungen Fluß-stahl – Gußstahl – Stahlguß*. Die beiden ersteren besagen lediglich, daß der Stahl im flüssigen Zustand gewonnen wurde. Da dies heute ausnahmslos der Fall ist, sind sie durch „Stahl" zu ersetzen. Stahlguß ist hingegen *in Formen gegossener Baustahl*.

4.12.5. Die Wärmebehandlungen des unlegierten Stahles

Durch Wärmebehandlungen können die Eigenschaften des Stahles außerordentlich stark beeinflußt werden, und die Technik macht deshalb sehr viel Gebrauch davon, sei es, um Verschlechterungen der Eigenschaften, die durch die Verarbeitung entstanden waren, zu beheben, sei es, um das normale Grundgefüge in der einen oder andern Hinsicht zu verbessern.

Die Behandlungen sind hinsichtlich Temperatur- und Zeiteinfluß, Gefügebeeinflussung und Zweck sehr verschieden und lassen sich schematisch in die
folgenden Verfahren einteilen:

1. *Spannungsfreiglühen*; – 2. *Weichglühen*; – 3. *Normalisieren*; – 4. *Härten*; –
5. *Anlassen*; – 6. *Vergüten*.

4.12.51. Das Spannungsfreiglühen

Innere Spannungen können durch *Kaltverformung* oder durch *Abkühlspannungen* beim Abkalten entstehen. Sie zu beseitigen, ohne im übrigen das Gefüge
zu beeinflussen, ist der Zweck des Spannungsfreiglühens. Wegen der Kaltreck-
spannungen sei auf Abschn. 1.42.17 verwiesen. Unter Abkühlspannungen, die auch
als *Wärmespannungen* bezeichnet werden, versteht man die inneren Spannungen,
die beim Abkalten jedes Metallstückes aus höheren Temperaturen, gleichgültig,
ob es sich um Erstarrung aus einer Schmelze, um das Abkalten einer Schweißnaht
oder um das Abschrecken beim Härten handelt, notwendig entstehen müssen,
wenn die Abkühlung nicht genügend langsam vor sich geht. Sie werden dadurch
verursacht, daß die Abkühlung des Metallstückes an verschiedenen Stellen (innen-
außen, dicke-dünne Querschnitte) notwendig verschieden schnell verläuft, so daß
das Stück zum gleichen Zeitpunkt an seinen verschiedenen Stellen verschiedene
Temperaturen hat. Der weitere Grund ist, daß die Elastizitätsgrenze mit zunehmender Temperatur auf Null zurückgeht.

An einem Schema läßt sich der Vorgang qualitativ leicht erkennen, während
die quantitative Berechnung der nach der völligen Erkaltung verbleibenden inneren Spannungen von Fall zu Fall durch Verfolgung des Wärmeflusses und des
Spannungszustandes möglich ist, unter Berücksichtigung des Temperatureinflusses auf die Elastizität.

Ein Rahmen, bestehend aus zwei Jochen, einem dicken Stab I und zwei dünnen
Stäben II, kühle aus hoher Temperatur in freier Luft ab (Abb. 268). Dabei verringert sich die Ausgangslänge L_0. Zur Vereinfachung,
die an der grundsätzlichen Frage nichts ändert, sei angenommen: 1. daß die Joche absolut starr seien; –
2. daß die Elastizitätsgrenze bis zu einer kritischen Temperatur T_K einen nennenswerten hohen Betrag habe, oberhalb T_K jedoch völlig verschwindet. Dementsprechend
treten bei Deformation unterhalb T_K elastische Spannungen auf, während das Material oberhalb T_K sich
plastisch mit geringem Formänderungswiderstand verformen läßt.

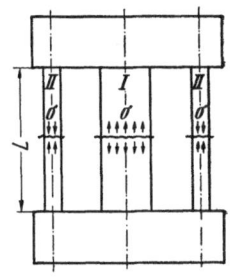

Abb. 268. Entstehung von
Wärmespannungen (Abkühl-
spannungen, Gußspannun-
gen)

Bei der Abkühlung kalten die dünnen Stäbe II rascher
ab als Stab I. Infolgedessen würden sie sich schneller
verkürzen als Stab I, wenn sie frei wären. Da sie durch
das Joch zusammengekoppelt sind, werden sie aber daran
gehindert, d.h. plastisch gelängt, während Stab I plastisch verkürzt wird. Oberhalb T_K erfolgt diese relative Formänderung im plastischen Gebiet ohne nennenswerte Spannungen in den Stäben. Zu irgendeiner Zeit unterschreiten aber die
Stäbe II die Temperatur T_K und treten ins elastische Formänderungsgebiet ein,

während Stab I noch die hohe Temperatur besitzt. Der Formänderungswiderstand der Stäbe II wächst beträchtlich, sie ziehen sich zusammen, als ob sie frei wären, und verkürzen den relativ widerstandslosen plastischen Stab I entsprechend, wobei sie eine gemeinsame Länge $L_1 < L_0$ annehmen.

Zu einem späteren Zeitpunkt unterschreitet auch Stab I die kritische Temperatur. Die dünnen Stäbe haben sich bereits weitgehend abgekühlt und nahezu die Endlänge erreicht. Es fehlt noch eine kleine Längenänderung proportional der Differenz ihrer Eigentemperatur und der Raumtemperatur. Für den Stab I ist diese Differenz aber erheblich größer. Er würde sich, wenn er frei wäre, bis zur Erreichung der Raumtemperatur um einen größeren Betrag zusammenziehen als die Stäbe II. Da die Stäbe aber gekoppelt sind und beide ins elastische Gebiet eingetreten sind, hindern sie sich gegenseitig, ihre spannungsfreien Längen anzunehmen. Im Stab I entstehen Zugspannungen, in den Stäben II Druckspannungen.

Allgemein wirken sich die Abkühlspannungen derart aus, daß in den rasch erkalteten Querschnitten Druck-, in den zuletzt erkaltenden Zugspannungen übrigbleiben. Analog gilt dies für die Oberfläche und das Innere eines Metallstückes.

Diese *innern Spannungen* werden beseitigt, wenn man das Stahlstück auf die kritische Temperatur erwärmt, bei welcher die elastischen Spannungen abklingen, d. h. bei 600 bis 650 °C einige Zeit hält und dann langsam abkühlt. Derart glüht man beispielsweise Schweißkonstruktionen zwecks Beseitigung der Schweißspannungen. Der Effekt tritt durch Kristallerholung auch schon bei niedriger Temperatur ein, nur nicht so vollständig. Hierauf beruht auch zum Teil die Anlaßwirkung nach dem Härten oder beim Vergüten. Umgekehrt kann nach vorhergegangener Kaltreckung innerhalb der kritischen Reckgrade eine Verschlechterung statt einer Verbesserung des Gefüges durch Rekristallisation mit Grobkornbildung eintreten (Abschn. 1.42.2), weshalb bei teuren Großobjekten oder in der Massenfertigung eine Voruntersuchung der Temperatur- und Zeitwirkung an Hand von Proben und Schliffbildern üblich ist.

Für höherbeanspruchte Stahlgußstücke ist das Spannungsfreiglühen unerläßlich. Da dort aber auch ein anderer Gefügefehler, nämlich die WIDMANNSTÄTTENsche Struktur (Abschn. 1.41.2) beseitigt werden muß, begnügt man sich meistens nicht mit dem Spannungsfreiglühen bei beginnender Rotglut, sondern *normalisiert* das Gefüge, *wodurch zugleich spannungsfrei geglüht wird* (Abschn. 4.12.53).

4.12.52. Das Weichglühen

Spannungsfreiglühen, Ausglühen von kaltgerecktem oder von gehärtetem Stahl ist Weichglühen im weiteren Sinn, denn in allen Fällen wird das Gefüge weicher. Trotzdem wird als „Weichglühen" im engeren Sinn nur die Behandlung verstanden, durch welche der *lamellare Perlit in den körnigen* (Abb. 262 und 265) verwandelt wird.

Die Umwandlung geht bei der Bildungstemperatur des Perlits aus dem Austenit, also bei $\sim A_1$ vor sich. Alle Karbide haben die Tendenz, ihren Energieinhalt zu verkleinern, dadurch, daß sie sich unter dem Einfluß der Oberflächenspannung zu kleinen Globuliten zusammenballen. Deshalb ist der Vorgang nicht reversibel. Für diesen träge verlaufenden Vorgang reicht die Zeit bei normaler Abkühlung nicht aus. Die Streifen schnüren sich zunächst ein, worauf die einzelnen kleinen

Globuliten nach den Korngrenzen der ferritischen Grundmasse streben und dadurch eine unregelmäßige Verteilung der Karbidkörner in der Ferritzone entsteht.
Der Vorgang wird begünstigt bzw. beschleunigt, wenn die Zementitplatten des
Perlits vorgängig der Erhitzung durch plastische Deformation mechanisch zertrümmert worden waren.

Als Erfahrungsrezepte gelten: Längeres Erhitzen, $^1/_4$ bis $^1/_2$ h, dicht unter A_1,
mit anschließender langsamer Abkühlung, bei höherem C-Gehalt auch abwechseln-
des Pendeln der Temperatur um A_1 herum, wodurch die Zeit abgekürzt werden
kann. Überperlitische Stähle (Werkzeugstähle) erfordern höhere Weichglühtempe-
raturen, 730 bis 800 °C mit langer Zeiteinwirkung, 1 bis 4 h, und nachfolgendem
langsamem Abkühlen im Ofen.

Das Weichglühen hat keine Festigkeitsverbesserung des Stahles zur Folge; im
Gegenteil sinken Zugfestigkeit und Brinellhärte um 10 bis 25%, während die
Dehnung etwas zunimmt. Der Zweck liegt vielmehr darin, die Bearbeitbarkeit,
vor allem der harten Werkzeugstähle, zu verbessern, da auch der spezifische
Schnittwiderstand abnimmt.

4.12.53. Das Normalisieren

Unter Normalisieren versteht man eine Glühbehandlung, durch welche man
ein abnormales, schlechtes Gefüge in ein *normales zurückverwandelt*. Bei dem abnormalen Gefüge kann es sich um Grobkorn handeln oder um anisotrope Zeilenstruktur oder um nadelige Struktur, das WIDMANNSTÄTTENsche Gefüge (Abschn.
1.41.2 und 1.51).

Das erstere kann durch Überhitzung bei der Rekristallisation entstehen
(Abschn. 1.42.2), das letztere entsteht praktisch immer in mehr oder weniger aus-
geprägtem Maß beim normalen Abkalten des Stahlgusses in der Gießform
(Abb. 269).

Die Rückverwandlung in ein Normalgefüge (Abb. 270) erfolgt dadurch, daß
es etwa 30 bis 40 °C über den A_3-Punkt erhitzt und dann in ruhiger Luft abgekühlt

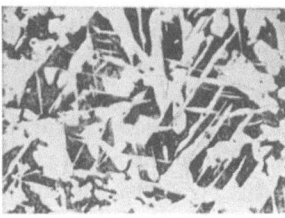

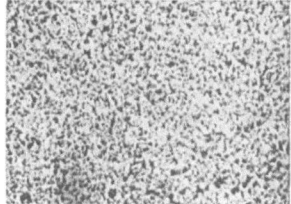

Abb. 269. Stahlguß mit 0,28% C nach dem Vergießen. WIDMANNSTÄTTENsche Struktur. Weiß:
Ferrit; dunkel: Perlit. Vergr. 100 ×

Abb. 270. Der gleiche Stahlguß wie Abb. 269,
normalisiert

wird. Durch die Erwärmung über A_3 in das Austenitgebiet wird das alte Gefüge
völlig aufgelöst.

Bei der normalen Abkühlung bildet sich ein globulitisches Ferrit—Perlit-
Gemenge mit normalem Feinkorn. Die Erhitzung darf freilich nicht zu hoch sein
und nicht länger dauern, als bis das Werkstück überall die nötige Glühtemperatur
dicht über A_3 angenommen hat, da sonst der Austenit grobkörnig wird, was nach

dem Abkalten ebenfalls wieder Grobkorn oder WIDMANNSTÄTTEN-Nadeln zur Folge hat.

Abb. 271 zeigt den praktischen Bereich der Glühtemperaturen des Stahles. Durch das Normalisieren oder durch das Weichglühen wird zugleich spannungsfrei geglüht. Man beseitigt also an Stahlgußstücken durch das Normalisieren zugleich die Gußspannungen (Abkühlungsspannungen).

Hingegen ist es nicht gesagt, daß durch das Normalisieren stets „weichgeglüht" wird im Sinn der Umwandlung des lamellaren Perlits in den körnigen, denn der letztere Vorgang erfordert eine längere Einwirkung der Glühtemperatur bei $\sim A_1$, während beim Normalisieren zwecks Vermeidung von Grobkornbildung die Wärmeeinwirkung kurzzeitig erfolgen soll. Außerdem hat die Normalisiertemperatur keinen Einfluß auf die Art der Perlitausbildung, da bei dieser Temperatur noch gar kein Perlit existiert oder gebildet wird. Beim Abkalten aus der Normalisiertemperatur wird andererseits die kritische A_1-Zone verhältnismäßig rasch durchlaufen, so daß die Zeit für die Perlitumwandlung lamellar → körnig nicht ausreicht.

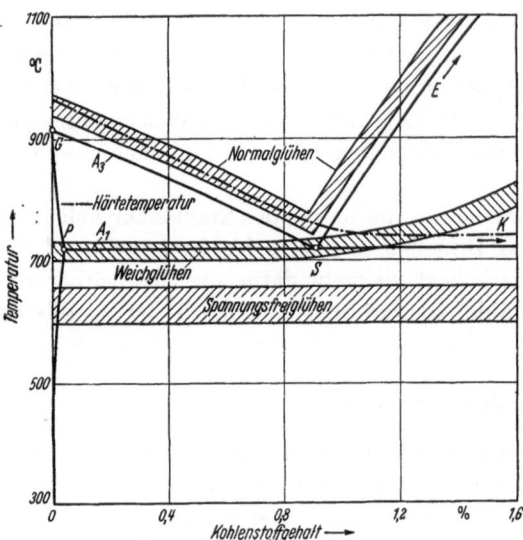

Abb. 271. Die Glühtemperaturen des unlegierten Stahles

4.12.53.1. Entstehung der WIDMANNSTÄTTEN-*Struktur*

Die Nadeln oder Platten wurden erstmals von WIDMANNSTÄTTEN 1808 an Meteoreisen – Fe—Ni-Legierung – beobachtet. Allgemein entsteht eine solche Struktur dann, wenn aus einer festen Phase eine neue Phase parallel zu bestimmten kristallographischen Ebenen ausgeschieden wird. Bei langsamer Abkühlung, wie sie beim Stahlguß infolge der schlechten Wärmeleitung der Form stattfindet, scheiden sich aus dem flächenzentrierten Austenit, besonders wenn er grobkörnig ist, Fe_α-Platten (Ferrit) längs den (111)-Ebenen des Fe_γ (Austenit) aus.

Analog scheidet sich bei sehr langsamer Abkühlung von übereutektoidem Stahl der freie Sekundärzementit plattenförmig und parallel zu bestimmten Ebenen des Austenitgitters aus. Von praktischer Bedeutung ist lediglich die Ferritplattenausscheidung des untereutektoiden Stahles infolge der zu langsamen Abkühlung des Stahlformgusses. Die höhere Abkühlgeschwindigkeit an freier Luft nach dem Normalisieren genügt jedoch, um das Wachstum der Ferritkristalle innerhalb der Austenitkristalle zu verhindern, vielmehr bewirkt jetzt die raschere Unterkühlung unter die jeweilige Gleichgewichtstemperatur beider Phasen, daß die Fe-Atome zu den Korngrenzen der sie umgebenden Austenitmatrix streben und sich dort zu Ferritglobuliten vereinigen.

WIDMANNSTÄTTENsche Platten, bzw. im Schliffbild Nadeln, können auch in Nichteisenlegierungen auftreten, im allgemeinen wird aber diese Bezeichnung nur für Stahl angewendet.

4.12.54. Das Härten

Erhitzt man ein Stahlstück über A_3 und schreckt es anschließend in Wasser ab, so stellt man eine Zunahme der Härte fest. Die erzielte Härtesteigerung hängt einerseits vom Kohlenstoffgehalt, andererseits von der Härtetemperatur ab. Unterhalb 0,2 bis 0,3% C ist der Härtungseffekt unbedeutend, steigt stark an bis etwa 0,9% C, um dann nur noch gering anzusteigen (Abb. 272).

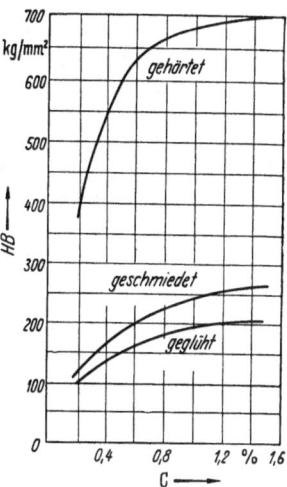

Abb. 272. Brinellhärte weicher, geschmiedeter und gehärteter C-Stähle

4.12.54.1. Die Martensitbildung

Die Härtung beruht auf einer *raschen Unterkühlung* der Austenitanteile des Gefüges. Normalerweise, d. h. bei einer Abkühlung mit Gleichgewichtszuständen der zwei Phasen Austenit—Ferrit im Feld G—P—S bzw. Austenit—Zementit im Feld E—S—T, deren Mengenverhältnis das Hebelgesetz bestimmt, muß sich der Austenit bis zur Temperatur A_1 herunter auf die eutektoide Konzentration 0,9% C ändern. Nach Unterschreitung der eutektoiden Temperatur zersetzt er sich in das Eutektoid Perlit, analog den Vorgängen im Zustandsdiagramm Typus Va, wo sich die Restschmelze ebenfalls jeweils auf die eutektische Konzentration geändert hatte, um dann die eutektischen Bestandteile im festen Grundgefüge zu liefern.

Durch Abschrecken – allgemeiner ausgedrückt: durch Überschreiten einer *kritischen Abkühlgeschwindigkeit* – wird diese Austenit—Perlit-Umwandlung unterdrückt; es entsteht vielmehr jetzt aus dem Austenit ein neuer, unterkühlter und deshalb nicht stabiler Gefügebestandteil, der nach dem Forscher MARTENS *Martensit* genannt wird. Feinnadeliger Martensit wird auch *Hardenit* genannt, jedoch kann man keine begriffliche oder quantitative Grenze für letzteren angeben.

Bei der Bildung des Martensits stellt sich das flächenzentrierte γ-Gitter des Austenits auf das raumzentrierte α-Gitter sehr schnell um; deshalb haben die im γ-Gitter gelösten C-Atome nicht mehr Zeit, hinauszudiffundieren und unter Mitnahme der nötigen Fe-Atome die Fe_3C-Kristallite zu bilden. Sie bleiben im α-Gitter stecken und zwangsweise gelöst. Dessen Sättigungsgrenze liegt aber bei Raumtemperatur wesentlich tiefer, etwa bei 0,006% C.

Abb. 273. Reiner grober Martensit. Vergr. 500 ×

Martensit ist ein stark übersättigtes Fe_α-*C-Einlagerungsmischkristall.* Infolge dieser Übersättigung ist dessen Gitter aufgeweitet oder tetragonal verzerrt und in einem inneren Spannungszustand, der die Härte und Sprödigkeit des Martensits zur Folge hat. Der Martensit ist im Schliffbild in der Form gröberer oder feinerer Nadeln erkenntlich (Abb. 273).

4.12.54.2. Die Härtungsgefüge und die Härtungstemperaturen

Hält man sich die Ursache des Härtungseffektes deutlich vor Augen, daß nämlich durch Unterkühlung ungesättigte Fe_γ—C-Einlagerungsmischkristalle in übersättigte Fe_α—C-Einlagerungsmischkristalle überführt wurden, so kann man das Schema aller weiteren Erscheinungen der Stahlhärtung und deren Auswirkungen auf das Gesamtgefüge leicht aus dem Fe—C-Diagramm ablesen und die Schlußfolgerungen ziehen, nämlich:

1. Die Härte des Martensits hängt vom C-Gehalt ab. Der auf der Gitterverzerrung beruhende Härtungseffekt ist um so stärker, je mehr C-Atome im Gesamtgitter des Kristalls eingesprengt sind. Es kann deshalb auch keine scharfe Härtbarkeitsgrenze für den Stahl geben, vielmehr beginnt der Härtungseffekt bei $C > 0\%$, ist jedoch anfänglich so gering, daß er nicht meßbar oder technisch uninteressant ist, weshalb die praktische Härtbarkeitsgrenze bei $\sim 0,3\%$ C liegt.

2. Härtet man einen Stahl aus dem Austenitfeld, d. h. mit beliebiger Konzentration oberhalb A_3 (Linie G—S—E), so ist das Ausgangsgefüge 100% Austenit. Man erhält deshalb schematisch nach dem Abschrecken ein Gefüge mit 100% Martensit; die Härte des letzteren richtet sich nach dem C-Gehalt, wie oben erwähnt.

3. Härtet man einen untereutektoiden Stahl aus einer Temperatur zwischen A_1 und A_3, also aus dem Feld G—P—S, so besteht das Ausgangsgefüge aus Ferrit + Austenit. Das Mengenverhältnis und die Konzentration des Austenits erhält man nach dem Hebelgesetz. Beispielsweise besteht das Gefüge eines 0,5%-C-Stahles bei 750 °C aus $\sim 35\%$ Ferrit und $\sim 65\%$ Austenit, letzterer mit $\sim 0,75\%$ C-Gehalt, wie man am Diagramm ablesen kann. Das gehärtete Gefüge wird deshalb aus 35% weichem Ferrit und 65% Martensit gebildet (Abb. 274). Dieses Gefüge kann nicht so hart sein wie ein aus 100% Martensit

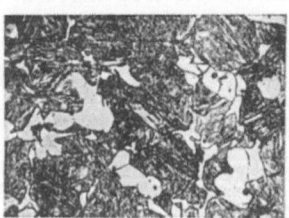

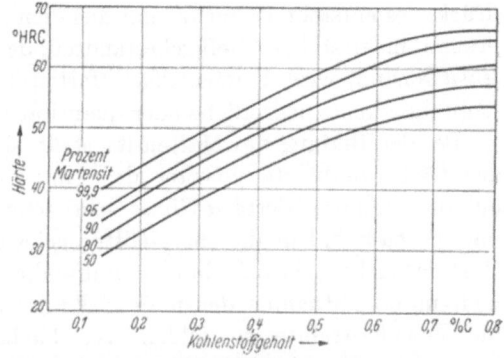

Abb. 274. Ungenügend gehärteter Stahl mit 0,38% C. Gefüge: Ferrit + Martensit. Vergr. 500 ×

Abb. 275. Stahlhärte in Abhängigkeit des Kohlenstoffgehaltes und des Martensitanteils im Gefüge

bestehendes Gefüge desselben Stahles, das man erhalten hätte, wenn man die Härtungstemperatur von 850 °C, $> A_3$, angewendet hätte, obgleich der 0,75%ige Martensit seinerseits etwas härter ist als der 0,5%ige. Abb. 275 zeigt die Ab-

hängigkeit der Härte vom C-Gehalt einerseits und vom prozentualen Martensit-
anteil andererseits. Da man beim Härten größtmögliche Härte anstrebt, ergibt
sich daraus die erste praktische Härtungsregel:

*Die Härtungstemperatur für unterperlitische Stähle liegt ∼ 30 °C über der A_3-
Temperatur.*

Diese 30 °C bedeuten eine technische Sicherheitsgrenze für die Erreichung des
Austenitgebietes. Höher zu gehen hätte andererseits keinen Zweck, sondern nur
Nachteile:

1. Unnötige Wärmekosten; – 2. Gefahr der Grobkornbildung; – 3. Schwierigkeit oder Unmöglichkeit,
die kritische Abkühlgeschwindigkeit zu erreichen, da
das Werkstück jetzt einen größeren Wärmeinhalt hat.

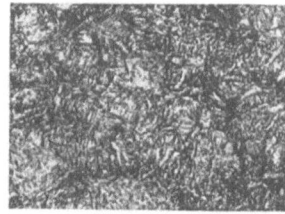

Analog erhält man im überperlitischen Werkzeugstahl als Härtegefüge entweder nur Martensit,
wenn man in $> A_3$ erhitzt, oder Martensit + Zementit, wenn man ihn zwischen A_1 und A_3 erhitzt
(Abb. 276).

Abb. 276. Gehärteter Werkzeugstahl mit 1,4% C. Gefüge: Martensit
+ Schalenzementit. Vergr. 500 ×

Nun ist aber der Zementit, wie alle Karbide, der
absolut härteste Bestandteil des Systems Fe—C, wesentlich härter als der härteste Martensit (Abb. 222). Deshalb strebt man hier das Martensit—Zementit-
Gemisch an. Überdies würden sich die obenerwähnten Nachteile oder Schwierigkeiten bei den relativ hohen A_3-Tem-
peraturen dieser Stähle sehr unliebsam
bemerkbar machen.

Daraus ergibt sich die zweite Härtungsregel:

*Die Härtungstemperatur für über-
perlitische Stähle liegt ∼ 30 °C über A_1.*

In Abb. 271 ist das Feld der technischen Härtetemperaturen eingetragen. Das vorstehend beschriebene
Schema bedarf noch der Korrektur,
daß die Austenit — Martensit-Umwandlung nie vollständig erfolgt; es ist vielmehr stets eine gewisse Menge *Restaustenit* im kalten Gefüge, und zwar
steigt der Restaustenitanteil mit steigendem C-Gehalt. Der Restaustenit
verringert natürlich die Härte. Seine

Abb. 277. Werkzeugstahl mit 1,57% C. Gefüge: Grob-
nadeliger Martensit + Austenit. Vergr. 350 ×

Menge und Wirkung ist aber erst bei stark überperlitischen Stählen nennenswert,
wo dann das Gefüge, sofern es aus reinem Austenit entstand, ein Gemenge von
Martensitnadeln in austenitischer Grundmasse darstellt (Abb. 277).

Die Umstellung Austenit—Martensit erfolgt nun nicht bei A_1, vielmehr verschwindet dieser Haltepunkt bei schroffer Abkühlung, und die Umwandlung setzt
bei einer wesentlich tieferen Temperatur ein, der *Martensittemperatur*, die ihrerseits auch wieder vom C-Gehalt abhängt (Abb. 278).

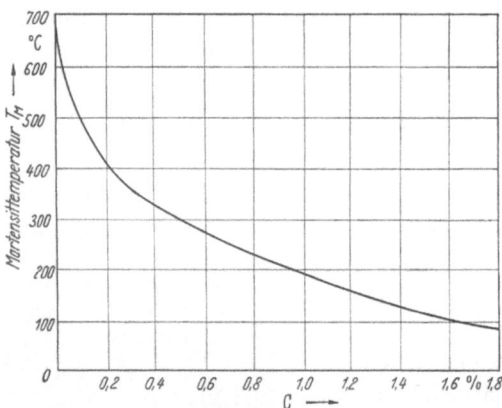

Abb. 278. Abhängigkeit der Martensittemperatur T_m vom Kohlenstoffgehalt

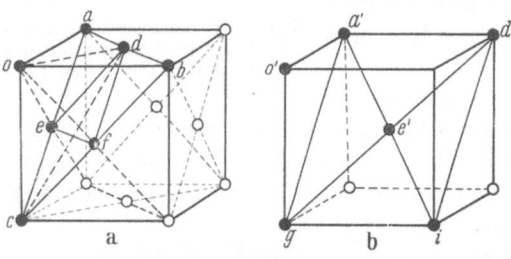

Abb. 279a u. b. Zur Kinetik der $\gamma \to \alpha$-Umformung

4.12.54.3. Die Austenit—Martensit-Transformation

Für die atomare Kinetik der Austenit—Martensit-Transformation oder allgemein die Frage, welche Verschiebungen der Atome des γ-Gitters sich vollziehen, damit das α-Gitter entsteht, wurden verschiedene Theorien aufgestellt und röntgenographisch verifiziert. Bisher ist es noch nicht gelungen, den Vorgang einwandfrei klarzustellen. Als gesichert kann gelten, daß die Orientierung des γ-Gitters und des α-Gitters miteinander verknüpft sind. An Fe-Einkristallen wurde festgestellt (Abb. 279a und b), daß nach der Umstellung des Gitters die (110)-Ebene a'–d'–e' des Fe_α parallel zur (111)-Ebene a–b–c des Fe_γ liegt und die [110]-Richtung i–d' des Fe_α parallel zur [112]-Richtung c–d des Fe_γ.

Daraus lassen sich theoretisch Bewegungsvorgänge ableiten, die sich aus Translationen und Drehungen der Achsen zusammensetzen und vom kb-fl-Gitter über eine Zwischenform zu einem tetragonalen raumzentrierten und weiter zum kb-r-Gitter führen. Wenn aber C-Atome eingelagert sind, so wird die letzte Bewegungs-

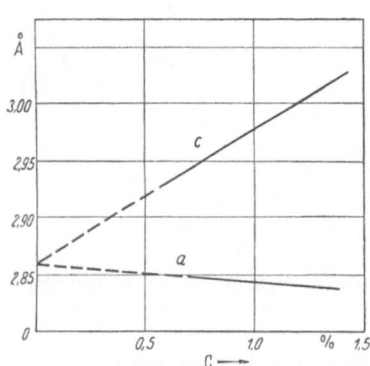

Abb. 280. Gitterparameter des Martensits

stufe nicht mehr vollzogen, vielmehr bildet der Martensit ein tetragonales Gitter oder auch ein verzerrtes kb-r-Gitter, dessen c-Achse verlängert (aufgeweitet) ist, während die a-Achse leicht verkürzt ist. Abb. 280 zeigt diese Parameter in ihrer Abhängigkeit vom C-Gehalt. Die Extrapolation der röntgenometrischen Meßwerte führt bei 0% C zum reinen Fe_α-Gitter, wo $a = b = c$ ist.

Der abgeschreckte Martensit ist also ein *tetragonaler Martensit*, $a = b \neq c$, $c \sim 1{,}06\,a$. Durch Wiedererwärmen (Anlassen, s. Abschn. 4.12.55) verwandelt er sich etwa bei 100 °C in einen mit weniger Spannung behafteten und deshalb zäheren *kubischen Martensit*, wobei sich die drei Parameter allmählich ausgleichen, vermutlich durch Ausscheidung von C-Atomen bzw. Fe_3C-Partikelchen im submikroskopischen Gebiet. Eine scharfe Grenze zwischen beiden kann es deshalb nicht geben.

Die Lage der C-Atome im Austenit kann mit hoher Wahrscheinlichkeit in der Mitte des Würfels und in den Kantenmitten der Elementarzelle angenommen werden, wo auch die größten „Hohlräume" der dichtesten Kugelpackung bestehen. Dies gibt 12 Plätze oder Möglichkeiten in der Elementarzelle. Es sind natürlich längst nicht alle Elementarzellen des γ-Gitters auch nur mit 1 C-Atom besetzt, da ja die größte Konzentration nur 1,7 Gewichtsprozent = 7,5 Atomprozent C ist. Da 1 Elementarzelle 4 Fe-Atome besitzt, ergibt sich, daß zwischen 0 und 1,7% C 0 bis 0,32 C-Atome pro Elementarzelle eingelagert sind.

4.12.54.4. Die Abschreckmittel

Wie Abb. 278 zeigt, setzt die Austenit—Martensit-Umwandlung erst unterhalb der normalen A_1-Temperatur ein. Der normale Haltepunkt A_1 fällt aus bzw. sinkt auf die Martensittemperatur. Deshalb muß der Austenit genügend schnell, d.h. mit einer *genügend hohen (kritischen) Abkühlgeschwindigkeit*, aus der Härtungstemperatur auf die Martensittemperatur gebracht werden, da er andernfalls in das stabilere Normalgefüge Perlit + Ferrit bzw. Perlit + Zementit zerfallen würde. Ist die Martensittemperatur genügend schnell erreicht und der Martensit sozusagen fixiert, so kann die weitere Abkühlung bis zur Raumtemperatur an sich auch langsamer erfolgen.

Als Abschreckmittel können Gase (Luft), Flüssigkeiten (Wasser, Öl, geschmolzene Metall- oder Salzbäder) dienen oder auch kalte Metallplatten durch bloße Berührung. Alle diese Mittel werden technisch angewendet.

Die Abkühlgeschwindigkeit folgt den Gesetzen des Wärmeflusses. Sie hängt deshalb von der Masse, Form und Temperatur des Stahlstückes, von den Wärmeübergangs- und Leitzahlen, der Temperatur und Masse des Abschreckmittels, der Bewegung zwischen Abschreckmittel und Stahl usw. ab. Technisch läßt sich deshalb die Abkühlgeschwindigkeit $v_K = \dfrac{dT}{dZ}$ (T = Temperatur, Z = Zeit) sehr weitgehend beeinflussen. Sie variiert außerdem stark während des Temperaturabfalles, und zum gleichen Zeitpunkt variieren auch die Eigentemperatur und v_K an den einzelnen Stellen des Stahlstückes beträchtlich, derart, daß beispielsweise im Innern keine genügend hohe Abkühlgeschwindigkeit erreicht wird und deshalb keine Martensitbildung eintritt, wohl aber in einer Randzone. Schon daraus erhellt, daß es nicht möglich ist, in dicken Stahlstücken ein gleichmäßiges Härtungsgefüge zu erreichen, sie gleichmäßig oder vollständig „*durchzuhärten*", wenn eine hohe Abkühlgeschwindigkeit erforderlich ist. Der Wärmeentzug im Inneren kann in solchen Fällen mit keinem Mittel, auch nicht durch Anwendung kälterer Flüssigkeiten, genügend rasch erzwungen werden.

Die *kritische Abkühlgeschwindigkeit* v_{KR} ist für unlegierte Stähle so hoch, daß für die praktische Härtetechnik nur Wasser in Frage kommt. Auch dann ist es nicht möglich, dickere Stücke durchzuhärten. Für legierte Stähle liegt v_{KR} niedriger. Es genügt der mildere Wärmeentzug durch Öl. Im Grenzfall genügt die Abkühlwirkung in strömender oder sogar ruhiger Luft. Man unterscheidet deshalb bei Stählen die sogenannten *Wasser-*, *Öl-* und *Lufthärtner*. Legierte Stähle, die bei Abkühlung in ruhender Luft Martensit bilden, heißen auch *Selbsthärtner* oder *naturharte Stähle* oder *martensitische Stähle*. In der praktischen Härtetechnik vermeidet man, v_K unnötig stark über v_{KR} zu erhöhen, also z.B. Ölhärtner in Wasser abzuschrecken, weil man nur unnötig die Härtespannung vergrößern würde (Abschn. 4.12.8).

Eine Berechnung von v_K im Einzelfall ist äußerst schwierig, bei unregelmäßigeren Formen oft unmöglich. Dagegen untersuchte man z.B. die Abschreckwirkung verschiedener Flüssigkeiten durch Eintauchen von Silberkugeln mit eingebautem Thermoelement und beobachtete dabei v_K. Abb. 281 zeigt ein Ergebnis

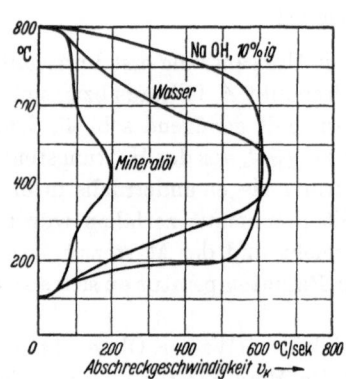

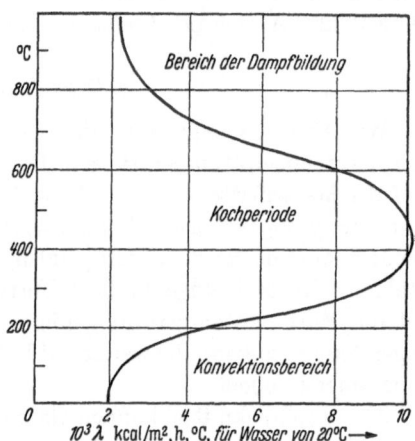

Abb. 281. Wirkung verschiedener Abschreckmittel auf die Abschreckgeschwindigkeit einer Silberkugel, n. ROSE

Abb. 282. Wärmeentzug einer im Wasser von 20 °C abgeschreckten Silberkugel von 20 mm ⌀ (Änderung der Wärmeleitzahl λ durch Dampfbildung), n. ROSE

solcher Versuche. Im weiteren hängt der Wärmeentzug stark davon ab, ob sich isolierende Luft- oder Dampfblasen am Stahlstück bilden. Für Wasser erkennt man dies deutlich aus der Änderung der Wärmeübergangszahl λ (Abb. 282).

Als allgemeine technische Regeln gelten:

1. Großer Abschrecktrog, damit sich die Kühlflüssigkeit nicht erwärmt.

2. Dampf- und Luftblasen müssen vermieden werden. Die Werkstücke müssen bewegt oder gewendet werden. Luftarmes, abgestandenes Wasser verwenden.

3. Die Abschreckwirkung des Wassers wird allgemein durch Salzzusatz gesteigert, z.B. durch 10% NaCl; es wird dadurch zugleich die Benetzungsfähigkeit gesteigert und die Gasbildung durch die im Wasser gelöste Luft reduziert. Auch der wärmeisolierende Zunder springt leichter ab.

4. Für sehr hohe Abkühlgeschwindigkeiten verwendet man auch Natronlauge, etwa 5%ig.

5. Säure- oder Sodazusatz setzen v_{KR} etwas herab.

6. Noch stärker ist dies bei Ölen der Fall. Man verwendet Mineralöle, die stabiler sind als tierische oder vegetabile. Die Kühlwirkung hängt bei Ölen weniger von deren Eigentemperatur ab als beim Wasser. Sie ist auf Stahl aus 800 °C etwa ein Drittel derjenigen des Wassers. Es gibt verschiedene besondere „Härteöle" mit differenzierter Wirkung.

Ein Abschrecken durch Berührung mit kaltem Metall kommt in seltenen Sonderfällen in Frage. Beispielsweise kann das Abschrecken dünner Metallkreissägeblätter oder Schlitzfräser aus legiertem Stahl Schwierigkeiten bereiten, weil sich die Teile verziehen. Bringt man sie aus der Hitze zwischen wassergekühlte Kupferplatten unter leichtem Pressedruck, so härten sie durch und bleiben eben.

4.12.54.5. Die isotherme Austenitumwandlung

Die beiden bisher betrachteten Austenitumwandlungen, nämlich

a) Austenit→Perlit bei A_1 und langsamer Abkühlung im Gleichgewichtszustand und

b) Austenit→Martensit bei rascher Unterkühlung auf die Martensittemperatur T_M

sind nur die Grenzfälle eines Zerfalls oder einer Umstellung, die zu verschiedenen Gefügen führen, je nach der Unterkühlungstemperatur, bei welcher der Vorgang einsetzt.

Hierbei ist zu beachten, daß die verschiedenen Zwischengefüge, die zwischen den Grenzfällen „lamellarer Perlit" und „Martensit" entstehen können, zwar in ihrem äußeren Aufbau, ihren Festigkeitseigenschaften, ihrem Schliffbild und auch hinsichtlich des atomaren Mechanismus ihrer Entstehung recht verschieden sind, daß aber *substantiell nur zwei verschiedene* Gefüge entstehen: *Entweder ein Gemenge von Ferrit und Zementit, also ein eutektoider Bezirk, oder übersättigte Einlagerungsmischkristalle, also Martensit.* Die Grenze zwischen diesen beiden substantiell verschiedenen Gefügen ist durch die Martensitgrenze bzw. Martensittemperatur eindeutig und mit unstetigem Übergang gezogen, d.h. beim eutektoiden Austenit bei ~ 200 °C. Alle Gefüge, die aus einem eutektoiden Austenit entstehen, der auf irgendeine Temperatur zwischen T_M und A_1 abgeschreckt und dann bei der betreffenden Temperatur sich selbst überlassen wird, sind substantiell-analytisch das gleiche, nämlich Ferrit + Zementit eutektoider Konzentration.

Man kann daher auch sagen:

Unterhalb A_1 und oberhalb T_M tritt ein *Austenitzerfall* in Ferrit und Zementit ein, denn es entstehen aus einer homogenen Phase Fe$_\gamma$ *zwei neue homogene Phasen,* Fe$_\alpha$ + Fe$_3$C. Dieser *Zerfall* vollzieht sich *allmählich* durch *Diffusion* von Atomen im festen Gitter.

Unterhalb T_M findet hingegen eine *Austenitumstellung* statt; die homogene Austenitphase stellt sich durch *Gitterumstellung* in die unstabile, unterkühlte *homogene Martensitphase* um. Diese Umstellung erfolgt *sehr schnell*, durch *Gitterumstellung* mit Bildung der Martensitnadeln in etwa 0,002 Sekunden. *Beides, Zerfall und Umstellung, seien zusammengefaßt als „Umwandlung" oder „Transformation" des Austenits bezeichnet.* Eine solche scharfe sprachliche Unterscheidung ist unerläßlich, da es sich um zwei physikalisch und substantiell durchaus verschiedene und scharf abgrenzbare Vorgänge handelt.

Die *Zerfallsprodukte* unterscheiden sich dadurch, daß der Perlit mit abnehmender Bildungstemperatur immer feinere Lamellen aufweist, wodurch seine Härte zunimmt. Schließlich werden die Ferrit—Zementit-Schichten so fein, daß sie mikroskopisch nicht mehr wahrnehmbar sind. Die eutektoiden Bezirke erscheinen im Schliffbild als dunkle Flecken.

Da die Tatsache, daß es sich dabei substantiell und quantitativ stets um die gleichen Zerfallsprodukte oder Phasengemenge handelt, lange Zeit unbekannt war, nahm man an, daß es sich um *Zwischengefüge eigener Art,* analog Perlit, Ferrit,

Martensit usw., handle und belegte sie mit den verschiedensten Namen zu Ehren von Metallforschern, und zwar lediglich auf Grund äußerer Erscheinungen im Schliffbild, wobei man aber wegen der stetigen Übergänge diese verschiedenen Zwischengefüge weder begrifflich noch quantitativ wirklich abgrenzen konnte.

Eine vielgebrauchte Abstufung von oben nach unten war: grober Perlit – feiner Perlit – *Sorbit* – *Troostit* – Martensit. Auch die Bezeichnung *Osmondit* findet man für eines der Zwischengefüge.

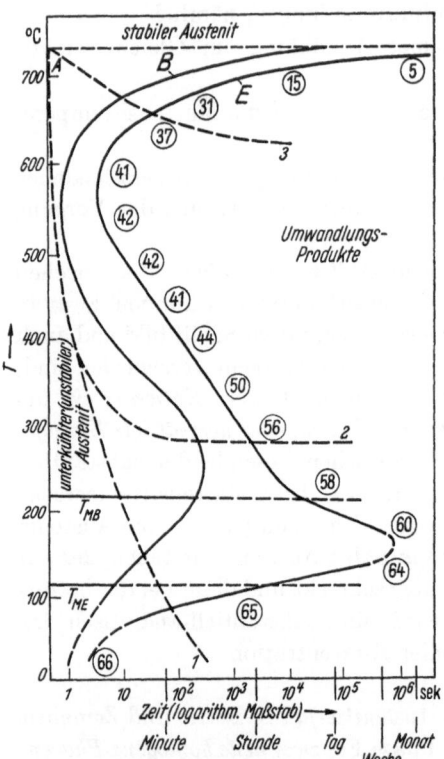

Abb. 283. *Z-T-U*-Diagramm der isothermen Austenitumwandlung für eutektoiden Stahl nach BAIN und DAVONPORT. *B*: Beginn; *E*: Ende der Umformung; 1, 2, 3 Abkühlkurven; Zahlen in Kreisen bedeuten *HRC*-Werte

Klarheit über die Zwischengefüge und Einblick in die Zerfallsprodukte wurde erst durch die Forschungen von BAIN und DAVONPORT über die isotherme Austenitumwandlung und die daraus entstandenen „*T-T-T-Diagramme*" (Time-Temperature-Transformation) gebracht, die für den deutschen Sprachgebrauch als „*Z-T-U-Diagramme*" (Zeit-Temperatur-Umwandlung) bezeichnet seien. Die letzteren sind zu einem wichtigen Hilfsmittel für die technische Durchführung der Stahlhärtung geworden, da sie vollen Einblick in die kritische Abkühlgeschwindigkeit geben. Für die meisten unlegierten und legierten Stahlsorten liefern heute viele Stahlwerke die zugehörigen *Z-T-U*-Diagramme.

BAIN ging so vor, daß er sehr kleine Stücke von eutektoidem Stahl, die wegen ihrer kleinen Masse sehr schnell überall die gleiche Temperatur annehmen, in einem Blei- bzw. Öl- oder Wasserbad aus der Härtetemperatur abschreckte. Variiert wurde dabei:

a) die Temperatur des Bades; – b) die Zeitdauer im Bad.

Anschließend wurde in einem Eisgemisch nochmals abgeschreckt, wodurch der Zustand des Gefüges fixiert wurde, das sich nach einer bestimmten Kombination der Zeit- und Temperatureinwirkung aus dem Austenit gebildet hatte.

Dadurch konnte der *Beginn* und das *Ende* der Austenitumformung bei irgendeiner konstanten Temperatur zwischen A_1 und der Raumtemperatur festgestellt werden sowie das entsprechende Gefüge.

Das Ergebnis sind die S-förmigen Kurven für Beginn und Ende der Transformation im Diagramm Abb. 283, das zugleich die Härtezahlen der Zwischengefüge enthält. Man beachte den logarithmischen Abszissenmaßstab für die Zeit! Aus den Kurven des Zeit-Temperatur-Diagramms läßt sich die jeweilige Abkühlgeschwindigkeit $v_K = \dfrac{dT}{dZ}$ ermitteln. Je steiler die Abkühlkurven 1, 2 usw.

verlaufen, desto größer ist v_K. Die Kurven für Beginn und Ende der Transformation, B und E, sind zugleich Haltepunkte, da sie Phasen abgrenzen. Der Ar_1-Punkt sinkt also bei rascher Abkühlung, und es entsteht ein Halteintervall zwischen der B- und E-Kurve, mit Temperaturen unterhalb A_1.

Die Ausbiegung der B-Kurve nach links bei $\sim$ 550 °C läßt, unter Beachtung des logarithmischen Maßstabes, erkennen, daß v_{KR} zunächst sehr hoch sein muß, dann aber stark abnehmen darf, wenn man als Produkt der Transformation Martensit erreichen will, wie dies beispielsweise bei der Abkühlkurve 1 der Fall wäre. Man erkennt weiter, daß nach Unterschreitung von T_M die Abkühlung sehr langsam verlaufen darf, da der Martensit jetzt fixiert ist. Langsame Abkühlung nach Kurve 3 erzeugt Perlit, um so feiner, je größer v_K ist.

Wenn nach irgendeiner Abkühlfunktion, z.B. 2, die B-Kurve oberhalb T_M geschnitten wird, so setzt der nicht reversible *Zerfall in Ferrit + Zementit* zu irgendeinem *Zwischengefüge* ein, die Umstellung zu Martensit ist dann ausgeschlossen, da sich die stabilere Form des Produktes bildet. Diese nach Schliffbild und Härte gekennzeichneten Endprodukte bilden sich bei *isothermer* Transformation aus.

Die Strichelung der E-Kurve im Martensitgebiet deutet an, daß ihre beiden Zweige asymptotisch nach $Z = \infty$ verlaufen müssen, was aber praktisch keine Bedeutung für die Martensithärtung hat, da ja stets letztendlich der Stahl so abkühlt, daß der untere Zweig der E-Kurve gekreuzt und somit die Transformation vollständig vollzogen wird. Immerhin sei schon hier hervorgehoben, daß die Z-T-U-Diagramme mancher legierter Stähle so verlaufen, daß ein Wendepunkt der E-Kurve in unbekannt fernen Zeitabschnitten liegt, somit die Umwandlung bei der betreffenden Temperatur nur teilweise vor sich geht und dann steckenbleibt.

Stärker schematisiert hinsichtlich der Martensitbildungsgrenzen hat das Z-T-U-Diagramm die Form nach Abb. 284. Hier kommt auch deutlicher, durch die Form der B-Kurve, zum Ausdruck, daß es sich entweder um einen Zerfall oder um eine Umstellung des Austenits handelt. Die Temperaturen für den Beginn und das Ende der Austenit—Martensit-Umstellung T_{MB} und T_{ME} sind praktisch *zeitunabhängige Konstanten* für die je-

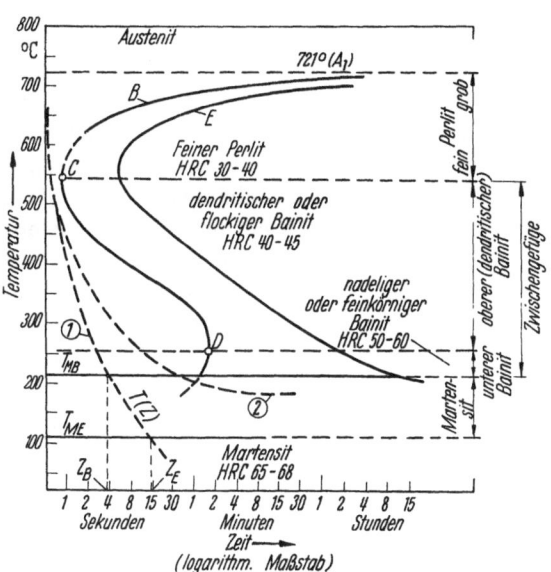

Abb. 284. Einteilung der Umwandlungsprodukte des Austenits im
Z-T-U-Diagramm

weilige Stahlsorte. Die völlige Umstellung zum Martensit kann nur eingeleitet werden, wenn sowohl die Martensittemperatur T_{MB} für die Einleitung rechtzeitig, z.B. zur Zeit Z_B, als auch die Endtemperatur T_{ME} rechtzeitig, z.B. zur Zeit Z_E, unterschritten wird, Abkühlkurve (1). Im Falle einer Abkühlung nach (2) wäre die letztere Bedingung nicht erfüllt. Es würde zwar eine Martensitbildung einsetzen, aber ehe das ganze Gefüge umgewandelt ist, würde der Restaustenit zu einem Ferrit—Zementit-Konglomerat zerfallen, und auch der bereits gebildete Martensit müßte sich, wenn eine Temperatur $> T_{ME}$ lange genug einwirkt, in das stabilere Gefüge Ferrit + Zementit zurückverwandeln. Derartiges würde z.B. eintreten, wenn man einen unlegierten Stahl in einem Warmbad härten wollte, dessen Temperatur zwar unter der Martensitgrenze T_{MB}, jedoch oberhalb T_{ME} liegt.

Die Martensitbildung ist, im Gegensatz zu derjenigen der Zwischengefüge und des Perlits, nicht unbedingt als isotherme Transformation durchführbar.

Für die Zwischengefüge ist an Stelle der früheren Bezeichnungen, wie Sorbit und Troostit, in den USA die summarische Bezeichnung *Bainit* eingeführt worden, und zwar liegen die Abgrenzungen für die eutektoide Austenitumwandlung etwa wie folgt:

Umwandlung im Temperaturbereich	Gefüge
A_1 bis $\sim 550\,°C$, d.h. $\sim$ oberer Wendepunkt C der B-Kurve	Perlit, grob und feinlamellar
$550\,°C$ bis $\sim 250\,°C$, d.h. unterer Wendepunkt D der B-Kurve	Oberer Bainit oder dendritischer oder flockiger Bainit
$\sim 250\,°C$ bis „Martensitgrenze", d.h. $\sim 210\,°C = T_{MB}$	Unterer Bainit oder nadeliger Bainit
Unter 210°	Martensit

Im Z-T-U-Diagramm lassen sich außer den B- und E-Kurven auch die Kurven eintragen, aus denen zu erkennen ist, welche Prozentsätze des Austenits zerfallen sind. Dies gilt auch für die Austenit—Martensit-Umstellung und steht nicht im Widerspruch mit der obenerwähnten Feststellung, daß sich diese sehr schnell vollzieht. Diese schnelle Umstellung betrifft nur die *Kinetik des Vorganges* selbst, wenn aus einem lokalen Austenitbezirk eine Martensitnadel herauswächst. Aber die Umstellung vollzieht sich nicht gleichzeitig im ganzen Gefüge, sondern allmählich und schrittweise. Deshalb können Zustände, in welchen z.B. 50% des Gefüges aus Martensit, 50% aus Restaustenit bestehen, sehr lange, ja bei isothermer Umstellung anscheinend sogar beliebig lange bestehenbleiben, wie 2 koexistierende Phasen.

Abb. 285 zeigt ein derartiges Diagramm. Es ist dies ein untereutektoider Stahl, bei welchem der obere Wendepunkt der B-Kurve bereits so weit links liegt, daß er nicht mehr mit Sicherheit feststellbar ist. Untereutektoide Stähle lassen sich kaum so härten, daß das *ganze* Gefüge zu Martensit umgewandelt wird, vielmehr treten mit abnehmendem C-Gehalt auch Zerfallsprodukte, Ferrit und Zementit auf. Dabei kann es sich vor allem auch um *vorbainitischen* oder *vorperlitischen Ferrit* handeln, d.h. um Ferrit, der bereits beim Durchlaufen des Temperaturintervalls A_3—A_1 entsprechend dem Gleichgewichtsdiagramm Fe—C ausgeschieden wurde.

Den starken Einfluß des C-Gehaltes auf die Lage der B- und E-Kurve zeigt auch Abb. 286. Dort sind auch die Kurven F_A und C_A für die voreutektoide

Ferrit- bzw. Zementitausscheidung eingetragen. Die letztere hatte in diesem Fall zur Folge, daß der C-Gehalt des Austenits so stark verringert wurde, daß der Punkt C der B-Kurve auch für den übereutektoiden Stahl imaginär wurde, wie dies sonst nur für Stähle mit geringem C-Gehalt der Fall ist. Im gleichen Diagramm sind auch die Martensitgrenzen T_{MB} für den Anfang und T_{ME} für das Ende der Martensitbildung, die stets Isothermen, also

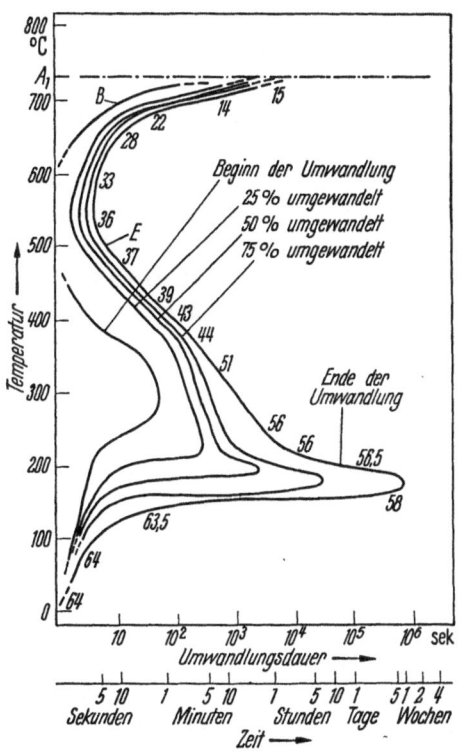

Abb. 285. Kurven gleichen Austenitanteiles im Z-T-U-Diagramm. Stahl mit 0,78% C. Die Härte der Umwandlungsprodukte in $HCR°$ ist längs der E-Kurve angegeben

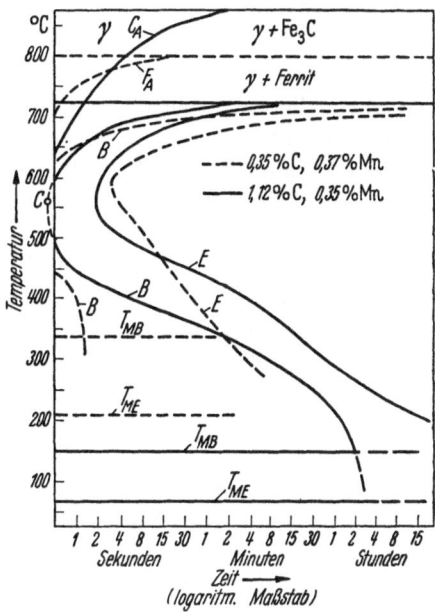

Abb. 286. Z-T-U-Diagramm für einen unter- und überperlitischen Stahl, n. BRICK und PHILLIPS

zeitunabhängig sind, eingetragen. Wie schon aus Abb. 278 hervorging, liegt die Martensittemperatur für den unterperlitischen Stahl wesentlich höher als für den überperlitischen, und zwar gilt dies für die jeweiligen Anfangs- und Endtemperaturen.

Häufig begnügt man sich, für die Martensitbildung die Temperatur des Beginns, T_{MB}, festzuhalten und bezeichnet diese allgemein als „Martensittemperatur" oder „Martensitgrenze" T_M, da es beim Härten unlegierter oder niedrig legierter Stähle lediglich auf diese ankommt.

Für die Abhängigkeit der Martensittemperatur $T_M (= T_{MB})$ vom C-Gehalt sind analytische Formeln nach Versuchsergebnissen aufgestellt worden. Da aber die unlegierten Stähle praktisch auch etwas Mangan enthalten und dadurch T_M ebenfalls beeinflußt wird, gibt die Formel

$$T_M (°C) = 550 - 361 \ (\% \ C) - 39 \ (\% \ Mn)$$

einen guten Wert für unlegierte Baustähle.

Beim raschen Abschrecken bedeutet T_M praktisch nicht nur, daß dann Marten-sitbildung einsetzt, sondern allgemein, daß bei dieser Temperatur das γ-Gitter sich zum α-Gitter umstellt, daß also A_1 entsprechend sinkt.

Bei reinem Ferrit erfolgt die Umstellung also bei 550 °C. Dies ist dann A_1 für reines Eisen bei *sehr rascher* Abkühlung. Für einen unlegierten Stahl mit 0,4% C und 0,6% Mn erfolgt die Gitterumstellung bei 382 °C; mit 0,8% C und 0,7% Mn z.B. bei 234 °C. Man erkennt, daß allgemein A_1 bei rascher Abkühlung in Ab-hängigkeit vom C-Gehalt sinkt.

Über den weiteren Einfluß von Legierungskomponenten auf die Martensittem-peratur s. Abschn. 4.13.32.

In Abb. 286 waren die Kurven für die voreutektoiden Ausscheidungen des freien Ferrits bzw. Zementits F_A und C_A im Gebiet zwischen A_3 und A_1 eingetra-gen. Auch diese Ausscheidungen erfolgen nicht spontan, sondern es bedarf bei jeder Temperatur einer gewissen Zeit, bis die Ausscheidung einsetzt. Der Charak-ter dieser Kurven F_A und C_A läßt erkennen, daß die Anlaufzeit um so kürzer ist, je tiefer die Temperatur unter A_3 liegt. Es ist aber auch bei diesen Kurven darauf zu achten, daß sie nur für einen *isothermen* Vorgang gelten, der künstlich so bewerkstelligt wurde, daß die kleinen Proben sehr schnell von der Ausgangstempe-ratur $> A_3$ auf die betreffende Isotherme gebracht und dann, bei konstanter Temperatur, die Zeit bis zum Beginn der Ausscheidung des freien vorperlitischen Ferrits oder Zementits festgestellt wurde.

Beim praktischen Abschrecken liegen die Verhältnisse anders, aber die Z-T-U-Diagramme geben trotzdem den besten Einblick in die inneren Vorgänge und ermöglichen die Beurteilung, welche Gefüge beim Abschrecken zu erwarten sind bzw. welche kritischen Abkühlungsgeschwindigkeiten erreicht werden müssen, um ein bestimmtes Gefüge bestimmter Härte zu erhalten.

4.12.54.6. Die Austenitumwandlung bei kontinuierlicher Abkühlung

Kontinuierliche Abkühlung beeinflußt die B- und E-Kurven des Z-T-U-Dia-grammes in dem Sinn, daß v_{KR} kleiner wird.

In Abb. 287 seien K_1, K_2, K_3 Punkte einer Abkühlungskurve. Während der Zeit $Z_3 - Z_2 = Z_m$ sinkt die Temperatur von t_2 auf t_3. Im Mittel herrscht also wäh-rend der Zeit Z_m eine Tempe-ratur $\frac{t_2 + t_3}{2} = t_m$. Auf der B-Kurve existiert der Punkt J_2 mit den Ordinaten Z_m; t_m, bei welchem die Umwandlung bei isothermer Einwirkung gerade beginnen würde. Dem Punkt K_3 der kontinuierlichen Ab-kühlungskurve entspricht also bei isothermer Einwirkung der Punkt J_2 vollständig hinsicht-lich des Gefügezustandes. Des-halb ist K_3 ein Punkt der Kurve B_k für den Transformationsbeginn bei kontinuier-licher Abkühlung. Er muß durch Probieren so gelegt werden, daß die vorstehenden

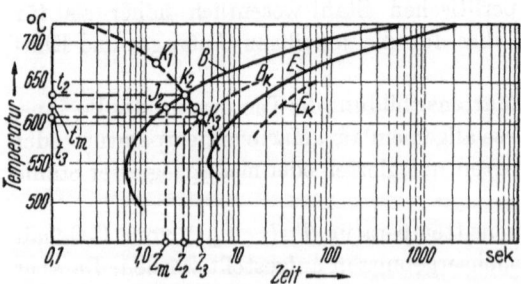

Abb. 287. Die Austenitumwandlung bei kontinuierlicher Abküh-lung, n. BRICK und PHILLIPS

Bedingungen für T_M und Z_M erfüllt sind. Analog lassen sich weitere Punkte der B_K-Kurve für kontinuierliche Abkühlung und ebenso die zugehörige E_k-Kurve konstruieren.

Abb. 288 zeigt das vollständige Diagramm, in welches noch einige v_K-Kurven eingetragen sind. Man erkennt ohne weiteres, daß v_{KR} für die Kurve B_k der kontinuierlichen Transformation kleiner ist als für die Kurven B_i der isothermen.

Die Abkühlkurven $v_K = const$ entsprechen freilich nicht den tatsächlichen Verhältnissen, da ja v_K mit sinkender Temperatur stark abnimmt, etwa entsprechend der Funktion:

$$v_K = -\frac{dT}{dZ} = C \cdot T,$$

wobei C eine Konstante ist, welche die Masse und die spezifische Wärme des Körpers enthält.

Das ändert aber nichts an dem Umstand, daß sich die B-Kurve bei kontinuierlicher Abkühlung, gleichgültig, nach welcher Funktion letztere verläuft, von B_i nach B_k verschiebt und daß deshalb v_{KR} kleiner wird, *die Härtung also praktisch leichter oder besser erreicht wird, als dies aus dem Z-T-U-Diagramm für die isotherme Transformation hervorgeht.*

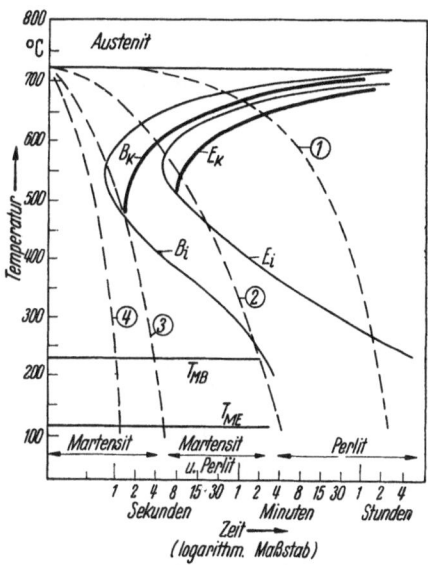

Abb. 288. *Z-T-U*-Diagramm für isotherme und kontinuierliche Abkühlung eines C-Stahles, n. BRICK und PHILLIPS

Das *Z-T-U*-Diagramm für kontinuierliche Abkühlung fällt, wie aus vorstehendem ersichtlich, für jedes v_K bzw. $v_K(T)$ anders aus. Die Forschung begnügt sich deshalb, der Praxis isotherme *Z-T-U*-Diagramme für die einzelnen Stahlsorten zur Verfügung zu stellen, die hinsichtlich der für die Härtung notwendigen Abschreckung noch eine gewisse Sicherheitsschwelle enthalten.

4.12.54.7. Zerfalls- und Bildungsvorgänge des Austenits

Der Mechanismus des Austenitzerfalls konnte in einigen wesentlichen Punkten erforscht bzw. theoretisch erklärt werden. Danach setzt der Vorgang mit Karbidbildung ein, wodurch die benachbarten Austenitzonen an C verarmen, bis sich schließlich das Gitter umstellt. Da aber Fe_α nur ein minimales Lösungsvermögen für C hat, diffundieren dabei wiederum C-Atome in eine benachbarte Austenit-(Fe_γ-)Zone. Diese wird dadurch ihrerseits übersättigt, wodurch sich wieder Fe_3C ausscheidet usw. Dies erklärt die *Schichtbildung* Fe_3C—Fe *im groben Perlit*, dessen Streifung ziemlich gradlinig und parallel ist und eine bestimmte Orientierung zu derjenigen des Austenitmutterkorns besitzt, s. auch Abschn. 4.12.53.1. Dieser Vorgang spielt sich vor allem bei *hoher Bildungstemperatur* des Perlites ab.

Bei *niedriger Bildungstemperatur* infolge *Unterkühlung* fällt der Perlit *feinlamellar* aus, zugleich sind die geraden Schichtungen verschwunden. Man nimmt an, daß dies davon kommt, daß jetzt *beide Phasen* nicht abwechselnd, sondern *gleichzeitig*, ausgehend von den Korngrenzen des Austenits, auskristallisieren, wobei auch die Regelmäßigkeit der Orientierung verlorengeht.

Nach stärkerer Unterkühlung im Bainitgebiet (200 bis 550 °C) *verzögert* sich der Zerfalls*beginn*, und die Zerfalls*dauer wächst*. Die Fe—Fe$_3$C-Bezirke sind hier durch *feinnadelige Aggregate aus Ferrit und Zementit* gekennzeichnet, entstanden aus primären nadeligen Ferritausscheidungen, welche zum Austenitmutterkorn die gleichen Orientierungsbeziehungen haben wie der vorperlitische Ferrit.

Abb. 289 zeigt schematisch, wie man die unterschiedliche Entstehung von Perlit und Bainit zu denken hat. Während im stabilen Eutektoid Perlit beide

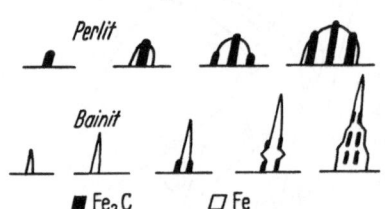

Abb. 289. Schema der Entstehung des Perlits und des Bainits

Komponenten in der eutektoiden Konzentration anzutreffen sind, ist dies für das Zwischengefüge Bainit keine notwendige Bedingung, denn hier entstanden durch Ausscheidung aus den Ferritnadeln und in diese eingeschlossen Karbide in einem Mengenverhältnis, welches dem der Schmelze entsprach. So gut wie untereutektoider Martensit durch Umstellung und ohne Ausscheidung von Fe$_3$C entstehen

kann, so gut kann durch genügend rasche Abkühlung auch als Zwischengefüge *untereutektoider Bainit, d.h. Ferrit mit feindispers ausgeschiedenem Karbid*, entstehen. Es ist aber auch dies wiederum nur ein Grenzfall, und das Zwischengefüge kann ebensogut auch voreutektoid gebildeten reinen Ferrit nebst dem Bainit enthalten, wodurch sich die *große Variationsbreite der Festigkeitseigenschaften* eines abgeschreckten Stahlgefüges je nach C-Gehalt, Ausgangstemperatur und Abkühlgeschwindigkeit, die zudem während der Abkühlung variiert, zur Genüge erklärt.

Einen weiteren Einfluß auf die Eigenschaften haben dann noch die Menge des Restaustenits (Abb. 277) und die Korngröße, letztere, wie stets, im Sinne einer *steigenden Versprödung mit zunehmender Korngröße*.

Die *Korngröße* des umgewandelten Gefüges hängt in erster Linie von der *Korngröße des Ausgangsgefüges*, also des Austenits, ab. Die letztere kann man wegen der hohen Temperaturen des Austenits in unlegierten Stählen nicht direkt messen, jedoch konnte sie indirekt ziemlich einwandfrei ermittelt werden, z.B. durch das Netzwerk von feinem Schalenzementit im übereutektoiden kalten Gefüge, das sich entlang den Korngrenzen des Muttergefüges bildet. Es zeigte sich dabei, daß mit *zunehmender Temperatur im Austenit eine starke Kornvergröberung auftritt*, indem kleinere Körner durch Nachbarkörner aufgesaugt werden, ähnlich der Grobkornbildung bei Rekristallisation. Auch die *längere Zeitdauer des Glühens befördert die Grobkornbildung*.

Beim Glühen im Austenitfeld, sei es zwecks Härtung oder zwecks Normalisierung, ist deshalb eine stärkere Überhitzung über A_3 zu vermeiden, da sie zu einer unerwünschten und nicht reversiblen Grobkornbildung beim Abkalten führt, gleichgültig, welches Kaltgefüge, gehärtet oder weich, man aus dem Austenit zu erhalten wünscht. Hingegen läßt sich Austenitgrobkorn ganz gut verfeinern und verbessern, durch Schmieden, Warmpressen oder Warmwalzen.

Wenn einerseits hohe Temperatur- und Zeiteinwirkung die Grobkornbildung des Austenits befördert, so ist andererseits eine minimale Zeit- und Temperatureinwirkung unerläßlich, um ein kaltes Ausgangsgefüge vollständig in Austenit umzuwandeln, da die Diffusion der C-Atome eben auch wieder ihre Zeit braucht und durch höhere Temperaturen begünstigt wird.

Auch die Austenitbildung geht von Kristallkeimen mit γ-Gitter aus, die neuen Kristalle saugen die umgebenden Ferrit- und Zementitkristalle auf. Auch wenn sich das ganze Gefüge umgewandelt hat, wird es nicht immer ganz homogen hinsichtlich des C-Gehaltes der einzelnen Körner sein. Abb. 290 zeigt den Temperatur- und Zeiteinfluß auf die Austenitbildung eines eutektoiden Stahles. Man erkennt, daß selbst bei nennenswerter Überhitzung, z.B. auf 780 °C, es einige Stunden braucht, bis das Gefüge völlig homogenisiert ist, Punkt C. Körniger Perlit löst sich dabei schneller als lamellarer. Umgekehrt wird die Homogenisierung um so träger verlaufen, je mehr das Ausgangsgefüge grobe Ferrit- und Zementitkristalle, also auch z.B. groblamellaren Perlit, enthält.

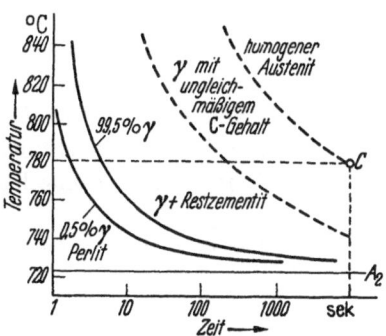

Abb. 290. Einfluß der Temperatur und Zeit auf die Austenitbildung (Austenitisierung) eines eutektoiden Stahles, n. BRICK und PHILLIPS

Sind vollends, wie bei manchen legierten Stählen, die Karbide komplexer Natur, enthalten sie also neben Fe und C z.B. Cr, Mo, V oder W, wodurch sie relativ stabil und schwer löslich sind, dann wird im allgemeinen unter den praktisch durchführbaren Betriebsbedingungen *überhaupt keine homogene Austenitphase mehr erreicht*, sondern ein Gemenge von Austenit mit einem gewissen Prozentsatz solcher Karbide oder Doppelkarbide. Deshalb kann dann auch das gehärtete Gefüge nicht mehr vollständig aus Martensit bestehen, sondern es enthält *Martensit, Karbide und einen Anteil Restaustenit*.

Während nun die Grobkornbildung für die allgemeinen Festigkeitseigenschaften nachteilig ist, begünstigt sie die technologische Eigenschaft der Höchsthärtbarkeit des Stahles, d.h. die Fähigkeit der Härteannahme. Trotz dieses Vorteiles wird aber wegen der anderen Nachteile praktisch stets das Feinkorn angestrebt.

4.12.55. Das Anlassen

4.12.55.1. Die äußeren Vorgänge

Der gehärtete Stahl ist für die meisten Verwendungszwecke zu spröde. Das tetragonal-verzerrte metastabile α-Gitter des Martensits steht unter starken inneren Spannungen, die einerseits die große Härte, andererseits die Sprödigkeit verursachen. Durch Wiedererwärmen oder *Anlassen* entsteht allmählich wieder das dem C-Gehalt entsprechende normale Gefüge. Dabei nehmen die inneren Spannungen, die Härte und die Festigkeit ab, die Zähigkeit zu. Die Wiederherstellung des Normalgefüges erfolgt durch Diffusion der C-Atome mit gleichzeitiger Fe_3C-Bildung. Der Vorgang ist deshalb temperatur- und zeitbedingt. Die Festigkeitseigenschaften lassen sich durch die Anlaßtemperatur und deren Zeiteinwirkung stark variieren. Man kann den Vorgang in einem beliebigen Zwischenstadium durch Abschrecken beenden und dadurch die gewünschten Festigkeitseigenschaften fixieren.

Das Anlassen erfolgt im allgemeinen in Warmbädern: Siedendes Wasser – heißes Öl – Salz – oder Bleibädern. Eine primitive, aber trotzdem in manchen Fällen (z.B. für kleinere Werkzeuge) zuverlässige Methode besteht in der Ausnützung des noch vorhandenen Wärmeinhaltes des abgeschreckten Stahles für die Anlaßwirkung.

Das abgeschreckte Stück hat zunächst in der Randschicht die Martensittemperatur unterschritten, jedoch nicht im Kern. Nimmt man es aus dem Wasser, ehe es im ganzen Querschnitt erkaltet ist, so fließt Wärme von innen nach außen und übt dort die Anlaßwirkung aus. Die Temperatur der Außenfläche mißt man ziemlich zuverlässig durch Beobachtung der *Anlauffarben*. Die sich bildende Oxydhaut nimmt der Reihe nach folgende Farben an:

Temperatur	Farbe	Temperatur	Farbe
200 °C	blaßgelb	290 °C	dunkelblau
220 °C	strohgelb	300 °C	kornblumenblau
240 °C	braun	320 °C	hellblau
260 °C	purpur	350 °C	blaugrau
280 °C	violett	400 °C	grau

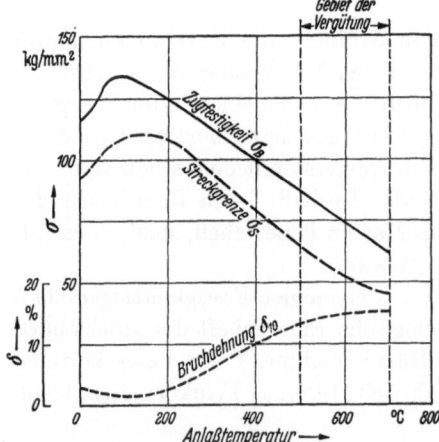

Abb. 291. Festigkeitseigenschaften eines legierten, gehärteten und angelassenen Stahles mit 0,3% C in Abhängigkeit von der Anlaßtemperatur

Dieser Farbindikator gilt für *unlegierte* Stähle. Die Entstehung der Anlauffarben ist zeitbedingt, jedoch spielt dies praktisch keine Rolle, wenn man nach der vorstehenden Methode härtet. Sobald die gewünschte Temperatur an Hand der Anlauffarbe erreicht ist, wird wieder abgeschreckt, um den Zustand zu fixieren.

Für sehr rasche Erwärmung ist diese kolorimetrische Temperaturmeßmethode nicht zulässig. Zum Beispiel zeigen Drehspäne unmittelbar an der Schneide des Werkzeuges noch keine Anlauffarben, obgleich sie dort bereits hohe Eigentemperaturen besitzen können.

Für legierte Stähle liegen die Anlauftemperaturen höher.

Abb. 291 zeigt die Abhängigkeit der Festigkeitseigenschaften von der Anlaßtemperatur.

4.12.55.2. Die Gefügeumwandlung

Das durch Anlassen *rückverwandelte* Gefüge entspricht zwar *quantitativ*, hinsichtlich der anteiligen Mengen von Ferrit und Zementit, dem bei der gleichen Temperatur durch *Austenitzerfall* entstandenen, aber *strukturell* bilden sich doch Unterschiede heraus.

Am deutlichsten zeigt sich dies beim Perlit. *Der aus dem Austenit entstandene Perlit ist lamellar, der durch Anlassen aus dem Martensit entstandene hingegen körnig.* Dieser Unterschied in der strukturellen Zementitausbildung bleibt auch in den Zwischengefügen bestehen. Ein durch Anlassen auf 300 °C entstandenes Gefüge ist andersartig aufgebaut als ein durch Abkühlen und isotherme Umwandlung bei 300 °C erzeugtes.

Der Unterschied ist erst durch die Erforschung der isothermen Austenittransformation eindeutig zutage getreten, weshalb in der Nomenklatur für die Gefügetypen eine gewisse Verwirrung entstanden ist. *Es seien deshalb die durch Austenittransformation entstandenen Zwischengefüge zusammenfassend mit Bainit (oberer und unterer) bezeichnet, die durch Anlassen (Martensitzerfall) entstandenen hingegen mit den alten Bezeichnungen Sorbit und Troostit.*

Für die *Anlaßgefüge* des eutektoiden Martensits kann nach dem Vorschlag von BRICK bei jeweils einstündiger Anlaßdauer folgende schematische Einteilung vorgenommen werden:

a) *Anlaßtemperatur 150 bis 230 °C.* Der tetragonale Martensit, $HRC \sim 65$, geht in den kubischen über, wobei unter Umständen auch ein geringer Restaustenit zerfällt. Mit hoher Wahrscheinlichkeit setzt eine submikroskopische, direkt nicht nachweisbare Fe_3C-Ausscheidung ein, die zu einem leichten Härteanstieg auf $HRC \sim 68$ führt. (Ausscheidungshärtung s. auch Abschn. 2.8 und 4.43.1.) Der Martensit verfärbt sich dunkel, bei höherer Temperatur sinkt die Härte auf $HRC \sim 63{-}60$, unter Nachlassen der Härtespannungen (Abschn. 4.21.8). Das Gefüge sei als *kubischer* oder *angelassener* oder *schwarzer Martensit* bezeichnet.

b) *Anlaßtemperatur 230 bis 400 °C.* Die kugeligen Zementitpartikelchen vergrößern sich, sind aber im Mikroskop noch nicht sichtbar. Das Gefüge erscheint im Schliffbild als schwarze Bezirke. Dies ist der *Troostit*, $HRC \sim 62{-}50$.

c) *Anlaßtemperatur 400 bis 650 °C.* Die Zementitkugeln werden bei starker Vergrößerung sichtbar, die Gefügebezirke erscheinen bei schwächerer Vergrößerung immer noch deutlich dunkel bis schwarz. Dies ist der *Sorbit*, $HRC \sim 45{-}20$.

d) *Anlaßtemperatur 650 bis 721 (A_1).* Kugeliger Zementit in Ferritgrundmasse, d.h. der auch durch Weichglühen entstehende *körnige Perlit*, $HRC \sim 20{-}5$.

4.12.56. Das Vergüten

„Vergüten" ist der Fachausdruck für die zusammengefaßten Wärmebehandlungen „*Härten + Anlassen*" von Baustählen, also keine besondere Wärmebehandlung. Das Vergüten findet vor allem Anwendung für legierte Baustähle. Wegen der Steigerung der Festigkeitseigenschaften s. Abschn. 4.14.21 und 4.14.31.

4.12.6. Durchhärtbarkeit des Stahles

4.12.61. Erscheinungen und Begriffe

Beim Abschrecken eines Stahlstückes nimmt die Abkühlgeschwindigkeit nach dem Inneren zu ab. Es wird deshalb, sobald die Masse und die Form des Stückes gewisse Grenzen überschreiten, nicht mehr überall die kritische Abkühlgeschwindigkeit v_{KR} erreicht, wodurch sich von außen nach innen Zwischengefüge der verschiedensten Art zwischen den Grenzfällen Martensit und Perlit bilden mit entsprechenden Härteunterschieden. Dickere unlegierte Stahlstücke können deshalb grundsätzlich nicht „durchhärten", die Härte nimmt nach dem Kern zu ab.

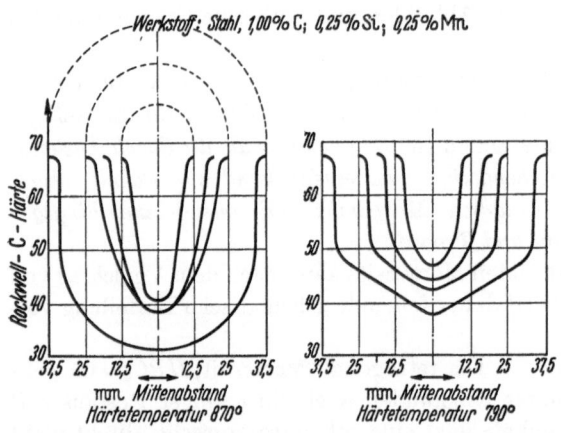

Abb. 292 zeigt den Härteverlauf über den Querschnitt von Stahlbolzen verschiedener Durchmesser, nach Abschreckung aus verschiedenen Temperaturen.

Da v_{KR} und auch das Wärmeleitvermögen für die verschiedenen Stahlsorten, vor allem unter dem Einfluß von Legierungskomponenten, stark variieren, wird der Härteverlauf bei sonst gleichen Abmessungen, Querschnitten und Abkühlmitteln recht verschieden ausfallen. Je stärker

Abb. 292. Härteverlauf im Querschnitt von Stahlbolzen verschiedener Durchmesser und abgeschreckt aus verschiedenen Temperaturen

der Härtungseffekt ins Innere des Stahles eindringt, desto besser ist dessen *Durchhärtbarkeit*. Im Gegensatz dazu sei unter *Höchsthärtbarkeit*[1] die Eigenschaft der größtmöglichen Härteannahme des Gefüges verstanden. Die häufig anzutreffende Eigenschaftsbezeichnung „*Härtbarkeit*" sollte wegen ihrer doppelsinnigen Bedeutung aufgegeben werden.

4.12.62. Prüfmethoden und Maßzahlen für die Durchhärtbarkeit

Zwei Prüfmethoden für die Durchhärtbarkeit haben, von den USA ausgehend, weitere Verbreitung gefunden, die nach GROSSMANN und die nach JOMINY.

Bei der *Großmannprobe* werden aus dem Stahl Zylinder mit steigenden Durchmessern hergestellt und der gleichen Wärme- und Abschreckbehandlung unterworfen. Dann zerteilt man die Prüfstücke und stellt fest, bei welchem im Kern noch 50% Martensit entstanden war. Der Durchmesser dieses Stückes wird als der „*kritische Durchmesser D_c*" bezeichnet und bildet die Maßzahl für die Durchhärtbarkeit.

Je besser der Stahl durchhärtbar ist, desto größer ist sein kritischer Durchmesser.

Die *Jominyprüfung* hat sich in der Praxis mehr durchgesetzt, weil sie einfacher ist und Material spart.

Ein genormter Prüfzylinder (Abb. 293) mit 1″ Durchmesser und 4″ lang hat am Ende einen Flansch. Er wird bei Härtetemperatur durch das Loch im Deckel des Prüfapparates gesteckt und hängt frei nach unten. Die freie Stirnfläche wird

---

[1] Statt „Durchhärtbarkeit" bzw. „Durchhärtung" wurde auch „Einhärtbarkeit" bzw. „Einhärtung" vorgeschlagen, was aber zur Verwechslung mit „Einsatzhärtung, Einsatzstahl" (Abschn. 4.12.91) führen kann. Statt „Höchsthärtbarkeit" wurde „Aufhärtbarkeit" vorgeschlagen, wodurch aber nicht genügend zum Ausdruck kommt, daß es sich bei der zugehörigen Härtezahl um einen Höchstwert handelt.

mit einem Wasserstrahl aus einem $^1/_2''$-Rohr angespritzt. Die Rohrmündung hat $^1/_2''$ Abstand, und der Wasserdruck ist so eingestellt, daß der freie Wasserstrahl $2^1/_2''$ über die Rohröffnung steigt.

Nach dem Erkalten wird an einer Mantellinie eine schmale Fase angeschliffen, längs deren die R_c-Härte gemessen wird, die vom freien Ende aus abnimmt. *Derjenige Längenabstand, bei welchem die R_c-Härte derjenigen von 50% Martensitbildung entspricht, ist die Maßzahl für die Durchhärtbarkeit nach* JOMINY.

Abb. 294 zeigt den Härteverlauf an *Jominy*proben für C-Stähle verschiedener Konzentration.

Die Durchhärtbarkeit hängt entscheidend von dem Abszissenwert (Zeitwert) des oberen Wendepunktes C der B-Kurve des $Z-T-U$-Diagrammes (Abb. 284) ab, der bei ~ 550 °C liegt. Folgende Faktoren haben Einfluß auf diesen Abszissenwert:

1. *Korngröße des Austenits*: Da die Bildung des feinen Perlits an den Korngrenzen des Austenits einsetzt, zerfällt feinkörniger Austenit schneller als grobkörniger, d.h. Punkt C rückt nach links. Die Folge ist, daß die *Durchhärtbarkeit* durch *Grobkorn* des Austenits *verbessert* wird.

2. *Homogenität des Austenits*. Die Karbidausscheidung beim Austenitzerfall setzt leichter, d.h. früher, an Stellen stärkerer C-Konzentration oder gar vorgebildeter Fe_3C-Kerne ein. Die Folge ist: Punkt C rückt nach links und die *Durchhärtbarkeit sinkt*, wenn die C-Verteilung im Austenit *inhomogen* ist.

3. Alle *zusätzlichen Legierungselemente*, wie Mn, Ni, Cr usw., *verzögern* die Fe_3C-Ausscheidung aus dem Austenit, weil ihre Atome gleichfalls mehr oder weniger im γ-Gitter gelöst sind oder eigene Karbide zu bilden trachten. Die Folge ist, daß Punkt C nach rechts rückt, v_{KR} sinkt, und die *Durchhärtbarkeit steigt*.

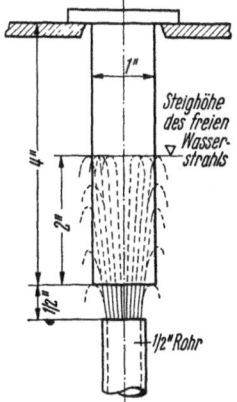

Abb. 293. Versuchsanordnung für die Prüfung der Durchhärtbarkeit, n. JOMINY

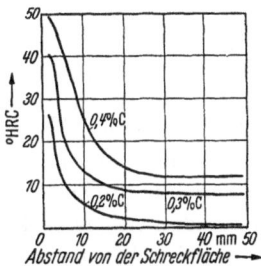

Abb. 294. Härteverlauf bei einer Jominyprobe

Die Durchhärtbarkeit bezeichnet also die Eigenschaft, ob der Stahl zur Erreichung der Härtung drastischer oder einfacherer Kühlmittel bedarf. Schlechte Durchhärtbarkeit erfordert drastische Mittel, d.h. Abschreckung in Wasser, bei guter hingegen genügt im Grenzfall Abkalten an der Luft. Bei schlechter Durchhärtbarkeit ist die Eindringtiefe der Härtung gering, bei guter hoch.

Die Durchhärtbarkeit sagt hingegen nichts darüber aus, welche höchste Härte ein Stahl bei völliger Austenit—Martensit-Umwandlung annimmt.

4.12.63. Die Höchsthärtbarkeit des Stahles

Die Eigenschaft, bei Anwendung der jeweils zugehörigen kritischen Abkühlgeschwindigkeit eine bestimmte höchste Härte anzunehmen, sei als die *Höchsthärtbarkeit des Stahles*, ausgedrückt in irgendeinem Härtemaß (meistens *HRC*), bezeichnet.

Die *Durchhärtbarkeit* und die *Höchsthärtbarkeit sind durchaus verschiedene Eigenschaften*. Die erstere hängt von der Trägheit der Austenit—Martensit-Umwandlung ab, die zweite von der Konstitution des Martensitgefüges, das vor allem mit steigendem C-Gehalt eine höhere Maximalhärte aufweist.

Zum Beispiel haben unlegierte Stähle im allgemeinen eine höhere Höchsthärtbarkeit als legierte. An einem unlegierten Werkzeugstahl erreicht man durch Abschrecken in Wasser 68° *HRC*, an einem hochlegierten vielleicht nur 63°. Dafür hat der letztere eine wesentlich bessere Durchhärtbarkeit. Es genügt mildes Abschrecken in Öl oder Luft, um seine Höchsthärte zu erreichen, und die Härtung dringt außerdem tiefer ins Innere ein.

4.12.7. Die kombinierte Temperatur-Zeit-Einwirkung auf die Anlaßhärte

Das durch Anlassen erzeugte Gefüge und dessen Härte entsteht durch Zeit- und Temperatureinwirkung, denn es handelt sich um die Folgen des Herausdiffundierens der C-Atome aus dem Martensitgitter. Alle Diffusionsvorgänge sind aber zeit- und temperaturbedingt. Eine niedrigere Temperatur bei längerer Zeitdauer kann dieselbe Wirkung haben wie eine höhere Temperatur bei kürzerer Dauer.

Allgemein folgt die Diffusion D der Gleichung

$$D = A \cdot e^{-Q/RT}.$$

Hierbei bedeuten:

A einen Parameter bzw. Konstante für ein Atompaar gleichen Typs bei gleichem Konzentrationsgradient,
Q die Aktivierungsenergie für den Platzwechsel des Atoms, somit auch eine Materialkonstante,
R die Gaskonstante,
T die Temperatur in °K.

Davon ausgehend kann man nach dem Vorgehen von HOLLOMON und JAFFE die kombinierte Zeit- und Temperatureinwirkung auf die Härte des Anlaßgefüges in zweidimensionalen Diagrammen darstellen.

Empirisch wurden die Härten gut durchgehärteter und angelassener Stähle verschiedenen C-Gehaltes ermittelt, wobei die Anlaßtemperaturen zwischen 100 und 700 °C, die Zeiteinwirkung zwischen 10 s und 24 h variiert wurden.

Unter der Annahme, daß der funktionelle Zusammenhang zwischen der Härte und der Temperatur-Zeit-Wirkung der obigen Diffusionsgleichung entspricht, wäre die Härte eine Funktion des Parameters $z \cdot e^{-Q/RT}$, wo z die Zeit bedeutet. Bei dem Versuch, aus den Meßergebnissen Q zu berechnen, zeigte sich, daß Q keine Konstante ist, sondern von der Härte abhängt, z.B. $Q = 50000$ cal/Mol bei $HRC \sim 20$, jedoch 12000 bei $HRC \sim 65$. Setzt man aber die zu der betreffenden Härte gehörigen Q-Werte in die Gleichung ein, so ergibt sich, daß der Parameter innerhalb der Streuung als konstant betrachtet werden darf. Somit ist die Härte

$$H = f_1(z \cdot e^{-Q/RT}), \tag{1}$$

wobei zugleich

$$Q = f_2(H) \tag{2}$$

und bei Einsetzen der Q-Werte aus (2) in (1)

$$z \cdot e^{-Q/RT} = z_0 = \text{const.} \tag{3}$$

Daraus durch Logarithmieren:

$$\ln z = -\frac{Q}{RT} = \ln z_0 , \tag{4}$$

$$Q = RT \left(\ln z - z_0\right) = f_2(H), \tag{5}$$

$$H = f_3 \left[e^{kT \ln z/z_0} \right], \tag{6}$$

$$H = f(T \log z/z_0) = f[T (\log z - \log z_0)] = f[T (k + \log z)]. \tag{7}$$

Wenn daher die Zeit- und Temperaturkombination z_1, T_1 und z_2, T_2 ein und dieselbe R_c-Härte ergeben, so muß

$$T_1(k + \log z_1) = T_2(k + \log z_2) \tag{8}$$

sein.

Daraus ergibt sich

$$- k = \frac{T_1 \log z_1 - T_2 \log z_2}{T_1 - T_2} , \tag{9}$$

woraus sich k als eine charakteristische Konstante für jede Stahlsorte ermitteln läßt.

Ferner ist

$$\frac{T_2}{T_1} = \frac{k + \log z_1}{k + \log z_2} \tag{10}$$

und aus (7)

$$k = \log z_0. \tag{11}$$

Die Konstante k ergab für die untersuchten Stähle Werte von 10 bis 16, entsprechend war z_0 10^{-10} bis 10^{-16} sek. Gleichung (7) sagt nichts darüber aus, wie die Härte mit dem Parameter variiert, sondern stellt nur den funktionellen Zusammenhang fest. Mit anderen Worten: Solange der Parameter einen konstanten Wert hat, wird dieselbe Härte erreicht mittels hoher Temperatur und kurzer Zeit und umgekehrt, ohne daß über die Höhe der Härte etwas ausgesagt ist.

k wird für die einzelnen Stahlsorten durch Versuche (HRC gemessen in Abhängigkeit von Wertepaaren $z_1 T_1$; $z_2 T_2$ ... usw.) ermittelt bzw. nach (9) berechnet. Der k-Wert in (7) eingesetzt ergibt den Abszissenmaßstab für das Anlaßhärtediagramm nach HOLLOMON und JAFFE, wofür Abb. 295 ein Beispiel ist.

Die Funktionskurven selbst können die verschiedensten Charakteristiken haben, auch Wendepunkte. Sie ermöglichen es, für eine gewünschte Härte anzugeben, durch welche kombinierte Zeit- und Temperatureinwirkung sich

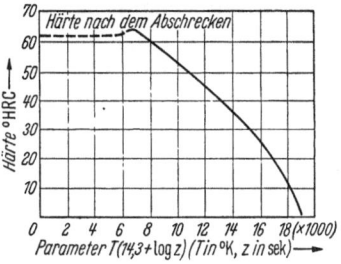

Abb. 295. Anlaßhärtediagramm nach HOL-LOMON-JAFFE für einen Stahl mit 0,56 % C

diese erreichen läßt. Man liest den zugehörigen Parameter P ab und wählt z.B. die Härtetemperatur. Dann läßt sich nach Gl. (7) die Zeit berechnen.

Für die k-Werte ergab sich für unlegierte Stähle eine ziemlich genaue lineare Abhängigkeit vom C-% des Stahles, und zwar sinkt k mit steigendem C-Gehalt nach der Funktion $k \sim 17{,}7 - 5{,}8 \cdot$ C-%, wenn z in Sekunden gemessen.

Im übrigen ist es für die praktische Anwendung des Diagrammes nicht wesentlich, daß sehr genaue k-Werte im Parameter eingesetzt werden. Wenn z.B. für unlegierte Stähle, deren k entsprechend dem C-Gehalt zwischen 16 und 10 liegt, als Mittelwert einfach 13 eingesetzt wird, so ergibt sich, daß die nach diesem einfachen Diagramm berechneten HRC-Härtewerte nur um $\pm\,1°$ gegenüber den gemessenen streuen.

Durch die $Z—T—U$-Diagramme, die Härtbarkeitsprüfungen und die HOLLOMON-JAFFE-Diagramme wurden die empirisch betriebenen Härte- und Anlaßverfahren der Stähle auf die Stufe einer exakten Methode zur Erzielung gewünschter Materialeigenschaften gehoben, analog einer chemischen Synthese, deren Reaktion im voraus berechnet werden kann.

4.12.8. Die Härtespannungen

Das Martensitgefüge hat ein größeres spezifisches Volumen als das ungehärtete Gefüge. Beispielsweise wurde an eutektoidem Stahl eine Längenänderung von $\sim 0,3\%$, eine Volumenvergrößerung von $\sim 1\%$ gemessen. Verfolgt man die Längenänderung Δl eines Stahles beim Erwärmen und Abschrecken (Abb. 296), so ergibt sich:

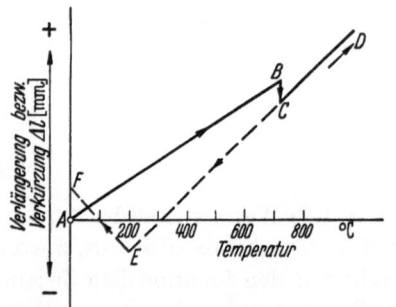

Abb. 296. Schema der Längen- bzw. Volumenänderung des Stahles beim Erwärmen, langsamen Abkalten und Abschrecken

$A—B$: Wärmeausdehnung des α-Gitters bei annähernd konstantem Ausdehnungskoeffizienten β_1.

$B—C$: Wegen der Umstellung $Fe_\alpha—Fe_\gamma$ Längenabnahme, da jetzt das Gitter dichtester Kugelpackung gebildet wird.

$C—D$: Wärmeausdehnung des γ-Gitters, mit annähernd konstantem Ausdehnungskoeffizienten $\beta_2 > \beta_1$.

$D—E$: Abschreckung und Schrumpfung des γ-Gitters entsprechend β_2 bis zur Martensittemperatur.

$E—F$: Infolge der Austenitumwandlung Umstellung auf das α-Gitter, das aber wegen des eingelagerten C-Atoms aufgeweitet ist, so daß die Ursprungslänge um $A—F$ gewachsen ist.

Durch das Härten verlieren die Stahlstücke ihr ursprüngliches Maß. Innerhalb der 1. bis 7. ISA-Qualität tolerierte Maße können deshalb im allgemeinen nur durch Fertigschleifen nach dem Härten erreicht werden.

Diese Volumenänderung hat innere Spannungen zur Folge, die als *Volumenspannungen* bezeichnet seien.

Daneben entwickeln sich infolge des ungleichmäßigen Temperaturfeldes im Inneren beim Abkalten *Abkühl-* oder *Wärmespannungen* der gleichen Art und Ursache, wie sie bei jeder Abkühlung eines Metallstückes auftreten (Abschn. 4.12.51).

Beide Spannungen zusammen, die Volumenspannungen und die Abkühlspannungen, bilden als Ergebnis die *Härtespannungen*.

An drei Beispielen sei die Bildung von Härtespannungen verfolgt.

1. Ein dicker, unlegierter Stahlzylinder mit dem Durchmesser D wird gehärtet (Abb. 297). Er sei schematisch unterteilt in

a) einen Kern mit dem Durchmesser D_K, in welchem sich kein Martensit bildet, und b) einen Hohlzylinder mit dem Außendurchmesser D und dem Kerndurchmesser D_K, in welchem sich Martensit bildet.

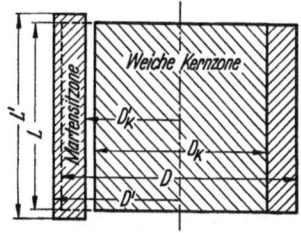

Dadurch wächst das Volumen des letzteren im Vergleich zu seinem ungehärteten Volumen. Wäre der Hohlzylinder frei, so würde nicht nur sein Außendurchmesser D auf D' wachsen, sondern auch sein Kerndurchmesser D_K auf D'_K und seine Länge von L auf L'. Da er mit dem Kern verbunden ist, entstehen in der *Außenschicht Druckspannungen, im Kern Zugspannungen*.

Abb. 297. Entstehung von Härtespannungen (Volumenspannungen), schematisch

2. In legierten Stählen ist die kritische Abkühlgeschwindigkeit stark herabgesetzt. Sie können z.B. in Öl oder Luft abgeschreckt werden. Wird ein solcher „Ölhärtner" in Wasser abgeschreckt, so wird er trotz seiner Dicke durchhärten. Die Außenschichten nehmen das der niedrigeren Temperatur entsprechende kleinere spezifische Volumen schon früher an als der Kern. Sie bilden bereits einen harten festen Mantel, wenn im Kern die Martensitbildung mit der sprunghaften Volumenvergrößerung vor sich geht, die jetzt einen *Innendruck* auf den Mantel ausübt. Die *Außenschicht steht unter Zugspannungen, der Kern unter Druckspannungen*, also das Gegenteil von Beisp. 1.

Es wäre deshalb technisch unsinnig, einen Ölhärtner in Wasser abschrecken zu wollen oder, allgemein gesagt, die höchste Abkühlgeschwindigkeit beim Härten unnötig zu überschreiten.

3. Infolge der Spannungen müssen sich die gehärteten Stücke *verziehen*, vor allem, wenn die Isothermen im Querschnitt ungleiche Abstände von der Außenform des Stückes haben.

Abb. 298 a—c zeigt für einen quadratischen Querschnitt a) den Verlauf einer Isotherme beim Abkühlen, b) als Folge die unterschiedliche Eindringtiefe des Martensits und c) die Verformung des Querschnittes unter dem Einfluß der in der Außenschicht entstandenen Druckspannungen.

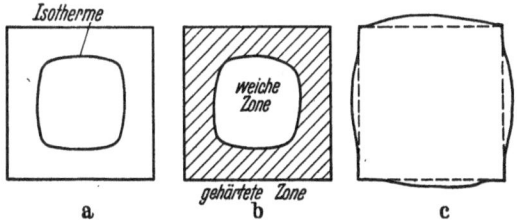

Diese Querschnittsverformung kann, da sie eine Vergrößerung ist, unter Umständen das Längenwachstum eines solchen quadratischen Stabes

Abb. 298a—c. Härteverzug eines quadratischen Querschnittes

überkompensieren, d.h. bewirken, daß die Länge nach dem Härten abnimmt, statt nach erster Erwartung zuzunehmen.

Härtespannungen, Härteverzug oder gar *Härterisse* können durch sinnvolle konstruktive Formgebung und gleichmäßige Abschreckwirkung vermieden oder gemildert werden. Für Fälle, wo ein Fertigschleifen nach der Härtung technisch unmöglich oder schwierig und teuer ist, wo andererseits engtolerierte Maße verlangt werden, z.B. für Schnittplatten von Stanzwerkzeugen, sind Spezialstähle entwickelt worden, die möglichst geringen Härteverzug aufweisen, sogenannte *verzugsfeste Stähle* (Abschn. 4.14.34).

Eine wesentliche Milderung der Härtespannungen mit all ihren Konsequenzen (Verzug, Risse) wird durch die *Stufenhärtung* oder *Warmbadhärtung* erreicht (Abschn. 4.13.42), die indes nur für legierte Stähle durchführbar ist.

Im übrigen bewirkt jedes *Anlassen* eine *Milderung der Härtespannungen*.

4.12.9. Die Oberflächenhärtung

Die konstruktive Notwendigkeit, Stahlteilen einerseits eine möglichst hohe Härte gegen Verschleiß oder spezifische Druckbelastung zu geben, andererseits die Zähigkeit gegen Zug, Biegung, Schlag usw. zu belassen, führte zur Entwicklung der verschiedenen Oberflächenhärtungsverfahren.

Metallurgisch lassen sich dabei folgende Wege 0 bis 4 einschlagen:

0. Ein härtbarer Stahl erhält automatisch an der Oberfläche seine volle Martensithärte, die nach dem Inneren zu allmählich unter Bildung von Zwischengefügen (Bainit) bis auf diejenige des normalen ungehärteten Gefüges abnimmt, *wenn das Stahlstück genügend dick ist* (Abschn. 4.12.6). Diese Art der Oberflächenhärtung wird aber *nicht* angewendet, da man technisch den vom Wärmefluß abhängigen Härtungsverlauf quantitativ nicht genügend beherrscht, abgesehen davon, daß im allgemeinen die harten und spröden Außenschichten zu dick ausfallen würden im Vergleich zum zähen Kern und daß der gewünschte Effekt bei dünneren Querschnitten überhaupt nicht erreichbar wäre.

Aus technisch-konstruktiven Gründen wird man im allgemeinen auf möglichst dünne Hartschichten Wert legen, gerade genügend, um den Verschleiß zu verringern oder erhöhter spezifischer Flächenpressung standzuhalten. Man schließt deshalb auch im technischen Sprachgebrauch die sich an dicken Querschnitten auf natürliche Weise ergebende Oberflächenhärtung von diesem Begriff aus, wendet ihn vielmehr nur auf die folgenden metallurgischen Wege an, von denen jeder einzelne mittels verschiedener technischer Verfahren eingeschlagen wird.

1. Die Oberfläche eines nicht härtbaren Stahles ($<0,1 \div 0,3\%$ C) wird *aufgekohlt*, so daß bei einer anschließenden *Umwandlungshärtung* die Außenschicht mit ihrem sehr viel höheren C-Gehalt Martensit bildet, während das Grundgefüge unverändert weich und zäh bleibt. Es ist dies die *Zementierung*.

2. In die Oberfläche eines Stahles beliebigen C-Gehaltes läßt man *Stickstoff* diffundieren, der als Mischkristall- oder Nitridbildner dieser Schicht hohe Härte verleiht. Dies ist die *Nitrierung*.

3. Man nimmt eine *kombinierte Zementierung und Nitrierung* vor.

4. Man erzeugt an einem härtbaren Stahl in einer dünnen Außenschicht eine Temperatur $> A_3$ und schreckt ab, ehe die darunterliegenden Schichten durch Wärmefluß über A_1 oder A_3 erhitzt werden. Es entsteht eine Martensitschicht auf normalem, ungehärtetem Gefüge beliebigen C-Gehaltes. Es ist dies eine *gestufte Martensithärtung*, die meistens nach ihrem technischen Verfahren als *Flammhärtung* oder als elektrische *Hochfrequenzhärtung* bezeichnet wird.

Die *metallurgischen Wege*: Aufkohlung oder Zementierung mit nachfolgender Martensitbildung, Nitrierung und gestufte Martensitbildung sind von den *technischen Verfahren* wohl zu unterscheiden.

4.12.91. Die Zementierung

Die Aufkohlung der Randschicht kann durch Kohlenstoff in fester, flüssiggelöster oder gasförmiger Form erfolgen. Das älteste und bei der Einzel- oder Kleinserienfertigung noch am weitesten verbreitete, früher allein bekannte Verfahren ist das mit festem Kohlenstoff, das *Einsatzverfahren*. Nach ihm haben die für das Zementieren geeigneten, d.h. die wegen ihres geringen Kohlenstoffgehaltes nicht härtbaren Stähle die Gattungsbezeichnung *Einsatzstähle* (Abschn. 4.14.21 und 4.14.32) erhalten, auch wenn sie heute vielfach nicht mehr „eingesetzt" werden.

4.12.91.1. Die Einsatzhärtung

Zwecks Aufkohlung werden die Stahlteile in Glühkisten in pulverisierte Kohle eingebettet oder *eingesetzt*. Die Kisten werden verschlossen und im Ofen dicht über A_3 geglüht, um das Gefüge in Austenit zu verwandeln, Einsatzstähle mit $\leq 0,2\%$ C also bei etwa 900 °C. Aus Gleichgewichtsgründen diffundieren C-Atome von außen her in den Austenit, wodurch die Randschicht aufgekohlt wird. Die Diffusion im festen Zustand geht langsam vor sich, mit Konzentrationsgefälle von außen nach innen. Eine Konzentration von $\sim 1\%$ C genügt vollständig, um nachher beim Härten eine gute Martensithärte in der aufgekohlten Schicht zu erreichen. In einer Stunde entsteht eine etwa 0,3 mm dicke aufgekohlte Schicht, deren C-Gehalt von außen nach innen abnimmt. Letzteres ist günstig und wichtig, da ein zu schroffer Übergang vom Martensitgefüge auf das ungehärtete Kerngefüge zu großen Härtespannungen mit der Gefahr des Abplatzens der Randschicht führen würde. Abb. 299 zeigt den Zusammenhang zwischen C-Gehalt, Schichtdicke und Zeiteinwirkung beim Aufkohlen eines legierten Einsatzstahls. Diese Werte verschieben sich bei anderen Einsatztemperaturen in dem Sinn, daß der Gradient für den C-Gehalt

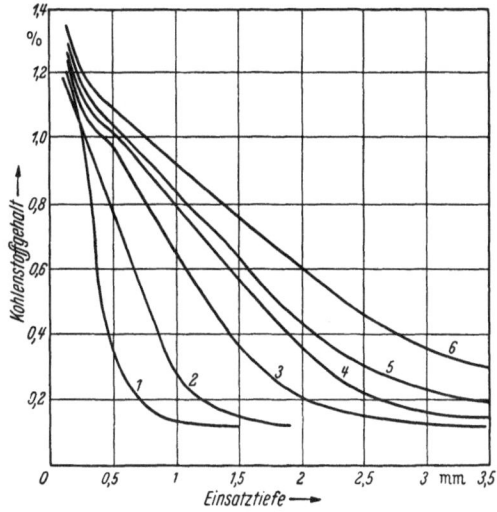

Abb. 299. Einsatztiefe und C-Gehalt der aufgekohlten Randzone eines Chrom—Nickel-Einsatzstahles: $0,1 \div 0,2\%$ C, $0,3 \div 0,6\%$ Mn, $1,0 \div 1,5\%$ Ni, $0,45 \div 0,75\%$ Cr, n. Daten des Metals-Handbook
Einsatzmittel: Holzkohle, aktiviert mit Na_2CO_3

Kurve	1	2	3	4	5	6	
Einsatzzeit	4	8	12	16	32	48	Std.

der aufgekohlten Schicht mit steigender Temperatur abnimmt, also eine gleichmäßigere C-Konzentration entsteht.

Durch die Langsamkeit des Prozesses hat man es bequem in der Hand, die Dicke der aufgekohlten Schicht genau zu regeln.

Eine lange Einsatzdauer und hohe Temperaturen führen vor allem bei unlegierten Stählen zu Grobkornbildung des Kerngefüges, die vor dem Härten eventuell durch ein Normalglühen zu beseitigen ist.

Oberflächenstellen, die weich bleiben sollen, schützt man durch einen Aufstrich von Lehm oder auch durch örtliches galvanisches Verkupfern vor der Aufkohlung, oder man entfernt die aufgekohlte Schicht vor dem Härten durch Bearbeitung.

Nach dem Einsetzen wird normal gehärtet, aus Härtungstemperaturen und mit Abschreckmitteln, die der betreffenden Stahlsorte entsprechen. Die Härtungstemperatur liegt, entsprechend dem höheren C-Gehalt der Randschicht, wesentlich tiefer als die Aufkohlungstemperatur (A_3 für 1% C $\ll A_3$ für 0,2% C; vgl. Abb. 261).

Der chemisch-physikalische Vorgang der Aufkohlung ist weitgehend geklärt. Die C-Atome werden dem Fe nicht direkt, sondern über die Gasphase CO zugeführt.

$$C + O_2 \text{ (letzteres in der Luft vorhanden)} \rightarrow CO_2, \qquad (1)$$

$$CO_2 + C \rightarrow 2\,CO, \qquad (2)$$

$$Fe + 2\,CO \rightarrow Fe(C)MK + CO_2 \text{ und weiter nach (2).} \qquad (3)$$

Theoretisch würde also für den Prozeß die Anwesenheit von reinem Kohlenstoff (z.B. Ruß) und etwas Sauerstoff genügen. Praktisch wird aber zur Aktivierung noch das eine oder andere Karbonat in kleiner Menge dem Einsatzkohlenpulver beigefügt, wenn es nicht schon in genügender Menge natürlich darin vorhanden ist, wie z.B. in organischer Einsatzkohle, wie Holzkohle oder Lederkohle. Solche Karbonate befördern die CO-Bildung, beispielsweise durch die Reaktion

$$BaCO_3 \rightarrow BaO + CO_2, \; CO_2 + C \rightarrow 2\,CO. \qquad (4)$$

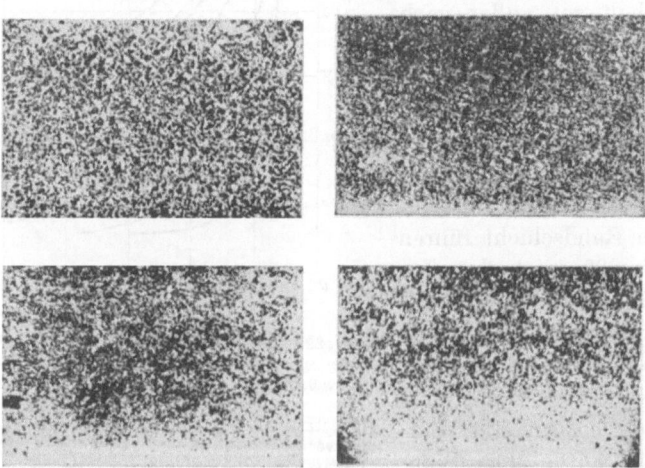

Abb. 300. Einsatztiefe in unlegiertem Baustahl nach verschiedener Zeiteinwirkung
(Einsatzmittel: Durferrit-Salzbad)

Abb. 300 zeigt die wachsende *Eindringtiefe* des Aufkohlungsprozesses im Schliffbild und Abb. 301 das Bruchaussehen eines einsatzgehärteten Stahlstückes, an welchem man deutlich die feinkörnige, glasharte, spröde gebrochene Außenschicht vom weichen, zähen Kern unterscheiden kann.

Die Einsatzhärtung erfordert also im allgemeinen *zwei getrennte Wärmebehandlungen*: Aufkohlen im Glühofen und Härten. Nur in besonderen Fällen oder mit besonderen Einrichtungen ist es möglich, direkt aus der Aufkohlungstemperatur heraus auch zu härten. Wenn, wie bei unlegierten Stählen, die kritische Abkühlgeschwindigkeit groß und das Auspacken aus den Glühkisten langwierig ist, wird es nicht gelingen, den ganzen Prozeß, Aufkohlen + Härten, in nur einer Hitze durchzuführen.

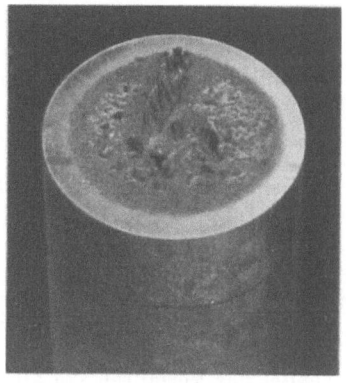

Abb. 301. Bruchaussehen eines einsatzgehärteten Stahlstückes. Feinkörniger, glatter Bruch der spröden, glasharten Außenschicht und zäher Gewaltbruch des weichen Kernes (Durferrit)

4.12.91.2. Die Salzbadaufkohlung

Der Kohlenstoff kann auch dadurch an die Oberfläche herangebracht werden, daß man die Stahlteile in ein geschmolzenes Salzbad mit ~ 900 °C taucht. Es sind dies Schmelzbäder aus Natrium- oder Bariumchlorid, die mit Natrium-, Kalium- oder Bariumzyanid aktiviert sind, wodurch über einige Zwischenreaktionen C-Atome frei werden und in Fe diffundieren.

Beispielsweise erfolgt der Kohlungseffekt durch $Ba(CN)_2$ nach der Gleichung

$$Fe + Ba(CN)_2 \rightarrow Fe(C)MK + BaCN_2. \qquad (1)$$

Andererseits entsteht durch das Natriumzyanid über eine Zwischenreaktion mit Luftsauerstoff auch teilweise ein Nitriereffekt, d. h. eine Diffusion von N-Atomen in das Fe-Gitter, wodurch die Tiefenwirkung des Kohlungseffektes beeinträchtigt wird oder unerwünschte Nitride entstehen können, nach

$$2\,NaCN + O_2 \text{ (aus der Luft)} \rightarrow 2\,NaCNO, \qquad (2)$$

$$3\,NaCNO + Fe \rightarrow NaCN + Na_2CO_3 + Fe(C)MK + Fe(N)MK. \qquad (3)$$

Auch hier verläuft der Aufkohlungseffekt mit großer Wahrscheinlichkeit nicht direkt, sondern über die Zwischenphase CO nach

$$4\,NaCNO + \text{Wärme} \rightarrow 2\,NaCN + Na_2CO_3 + CO + 2\,N \qquad (4)$$

und

$$2\,CO \rightarrow CO_2 + C. \qquad (5)$$

Es sind verschiedene Typen solcher aktivierter Salzbäder unter Hinzufügung weiterer als Katalysatoren dienender Stoffe entwickelt worden, mit dem Zweck, die Zeitdauer des Prozesses abzukürzen oder die Eindringtiefe zu vergrößern. In allen Fällen ist eine gewisse Nitridbildung unvermeidlich, so daß die Salzbadaufkohlung eigentlich bereits eine kombinierte Zementierung und Nitrierung darstellt.

Die Härtung kann technisch ohne weiteres direkt aus dem Salzbad vorgenommen werden, die Einsatzzeiten sind kürzer als bei der Einsatzhärtung mit Kohlenpulver, jedoch ist das letztere Verfahren trotzdem meist wirtschaftlicher, wenn es sich um große Härtungstiefen handelt.

Bei der Oberflächenhärtung legierter Einsatzstähle (Abschn. 4.12.32) wird die Wärmebehandlung häufig so gesteuert, daß zugleich ein Vergütungseffekt des Kernmaterials damit verbunden ist. Die Zusammensetzung des Bades und die Wärmebehandlung (Temperaturen, Zeiten, Abschreckmittel) müssen dann individuell den Legierungen angepaßt werden, wofür die Stahl- und Salzbadhersteller erprobte Rezepte zur Verfügung stellen.

4.12.91.3. Die Gasaufkohlung

Der Aufkohlungseffekt wird durch Verbrennung und Dissoziierung von Kohlenwasserstoffgasen bewirkt, die über die glühende Oberfläche der Stahlteile hinwegstreichen. Das Verfahren ist nur wirtschaftlich, wenn sehr billiges Gas zur Verfügung steht, wie z.B. methanhaltiges Erdgas, wie es mit etwa 80% Methangehalt in den USA der Fall ist, oder wenn der CO-Gehalt von Leuchtgas durch vorheriges Kracken in einer Hilfsapparatur wesentlich heraufgesetzt wird. Man wendet das Verfahren vor allem für kleinere Massenartikel (Schüttgut) an, die in einem geschlossenen oder rotierenden, von außen auf $\sim 900\,°C$ beheizten Ofen von dem Gas bestrichen werden. Dabei tritt die Reaktion

$$Fe + CH_4 \rightarrow Fe(C)MK + 2\,H_2$$

ein.

Der entstehende Wasserstoff wird durch die Gasströmung weggeschafft, andernfalls käme die Reaktion aus Gleichgewichtsgründen zum Stillstand. Die glühenden Teile werden nach genügender Aufkohlung aus der kippbaren Retorte oder Trommel direkt in das Abschreckbad (Wasser) gekippt. Im Gegensatz zum Kohlepulver- oder Salzbadverfahren sind sie gebrauchsfertig, da das Reinigen von anhaftenden Pulver- oder Salzresten wegfällt.

Ein gewisser Aufkohlungseffekt, wenn auch nur in dünnsten Schichten, kann aber auch bereits durch das Bestreichen und Glühen der Oberfläche mittels eines gewöhnlichen *Azetylen-Sauerstoff-Schweißbrenners* erreicht werden, dessen Flamme reduzierend eingestellt ist. Spritzt man zugleich Wasser an die Fläche, so bildet sich eine dünne Hartschicht. Dieser bekannte Werkstatttrick darf aber nicht mit der „Flammhärtung" (Abschn. 4.12.94) verwechselt werden, bei welcher zwar auch mit dem Azetylenbrenner geheizt, jedoch nicht aufgekohlt wird.

Der Aufkohlungseffekt des Azetylenbrenners bei C-Überschuß während der Verbrennung ist auch die Ursache für die Schwierigkeit beim Gasschweißen höhergekohlter oder gewisser legierter Stähle, wo die ungewollte C-Diffusion zu einer Karbidbildung und damit Versprödung der Schweißnaht führen kann.

Dadurch, daß die Oberflächenhärtung mittels Aufkohlung der Randschicht und nachfolgender Martensithärtung an einen maximalen Kohlenstoffgehalt von 0,2% gebunden ist, haben unlegierte Einsatzstähle keine hohe Festigkeit des Grundgefüges (Abschn. 4.12.83). Benötigt man eine glasharte Oberfläche auf einem Grundgefüge höherer Festigkeit, so muß man entweder zu legierten Einsatzstählen greifen (Abschn. 4.14.31) oder eines der sonstigen Oberflächenhärtungsverfahren anwenden, bei welchen der C-Gehalt des Grundmaterials keine Rolle spielt.

4.12.92. Die Nitrierhärtung

Durch Diffusion von Stickstoff entsteht im Stahl ein Härtungseffekt, wobei es nicht geklärt ist, wieweit dies auf die Bildung einer festen Lösung im Fe oder von Nitriden, wie Fe_4N u. a., zurückzuführen ist. Da N im Fe_α-Gitter bis zu 0,015% als Einlagerungs-MK gelöst wird, wird letzteres schon dadurch hart wie alle Einlagerungsmischkristalle. Die eigentlichen Nitride sollen andererseits möglichst feindispers, im Mikroskop unsichtbar, verteilt sein. Treten sie gröber, als Nadeln, auf, so ist dies unerwünscht wegen zu starker Versprödung des Gefüges.

Technisch wird die Nitrierung in geschlossenen, auf etwa 550 °C geheizten Muffeln durchgeführt, durch welche man einen Ammoniakstrom leitet. Das NH_3 dissoziiert dabei unter Abspaltung von atomarem Stickstoff, der in die Werkstücke hineindiffundiert.

Der Härtungseffekt wird wesentlich verbessert, wenn dem Stahl in kleinen Mengen weitere nitridbildende Legierungselemente, wie Al, Cr, Mn, Mo, W, V, zulegiert sind, von denen Al am wirksamsten ist. Praktisch wird deshalb die Nitrierung nur an legierten Stählen, sogenannten *Nitrierstählen*, durchgeführt (Abschn. 4.14.31), die in erster Linie durch 0,9 ÷ 1,4% Al gekennzeichnet sind, neben weiteren kleinen Konzentrationen an Cr, Ni, Mn und Mo. Der C-Gehalt darf dabei die kritische Grenze von 0,2 ÷ 0,3% überschreiten, da ja keine Martensitbildung im Grundgefüge eintreten kann, weil die Glühtemperatur unter A_1 bleibt und außerdem keine Abschreckung stattfindet. Wieweit das Aluminium direkt durch Nitridbildung zum Härtungseffekt beiträgt und wieweit es nur die Rolle eines Katalysators bei dieser Stickstoffdiffusion spielt, ist nicht abgeklärt.

Weil die Nitrierstähle grundsätzlich, wenn auch bisweilen nur schwach legiert sind, wirkt sich die für die Oberflächenhärtung angewendete Wärmebehandlung je nach Stahlsorte unter Umständen auch auf eine Erhöhung der Zähfestigkeit des Kerngefüges aus, ohne daß letzteres von der N-Diffusion berührt würde. Legierte Stähle mit höherem C- und Cr-Gehalt lassen sich auch ohne Anwesenheit von Al gut nitrieren.

Allgemein erfolgt beim Nitrieren die Diffusion träge und dringt auch nicht sehr tief ein. Es dauert also lange, bis verhältnismäßig dünne Schichten erzeugt sind (Abb. 302). Dafür hat das Verfahren gegenüber dem Aufkohlen und der Bildung einer Martensitschicht folgende erhebliche technische Vorteile:

1. Die Nitrierung bewirkt keine nennenswerte Volumenvergrößerung. Das Gefüge bleibt deshalb spannungsfrei; man kann die Werkstücke im weichen Zustand mit engen Toleranzen fertig bearbeiten, weil durch das Nitrieren nur sehr geringe Formänderungen eintreten (kein Verziehen, nur geringe Dickenänderung).

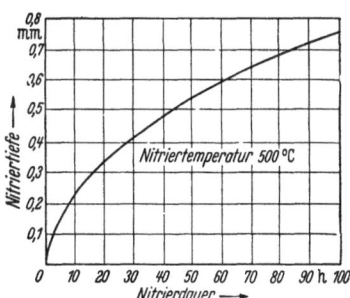

Abb. 302. Eindringtiefe der Nitrierung in Abhängigkeit von der Zeit

2. Die Härte der nitrierten Schicht liegt noch erheblich über derjenigen einer besten Martensithärte. Die Teile werden äußerst verschleißfest.

3. Die Oberfläche bleibt sauber.

4. Die Härte bleibt bei Temperaturen bis gegen 400 °C erhalten.

5. Die Wechselfestigkeit und die Korrosionsfestigkeit werden erhöht.

Der Nachteil ist neben der langen Glühdauer und den hohen Kosten die geringe Dicke der Schicht. Wird diese durch hohe Flächenpressungen belastet, so wird sie trotz der hohen Eigenfestigkeit in das darunterliegende weiche Grundgefüge eingedrückt, im Gegensatz zu dicken, einsatzgehärteten martensitischen Schichten. Wo also durch Oberflächenhärtung neben der Verschleißfestigkeit zugleich die spezifische Druckfestigkeit des Werkstückes erheblich gesteigert werden soll, ist die Nitrierung nicht anwendbar. Durch die Erhöhung der Wechselfestigkeit hat sie andererseits für die Konstruktion hochbeanspruchter Bauteile große Bedeutung.

Wegen der Festigkeitseigenschaften s. Abschn. 4.14.32.

4. 12. 93. Kombinierte Zementierung und Nitrierung

Wie schon bei der Salzbadaufkohlung erwähnt wurde, findet in den aktivierten Salzbädern auch eine gewisse Nitrierung als Nebenerscheinung statt. Dieser Vorgang wird beim kombinierten Aufkohlungs- und Nitrierungsprozeß bewußt und graduell abgestuft ausgenützt, auf Kosten der Eindringtiefe und C-Konzentration der gehärteten Oberflächenschicht.

Aus geschmolzenen Zyansalzen absorbiert der Stahl C- und N-Atome. Man taucht hierzu den Stahl entweder kalt in das geschmolzene Salzbad oder steckt ihn rotglühend in das pulverige Salz. Das letztere Verfahren liefert nur sehr dünne harte Schichten, dafür geht es einfach und schnell. Auch das alte handwerkliche Rezept, das Aufstreuen von sogenannten *Härtepulvern* nach oder mit gleichzeitigem Erhitzen, um rasch eine sehr dünne Oberflächenhartschicht zu erzeugen, beruht auf dem gleichen physikalisch-chemischen Effekt. Als solche Härtepulver verwendet man gelbes oder rotes Blutlaugensalz,

$$K_4[Fe^{II}(CN_6)] \text{ oder } K_3[Fe^{III}(CN_6)].$$

Für die industriellen Verfahren kommen vor allem NaCN-Salzbäder in Frage, mit 30 bis 97% NaCN-Gehalt, Rest Na_2CO_3 und NaCl, deren Schmelzpunkte zwischen 630 und 560 °C liegen. Unter der Einwirkung von Wärme und Luftsauerstoff finden wieder die Reaktionen nach Gl. (2) bis (5) (Abschn. 4.12.91) statt, wodurch zugleich aufgekohlt und nitriert wird. Durch die NaCN-Konzentration, Badtemperatur und Zeitdauer wird die Schichtdicke und deren Konzentration an C und N beeinflußt. Die gebräuchlichen Badtemperaturen liegen zwischen 840 und 870 °C.

Die Aufkohlung der niedriggekohlten, unlegierten oder legierten Einsatzstähle läßt sich nicht über 0,7% C steigern. Trotzdem erreicht man nach dem Abschrecken, das unmittelbar aus dem heißen Salzbad in Wasser oder Öl (je nach Legierung des Stahles) erfolgt, glasharte Schichten.

Dies beweist, daß deren Härte nicht nur auf Martensitbildung beruht, sondern auf der gleichzeitigen

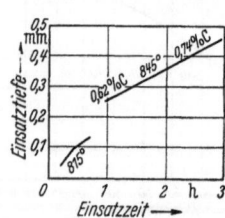

Abb. 303. Zusammenhang zwischen Einsatzzeit, Einsatztiefe, Salzbadtemperatur und C-Gehalt der Einsatzschicht bei kombinierter Aufkohlungs- und Nitrierbehandlung eines unlegierten Einsatzstahles mit 0,2% C und 0,45% Mn, n. DURFERRIT

Nitrierwirkung. Die letztere ist andererseits als Ursache dafür zu betrachten, daß die Aufkohlung viel träger und mit geringerer Konzentration und Tiefenwirkung vor sich geht als bei reinen Zementierungsprozessen.

Abb. 303 zeigt als Beispiel den Einfluß der Temperatur- und Einsatzdauer auf die Einsatztiefe bei einem unlegierten Einsatzstahl mit 0,2% C und 0,45% Mn. Zugleich ist der C-% der Einsatzschicht bei 2 Meßpunkten angegeben.

Für legierte Einsatzstähle liegen die Verhältnisse ähnlich.

4.12.94. Flammhärtung

Die Flammhärtung ist eine Oberflächenhärtung durch Martensitbildung, jedoch *ohne* Aufkohlung.

Es wird dem *härtbaren* Stahl mittels einer Azetylen-Sauerstoff-Flamme von außen her die Wärme so intensiv zugeführt, daß die Außenschicht in kürzester Zeit über A_3 erhitzt wird. Es entsteht ein momentanes, unstationäres Temperaturfeld des Wärmeflusses mit einem sehr steilen Temperaturabfall ins Innere zu. In diesem Augenblick wird mit Wasser abgeschreckt, mit dem Ergebnis einer dünnschichtigen Martensitbildung. Die Dicke derselben hängt von der zeitlichen Entwicklung des Temperaturfeldes ab sowie von der Zeitspanne, mit welcher die Abschreckwirkung der Aufheizung nachfolgt.

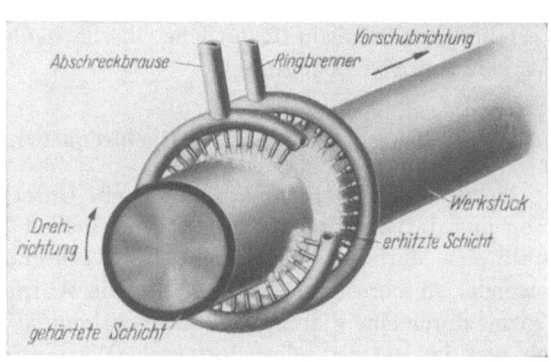

Abb. 304. Schema der Flammhärtung einer Stahlwelle mittels Ringbrenner und Ringbrause, n. GÖRNEGRESS

Technisch läßt sich die momentane örtliche Aufheizung mit unmittelbar folgender Abschreckung dadurch ausführen, daß man mit einem sehr starken Schweißbrenner über die Oberfläche streicht und unmittelbar hinter dem Brenner einen Wasserstrahl aufspritzt. Die Durchführung des Prozesses erfordert besondere Vorrichtungen oder Härtungsmaschinen, beispielsweise nach dem Schema der Abb. 304. Ein Ringbrenner wird parallel zur Achse der zu härtenden Welle verschoben, wobei ihm die Ringbrause direkt folgt. In andern Fällen

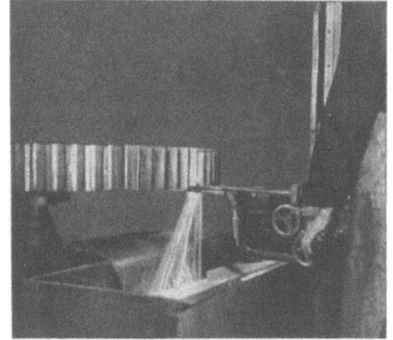

Abb. 305. Flammhärten der Zahnflanken eines Zahnrades

wird ohne Brennerbewegung örtlich erhitzt, worauf das Werkstück in ein Wasser- oder Ölbad fällt oder mittels einer Vorrichtung untergetaucht wird. Abb. 305 zeigt eine solche Vorrichtung für die Härtung der Flanken eines Zahnrades.

Die große technische Bedeutung des Verfahrens liegt in zwei Umständen. Man ist nicht mehr auf die Verwendung niedriggekohlter Einsatzstähle angewiesen, der Stahl muß ja im Gegenteil härtbar sein. Um genügende Kernfestigkeit zu erreichen, ist man deshalb nicht mehr auf die Verwendung legierter Stähle angewiesen, sondern kann auch unlegierte mit entsprechendem C-Gehalt anwenden. Im weiteren können an *großen* Werkstücken *örtlich harte* Stellen erzeugt werden, wie z. B. harte Zahnflanken an großen Rädern. Nach den andern Verfahren wären hierfür Öfen, Einsatzglühkisten oder Salzbäder von Abmessungen erforderlich, die wirtschaftlich nicht tragbar wären.

Die Schichtdicke läßt sich durch die Flammen- und Zeitregulierung feinstufig beeinflussen, es ist praktisch keine Grenze zwischen der Schichtdicke Null und völliger Durchhärtung gezogen.

Der Nachteil ist die Notwendigkeit besonderer Vorrichtungen für fast jeden Einzelfall, was andererseits bei Serienfertigung oder großen Werkstücken wirtschaftlich nicht stark ins Gewicht fällt. Hinsichtlich der Spannungsfreiheit ist die Flammhärtung der Nitrierhärtung unterlegen, da sich ja Martensit bildet. Das Verfahren ist vor allem für örtliche Oberflächenhärtung an mittleren und großen Werkstücken von Bedeutung.

4.12.95. Hochfrequenzhärtung

Metallurgisch betrachtet besteht kein Unterschied zwischen der Flammhärtung und der Hochfrequenzhärtung. In beiden Fällen wird an einem härtbaren Stahl eine Martensitaußenschicht durch sehr rasches Erhitzen mit unmittelbar folgender Abschreckung gebildet. Nur die Wärmeerzeugung ist anders. Statt die Wärme durch eine Flamme und Konvektion und Leitung von außen her zuzuführen, wird im Material selbst JOULEsche Wärme durch elektrische Ströme erzeugt, also durch Widerstandserhitzung. Das Werkstück wird in ein elektromagnetisches Wechselfeld hoher Frequenz gebracht. Die im Werkstück induzierten Ströme kreisen aber infolge des Skineffektes in den äußern Schichten, in denen die Widerstandswärme entsteht, welche durch Strahlung nach außen, durch Leitung nach innen fließt. Wird die Temperatur der Außenschicht genügend rasch über A_3 hinaufgetrieben und sofort abgeschreckt, so entsteht wieder außen die Martensitschicht.

Das Verfahren erfordert einen Hochfrequenzgenerator und eine Induktionsspule, die mit möglichst kleinem Luftspalt über das Werkstück bzw. die örtlich zu erhitzende Stelle geschoben wird. Als Generatoren werden Umformer oder Röhrengeneratoren hoher Leistung und Frequenz bis zu einigen Millionen Hertz verwendet. Die Spulen selbst sind primitiv, d. h. sie bestehen aus blankem Kupferdraht mit einigen wenigen Windungen, in der Form dem Werkstück angepaßt, beispielsweise aus einer einzigen Windung analog dem Ringbrenner bei der Flammhärtung. Für hohe Wärmeleistungen treten wassergekühlte Kupferrohre an die Stelle der Drähte. Die Abschreckung kann nicht mehr durch eine Brause vorgenommen werden, vielmehr läßt man das Werkstück aus der Spule in das Abschreckbad fallen. Das Verfahren ist vor allem für die Serienfertigung von kleineren Werkstücken mit geometrisch regelmäßigen Formen geeignet. Die Erhitzung kann beispielsweise so rasch – wenn auch nur in dünnster Schicht –

vor sich gehen, daß kleine Bolzen im freien Fall durch den Hohlkern der Spule hindurch in das Abschreckbad fallen und dadurch außen hart werden.

Abb. 306 zeigt eine derartige Einrichtung.

Auch hier hat man die fein-stufige Ausbildung der Härte-schicht technisch vollkommen in der Hand, wenngleich im allgemei-nen die genaue Regulierung der Einflußgrößen, wie Spulenform, Frequenz und Zeitdauer, Vor-versuche erfordert, weshalb das Verfahren in erster Linie für Massenfertigung geeignet ist, dort aber große Gleichmäßig-keit der erzeugten Qualität ge-währleistet.

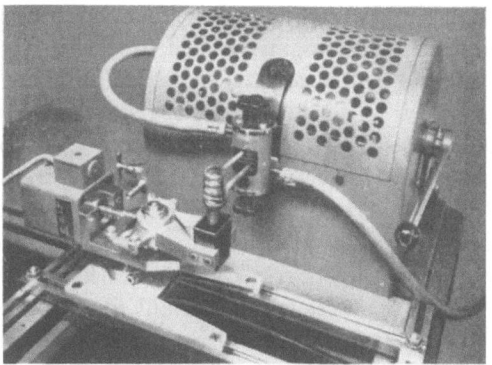

Abb. 306. Hochfrequenzhärtung eines Bolzens in der Serien-fertigung; mit automatischem Auswerfer in das darunter-liegende Abschreckbad (Fabr. BBC)

4.13. Die legierten Stähle

An keinem andern Werkstoff lassen sich die technischen Gebrauchseigenschaf-ten in solch breitem Umfang und in einem solchen Ausmaß durch Hinzulegieren weiterer metallischer Elemente beeinflussen wie beim Stahl. Legierte Stahlsorten sind in einer großen Auswahl entwickelt worden, wobei die eine oder andere Eigen-schaft oder Kombination von solchen heraufgezüchtet wurde. Man ist dabei weit-gehend auf Erfahrung und Probieren angewiesen. Andererseits sind die Gründe für die Gefügebeeinflussung zum großen Teil erforscht worden, jedoch im großen ganzen nur für verhältnismäßig einfache und übersichtliche Zwei- und Dreistoff-systeme des Elementes Fe mit andern Elementen. Die legierten Gebrauchsstähle bestehen aber praktisch durchweg aus mehr Komponenten, wodurch sich kompli-zierte Legierungssysteme mit komplexen Eigenschaften ergeben, für welche die Analyse und Begründung im Einzelfall noch keineswegs abgeschlossen ist, so wenig wie die Entwicklung neuer Stahlsorten überhaupt.

4.13.1. Die allgemeinen Einflüsse der Legierungskomponenten auf die äußeren Eigenschaften

4.13.11. Der Begriff „legierter Stahl"

Stahl enthält außer Fe und C stets noch weitere Elemente. Er bildet also legierungskundlich gesehen, stets ein Mehrstoffsystem.

Trotzdem werden nur gewisse Stähle als „legiert" bezeichnet, und zwar richtet sich das nach der Herkunft und dem Zweck der Legierungskomponenten.

Man kann der Herkunft nach unterscheiden:

a) Unbeabsichtigte und unerwünschte Beimengungen. Dies sind die *Verunrei-nigungen*, vor allem durch die Elemente O, S und P, herrührend vom Verhüttungs-prozeß. Sie verschlechtern schon in kleinen Mengen die Gebrauchseigenschaften.

Für bessere Stahlqualitäten sind deshalb ihre Maximalmengen in der Größenordnung von Promillebeträgen und darunter begrenzt oder genormt.

b) Die notwendigen *Hilfsstoffe* des Verhüttungs- und Frischprozesses, Mn und
Si; sie sind ebenfalls in der Größenordnung von Promillebeträgen stets vorhanden
und dann relativ unerheblich für die Qualität. Werden sie über dieses technisch
bedingte Maß zugesetzt, so gehören sie bereits zur folgenden Kategorie.

c) Die eigentlichen *Legierungselemente*, absichtlich und in genau dosierten
Mengen, sei es eine, seien es mehrere Sorten, dem Stahl zugesetzt. Es sind dies
neben Mn und Si vor allem Ni, Cr, Mo, W, Co, V, Ti u. a.

Als legierte Stähle bezeichnet man lediglich diejenigen nach Kategorie c), mit
Anführung der Hauptkomponente oder eventuell zweier Komponenten, durch
welche ein besonderes Qualitätsmerkmal erreicht wird.

Beispielsweise wird ein Stahl mit 0,1 bis 0,2% C, 0,3 bis 0,6% Mn und 0,4 bis
0,6% Ni als „Nickelstahl" bezeichnet, obwohl unter Umständen ebensoviel, wenn
nicht mehr Mn darin enthalten ist, weil in diesem Fall das Nickel für die Eigen-
schaftscharakteristik ausschlaggebend ist. Analog deutet die Bezeichnung „Chrom-
Nickel-Stahl" darauf hin, daß vor allem durch die Elemente Cr und Ni eine bessere
Zähfestigkeit oder Hitzebeständigkeit erreicht wird, die Bezeichnung „Manganstahl", daß Mn in größeren Mengen als in seiner Eigenschaft als Hilfsstoff vorhanden ist.

Im übrigen sind alle solche allgemeinen Bezeichnungen ziemlich nichtssagend.
Die Mengen der einzelnen Legierungskomponenten und die angewendeten Wärmebehandlungen beeinflussen die Eigenschaften so stark, daß nur eine vollständige
Analyse nebst Angabe der Haupteigenschaften dem Konstrukteur etwas über
den Werkstoff aussagt.

4.13.12. Wirkung der Legierungskomponenten auf die Gebrauchseigenschaften

Durch die Legierungskomponenten können folgende Wirkungen entstehen:

a) Verbesserung der *mechanischen Eigenschaften*, Wechselfestigkeit, Dauerstandfestigkeit, Kerbschlagzähigkeit, Verschleißfestigkeit, Härte, Dauerwarmhärte.

b) Verbesserung der *Korrosionsfestigkeit* und der *Hitzebeständigkeit*.

c) Die *Zerspanbarkeit* wird allgemein durch die Legierungsbildner verschlechtert, in dem Sinn, daß unter sonst gleichen Verhältnissen die Werkzeuge, gleich
welcher Art, rascher abstumpfen. Es ist bemerkenswert, daß die sonst unerwünschten Verunreinigungen, namentlich S und P, hingegen die Zerspanbarkeit verbessern.

Deshalb werden die unlegierten Stähle auch mit etwas höherem S- und P-
Gehalt als sogenannte *Automatenstähle* hergestellt (z. B. C = 0,25 bis 0,35%,
S = 0,075 bis 0,15%, P = 0,045% nebst Mn, Pb und andern Elementen), bei
welchen man die allgemeine Qualitätsverschlechterung infolge des sonst unerlaubt
hohen S- und P-Gehaltes in Kauf nimmt. In diesem Sinn wären dann S und P
nicht mehr Verunreinigungen, sondern „Legierungskomponenten".

Trotzdem werden solche Stähle nicht zu den legierten Stählen gerechnet.

Neben der Zerspanbarkeit ist bei den legierten Stählen allgemein auch die
Schweißbarkeit verschlechtert in dem Sinn, daß besondere Mittel (Flußmittel,

Spezialelektroden usw.) angewendet werden müssen, um eine gute Schweißung zu erreichen.

d) Die *physikalischen Eigenschaften* können wesentlich beeinflußt werden, so z.B. die Magnetisierbarkeit, der Wärmeausdehnungskoeffizient u.a.m. Hierfür sind *Sonderstähle*, wie „Magnetstähle" usw., entwickelt worden.

Die Reichhaltigkeit der Variationen der technologischen und physikalischen Eigenschaften bringt es mit sich, daß eine einheitliche *Klassifikation der legierten Stähle* gar nicht möglich ist. Sie können einerseits nach den Legierungskomponenten klassifiziert werden, wie z.B. Nickel-, Mangan-... usw. Stähle, andererseits auch nach dem Verwendungszweck, wie Schnelldrehstähle, Magnetstähle usw. Alle diese Klassifikationen überschneiden sich, weshalb die Orientierung für den Verbraucher gar nicht einfach ist. Dieser Umstand, verbunden mit der sehr raschen Entwicklung dauernd neuer Sorten, ist auch der Grund dafür, daß in der Werkstoffnormung bei den legierten Stählen eine gewisse Systemlosigkeit entstanden ist. *Die richtige Wahl eines legierten Stahles für die Konstruktion erfordert ein eingehendes Studium der in den Handbüchern, Normen oder Werkskatalogen aufgeführten zahlreichen Sorten.*

Eine *allgemeine Wirkung* aller Legierungskomponenten ist die, daß die *Perlitkonzentration des Stahles und die kritische Abkühlgeschwindigkeit reduziert werden.* Die Ursachen hierfür liegen in der Beeinflussung der Gefügeausbildung.

4.13.2. Die allgemeine Wirkung der Legierungselemente auf das Stahlgefüge

Sobald dem $Fe-C$-Stahl ein Legierungselement – LE – zugesetzt wird, hat man es mit einem Dreistoffsystem $Fe-C-LE$ zu tun, wie es mit Hilfe des Konzentrationsdreiecks räumlich dargestellt werden kann. Diese, z.B. das System $Fe-C-Cr$, sowie die zugehörigen Zweistoffsysteme, z.B. $Fe-Cr$, $Fe-C$, sind zumeist genügend erforscht, um das jeweilige Mischgefüge nach Sorten und Mengenverhältnis für den Gleichgewichtsfall analysieren zu können. Da aber die Legierungen häufig aus mehr als drei Komponenten bestehen, und da sie andererseits praktisch zumeist in Verbindung mit Wärmebehandlungen und deshalb nicht in stabilen Zuständen Verwendung finden, kann man aus den in Frage kommenden Zweistoffkombinationen nur Schlüsse allgemeiner Art ziehen, während man für die Analyse der tatsächlichen Gefüge und die Feststellung der äußern Eigenschaften auf direkte Messungen angewiesen ist. Immerhin gibt die Erforschung der verschiedenen Zweistoffsysteme, die als Grenzbedingungen für die Mehrstoffsysteme auftreten, wertvolle Einblicke in die Wirkung der einzelnen Legierungselemente auf das System $Fe-Fe_3C$.

Legierungselemente können in fünffacher Weise Bestandteile des $Fe-Fe_3C$-Gefüges bilden.

a) Durch *Mischkristallbildung* im Fe_α- und Fe_γ-Gitter. *In beiden Fällen bezeichnet man diese MK ebenfalls als Ferrit und Austenit.*

b) Durch *Karbidbildung.* Die LE-Atome können im Fe_3C-Gitter einzelne Fe-Atome ersetzen, aber ebenso mit Fe und C neue, komplexe Karbide mit neuen Konfigurationen bilden, sogenannte *Doppelkarbide*, oder ihre *eigenen* Karbide mit C allein.

c) Sie können Elemente der *Verunreinigungen* wie O, S, P oder auch Si *an sich reißen* infolge größerer Affinität, wodurch feindisperse Bestandteile im Gefüge entstehen, die dessen Grobkornbildung hemmen, also praktisch zur *Kornverfeinerung* beitragen.

d) Sie können *intermetallische Verbindungen* $Fe_x LE_y$ bilden, was aber äußerst selten und praktisch bedeutungslos ist.

e) Sie können als *reine Kristallite* auftreten, wie z. B. Cu oder Pb.

Ein und dasselbe Legierungselement tritt meist in mehreren dieser Bildungsarten zugleich auf. Wie stark es sich an einer solchen beteiligt, hängt von seiner Art und Menge ab.

Schematisch lassen sich die LE nach der bevorzugten Bindungsart in *Mischkristallbildner* und *Karbidbildner* unterteilen. Für die Wirkung auf die Eigenschaften des Gesamtgefüges sind vor allem die Mischkristall- und die Karbidbildung wichtig und für die Festigkeitseigenschaften im besondern noch die Rückwirkungen dieser Reaktionen auf die Gefüge*struktur* und die Gefüge*umwandlungen* bei thermischen Behandlungen (Härten, Anlassen, Vergüten).

4.13.21. Mischkristallbildung

Mit reinem Fe bilden alle Verunreinigungen und LE MK mit mehr oder weniger hoher Sättigungsgrenze, differenziert nach Fe_α und Fe_γ.

Beispielsweise liegen die Sättigungsgrenzen in Prozenten für einige MK-Sorten wie folgt:

Lösungsgitter:	LE = Mo	W	Mn	Ni	Co	Cr
Fe_α (Ferrit) bei Raumtemperatur	6	8	11	~ 30	78	100
Fe_γ (Austenit) Maximalkonzentration	3	3	65	100	100	~ 12

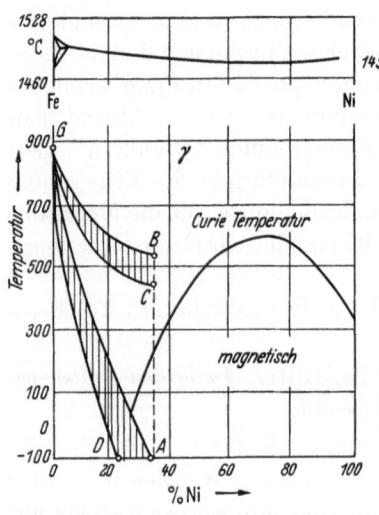

Abb. 307. Das Fe—Ni-Zustandsdiagramm

Man erkennt den Unterschied zwischen den zwei Gruppen von LE:

a) solchen, die sich besser im Austenit lösen, wie Mn, Ni und Co; sie machen den Stahl „*austenitisch*"; —

b) solchen, die sich besser im Ferrit lösen, wie Mo, W, Cr; sie machen den Stahl „*ferritisch*".

Sogenannte „*austenitische Stähle*" enthalten viel Mn, Ni oder Co, und nur diese drei Elemente machen den Stahl austenitisch. Alle andern Elemente, also auch V, Ti usw., machen den Stahl „*ferritisch*", sofern sie in genügender Menge auftreten. Abb. 307 zeigt das Zweistoffdiagramm Fe—Ni, Abb. 308 das System Fe—Cr als typische Gegensätze.

Beide Diagramme gelten aber nicht für legierte Nickel- oder Chromstähle, da das wesentliche dritte Element, der C, noch fehlt. Sie sind die Grenzbedingungen der ternären Systeme Fe—C—Ni bzw. Fe—C—Cr für den Grenzfall C = O, der als Werkstoff nicht in Frage kommt. Durch Hinzutritt von C verschieben sich aber die Phasengrenzen der betreffenden binären Systeme, unter Hinzutritt einer Karbidphase. Analog verschieben sich im binären Diagramm Fe—Fe$_3$C (metastabiles System des unlegierten Stahles) die Phasengrenzen durch Hinzulegieren von Ni oder Cr, wie im folgenden noch gezeigt wird.

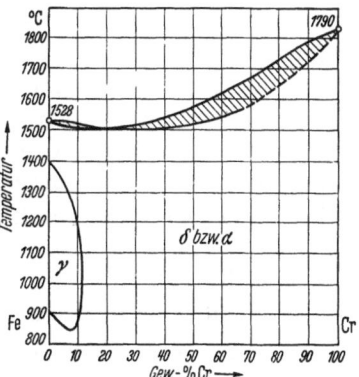

Abb. 308. Das Fe—Cr-Zustandsdiagramm

Beide Zweistoffdiagramme zeigen andererseits sehr deutlich, daß die Modifikationsänderungen Fe$_\alpha$ — Fe$_\gamma$ — Fe$_\delta$ sowie die Curietemperatur durch die LE stark beeinflußt werden.

In der austenitischen Legierung Fe—Ni sinkt der A_3-Punkt bei $\sim$ 30% Ni auf der Raumtemperatur. Zwischen dieser und der Solidustemperatur existiert also nur noch Austenit. In der ferritischen Fe—Cr-Legierung existiert umgekehrt ab $\sim$ 20% Cr nur noch α-Modifikation bei allen Temperaturen zwischen 0 °C und Schmelztemperatur.

Dieser Umstand wirkt sich auch in den 3-Stoff-Systemen, also den legierten Stählen, bedeutsam aus hinsichtlich der *Härtbarkeit* und der *Magnetisierbarkeit*.

Außer den metallischen Legierungselementen bilden auch die Verunreinigungen mit Fe$_\alpha$ Mischkristalle, freilich mit wesentlich geringerer Konzentration, nämlich bei Raumtemperatur im Maximum für

C 0,006%, O 0,05%, N 0,015%, S 0,025%, P 1,2%.

Mit Ausnahme von C, O und N, die sich einlagern, werden alle andern Elemente im Fe$_\alpha$-Gitter substituiert.

4.13.22. Karbidbildung

Die Zementierung und die Form der Karbidverteilung beeinflussen entscheidend die Festigkeitseigenschaften des unlegierten Stahles. Der Zementit selbst ist ungemein hart und spröde. Für die durch LE gebildeten Karbide gilt dasselbe. Deshalb werden auch die Festigkeitseigenschaften der legierten Stähle nicht wesentlich durch die chemische Zusammensetzung der Karbide beeinflußt. Bei gleicher Menge, Verteilung und Form der Karbide hat es also *keinen wesentlichen Einfluß* auf die *Zähfestigkeit* bei *Raumtemperatur*, ob jene z.B. aus Fe und C oder Cr und C oder Fe, Cr und C aufgebaut sind. Wohl aber können sich differenzierte Wirkungen hinsichtlich anderer Eigenschaften, wie z.B. der *Verschleißfestigkeit* oder der *Warmhärte*, ergeben.

Je nach ihrer Affinität zu C und ihren vorhandenen Mengen substituieren die LE im Fe$_3$C das Fe, oder sie verdrängen es ganz und bilden eigene Karbide. Desgleichen können sich auch andere zugleich vorhandene Karbidbildner verschieden stark an der Karbidbildung, je nach ihrer Menge und Affinität, beteiligen.

N, Si und Al sind praktisch keine Karbidbildner, hingegen beteiligen sich die folgenden Elemente mit steigender Intensität an der Karbidbildung: Mn — Cr — Mo — W — Ta — V — Nb — Ti.

Da im Stahl Fe stets in wesentlich größeren Mengen vorhanden ist als die LE, entstehen mit steigendem Legierungszusatz zunächst nur Substitutionen von Fe-Atomen der Fe_3C-Kristallite durch LE, bis zu einer maximalen Sättigung. Letztere liegt um so tiefer, je stärker die Affinität des Karbidbildners zum C ist. Nach Überschreiten der Sättigung beginnt die Entstehung einer neuen Phase, eines neuen Mischkarbides Fe—C—LE mit neuer Gitterstruktur, wiederum bis zur Sättigung usw., wobei sich ganzzahlige stöchiometrische Verhältnisse zwischen Fe, LE und C ergeben können als eigentliche Doppelkarbide im Sinn der klassischen Molekularchemie. Ebenso können nach Überschreitung der Sättigungsgrenze eisenfreie Karbide LE—C entstehen. Die ternären Zustandsdiagramme geben den Aufschluß über die Anzahl und Grenzen der dabei entstandenen Phasen.

Am Beispiel der komplexen Eisen—Chrom-Karbidbildung sei dies verdeutlicht.

Unter der Voraussetzung, daß durch sehr langsame Abkühlung (Abkalten im Ofen, an freier Luft genügt nicht!) der stabilste Zustand erreicht wird, bilden sich folgende Karbide:

a) mit dem Fe_3C-Gitter: $(x\,Fe,\ y\,Cr)_3C$, d.h., die Fe-Atome können in zunehmendem Maß durch Cr substituiert werden, bis zu einem maximalen Cr-Gehalt des Karbides von 15% (abgekürzt: $[Fe \cdot Cr]_3C$); —

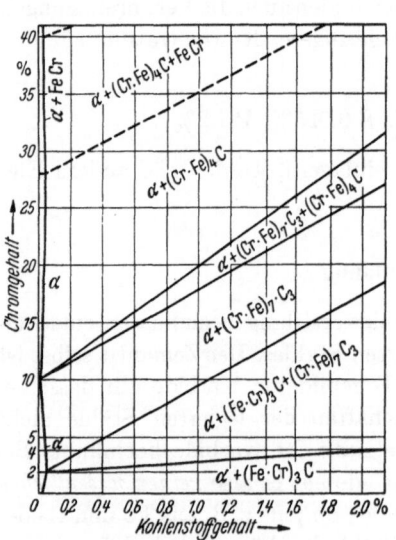

Abb. 309. Phasengrenzen des Systems Fe—C—Cr, n. BAIN

b) mit einem neuen trigonalen oder hexagonalen Gitter: $(x\,Fe,\ y\,Cr)_7C_3$, mit mindestens 36% Cr-Gehalt (abgekürzt: $[Fe \cdot Cr]_7C_3$); —

c) mit einem neuen kubischen Gitter: $(x\,Fe,\ y\,Cr)_4C$, mit mindestens 70% Cr-Gehalt (abgekürzt $[Fe \cdot Cr]_4C$).

Diese drei Phasen haben keine gemeinsamen Konzentrationsgrenzen, infolgedessen findet man im ternären Fe—C—Cr-System auch Konzentrationsbereiche mit den koexistierenden Phasen A—B und B—C. Daneben ist noch ein Metallid FeCr existenzfähig.

Die rostfreien Stähle mit wenig C und 18 — 50% Cr enthalten vor allem die Karbide Typus c).

Man kann nun die Phasengrenzen, wie sie sich im Konzentrationsdreieck für Raumtemperatur abzeichnen, auch in einem zweidimensionalen Diagramm darstellen, dessen Ordinaten durch den C- und Cr-Gehalt gebildet werden, da ja die dritte Komponente, Fe, sich mengenmäßig als $100 - (C + Cr)\%$ ergibt, und erhält dadurch für das System Fe—C—Cr das Diagramm Abb. 309.

4.13.23. Zusammenfassung und Schlußfolgerung

Die Legierungselemente wirken sowohl als Mischkristall- als auch als Karbidbildner.

Soweit sie Mischkristalle bilden, wird die Härte und Festigkeit des Ferrits dabei gesteigert, vor allem wirkt P stark versprödend.

Abb. 310 zeigt diesen Einfluß auf reines Fe_α.

Ihre Karbide andererseits sind als solche durchwegs sehr hart und spröde. Sie unterscheiden sich in dieser Hinsicht unwesentlich vom Eisenkarbid. Im *unlegierten* Stahl werden die Festigkeitseigenschaften, Streckgrenze, Zugfestigkeit, Härte, Dehnung usw. entscheidend durch die *Menge* und die *Form* der Karbide sowie der *Art der Verteilung* beeinflußt, d.h. Perlit- und Sekundärzementitmengen, Schalenzementit, nadeliger, koagulierter Zementit, Fein-Grob-Korn, lamellarer – feinlamellarer – körniger Perlit bzw. Bainit, Sorbit, Troostit usw., wozu in den untersten Anlaßstufen noch submikroskopische Zementitverteilung (Ausscheidungsbeginn) hinzukommt.

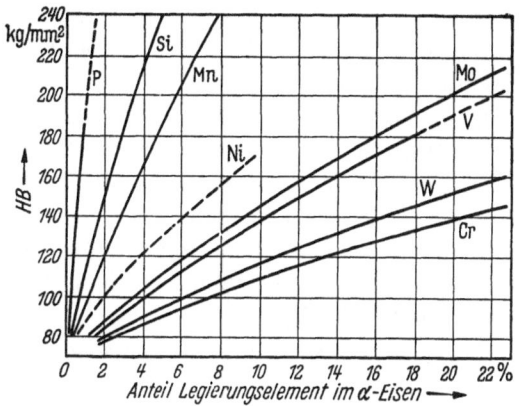

Abb. 310. Einfluß der Konzentration verschiedener Legierungselemente auf die Härte des α-Eisens, n. BAIN

Für die Festigkeitseigenschaften dominiert die Wirkung der Gesamtmenge, der Form und Verteilung der Karbide gegenüber den Festigkeitseigenschaften der beiden Phasen Ferrit und Zementit, aus welchen das System besteht.

Das gleiche gilt nun auch für das stabile Gefüge der *legierten Stähle*, d.h. das Gefüge des vollständig normalisierten und sehr langsam abgekühlten Stahls. Auch dieses besteht im wesentlichen aus den koexistierenden Phasen:

(Fe–LE)-MK einerseits — Karbide andererseits.

Obwohl diese MK eine höhere Härte oder Festigkeit haben als reiner Ferrit, so wirkt sich dieser Umstand verhältnismäßig unwesentlich auf das Gesamtgefüge aus, da 1. der MK-Anteil selbst nur ein Bruchteil des Gesamtgefüges ist: 2. *auch hier die Menge, Form und Verteilung der Karbide die ausschlaggebende Wirkung ausübt*; 3. auch im unlegierten Stahl der Ferrit ja nicht reines Fe ist, sondern ein MK, bestehend aus dem Fe_α-Gitter mit eingelagertem C, O, H oder N bzw. mit Substitution von Fe-Atomen durch die Verunreinigungen P und S. Der Ferrit im unlegierten Stahl ist deshalb stets fester und härter als chemisch reines Fe.

Gleiche Mengenverhältnisse (Fe–LE)-MK : (Fe–LE)-Karbide sowie gleiche Korngrößen und Form und Verteilung der Karbide vorausgesetzt, üben die LE keine wesentliche Verbesserung der allgemeinen Festigkeitseigenschaften aus, ihre Wirkung wäre nicht annähernd dieselbe, die sie tatsächlich, vor allem in den vergüteten oder gehärteten Stählen, ausüben.

Die erwähnte Voraussetzung liegt eben praktisch nicht vor, vielmehr entstehen dadurch, daß die LE die Austenitgrenzen und den Austenitzerfall wesentlich beeinflussen sowie durch die Wärmebehandlungen Gefügeumformungen, *die sich beim unlegierten Stahl entweder gar nicht oder nur sehr schwierig erreichen lassen*, die sich aber auf die Steigerung der *Zähfestigkeit* (z. B. für Baustähle) günstig auswirken.

Andere Eigenschaftsverbesserungen können darin begründet sein, daß die legierten MK zwar nicht wesentlich zur Festigkeitssteigerung, wohl aber zur Steigerung der *Korrosionsfestigkeit* beitragen, wie z. B. die (Fe–Cr)-MK, in welchen das Cr passivierend wirkt.

Wieder in andern Fällen wird ihr *Verschleißwiderstand* günstig beeinflußt, wie z. B. bei den (Fe–Mn)-MK, bei denen bei Kaltverformung diese Eigenschaft sich wesentlich steigert.

Wenn hinsichtlich der Karbide erwähnt wurde, daß ihre Zusammensetzung für die Härte und deren Auswirkung auf das Gesamtgefüge unwesentlich sei, so gilt dies mit der Einschränkung, daß die Doppelkarbide verschleißfester sein können als Fe_3C. Ferner können sie dem Stahl eine höhere *Warmhärte* verleihen, da sie sich nicht, wie Fe_3C, bei höheren Temperaturen im Fe lösen. Beispielsweise sind die Karbide WC oder die Doppelkarbide, wie Fe_3W_3C, die Träger der *Dauerwarmhärte* der Schnellstähle.

Es sind also in erster Linie die günstigen Einwirkungen der LE auf die Struktur der Stähle, und zwar bei den verschiedenen Temperaturen, und die bequemere und sichere Möglichkeit, günstige Strukturen durch Wärmebehandlung zu erreichen, welche die allgemeine Qualitätssteigerung der legierten Stähle zur Folge haben.

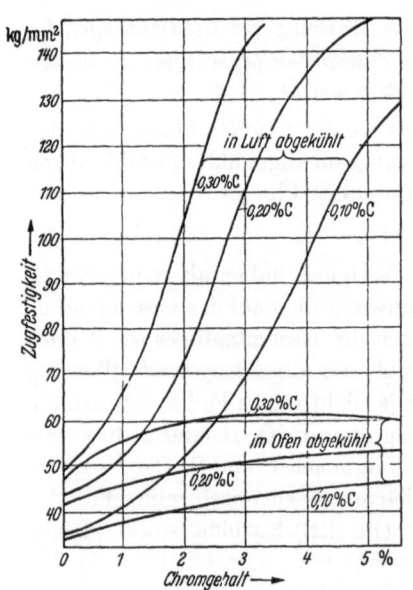

Abb. 311. Einfluß der Strukturausbildung von Chromstählen infolge verschiedener Abkühlgeschwindigkeit auf deren Zugfestigkeit, n. BAIN

Diesen entscheidend wichtigen Einfluß der Struktur erkennt man aus der Abb. 311.

Kühlt man einen Fe–C–Cr-Stahl nach dem Glühen sehr langsam im Ofen ab, so verteilen sich die Karbide relativ grob-dispers. Dies entspricht dem stabilsten Gleichgewichtszustand der Phasen. Läßt man den gleichen Stahl an der Luft abkalten, so ist, infolge der Anwesenheit von Cr, die Abkühlgeschwindigkeit bereits zu groß, um das stabilste Gleichgewicht bei der Karbidausscheidung aus dem Austenit herzustellen. Die Karbide bilden sich zwar in *gleicher Menge*, aber sie sind *feindispers* verteilt. Dieser *scheinbar geringfügige* Unterschied verursacht die drastische Änderung der Zugfestigkeit des kalten Stahles.

Die Gütesteigerung der Stähle mittels Zulegierung der verschiedenen LE läßt sich deshalb praktisch nur in Verbindung mit einer sinnvollen Wärmebehandlung erreichen.

4.13.3. Die Auswirkung auf die Gefügeumwandlung

Durch Hinzutritt von LE zum System Fe—Fe$_3$C verschieben sich dessen Phasengrenzen sowie die kritische Abkühlgeschwindigkeit bzw. das *Z–T–U*-Diagramm erheblich.

4.13.31. Die Verschiebung der Phasengrenzen

Im räumlichen ternären Zustandsdiagramm (Abb. 122) läßt sich ein Vertikal-schnitt parallel zu einer Seite des Konzentrationsdreiecks, also auch parallel zu einem 2-Stoff-System, legen, das dann die Phasengrenzen (Liquidus-Solidus-Linie usw.) für den Fall enthält, daß diesem

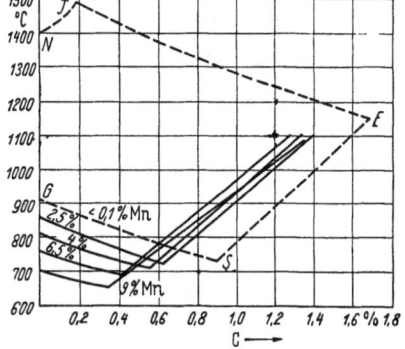

2-Stoff-System eine dritte Komponente mit konstanter Konzentration zugefügt wurde. Danach lassen sich umgekehrt im ebenen 2-Stoff-Diagramm die Phasengren-zen bei verschiedener Konzentration der dritten Komponente eintragen, welch letz-tere also ein Parameter für die 2-Stoff-Phasengrenzen wird.

Für die legierten Stähle genügt hierfür der Abschnitt des Fe—C-Diagrammes bis 1,7% C.

Als Folgen der Hinzulegierung sind vor allem wichtig:

Abb. 312. Verschiebung der Phasengrenzen *G –S–E* des Fe–C-Diagramms durch steigenden Mangan-gehalt. Erweiterung des Austenitfeldes

a) die Verschiebung der Grenzen des Austenitfeldes; – b) Konzentration des Perlits; – c) Bildungstemperatur des Perlits, der A_1-Punkt; – d) Beeinflussung der Curietemperatur A_2.

Abb. 312 zeigt, wie sich der Zusatz von Mangan auswirkt.

A_1 sinkt, die Perlitkonzentration nimmt ab, die A_3-Grenze der untereutektoiden Stähle sinkt ebenfalls, *das Austenitfeld dehnt sich gegen die Raumtemperatur aus.*

Denselben Einfluß haben Ni und Co.

Aus der Abb. 307 war ersichtlich, daß mit wachsender Ni-Konzentration die $\gamma \rightarrow \alpha$-Um-wandlung des Fe unter die Raumtemperatur sinkt. Derselbe Effekt tritt auch bei Anwesenheit von C auf, mit welchem Ni keine Karbide zu bilden vermag.

Allgemein bewirken die Elemente Mn, Ni und Co, daß der Stahl nach Überschreitung einer gewissen Konzentration vollständig *auste-nitisch* wird. Abb. 313 zeigt schematisch, wie sich die $\alpha - \gamma$-Phasengrenzen verschieben, wo-durch das sogenannte *offene γ-Feld* entsteht.

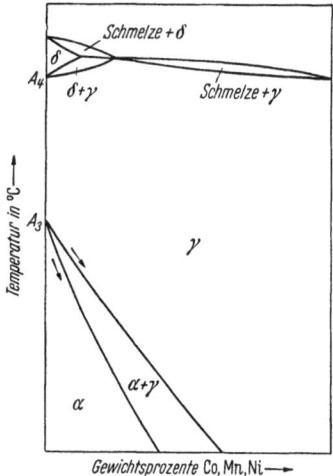

Abb. 313. Schema der Entstehung des offenen Austenitfeldes

Die umgekehrte Wirkung auf die Ausdehnung und Lage des γ-Feldes üben alle andern LE aus, die den Stahl *ferritisch* machen, also Si, Cr, Mo, W, V, Ta, Ti usw. Abb. 314 zeigt die sukzessive Verschiebung der Grenzen bei steigendem Si-Gehalt als Parameter, Abb. 315, wiederum schematisch, wie dadurch das γ-Feld nach oben, unten und rechts abgeschnürt wird, bis es völlig verschwindet, das γ-Gitter nicht mehr existenzfähig ist. δ- und α-Modifikation gehen ineinander über, wenn ein ferritisches Diagramm mit *geschlosse-* *nem γ-Feld entstanden* ist, was schließlich zu einer Grenzbedingung analog dem System Fe—Cr (Abb. 308) führt.

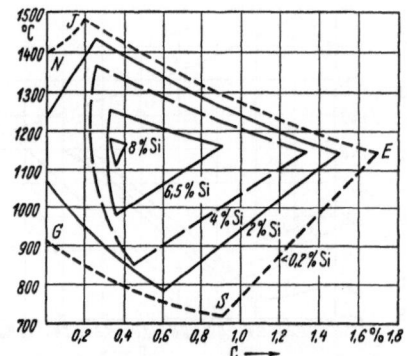

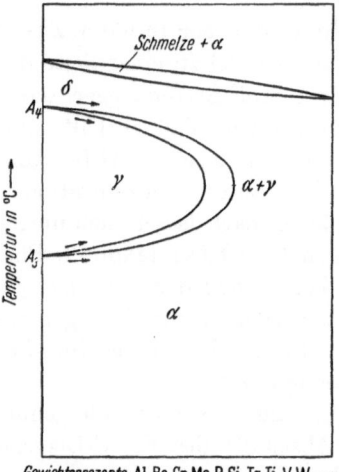

Abb. 314. Verschiebung der Phasengrenzen $N—J—E$ $—S—G$ des Fe—C-Diagramms durch steigenden Siliziumgehalt. Abschnürung des Austenitfeldes

Abb. 315. Schema der Entstehung des geschlossenen Austenitfeldes

Es versteht sich, daß rein austenitische und rein ferritische Stähle nicht härtbar sind im Sinne einer thermischen Härtung durch Martensitbildung, da die Voraussetzung, die $\gamma \rightarrow \alpha$-Umstellung des Gitters, nicht eintritt. Hingegen lassen sie sich durch Kaltreckung verfestigen bzw. härten wie jedes Metall. Außerdem kann das Gefüge auch infolge eingebauter Karbide recht hart sein.

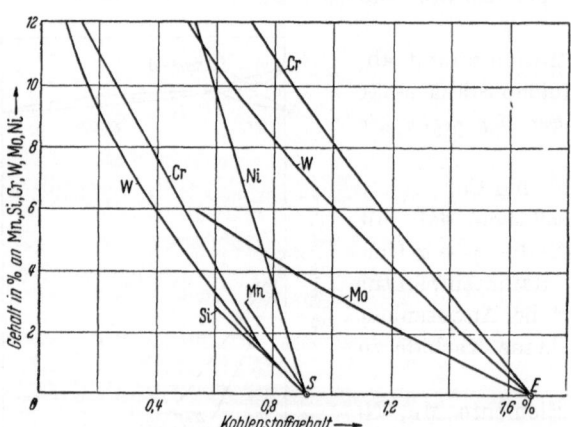

Abb. 316. Beeinflussung des C-Gehaltes der S- und E-Punkte des Fe—C-Diagramms durch Legierungszusätze

Wenn man schematisch unter den LE die Karbidbildner und die MK-Bildner unterscheidet, entsprechend ihrer vorwiegenden Tendenz, so haben beide die Wirkung gemeinsam, den Punkt S des Fe-C-Diagrammes, also die eutektoide Konzentration, nach links zu verschieben. Hinsichtlich der eutektoiden Temperatur A_1 ist hingegen die Wirkung entgegengesetzt; durch Karbidbildung steigt A_1, durch MK-Bildung fällt sie. Anderseits erweitert sich allgemein durch die LE die Spanne zwischen der A_c- und A_r-Temperatur im Sinn einer Erniedrigung der letz-

teren. Die Folge ist, daß bei Karbidbildung sich die Temperatursteigerung für A_r, welches letztendlich für das kalte Gefüge maßgebend ist, unter Umständen nicht auswirkt. Dieses sowie der Umstand, daß die Karbidbildner stets auch etwas MK bilden, ferner der Umstand, daß zumeist den Stählen sowohl Karbidbildner als auch MK-Bildner zulegiert sind – man denke an die Cr—Ni-Stähle! – hat meist die praktische Folge, daß die A_1-Temperatur der legierten Stähle sinkt.

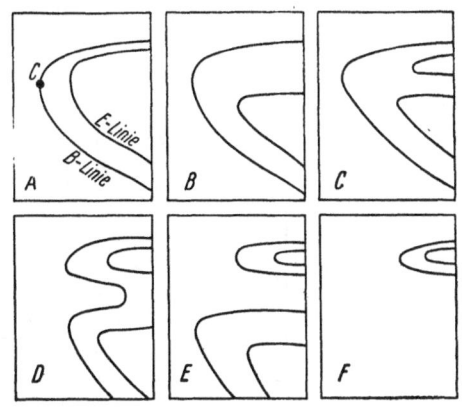

Abb. 317. Typen der $Z-T-U$-Diagramme legierter Stähle

Abb. 316 zeigt den Einfluß der LE auf die Lage des E- und S-Punktes des Fe—C-Diagrammes. Man erkennt, daß bei 8% Cr-Zusatz ein Stahl mit 0,6% C bereits überperlitisch, mit 1,4% bereits ledeburitisch ist.

4.13.32. Beeinflussung der kritischen Abkühlungsgeschwindigkeit und der Martensittemperatur

Sehr stark ist die Wirkung aller LE auf die Austenitumwandlung, die erheblich verzögert wird. Im $Z-T-U$-Diagramm (Abb. 284) verschieben sich die B- und E-Linien nach rechts; dies gilt vor allem auch für den oberen Wendepunkt C der B-Linie, was die Folge hat, daß die kritische Abkühlgeschwindigkeit wesentlich herabgesetzt wird. Infolgedessen genügen milde Abschreckmittel für die Martensitbildung.

Da alle Reaktionen träge verlaufen, steigt auch der Anteil des Restaustenits im gehär-

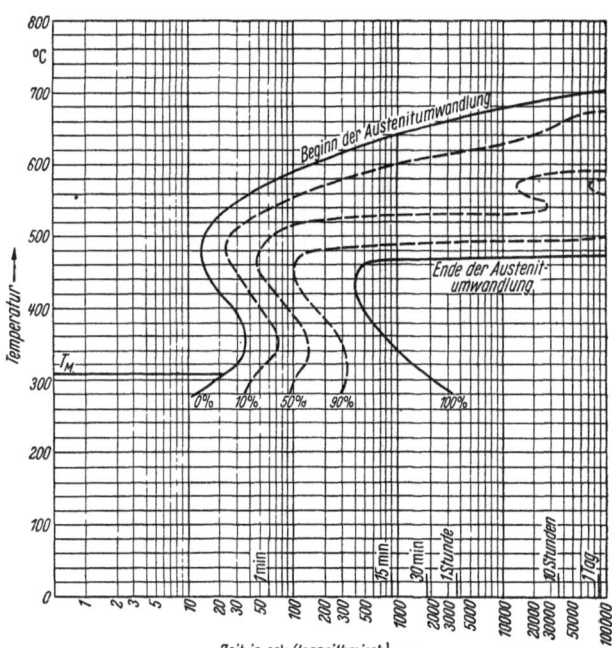

Abb. 318. $Z-T-U$-Diagramm eines 3%igen Nickelstahles (Typus B) (Iron & Steel-Institute)

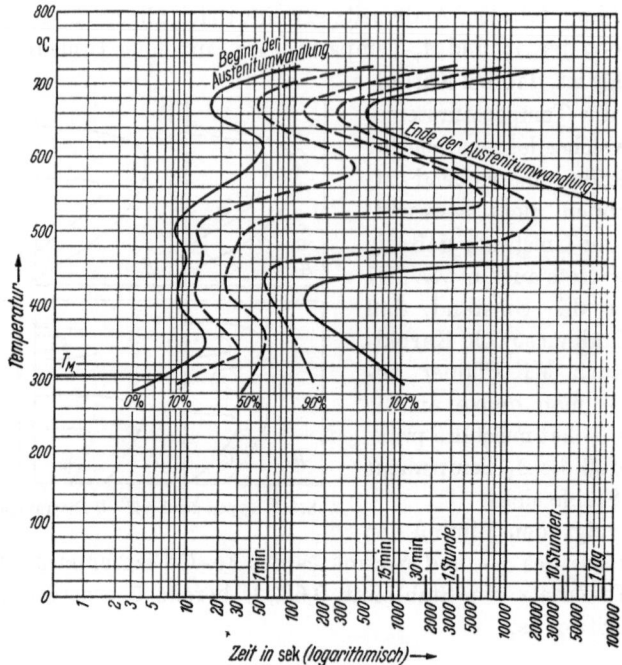

Abb. 319. $Z-T-U$-Diagramm eines Chrom-Molybdän-Stahles (Typus D) (Iron & Steel-Institute)

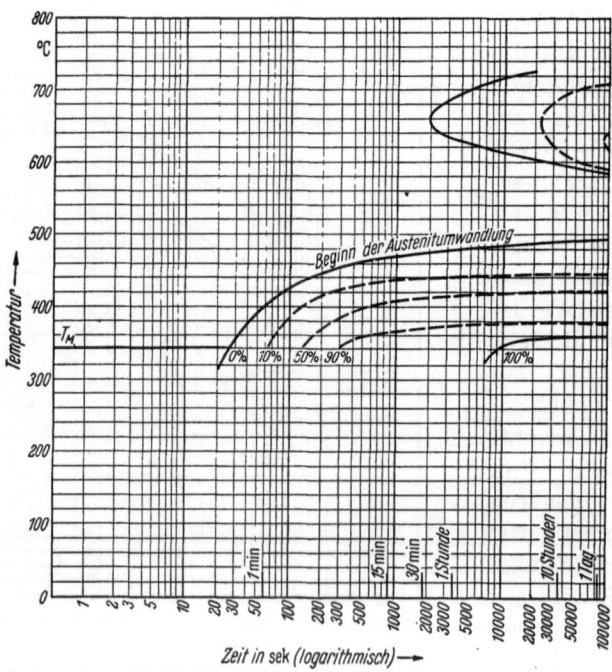

Abb. 320. $Z-T-U$-Diagramm eines Chrom—Nickel—Molybdän-Stahles (Typus E) (Iron & Steel-Institute)

teten Stahl. Umgekehrt erfolgt auch die Austenitbildung beim Erhitzen träger, d.h. die Härtetemperatur muß höher sein und länger einwirken, wenn man alle Karbide auflösen will. Häufig gelingt dies nicht bzw. man legt keinen Wert darauf und härtet mit einem Ausgangsgefüge, das aus Austenit und Karbiden besteht, um letztere in das abgeschreckte Gefüge einzubauen, wie dies analog ja auch für das Härten der unlegierten übereutektoiden Stähle gilt.

Eine weitere Folge der Reaktionsträgheit ist, daß man unter Umständen in einem Warmbad härten kann. Hierüber s. Abschn. 4.13.42.

Die $Z-T-U$-Diagramme der legierten Stähle können nicht nur in der Lage (Rechtsverschiebung) der B- und E-Kurven, sondern auch in deren Form erheblich von denen der unlegierten abweichen. Sie lassen sich oberhalb der Martensittemperatur schematisch in 6 Typen einteilen (Abb. 317).

Typus A entspricht noch vollständig demjenigen der unlegierten Stähle. Manche niedriglegierten Stähle wandeln sich derart um, beispielsweise ein 1%iger Ni-Stahl mit der Analyse:

$C = 0,33\%$, $Si = 0,21\%$, $Mn = 0,62\%$, $Ni = 0,9\%$, $Cr = 0,1\%$, $Mo = 0,05\%$, $S = 0,025\%$, $P = 0,022\%$.

Typus B enthält einen oberen Temperaturbereich, in welchem der Austenitzerfall so träge ist, daß er praktisch steckenbleibt. Derart reagiert z.B. ein 3%iger Ni-Stahl, dessen Diagramm zur Illustrierung in Abb. 318 wiedergegeben ist nebst den Kurven für den partiellen Zerfall. Er ist durch $0,33\%$ C, $0,74\%$ Mn, $3,47\%$ Ni und $0,07\%$ Cr gekennzeichnet.

Typus C ist als Abart von B zu betrachten. Im Perlitgebiet verläuft der Zerfall zwar träge, aber vollständig, jedoch ist in einer Bainitstufe der Zerfall wieder so träge, daß er nicht zu Ende kommt, unstabil steckenbleibt. Ein Stahl mit $0,19\%$ C, $1,37\%$ Mn, $0,56\%$ Ni und $0,2\%$ Cr reagiert beispielsweise derart.

Typus D ist durch die Einbuchtung der B-Kurve gekennzeichnet nebst dem ∞ trägen Ablauf des Zerfalls im Temperaturbereich des Bainits. Ein Beispiel dafür ist in Abb. 319 das Diagramm eines Chrom—Molybdän-Stahles mit $0,41\%$ C, $0,67\%$ Mn, $1,0\%$ Cr, $0,23\%$ Mo und $0,2\%$ Ni.

Typus E, der für die höherlegierten Baustähle typisch ist, zeigt, daß bei einer mittleren Temperatur der Austenitzerfall überhaupt nicht eingeleitet wird. Abb.320 zeigt ein derartiges Diagramm für einen Stahl mit $0,25\%$ C, $0,15\%$ Si, $0,52\%$ Mn, $3,33\%$ Ni, $1,14\%$ Cr, $0,65\%$ Mo, $0,16\%$ V.

Beim *Typus F* ist schließlich nur noch der Zerfall zu Perlit innerhalb endlicher Zeitdauer möglich. Ein hochlegierter, rostfreier Chromstahl, charakteristisch durch $0,24\%$ C und $13,3\%$ Cr nebst einigen Promillesätzen von Mn, Ni, Mo usw., zeigt ein solches Verhalten.

Bei der tatsächlichen Abkühlung, sei sie rasch oder langsam, entstehen entsprechend den Darlegungen im Abschn. 4.12.54 Gefüge, die von diesen isothermen Transformationen abweichen. Trotzdem geben die $Z-T-U$-Diagramme einen guten Einblick in die komplexen Gefügeverhältnisse auch der legierten Stähle.

Mit Bezeichnungen wie ferritisches, perlitisches, martensitisches usw. Gefüge ist dabei lediglich gemeint, daß die betreffenden Gefügebestandteile vorherrschend oder typisch für die Gefügeausbildung sind. In Wirklichkeit sind die Gefüge meistens komplex zusammengesetzt. Nur unter diesem Vorbehalt sind auch Dia-

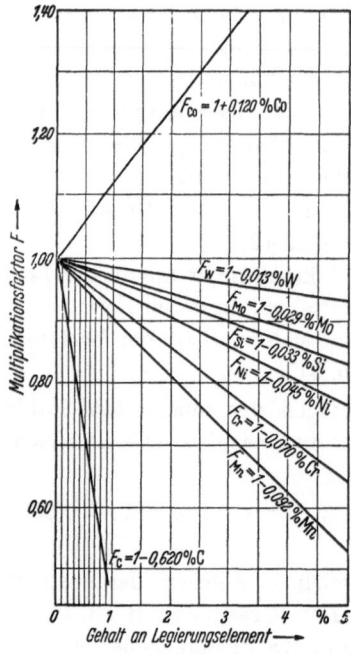

Abb. 321. Faktoren zur Bestimmung der Martensittemperatur legierter Stähle, n. CARAPELLA

gramme nach Abb. 326 und 333 zu verstehen, die eine schematische Einteilung legierter Stähle hinsichtlich ihrer Gefüge gestatten.

Die Martensittemperatur T_M wird, analog der Beeinflussung durch den C-Gehalt (Abschn. 4.12.54), auch durch die einzelnen Legierungselemente beeinflußt. Für die Ermittlung von T_M komplex legierter Stähle sind verschiedentlich Formeln aufgestellt worden, so z.B. von CARAPELLA:

$$T_M \,[^\circ C]$$

$$= 514 \cdot F_C \cdot F_{Mn} \cdot F_{Ni} \cdot F_{Cr} \cdot F_{Mo} \cdot F_W \cdot F_{Co} - 18,$$

wobei F_C, F_{Mn} ... usw. Faktoren sind, die vom prozentualen C-, Mn- ... usw. Gehalt abhängen und deren empirisch ermittelte Werte in Abb. 321 ersichtlich sind.

Nach einer andern Berechnungsart von GRANGE und STEWART kann man T_M für Stähle mit $\leqq 0{,}85\%$ C, $\leqq 1{,}5\%$ Cr und $\leqq 1{,}0\%$ Mo wie folgt berechnen:

$$T_M\,[^\circ C] = 540 - 360 \cdot \%\;C - 40 \cdot \%\;Mn - 20$$
$$\cdot \%\;Ni - 40 \cdot \%\;Cr - 30 \cdot \%\;Mo.$$

4.13.4. Die Wärmebehandlungen der legierten Stähle

Die Wärmebehandlungen der legierten Stähle entsprechen im Prinzip denen der unlegierten. Der komplexe Charakter der Gefüge bringt es aber mit sich, daß für jede der zahlreichen Sorten individuelle Rezepte, ihrerseits wieder differenziert nach den gewünschten Eigenschaften, entwickelt und in den Handbüchern, Werkskatalogen usw. niedergelegt worden sind. An der Verfeinerung dieser Rezepte, auch derjenigen für längst gebräuchliche Stahlsorten, wird dauernd gearbeitet.

Gegenüber den unlegierten Stählen bestehen einige allgemein gültige Unterschiede.

4.13.41. Das Vergüten

Von den niedriglegierten Baustählen wünscht man in erster Linie eine möglichst hohe Zähfestigkeit, möglichst auch noch hohe Kerbschlagzähigkeit. In Abschn. 4.13.2 wurde hervorgehoben, daß dies in erster Linie eine Frage der Struktur ist: Feinkorn verbunden mit Feinverteilung der harten Karbide in einer zähen ferritischen, eventuell auch austenitischen Grundmasse.

Diese günstige Strukturausbildung beherrscht man aber am besten durch Herstellung eines *Anlaßgefüges*. Je träger die Umwandlungsreaktionen verlaufen, desto gleichmäßiger läßt sich ein gewünschter Zustand herstellen. Dies führt dazu, daß man die legierten Stähle vergütet. Die niedrigen Abschreck- und Anlaßgeschwindigkeiten mildern dabei auch die Wärmespannungen, was nicht unerheblich zur allgemeinen Verbesserung der Festigkeitseigenschaften beiträgt.

Ebenso steigt infolge der niedrigen kritischen Abkühlgeschwindigkeit naturgemäß die Durchhärtbarkeit erheblich, wodurch wieder die Gleichmäßigkeit der Festigkeit im ganzen Querschnitt verbessert, der Querschnitt als Ganzes erheblich belastbarer wird.

Häufig nimmt man dabei die Bearbeitung der Werkstücke im unvergüteten Zustand vor und steigert erst anschließend die Festigkeit auf ein gewünschtes Maß durch das Vergüten.

Durch Variierung der Anlaßtemperatur und -zeit lassen sich dabei bequem die Festigkeitseigenschaften in weitem Ausmaß variieren, stets mit der gegenläufigen Tendenz von Zugfestigkeit und Dehnung. Dabei hängen sie noch etwas von der Dicke ab, da trotz der geringeren kritischen Abkühlgeschwindigkeit die Austenitumwandlung naturgemäß über den Querschnitt doch etwas differenziert verläuft. Abb. 322 zeigt ein typisches *Vergütungsschaubild* für einen hochwertigen legierten Chrom—Nickel-Baustahl.

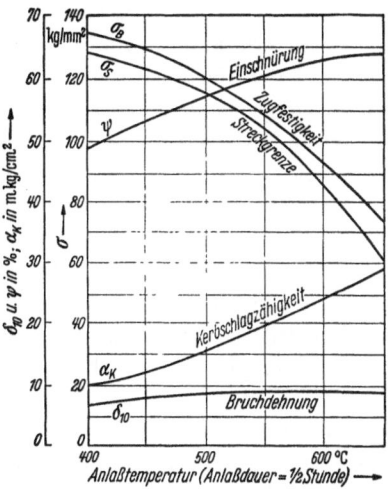

Abb. 322. Vergütungsschaubild eines Chrom—Nickel-Stahles. % C 0,31 — Mn 0,58 — Si 0,33 —Cr 0,76 —Ni 3,69

4.13.42. Das Härten

Die geringe kritische Abkühlgeschwindigkeit und die tiefe Martensittemperatur mancher legierter Stähle können in thermischen Behandlungen ausgenützt werden, die von den normalen wesentlich abweichen. Es sind dies die Stufen- oder Warmbadhärtung und die Tiefkühlhärtung.

4.13.42.1. Die Warmbad- und Stufenhärtung

Bei normalem Härten und Anlassen bzw. Vergüten wird zunächst der Austenit vollständig zu Martensit umgewandelt und anschließend dieser mehr oder weniger in Troostit, Sorbit oder Perlit zurückverwandelt. Dabei entstehen Spannungen, weil die Temperaturänderung im Werkstück innen langsamer verläuft als außen. In Abb. 323 ist dies durch Kurve *1a* für die Außenfläche, *1i* für die inneren Partien schematisch dargestellt.

Die niedrige kritische Abkühlgeschwindigkeit gestattet es, vor Unterschreitung der Martensitgrenze einen Temperatur- und Spannungsausgleich im Werkstück vorzunehmen dadurch, daß man zunächst in ein entsprechendes Warmbad – Öl- oder Salzbad von 175 bis 235 °C, dicht *über* der Martensitgrenze – ab-

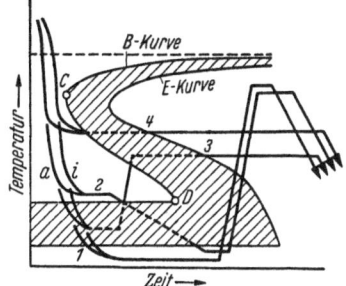

Abb. 323. Schema der Austenitumformung durch Warmbad- oder Stufenhärtung

kühlt, in welchem das Werkstück bis zum Temperaturausgleich bleibt, und anschließend in einem Kaltbad oder durch Luftabkühlung die Martensitbildung vornimmt, die jetzt *gleichzeitig im ganzen Querschnitt* einsetzt, worauf normal angelassen wird (Kurve *2*). Dies ist die *Warmbadhärtung* (englisch: Martempering).

Die Voraussetzung ist, daß außer dem Punkt *D* der *B*-Kurve auch Punkt *C* genügend weit rechts liegt, so daß genügend Zeit zum Temperaturausgleich im Warmbad zur Verfügung steht.

In andern Fällen nimmt man den Temperaturausgleich in einem Warmbad *unterhalb* der Martensitgrenze vor (Kurve *3*), wobei die Martensitbildung nur teilweise erfolgt; bei der anschließenden Erwärmung wird der Restaustenit in Bainit umgewandelt, wobei eine möglichst isotherme Transformation angestrebt wird. Es ist dies die *isotherme Härtung.*

Hierbei werden die Spannungen praktisch ganz verhindert und eine gute Zähigkeit erreicht. Bei gleicher Härte erreicht man größere Zähigkeit. Ein Nachteil ist die technische Schwierigkeit, die Badtemperaturen in sehr engen Grenzen (etwa ± 5 °C) halten zu müssen.

Ein drittes Verfahren, die *Zwischenstufenvergütung* oder *Bainithärtung* (englisch Austempering), besteht darin, daß man das Endgefüge (Bainit-Anlaßgefüge) direkt aus dem Austenit transformiert, unter Umgehung der Martensitstufe (Kurve *4*). Auch hier wird der Temperaturausgleich über den ganzen Querschnitt angestrebt, mit einer Badtemperatur von beispielsweise 350 °C, wobei die Stücke 15 bis 45 Minuten im Warmbad bleiben. Das Verfahren ist so weit entwickelt worden, daß es auch für unlegierte oder niedriglegierte Stähle mit kleinem Querschnitt (≤ 12 mm $\emptyset$) anwendbar ist.

4.13.42.2. Die Tiefkühlhärtung

Die Charakteristik der Phasen- und *Z—T—U*-Diagramme mancher legierter Stähle läßt erkennen, daß die Endtemperatur T_{ME} der Austenit—Martensit-Umwandlung (Abschn. 4.12.54) unterhalb der Raumtemperatur liegt. Das hat zur Folge, daß nach dem Abschrecken auf Raumtemperatur größere Mengen *Restaustenit* im Gefüge verbleiben. Durch Abschrecken in tiefgekühlten Bädern oder Luft kann der Restaustenit mehr oder weniger in Martensit umgewandelt werden. Es ist dabei nicht unbedingt nötig, die Abschreckung direkt auf — 30, — 60 usw. °C vorzunehmen, vielmehr kann, je nach der Gleichgewichtscharakteristik der Phasen, unter Umständen auch die gleiche Wirkung dadurch erzielt werden, daß zunächst auf Raumtemperatur abgeschreckt und erst anschließend tiefgekühlt wird. Das ist dann auch nichts anderes als eine „isotherme Warmbadhärtung". Das „Warm"bad hat jetzt Raumtemperatur und man erkennt, analog den Vorgängen des „Warm"- und „Kalt"reckens, wie relativ derartige Bezeichnungen sind, wenn man sie nach den subjektiven Wärmeempfindungen wählt und nicht nach den kritischen Temperaturen der naturgesetzlichen Zustandsänderungen.

Durch Verminderung des Restaustenits erstrebt man Verbesserungen des Härtungs- oder Vergütungsvorganges an. Da bei den legierten Stählen stets träge Reaktionen, komplexe Gefügebestandteile und metastabile, eingefrorene oder unterkühlte Phasen auftreten, ist die Erforschung der praktisch anzuwendenden Behandlungsrezepte und deren Auswirkung auf die Eigenschaften des Gesamtgefüges sehr schwierig, und empirisch ermittelte Ergebnisse sind häufig widerspruchsvoll. Als gesichert darf gelten, daß derselbe Effekt erreicht werden kann wie mit Warmbadhärtungen allgemein, nämlich bessere *Stabilisierung* des *Gesamt-*

gefüges und damit *Verringerung von Härtespannungen* und bessere *Alterungsbeständigkeit* hauptsächlich auch des spezifischen Volumens des Gefüges. Dieser Effekt
wird deshalb in erster Linie praktisch bei der Herstellung gehärteter Meßwerkzeuge
ausgenützt, wobei auch zyklische Behandlungen, wiederholtes Erwärmen und
Abkalten bzw. Tiefkühlen nach vorgängigem Anlassen angewendet werden,
s. Abb. 335.

Über die Auswirkungen der Tiefkühlhärtung auf die Härte und Festigkeit sind
keine gesicherten, allgemeinen Erkenntnisse da.

Wegen vereinzelter Forschungsergebnisse an Schnelldrehstählen s. Abschn.
4.14.34.

4.14. Die Stahlsorten

4.14.1. Klassifikation

Die einzelnen Stahlsorten sind in den Handbüchern, Werkskatalogen, Sonder-
druckschriften der Stahlerzeuger usw. in reicher Fülle hinsichtlich ihrer chemischen und strukturellen Zusammensetzung, Wärmebehandlung, Eigenschaften
und empfehlenswerten konstruktiven Anwendung beschrieben. Obgleich die
metallurgische Entwicklung lebhaft ist und die Sortenzahl mit immer feiner differenzierten Eigenschaften ständig zunimmt, sind anderseits durch Normung in
den wichtigsten Industrieländern Standardtypen festgelegt worden, die nur in
größeren Zeitabschnitten geändert oder ergänzt werden. Durch die Normung
wurde auch eine gewisse Klassifikation angestrebt, die freilich nicht immer befriedigend gelungen ist. Vor allem weisen die Nomenklatur, Terminologie und Symbolik (technische Kurzzeichen) manche widerspruchsvolle Kompromisse auf.

Im großen ganzen wird zwischen *unlegierten, legierten* und *Sonderstählen* unterschieden. Auf die Unsicherheit der Begriffsabgrenzung unlegiert-legiert wurde
bereits im Abschn. 4.13.11 hingewiesen. Unter Sonderstählen versteht man im
allgemeinen solche legierte Stähle, bei denen die eine oder andere Eigenschaft
besonders stark hervortritt, wie z. B. die Korrosions-, Hitze-, Warmfestigkeit oder
Magnetisierbarkeit u. a. In diesem Sinn gehören auch legierte Werkzeugstähle zu
den Sonderstählen, da sie sich je nach Anwendungszweck durch hohe Dauerwarmhärte, Verschleißfestigkeit, Warmfestigkeit, Verzugsfreiheit beim Härten usw.
auszeichnen. Trotzdem werden letztere auch häufig in einer besonderen Gruppe
Werkzeugstähle zusammengefaßt, eventuell unterteilt in unlegierte und legierte.

Die im folgenden angewendete Einteilung mit orientierenden Beispielen für die
einzelnen Sorten richtet sich ohne Rücksicht auf solche innere Widersprüche nach
heute besonders häufig anzutreffenden Klassifikationen. Man wird aber mancher-
orts (Handbücher, Normen) ein und dieselbe Sorte an anderer Stelle eingeteilt
finden.

Als *Normung* auf diesem Gebiet sei vor allem die deutsche und die amerikanische erwähnt. In den *DIN-Normen* werden unlegierte und niedriglegierte Stähle
erfaßt, mit Bezeichnungen wie Bau-, Regel-, Einsatz-, Vergütungs-, Federstähle.
Durch Kurzzeichen — Buchstaben + Zahlen — wird bisweilen die Werkstoffquali-
tät (chemische Zusammensetzung, wichtige Eigenschaften), bisweilen die Eignung
für thermische Verfahren, bisweilen der hauptsächliche Verwendungszweck ausgedrückt.

So bedeutet z. B. St 00.11 = Stahl, 00 = keine garantierten Festigkeitseigenschaften,
11 = verwendbar zum Schmieden.

do. St 37.11 = desgl. mit $\sigma_B \geqq 37$ kg/mm²,
jedoch bei St 00.12: 12 = verwendbar zum Walzen,
aber   00 = $\sigma_B = 34$—50 kg/mm².

In anderen Fällen weisen die Zahlen auf den C-Gehalt, wieder in anderen auf Prozent- oder Promillesätze von Ni oder Cr hin, in Verbindung mit Buchstabensymbolen.

Zum Beispiel bedeutet ECN 35 = Einsatzstahl, chromnickellegiert, mit $C = 0,1 \div 0,17\%$, Ni = 3,5%, Cr = 0,75%, Mn $\leqq$ 0,5%, Si $\leqq$ 0,35%.

Die Symbolik entbehrt leider der Systematik und ist zudem gelegentlich und teilweise geändert worden, weshalb sie keinen mnemotechnischen Wert hat.

In den USA wurden verschiedene Stahlnormungen entwickelt; die verbreitetste ist diejenige der Society of Automotive Engineers, die *SAE-Normung*. Hier beschränkte man sich in der Typologie und Symbolik auf die wichtigste Charakteristik der Legierung und verzichtete darauf, die Verwendbarkeit, Eigenschaftswerte usw. mit einzubeziehen, legte dieselben vielmehr in besonderen Normblättern, Handbüchern usw. fest.

Die Legierung wird dort durch eine vierstellige Zahl charakterisiert; dabei bedeutet die erste Ziffer die Hauptklasse, nämlich 1 = C-Stähle, 2 = Ni-Stähle, 3 = Cr-Stähle usw. Die zweite Ziffer gibt den aufgerundeten Prozentsatz der Hauptlegierungskomponente an, die dritte und vierte den C-Gehalt in Zehntel Promille.

Derart bedeutet z. B.: SAE 1020: C-Stahl mit 0,2% C, SAE 2320: Ni-Stahl mit 3% Ni und 0,2% C.

Andere genormte Sorten, wie z. B. wolframlegierte Hochleistungsdrehstähle werden nach einer anderen Symbolik bezeichnet; es bedeutet z. B. „18—4—1"-Stahl: 18% W, 4% Cr, 1% V als wichtigste Legierungselemente. Im übrigen ist hervorzuheben, daß alle zur Orientierung angeführten Zahlenwerte je nach den einzelnen Werksorten schwanken.

In den folgenden Abschnitten können deshalb nur wegleitende Beispiele angegeben werden.

4.14.2. Unlegierte Stähle

Eine erste Einteilung ergibt sich nach dem Verwendungszweck in Bau- oder Konstruktionsstähle einerseits, die vorwiegend den Werkstoff des normalen warm- oder kaltgewalzten Halbzeuges, wie Profilstangen, Bleche, Röhren und Drähte, aber auch von Schmiedestücken bilden, und Werkzeugstähle andererseits, die zu warmgewalztem Halbzeug verarbeitet werden und nur in Verbindung mit Wärmebehandlungen, gehärtet und angelassen, Verwendung finden.

Die eutektoide Konzentration ist die ungefähre Trennungsgrenze der beiden Hauptklassen (Abschn. 4.12.4).

4.14.21. Baustähle

Nach C-Gehalt einerseits und Reinheitsgrad andererseits lassen sich die Baustähle in *Regelstähle, Vergütungsstähle, Einsatzstähle* und *Sonderstähle* einteilen.

4.14.21.1. Regelstähle

Die Zusammensetzung umfaßt den Bereich von $\sim 0{,}1\div0{,}9\%\,\mathrm{C}+0{,}4\div0{,}9\%\,\mathrm{Mn}$.

Höchstgrenzen der Verunreinigungen liegen für Phosphor bei etwa 0,045, für Schwefel bei etwa 0,055%.

Wegen der allgemeinen Festigkeitseigenschaften im Normalzustand s. Abschn. 4.12.3, nach Wärmebehandlungen s. Abschn. 4.12.5. Eine weitere Charakteristik ergibt sich aus den genormten Werten nach VSM 10611 oder DIN 1611 nach folgender Tabelle. Hierbei ist für die billigsten Sorten (Gruppe A) der Reinheitsgrad und σ_S nicht gewährleistet, σ_B nur in großen Grenzen. Für bessere Sorten (B) entspricht die Verunreinigung den obigen Richtwerten und die Festigkeitseigenschaften sind enger toleriert.

Tabelle 6. *Festigkeitseigenschaften von Regelstählen*

Gr.	Bezeichnung	% C $\sim$	σ_S kg/mm² $\geqq$	σ_B kg/mm² $\geqq$	δ_5 % $\geqq$	δ_{10} % $\geqq$	ψ % $\geqq$	α kgm/cm² $\geqq$	HB kg/mm² weich $\sim$	Güteziffer $\sigma_B \cdot \delta_{10}$ $\geqq$	$\dfrac{\sigma_S}{\sigma_B}$ % $\geqq$	Kalt gezogen σ_B kg/mm²	δ_5 % $\geqq$
A	St 00.11	0,1	—	($\leqq 50$)	—	—	($\leqq 70$)	—	84	—	—	—	—
A	St 37.11	0,12	—	37	25	20	45	—	105	740	54	90—100	—
B	St 34.11	0,12	19	34	30	25	50	10	95	850	56	80—100	4
B	St 42.11	0,25	23	42	25	20	40	8	115	840	55	120—130	2
B	St 50.11	0,35	27	25	22	18	30	6	135	900	54	140—160	2
B	St 60.11	0,45	30	60	17	14	30	4	165	840	50	160—180	4
B	St 70.11	0,60	35	70	12	10	10	3	190	740	50	180—190	3

4.14.21.2. Vergütungsstähle

Bei diesen Stählen ist der C-, Si- und Mn-Gehalt etwas enger toleriert, die Summe der Verunreinigungen an P und S ist etwas geringer.

Der C-Gehalt liegt in den Grenzen zwischen 0,2 bis 0,6%, Mn zwischen 0,3 bis 0,6%.

Vergütungsstähle lassen sich durch Härten und Anlassen auf $\sim 600\,°\mathrm{C}$ derart vergüten, daß σ_B um etwa 20%, σ_S hingegen um etwa 25 bis 30% erhöht wird, wodurch vor allem auch das *Streckgrenzenverhältnis* $\dfrac{\sigma_S}{\sigma_B}$ auf $\sim 60\%$ verbessert wird.

Die Dehnung ist im vergüteten Zustand nur etwa 10% geringer als im normalisierten.

Charakteristische Werte für eine mittlere Sorte: $n =$ normal, $v =$ vergütet.

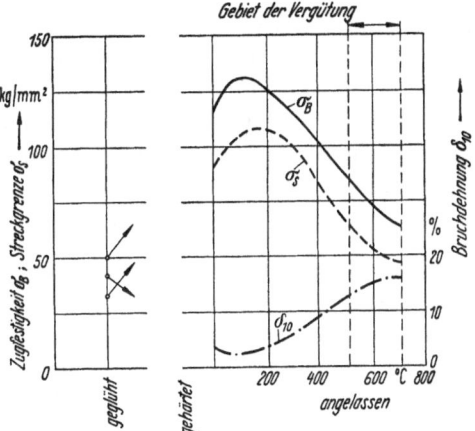

Abb. 324. Vergütungsschaubild von unlegiertem Stahl

Bezeichnung	% C	% Si	% Mn	% P + S	σ_B kg/mm² n	σ_B kg/mm² v	σ_S kg/mm² n	σ_S kg/mm² v	δ_5 % n	δ_5 % v
C 45	0,42÷0,5	0,3÷0,5	0,45÷0,65	$\leqq 0{,}07$	60÷72	72÷90	34	36÷48	19	18

Abb. 324 zeigt das Vergütungsschaubild für einen unlegierten Stahl mit 0,3% C.

4.14.21 3. Einsatzstähle

Der C-Gehalt liegt zwischen 0,06 und 0,25%, Si 0,15 bis 0,4%, Mn 0,2 bis 0,4%, Verunreinigungen $(P + S) \leqq 0,07\%$. Entsprechend dem niedrigen C-Gehalt ist σ_B nur $\sim$ 38 bis 42, $\sigma_S \sim$ 21 bis 23 kg/mm², hingegen die Dehnung hoch, bis 30% für δ_5, ebenso α_K bis $\sim$ 12 kgm/cm².

4.14.22. Sonderstähle

Ein durch sehr hohen Reinheitsgrad ausgezeichneter, niedriggekohlter Stahl ist das unter dem Markennamen „*Armco*" (American Rolling Mill Comp.) bekannte Material. Es enthält nur 0,015% C, 0,002% Si, 0,024% Mn und dazu 0,05% Cu. Bemerkenswert ist vor allem der sehr niedrige Gehalt an P mit 0,005% und S mit 0,026%. Die Festigkeitseigenschaften sind:

	Blech, geglüht	gewalztes Stangenmaterial
σ_B kg/mm²	30—33	34—38
σ_S kg/mm²	18—22	20—25
$\sigma_S : \sigma_B\%$	60—66	59—66
$\delta_{10}\%$	32—28	28—22
$\psi\%$	75—65	70—55
HB kg/mm²	80—90	90—100

Das überaus weiche, duktile Material hat eine besonders hohe Tiefziehfähigkeit, geringe Hysteresisverluste und relativ gute Korrosions- und Zunderfestigkeit. Eine bemerkenswerte Eigenschaft ist sein guter Widerstand gegen die *Hartzinkbildung*, durch welche die Stahlwannen für die Zinkschmelzbäder in den Feuerverzinkereien zerstört werden (Abschn. 3.22.52). Entsprechend läßt es sich gut feuerverzinken, ohne Bildung spröder Zwischenschichten. Ebenso läßt es sich als einzige Stahlsorte im Schmelzbad *aluminieren*. Ferner besitzt das Material eine hohe magnetische Sättigung (Abschn. 4.14.33).

4.14.23. Werkzeugstähle

Die Bedeutung und Anwendung der unlegierten Werkzeugstähle geht immer mehr zurück. Die Gebrauchseigenschaften sind gerade bei den Werkzeugstählen durch Legierungselemente derart verbessert worden, daß die Anwendung unlegierter Stähle für Werkzeuge der Maschinenproduktion trotz des niedrigeren Preises meist unwirtschaftlich ist.

Unlegierte Werkzeugstähle haben einen C-Gehalt von etwa 0,8 bis 1,5% C und höheren Reinheitsgrad als die gewöhnlichen Baustähle. Sie sind durchweg Wasserhärtner, wobei die Höchsthärtbarkeit mit HRC $\sim$ 68° (es läßt sich damit Glas ritzen) über derjenigen der legierten liegt, freilich verbunden mit einer derartigen Sprödigkeit, daß die Werkzeuge ohne Anlassen nicht benutzbar sind.

Die Sorten mit niedrigem C-Gehalt und entsprechend größerer Zähigkeit kommen für Handhämmer, Döpper, Scherenmesser usw. in Frage, die mittelharten mit $\sim$ 1 bis 1,15% C für Zerspanungswerkzeuge, die nur mit niedrigen Schnittgeschwindigkeiten angewendet werden, wie Reibahlen, Gewindebohrer, aber auch billige kleinere Spiralbohrer und auch Fräser. Die härtesten Sorten ($\sim$ 1,45% C) für Handschneidewerkzeuge für harte Werkstoffe, also Messer oder Stichel für die Bearbeitung von Horn, Elfenbein, Kunststoffen usw.

4.14.3. Legierte Stähle

Die Sortenzahl katalogmäßiger, handelsüblicher oder genormter Stähle geht in die Hunderte. In vielen Fällen sind Stähle verschiedener Legierung praktisch für alle oder für eine größere Anzahl von Gebrauchseigenschaften konstruktiv gleichwertig. Technisch betrachtet könnte deshalb der Konstrukteur auch aus einer wesentlich geringeren Sortenzahl für alle vorkommenden Einzelfälle und Sonderanforderungen wie Kerbzähigkeit, Korrosions- oder Hitzebeständigkeit usw. die beste werkstoffliche Lösung finden. Die große Auswahl erklärt sich aus Preisgründen und dem Umstand, daß es sich bei den Legierungselementen zumeist um relativ seltene Metalle handelt. Für diese treten aber in den einzelnen Ländern und Zeitabschnitten Mangelerscheinungen und Preisschwankungen auf, die dazu führen, daß man Legierungskomponenten durch andere zu ersetzen sucht. Ersatzstoffe bzw. Ersatzlegierungen zeigen dann häufig, daß sie den erprobten Legierungen im wesentlichen gleichwertig, in der einen Eigenschaft vielleicht etwas unterlegen, in einer anderen wieder etwas überlegen sind. Die ursprüngliche *Ersatzlegierung* führt sich dann oft als neue Sorte oder Variante dauernd ein, auch wenn die Preis- oder Mangellage sich wieder ändert.

Hinzu kommt, daß mit der Entwicklung der Technik die Höherzüchtung der einen oder anderen Eigenschaft erwünscht ist. Beispielsweise führte die Entwicklung der Düsentriebwerke, Gasturbinen usw. zur Forderung der Steigerung der Warmfestigkeit; für die Steigerung der Korrosionsfestigkeit oder Verschleißfestigkeit gibt es überhaupt keine feste Grenze in der Anforderung. Mit der Steigerung der Sortenzahl, verbunden mit immer differenzierterer Wärmebehandlung (zyklische Behandlung wiederholter Erwärmungen und Abkühlungen), wird die Auswahl der technisch wirtschaftlichsten Sorte ein immer breiteres Studium für den Konstrukteur.

Die wichtigsten Legierungselemente haben einen dominierenden Einfluß auf die Gefügebildung und Gebrauchseigenschaften, so daß sie für die Charakterisierung von *Grundsorten* herangezogen werden können, die man etwa mit Nickel-, Chrom-, Chromnickel-, Mangan- usw. -Stähle bezeichnen kann, wobei durch Verfeinerung der Rezepturen, ausgehend von den Grundsorten, Vielstofflegierungen entstanden sind. Eine andere Klassifizierung ergibt sich aber nach dem *Gebrauchszweck* und der *Höherzüchtung* der einen oder anderen besonderen Eigenschaft, z.B. nach korrosionsfesten, verschleißfesten, zunderfesten, warmfesten, warmharten usw. Stählen. Hier kann oft die eine oder andere hervorstechende Eigenschaft durch verschiedenartige dominierende Legierungselemente erreicht werden.

Nicht zuletzt haben Sonderinteressen der Stahlerzeuger oder eine *Verbrauchslenkung* zu Klassifikationen oder Bezeichnungen wie z.B. Molybdän-, Vanadiumusw. -Stahl geführt, die weder einer dominierenden Wirkung der für diese Bezeichnung herangezogenen Komponente noch einem Gebrauchszweck entsprechen.

Nach dem Gebrauchszweck lassen sich unterscheiden *Baustähle* für Maschinen- und Apparatekonstruktion im weitesten Sinn und *Werkzeugstähle*.

Man versteht aber zumeist unter *Bau- oder Konstruktionsstählen* im engeren Sinn solche, an welche vorzugsweise nur gute Festigkeitsansprüche unter *normalen* Bedingungen wie Raumtemperatur usw. gestellt werden.

Diejenigen mit Sondereigenschaften, wie Korrosions-, Warmfestigkeit usw., werden hingegen oft als Sonderstähle bezeichnet, unter denen wiederum die Stähle mit besonderen magnetischen Eigenschaften eine Klasse für sich als *Magnetstähle* bilden.

Die entsprechende Einteilung liegt der folgenden Übersicht zugrunde, wobei unter „Sonstigen" noch *Spezialstähle* erwähnt sind, die in keine der übrigen Zweckgruppierungen hineinpassen.

Die Schwierigkeit einer systematischen Klassifizierung geht im übrigen aus dem Schema der Abb. 328 hervor, wo versucht worden ist, nur einen kleinen Ausschnitt aus der Vielzahl der legierten Stahlsorten, nämlich das Gebiet der „Chromstähle" einerseits nach der Legierung, andererseits nach dem Gefüge und drittens nach Verwendungsgebieten in einem einzigen Schaubild darzustellen.

Wie stark sich Klassifizierungen nach dem Verwendungszweck einerseits und nach dem Anteil der LE anderseits überschneiden, geht aus der folgenden Übersichtstabelle für 22 Unterklassen von C—Cr-Stählen hervor, die von RAPATZ aufgestellt wurde:

Tabelle 7

	% C	% Cr	Verwendungszweck
1	0,1 —0,3	0,4—2,0	Einsatzstähle
2	0,45	∼ 1,0	Federn
3	0,3 —0,5	1,0—2,0	Preßluftwerkzeuge
4	0,25—0,75	0,7—3,0	Vergütungsstähle
5	0,1— 0,4	3,0—6,0	Vergütungsstähle
6	0,8 —1,1	0,5—2,0	Kaltwalzen, Sägeblätter, Hammerkerne, Kaltschlagwerkzeuge
7	0,6 —0,8	0,5—0,8	Gesenkstahl
8	0,9 —1,1	0,3—0,5	Kaltschlagwerkzeuge
9	0,85—1,0	1,0—1,3	Kugeln
10	1,0 —1,1	1,3—1,8	Kugellager, Exzenter, Daumen, Nocken, Schnitte, Walzen
11	0,9 —1,4	3,0—6,0	Dauermagnete
12	1,2 —1,5	1,5—2,0	Meßwerkzeuge, Gewindebohrer, Fräserfeilen
13	1,8 —2,5	2,0—2,5	Zieheisen, Preßformteile für Kohlenbrikettierung
14	1,2 —1,5	0,2—0,7	Rasiermesser und Rasierklingen, Ziehringe, Dreh- und Hobelmesser
15	0,1 —0,35	13,0—16,0	Vergütbarer rostfreier Stahl
16	0,0 —0,12	16,0—20,0	Nichtvergütbares rostfreies Eisen
17	0,35—1,0	13,0—17,0	Gut härtbarer, rostbeständiger Stahl
18	1,5 —2,5	9,0—14,0	Schnitte, Zieheisen, Prägestempel, Kaliberringe, Gewindewalzbacken, Hammersättel, Gewindebohrer
19	1,5 —3,0	16,0—24,0	Warmwalzstopfen, Formzeuge für Brikettpressen
20	0,0 —1,5	6,0—30,0	Zunderbeständige Legierungen
21	1,0 —2,0	25,0—30,0 + 2,5—1,0 Si	Korrosionsbeständige Gußlegierungen
22	3,0 —5,0	30,0—35,0 + 5,0—8,0Mn	Legierung für Auftragschweißen

4.14.31. Baustähle

Legierte Baustähle zu verwenden hat technisch nur einen Sinn, wenn sie vergütet werden, oder wenn es sich um Einsatzmaterial handelt, das eine höhere Kernfestigkeit besitzen soll als diejenige der unlegierten.

Die Durchhärtbarkeit wird schon durch kleine Legierungszusätze stark gesteigert, so daß sich der Vergütungseffekt auch in größeren Querschnitten erreichen läßt. Abb. 325 zeigt Ergebnisse der JOMINY-Prüfung von unlegierten und verschieden legierten Baustählen.

4.14.31.1. Vergütungsstähle

Die wichtigsten Typen sind die Ni-, Cr-, Cr—Ni-, Cr—(Ni)Mo-, Mn-, Ni—Mn-Stähle, wodurch nur die Hauptkomponenten ausgedrückt sind. In den nach-

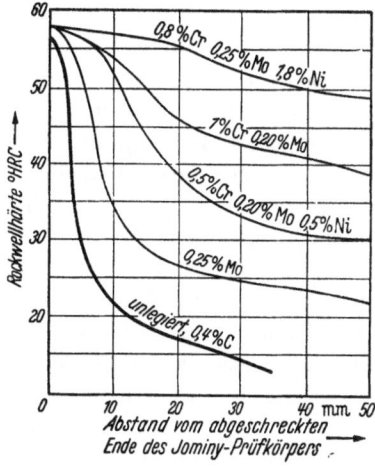

Abb. 325. Durchhärtbarkeit verschiedener legierter Baustähle im Vergleich zu unlegiertem, dargestellt durch die JOMINY-Prüfung (Molybdenum)

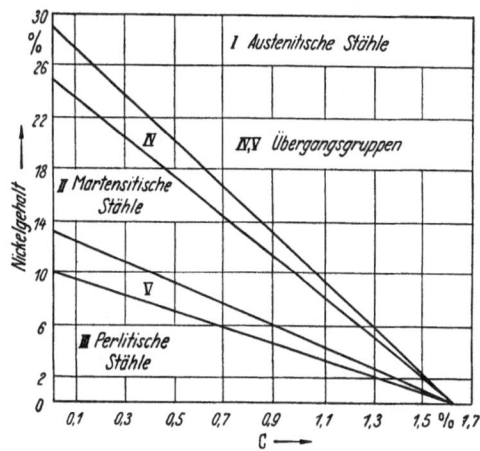

Abb. 326. Schematische Einteilung der Ni-Stähle nach der Gefügeausbildung, n. GUILLET

stehenden Beispielen sind die Festigkeitseigenschaften stets im vergüteten Zustand aufgeführt.

a) Nickelstähle. Durch Ni in den Grenzen von $\sim$ 1,5 bis 5% bei 0,25 bis 0,35 C wird σ_B = 65 bis 85, σ_S = 40 bis 52 kg/mm² erreicht, bei gleichzeitig guter *Zähigkeit*, δ_{10} = 18 bis 12%. A_1 wird wesentlich gesenkt, um $\sim$ 10 °C pro 1% Ni, ebenso die kritische Abkühlgeschwindigkeit v_{KR}, wodurch eine mildere Abschreckung, Verringerung der Härtespannungen und Steigerung der Durchhärtbarkeit erreicht wird.

Durch weitere Steigerung des Nickelzusatzes wird v_{KR} derart gesenkt, daß auch bei Luftabkühlung teilweise Martensit entsteht, noch weitere Steigerung macht den Stahl *austenitisch*.

Abb. 326 zeigt eine entsprechende schematische Einteilung der Nickelstähle nach der Gefügeausbildung.

Die Vergütungsstähle liegen ausschließlich in der perlitischen Gruppe, zur austenitischen gehören *antimagnetische* und andere Sonderstähle (Abschn. 4.14.35).

b) Chromstähle. Chrom wirkt *kornverfeinernd*, steigert die *Härte* und die *Verschleißfestigkeit* und verringert v_{KR}. Als Karbidbildner (Abschn. 4.13.3) verschiebt es die C-Konzentration des Perlits nach unten (Abb. 316). Als stark passivierendes Element erhöht es die *Korrosions-* und *Zunderfestigkeit* des Stahles; es ist, in größeren Mengen zulegiert, für die rostfreien und zunderfesten Stähle die *entscheidend wichtige Legierungskomponente* (Abschn. 4.14.32), wobei zugleich der Stahl *ferritisch* wird. Abb. 327 zeigt das Schema für die Gruppierung.

Die Baustähle gehören zur perlitischen Gruppe, charakterisiert durch 1 bis 1,5% Cr, bei 0,35 bis 0,45% C. Cr-Stähle mit 0,5 bis 2% Cr und 0,9 bis 1,1% C,

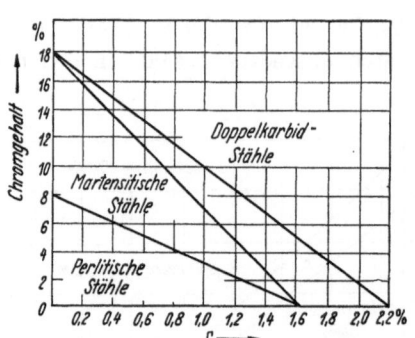

Abb. 327. Schematische Einteilung der Cr-Stähle nach dem Gefüge, n. GUILLET

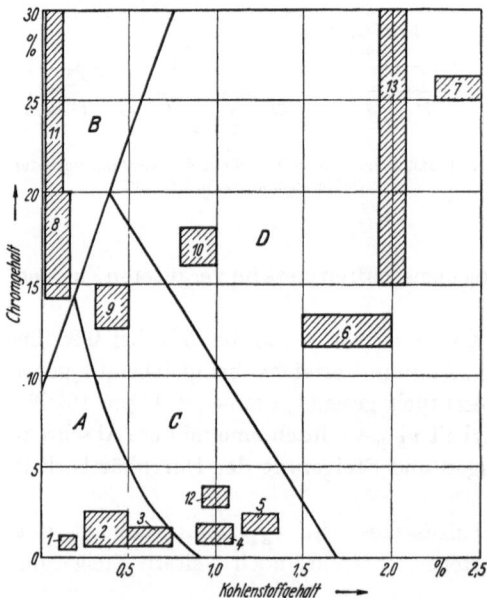

Abb. 328. Einteilung und Verwendungsgebiete der wichtigsten Chromstähle, n. OBERHOFFER, DAEVES und RAPATZ

durchgehärtet in Wasser oder in Öl, sind Werkstoffe für *Wälzlager*, für welche freilich auch höherlegierte, rostsichere Cr-Stähle Anwendung finden (Abschn. 4.14.32). Andere Sorten mit 2 bis 4% Cr bei 0,2 bis 0,4% C werden wegen ihrer ungewöhnlich hohen Zähigkeit bei etwa 125 kg/mm² Zugfestigkeit und guter Verschleißfestigkeit z.B. für Eisenbahnschienen verwendet.

In Abb. 328 ist das Gebiet der Chromstähle nach Zusammensetzung, Gefüge, Eigenschaften und Verwendungszweck schematisch dargestellt. Für die aufgeführten Typen ist das Cr nur die Hauptkomponente, es sind ihnen durchwegs noch weitere Elemente zulegiert. Die einzelnen Felder umfassen folgende Sorten:

1. Einsatzstähle; — 2. Vergütungsstähle; — 3. Werkzeugstähle für Prägewerkzeuge, Stempel usw., schlagfest; — 4. Kugellagerstähle; — 5. Werkzeugstähle für Bohrer, Scherenmesser; — 6. desgl. für Schnitte, Stanzen, Zieheisen; Lufthärtner, verschleißfest; — 7. hoch verschleißfeste Stähle für Ziehringe; Lufthärtner, geringe Zähigkeit; — 8. nicht härtbare rost- und säurefeste Stähle; — 9. desgl., jedoch härtbar; — 10. desgl., wie 9; — 11. zunderfeste, hitzebeständige Stähle; — 12. Magnetstähle, hart; — 13. hitzebeständiges Gußeisen.

Nach der Gefügecharakteristik kann man unterscheiden in *A* untereutektoide; *B* ferritisch-karbidische; — *C* karbidische; — *D* ledeburitische Stähle.

c) Chrom—Nickel-Stähle. Durch kombinierte Chrom—Nickel-Zulegierung werden die günstigen Wirkungen, welche diese Elemente allein ausüben, noch gesteigert. Die Cr—Ni-Stähle sind deshalb die *höchstwertigen Baustähle*, sofern die Anforderungen sich nur auf die normalen *Kaltfestigkeitwerte* σ_S, σ_B, δ, α_K sowie σ_W erstrecken. Sie sind die *zähfestesten* Stähle und finden entsprechend Anwendung für hochbeanspruchte Bauteile kleiner und mittlerer Abmessungen, wie Kurbel- wellen, Zahnräder, Bolzen, Achsschenkel usw., z.B. im Automobil- und Werkzeug- maschinenbau.

Der Legierungsbereich erstreckt sich von 1,5% Ni + 0,5% Cr + 0,25% C bis etwa 4,5% Ni + 1,3% Cr + 0,4% C, wobei die Begleiter Mn 0,4÷0,8%, Si 0,2÷0,35% ausmachen, bei maximal 0,04% P bzw. S. Dabei werden im vergüteten

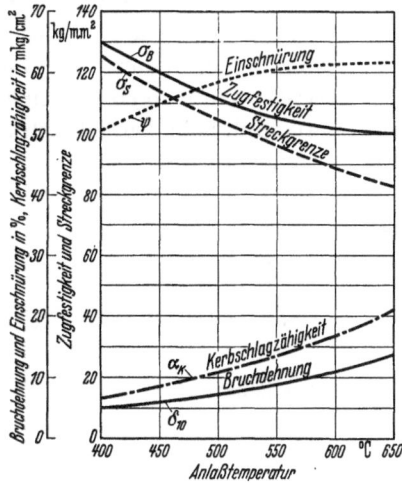

Abb. 329. Vergütungsschaubild für den Cr—Ni-Stahl DIN-VCN 45 (% C 0,38 / Mn 0,5 / Si 0,29 / Cr 1,9 / Ni 4,36.) Aus 830 °C in Öl gehärtet und 1/2 h angelassen, n. CHRISTEN

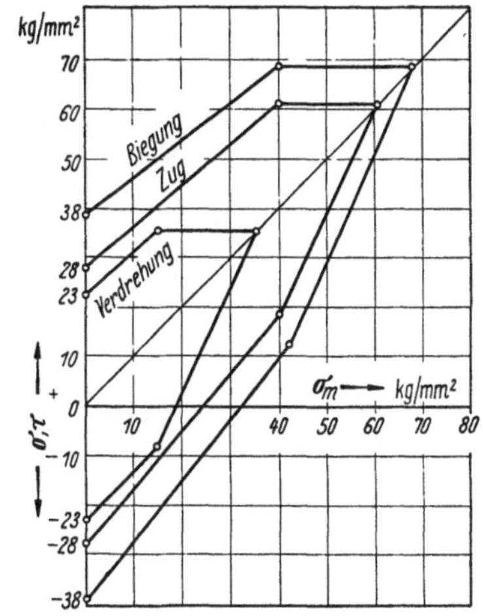

Abb. 330. Wechselfestigkeit des vergüteten Cr— Ni-Stahles DIN-VCN 25 (% C 0,32 ÷ 0,4 / Mn 0,4 ÷ 0,8 / Si 0,35 / Cr 0,75 / Ni 2,5). $\sigma_B = 88$ / $\sigma_S = 61$ kg/mm^2 / $\delta_{10} = 12 ÷ 8$%, n. CHRISTEN

Zustand Werte für σ_B von 75 bis 115 kg/mm^2, δ_{10} von 15 bis 6% erreicht, bei bemerkenswert hohem Streckgrenzenverhältnis $\sigma_S : \sigma_B$ von 70 bis 80% und hoher Kerbschlagzähigkeit zwischen 10 und 16 kgm/cm^2. Auch die Durchhärtbarkeit ist gegenüber den Ni- oder Cr-Vergütungsstählen gesteigert. Abb. 329 zeigt das Ver- gütungsschaubild für den höchstwertigen Cr—Ni-Stahl VCN 45 nach DIN, Abb. 330 das Wechselfestigkeitsdiagramm für die etwas niedriger legierte Sorte VCN 25 vergütet.

Die Zerspanbarkeit der Cr—Ni-Stähle ist schlecht. Sie sind überaus zähspanig und wirken stark verschleißend auf die Schneide.

Diese niedriglegierten Cr—Ni-Stähle gehören zur perlitisch-ferritischen Gruppe und werden in Öl gehärtet.

Das Streckgrenzenverhältnis wird durch Zusatz von 0,5 bis 0,7% W noch ver- bessert, wobei Spitzenwerte von $\sigma_S = 100$, $\sigma_B = 120$ kg/mm^2 erreicht werden.

d) Molybdänstähle. Es existieren im wesentlichen 4 Klassen:

a) nur mit Mo, b) mit Cr—Mo, c) mit Ni—Mo, d) mit Cr—Ni—Mo.

Im Grunde wäre nur für die ersteren die Bezeichnung Molybdänstahl zulässig, da es sich in den anderen Fällen nur um Mo-Zusätze zu den Cr-, Ni- und Cr—Ni-

Stählen handelt, wobei der Mo-Anteil stets kleiner ist als derjenige des Cr oder Ni. In allen Fällen beschränkt sich der Mo-Zusatz auf 0,15 bis 0,3%.

Mo wirkt kornverfeinernd, steigert die Durchhärtbarkeit, Kerbschlagzähigkeit und Warmfestigkeit und vermindert erheblich die *Anlaßsprödigkeit* (Blaubrüchigkeit). Im Gegensatz zum Cr hat es keine ungünstige Wirkung auf die *Schweißbarkeit*. Die *Bearbeitbarkeit* der Cr-, Ni- und Cr—Ni-Stähle wird durch den Mo-Zusatz ebenfalls etwas verbessert.

Klasse a), mit C = 0,2 bis 0,7%, Mo = 0,2 bis 0,3%, findet vor allem dort Anwendung, wo geschweißt werden muß (Behälterbau usw.).

In Klasse b) findet man C = 0,17 bis 0,5% in verschiedenster Weise mit Cr = 0,4 bis 1,1% und Mo = 0,15 bis 0,3% kombiniert; in Klasse c) beispielsweise C = 0,4% mit 1,65 bis 2,0% Ni und 0,2 bis 0,3% Mo, wodurch gute Zähigkeit und hohe Wechselfestigkeit entsteht. In Klasse d) ist zum vorstehenden Stahl beispielsweise noch 0,7 bis 0,9% Cr hinzugefügt, wodurch hohe Durchhärtbarkeit mit hoher Zähfestigkeit und Wechselfestigkeit verbunden wird.

Die Anwendung der letzteren erstreckt sich bereits in das Gebiet der Werkzeugstähle, besonders für Warmgesenke. Man findet sie aber ebenso als Konstruktionsstähle im Automobil- und Flugzeugbau, für hochbeanspruchte Wellen, Zahnräder usw.

Abb. 331 zeigt die Festigkeitseigenschaften eines Cr—Mo-Stahles, Abb. 332 eines Cr—Ni—Mo-Stahles.

e) Manganstähle. Mangan hat auf die Festigkeitseigenschaften einen ähnlichen günstigen Einfluß wie Ni. Die Wirkung scheint bei den niedriglegierten Baustählen

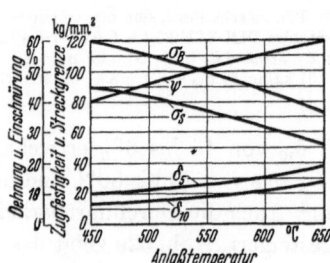

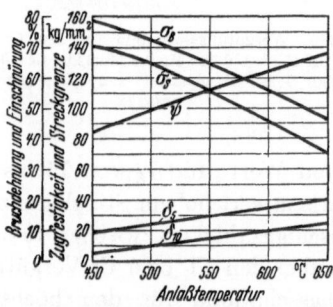

Abb. 331. Vergütungsschaubild eines Cr—Mo-Stahles (% C = 0,42 / Mn = 0,62 / Cr = 1,12 / Mo = 0,22). Gehärtet aus 840 °C in Öl. Querschnitt 60 mm ⌀, n. CHRISTEN

Abb. 332. Vergütungsschaubild eines Cr—Ni—Mo-Stahles (% C = 0,3—0,37 / Cr = 1,8—2,1 / Ni = 1,2—2,5 / Mo = 0,2—0,4). Aus 850 °C in Öl gehärtet, Querschnitt 60 mm ⌀, n. CHRISTEN

freilich mehr indirekter Art zu sein, nämlich durch die Beseitigung der festigkeitsschädlichen Verunreinigungen des Eisens an Sauerstoff und Schwefel. Mn wirkt als Desoxydationsmittel, weshalb es ja stets in allen unlegierten und legierten Stählen als Begleitelement zugemischt ist, übt die reinigende Wirkung aber auch durch Abbinden des Schwefels zu MnS aus.

Das *Guillet-Diagramm* (Abb. 333) zeigt eine ähnliche schematische Einteilung wie das der Ni-Stähle.

Als vergütbare Baustähle kommen nur die perlitischen in Betracht und unter diesen diejenigen im Bereich von 0,3 bis 0,55% C in Verbindung mit 1,35 bis 1,9% Mn.

Über die Festigkeitseigenschaften eines Konstruktionsstahles mit 0,3% C und 1,35 bis 1,65% Mn bei $P \leq 0,045$ und $S = 0,075 \div 0,15\%$ gibt Abb. 334 Aufschluß. Bei höhergekohlten und -legierten, z.B. C = 0,45, Mn = 1,6%, wird im vergüteten Zustand $\sigma_B = 80$, $\sigma_S = 50$ kg/mm², $\delta_5 = 20\%$ und $\psi = 60\%$ erreicht.

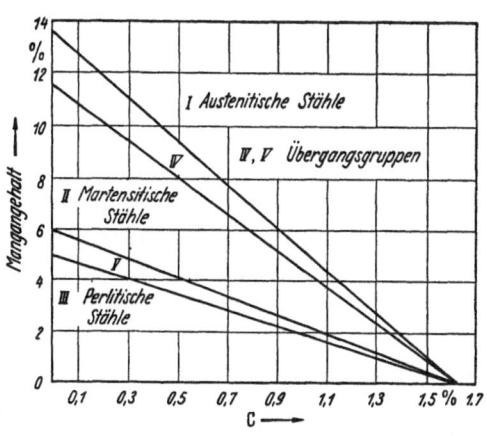

Abb. 333. Schematische Einteilung der Mn-Stähle nach der Gefügeausbildung (Guillet-Diagramm)

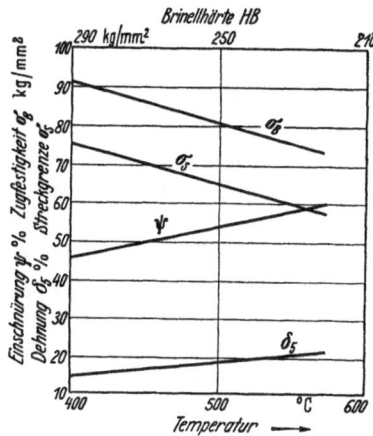

Abb. 334. Festigkeitseigenschaften eines Mangankonstruktionsstahles

Die Manganbaustähle werden dort angewendet, wo die Festigkeitseigenschaften der unlegierten Stähle nicht genügen, anderseits die Verwendung der höchstwertigen Vergütungsstähle auf Chrom—Nickel-Basis zu teuer wäre, beispielsweise für Eisenbahnachsen, Radreifen, aber auch für kleinere Konstruktionsteile aller Art.

In ihrer oberen Legierungsgrenze werden sie auch viel als *Federstähle* für *Blattfedern* verwendet.

Die hochlegierten, austenitischen sind verschleißfeste Sonderstähle (Abschn. 4.14.32).

In vielen Fällen ist Mn der billigere *Ersatzstoff* für Nickel, indem z.B. in hochprozentigen Ni-Stählen ein gewisser Anteil des Nickels durch Mn ersetzt wird.

f) Vanadiumstähle. Vanadium wird häufig in kleinen Mengen den Cr-, Cr—Ni-usw.-Stählen zugesetzt. Der direkte Einfluß auf die Festigkeitseigenschaften ist unbedeutend, jedoch werden sie indirekt in günstigem Sinn beeinflußt, indem der Vanadiumzusatz die Gußstruktur verfeinert und die *Empfindlichkeit gegen Überhitzung vermindert;* der Zusatz erfolgt aber in erster Linie, um technologische Schwierigkeiten leichter zu überwinden, z.B. bei der Herstellung von Schmiedestücken mit starken Querschnittsunterschieden. Auch gegen Seigerungen, Alterungserscheinungen und Anlaßversprödung wird der Stahl durch V-Zusatz unempfindlicher.

Ein vergütbarer V-Stahl, der freilich ebensogut als Mn- oder Mn—V-Stahl bezeichnet werden kann, enthält beispielsweise 0,45 bis 0,55% C, 0,7 bis 0,95% Mn und $\geq 0,15\%$ V; er wird vor allem für Schmiedestücke im Lokomotivbau (Achsen, Kurbelzapfen, Kuppelstangen, Kolbenstangen u.ä.) angewendet, da er sich gut und zunderfrei schmieden läßt.

Ein derartiges Schmiedestück hat bei ~ 100 mm Durchmesser im normalisierten Zustand $\sigma_S = 50$, $\sigma_B = 77$ kg/mm², $\psi = 52\%$, während durch Vergüten σ_S bis auf 70, σ_B auf 90 kg/mm² gesteigert werden kann, wobei immer noch $\psi = 48\%$ gewahrt bleibt.

4.14.31.2. Einsatzstähle

Legierte Einsatzstähle unterscheiden sich nicht wesentlich von den legierten Vergütungsstählen mit Ausnahme des niedrigen Kohlenstoffgehaltes, der eine Aufkohlung mit anschließender Martensitbildung durch Abschrecken gestattet, ohne daß eine Kernversprödung eintritt. Gegenüber den unlegierten Einsatzstählen, deren Kern infolge des niedrigen C-Gehaltes nur beschränkte Festigkeitseigenschaften aufweist, bewirken die Legierungskomponenten durchweg eine Steigerung der Zähigkeit des Kernes, während die martensitische Außenschicht nicht härter ausfällt als bei den unlegierten Einsatzstählen. In Frage kommen die gleichen Komponenten und Typen wie diejenigen der Vergütungsstähle, so daß sich eine besondere Klassifikation in den Handbüchern usw. häufig erübrigt, da allgemein die legierten Baustähle unterhalb eines kritischen C-Gehaltes als einsatzfähig, oberhalb desselben als vergütungsfähig bezeichnet werden. Im Gegensatz zu den unlegierten bleibt aber der Kern durch die Einsatzhärtung nicht unberührt, vielmehr tritt dabei mehr oder weniger ein *Vergütungseffekt* ein, je nach Art und Menge der Legierungskomponenten, so daß man eigentlich von einem kombinierten Einsatz- und Vergütungsstahl reden müßte.

Die niedriglegierten Sorten, mit 1 bis 2% Gehalt an Ni, Cr, Mn oder V, besitzen bereits genügende Durchhärtbarkeit, so daß durch Abschrecken in Öl oder Wasser einerseits eine genügend harte Oberfläche, andererseits eine erhebliche Vergütung erreicht wird. Dabei findet man dann freilich den C-Gehalt bis zu 0,4% gesteigert, wodurch hohe Kernfestigkeit erreicht wird, bis zu $\sigma_B = 130$ kg/mm². Als Hauptlegierungselement wird Chrom bevorzugt, da es der Bildung von Restaustenit entgegenwirkt. Die Wärmebehandlung der niedriglegierten Einsatzstähle ist im allgemeinen nicht heikel.

Die höherlegierten Sorten haben weniger C-Gehalt, $\leq 0,2\%$, und verlangen mildere Abschreckung, da andernfalls eine zu starke Versprödung des Kernes

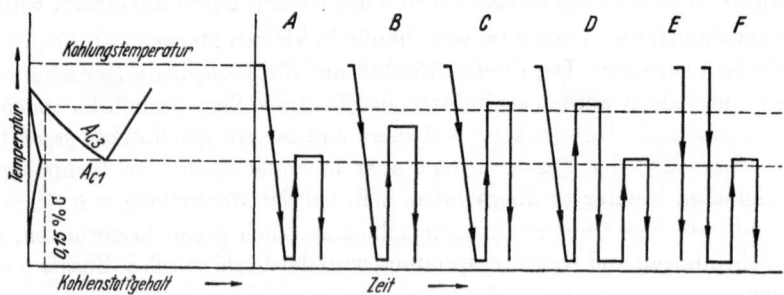

Abb. 335. Zyklische Wärmebehandlungen von Einsatzstählen, n. WILLIAMS

eintreten würde. Die Wärmebehandlung ist häufig differenzierter, komplizierter und heikler und erfordert bisweilen mehrmaliges Erwärmen und Abkühlen.

Für den kombinierten Einsatzhärtungs- und Vergütungseffekt ist es von entscheidender Bedeutung, ob und wie stark die ungelösten Karbide der Außenschicht

bei der Vergütung des Kernes wieder gelöst werden; durch zyklische Wärmebehandlungen erreicht man das gewünschte Kompromiß zwischen der Ober-
flächenhärte einerseits und der Kernverfestigung andererseits.

Abb. 335 zeigt typische kombinierte Härtungs- und Vergütungszyklen für Einsatzstähle einschließlich unlegierter Sorten.

Aus der Tab. 8 sind Beispiele für die Wärmebehandlung nebst deren Auswirkungen auf das Gefüge zu erkennen.

Es sind angegeben:

in Spalte 1: A_1-Temperatur in °C;
in Spalte 2: A_3-Temperatur in °C, die aber mit wachsendem C-Gehalt abnimmt;
in Spalte 3: Die vorzugsweise angewandte Wärmebehandlung nach Abb. 335;
in Spalte 4: Abschreckmittel: W = Wasser, O = Öl, L = Luft;
in Spalte 5: Die Neigung für Restaustenit, und zwar: g = gering, m = mittel, s = stark.

Tabelle 8

% Legierungselement									
Ni	Cr	Mo	Mn	V	1	2	3	4	5
unlegiert					721	875	A, D	W ± 5% NaOH	g
$3^1/_2$	—	—	—	—	705	782	C, D, F	O	m
5	—	—	—	—	677	770	D, F	O	s
—	1	—	—	—	766	843	E, C	O	g
$1^1/_4$	$^1/_2$	—	—	—	735	816	E, C	O	g
$1^3/_4$	1	—	—	—	732	795	D, F	O	m
$3^1/_2$	$1^1/_2$	—	—	—	721	780	D, F	O, L	s
3	$^3/_4$	—	—	—	721	774	D, F	O	s
$1^3/_4$	—	$^1/_4$	—	—	725	807	E, C	O	g
$3^1/_2$	—	$^1/_4$	—	—	705	782	E, F	O	m
—	1	$^1/_4$	—	—	757	816	E, C	O	s
—	—	—	$1^1/_2$	—	730	827	A, D	W ± 5% NaOH	g
—	1	—	—	0,15	770	843	E, C	O	g
$1^1/_2$	$^1/_2$	$^1/_4$	—	—	732	802	E, C	O	m

Über die Festigkeitseigenschaften einsatzgehärteter und vergüteter Chrom
—Nickel-Stähle geben folgende Sorten ein Bild:

Bezeichnung DIN	% C	% Ni	% Cr	Geglüht		Vergütet			
				σ_B kg/mm²	HB kg/mm²	σ_B kg/mm²	σ_S in % v.σ_B	δ_5 %	δ_{10} %
13 NC 10	0,1—0,17	2,5	0,75	70	206	80—100	70	20—14	14—10
13 NC 14	0,1—0,17	3,5	0,75	75	220	90—120	75	16—9	12—6
13 NC 18	0,1—0,17	4,5	1,1	83	240	120—140	75	14—7	10—5

4.14.31.3. Nitrierstähle

Die Art der Legierung befördert in erster Linie den Nitriereffekt (Abschn.
4.12.92), andererseits auch die Vergütbarkeit. Meist wird vorgängig der Nitrierung
der Stahl vergütet. Typische Beispiele für die Legierung, Wärmebehandlung und
Festigkeit zeigt die folgende Tabelle:

Legierung %						Härtetemp. °C f. Ölab-schreckung	Anlaßtemperaturen										
							425 °C			540 °C			650 °C			760 °C		
C	Mn	Si	Al	Cr	Mo		σ_B	σ_S	ψ	σ_B	σ_S	ψ	σ_B	σ_S	ψ	σ_B	σ_S	ψ
0,23	0,51	0,2	1,24	1,58	0,2	950	126	110	47	113	94	54	86	73	67	63	53	73
0,36	0,51	0,27	1,23	1,49	0,18	900	158	127	36	128	111	50	97	84	60	73	57	59

4.14.32. Sonderstähle für mechanische und chemische Beanspruchungen

An die Konstruktionsstähle werden bisweilen die Forderungen nach erhöhtem Widerstand gegen die eine oder andere Beanspruchung, z. B. durch Lastwechsel, Reibungsverschluß, chemische oder Temperatureinwirkung, gestellt. Hierfür wurden Sonderstähle entwickelt, und zwar vor allem Federstähle, verschleißfeste, korrosionsfeste und warmfeste Stähle. An der Verbesserung der Sondereigenschaften wird dauernd gearbeitet, ebenso entstehen durch die allgemeine Entwicklung im Maschinenbau auch Forderungen nach neuen Sondereigenschaften, z. B. nach Tieftemperaturfestigkeit u. a.

4.14.32.1. Federstähle

Für Federn aller Art, von den Uhrenfedern bis zu den Tragfedern im Automobil- und Eisenbahnbau, haben niedriglegierte Federstähle Eingang gefunden, die als *Siliziumstähle* oder Si—Mn- oder Si—Mn—Cr-Stähle charakterisiert sind. Sie weisen eine hohe Elastizitätsgrenze, hohe Zugfestigkeit und hohes Streckgrenzenverhältnis auf. Der Si-Gehalt wird dabei bis 3%, Mn bis 2,2% und Cr bis 1,2% gesteigert. Typische Beispiele sind:

1. *Si—Federstahl* mit 0,35 bis 0,55% C, 1,5% Si, 0,7% Mn, aus 800 bis 820 °C in Öl oder Wasser abgeschreckt und bei ~ 450 °C angelassen, mit $\sigma_S > 100$, $\sigma_B = 115$ bis 130 kg/mm^2 und $\delta_4 \sim 8\%$.

2. *Si—Mn-Federstahl* mit 0,45 bis 0,65% C, 1,6 bis 2,2% Si und 0,5 bis 0,9% Mn, mit gleicher Wärmebehandlung und Festigkeitseigenschaften. Bei höherem Mn-Gehalt, bis ~ 1,5%, steigt σ_B bis 160 kg/mm^2.

3. *Si—Mn—Cr-Federstahl* mit 0,6% C, 1,0% Si, 1,0% Mn und 0,5% Cr, aus 800 bis 820 °C in Öl abgeschreckt, bei welchem $\sigma_S \geqq 120$, $\sigma_B = 135$ bis 150 kg/mm^2, $\delta_4 = 7\%$ wird.

Die Si—Mn-Stähle vereinigen geringe Härtungsempfindlichkeit mit guter Durchhärtbarkeit; sie sind auch für höhere Betriebstemperaturen (bis 300 °C) verwendbar. Da die Wechselfestigkeit auch noch von der Oberflächengüte abhängt, werden hochbeanspruchte Federn, z. B. Ventilfedern für Flugzeugmotore, vor dem Wickeln auch noch geschliffen oder mit Stahlschrot bestrahlt (Abschn. 3.21.84.3).

4.14.32.2. Verschleißfeste Stähle

An sich ist jeder Stahl mit hohem Karbidgehalt relativ verschleißfest, unter verschleißfestem Sonderstahl versteht man aber vor allem hochlegierten Manganstahl, sogenannten Manganhartstahl, mit 1 bis 1,4% C, 10 bis 14% Mn, 0,3 bis 1,0% Si. Innerhalb dieser C- und Mn-Konzentrationen kann durch Abschrecken aus 1000 bis 1050 °C in Wasser rein austenitisches Gefüge erhalten werden. Abb. 336 zeigt die Grenzen dieses Gebietes, jenseits deren das Gefüge durch

Martensit oder Doppelkarbide unbrauchbar versprödet ist. Bei langsamer Abkühlung erfolgt eine träge Austenitumwandlung mit Ausscheidung von Doppelkarbiden (Fe$_x$Mn$_y$)$_3$C, wodurch er brüchig wird. Abb. 337 zeigt die Umwandlungsgrenzen für 13%igen Mn-Stahl im stabilen Zustand.

Technische Anwendung erfährt nur der abgeschreckte, rein austenitische Manganhartstahl, der die Eigentümlichkeit aufweist, daß sein duktiles Gefüge mit

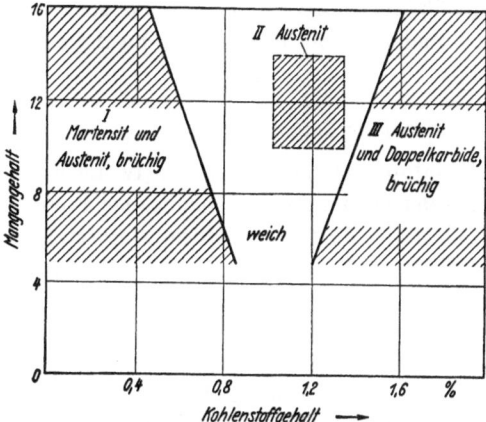

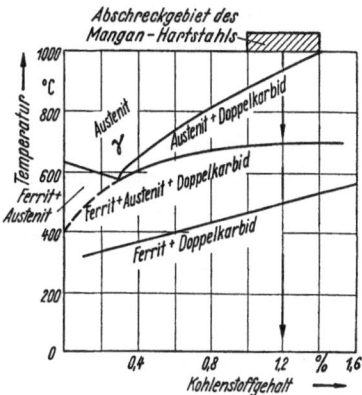

Abb. 336. Schema der Wirkung des Mn-Gehaltes auf die Gefügeausbildung

Abb. 337. Umwandlungsgrenzen eines 13% Mn-Stahles bei langsamster (stabiler) Abkühlung, n. BERTSCHINGER

ungewöhnlich hoher Kerbschlagzähigkeit sich bei plastischer Verformung durch Druck, Stöße oder Schläge außerordentlich verfestigt, ohne zu verspröden. Darin liegt der Grund für die hohe Verschleißfestigkeit, sofern der reibende Verschleiß mit hohen spezifischen Drücken und plastischer Kalthärtung verbunden ist. Wenn bei der Verschleißbeanspruchung keine plastische Kaltverformung der Oberfläche erfolgt, so ist der Verschleißwiderstand längst nicht so hoch. Zum Beispiel verhält sich in Sandstrahldüsen gewöhnliches abgeschrecktes Gußeisen verschleißfester als Mn-Hartstahl, der durch folgende Festigkeitswerte charakterisiert sein möge:

Gegossen: $\sigma_B = 80$ bis 100 kg/mm^2, $\sigma_S = 40$ kg/mm^2, $\delta_4 = 40\%$, $\alpha_K = 30$ bis 50 mkg/cm^2(!), jedoch HB nur $= 185$ kg/mm^2.

Durch die Wärmebehandlung steigt HB auf 200, durch Kaltverfestigung dann weiter bis auf 450 bis 550! Welche Vorgänge im Gefüge (submikroskopische Martensitbildung?) zu dieser eigenartigen Steigerung der Härte und Verschleißfestigkeit führen, ist noch nicht geklärt.

Das Anwendungsgebiet liegt dort, wo Reibungsverschleiß mit hohen spezifischen Drücken auftritt: Schienenkreuzstücke, Radbandagen, Steinbrecher, Schlagmühlen, Baggerzähne, Traktorenschuhe, Transportbandglieder, aber auch Zahnräder usw. Der Härtungseffekt durch Kaltverformung ist so stark, daß der Stahl trotz der nicht allzu hohen Ursprungsfestigkeit und Härte sehr schwer zerspanbar ist. Die beim Zerspanen eintretende plastische Verformung des ablaufenden Spanes steigert nämlich dessen Härte außerordentlich, wodurch die Werkzeugschneide sowohl statisch (Schnittwiderstand), als auch thermisch sehr hoch belastet wird. Nach weitläufiger Meinung ist deshalb der Manganhartstahl überhaupt nicht zerspanbar, sondern nur durch Schleifen bearbeitbar. Das ist aber nicht der Fall. Wenn durch Anwendung eines positiven Spanwinkels von ~ 10° der Stauchgrad des Spanes genügend klein gehalten wird, so läßt er sich mit reduzierter Schnittgeschwindigkeit nicht nur mit Hartmetall, sondern sogar mit Schnelldrehstahl einwandfrei zerspanen.

Durch Hinzulegieren von Cr und Ni (je ~ 4%) erhält sich die Verschleißfestigkeit bis zur Rotglut.

Bei Verwendung von Elektroden mit 5% Ni-Zusatz ist der Mn-Hartstahl auch schweißbar, wobei freilich in der Schweißnaht nur 50 bis 60% der Festigkeit des Grundmaterials erreicht werden.

4.14.32.3. Korrosionsfeste Stähle

Es wurde bereits im Abschn. 3.22.5 darauf verwiesen, wie relativ die Eigenschaft der Korrosionsfestigkeit ist. Neben der großen Anzahl chemischer Agenzien (Luft, Wasser, Säuren usw.) kommt noch deren Zustand (gasförmig, flüssig) und die Reaktionstemperatur in Betracht. Entsprechend dieser Vielheit von Reaktionsmöglichkeiten, gegen welche der Stahl möglichst passiv sein soll, sind korrosionsfeste Stähle in großer Sortenzahl entwickelt worden. Berücksichtigt man weiter, daß neben der jeweiligen günstigen Korrosionsfestigkeit auch mechanische Festigkeitseigenschaften gefordert werden und daß häufig Kompromisse oder Optimallösungen für die im Einzelfall auftretenden verschiedenen Anforderungen getroffen werden müssen, so ist es verständlich, daß die Sortenzahl der korrosionsfesten Stähle auf weit über 100 angestiegen ist und trotzdem fortwährend neue in der einen oder anderen Hinsicht verbesserte Sorten herausgebracht werden.

Nach dem Verwendungszweck haben sich dabei die Begriffe der *rostfreien, säurefesten, hitzebeständigen* oder *zunderfesten* und *warmfesten* oder *hochhitzebeständigen* Stähle herausgebildet. Obgleich die Abgrenzung fließend ist, sei für die orientierende Übersicht eine Unterteilung in a) rost- und säurefeste und b) hochhitzebeständige und warmfeste Stähle beibehalten.

Allen *gemeinsam* ist der Widerstand gegen fortschreitende Oxydation, bei der Kategorie 2 *auch bei höherer Temperatur,* bei Kategorie 3 *verbunden mit guter Festigkeit auch bei hohen Temperaturen. Nicht* gemeinsam ist hingegen das Merkmal der *Säurefestigkeit* oder allgemein gegen Korrosionsangriffe sonstiger Agenzien und bei verschiedenen Temperaturen, vielmehr verhalten sich die verschiedenen Stähle in dieser Hinsicht *ganz verschieden.*

Der Widerstand gegen *fortschreitende Oxydation* beruht darauf, daß die korrosionsfesten Stähle mit Elementen legiert sind, die eine höhere Affinität zum Sauerstoff besitzen als Fe, deshalb den Sauerstoff an sich ziehen und dadurch eine passivierende, im Idealfall dichte, porenfreie und festhaltende Deckschicht bilden. Diese muß einerseits dem von außen nach innen drängenden Sauerstoff genügend *Diffusionswiderstand* bieten, darf andererseits *nicht zu dick* ausfallen, da sonst die passivierende Oxydschicht Sprünge bekommt und abplatzt, wenn sie mechanisch oder durch den Unterschied ihrer Wärmeausdehnung gegenüber dem Grundmetall über ihr Dehnungsvermögen beansprucht wird. Der normale *Walzzunder* ist ein Beispiel für das Versagen einer solchen Deckschicht. Die Dicke der Deckschicht ist für die Güte der Schutzwirkung *nicht* entscheidend. Die wirkungsvollsten

Deckschichten sind im Gegenteil sehr dünn, in der Größenordnung von 50 Å, und deshalb oft unsichtbar.

Von allen Elementen liefert das *Chrom* in Form von Cr_2O_3 den *besten Oxydfilm* und ist deshalb der *unerläßliche und wesentlichste Legierungsbestandteil aller 3 Kategorien,* in Beträgen von etwa 5 bis 30%. Günstig sind auch die Oxydstufen des Siliziums, SiO_2, und des Aluminiums, Al_2O_3, weshalb man auch von diesen Elementen kleinere Mengen in manchen korrosionsfesten Stählen antrifft. Mn besitzt zwar auch größere Affinität zum Sauerstoff als Fe, kommt aber als Beitrag zur Zunderverhinderung nicht in Betracht, da seine Oxydhaut nicht genügend temperaturfest ist, hingegen wirkt es günstig zur Immunisierung gegen Schwefelangriff.

Um den Widerstand gegen den Angriff von oxydierenden oder sauerstofffreien anorganischen oder organischen Säuren zu verbessern, findet man weiter als Legierungselemente fast alle technisch verwendeten Metalle vertreten: Ni, Mn, Al, Cu, Mo, Ti, Ta, V, W, Co, Se u.a.

Die Verbesserung der *Warmfestigkeitseigenschaften* wird in erster Linie durch *Nickel und Molybdän* erreicht.

Sowohl der Korrosionswiderstand als auch die Warmfestigkeitseigenschaften werden weiterhin stark durch die *Strukturausbildung* und letztere wieder durch Wärmebehandlungen beeinflußt. In den einzelnen Kategorien lassen sich deshalb ferritische, austenitische und martensitische Gruppen nebst Zwischenstufen unterscheiden. Obwohl für die rein ferritischen und austenitischen Stähle keine Umwandlungshärtung oder Vergütung durch Austenitumwandlung möglich ist, sind trotzdem häufig *Wärmebehandlungen zwecks Kornverfeinerung* nötig. Zum Beispiel wird der rein ferritische Chromstahl mit 28% Cr, 0,35% C durch Abschrecken aus etwa 860 °C weich gemacht oder der rein austenitische Cr—Ni-Stahl mit 18% Cr, 8% Ni und 0,08 bis 2,0% C durch rasches Abkühlen aus 1150 °C. Dort, wo ein Teil des Gefüges die $\gamma \to \alpha$-Umstellung mitmacht, besteht die Möglichkeit der Vergütung; für die rein ferritischen und austenitischen kann an dessen Stelle nach Bedarf und Möglichkeit eine Härtung und Verfestigung durch Kaltreckung vorgenommen werden.

Die *Korrosionsfestigkeit* wird allgemein bei *homogenem* Gefüge besser sein als bei heterogenem; die hochlegierten rein ferritischen oder rein austenitischen Stähle werden deshalb in dieser Hinsicht überlegen sein.

Die Gefahr *interkristalliner Korrosion* besteht vor allem für *hochchromlegierte* ferritische Stähle mit höherem C-Gehalt, da dort im Lauf der Zeit Karbidausscheidung an den Korngrenzen eintreten kann.

Die Korrosionsfestigkeit, vor allem die Rostfreiheit, hängt bisweilen stark von der *Oberflächengüte* ab. Manche niedrigerlegierte Sorten können nur im polierten Zustand als rostfrei gelten, bei höheren Legierungen muß diese Bedingung nicht erfüllt sein.

Zusammenfassend ergibt sich:

Es gibt *keine Abgrenzungsmerkmale* zwischen rostfreien, säurebeständigen, hitzebeständigen und warmfesten Stählen.

In willkürlicher Weise rechnet man zu den *hitzebeständigen* diejenigen, die *oberhalb etwa 550 °C* relativ zunderfest bleiben.

Behalten sie überdies bis in das Gebiet der Rotglut eine annehmbare *Dauer-*

warmfestigkeit oder Kriechgrenze, so werden sie zu den hochhitzebeständigen oder *hochwarmfesten* Sorten gerechnet.

Rostfreie Stähle sind nicht immer zunderfest, aber das Umgekehrte trifft zu. Zunderfeste sind nicht immer warmfest, aber das Umgekehrte trifft zu. Für alle korrosionsfesten Stähle ist Chrom eine notwendige Legierungskomponente.

Die Stufenleiter: Rostfrei – zunderfest – warmfest erfordert *steigende Legierungszusätze, vor allem an Chrom*. Korrosionsfestigkeit gegen Säuren im kalten oder warmen Zustand ist hingegen nicht an den Chromgehalt gebunden, sondern wird je nach der korrodierenden Säure durch die verschiedenartigsten Legierungswirkungen erreicht.

Neben der Zusammensetzung kann die allgemeine Eigenschaft der Korrosionsfestigkeit und mechanischen Festigkeit durch eine *Wärmebehandlung* und die *Oberflächengüte* stark beeinflußt sein.

Für die Wahl des Stahles müssen deshalb alle gemeinsam auftretenden Beanspruchungen sorgfältig ermittelt und in ihrer Bedeutung für den Einzelfall abgewogen werden. Aus der großen zur Verfügung stehenden Sortenzahl kann dann der Stahl mit der günstigsten *Eigenschaftskombination* ausgesucht werden, wobei meistens ein Kompromiß im Sinn eines funktionellen Optimums gesucht werden muß.

a) Rost- und säurefeste Stähle. Nach den Hauptkomponenten lassen sich mit ungefähren Legierungsgrenzen unterscheiden:

1. Chromstähle mit 5 bis 28% Cr, 0,1 bis 1,0% C;

2. Chrom—Nickel-Stähle mit 8 bis 25% Cr, 6 bis 22% Ni, 0,2 bis 0,25% C;

3. Chrom—Mangan-Stähle mit 10 bis 18% Cr, 9 bis 19% Mn, 0,1 bis 0,2 C.

Zu den Hauptkomponenten werden außer den üblichen Begleitern Mn und Si auch Mo, Al, Cu, Nb, Se, Ti, W, S zulegiert, um den Korrosionswiderstand in der einen oder anderen Hinsicht zu erhöhen oder die Bearbeitbarkeit oder Schweißbarkeit zu verbessern.

So wird z.B. durch Mo-Zusatz die Beständigkeit der Chromstähle gegen Schwefel,- Phosphor-, Salpeter-, Essig- und andere Säuren verbessert, durch Cu-Zusatz gegen Salzsäure, während S oder Se die Bearbeitbarkeit, Si die Schweißbarkeit verbessert.

Der Gefügeausbildung nach sind die Cr-Stähle mit niedrigem C-Gehalt rein ferritisch, somit nicht durch direkte Martensitbildung härt- oder vergütbar, während sie mit steigendem C halbferritisch und schließlich martensitisch, vergütbar und härtbar werden. Der Grund liegt in folgendem: Die ferritisierende Wirkung des Chroms äußert

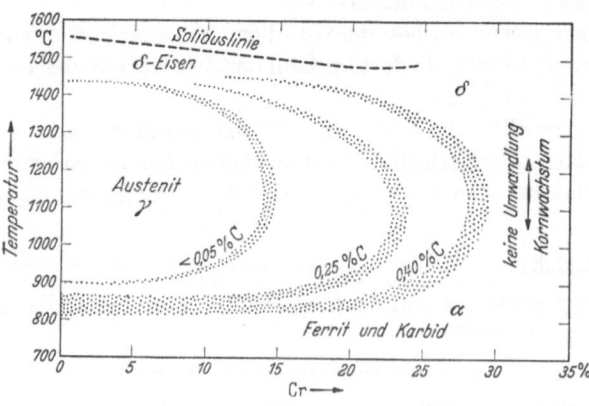

Abb. 338. Einfluß des Cr- und C-Gehalt s auf die Ausbildung des Austenitfeldes, n. RAPATZ

sich in der Abschnürung des γ-Feldes (Abschn. 4.13.3). Aber durch die Bildung der Chromkarbide wird ein Teil des Chroms der Grundmasse entzogen. Deshalb sind mit steigendem C-Gehalt immer größere Cr-Mengen nötig, um das γ-Feld abzuschnüren. Das Austenitfeld dehnt sich

also mit steigendem C-Gehalt aus, d.h., der Stahl wird wieder martensitisch härtbar und vergütbar (Abb. 338).

Die Chrom—Nickel- und Chrom—Mangan-Stähle sind austenitisch, d.h. nicht durch Martensitbildung härtbar und vergütbar, wohl aber durch Kaltreckung.

Diese schematische Unterteilung bedeutet aber nicht, daß die hochlegierten ferritischen und austenitischen Stähle nicht durch Wärmebehandlung beeinflußbar sind. Der komplexe Charakter des 3-Stoff-Systems Fe—C—Cr, dessen Phasengrenzen für die Kombination 15% Cr + x% C (Vertikalschnitte durch das entsprechende räumliche 3-Stoff-Schaubild) in Abb. 339 als Beispiel dienen möge, macht es verständlich, daß bei genügend

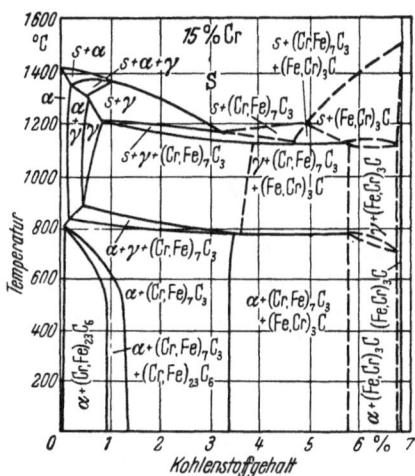

Abb. 339. Phasengrenzen einer Fe—Cr—C-Legierung mit 15% Cr in Abhängigkeit vom C-Gehalt

rascher Abkühlgeschwindigkeit sich ein vorwiegend austenitisches unterkühltes Gefüge ausbildet. Beim Anlassen scheiden sich bei 400 bis 500 °C aus dem Austenit Karbide aus und der verarmte Austenit kann beim Wiederabkühlen auch Martensit bilden, so daß

eine Härtesteigerung entsteht. Die Nichthärtbarkeit der ferritischen Stähle bedeutet also nur, daß im Gleichgewichtszustand im ganzen Temperaturbereich die $\alpha-\delta$-Modifikation des Fe besteht. Im übrigen sind Verbesserungen der mechanischen Eigenschaften durch individuell erprobte Wärmebehandlungen möglich, wofür die Handbücher und vor allem die Stahlwerkskataloge die Rezepte angeben.

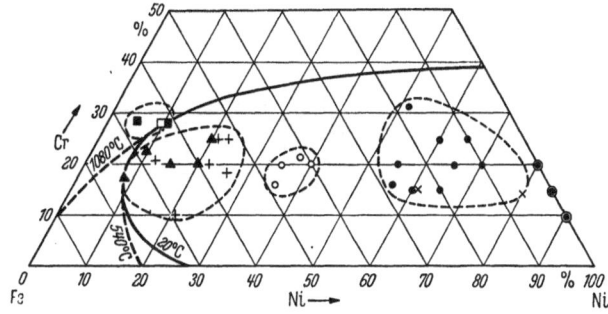

Abb. 340. Gebiet der rostfreien Stähle im Konzentrationsdreieck, n. BAIN, ABORN, SCHAFMEISTER, ERGANG

	Deutsche Legierung	Amerikanische Legierung
Binäre CrNi-Legierung	⊙	⊙
Eisenarme CrNiFe-Legierung	●	×
Eisenreiche CrNiFe-Legierung	○	
Austenitische Stähle	▲	+
Austenitisch-ferritische Stähle	■	□

Tab. 9 gibt einen kleinen Ausschnitt aus den zahlreichen Sorten der rostfreien und säurefesten Chromstähle. Die Zahlenangaben sind orientierende Mittelwerte und gelten bei entsprechender Wärmebehandlung.

Zur zweiten Hauptgruppe, den austenitischen Chrom—Nickel-Stählen, gehört der klassische V2A-Stahl von Krupp mit 18% Cr und 8% Ni, dessen hohe Korrosions-, Zunder- und Warmfestigkeit seinerzeit einen bedeutenden Entwicklungssprung in den Maschinenbauwerkstoffen bedeutete. Abb. 340 zeigt den Ausschnitt des Konzentrationsdreiecks des Systems Fe—Cr—Ni, in welchem die bis heute

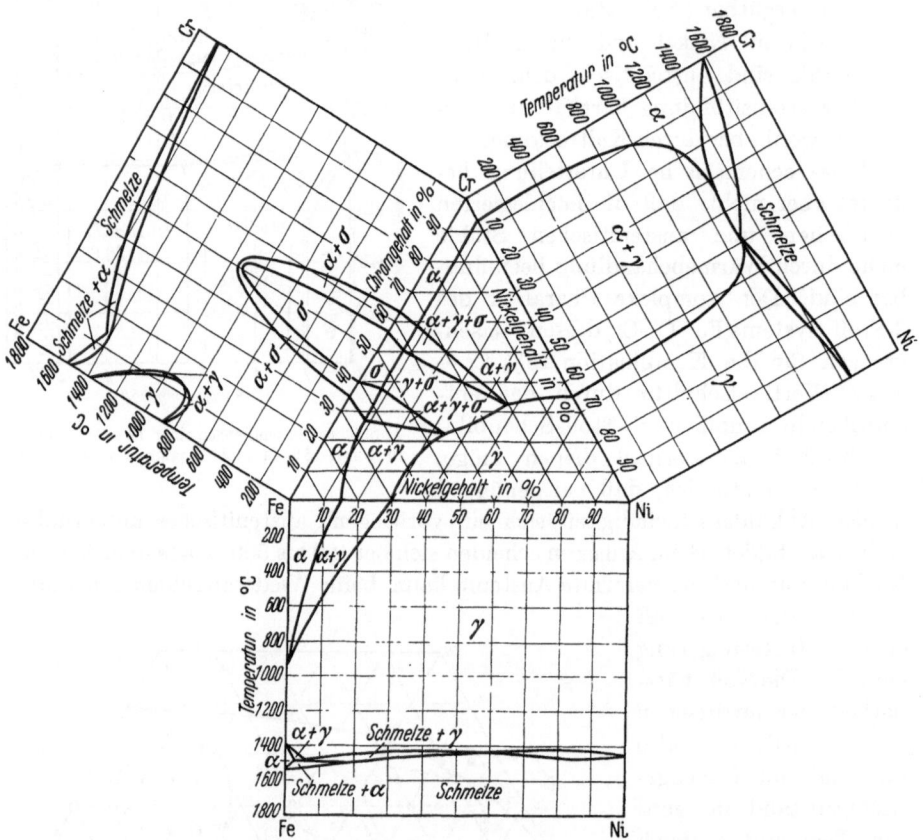

Abb. 341. Zustandsdiagramm Fe—Cr—Ni, n. Aborn, Bain u. a.

benützten Legierungen liegen. Es sind darin auch Grenzlinien des stabilen Austenitgebietes für verschiedene Temperaturen eingetragen, die jedoch wegen der sehr trägen Austenitumwandlung nur mit starker Unsicherheit gelten. Danach ist z.B. der 18—8-Cr—Ni-Stahl stabil rein austenitisch. Nach anderen Forschern wäre dies nicht der Fall, wie das vollständige Diagramm des Systems Fe—Cr—Ni (Abb. 341) zeigt.

Die in letzterem eingetragene σ-Phase, Fe_σ, des Systems Fe—Cr ist ein sprödes Fe—Cr-Metallid, dessen Anwesenheit im Gefüge unerwünscht ist. Tatsächlich und praktisch sind die rostfreien Cr—Ni-Stähle völlig austenitisch, da einerseits schon bei Luftabkühlung die allfällige Austenitumwandlung unterbleibt, andererseits auch hier, ebenso wie bei den Cr-Stählen, für die praktische Anwendung stets eine Wärmebehandlung mit rascher Abkühlung aus ~ 1100 °C vorgenommen wird.

Tabelle 9. *Rostfreie Cr-Stähle*

| | Hauptlegierungselemente in % | | | | | Gefügetyp F = Ferritisch M = Martensitisch | Wärmebehandlung W = Weichglühen H = Härte- bzw. Abschrecktemperatur A = Anlaßtemperatur | | | Festigkeitseigenschaften Angelassen bzw. weich | | | | Verwendungsbeispiele |
	C	Cr	Si	Mn	Sonstige		W °C	H °C	A °C	σ_S kg/mm²	σ_B kg/mm²	ψ %	HRC max (hart)	
1	0,1—0,25	4—6	0,5	0,5	≦1 Mo—W—Al—Cu	M—F	850	1000	650	100	125	60	—	Baustahl für Ölraffinerien
2	0,1	12—16	0,2	0,4	≦0,5 Ni	M—F	850	990	≦650	71	85	70	—	Dampfturbinenschaufeln bis 350 °C, Ventile
3	0,55—0,75	15—18	0,4	0,45	0,5 Mo	M—F	900	1020	≦230	175	190	3	55	Messer, chirurgische Instrumente
4	0,9—1,1	15—18	0,45	0,4	0,6 Mo 0,25 V	M	940	1020	≦150	—	—	—	62	Wälzlager
5	≦0,12	16—18	≦0,5	0,5	≦0,5 Ni	F	775	980	—	35	55	60—70	—	Säure- und hitzebeständige Bauteile aller Art ohne hohe Festigkeitsbeanspruchung im Apparatebau, Ofenbau usw.
6	≦0,35	23—30	≦0,5	0,5	≦0,5 Ni	F	850	900	—	35	60	45—65	—	

Tabelle 10. *Rostfreie Cr—Ni-Stähle*

| | Hauptlegierungselemente in % | | | | | | Festigkeit, kalt geglüht | | | Anwendungsbeispiele |
	C	Cr	Ni	Si	Mn	Andere	σ_S kg/mm²	σ_B kg/mm²	ψ %	
1	≦0,25	7—10	21—23	1,25—1,5	0,6—0,9	Cu 1—1,5	35—45	63—70	45—55	Fest gegen Seewasser, H_2SO_4, Öl Schiffsbau, Ölindustrie
2	0,08—0,2	17—19	7—9	≦0,75	≦0,6	—	21—25	60—67	70—75	Besonders als Blech- und Rohrmaterial im Apparatebau. Sehr korrosionsfest
3	≦0,25	19—21	24—26	2,25—3	0,5—0,7	—	31—35	63—77	35—45	Zunderfest, in hohen Temperaturen Ofenbau usw.
4	≦0,2	22—26	11—13	≦0,75	≦1,0	—	28—43	63—77	50—60	Gute Zugfestigkeit und Warmfestigkeit Ofenbau
5	≦0,25	24—26	19—21	0,7—4,5	0,5—0,7	—	32—39	70—77	0—60	Desgl. für Temperatur bis 1150 °C

Letztere ist vor allem für die Sicherung oder Erhöhung des Korrosionswiderstandes wichtig. Es muß nämlich verhindert werden, daß sich infolge zu träger Abkühlung aus dem Austenit Karbide an den Korngrenzen abscheiden, durch welche nicht nur die Zähigkeit, sondern auch der Korrosionswiderstand herabgesetzt würde infolge interkristalliner Korrosion.

Im übrigen ergibt das ternäre Diagramm, abgesehen von der Unsicherheit der Phasengrenzen, kein vollständiges Bild des Gefügeaufbaus, da ja der Kohlenstoff nicht mit berücksichtigt ist, so wenig wie die Eisenbegleiter Si und Mn.

Die korrosionsfesten Cr—Ni-Stähle werden mit je 8 bis 25% Cr und Ni legiert. Die hochlegierten Sorten kann man bereits den hitzebeständigen Stählen zurechnen.

Als Beispiele sind in Tab. 10 einige Legierungen mit ihren Festigkeitseigenschaften im geglühten Zustand bei Raumtemperatur angeführt, die aber durch Kaltreckung beträchtlich erhöht werden können.

3. Die *Chrom—Mangan*-Stähle wurden zwecks Einsparung des Nickels entwickelt. Sie haben nur im engen Legierungsbereich ihres rein austenitischen Gefüges, nämlich bei $\sim 0,1\%$ C und je 15% Cr und Mn, für den chemischen Apparatebau Bedeutung, weil sie einen bemerkenswert hohen Widerstand gegen schwefelhaltige Gase besitzen. Hierin sind sie den Cr—Ni-Stählen überlegen, hingegen beschränkt sich sonst ihr Korrosionswiderstand nur auf die Rostsicherheit gegen Wasser, Luft und HNO_3, ist also nicht so vielseitig wie derjenige der Cr—Ni-Stähle. Durch Stickstoffzusatz ließ sich die Austenitbeständigkeit verbessern.

b) Hochhitzebeständige und warmfeste Stähle. Die Entwicklung kalorischer Maschinen mit erhöhtem thermisch-energetischem Wirkungsgrad infolge hoher Arbeitstemperaturen, verbunden mit reduziertem Leistungsgewicht, war schon lange auf dem Papier durchgeführt, konnte aber mangels genügend hitzebeständiger und warmfester Baustoffe nicht verwirklicht werden. Erst durch die metallurgischen Fortschritte, die von den rostfreien Stählen ausgehend, durch Zusätze von Mo, Ti, Nb u. a., deren Eigenschaften erheblich verbesserten, konnte man an den Bau solcher Maschinen herangehen, deren Bauteile bei Rotglut funktionieren müssen. Die Entwicklung ist noch in vollem Gang und führte auch zu eisenarmen oder eisenfreien Sonderlegierungen, die dann nicht mehr als Stähle gelten können.

Die Anforderungen an hochhitzebeständige und warmfeste Stähle sind dreierlei Art: Sie müssen bei möglichst hohen Betriebstemperaturen 1. zunderfest gegen heiße Luft (Ofenbau!), überhitzten Dampf und auch eventuell gegen andere Agenzien (Verbrennungsgase der Verbrennungskraftmaschinen) sein; – 2. warmfest im Sinn eines kurzzeitigen Zerreißversuches und Wechselfestigkeitsversuches bei erhöhter Temperatur; – 3. kriechfest im Sinne der Dauerstandfestigkeit.

Jede dieser Eigenschaften nimmt mit zunehmender Temperatur- und Zeiteinwirkung ab, und zwar je nach Legierung verschieden. Da die Zunderfestigkeit eine Voraussetzung für jede Art von Dauerwarmfestigkeit ist, gibt das Verzunderungsverhalten einen ersten Maßstab für die Eignung bei der betreffenden Gebrauchstemperatur.

Als Maßzahl hierfür wird entweder die Oxydmenge pro Oberfläche in Abhängigkeit von der Temperatur- und Zeiteinwirkung herangezogen, die man durch

Wägung vor dem Versuch und nach Entfernung des Zunders nach beendeter Glühdauer ermittelt, oder die Gewichtszunahme pro Oberfläche, die sich durch Oxydation der Oberflächenschicht ergibt. Solche Maßzahlen sind nur vergleichbar,

wenn die Zusammensetzung und die Strömungsgeschwindigkeiten der korrodierenden Gase genau gleich waren, Bedingungen, die nicht immer leicht einzuhalten sind, weshalb solche Maßzahlen streuen.

Die entscheidende Komponente ist Chrom. Abb. 342 zeigt den Einfluß des Chromgehaltes in Cr-Stählen auf den Oxydationsverlust bei verschiedenen Glühtemperaturen und Glühdauer.

Den Zeiteinfluß auf die Zunderbildung zeigt Abb. 244. Die Temperaturgrenze, bei welcher die Oxydbildung nach längerer Zeitdauer praktisch zur Passivierung führt, ist in Abb. 245 in Abhängigkeit vom Chromgehalt

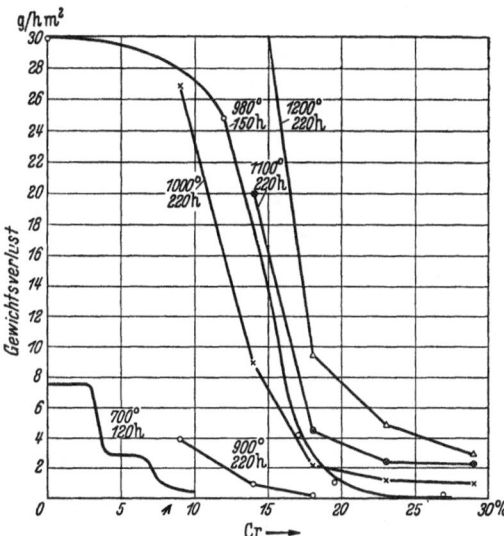

Abb. 342. Einfluß des Cr-Gehaltes, der Temperatur und der Zeit auf die Verzunderung von Cr-Stählen, n. HOUDREMONT, SCHOTTKY, RICKETT und WOOD

dargestellt, wodurch auch die Vorbedingung für die Verwendbarkeit des Stahles als warmfester Baustoff charakterisiert ist.

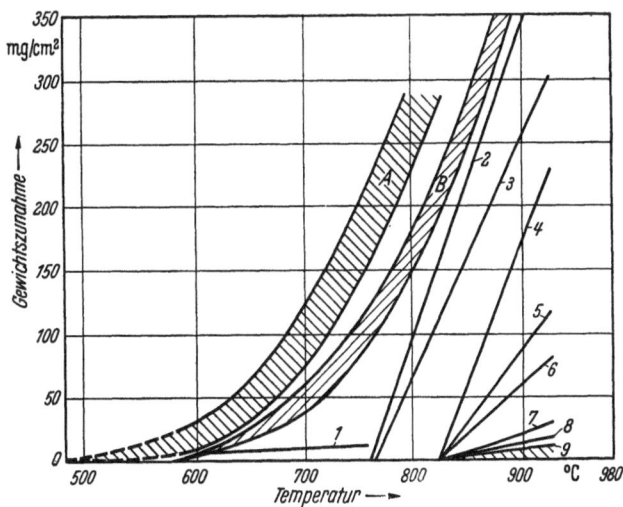

Abb. 343. Oxydation verschiedener Stähle, gemessen durch die Gewichtszunahme bei vierstündiger Einwirkung der verschiedenen Temperaturen, n. USS. — Legierungen: *Im Feld A*: Unlegierter C-Stahl sowie Cr —Mo-Stähle mit %-Sätzen: a) 2 Cr / 0,5 Mo, b) 22,5 Cr / 1,5 Mo, c) 1,75 Cr / 0,75 Mo / 0,75 Si. *Im Feld B*: a) 5 Cr / 0,75 Mo, b) 5 Cr / 0,5 Mo / Ti, c) 5 Cr / 0,5 Mo / Nb. *1*: 3 Cr / 0,5 Mo / 1,5 Si. — *2*: 9 Cr / 1 Mo. - *3*: 12 Cr / 0,5 Mo. — *4*: 12 Cr / Al. — *5*: 5 Cr / 0,5 Mo / 1,5 Si. — *6*: 17 Cr. — *7*: 18 Cr / 8 Ni. — *8*: 18 Cr / 8 Ni / Nb. — *9*: 18 Cr / 8 Ni, Mo, Ti

Im weiteren zeigt Abb. 343 die vergleichsweise Zunderbildung verschiedener Stähle nach 4 Stunden Glühdauer bei verschiedenen Temperaturen.

Für die Eignung als *dauerwarmfester* Baustoff ist, wenn die Oxydationsbeständigkeit gewährleistet ist, weiterhin das Festigkeitsverhalten im hohen Temperatur-

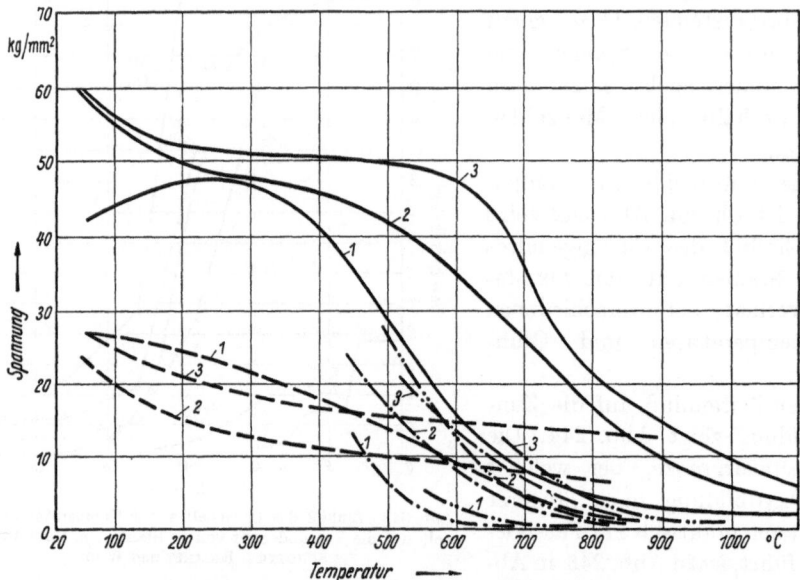

Abb. 344. Warmfestigkeit und Dauerstandsfestigkeit von unlegiertem und legiertem Stahl bei verschiedenen Temperaturen, n. ASTM. — Analyse in %:

	C	Mn	Si	P	S	Cr	Ni	Mo
Stahl 1:	0,08 — 2	0,3 — 0,8	≦ 0,25	≦ 0,045	≦ 0,06	—	—	—
Stahl 2:	≦ 0,08	≦ 2	≦ 0,75	≦ 0,03	≦ 0,03	18 — 20	8 — 11	—
Stahl 3:	≦ 0,1	≦ 2	≦ 0,75	≦ 0,03	≦ 0,03	16 — 18	11 — 14	2 — 3

——————— σ_B im Kurzzeitversuch,   – – – – – – – σ_S im Kurzzeitversuch,
—·—·—·—·— σ_B im Langzeitversuch bei 10000 Std. Belastung,
—··—··—··— σ_{KR} im Langzeitversuch bei Kriechgeschwindigkeit 0,0001 %/h = const

bereich maßgebend, und zwar werden zur möglichst vollständigen Charakterisierung in Abhängigkeit von der Temperatur herangezogen:

1. σ_S im Kurzzeitversuch; –

2. σ_B im Kurzzeitversuch; –

3. $\sigma_{B\,10000}$, d.h. die Spannung, die konstant wirkend nach 10000 Stunden zum Bruch führt; –

4. $\sigma_{KR\,0,0001}$, d.h. die Spannung, die zu einer konstanten Kriechgeschwindigkeit von 0,0001% pro Stunde führt.

In Abb. 344 sind für drei hitzebeständige Stähle, den normalen 18-Cr—8-Ni-legierten und einen ähnlichen, jedoch mit etwas Molybdänzusatz, diese vier Festigkeitswerte in Abhängigkeit von der Temperatur dargestellt und zum Vergleich auch die Werte für einen unlegierten Stahl.

Man erkennt den starken Einfluß des Molybdäns im Bereich der hohen Temperaturen sowie die ungenügende Streckgrenze des normalen 18/8-Cr—Ni-Stahles, die ihn als warmfesten Baustahl, z. B. für Gasturbinenschaufeln u. ä., ungeeignet macht.

In Abb. 345 sind für verschiedene legierte Stähle die Temperaturgrenzen angegeben, bei welchen ein und dieselbe Festigkeitseigenschaft besteht. Durch derartige Darstellungen bekommt der Konstrukteur einen raschen Überblick über die in Frage kommenden Stähle, wenn die Gebrauchstemperatur gegeben ist.

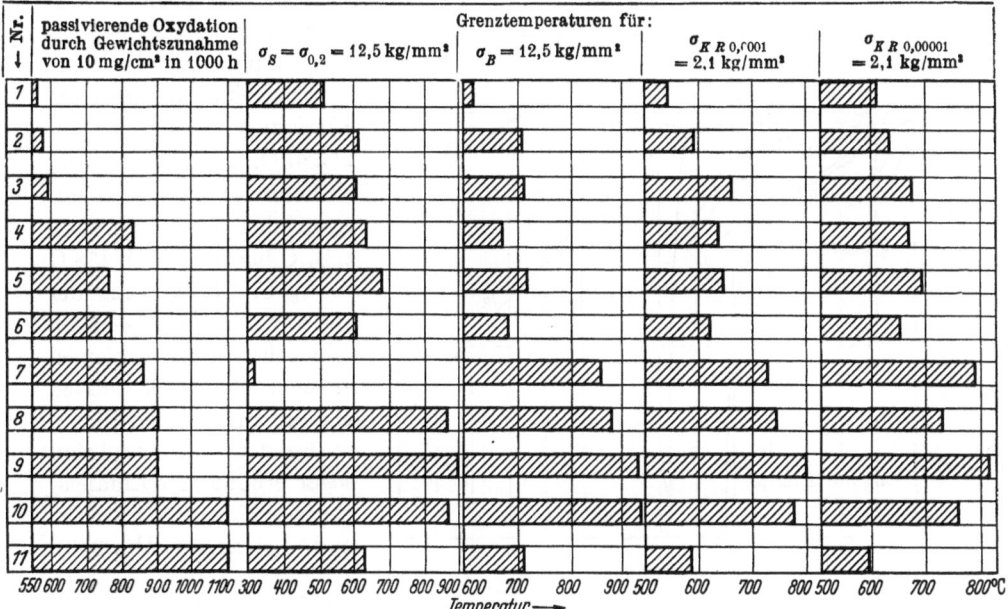

Abb. 345. Vergleichsweise Gegenüberstellung der Temperaturgrenzen für verschiedene Grenzspannungen verschiedener Stähle, n. ASTM. — Analyse in %:

Stahl Nr. 1: C,   Stahl Nr. 5: 9 Cr / 1 Mo,   Stahl Nr. 9: 18 Cr / 8 Ni / Mo,
Stahl Nr. 2: 0,5 Mo,   Stahl Nr. 6: 12 Cr,   Stahl Nr. 10: 25 Cr / 20 Ni,
Stahl Nr. 3: 2 Cr / 0,5 Mo,   Stahl Nr. 7: 18 Cr / 8 Ni,   Stahl Nr. 11: 27 Cr.
Stahl Nr. 4: 5 Cr / 0,5 Mo / 1,5 Si,   Stahl Nr. 8: 18 Cr / 8 Ni / Nb,

4.14.33. Magnetstähle

Man unterscheidet magnetisch weiche und harte Stähle. Die ersteren sollen sich unter der Wirkung eines äußeren Feldes leicht magnetisieren lassen, andererseits nach Verschwinden desselben wieder sofort unmagnetisch werden. Es sind dies die Baustoffe für Elektromagneten aller Art, charakterisiert durch hohe Remanenz und möglichst kleine Koerzitivkraft. Die magnetisch harten Stähle sollen umgekehrt nach erfolgter Magnetisierung einen möglichst intensiven, schwer zu beseitigenden Magnetismus beibehalten, charakterisiert durch hohe Remanenz und Koerzitivkraft, vor allem auch durch hohes $(\mathfrak{B} \cdot \mathfrak{H})_{max}$.

4.14.33.1. Magnetisch weiche Stähle

Die magnetisch weichen Stähle sind durch folgende technische Anforderungen charakterisiert:

1. Kleiner Hysteresisverlust H_v beim Ummagnetisieren und geringe Koerzitivkraft $\mathfrak{H}_c$; –

2. kleiner Wirbelstromverlust bei Änderungen des elektromagnetischen Feldes; –

3. hohe Anfangs- und Endpermeabilität, μ_o und μ_s, eventuell auch konstante Permeabilität bei geringer Feldstärke oder auch hohe Maximalpermeabilität μ_{max}; –

4. hohe Sättigung $\mathfrak{B}_{max}$; —

5. eventuell starke Änderung der Permeabilität mit der Temperatur.

Diese Forderungen stehen mitunter im Widerspruch. Um ein günstiges Kompromiß zu erreichen, sind verschiedene Legierungen entwickelt worden, vom reinen Eisen über die Siliziumstähle zu den Fe—Ni-Legierungen.

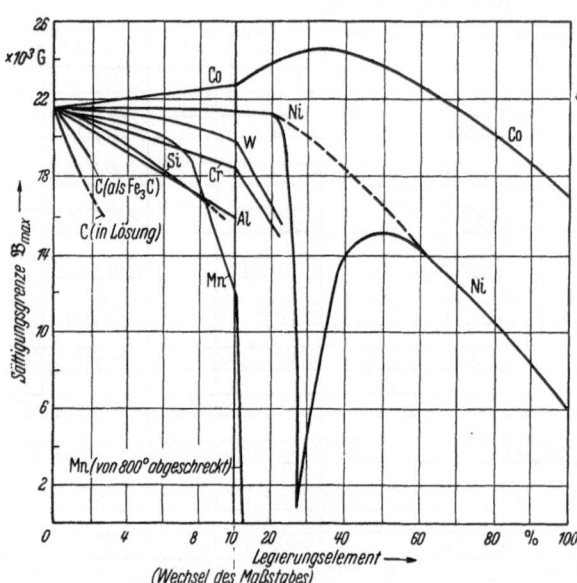

Abb. 346. Einfluß der Legierungselemente auf den magnetischen Sättigungswert von Stahl, n. Metals-Handbook

Für reines Eisen ist die Sättigungsgrenze $\mathfrak{B}_{max} = 21\,580$ G. Alle Legierungselemente außer Co erniedrigen den Sättigungswert, z. B. C bis zu 1% um 158 G je $1^0/_{00}$ C. Die Wirkung der anderen LE ist wesentlich schwächer, Ni hat in kleinen Mengen praktisch keinen Einfluß auf die Sättigung, während Co die Induktion sogar erhöht. Die Anfangspermeabilität wird durch Si und Ni gesteigert (Abb. 346).

Für reines Eisen (99,95%) ist $\mu_{max} \sim 100\,000$, H_v bei $\mathfrak{B} = 10\,000$ G etwa 100 erg/cm³.

Der C-Gehalt beeinflußt stark die *Hysteresisverluste* (Abb. 347), ebenso haben alle Verunreinigungen einen nachteiligen Einfluß. Reinstes Eisen wäre hinsichtlich H_v das ideale Material. Es hat aber einen so geringen elektrischen Leitwiderstand, daß dadurch relativ hohe *Wirbelstromverluste* entstehen, wodurch wiederum die technische *Verlustziffer* (= Hysteresis + Wirbelstromverlust) ungünstig wird. Der elektrische Widerstand von Fe wird insbesondere durch Si erheblich erhöht, weshalb dieses dem Magnetweicheisen zugesetzt wird, um günstige Verlustziffern zu erhalten. Si macht außerdem das Eisen ferritisch und verhindert dadurch die Bildung von Fe_v beim Glühen und somit eine Umkristallisation. Durch Glühen kann andererseits *Grobkorn* erreicht werden, das für die magnetischen

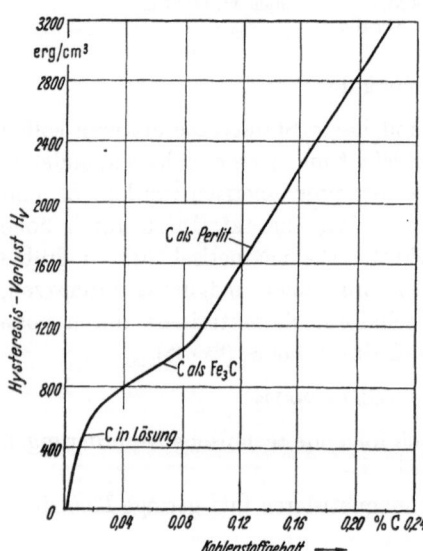

Abb. 347. Einfluß des C-Gehaltes auf den Hysteresisverlust des Stahles (reines Eisen + C). $\mathfrak{B} = 10\,000$ G, n. Metals-Handbook

Eigenschaften günstig ist (Abschn. 3.31.2), freilich dabei das Material versprödet. Um die mechanischen Eigenschaften nicht zu sehr zu verschlechtern, begnügt man sich deshalb mit $\leq 4,5\%$ Si. Ein anderer Nachteil des Si ist, daß es stabile Oxyde bildet, durch welche die magnetischen Eigenschaften wiederum verschlechtert werden. Grobkörniges, Si-legiertes, gut desoxydiertes Eisen ist das übliche Material für die *Dynamo-* und *Transformatorenbleche.* Mit Al ließen sich die gleichen günstigen Wirkungen erreichen, jedoch sind dort nachteilige Oxydeinschlüsse so schwierig zu vermeiden, daß man Fe—Al-Legierungen technisch nicht anwendet. Die Spulenkerne werden als Blechpakete konstruiert, um den Wirbelströmen einen hohen Widerstand entgegenzusetzen.

Normales Dynamo- und Transformatorenblech mit 4% Silizium ist etwa durch folgende Werte charakterisiert:

$V_{10} = 3,6$ [Watt/kg].

$\mathfrak{B}_{max} = 19\,800$ G bei einer Feldstärke von 300 Oe. Bei höherlegierten Blechen läßt sich V_{10} bis auf 1,3 Watt/kg herabdrücken.

Die Sättigungsgrenze läßt sich durch Zulegieren von Co etwas steigern.

Während für die Bedürfnisse der Starkstromtechnik in erster Linie das silizierte Material, gekennzeichnet durch hohe Sättigung und zugleich niedrige Verlustziffern, in Frage kommt, finden in der Schwachstromtechnik vor allem die weichen Magnetstoffe des Systems Fe—Ni Anwendung, die neben niedrigerem Hysteresisverlust durch hohe Anfangs- und Maximalpermeabilität gekennzeichnet sind, während ihre Sättigungsgrenze tiefer liegt.

Die Nickelzulegierung beeinflußt die $\gamma-\alpha$-Transformation und dadurch die Curietemperatur in drastischer Weise, da Fe_γ unmagnetisch ist (Abb. 307). Im Gebiet bis ~ 30% Ni sinkt die A_1- und A_3-Grenze, bei höherem Ni-Gehalt ($> 34,4\%$) ist das Eisen auch bei Tieftemperaturen völlig austenitisch. Mit der Senkung der Umwandlungsgrenzen $\gamma \leftrightarrows \alpha$ rücken aber zugleich die A_c- und A_r-Temperaturen sehr stark auseinander. Zunächst, bei 0% Ni, fällt A_1 und A_3 zusammen, analog dem Fe—C-Diagramm.

Beim Erwärmen folgt A_{c1} der Kurve $G—A$, A_{c3} der Kurve $G—B$. Im Feld GAB existieren deshalb Fe_α und Fe_γ gemeinsam.

Beim Abkühlen hingegen folgt A_{c3} der Kurve $G—C$, A_{r1} der Kurve $G—D$, so daß jetzt das Austenitfeld wesentlich nach unten erweitert ist. Entsprechend tritt auch für die Curietemperaturen A_{c2} und A_{r2} je nach Erwärmen oder Abkühlen eine große Temperaturhysteresis in Erscheinung.

Der Ferromagnetismus des Eisens verschwindet bei 28% Ni vollständig, es bleibt nur dessen Paramagnetismus bestehen, der aber so schwach ist, daß die Legierung technisch als antimagnetisch bezeichnet werden kann.

Mit steigendem Ni-Gehalt tritt aber der Ferromagnetismus des Ni nebst zugehöriger Curietemperatur θ_{Ni} in Erscheinung, so daß die Legierung bei Raumtemperatur wieder ein Magnetwerkstoff wird.

Die Legierungen mit $\leq 28\%$ Ni sind die *irreversiblen,* die $\geq 28\%$ die *reversiblen, leicht magnetisierbaren* Fe—Ni-Legierungen; ihre magnetischen Eigenschaften, die vom Nickelgehalt und thermischen Behandlungen abhängen, haben eine starke Variationsbreite, die zum Teil ungewöhnliche Hysteresisschleifen ergeben. Bei einigen Sorten werden Cu, Mn, Cr, Mo oder Al hinzulegiert. Eigenartige starke Effekte auf die magnetischen Eigenschaften werden auch durch magnetothermische Behandlungen, d.h. Glühen und Abkalten in Magnetfeldern, erreicht (Abschn. 4.14.44).

Abb. 348 zeigt den Einfluß des Nickelgehaltes auf die Sättigungsgrenze bei verschiedenen Feldstärken.

Die reversiblen Legierungen gewinnen ihre hohe Anfangs- und Maximalpermeabilität durch rasches Abkalten aus der Curietemperatur, während durch langsames Abkalten dieser Effekt nicht entsteht (Abb. 349). Hierbei werden die Bestwerte bei 78,5% Ni erreicht; diese Legierung erhielt seinerzeit den Namen „*Permalloy*", jedoch wird diese generelle Bezeichnung heute auch für mehrere modifizierte Legierungen mit ähnlicher Charakteristik angewendet.

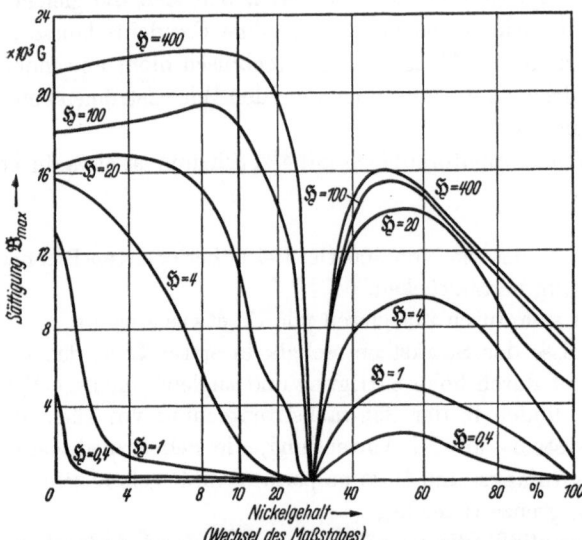

Abb. 348. Einfluß des Nickelgehaltes auf die Sättigungsgrenzen $\mathfrak{B}_{mnx}$ von Fe—Ni-Legierungen bei verschiedenen Feldstärken $\mathfrak{H}$, n. Metals-Handbook

Die höchste Sättigung der reversiblen Legierungen wird mit 50% Ni erreicht (Abb. 348), deren weitere Eigenschaften durch eine Glühbehandlung bei 1000÷1200 °C in Wasserstoff noch verbessert werden und die, wie alle diese weichen Sonderlegierungen, ihren Markennamen, „*Hipernik*", erhalten hat.

Abb. 350 zeigt vergleichsweise die Permeabilitätsfunktion μ ($\mathfrak{B}$) für Permalloy, Hipernik und normales Si-legiertes Transformermaterial.

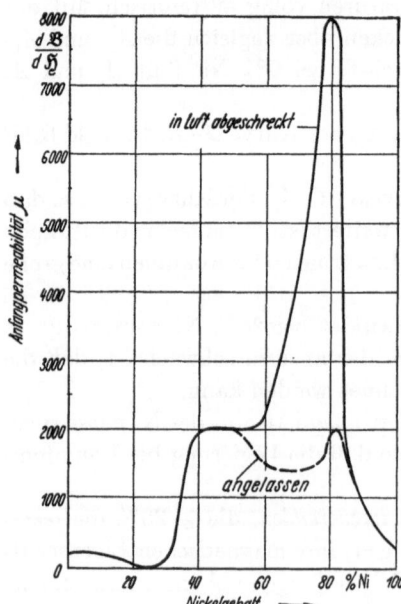

Abb. 349. Einfluß des Nickelgehaltes und der Wärmebehandlung auf die Anfangspermeabilität von Fe—Ni-Legierungen, n. Metals-Handbook

Den geringen Hysteresisverlusten, verbunden mit erhöhtem elektrischem Leitwiderstand, entsprechen geringe Verlustziffern, bei Hipernik z.B. V_{10} nur = 0,3 Watt/kg, weshalb derartiges Material für Spezialtransformer, wie z.B. Stromwandler, in Frage kommt.

Die nachstehende Tabelle gibt zum Vergleich mit unlegiertem, aber besonders niedrig gekohltem Eisenblech (Armco, Abschn. 4.14.22) und 4%igem Siliziumstahl einige charakteristische Werte solcher

Bezeichnung	% Ni	% Cr	% Mo	μ_0	μ_{max}	$\mathfrak{B}_{max}$ G	$\mathfrak{B}_R$ G	$\mathfrak{H}_c$ Oe	$\mathfrak{H}_v$ erg/cm³
Armcoeisen	—	—	—	250	7000	22000	13000	1,0	5000
4%ig. Si-Eisen	—	—	—	600	6000	20000	12000	0,5	3500
Permalloy	78,5	—	—	10000	105000	10700	6000	0,05	200
Permalloy	78,5	3,8	—	12000	62000	8000	4500	0,05	200
Permalloy	—	—	3,8	20000	75000	8500	5000	0,05	200
Hipernik	50	—	—	4500	100000	16000	8000	0,03	100

weicher Magnetlegierungen auf Fe—Ni-Basis, wie sie in großer Auswahl, jede mit besonderer Charakteristik und zumeist unter besonderen Markennamen, zur Verfügung stehen.

Neben den magnetisch weichen Werkstoffen mit der allgemeinen Charakteristik: hohe Werte für μ_0 und $\mathfrak{B}_{max}$, niedrige für $\mathfrak{H}_c$ und $\mathfrak{H}_v$, wurden für die Spezialzwecke der Fernmeldetechnik noch solche entwickelt, mit

1. möglichst *konstanter* Permeabilität in einem großen Bereich der Induktion oder

2. mit stark *temperaturabhängiger* Permeabilität.

Zur ersteren Gruppe gehören Legierungen des Systems Fe—Ni—Co ± Mo, z.B. „*Perminvar*" mit 20 bis 75% Ni, 5 bis 40% Co + eventuell Mo, sowie des Systems Fe—Ni mit 40 bis 55% Ni, die einer magnetothermischen Behandlung (Abschn. 4.14.44) unterzogen werden. Bei anderen Sorten des Systems Fe—Ni—Cu (z.B. 45 bis 50% Fe, 40 bis 45% Ni, 5 bis 15% Cu) mit dem Gattungsmarkennamen „*Isoperm*" wird die konstante Permeabilität durch eine Kombination von Glühprozessen mit Kaltreckung erreicht. Dabei konnte $\mu = \text{const} \sim$ 50 bis 60 über einen Bereich von $\mathfrak{H} = 0$ bis $\mathfrak{H} = 100$ Oe erreicht werden. Dieser Effekt wird vermutlich durch submikroskopische Cu-Aus-

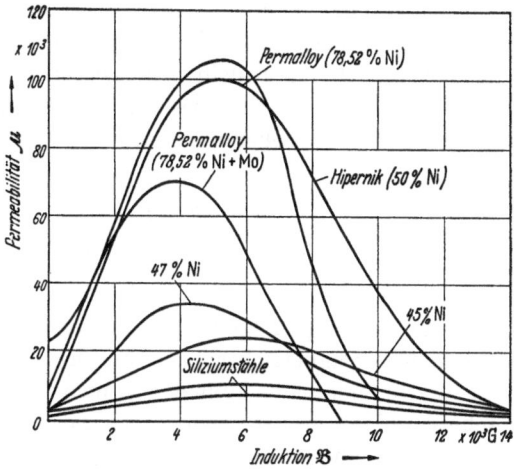

Abb. 350. Permeabilität verschiedener weicher Magnetwerkstoffe in Abhängigkeit von der Induktion, n. Metals-Handbook

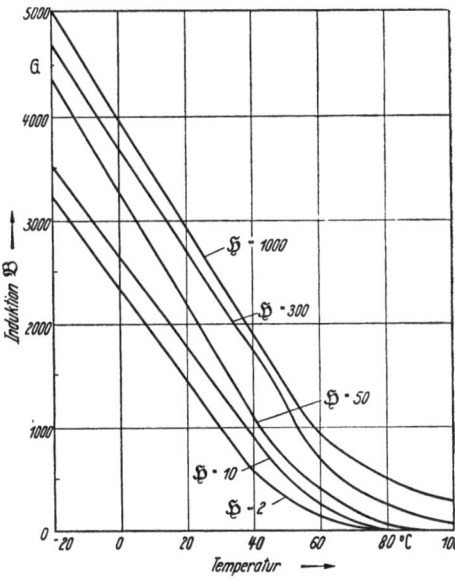

Abb. 351. Temperaturabhängigkeit der Induktion bei verschiedenen Feldstärken der Fe—Ni-Legierung „Thermoprem" (30% Ni), n. Metals-Handbook

scheidungen (s. Abschn. 4.43.1) bewirkt, die eine bevorzugte Orientierung des Fe—Ni-Gitters zur Folge haben.

Zur zweiten Gruppe gehören zwei Typen, aus dem System Ni—Cu (z.B. ~ 70% Ni, ~ 30% Cu + geringer Beimischungen) und aus dem System Fe—Ni (z.B. 30 bis 40% Ni + etwas Mn, Cr und Si). Abb. 351 zeigt die starke Temperaturabhängigkeit der Induktion in verschiedenen Feldstärken für die Legierung „*Thermoprem*" mit 30% Ni.

Die Entwicklung der magnetisch weichen Legierungen ist keineswegs abgeschlossen, und die vorstehenden Beispiele sind nur eine kleine Auswahl der vielen, meist unter besonderen Markennamen bisher entwickelten Sorten. Welche unerwarteten Möglichkeiten allein mittels besonderer thermischer, magnetothermischer und Kaltreckbehandlungen bestehen, zeigt ein Einblick in die außerordentlichen Wirkungen solcher Behandlungen.

4.14.33.2. Die Wirkung von thermischen, Kaltreck- und magnetothermischen Behandlungen

Durch Wärmebehandlungen, durch Kaltreckung oder durch magnetothermische Behandlungen können sich unter Umständen die magnetischen Eigenschaften ferromagnetischer Legierungen um das Tausendfache und mehr ihrer Zahlenwerte ändern. Es können also unerwartete, in keiner Weise vorhersehbare, geschweige den vorausberechenbare Änderungen der Grundwerte μ, μ_0, $\mathfrak{B}$, $\mathfrak{B}_R$, $\mathfrak{H}_c$, $\mathfrak{H}_v$ bei ein und derselben Legierung in Erscheinung treten. Die Forschung ist auf diesem Gebiet auf zufällige Entdeckungen angewiesen. Neue Magnetstoffe mit Höchstwerten für die eine oder andere Eigenschaft wurden und werden durch geduldiges Experimentieren geschaffen. Die zahlreichen Versuche auf diesem Gebiet gleichen deshalb mehr den klassischen Forschungsreisen in unbekannten Kontinenten als einer auf bekannte Theorien gestützten Forschung.

a) Thermische Behandlung. Der Einfluß einer einfachen thermischen Behandlung wird am deutlichsten dadurch ersichtlich, daß die Hysteresisschleife unlegierter Stahlmagnete sich durch Härten stark verändert (Abb. 352). Die Koerzitivkraft steigt auf den mehrfachen Betrag. Erst durch das Härten und die Martensitbildung gewinnt unlegierter Stahl die technische Eigenschaft eines *permanenten* Magne-

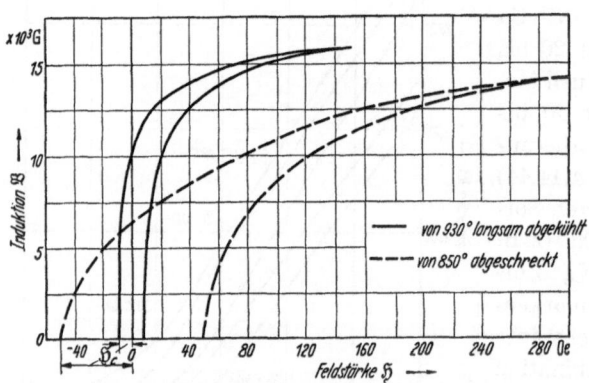

Abb. 352. Hysteresisschleife eines eutektoiden Stahles im gehärteten und im geglühten Zustand, n. CHRISTEN

ten. Analog erfahren manche Eigenschaften weicher und harter Ferromagnetika eine Verbesserung durch geeignete Wärmebehandlungen, die allgemein das Gefüge verändern, sei es im äußeren strukturellen, sei es im atomaren Aufbau.

Die durch längeres Hochtemperaturglühen erreichte Grobkornbildung der weichen
Fe—Si-Legierung (Abschn. 4.14.44) ist ein weiteres Beispiel, desgleichen die
Beeinflussung von μ_0 durch die Abkühlgeschwindigkeit der Fe—Ni-Legierungen
(Abb. 349).

b) Kaltreck- und Glühbehandlung. Abb. 353 zeigt den Unterschied der Hysteresisschleife einer Permalloy(Fe—Ni)-Legierung im kaltgereckten Zustand und
nach richtiger Wärmebehand-
lung.

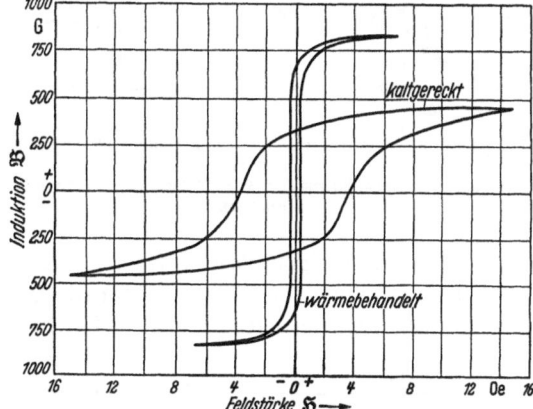

Die Sondereigenschaft möglichst konstanter Permeabilität
erhält z.B. die erwähnte Legierung „Isoperm" erst dadurch, daß sie zunächst kräftig
kalt gewalzt und anschließend
weich geglüht wird.

**c) Magnetothermische Be-
handlung.** Diese Behandlung
umfaßt ein erstes Glühen, erstes
Abkühlen, ein zweites Glühen,
und anschließend ein *Abkalten*
(langsam oder schnell) *in einem
äußeren Magnetfeld*, wodurch

Abb. 353. Hysteresisschleifen von Permalloy nach Kaltreckung
und richtiger Wärmebehandlung, n. CHRISTEN

je nach Legierung besonders drastische Änderungen der Magnetisierungsschleife
bei der nachfolgenden Magnetisierung eintreten. Zugleich werden die magnetischen Eigenschaften anisotrop, bzw. sie fallen verschieden aus, je nachdem,
ob das Magnetfeld während der Abkaltung zum Magnetfeld für die anschließende
Magnetisierung gleich- oder quergerichtet war.

Der magnetothermische Effekt wurde zuerst an weichen Ferromagnetika entdeckt, anschließend auch an manchen harten Stoffen gefunden und trug dann

wesentlich zur sprunghaften Entwicklung
immer besserer ferromagnetischer Werkstoffe bei.

Das Ausmaß des Effektes läßt sich am
besten an Hand der ersten Entdeckungen
zeigen. Es wurde an Fe—Ni—Co-Legierungen festgestellt, daß deren maximale Permeabilität beispielsweise von 5000 auf
300000 oder von 20000 auf 600000 gesteigert wurde.

Abb. 354 zeigt die Abhängigkeit von μ_{max}
der Fe—Ni-Legierungen von der Art der
Wärmebehandlung.

Abb. 355 zeigt die Hysteresisschleifen
für ein Permalloy mit 65% Ni bei normaler
Abkühlung aus 1000 °C und bei einer solchen im Magnetfeld. Bemerkenswert ist

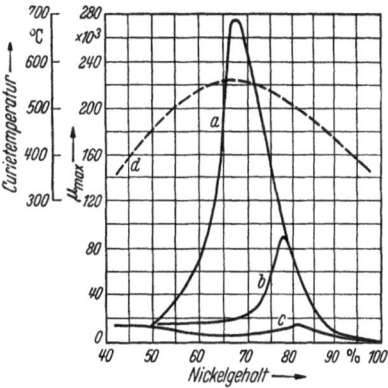

Abb. 354. Maximalpermeabilität und Curlepunk-
te von Eisen—Nickel-Legierungen, verschieden
abgekühlt, nach Glühen bei 1000 °C:
a = langsame Abkühlung im Feld, b = rasche
Abkühlung, c = langsame Abkühlung, d = Curie-
punkte, n. DILLINGER und BOZORTH

dabei, daß beim magnetothermisch behandelten Material die plötzliche, unstetige Änderung der Induktion mit einer starken zeitlichen Verzögerung auftritt, etwa erst eine Minute nachdem das zugehörige Feld $\mathfrak{H}_c$ angelegt ist.

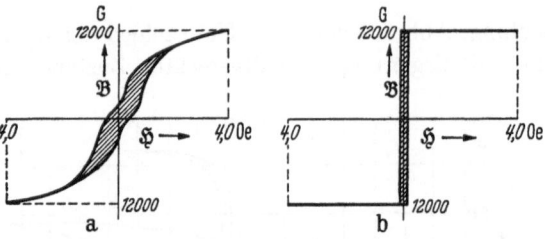

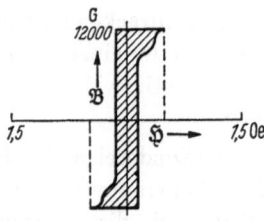

Abb. 355a u. b. Hysteresisschleifen von Permalloy 65, abgekühlt aus 1000 °C: a) normal, b) in einem Magnetfeld $\mathfrak{H} = 10$ Oersted, n. DILLINGER und BOZORTH

Abb. 356. Hysteresisschleife einer Legierung % Fe = 25, Ni = 60, Co = 15 nach magnetothermischer Behandlung n. DILLINGER u. BOZORTH

Einige weitere eigenartige Formen der Hysteresisschleife nach magnetothermischer Behandlung zeigt Abb. 356 für die Legierung 25% Fe, 15% Co, 60% Ni und Abb. 357 für eine solche mit 20% Fe, 70% Co und 10% Ni.

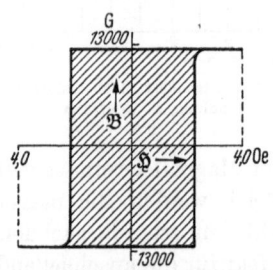

Abb. 357. Hysteresisschleife einer Legierung % Fe = 20, Ni = 10, Co = 70 nach magnetothermischer Behandlung, n. DILLINGER und BOZORTH

Bemerkenswert ist ferner der Widerstand derart magnetisierter Legierungen gegen völlige Entmagnetisierung. Trotz der sehr geringen Koerzitivkraft gelingt es bei vertikal ansteigender Magnetisierungskurve nicht, das Material wieder völlig zu entmagnetisieren.

Die Glühtemperatur vor der zweiten, magnetothermischen Behandlung beeinflußt das μ_{max} einer 65%igen Permalloylegierung überaus stark (Abb. 358).

Vom gleichen Material ergibt sich nach dem Glühen bei 1400 °C und normalem Abkalten die ungewöhnliche Hysteresisschleife nach Abb. 359a, desgleichen nach dem zweiten Abkalten aus 650 °C im Magnetfeld die Form nach Abb. 359b, wobei ein $\mu_{max} \doteq 600000$ erreicht wurde und $\mathfrak{H}_c$ auf 0,012 Oe, $\mathfrak{H}_v$ auf 50 erg/cm³ sank.

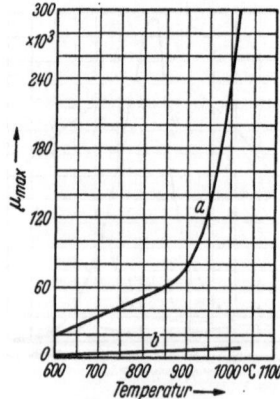

Abb. 358. Einfluß der Glühtemperatur vor der magnetothermischen Abkühlung auf μ_{max} Permalloy 65: a im Magnetfeld abgekühlt, b ohne Magnetfeld abgekühlt, n. DILLINGER und BOZORTH

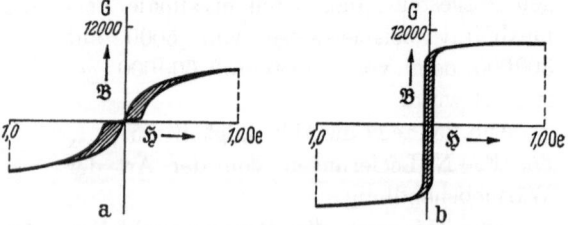

Abb. 359a u. b. Hysteresisschleifen von Permalloy 65: a) nach 18 h Glühen bei 1400 °C normal abgekühlt, b) desgl. und anschließend auf 650 °C erwärmt und im Magnetfeld abgekühlt, n. DILLINGER und BOZORTH

Ein extremer Anisotropieeffekt ist aus Abb. 360 ersichtlich. Die Schleife a) entstand, wenn das Feld für die magnetothermische Behandlung dem späteren Magnetisierungsfeld parallel, die Schleife b), die ein praktisch antimagnetisches Material verrät, wenn sie quergerichtet war.

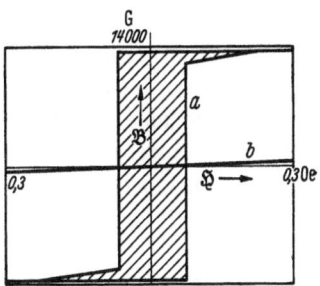

Abb. 360. Anisotropieeffekt der magnetothermischen Behandlung von Permalloy: a Hysteresisschleife bei Parallelrichtung des Abkühlfeldes zum späteren Magnetisierungsfeld, b desgl. bei Querrichtung, n. DILLINGER und BOZORTH

Während die erwähnten klassischen Entdeckungen an weichen Magnetika des Systems Fe—Ni oder Fe—Ni—Co gemacht wurden, wurden ähnliche starke Effekte anschließend auch bei manchen magnetisch harten Legierungen festgestellt. Ihre theoretische Begründung, die noch nicht abgeschlossen ist, weist auf den Zusammenhang mit den Phänomenen der Magnetostriktion hin, die auf der Verknüpfung der Ausrichtung der Elementarmagnete mit den Gitterparametern bzw. Volumenänderungen beruhen, welche einerseits mechanisch, durch Reckung, andererseits unter dem Einfluß des Magnetfeldes beim Abkühlen eintreten kann, wo infolge der hohen Temperatur eine derartige Ausrichtung leichter vor sich geht als bei Raumtemperatur.

4.14.33.3. Magnetisch harte Stähle

Remanenz, Koerzitivkraft, die magnetische Nutzenergie und der Gütegrad für die permanenten Magneten sind innerhalb kurzer Zeit durch Entdeckungen neuer Legierungen und die Anwendung thermischer und magnetothermischer Behandlungen in ungewöhnlichem Ausmaß gesteigert worden. Anschließend an die Entdeckungen konnten auch theoretische Begründungen für die Eigenschaftsverbesserungen aufgestellt werden, die letztendlich zu einer gemeinsamen Ursache für die Koerzitivkraft der Ferromagnetika führen, die man als eine „Verriegelung der Parallelorientierung der WEISSschen Elementarmagnete durch elastische Gitterspannungen" bezeichnen kann.

Die Spannungsverriegelung der Elementarmagnete und deren Erzeugung. Die Elementarmagnete lassen sich durch ein äußeres Feld in diskreten Richtungen parallel orientieren. Nach dessen Verschwinden wird diese Orientierung teilweise beibehalten, was sich als Remanenz auswirkt. Es existieren zweierlei elastische Kräfte, die einer Rückorientierung in den Ausgangszustand der Elementarmagnete entgegenwirken: Die erste Art ist in der magnetischen Anisotropie des Gitters selbst begründet. Diese Kräfte sind schwach und für permanente Magnete bedeutungslos. Wichtig ist die zweite Kategorie, die durch innere Spannungen des Gitters hervorgerufen wird. Diese Spannungen wiederum können durch drei verschiedene Ursachen hervorgerufen sein: 1. Kaltreckung; — 2. Martensithärtung; — 3. Ausscheidungshärtung (Abschn. 4.43.1). Wegen Auswirkungen der Kaltreckung und der Martensithärtung s. Abb. 353 und 352.

Für die permanenten Magnetstoffe erzeugt man die Spannungen praktisch durch Martensit- oder Ausscheidungshärtung, wodurch sich die Legierungssorten in zwei Gruppen unterteilen lassen, C-haltige, martensitische Legierungen und C-arme, durch Ausscheidung strukturell gehärtete.

Die Spannungen selbst lassen sich durch die (positive oder negative) Magnetostriktion erklären. Letztere verursacht bei freier Auswirkung eine Längenänderung $\frac{\Delta l}{l} = \varepsilon$, die bei Sättigung mit ε_s bezeichnet sei. Wenn nun ein Elementarmagnet in einer bevorzugten Richtung durch eine äußere Spannung σ_a oder eine Härtespannung σ_i festgehalten ist, so muß für eine Umorientierung oder Rückorientierung eine magnetische Arbeit von mindestens $\sigma \cdot \varepsilon_s$ [erg/Vol] geleistet werden. Ist $\mathfrak{J}$ die Intensität der Magnetisierung im Stoff unter der Wirkung des äußeren Feldes $\mathfrak{H}$, so ist

$$\mathfrak{H} \cdot \mathfrak{J} = \sigma_i \, \varepsilon_s \; \text{const.}$$

$$\left(\text{Es ist } \mathfrak{J} = \frac{\mathfrak{B} - \mathfrak{H}}{4\pi} \text{ oder auch } \mu = \frac{\mathfrak{B}}{\mathfrak{H}} = 1 + 4\pi \, \frac{\mathfrak{J}}{\mathfrak{H}} \cdot \right)$$

Es ließ sich daraus die Beziehung

$$\mathfrak{H}_c = \frac{3}{2} \cdot \frac{\varepsilon \cdot \sigma_i}{\mathfrak{J}_\infty} \, p_c$$

ableiten, wobei

$\mathfrak{J}_\infty$ die Intensität für $\mathfrak{H} = \infty$ bedeutet (wahre maximale Sättigung) und p_c ein Faktor ist, der von der Verteilung der inneren Spannungen abhängt.

Die Theorie weist nach, daß das Maximum für $\mathfrak{H}_c$ davon abhängt, daß die submikroskopischen, feindispersen Partikel der Ausscheidungshärtung einem Optimalwert nahekommen, der seinerseits von der Legierung abhängt.

Daraus ergibt sich: Damit eine hohe Koerzitivkraft entstehen kann, müssen in einem Gitter hoher Magnetostriktion hohe innere Spannungen mit optimaler Verteilung vorhanden sein, die andererseits seine Kohäsionsfestigkeit nicht übersteigen dürfen, welch letztere in der Größenordnung von beispielsweise 100 bis 150 kg/mm² liegen möge. Somit kann $\mathfrak{H}_c$ einen Maximalwert nicht übersteigen.

Andererseits läßt sich auch $\mathfrak{B}_R$ nicht über einen Maximalwert steigern, der bei etwa $\mathfrak{B}_R = \frac{1}{2} \, \mathfrak{B}_{\max}$ liegt, wobei der erreichbare Sättigungshöchstwert durch Zulegieren von Co zu Fe gegeben ist (Abb. 346).

Die erwähnte optimale Spannungsausbildung im Gefüge bzw. Gitter läßt sich bei den C-freien, strukturell durch Ausscheidung gehärteten Legierungen besser erreichen als bei den martensitischen und führt deshalb zu wesentlich höheren Koerzitivkräften.

Eine wesentliche Verbesserung des Gütegrades bzw. der Nutzenergie $(\mathfrak{B} \cdot \mathfrak{H})_{\max}$ wird durch die magnetothermische Behandlung erreicht, allerdings auf Kosten der Isotropie.

Die Ausrichtung der Elementarmagnete erfolgt hier in der Wärme, im plastischen Zustand. Die Magnetostriktion hat deshalb keine inneren Spannungen zur Folge. Nach der Abkühlung bilden sich orientierte elastische Spannungen aus, in der bevorzugten magnetischen Richtung.

Die Ausrichtung in der Wärme wird um so leichter oder intensiver vor sich gehen, je höher die Temperatur ist. Da jene aber durch ein äußeres Magnetfeld erfolgt, muß die Curietemperatur der betreffenden Legierung hoch liegen, d.h., die Legierung muß im plastisch spannungsfreien Zustand noch magnetisierbar sein.

4.14.33.4. Die wichtigsten harten Magnetsorten

Dem Konstrukteur stehen zahlreiche legierte Magnetstähle zur Verfügung, die oft Markenbezeichnungen erhalten haben und deren Eigenschaften im einzelnen mit oder ohne Legierungsanalyse in den Handbüchern und Prospekten des Lieferanten angegeben sind. Dabei ist darauf zu achten, daß die Werte von $\mathfrak{B}_R$, $\mathfrak{H}_c$ usw. bisweilen als Maximalwerte, bisweilen als Mittelwerte mit oder ohne Toleranz angegeben werden.

Sie lassen sich in 3 Hauptgruppen nebst Untergruppen einteilen.

a) Martensitische Stähle. Ausgehend vom unlegierten Stahl mit etwa 1% C als Basis, kann man etwa einteilen in

1. Chromstähle, charakterisiert durch $1 \div 7\%$ Cr mit oder ohne weitere Zusätze von etwas W, Mo oder Co; –

2. Wolframstähle, mit $5 \div 7\%$ W $\pm$ etwas Cr; –

3. Kobaltstähle mit $5 \div 40\%$ Co $+ 1,5 \div 11\%$ Cr, etwas Mo und bisweilen auch einige Prozent W.

Diese Stähle lassen sich in Formen gießen, im weichgeglühten Zustand bearbeiten, im warmen Zustand plastisch verformen (schmieden, walzen). Der allgemeine Herstellungsgang ist: Gießen – Glühen – Bearbeiten – Härten (Öl oder Wasser, je nach Legierung) – Schleifen – Magnetisieren. *Ihr Magnetismus ist isotrop.*

Durch den Co-Zusatz wird vor allem $\mathfrak{H}_c$ und $(\mathfrak{B} \cdot \mathfrak{H})_{max}$ stark erhöht. Ist $\mathfrak{H}_c'$ die Koerzitivkraft ohne und $\mathfrak{H}_c''$ mit Co, so gilt annähernd:

$$\mathfrak{H}_c'' = \mathfrak{H}_c'(1 + 0,056 \cdot \% \, \text{Co}).$$

Die nachstehenden Zahlenwerte geben einen Anhaltspunkt für die magnetischen Eigenschaften der martensitischen Magnetstähle:

Typus→ %	C	Cr	W	Mo	Co	$\mathfrak{B}_R$ G	$\mathfrak{H}_c$ Oe	$(\mathfrak{B} \cdot \mathfrak{H})_{max}$	μ_R
Unlegiert	1	—	—	—	—	7 000	45—60	$8,00 \cdot 10^3$	—
Niedrigleg. Cr-Stahl ..	1	1,5	—	—	—	10 500	55		
Hochleg. Cr-Stahl	1	7	—	—	—	10 000	75	$0,30 \cdot 10^6$	—
W-Stahl	0,7	0—1,0	6	—	—	10 700	60—70	$0,25 \cdot 10^6$	—
Niedrigleg. Co-Stahl ..	1	5—6	—	1—1,0	6	8 400	125	$0,44 \cdot 10^6$	18
Mittelleg. Co-Stahl ...	1	8—11	—	1—1,5	15	8 750	170	$0,62 \cdot 10^6$	14,5
Hochleg. Co-Stahl ...	1	8—11	—	1—1,5	35	9 000	265	$0,92 \cdot 10^6$	10

Bei allen martensitischen Legierungen entsteht die hohe Koerzitivkraft durch Martensitbildung. Ihr Vorteil ist die vielseitige und verhältnismäßig gute Bearbeitbarkeit, ihr Nachteil die Alterungsempfindlichkeit, da der Martensit wegen der ferritisierenden Eigenschaft der Karbidbildner verhältnismäßig unstabil ist. Auch bei Raumtemperatur diffundieren die C-Atome, wenn auch sehr träge, aus dem Martensit heraus, bei erhöhter Temperatur entsprechend beschleunigt. Dadurch sinkt die Koerzitivkraft. Die martensitischen Legierungen sind deshalb für höhere Temperaturen ungeeignet.

Die Wärmebehandlung besteht allgemein in einem Weichglühen bei ~ 1200 °C zwecks Homogenisierung des Gefüges, anschließender Luftabkühlung mit Anlassen auf A_1, um eventuell Restaustenit zu beseitigen. Dann erst wird aus 800 bis 1000 °C in Wasser oder Öl gehärtet.

b) Ausscheidungsharte Stähle. Die durch Ausscheidung gehärteten Magnet-stähle gehören zum System Fe—Al—Ni mit oder ohne Co-Zusatz, denen Marken-namen wie „Alni", „Alnico", „Alconit" u.a. oder auch „MK"-Legierungen[1] gegeben wurden. Die Basis sind Legierungen mit $9 \div 17\%$ Al und $18 \div 30\%$ Ni. Die Härtung erfolgt hier durch Ausscheidung, d.h. man kann durch Abschreckung aus hoher Temperatur eine unterkühlte metastabile Phase bewahren, die dann durch Anlaßwirkung zu einer Rückkehr zum stabilen Zustand mehrerer koexsistie-render Phasen durch „Ausscheidung" der letzteren aus der Primärphase führt.

Das Besondere dabei ist, daß diese Ausscheidungen überaus feindispers, weit im submikroskopischen Gebiet, einsetzen und daß ihre Intensität und Dispersion sich durch die kombinierte Zeit- und Temperatureinwirkung recht fein differen-ziert regeln läßt. Dadurch lassen sich nicht nur die mechanischen, sondern auch die magnetischen Eigenschaften in großer Breite feinstufig beeinflussen. In den Fe—Al—Ni-Legierungen koexistieren neben der Phase Fe_α mit ungeordnet sub-stituierten Al- und Ni-Atomen als Matrix (Grundmasse) noch die Phase α' mit geordneter Verteilung sowie die γ-Phase. Durch zyklische thermische Behand-lungen läßt sich die Ausscheidung der α'- und γ-Phase beeinflussen.

Bei diesen C-freien Legierungen, die auch noch etwas Cu und Ti zwecks Korn-verfeinerung zu enthalten pflegen, liegen $\mathfrak{H}_c$ und $(\mathfrak{B} \cdot \mathfrak{H})_{max}$ sowie der Gütegrad γ mit 0,35 bis 0,4 wesentlich über denen der martensitischen Magnetstähle. Eine weitere Steigerung ergibt ein teilweiser Ersatz des Ni durch Co und Hinzufügen von Ti an Stelle des Aluminiums.

Ein Nachteil dieser *isotropen* Nickel—Aluminium—(Kobalt)—(Titan)-Legie-rungen ist die große Sprödigkeit, Härte (bis *HRC* 63) und Grobkörnigkeit. Sie lassen sich deshalb nur gießen und schleifen.

Folgende Zahlenwerte sind charakteristische Beispiele:

% →	Al	Ni	Co	Ti	$\mathfrak{B}_R$ G	$\mathfrak{H}_c$ Oe	$(\mathfrak{B} \cdot \mathfrak{H})_{max}$	γ	μ_R
	13—14	27—28	—	—	6500	510	$1,25 \cdot 10^6$	0,35	5,0
		ähnlich	$+ \begin{cases} 10 \\ 16 \end{cases}$	—	6750	520	$1,45 \cdot 10^6$	$\Big\} \div 4,0$	5,9
				—	7000	700	$1,75 \cdot 10^6$		5,4
	—	10—25	15—36	$\leqq 25$	$\leqq 7600$	$\leqq 920$	$\leqq 6 \cdot 10^6$	—	—

c) Anisotrope magnetothermisch behandelte Magnetstähle. Eine starke Steige-rung der aufgespeicherten Energie, d.h. hohe Werte für $(\mathfrak{B} \cdot \mathfrak{H})_{max}$ und γ, wurden bei der magnetothermischen Behandlung der Legierungen mit der Basis Fe—Al—Ni—Co mit Zusatz von Cu und Ti entdeckt, allerdings verbunden mit einem Anisotropieeffekt, durch welchen die hohen Werte nur in einer bevorzugten Rich-tung auftreten, während sie quer zu dieser wesentlich niedriger sind. Allgemein wird die eine oder andere Eigenschaft durch Variierung der Legierungskonzentra-tionen günstig oder ungünstig beeinflußt, wie aus Abb. 361 hervorgeht.

Eine dieser mit „Ticonal" bezeichneten Legierungen hat folgende Eigen-schaften:

$\mathfrak{B}_R$	$\mathfrak{H}_c$	$(\mathfrak{B} \cdot \mathfrak{H})_{max}$	γ	μ_R
12 600	580	$4,2—5,2 \cdot 10^6$	0,6—0,68	3,4

---

[1] Entdecker MISHIMA, 1932.

Die Anisotropie hat beispielsweise an einem Würfel von 20 mm Kantenlänge
zur Folge:

$$\mathfrak{B}_R \begin{cases} \text{max:} = 12\,300\ \text{G} \\ \text{min:} = 4\,500\ \text{G,} \end{cases}$$

$$\mathfrak{H}_c \begin{cases} \text{max:} = 580\ \text{Oe} \\ \text{min:} = 308\ \text{Oe.} \end{cases}$$

Die konstruktive Anwendung ist deshalb auf geometrisch einfache Körper
beschränkt, in denen die Magnetisierungsrichtung geradlinig verläuft.

Nach dem Glühen und gesteuerter langsamer Abkühlung in einem Magnetfeld
beträgt zunächst $\mathfrak{B}_R$
13000, $\mathfrak{H}_c$ 250 bis 300.
Durch das Anlassen
wird $\mathfrak{B}_R$ auf 12000 bis
13000 gesenkt, hingegen
$\mathfrak{H}_c$ auf 580 bis 620 gesteigert.

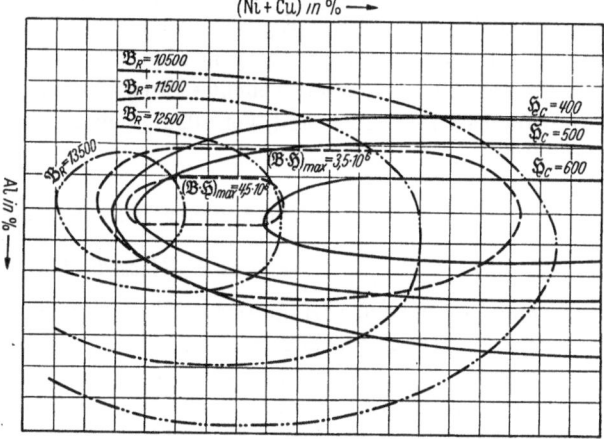

Auch diese Legierung
ist hart und spröde, ihre
Formgebung nur durch
Gießen und Schleifen
möglich.

Aus Abb. 362 er-
kennt man die sprung-
hafte Verbesserung der
magnetischen Eigen-
schaften im Laufe der
Entwicklung von den

Abb. 361. Remanenz, Koerzitivkraft und $(\mathfrak{B} \cdot \mathfrak{H})_{\text{max}}$ magnetothermisch
vorbehandelter Fe—Al—Ni—Co-Legierungen bei konstantem Co-, aber
variablem Al- und (Ni + Cu)-Gehalt, n. von Roll

martensitischen über die ausscheidungs-
gehärteten zu den magnetothermisch behandelten Magnetstählen.

d) Sonstige Magnetlegierungen. Der
Nachteil der schwierigen Formgebung der
naturharten und spröden Magnetstähle
hat zur Entwicklung einiger Legierungen
der Gruppe Fe—Cu—Ni, gekennzeichnet
durch 40 ÷ 70% Cu, 40 ÷ 20% Ni, Rest
Fe, sowie Fe—Cu—Ni—Co und anderen
geführt, die mindestens in einem Stadium
der Fabrikation *plastisch verformbar* sind.
Es sind dies ebenfalls Ausscheidungshärtner mit relativ hoher Koerzitivkraft
($\leqq 500$ Oe), jedoch auf Kosten der Remanenz (~ 4500) und mit entsprechend nie-
drigerem $(\mathfrak{B} \cdot \mathfrak{H})_{\text{max}}$ (0,7 bis 1,0 · 10⁶).

Ein anderer Weg zur leichteren Formgebung wurde durch *Sinterung* einge-

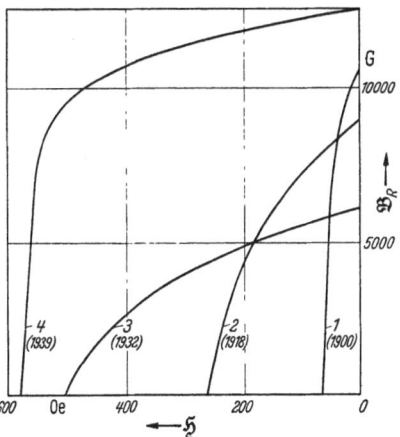

Abb. 362. Entmagnetisierungskurven einiger Legierungen für Dauermagnete 1900—1940:
1 leicht (0,6%) W-legierter ⎱ martensitisch
2 hoch (35%) Co-legierter ⎰ gehärteter Stahl,
3 ausscheidungsgehärteter Stahl (Al—Ni-Stahl),
4 magnetothermisch behandelter Stahl „Ticonal",
n. von Roll

schlagen. Die im Abschn. 4.14.33 erwähnten Ausscheidungshärtner des Systems Fe—Al—Ni und Fe—Al—Ni—Co lassen sich beispielsweise auch pulvermetallurgisch herstellen, wobei eine Reduktion der charakteristischen Kennwerte von $5 \div 10\%$ in Kauf genommen werden muß.

Auf ganz anderer Basis beruhen die sogenannten *Oxydmagnete*, deren Gefüge aus einer gesinterten Masse aus Eisen- und Kobaltoxyd, Fe_3O_4 und $CoFe_2O_4$, besteht. Sie sind durch hohe Koerzitivkraft, $\mathfrak{H}_c = 400 \div 600$ Oe, jedoch geringe Remanenz, $\mathfrak{B}_R = 3000 \div 5000$ G $\sim \mathfrak{B}_{max}(!)$, gekennzeichnet. Ähnliche Werte für $\mathfrak{B}_R$, jedoch das größte bisher festgestellte $\mathfrak{H}_c$ mit $1600 \div 1800$ besitzen Eisen—Platin-Legierungen ($75 \div 78\%$ Pt).

Wenn auch die zuletzt erwähnten Legierungen aus preislichen Gründen oder wegen mancher ungünstiger Eigenschaften in der Technik keine große Rolle spielen gegenüber den in den vorhergehenden Abschnitten erwähnten, so zeigen sie andererseits, daß noch überraschende Entwicklungen im Gebiet der magnetisch harten Werkstoffe möglich sind, vor allem auch durch die Anwendung der Pulvermetallurgie.

4.14.34. Legierte Werkzeugstähle

4.14.34.1. Klassifikation

Wenn schon für eine systematische Klassifizierung der Stähle als Ganzes keine befriedigende Lösung möglich ist, so gilt dies erst recht für die Werkzeugstähle. Werkzeuge sind sehr verschiedene Gebilde mit sehr verschiedenen Funktionen und dementsprechend verschiedenen Anforderungen, so daß es im Grunde genommen abwegig ist, überhaupt von einer Stahlklasse „Werkzeugstähle" zu sprechen. Eine Definition, die sowohl den Verbraucher als auch den Hersteller und den Metallurgen befriedigen würde, ist unmöglich. Es werden einerseits ursprünglich als allgemeine Konstruktionsstähle entwickelte Sorten auch für den Werkzeugbau verwendet, andererseits trifft man auch das Umgekehrte. Ein Beispiel für den ersten Fall: Chromnickellegierte Konstruktionseinsatzstähle gelten in den meisten Fällen als der geeignetste Werkstoff für verschleißfeste, auf hohen Druck und bei mäßiger Temperatur (110 bis 180 °C) auf Warmfestigkeit beanspruchte, zähfeste Preßformen für die Herstellung von Kunstharzpreßteilen. Umgekehrt werden manche, ursprünglich für besondere Werkzeuge entwickelte Stähle, als Bau- oder Konstruktionsstähle verwendet, wie z.B. Schnelldrehstahl für warmbeanspruchte Federn oder andere Sorten für die Herstellung von Ventilen der Verbrennungskraftmaschinen oder für Wälzlager. Was gemeinhin in Handbüchern, in der Spezialliteratur, den Werkskatalogen usw. unter „Werkzeugstähle" zusammengefaßt ist, sind derart verschieden legierte Stahlsorten, daß beispielsweise auf eine Untergruppierung nach *Hauptlegierungskomponenten*, sie für die wie Konstruktionsstähle in amerikanischen Normen durchgeführt ist (SAE-Normen), von vornherein verzichtet werden mußte. Werkzeugstähle können nicht nach Hauptlegierungselementen gruppiert werden, weil für viele der komplexen Legierungen das eine oder andere Legierungselement ganz oder teilweise durch ein anderes ersetzt werden kann, ohne daß dadurch die physikalisch-mechanischen Eigenschaften wesentlich berührt würden. Eine Zusammenfassung nach *Verwendungszweck* ist für einige Spezialgruppen mehr oder weniger möglich, z.B. für die Preßmatrizen für das Warmstrangpreßverfahren, aber es wäre sinnlos, z. B. eine Klasse oder Gruppe für „Gewindeschneidzeug" bilden zu wollen, da sie vom unlegierten Stahl bis zum hochlegierten Schnelldrehstahl reichen müßte, somit einfach identisch wäre mit dem an sich schon unbefriedigenden Begriff „Werkzeugstahl".

Wiederum gibt es Gruppen von Werkzeugstahllegierungen, die verschieden in der chemischen Zusammensetzung sind, aber so ähnliche physikalische und andere Charakteristiken aufweisen, daß sie zwanglos in eine Gruppe für einen begrenzten *Anwendungsbereich* zusammengefaßt werden können, wie z. B. Schnelldrehstähle oder die hochgekohlten, hochchromhaltigen Stähle für Matrizen.

In der Praxis und in der Literatur trifft man deshalb nur *gemischte Klassifikationen* an, wobei etliche Sorten nach dem Verwendungszweck, etliche nach *Legierungen* oder nach charakteristischen mechanischen *Eigenschaften*, etliche nach *Wärmebehandlungen* (Wasser-Öl-Lufthärtner) zusammengefaßt sind.

4.14.34.2. Niedriglegierte Sorten für allgemeine Zwecke

Die wichtigsten Legierungskomponenten sind Cr—Mn—W—Mo—V—Ni—Co. Beispielsweise enthalten solche Stähle:

0,4 ÷ 0,6 C, 0,25% Si, 0,25 ÷ 0,65% Mn und Cr von 0,5 ÷ 2,5% ± 0,2% V

oder auch:

0,4 ÷ 0,65% C, 0,25% Si, 0,4% Mn, 0,75 ÷ 1,5% Cr, 1 ÷ 2% Ni, 0,2 ÷ 0,5% Mo.

Ein anderer Typus:

1,3% C, 0,25% Si, 0,25% Mn, 3,5 ÷ 4,25% W, 0,5 ÷ 1% Cr.

In den meistverwendeten niedrig (bis zu wenigen Prozenten) legierten Sorten findet man so gut wie stets Chrom beigemischt, dann aber auch W, Mn und Mo. Es wird dadurch die Härtesteigerung durch die entsprechende Karbidbildung, verbunden mit besserer Durchhärtbarkeit und Verschleißfestigkeit, erreicht, wobei die günstige Wirkung der Feinkornbildung durch Cr für genügende Zähigkeit sorgt, selbstverständlich in Verbindung mit den entsprechenden Wärmebehandlungen. Derartige, in großer Sortenzahl entwickelte Stähle finden zum Teil fast universale Anwendung, also für Zerspanungswerkzeuge aller Art, Stanzwerkzeuge, Scherenmesser, Ziehmatrizen, Kaltwalzen, Kaltgesenke, Hämmer, Döpper usw., kurzum Werkzeuge, bei welchen vor allem eine günstige *Kombination von Härte, Zähigkeit und Verschleißfestigkeit* verlangt wird.

Auch *Meßwerkzeuge* (Endmaße, Kaliber) werden aus diesen in zahlreichen Variationen niedriglegierten Stählen hergestellt. Bei jenen tritt die Forderung nach Zähigkeit oder hoher Härte zurück gegenüber derjenigen nach Verschleißfestigkeit. Wenn auch Eindringhärte und Verschleißfestigkeit bei kalter, trockener Reibung parallellaufende Eigenschaften sind, so besteht doch keineswegs eine derartig eindeutige Korrelation, daß z. B. der härtere Stahl stets auch der verschleißfestere ist. Neben der *Verschleißfestigkeit* wird für Meßwerkzeuge auf *Alterungsbeständigkeit* Wert gelegt, d. h. das Gefüge soll im gehärteten und angelassenen Zustand möglichst stabil bleiben. Es sollen keine sehr träge verlaufenden Gefügeumwandlungen im Lauf der Zeit Volumenänderungen hervorrufen. Für weitgehende Ansprüche in dieser Hinsicht werden dann hochgekohlte und hochchrom-haltige ($\sim$ 13% Cr) Stähle verwendet, die überdies den Vorteil der *Rostfreiheit* haben. Sie werden unter Umständen künstlich gealtert, je nach Legierung durch Anlassen auf 110 bis 140 °C bis zu 200 Stunden.

In anderen Fällen wird bei Meßwerkzeugen Wert auf einen möglichst kleinen *Temperaturausdehnungskoeffizienten* gelegt, weshalb man dann auf hochnickel-

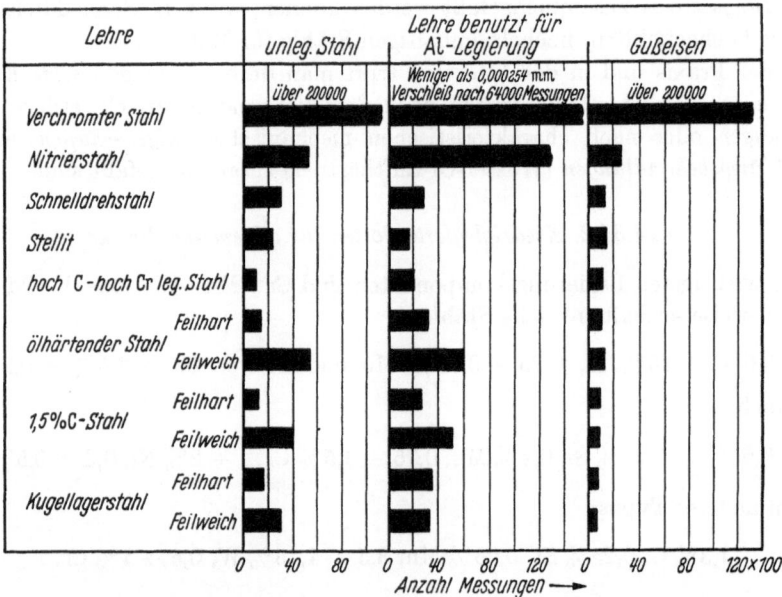

Abb. 363. Anzahl Messungen (× 100), die mit Lehrdornen aus verschiedenen Stählen an Werkstücken verschiedener Materialgattungen vorgenommen werden konnten, bis eine Abnahme des Lehrendurchmessers um 0,0025 mm durch Verschleiß auftrat, n. FRENCH und HERSCHMANN

legierte Sonderstähle (*Invarstahl*, s. Abschn. 4.14.35) zurückgreift. Vielfach werden aber auch Meßwerkzeuge aus denselben *Nitrierstählen* hergestellt, die für allgemeine Konstruktionszwecke verwendet werden.

Wie relativ im übrigen auch nur die eine Eigenschaft der Verschleißfestigkeit ist, sei am Beispiel der Abnutzungsmessungen an Toleranzkaliberbolzen aus verschiedenen Werkstoffen gezeigt (Abb. 363). Man erkennt dabei vor allem den Einfluß des den Verschleiß verursachenden Werkstoffs auf die Verschleißfestigkeit und erkennt weiter, daß der hochlegierte Schnellstahl für diesen Anwendungsfall schlecht geeignet wäre, während er gegen Verschleiß bei höheren Temperaturen allen anderen Sorten weit überlegen ist.

Wenn nach dem vorliegenden Versuchsergebnis der verchromte Stahl und der Nitrierstahl den günstigsten Verschleißwiderstand aufweisen, so bedeutet das noch lange nicht, daß diese Stähle der günstigste Werkstoff für Toleranzkaliber oder gar Meßwerkzeuge im allgemeinen wären, denn auch hier bedeutet die günstigste Lösung ein Optimum oder ein Kompromiß zwischen einander widersprechenden Forderungen oder Eigenschaften, wie Verschleißfestigkeit, Alterungsbeständigkeit, Zähigkeit (Meßkanten dürfen nicht zu spröde ausfallen!) usw.

4.14.34.3. Werkzeugstähle mit Sondereigenschaften

Neben den zahlreichen niedriglegierten Sorten, für welche die Festigkeitseigenschaften in Abhängigkeit von den thermischen Behandlungen und von der Temperatur weitgehend in den Handbüchern und Werkskatalogen festgelegt sind, verdienen einige Sorten hervorgehoben zu werden, da sie Sonderlegierungen mit Sondereigenschaften sind, die stark über diejenigen der sonstigen Werkzeugstähle herausragen. Es sind dies die *Warmgesenk*stähle, die *verzugsfesten* Stähle und die *Schnelldreh*stähle.

a) Warmgesenkstähle. Von den Schmiede- und Warmpreßgesenken werden die ersteren kurzzeitig auf Schlag, die letzteren langzeitig auf Druck beansprucht. Wegen ihrer längeren Berührungsdauer mit dem heißen Metall werden deshalb an die Preßwerkzeuge – und dasselbe gilt für Spritzgußformen – höhere Anforderungen an die *Wärmebeständigkeit* gestellt, von den Schmiedegesenken dagegen die höhere *Schlagzähigkeit* verlangt.

Neben diesen Eigenschaften wird auch ein guter Widerstand gegen die sogenannten *Brandrisse* gefordert, welche die Lebensdauer derartiger Werkzeuge herabsetzen. Brandrisse bilden sich, zunächst mit geringer Tiefe, feinmaschig über die Arbeitsflächen aus, dringen allmählich in die Tiefe und machen schließlich das Werkzeug unbrauchbar, da die Oberfläche der erzeugten Teile zu rauh wird. Die Auswahl der geeigneten Legierungen beruht auf Erfahrung.

Für hochwertige Schmiedegesenke verwendet man niedriglegierte Cr—Ni-, Cr—Mn-, Cr—Ni—Mo- und Cr—Mn—Mo-Stähle, durchweg vergütet auf 100 bis 120 kg/mm Zugfestigkeit. Beispiele dafür sind:

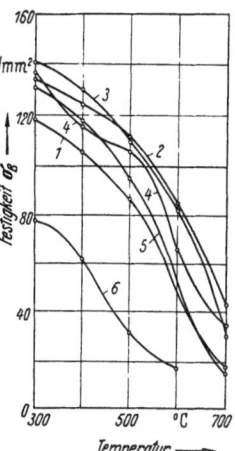

Abb. 364.   Warmfestigkeit verschieden legierter Stähle, n. SCHMIDT
1 %: C 0,48—Cr 1,34—Ni 3,45
2 %: C 0,31—Cr 2,76—W 8,92 —V 0,43
3 %: C 0,46—Cr 1,57—Mo 0,68 —V 0,28
4 %: C 0,42—Cr 2,51—W 4,87
5 %: C 0,40—Cr 1,05—W 1,90 —Si 0,95
6 %: C 0,45

% →	C	Cr	Ni	Mn	Mo	
a)	0,5	1,5	5,0	—	—	Lufthärtner
b)	0,3	2,5	—	1,5	—	Lufthärtner
c)	0,6	0,9	1,8	—	0,7	Ölhärtner
d)	0,3	1,5	—	2,5	0,7	Lufthärtner

Für Preßmatrizen kommen W—Cr—V-Stähle mit 3 ÷ 8% W, 1 ÷ 2% Cr und 0,1 ÷ 0,5 V als hochwarmfeste Sorten in Anwendung, aber auch austenitische Cr—Ni—W-Stähle mit beispielsweise 0,45% C, 12% Cr, 12% Ni und 3% W.

Für Leichtmetallspritzgußformen sei als Beispiel eine Stahlsorte genannt: 0,3% C, 1,0% Si, 2% Cr, 5% W; desgleichen für Schwermetallformen: 0,3% C, 2,0% Cr, 8,0% W, 0,5% V, 3% Co.

Diese Sorten werden auf $\sigma_B = 120$ bis 140 kg/mm^2 vergütet. Abb. 364 zeigt die Warmfestigkeit einiger legierter Stähle im Vergleich zu einem unlegierten Stahl.

Die Warmfestigkeit dieser Warmgesenkstähle darf nicht mit der *Dauerstand-festigkeit* verwechselt werden. Diese Stähle sind nicht kriechfest, d.h. sie wären nicht als Konstruktionsstahl unter dauernden hohen Temperaturen zu verwenden wie die im Abschn. 4.14.32 erwähnten. Sie sind jeweils nur kurze Zeit der hohen Temperatur ausgesetzt und dann nur an der Oberfläche. Von dort aus fällt die Temperatur nach innen stark ab, zumal die Gesenke oder Kokillen meist noch gekühlt werden.

b) Verzugsfeste Stähle. An manchen Werkzeugen ist es sehr schwierig oder sogar unmöglich, die letzte, genaue Formgebung nach dem Härten durch Schleifen aus-zuführen.

Das gilt beispielsweise für verwickeltere Umrisse von Schnittplatten oder Schnittstempeln der Stanzwerkzeuge, aber auch für die Gewindeprofile bzw. Gewindesteigungen der Gewindebohrer u.ä. Der Härteverzug sollte daher minimal sein. Es sind hierfür Werkzeugstähle entwickelt worden, die neben der nötigen Härte und Verschleißfestigkeit einen möglichst *geringen Härteverzug* aufweisen. Von niedriglegierten Ölhärtnern seien als Beispiele erwähnt:

$$0{,}9\%\ C,\ 0{,}25\%\ Si,\ 0{,}25\%\ Mn,\ 1{,}6\%\ Cr,\ 0{,}45\%\ W,$$

aber ebenso:

$$0{,}95\%\ C,\ 0{,}25\%\ Si,\ 1{,}6\%\ Mn,\ 0{,}25\%\ Mo,\ 0{,}25\%\ V.$$

Sie besitzen neben hoher Maximalhärtbarkeit, 63 *HRC*, gute Durchhärtbarkeit aus niedrigen Abschrecktemperaturen infolge niedriger kritischer Abkühlgeschwin-digkeit, was wiederum den geringen Härteverzug zur Folge hat, so gut wie dadurch die Gefahr von Härterissen vermieden wird. Trotzdem fallen die Schnittkanten hart und scharf aus. Andererseits haben sie keine hohe Warmhärte, was aber für Blechstanzwerkzeuge, Scherenmesser usw. unerheblich ist.

Derartige Chrommatrizenstähle für Kaltarbeit werden aber auch höher legiert, beispielsweise in zwei Gruppen:

a) mit 1% C und 5% Cr,

b) mit $\leqq 2{,}25\%$ C und $\leqq 12$ Cr,

als hochgekohlte, hochchromle-gierte Lufthärtner.

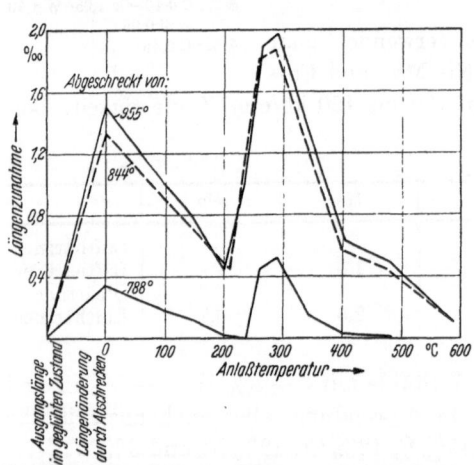

Abb. 365. Längenänderung (Härteverzug) eines Stahles mit 0,9% C, 0,15 Si und 1,63% Mn in Abhängigkeit von der Härtungs- und Anlaßtemperatur, n. BAIN und GROSS-MANN

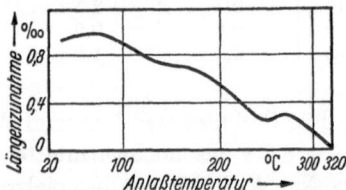

Abb. 366. Längenänderung (Härteverzug) eines Stahles mit 1% C, 0,65% Mn, 0,3% Si, 5,2% Cr, 1% Mo, 0,25% V in Abhängigkeit von der An-laßtemperatur. Gehärtet aus 950 °C in Luft, n. SCOTT und GRAY

Abb. 365 zeigt, wie die spezifische Längenänderung und damit der Härteverzug bei einem niedriglegierten Typ von der Abschreck- und Anlaßtemperatur abhängt.

Abb. 366 zeigt, daß der höherlegierte Typ wesentlich unempfindlicher ist gegen Härteverzug, im Falle die Härte und Anlaßtemperatur nicht sehr genau eingehalten wird. Letzteres ist in der Praxis aber nicht so einfach zu erreichen. Abgesehen davon will man unter Umständen auch eine Härte haben, die nicht gerade derjenigen Anlaßtemperatur entspricht, bei welcher der kleinste Härteverzug auftrat. In der Unempfindlichkeit des Härteverzugs gegenüber der Wärmebehandlung ist deshalb der höherlegierte Typus dem anderen überlegen.

c) **Schnelldrehstähle.** α) *Die Beanspruchung der Werkzeugschneide.* Bei allen Zerspanungsvorgängen gleitet der abgetrennte Span reibend über die sogenannte

Spanfläche des Schneidenkopfes, während die Schnittfläche des Werkstückes meistens, aber nicht immer an der sogenannten Freifläche des Schneidenkopfes reibt. Der Schneidenkopf wird dabei mechanisch auf Druck (Schnittdruck) und auf Verschleiß durch den abgleitenden Span bzw. das Werkstück beansprucht, und zwar bei erheblicher Temperatur. Der Schnittdruck ist mehr oder weniger pulsierend, nicht nur beim Fräsen, sondern auch bei der Bildung kontinuierlicher Späne. Schnittdruck und Schnittemperatur hängen von den allgemeinen Zerspanungsbedingungen, wie Form des Schneidenkopfes, Material, Schnittgeschwindigkeit, Spanform und Spanquerschnitt, Kühlung usw., ab. Die Zerspanungsforschung hat neuerdings festgestellt, daß die Höchsttemperaturen am Schneidenkopf wesentlich höher liegen, als bisher auf Grund von thermoelektrischen Messungen angenommen war. Abb. 367 zeigt das Tem-

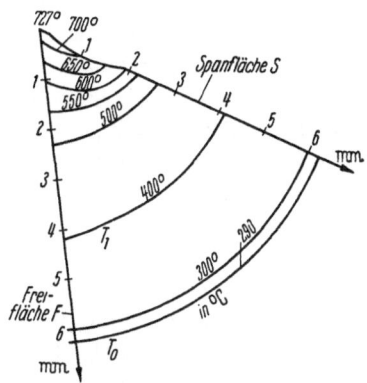

Abb. 367. Temperaturfeld nach stationärer Ausbildung in einem Drehmeißel beim Drehen von St 50.11.
Werkzeug: Schnelldrehstahl % C 0,8 — W 18 — Co 5 — Cr 4 — V 1. — Schnittbedingungen: 18 min Eingriffszeit, trocken, $v = 36$ m/min, $t = 5$ mm, $s = 0,5$ mm/U. — Kolorimetrisch und durch Analogieversuch am elektrolytischen Modell ermittelt. Thermoelektrisch ergab sich für T_{max} nur 560 °C

peraturfeld an der Schneide bei einem bestimmten Schneidvorgang.

Die Schneide wird deshalb in dreierlei Weise beansprucht:

1. Durch mehr oder weniger pulsierende Druckkräfte; — 2. durch Verschleiß; — 3. durch Wärme.

Die drei Ursachen führen gemeinsam zur Abstumpfung. Je nach dem Widerstand des Schneidenmaterials gegenüber den einzelnen Ursachen kann man typologisch als Abstumpfungsvorgang unterscheiden:

a) Erweichen und plastische Deformation durch die Dauerwärmeeinwirkung; — b) Verschleiß; — c) Ausbrechen, d. h. sprödes Schartigwerden.

An den Stahl sind deshalb die Forderungen zu stellen:

1. Genügende Warmwechselfestigkeit; — 2. hohe Dauerwarmhärte; — 3. hohe Warmverschleißfestigkeit.

Mit unlegierten oder niedriglegierten Stählen wäre eine Zerspanungsarbeit nach den Daten der Abb. 367 nicht durchführbar, da infolge der hohen Schneidentemperatur die Schneide sehr schnell weich und plastisch verformt würde, die sogenannte *Blankbremsung* einträte. Die Zerspanung müßte mit einem wesentlich kleineren Spanvolumen pro Zeiteinheit durchgeführt werden, damit die Schneidentemperatur unterhalb der kritischen Temperatur bliebe, bei welcher die Härte stark absinkt. Durch die Entwicklung der Schnelldrehstähle wurde eine wesentliche Erhöhung der Warmhärte und der *Dauerwarmhärte* erreicht, wodurch allgemein die Zerspanungsleistungen wesentlich, bisweilen und je nach den Umständen auf das Mehrfache derjenigen von unlegierten oder niedriglegierten Stählen gesteigert werden konnte.

Diese Leistungssteigerung wurde durch die Zulegierung von $18 \div 20\%$ W erreicht. Die dabei gebildeten Wolframkarbide (WC u.a.) und die verschiedenen W—Fe-Doppelkarbide (Fe_3W_3C u.a.) sind die Träger der Warmhärte der Schnelldrehstähle. Unter 18% W sinkt die Leistungsfähigkeit rasch ab, über 20% wird praktisch nichts verbessert.

Für die *Schnelldrehstähle* hat sich deshalb eine Typengruppe mit $18 \div 20$ W + Begleitelementen als Standard herausgebildet, deren Hauptvertreter der Typus „18—4—1", d.h. 18% W, 4% Cr, 1% V ist. Darüber hinaus wurden Typengruppen von sogenannten *Kobaltstählen* entwickelt, durch Hinzufügen von 5, 10 und 15% Co in die 18 bis 20%igen Wolframstähle. Für manche Zerspanungsvorgänge, vor allem bei Schrupparbeiten an hochlegierten Baustählen, konnten dadurch die Spanleistungen nochmals, unter Umständen bis zu 30%, gesteigert werden.

Die *Warmverschleißfestigkeit* hängt mit der Warmhärte eng zusammen, jedoch gilt auch hier wieder, daß die erstere auch stark vom verschleißenden Werkstoff abhängt. Verschleiß infolge trockener Reibung, wie sie beim Zerspanungsvorgang stets vorliegt, da die eventuelle Schneidflüssigkeit keinen Schmierfilm zwischen den Grenzschichten bilden kann, bedeutet stets ein Abtragen der Grenzschichten infolge *Verschweißung* der aufeinander reibenden Stoffe, daneben unter Umständen ein mechanisches Ausbrechen oder Losreißen von Grenzschichtkristalliten. Die Grenzschichtabtragung durch Verschweißung dürfte jedoch beim Zerspanungsvorgang weitaus die größte Rolle spielen. Ungenügende Warmhärte, d.h. Übergang der Grenzschichten in einen plastisch-teigigen Zustand, begünstigt die Verschweißung. Bleibt jedoch die Temperatur unter der kritischen Erweichungstemperatur, so ist nicht gesagt, daß ein Schnelldrehstahl verschleißfester und damit länger schnitthaltig bleibt als ein unlegierter Stahl, zumal im kalten Zustand die Härte des letzteren höher liegen kann als die der ersteren. Welcher Stahl dann verschleißfester ist, also ein größeres Spanvolumen bis zu Abstumpfung abzutrennen vermag, kann nicht von vornherein entschieden werden.

Das Abstumpfen durch Schartigwerden (ungenügende Wechselfestigkeit bzw. Zähigkeit) tritt im allgemeinen erst nach erheblichem, vorgängigem Verschleiß auf, es sei denn, die Schneidekante sei von vornherein unzulässig versprödet, durch falsche Wärmebehandlung oder schlechtes Schleifen (schartig, Schleiffrisse, Kerbwirkung).

Bei den Hartmetallen (Abschn. 4.63), deren Dauerwarmhärte derjenigen der Schnelldrehstähle noch weit überlegen ist, erfolgt das völlige Erliegen praktisch stets durch Schartigwerden, d.h. Ausbröckeln der Schneidenkante nach vorherigem Verschleiß (Auskolkung). Sie sind wesentlich spröder als die Schnelldrehstähle, ihre Wechselfestigkeit ist gering.

β) *Anlaßbeständigkeit und Anlaßverhärtung.* Die *Schneidfähigkeit* der Zerspanungswerkzeuge beruht darauf, daß ihre Härte höher ist als die des Werkstückes.

Der Stahl muß aber auch eine genügend lange Zeit schneidfähig bleiben, und diese *Schneidfähigkeit* beruht auf seiner *Dauerwarmhärte*, d.h. der Härte im *warmen* Zustand während längerer Zeit, und auf seiner Warmverschleißfestigkeit. Nicht zu verwechseln damit ist die *Anlaßbeständigkeit* und die *Anlaßverhärtung* oder *Sekundärverhärtung*. Unter Anlaßbeständigkeit ist die Härte im *kalten* Zustand nach vorherigem Anlassen auf höhere Temperaturen zu verstehen, unter Anlaßverhärtung oder Sekundärverhärtung die Zunahme der Kalthärte, die der Stahl im abgeschreckten Zustand besitzt.

Die Anlaßbeständigkeit und die Sekundärverhärtung sind die Ursachen der Warmhärte. Diese Eigenschaften steigern sich allgemein durch den Einfluß von Legierungsbestandteilen und liegen bei den $18 \div 20\%$ W enthaltenden Schnelldrehstählen besonders hoch. Während bei unlegierten Stählen beim Anlassen nach Überschreitung der Martensittemperatur bereits nach kurzer Zeit der Martensitzerfall und damit die Härteabnahme einsetzt, liegt diese kritische Temperatur bei den Schnelldrehstählen um einige Hundert Grad höher, und außerdem verlaufen die Reaktionen der Karbidausscheidung aus dem Fe-Gitter wesentlich träger. Vor allem ist das feindisperse, zunächst submikroskopisch feine Ausscheidungsstadium eine so träge verlaufende Reaktion, daß sie nach

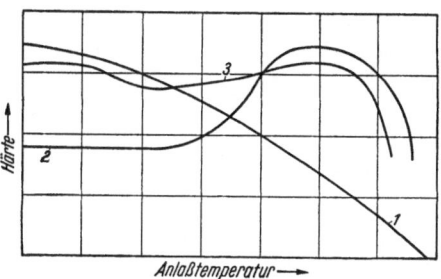

Abb. 368. Schema der Wirkung der Anlaßtemperaturen auf die Vorgänge im Gefüge, welche die Warmhärte eines Schnelldrehstahles bestimmen
1 Martensitzerfall — Erweichung der Matrix, *2* Ausscheidungshärtung — Bildung von feindispersen Sonderkarbiden, *3* resultierende Wirkung von *1* und *2*

entsprechender Temperatur- und Zeiteinwirkung mehr oder weniger metastabil fixiert werden kann durch die auf die Anlaßwirkung folgende Abkühlung. Es liegt dann eine Ausscheidungshärtung vor, die sowohl die Anlaßbeständigkeit als auch die Anlaßhärtung im wesentlichen erklärt. Der Vorgang ist in Abb. 368 schematisch dargestellt. Die Martensithärte *1* fällt mit zunehmender Anlaßtemperatur. Andererseits beginnt eine Ausscheidungshärtung *2*, durch welche die Abnahme der Martensithärte überkompensiert wird, so daß im Endeffekt die Härtekurve *3* entsteht. Demnach beruhen alle diese Härte- oder Härtungsphänomene letztendlich auch wieder auf dem Dispersionsgrad der Karbidverteilung, wie dies schon bei der Gefügeausbildung und der Härte der Anlaßgefüge Troostit, Sorbit usw. der unlegierten Stähle der Fall ist. Es besteht nur der graduelle Unterschied der höheren Einleitungstemperaturen für die Karbidausscheidung und deren wesentlich trägeren Verlauf. Je gröber schließlich durch höhere Temperaturen und Zeitdauer die Verteilung wird, desto mehr sinkt die Härte ab. Die Warmhärte als solche sinkt stets mit zunehmender Temperatur, gleichgültig, ob es sich um das abgeschreckte oder irgendwie angelassene Gefüge handelt (Abb. 369), aber bei nicht zu hoher Temperatur bleibt diese Warmhärte auch von längerer Zeiteinwirkung der Temperatur fast unbeeinflußt, während bei höheren Beharrungstemperaturen die Härte mit der Zeitdauer immer stärker absinkt, da die Erweichungsreaktionen des Gefüges jetzt eben schneller ablaufen.

Der Vorgang der Sekundärverhärtung durch Anlassen infolge feindisperser

Karbidausscheidung beruht bei den hochlegierten Schnelldrehstählen nicht nur auf der Martensitrückbildung. Nach dem Abschrecken enthalten diese nämlich beträchtliche Mengen von Restaustenit. Beim Anlassen scheiden sich auch aus diesem feindisperse Karbide aus, wodurch der Restaustenit an C verarmt und erst dadurch auf die α-Modifikation umstellt, also zu α-MK oder Martensit wird. Die Auflösung des Restaustenits ist somit ebenfalls eine Ursache der Anlaßverhärtung. Die Anlaßverhärtung wirkt sich um so kräftiger aus, je vollständiger im austenitischen Ausgangsgefüge vor dem Abschrecken die Karbide gelöst waren, denn um so feindisperser ist nach dem Abschrecken und Anlassen die Karbidverteilung. Die möglichst vollständige Karbidauflösung vor dem Abschrecken ist wiederum temperatur- und zeitabhängig. Für das Härtungsglühen, auch als *Austenitisierung* bezeichnet, verlangen die Schnelldrehstähle wesentlich höhere Temperaturen als die unlegierten oder niedriglegierten. Bei zu langer Glühdauer besteht dann anderseits die Gefahr der Grobkornbildung. Die

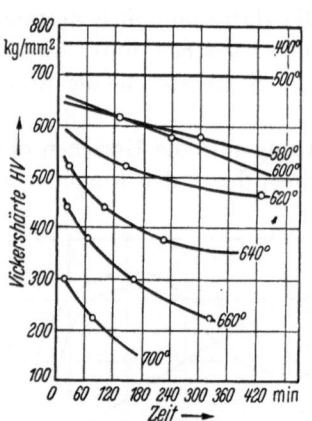

Abb. 369. Dauerwarmhärteverlauf eines Kobaltschnelldrehstahles bei verschiedenen Temperaturen (Legierung wie in Abb. 367)

Härtungsrezepte für Schnelldrehstähle lauten deshalb allgemein:

Glühen bei möglichst hoher Temperatur, 1150 bis 1350 °C, je nach Sorte, also dicht an den Soliduspunkt heran. Um die Zeitdauer der Hochtemperatureinwirkung kurz zu halten, wird zunächst auf ~ 900 °C vorgewärmt und dann rasch auf die Härtetemperatur erhitzt. Anschließend Abschrecken in Luft, eventuell auch in ein Warmbad. Sodann langes, eventuell mehrmaliges Anlassen auf 500 bis 600 °C. Abb. 370 zeigt die Glühbehandlung im schematischen Zustandsdiagramm Fe—C bei 18% W-Gehalt.

Wie stark sich bei W-legierten Stählen die Härtungstemperatur auf die Anlaßhärten auswirkt, zeigen die Versuchsergebnisse nach Abb. 371. – Man erkennt:

1. Der aus 800 °C abgeschreckte C-Stahl ist härter als der abgeschreckte W-Stahl.

2. Die niedrigeren Glühtemperaturen ergaben die höheren Abschreckhärten für beide Stähle.

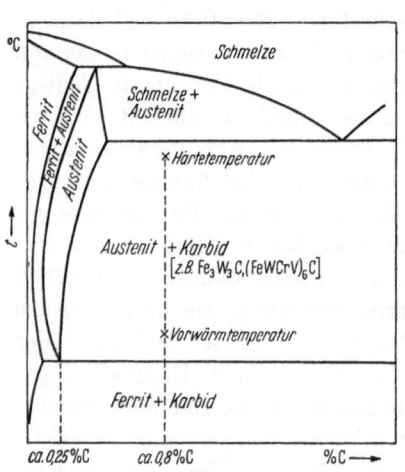

Abb. 370. Zustandsdiagramm für einen wolframlegierten Schnelldrehstahl mit W = 18% = const

3. Bis ~ 300 °C Anlaßtemperatur wirkt sich die W-Zulegierung auf die Härte nicht aus. Erst > 300 °C zeigt der W-legierte die bessere Anlaßbeständigkeit.

4. Während beim C-Stahl die Härtungstemperatur keinen Einfluß auf die Anlaßbeständigkeit hatte, ist dieser Einfluß beim W-Stahl sehr stark.

Was am Beispiel des 8%igen W-Stahles gezeigt wurde, gilt in verstärktem Maß für die eigentlichen Schnelldrehstähle mit 18 bis 20% W.

Als typischer Vertreter sei der „18—4—1"-*Wolfram-Schnelldrehstahl* genannt, mit 0,5 bis 0,8% C, 0,25% Si, 0,25% Mn, 18% W, 4% Cr und 1% V. Abb. 372 zeigt seine Anlaßhärten beim Härten aus verschiedenen Tempera-
turen (1260 °C ist die üblichste mit Ölabschreckung), wobei die Anlaßdauer jeweils $2^1/_2$ Stunden betrug.

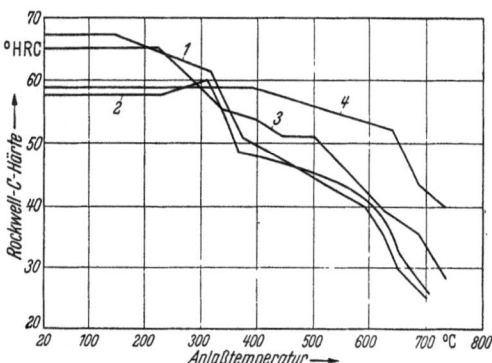

Abb. 371. Auswirkung der Anlaßtemperatur auf die Kalthärte eines C-Stahles mit 1,5% C und eines W-Stahles mit
1,5% C und 8% W

Den günstigen Einfluß des Wolframs auf die Schneidhaltig-
keit der Drehstähle hat TAYLOR entdeckt, der durch die Einführung der Schnelldrehstähle in die Werk-
stattpraxis eine sprunghafte Lei-
stungssteigerung für die gesamte zerspanende Formgebung einlei-
tete. TAYLOR ist an sich nicht der Entdecker des Wolframstahles, wohl aber der günstigen Wirkung der ungewöhnlich hohen Anlaß-

1 C-Stahl, aus 800 °C ⎫
2 C-Stahl, aus 1200 °C ⎪ in Wasser abgeschreckt
3 W-Stahl, aus 800 °C ⎬
4 W-Stahl, aus 1200 °C ⎭

temperaturen auf die Schneidhaltigkeit, wodurch der Anstoß zu der metallur-
gischen Entwicklung der heutigen Wolframstähle gegeben wurde, die mit dem Typus 18—4—1, unbeschadet etlicher Variationen im C-, Cr- und V-Gehalt, einen gewissen Abschluß gefunden hat.

Eine Steigerung der *Dauerwarmhärte* hinsichtlich Beständig-
keit, nicht der erreichbaren Höhe der Warmhärte, bewirkt die Zu-
legierung von Kobalt mit einer optimalen Wirkung bei 15% Co. Auch die Entwicklung dieser Kobaltstähle ist heute abgeschlossen. Es ist deshalb kaum anzu-
nehmen, daß noch leistungsfä-
higere härtbare legierte Schneid-
stähle gefunden werden, vielmehr wurde die weitere Steigerung der Dauerwarmhärte und damit der Schneidleistungen durch die Entwicklung eisenfreier oder eisen-

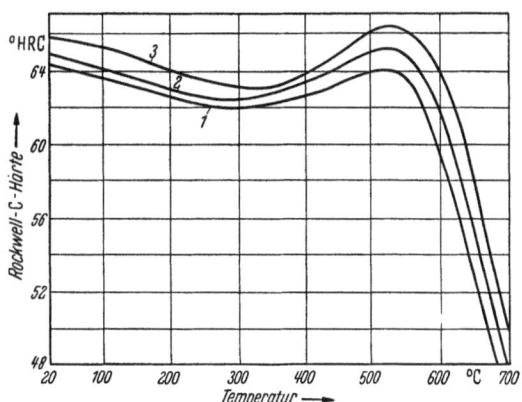

Abb. 372. Kalthärte eines 18—4—1-Schnelldrehstahles nach
Härtung aus *1* 1200 °C, *2* 1260 °C, *3* 1320 °C in Öl und Anlassen während $2^1/_2$ h bei verschiedenen Temperaturen

armer, gesinterter oder gegossener sogenannter *Hartmetalle* erreicht, freilich auf Kosten der Zähigkeit (Abschn. 4.63).

Neben dem Typus mit 18 bis 20% W sind unter dem Einfluß der Mangelwirt-
schaft solche entstanden, bei denen durch zusätzliche V- oder Mo-Beimischung ein Teil des W eingespart wurde, ohne daß aber die Schneidleistung der 18%igen

Wolfram- oder Kobaltstähle erreicht worden wäre. Sie sind technisch sinnvoll, wo wegen der allgemeinen Zerspanungsbedingungen die Leistungsfähigkeit der hochwolframlegierten nicht ausgenützt werden kann.

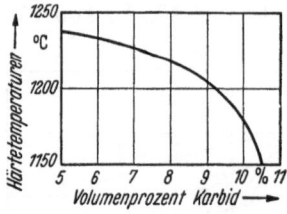

Abb. 373. Ungelöste Karbide im Gefüge eines 18—4—1-Schnelldrehstahles beim Austenitisieren, n. Cohen und Gorden

γ) *Die Wirkung der Tiefkühlhärtung auf die Gefügebildung und Härte.* Neben der Anlaßverhärtung ist auch die Tiefkühlhärtung hinsichtlich der Gefügeumwandlung und des Härtungseffektes bei den 18—4—1-Stählen eingehend untersucht worden. Beim Erwärmen über A_3 (Austenitglühen) zeigt sich bereits die starke Trägheit der Reaktionen, wenn in hochlegierten Stählen starke Karbidbildner wie W und Cr in größerer Menge vorhanden sind. Es bleiben auch nach längerer Zeitdauer und bei überhöhten Glühtemperaturen beträchtliche Karbidmengen ungelöst, bei der praktischen Härtung 6 bis 7 Volumenprozent (Abb. 373).

Das Z—T—U-Diagramm (Abb. 374) zeigt, daß nicht nur die Austenitumwandlung allgemein sehr träge verläuft, sondern daß vor allem auch die Umstellung auf Martensit unterhalb T_{MA} selbst bei sehr tiefen Abschrecktemperaturen nur unvollständig vor sich geht, so daß selbst bei — 100 °C noch 8% Restaustenit

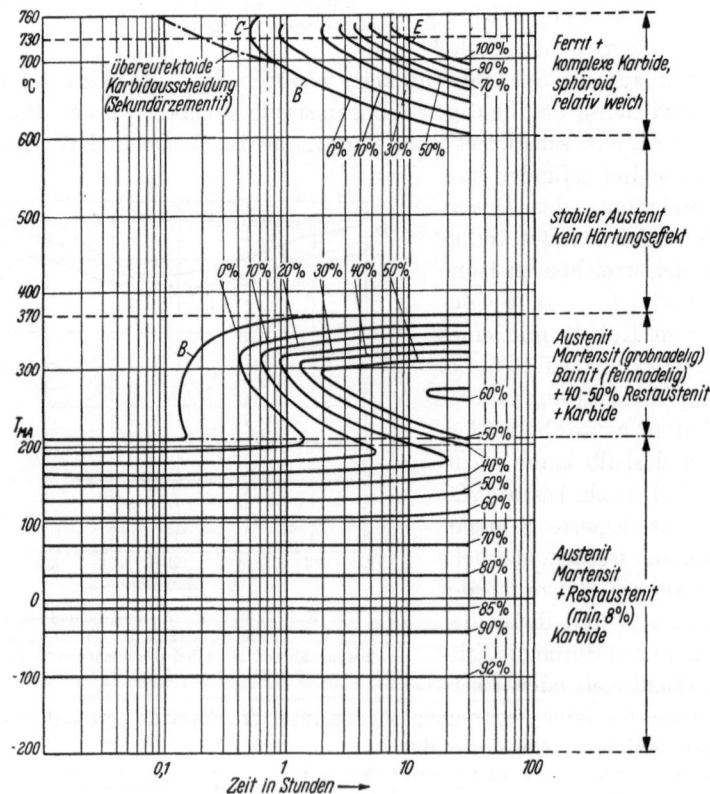

Abb. 374. Das Z—T—C-Diagramm des 18—4—1-Schnelldrehstahles mit Kurven gleicher Prozentsätze der Austenitumformung, n. Cohen und Gorden

besteht. T_{ME} ist überhaupt nicht feststellbar, und die Umwandlung der letzten 10% Restaustenit erfordert unverhältnismäßig starke Temperatursenkungen, der technische und wirtschaftliche Nutzeffekt der „Martensitausbeute" zwecks Verbesserung der Härte wird immer schlechter.

Dementsprechend wurde auch keine nennenswerte Steigerung der Anlaßhärte erreicht, wenn Tieftemperaturbehandlungen vor oder zwischen oder nach den Anlaßbehandlungen vorgenommen wurden.

Für das praktische Standzeitverhalten solcher Stähle ist jedoch nicht deren Kalthärte allein maßgebend, sondern vor allem die Warmhärte und die Dauerwarmhärte. Allein auch die letztere wird, wie Abb. 375 zeigt, durch Tieftemperaturbehandlung nicht verbessert.

Berichte aus der Praxis über Steigerung der Schneidleistung von Schnelldrehstählen infolge Tieftemperaturhärtung dürften zumeist

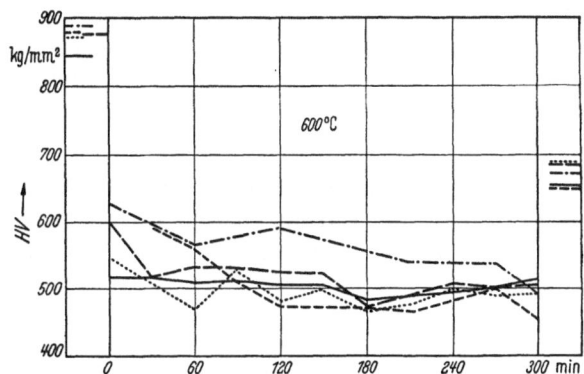

Abb. 375. Dauerwarmhärte eines Co-Schnelldrehstahles (% C 0,8 / W 18 / Cr 4,75 / V 1,6 / Mo 0,6 / Co 5,7) bei 600 °C mit und ohne Tieftempe-raturhärtung. Die vor und nach der Glühung gemessenen Kalthärte-werte sind links und rechts vom Warmhärtediagramm eingetragen
—·—·— normal gehärtet und 1 × angelassen,
———— desgl. 2 × angelassen,
——————— auf — 40 °C abgeschreckt und 1 × angelassen,
·············· desgl. 2 × angelassen,
———— normal gehärtet, 1 × angelassen und auf
— 40 °C abgeschreckt

darauf beruhen, daß vor Anwendung der letzteren der Stahl nicht einwandfrei gehärtet worden war.

An Hand des $Z-T-U$-Diagrammes (Abb. 374) möge man die Auswirkung der Gefügeumwandlungen beim Abkühlen und Erwärmen unter den komplizierten Verhältnissen eines hochlegierten Stahles verfolgen.

Bei isothermer Umwandlung erkennt man 4 Bereiche:

1. Zwischen 650 und 760 °C zerfällt der Austenit in eine ferritische Matrix und Karbide, ein relativ weiches Gefüge. Zwar sind die Karbide sehr harte Brocken, aber sie sind in eine weiche stabile ferritische Grundmasse eingebettet. Vorgängig dem Zerfall findet außerdem eine freie, proeutektoide Karbidausscheidung statt, nach der gestrichelten Linie, falls die Abkühlung zu langsam erfolgt. Da diese Karbide sich an den Korngrenzen ausbilden, wirken sie lediglich versprödend und tragen nichts zu der erwünschten Warmhärte bei. Sie sind also für das Gebrauchs-gefüge des gehärteten Stahles nur nachteilig, und man erkennt daraus, daß die kritische Abkühlgeschwindigkeit sich in diesem Fall nicht nur nach dem Punkt der B-Kurve zu richten hat, sondern daß sie auch genügen muß, um die *vor-eutektoide Karbidausscheidung beim Abschrecken* zu verhindern. Manche Härtungs-fehler sind auf die Nichtbeachtung dieses Umstandes, der auch bei anderen legier-ten Stählen vorliegen kann, zurückzuführen.

2. Zwischen 600 und 370 °C bildet sich isotherm stabiler Austenit aus. Dieses

Gefüge ist nicht hart. Man nützt dieses Zwischengebiet eventuell für eine Stufen-härtung zum Ausgleich von Wärmespannungen aus.

3. Zwischen 370 und 210 °C entsteht bei isothermer Transformation allmählich Bainit als sehr feinnadeliges Gefüge, wobei jeder nadelige Kristallit aus einem feinsten Gemenge von Ferrit und Karbid besteht. Je nach Temperatur bleibt eine erhebliche Menge Restaustenit bestehen, der bemerkenswert stabil ist und auch bei weiterer Abkühlung, sogar auf Tieftemperaturen, nicht verschwindet.

Wenn also in diesem Bereich die Abkühlung zu langsam ist, so wird kein hoher Härtungseffekt erreicht. Eine Warmbadhärtung ergab beispielsweise: 6% freie Karbide, 18% Bainit, 54% Austenit, 22% Martensit, was zu 59,5 °HRC des kalten Gefüges führte.

4. Im Temperaturbereich unter 215 °C verwandelt sich der Austenit zu Mar-tensit. Die Reaktion verläuft aber bei jeder Beharrungstemperatur so träge, daß die Kurven für den gleichen Prozentsatz umgewandelten Austenits praktisch parallel zur Zeitachse verlaufen.

Bei Raumtemperatur besteht immer noch etwa 15 bis 20% stabiler Rest-austenit. Der Restaustenit kann nicht durch Zeiteinwirkung, sondern nur durch tiefere Temperaturen vermindert werden.

Eine Warmbadabschreckung auf 150 °C ergäbe beispielsweise folgende Gefüge-ausbildung:

Es wird 40% Austenit in Martensit verwandelt. Ließe man diese Temperatur zu lange einwirken, so gingen diese 40% allmählich in einen stabileren und weiche-ren Bainit über, da die 40%-Bainit-Kurve sich mit der 40%-Martensit-Kurve all-mählich vereinigt. Kühlt man aber aus dem Warmbad weiter ab, so transformiert sich weiterer Austenit in Martensit, der dabei immer stabiler wird. Diese Abküh-lung, die bis zu Tieftemperaturen getrieben werden kann, darf ohne weiteres lang-sam vor sich gehen. Das ist günstig, weil dadurch Schockwirkungen auf das Gefüge (Wärme- und Härtespannungen) vermieden werden. Je nach gewählter Endtemperatur erhält man martensitisches Gefüge mit mehr oder weniger Rest-austenit und einer Härte von 65 bis 68 °HRC bei Raumtemperatur. Unterbricht man die zweite Abkühlung nach der Warmbadhärtung zu lange, z.B. auch bei Raumtemperatur, so tritt ein *Alterungseffekt* auf. Der Restaustenit stabilisiert sich und kann auch durch spätere Tiefkühlung nicht im selben Ausmaß beseitigt werden wie bei einer sofort an die Warmbadhärtung anschließenden Tiefkühlung. Wenn z.B. bei sofortiger Tiefkühlung auf − 100 °C nur 8% Restaustenit bestehenbleibt, so steigt dieser Betrag auf 14%, wenn die Abkühlung bei Raumtemperatur 10 Stunden unterbrochen wird.

Da allgemein die Martensittemperatur T_{MA} um so niedriger liegt, je mehr C und LE im Austenit gelöst sind (Abschn. 4.13.32), da andererseits die Lösungs-konzentration des Austenits mit der Härtungstemperatur steigt, so liegt T_{MA} um so tiefer, je höher die Härtungstemperatur war, und dementsprechend auch die Kurvenschar gleicher umgewandelter Austenitmengen zwischen T_{MA} und T_{ME}. *Beim Abschrecken auf Raumtemperatur weisen deshalb legierte Stähle notwendig mehr Restaustenit auf als unlegierte.*

Beispielsweise enthält das normal in Öl und Luft abgeschreckte spröde Gefüge eines W-Schnelldrehstahles:

1. Karbide, entsprechend der Menge, die bei der Glühtemperatur noch ungelöst waren, $\sim 6\%$;

2. Restaustenit, 15 bis 25%;

3. Martensit, 79 bis 69%, mit einer Kalthärte von 64 bis 66 °HRC.

Beim ein- oder zweimaligen längeren Anlassen auf 500 bis 600 °C entstehen 4 Stadien, wobei sich die Sekundärhärte ausbildet.

1. Der Martensit zerfällt in Zementit oder niedriglegierte sonstige Karbide und in eine hochlegierte, relativ harte ferritische Grundmasse. Dabei fällt die Härte auf 62 bis 63 °HRC.

2. Aus dem Restaustenit werden alsdann komplexe, sehr verschleißfeste Karbide ausgeschieden, wodurch die Härte wieder zunimmt.

3. Bei etwa 560 °C beginnt nach etwa 6 Minuten eine Transformation des Restaustenits. Dadurch steigt die Kalthärte wieder etwas an, vor allem aber die Warmhärte.

4. Bleibt das Gefüge auf dieser Temperatur, so beginnen sich auch aus der im 1. Stadium gebildeten ferritischen Grundmasse komplexe Karbide auszuscheiden. Dadurch nehmen aber sowohl die Kalthärte als auch die Warmhärte wieder ab, da die ferritische Grundmasse legierungsarm und dadurch weich wird.

Das 4. Stadium wird nicht beim Anlassen erreicht, wohl aber kann dies beim Zerspanen der Fall sein. *Stadium 2 und 3 ist dasjenige der Sekundärhärtung mit Bainitbildung* unter Abnahme der Sprödigkeit.

Die maximale Kalthärte wird vor Beendigung des Stadiums 3 erreicht, dagegen wird die maximale Warmhärte, die für die Schneidhaltigkeit maßgebend ist, erst später erreicht als die maximale Kalthärte und Zähigkeit.

4.14.35. Stähle mit sonstigen besonderen physikalischen Eigenschaften

Für Sonderzwecke sind hochlegierte Stähle entwickelt worden, die besondere physikalische Eigenschaften aufweisen, wie

1. geringe Wärmeausdehnung, sogenannte *Invarstähle*; – 2. Unabhängigkeit des E-Moduls von der Temperatur, sogenannte *Elinvarstähle*; – 3. Stähle mit besonders hohem elektrischem Leitwiderstand.

Es ist eine Ermessensfrage, ob man diese eisenhaltigen Legierungen noch als „Stähle" bezeichnen will. Für die Invar- und Elinvarlegierungen ist es üblich, da Nichteisenlegierungen mit entsprechenden Eigenschaften bisher nicht gefunden wurden. Als elektrisches Widerstandsmaterial werden hingegen ebenso eisenfreie wie eisenhaltige Legierungen verwendet, und das gleiche trifft für Hartmetalle zu, weshalb die betreffenden eisenhaltigen Legierungen mit den eisenfreien zusammengefaßt als *elektrisches Widerstandsmaterial* oder als *Hartmetall* klassifiziert werden (Abschn. 4.5 und 4.63).

4.14.35.1. Invarstähle und Bimetalle

Die Legierungsreihe Fe—Ni zeigt die Eigentümlichkeit, daß die Wärmedehnzahl stark von 1. der Temperatur; – 2. von der Legierungskonzentration abhängt, wobei im Temperaturgebiet zwischen 0 und 100 °C bei der Konzentration 36% Ni die Wärmeausdehnung praktisch verschwindet.

Abb. 376 zeigt die Abhängigkeit des linearen Wärmeausdehnungskoeffizienten in Abhängigkeit der Nickelkonzentration. Sein Mittelwert im Temperaturbereich $t = 0 \div 38\ °C$ beträgt nach GUILLAUME bei 35,6% Ni nur $(0{,}877 + 0{,}00127 \cdot t)$

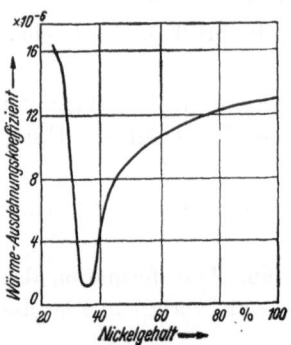

10^{-6}. Diese Eigenschaft ist wertvoll für Meßgeräte oder Uhrenpendel bzw. Unruhen, Präzisionswaagen, Ausgleichstücke an Leichtmetallkolben u.ä., aber auch für *Bimetallfedern*, deren beide Metallsorten einen möglichst großen Unterschied des Ausdehnungskoeffizienten aufweisen sollen, wobei dann ein unveränderlicher (invariabilis) „Invar"stahl mit einem Metall entgegengesetzter Eigenschaft zusammengeschweißt wird.

Abb. 376. Wärmeausdehnungskoeffizient der Fe—Ni-Legierung in Abhängigkeit vom Nickelgehalt bei Raumtemperatur

Bezeichnet man als *spezifische Ausbiegung* diejenige eines Streifens von 100 mm freier Länge und 1 mm Dicke bei 1 °C Temperaturunterschied, so wird hierfür ein besonders hoher Wert von 0,17 mm durch eine Kombination von Invar mit einer 20%igen Fe—Ni-Legierung, der 6% Mo zugesetzt ist, erreicht;

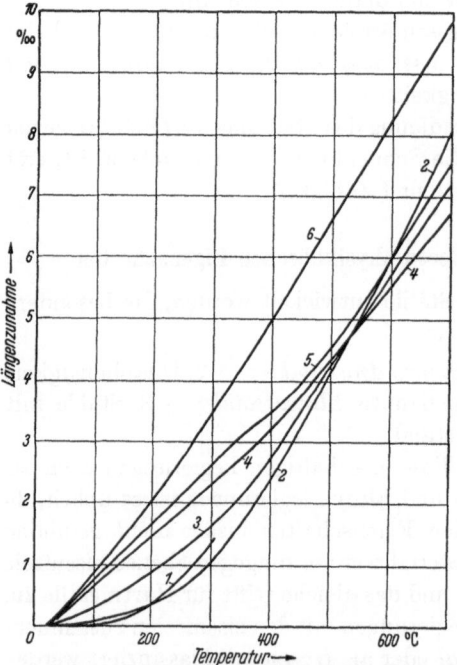

diese Kombination ist jedoch nur bis 250 °C zweckmäßig. Für höhere Temperaturen wird Invar mit Fe—Ni—Mn-Legierungen u. a. kombiniert (bis 500 °C, spezifische Ausbiegung bis 0,128) oder auch Eisen an Stelle von Invar mit der erstgenannten Fe—Ni—Mo-Legierung. Bei anderen *Bimetallen* wird Messing mit Invar kombiniert oder einfach Eisen mit Messing. Die Wahl richtet sich nach dem Temperaturbereich, der Ausbiegung, dem *E*-Modul und dem elektrischen Leitwiderstand und dessen Temperaturkoeffizienten.

Die invariable Eigenschaft verliert sich bei höheren Temperaturen, und die 36%ige Invarlegierung ist oberhalb 500 °C nicht mehr die günstigste aus der Fe—Ni-Reihe, wenn man die Gesamtdehnung vergleicht.

Andererseits besitzt eine verbesserte Invarlegierung mit 31% Ni und 5% Co bei niedrigen Temperaturen eine noch geringere Ausdehnung als die klassische, von GUILLAUME entdeckte 36%ige Fe—Ni-Legierung. Abb. 377 zeigt vergleichsweise die spezifische

Abb. 377. Längenzunahme verschiedener Eisen —Nickel-Legierungen sowie von C-Stahl in Abhängigkeit von der Temperatur:
1. 31% Ni —5% Co, *2.* 36 % Ni (Invar), *3.* 42% Ni, *4.* 47% Ni, *5.* 52% Ni, *6.* 0,25% C

Längendehnung einiger Legierungen und zum Vergleich auch diejenige eines Stahles mit 0,25% C. Man beachte die starke Temperaturabhängigkeit des Ausdehnungskoeffizienten des Invar im Vergleich mit demjenigen des unlegierten Stahles.

Der Ausdehnungskoeffizient hängt im übrigen von der Kalt- und Warmbehandlung des Invarstahles ab. Seine starke Zunahme tritt um die 200 °C herum ein, in derselben Temperaturzone, wo das Material seinen Ferromagnetismus verliert und paramagnetisch wird.

4.14.35.2. Elinvarstahl

Von allen Fe—Ni-Legierungen hat die 35%ige auch den höchsten Elastizitätsmodul, aber diejenigen mit 29 und 45% weisen völlige Temperaturunabhängigkeit ihres E-Moduls auf. Da letztere Eigenschaft jedoch an sehr enge, praktisch schwierig einzuhaltende Toleranzen der Ni-Konzentration gebunden ist, wird als praktisch gleichwertige Legierung entweder Invar 36 mit $+ 12\%$ Cr bevorzugt oder ein Stahl, bestehend aus:

0,5 ÷ 2% C, 0,5 ÷ 2% Si, 0,5 ÷ 2% Mn, 33 ÷ 35% Ni, 4 ÷ 5% Cr und 1 ÷ 3% W, Rest Fe.

4.15. Der Stahlguß

4.15.1. Definition

Als Stahlguß bezeichnet man den Stahl, der direkt in die Formen der Werkstücke gegossen wird, also keine nachträgliche Warmverformung, sondern nur noch eine spangebende Bearbeitung erfährt. Hinsichtlich der Gefügebestandteile, der Legierungen und der Wärmebehandlungen ist der Stahlguß identisch mit dem allgemeinen Werkstoff Stahl, jedoch wird das Gußrohgefüge, damit es höheren Ansprüchen genügt, meistens normalisiert, da ja keine mechanische Gefügeverbesserung im plastischen Zustand durch Walzen oder Schmieden vorgenommen werden kann. Stahlgußteile lassen sich nicht unter einer gewissen *Mindestgröße* bzw. *Wandstärke* gießen, da die *Gießfähigkeit* der Stahlschmelze, vor allem wegen ihrer hohen Oberflächenspannung, viel schlechter ist als diejenige des Gußeisens oder der Buntmetalle oder Leichtmetalle. Nach oben sind die Stückgewichte wegen der starken Lunkerung, Gasblasengefahr und Gußspannungen begrenzt, wie überhaupt Stahlformguß gießereitechnisch der schwierigste Guß für den Maschinenbau ist. Die Stückgewichte liegen in den Grenzen zwischen einigen kg und 25 ÷ 30 t.

4.15.2. Wärmebehandlungen

Am Stahlguß können grundsätzlich alle Wärmebehandlungen vorgenommen werden wie am gewalzten oder geschmiedeten Formstahl. Allen mit rascher Unterkühlung (Härten) verbundenen Wärmebehandlungen ist dabei eine Grenze dadurch gesetzt, daß die komplizierteren Formstücke so starken Härtespannungen ausgesetzt würden, daß sie reißen, zumal ja die Gußstücke schon bei normalem Abkalten infolge des großen *Schwindmaßes* (rund 2%) viel stärker der Gefahr von Gußspannungen, Kalt- und Warmrissen ausgesetzt sind als Graugußstücke. Deshalb kommt das Vergüten praktisch seltener zur Anwendung als bei den einfacheren und meist kleineren Werkstücken aus Formstahl und erfordert erhöhte Vorsicht und Erfahrung.

Andererseits wird das *Normalisieren* oder zumindest das *Spannungsfreiglühen* des Rohgusses stets vorgenommen, wenn man auf eine verläßliche Qualität Wert legt. Im Rohguß entsteht fast immer in mehr oder weniger ausgedehnten Bereichen

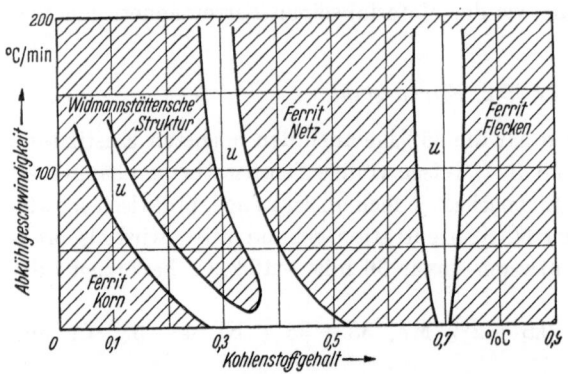

die grobnadelige WIDMANN-STÄTTENSche *Struktur* (Abschn. 4.12.53 und Abb. 269 und 270). Ihre Ausbildung hängt vom C-Gehalt und der Abkühlgeschwindigkeit ab. Abb. 378 zeigt schematisch diesen Zusammenhang. Auch die Form und Korngröße des normalisierten Gefüges hängt von der Erhitzungstemperatur, Erhitzungsdauer und Abkühlgeschwindigkeit ab.

Abb. 378. Schema der Gefügeausbildung des Stahlgusses in Abhänigkeit vom C-Gehalt und der Abkühlungsgeschwindigkeit, n. HANEMANN

Der Umstand, daß beim Normalisieren das Material gleicher Zusammensetzung dasselbe Temperaturintervall bei der Abkühlung durchläuft wie der erkaltende Rohguß und die Abkühlgeschwindigkeiten nicht einmal stark zu differieren brauchen, daß aber trotzdem eine ganz verschiedene

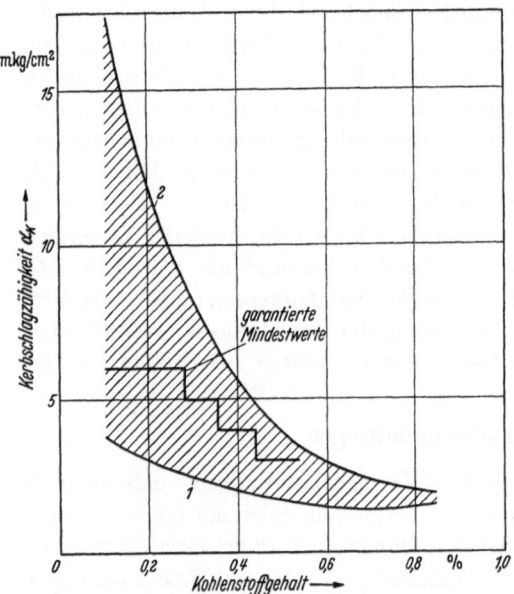

Gefügestruktur resultieren kann (nadeliges einerseits – globulitisches andererseits), zeigt deutlich, welchen Einfluß die *Form und Korngröße des warmen Ausgangsgefüges* auf diejenige des kalten Endgefüges hat. Im einen Fall, beim Rohguß, war das Ausgangsgefüge bereits grobnadelig vor- oder ausgebildet, im anderen, beim Normalglühen, war es homogener globulitischer Austenit. Das ist auch der Grund dafür, daß man durch *wiederholtes Normalisieren* die Korngröße verfeinern kann.

Durch das Normalisieren wird vor allem die *Kerbschlagzähigkeit* ganz wesentlich verbessert (Abb. 379), aber auch die Streckgrenze und die Zugfestigkeit, wie dies aus Abb. 380 hervorgeht.

Abb. 379. Kerbschlagzähigkeit von Stahlguß:
1 Rohguß, *2* thermisch vergütet

Die Glühdauer für das Normalisieren und Vergüten hängt stark von der Wandstärke ab. Bei größeren Wandstärken dauert es Stunden, bis durch gleichmäßige Diffusion der C-Atome homogener Austenit entstanden ist, für Stücke bis 70 mm Wandstärke z. B. bis zu 5 Stunden.

4.15.3. Sorten

Man unterscheidet auch hier unlegierte, niedriglegierte und hochlegierte Sorten. Die katalogmäßige oder genormte Sortenzahl ist hier freilich wesentlich geringer als beim Formstahl, und die hochlegierten sind recht eigentlich Spezialsorten, die von Fall zu Fall von der Stahlgießerei legiert werden, um besondere Anforderungen des Konstrukteurs an die Korrosions-, Warm- oder Verschleißfestigkeit zu befriedigen. Stahlgußstücke sind nicht, wie die Formstähle, ein Halbzeug mit genormten oder katalogmäßigen Abmessungen, Formen und Eigenschaften, die auf Vorrat angefertigt werden können, sondern in diesem Sinn individuelle Maßarbeit. Es wäre auch technisch unmöglich oder wirtschaftlich nicht tragbar, für kleinere Einzelstücke oder Gewichte genau abgestimmte Mengen von Schmelzen zu legieren, weshalb im großen ganzen der größte

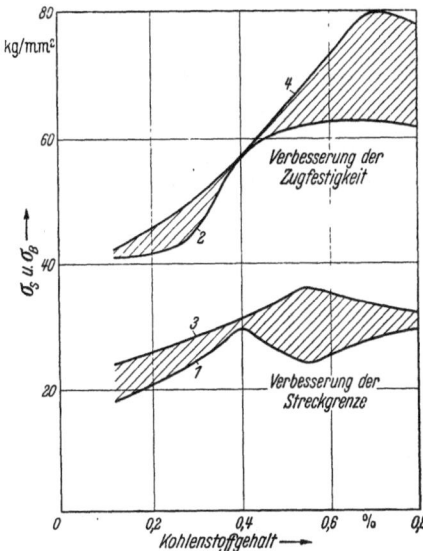

Abb. 380. Beeinflussung der Streckgrenze und der Zugfestigkeit des Stahlgusses durch Normalisieren, n. BERTSCHINGER

1 σ_S Rohguß, *2* σ_B Rohguß, *3* σ_S normalisiert, *4* σ_B normalisiert

Anteil an Stahlgußstücken in einigen wenigen genormten unlegierten oder niedriglegierten Sorten mit garantierten Mindesteigenschaften vergossen wird.

In den unlegierten, normalen Sorten variiert der C-Gehalt zwischen 0,2 und 0,4%, bei $0,2 \div 0,7\%$ Si, $0,5 \div 1,0\%$ Mn, $\leq 0,06\%$ S und $\leq 0,05\%$ P. Daneben kommt niedriggekohlter Stg bis zu 0,2% C und hochgekohlter mit $0,4 \div 0,8\%$ vor.

Die Mindestgüte ist beispielsweise nach schweizerischen Normen (VSM 10697) wie folgt klassifiziert:

Sorte	σ_S kg/mm²	σ_B kg/mm²	δ_5 %	α_K kgm/cm²
Stg 40.97	20	40—50	20	6
45.97	23	45—55	17	5
50.97	25	50—60	14	4
55.97	28	55—65	11	3
60.97	30	60—70	8	3

Als Beispiel für genormte Sorten im vergüteten Zustand „zäh" oder „hart" sei aus deutschen Normen angeführt (DIN 1681):

Sorte	% C	% Mn	% Si	σ_S kg/mm² zäh	hart	σ_B kg/mm² zäh	hart	δ_5 % zäh	hart
Stg 45.81	0,2—0,3	0,5—1	0,25—0,4	25—32	—	45—55	—	26—20	—
Stg 52.81	0,3—0,35	0,5—1	0,3—0,4	30—40	—	55—65	—	22—14	—
Stg 60.81	0,4—0,5	0,5—1	0,3—0,4	35—45	45—55	60—78	75—85	14— 9	9—6

Den niedriglegierten Sorten werden geringe Mengen der gleichen Legierungselemente beigefügt wie den Formstählen, und auch hier wieder, sei es einzeln, sei es in Kombination, vor allem:

Mn zur Verbesserung der Güteziffer und der Verschleißfestigkeit;
Ni zur Erhöhung der Zähigkeit und Durchhärtbarkeit für die Vergütung;
Cr zur Erhöhung der Härte, Festigkeit und Verschleißfestigkeit;
Mo zur Erhöhung der Warmfestigkeit.

Als Beispiel sei die Zugfestigkeit und die — 1 Wechselfestigkeit eines Mn-Stahlgusses in verschiedenem Vergütungszustand angeführt, mit der Zusammensetzung: 0,35% C, 1,42% Mn, 0,4% Si.

Er war aus 900 °C normalisiert und aus 840 °C in Öl gehärtet. Je nach Anlaßtemperatur ergab sich:

Normalisiert	σ_B kg/mm² 70	$-1\ \sigma_W$ kg/mm² 29
Beim Vergüten angelassen auf:		
735 °C	68	30
650 °C	70	33
485 °C	92	36
315 °C	100	40

Als Beispiel für die Zähigkeitssteigerung durch Nickel möge dienen:
Analyse: 0,2 ÷ 0,3% C, 0,3% Si, 0,9% Mn, 2% Ni.
Normalisiert aus 900 °C, luftgehärtet aus 850 °C, angelassen auf 650 °C.

$$\sigma_S = 42\ \text{kg/mm}^2, \qquad \delta_5 = 20\%,$$

$$\sigma_B = 65\ \text{kg/mm}^2, \qquad \alpha_K = 9\ \text{kgm/cm}^2.$$

Im Vergleich zum unlegierten Stahlguß entsprechender Zugfestigkeit ist vor allem das *Streckgrenzverhältnis* wesentlich verbessert sowie die Dehnung und die Kerbschlagzähigkeit, im Vergleich zum unlegierten, aber vergüteten jedoch nur noch die Zähigkeit und die Kerbschlagzähigkeit.

Allgemein kann häufig durch Vergüten der unlegierten Sorten manche Eigenschaft der niedriglegierten erreicht werden.

Eine noch günstigere Zähfestigkeit weisen, analog den Formstählen, die Cr—Ni-legierten Sorten auf; z.B. mit 0,28% C, 1,5% Cr, 4% Ni wird im vergüteten Zustand $\sigma_S = 69$, $\sigma_B = 85$ kg/mm² bei $\delta_5 = 18$ und $\psi = 44\%$ erreicht.

Günstige Warmfestigkeiten werden bei Mo-Stahlguß (0,22% C + 0,3 ÷ 0,5% Mo) oder Cr—Mo-Stg (0,25% C + 0,5 ÷ 1,2% Cr + 0,3 ÷ 0,5% Mo) erreicht (Abb. 381), so daß beim Bau von Heißdampfmaschinen usw. für Temperaturen bis ~ 550 °C der Stahlguß an die Stelle von Walz- oder Schmiedeprodukten treten kann.

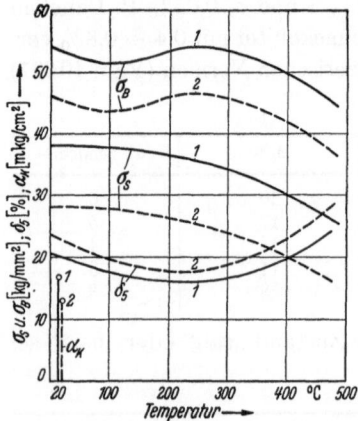

Abb. 381. Warmfestigkeitswerte von legiertem Stahlguß:
1 % C = 0,25 / Cr = 0,5 ÷ 1,2 / Mo = 0,3 ÷ 0,5, *2* % C = 0,22 / Mo = 0,3 + 0,5

An hochlegierten Sorten haben vor allem verschleißfester, austenitischer Stahlguß mit 10 ÷ 14% Mn und zunder- und korrosionsfeste Cr—Ni-Legierungen Bedeutung für den Apparatebau in der chemischen Industrie, für Glühöfen u.ä. Ihre Zusammensetzungen und Eigenschaften entsprechen im wesentlichen denen der entsprechenden Walzstähle, wobei vor allem auch wieder die Cr—Ni-legierte Sorte mit $\sim 0{,}1\%$ C, 18% Cr, 8% Ni, $\pm 2\%$ Mo eine wesentliche Bedeutung hat sowie die hochgekohlten, hochchromhaltigen mit $\sim 1\%$ C und $25 \div 30\%$ Cr.

4.16. Das Gußeisen

4.16.1. Das Zustandsfeld der Guß- und Roheisensorten

Im Gebiet $> 1{,}7\%$ C des Fe—C-Diagrammes (Abschn. 4.11) liegen die Roheisen und Gußeisensorten. Für die Maschinenformgußteile, also den Werkstoff Gußeisen im engeren Sinn, kommt nur der C-Gehalt zwischen 1,7 und 4,3%, also zwischen dem des Grenzgefüges und des Eutektikums in Betracht.

Wie beim Stahl hat dabei das Fe—C-Diagramm insofern nur schematische Bedeutung, als diese beiden Grenzfälle als Werkstoff nicht angewendet werden, vor allem aber deshalb, weil auch hier wieder die Hilfskomponenten Mn und Si sowie die Verunreinigungen P und S hinzutreten. Man kann aber bereits aus dem binären Diagramm Fe—C die wesentlichsten Merkmale des Gußeisengefüges und die Problematik seiner Festigkeitseigenschaften erkennen.

Die Erstarrung der Schmelze, deren C-Gehalt für die normalen Sorten um die 3% herum liegt, verläuft hier teilweise nach dem stabilen und teilweise nach dem metastabilen System. Auf die kürzeste Form gebracht kann man deshalb definieren: *Gußeisen ist ein Stahlgefüge mit Graphiteinlagerungen.*

Der Graphit hat praktisch keine Zugfestigkeit. An den Stellen, wo in das Stahlgefüge Graphit eingelagert ist, können keine Zug- und Schubspannungen übertragen werden, wohl aber Druckspannungen. Die Zerreißfestigkeit des Gefüges wird dadurch herabgesetzt, nicht aber die Druckfestigkeit.

Die beiden Grenzfälle: nur stabiles und nur metastabiles Gefüge, würden bedeuten:

Im ersten Fall ein Gemenge aus reinem, weichem Ferrit mit Graphit, ein weicher, schmieriger Werkstoff ohne nennenswerte Festigkeitseigenschaften, im Bruch schwarz und glitzernd wegen des Graphits.

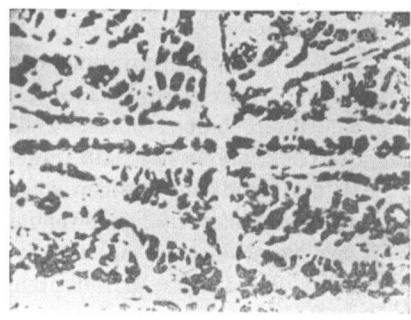

Abb. 382. Weißes Roheisen (Gußeisen). Gefüge: Perlit und Zementit. Vergr. 350 ×

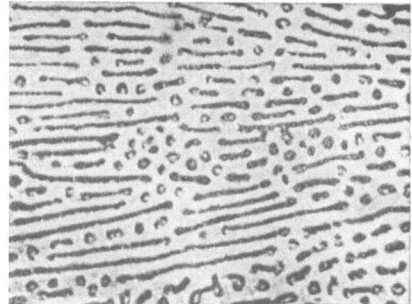

Abb. 383. Ledeburit. Vergr. 400 ×

Im zweiten Fall: Ein Gefüge, bestehend aus dem sehr harten und spröden Eutektikum Ledeburit und dem Grenzgefüge, ein weißbrüchiger, sehr harter und spröder Werkstoff, der sich nur durch Schleifen bearbeiten läßt.

Wie schon seine Farbe sagt, liegt der Maschinengrauguß zwischen diesen Grenzfällen. Von den beispielsweise 3% Kohlenstoff mögen dabei etwa 70% als freier Graphit auftreten, während 30% im Fe_3C des metastabilen Gefügeanteils gebunden sind.

In Sonderfällen wendet man den rein metastabil weißbrüchig erstarrenden Grenzfall an, als sogenannten *Hartguß*, sei es für die Herstellung eines ganzen Stückes, sei es, daß man an einem Graugußstück einzelne Stellen an der Oberfläche als Hartguß metastabil erstarren läßt, um dort hohe Verschleißfestigkeit zu erreichen. Abb. 382 zeigt ein solches Gefüge, Abb. 383 den reinen *Ledeburit*, Abb. 390 das Mischgefüge des Graugusses, bestehend aus einem „Stahlgefüge" Ferrit + Perlit mit eingesprengten Graphitadern.

4.16.2. Die Beeinflussung des Graphitanteils

Die Menge und Form der Graphitausscheidung beeinflussen in erster Linie die Festigkeitseigenschaften des Gußeisens. Man kann die Graphitisierung beim Schmelzen und Gießen durch ihre Ursachen beeinflussen. Es sind dies vor allem:

1. der C-Gehalt der Schmelze; – 2. der Si-Gehalt der Schmelze; – 3. die Abkühlgeschwindigkeit.

Für den C-Gehalt gilt: Je mehr Kohlenstoff, desto mehr Graphit.

Für den Si-Gehalt: Dasselbe. Ohne Silizium ist unter normalen technischen Bedingungen keine Graphitausscheidung zu erreichen.

Für die Abkühlgeschwindigkeit: Je langsamer die Abkühlung, desto mehr Graphitausscheidung.

Das alles gilt aber nur ceteris paribus, auch haben Begleit- oder Legierungselemente sowie die Verunreinigungen ebenfalls ihren positiven oder negativen Einfluß, der aber hinter demjenigen der drei Hauptursachen stark zurücktritt.

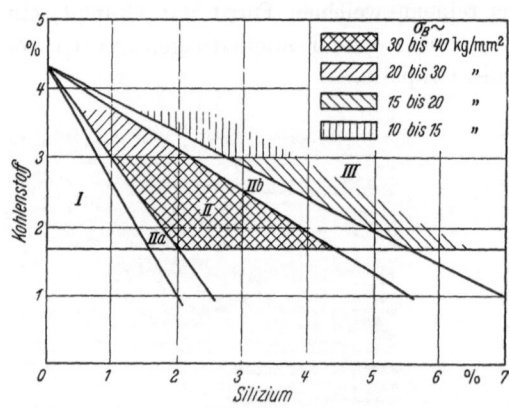

Abb. 384. Schematische Einteilung der Gußeisensorten, n. MAURER:
I Hartguß, *II* perlitisches GE, *III* ferritisches GE, *IIa–IIb* Übergangssorten

Aus praktischen Gründen kann man den C-Gehalt nicht in allzu großen Grenzen variieren. Bei zu kleinem Gehalt würde die Gießfähigkeit zu schlecht, die Schmelze zu zähflüssig, das Formfüllungsvermögen ungenügend. Höherer Phosphorgehalt verbessert zwar die Gießbarkeit, weshalb dieses Mittel für dünnwandigen sogenannten *Potterieguß* angewendet wird, verschlechtert andererseits die Festigkeitseigenschaften, weshalb es für Maschinenguß nicht anwendbar ist. Bei zu hohem C-Gehalt würde andererseits zu viel Graphit ausgeschieden und dadurch die Festigkeit verschlechtert. Praktisch enthält der Maschinengrauguß, in weiten Grenzen gerechnet, 2 bis 4% C.

Das wichtigste Mittel zur Steuerung der Erstarrung und des Graphitanteiles ist der Siliziumgehalt der Schmelze. Silizium fördert die Graphitausscheidung und verschiebt die Phasengrenzen des Systems Fe—C (Abb. 314).

Das Graphiteutektikum des stabilen Systems hat keinen besonderen Namen erhalten. Ein Gußeisen – abgekürzt GE – mit 4% Si ist schon bei 3,5% C stabil übereutektisch.

Schematisch zeigt das sogenannte *Maurerdiagramm* die kombinierte Wirkung des C—Si-Gehaltes, wodurch sich eine schematische, rohe Klassifizierung und Bezeichnung der Gußeisensorten ergibt (Abb. 384). Im Maschinengrauguß ist (C + Si) % ~ 5.

Die dritte Beeinflussung erfolgt durch die Abkühlung. Durch sehr rasche Abkühlung – Abschreckung – wird die Graphitausscheidung völlig unterdrückt. Das nützt man technisch aus, indem man metallische Abschreckplatten in die Sandformen einbaut, die die Wärme örtlich rasch ableiten und harte Oberflächen am Gußstück entstehen lassen. Das Gießen in Metallformen (Kokillen) hat die gleiche Wirkung.

4.16.3. Vor- und Nachteile des Gußeisens und die Problematik seiner Festigkeit

Der große Vorteil des GE liegt in seiner guten und bequemen *Gießbarkeit*. Es lassen sich beliebige, auch verwickelte Formen von kleinen Stücken bis zu den größten, die überhaupt einteilig transportierbar sind, herstellen. Nach unten ist man in den Dimensionen begrenzt, die Teile müssen einige Millimeter Wandstärke und einige Zentimeter Ausdehnung haben.

Ein weiterer Vorteil ist die leichte *Zerspanbarkeit* und gute *Korrosionsfestigkeit* im Vergleich zum unlegierten Stahl. Die Warmfestigkeit sinkt bis ~ 350 °C unwesentlich ab. Bei trockener Reibung mit Stahl tritt keine Kaltverschweißung und daraus folgendes Anfressen auf, die an der Oberfläche liegenden Graphitnester üben im Gegenteil eine schmierende Wirkung aus. Ferner ist die *Dämpfungsfähigkeit* der GE erheblich, ebenfalls infolge der Graphiteinschlüsse, welche die elastischen Schwingungen im Inneren des Gefüges dämpfen (Abb. 237). Ständer, Betten, Gehäuseteile von Werkzeugmaschinen werden wegen dieser Eigenschaft als möglichst schwere Gußeisenkonstruktion ausgebildet, um einen schwingungsfreien Lauf der Maschinen zu erreichen.

Die *Nachteile* im Vergleich zu Stahlkonstruktionen liegen darin, daß in gieß- und formgerechten Konstruktionen unter anderem weder schroffe Übergänge in den Wandstärken noch überhaupt zu große Dickenunterschiede auftreten dürfen, so wenig wie örtliche Materialanhäufungen, da sonst zu große Gußspannungen oder Lunker entstehen können. Demzufolge sind an Gußkonstruktionen meistens viele Maße notwendig *überdimensioniert*; sie fallen für den gleichen Zweck *schwerer* aus als Stahlkonstruktionen, seien die letzteren einteilig oder durch Verschrauben, Vernieten oder Schweißen entstanden.

In der Leichtbauweise hat GE keinen Platz.

Von den durch gießgerechte Gestaltung bedingten Forderungen abgesehen, liegt der Grund für die Überdimensionierung der aus Festigkeitsgründen notwendigen Querschnitte aber in erster Linie in den *ungünstigeren* Festigkeitseigenschaften, verglichen mit denen des Stahles. Es ist hervorzuheben, daß darunter nicht so sehr die *niedrigeren* Festigkeitswerte zu verstehen sind als die größere *Streuung* wichtiger Festigkeitswerte und die *geringe Zähigkeit oder Dehnbarkeit*. Zwar ist die Zugfestigkeit der normalen, unlegierten Sorten geringer als diejenige unlegierter Baustähle, dies gilt aber nicht für die Druckfestigkeit und Biegefestigkeit. Das Verhältnis Zugfestigkeit:Verdrehungsfestigkeit:Biegefestigkeit:Druckfestigkeit ist hier etwa wie $1:1,5:2:4$, wenn als Biegefestigkeit σ'_B die maximale rechnerische Zerreißspannung unter Annahme des HOOKEschen Gesetzes bezeichnet wird (Abb. 168). Andererseits ist GE weniger kerbempfindlich als Stahl. Die Kerbempfindlichkeitszahl η_K kann Werte bis herunter zu $0,1$ annehmen, während sie für hochgezüchtete Stähle bis an 1 herankommt. Der Grund für die Kerbunempfindlichkeit des GE liegt darin, daß sein mit Graphitlamellen durchsetztes Gefüge einen bereits mit Kerben durchsetzten Stahl darstellt und daß deshalb zusätzliche Kerben sich nicht mehr erheblich auswirken. Man darf daraus aber nicht schließen, daß beispielsweise ein wechselnd beanspruchtes Gewinde aus GE eine absolut höhere Wechselfestigkeit hätte als ein solches aus kerbempfindlichem Stahl, sondern muß lediglich beachten, daß hinsichtlich seiner *Gestaltfestigkeit* das GE dem Stahl nicht so stark unterlegen ist, wie dies nach dem Vergleich der Wechselfestigkeiten erscheinen könnte, die an glatten Probestäben gemessen wurden.

Hochwertiges normales GE kann Zugfestigkeiten bis zu 50 kg/mm² erreichen, im vergüteten Zustand auch bis 55, und für das noch in der Entwicklung stehende „duktile Gußeisen" (Abschn. 4.16.8) sind weitere Steigerungen zu erwarten, aber trotzdem läßt man konstruktiv-rechnerisch nur sehr geringe Zugspannungen zu, weil auf die Zugfestigkeit des GE *kein Verlaß* ist. Sie läßt sich nur unsicher bzw. mit Einschränkungen messen und definieren und streut stark je nach den Versuchsbedingungen und innerhalb der einzelnen Stellen des Gußstückes. Außerdem ist allgemein die *Dehnung* sehr *gering*, unter 1%, und dadurch auch das Arbeitsvermögen, so daß, wenn man rechnerisch höhere statische Zugbelastungen zuließe, die Bruchgefahr bei unvorhergesehenen schockartigen Belastungen näherrückt. Hinzu kommt, daß höhere Zugfestigkeiten mit zusätzlicher Versprödung erkauft werden müssen und daß allgemein die rechnerischen Grenzbeanspruchungen infolge der Gußspannungen unsicher werden.

Das GE weist also folgende *4 Nachteile* hinsichtlich seiner Festigkeitseigenschaften auf:

1. Seine Zugfestigkeit läßt sich nicht eindeutig zahlenmäßig definieren.

2. Im gegossenen Werkstück kann die Zugfestigkeit örtlich stark schwanken.

3. Die Bruchdehnung ist sehr gering. Der Werkstoff ist spröde, plastisch nicht verformbar. Das Arbeitsvermögen ist gering.

4. Im Werkstück kann durch Gußspannungen die Unsicherheit hinsichtlich seiner Festigkeit noch vergrößert werden.

Der letztere Nachteil läßt sich durch Spannungsfreiglühen mit nachfolgender, sehr langsamer Abkühlung beheben, die anderen Nachteile liegen in der Entstehung des Gußgefüges; deren Verfolgung gibt einen Einblick in die Problematik, zeigt andererseits, welche Wege zur Verringerung der Nachteile eingeschlagen werden.

Wegen der erwähnten Nachteile wurde das GE eine Zeit lang durch die auf-
kommenden Schweißkonstruktionen stark zurückgedrängt. Daß aber die systematische Behebung des Unsicherheitsfaktors, der ja der Hauptnachteil ist, mindestens beim Serienguß große Fortschritte gemacht hat, beweist die Verwendung
des Gußeisens für Kurbelwellen im Automobilbau, an die man früher nicht denken
durfte. Wegen seiner Billigkeit und Dämpfungsfähigkeit hat es dort Eingang
gefunden. Die neuere Entwicklung des *duktilen* GE eröffnet für die Anwendung
dieses ältesten und früher universalsten Maschinenbauwerkstoffs, für den eine
Zeitlang wenig Interesse bestand, neue Ausblicke.

4.16.4. Struktur und Festigkeit des Gußeisens

Bei der Erstarrung erfolgt die Graphitausscheidung ungefähr bei der eutektischen Temperatur, und zwar aus untereutektischen Schmelzen etwas unterhalb,
aus übereutektischen oberhalb der Solidustemperatur. Ob dabei der Graphit direkt
aus der Schmelze auskristallisiert oder aus vorgängig gebildeten Fe_3C-Kristallen,
ist ungeklärt. Bei der Graphitausscheidung handelt es sich um einen nicht reversiblen Vorgang, durch den eine *Primärstruktur* gebildet wird, die ebenso von der
chemisch-physikalischen Zusammensetzung der Schmelze abhängt wie von deren
Abkühlgeschwindigkeit v_K. Die Korngröße und damit die Größe und Form der
Graphiteinschlüsse hängt von ihrer Keimbildungszahl und Wachstumsgeschwindigkeit ab, die ihrerseits nicht nur Funktionen der C-Konzentration und von v_K
sind, sondern durch Begleitelemente beeinflußt werden. Komponenten, die schon
oberhalb Solidus fest sind, können dabei als Impfstoffe die Keimbildung begünstigen, somit zu feinerer Graphitverteilung führen und auch die Wachstumsform
beeinflussen, z.B. im Sinn kugeliger Zusammenballung (Bildung von kugeligem,
sphäroidalem Graphit, was z.B. durch Magnesium oder Cer begünstigt wird), oder
sie können das Wachstum hindern oder Unterkühlungen bewirken. Da die *Menge
und Form des Graphits* im Primärgefüge in erster Linie entscheidend für die Festigkeit ist und dieser Graphit als eine Komponente des stabilen Systems durch nachträgliche Wärmebehandlung nicht mehr beeinflußbar ist, ergibt sich daraus, daß
bei der Graphitisierung bereits die Grundlage für die Festigkeit des GE entsteht.

Bei weiterer Abkühlung wandelt sich der metastabile Anteil des Primärgefüges entsprechend der Löslichkeitsabnahme des Austenits und bei Unterschreitung der A_1-Grenze nach denselben Gesetzen um, wie sie für das Stahlgefüge
gelten. Dieses *Sekundärgefüge* umfaßt deshalb die Variationsbreite des metastabilen Systems: Ferrit—Perlit—Sekundärzementit nebst eventuellen Unterkühlungs-
erscheinungen wie Martensit oder, beim Wiedererwärmen, auch körnigen Perlit
oder Zerfalls- bzw. Anlaßprodukte des Martensits.

Das mehr oder weniger heterogene Sekundärgefüge besitzt an sich die Festigkeitseigenschaften des entsprechenden Stahlgefüges, aber sein Zusammenhang ist
überall durch die Graphiteinschlüsse unterbrochen, die gerade so gut Hohlräume
sein könnten, wenn es auf die Zugspannungen ankommt. Wie stark und entscheidend die Zugfestigkeit durch Graphit beeinflußt wird, dessen wird man sich
anschaulicher bewußt, wenn man sich die Graphitmenge statt in Gewichtsprozenten in *Volumen*prozenten vor Augen hält. 2 Gewichtsprozente Graphit entsprechen 7 Volumenprozenten. Ein GE-Würfel mit 100 mm Kantenlänge enthält des-

halb soviel Graphit oder „Hohlräume" wie ein Würfel mit 40 mm Seitenlänge. Beide Würfel ineinandergestellt machen das Bild erst recht anschaulich. Es leuchtet ein, daß eine Grobverteilung der Hohlräume ungünstiger für die Festigkeit ist als eine Feinverteilung und daß Graphitadern oder Platten ungünstiger sind als kugelige Nester, wenn man sich die Beanspruchung bzw. Spannungen als einen Kraftfluß vorstellt.

Neben dieser grundlegenden Beeinflussung, vor allem der Zugfestigkeit durch den Graphit, wird die Festigkeit erst in zweiter Linie vom Sekundärgefüge abhängen, wobei feinlamellarer Perlit wiederum die beste Festigkeit ergibt. Aber dieser Einfluß ist längst nicht so stark wie der des Graphits. Andererseits ergibt sich, daß bei gleicher Graphitmenge, Verteilung und Form der sogenannte *perlitische Grauguß*, der im Idealfall nur aus Perlit + Graphit besteht, die beste Qualität ist.

Die Graphitisierung wird, wie bereits erwähnt, u. a. von der Erstarrungsgeschwindigkeit der Schmelze beeinflußt. Ein Formgußstück erstarrt aber nicht nur an verschiedenen Stellen verschieden rasch – dünnwandige schneller, dickwandige langsamer –, sondern auch innerhalb irgendeines Querschnittes ist v_K über den Querschnitt nicht gleich. Die Folge ist differenzierte Graphitisierung und damit Zugfestigkeit von Raumteil zu Raumteil des Gußstückes. Man kann von einem größeren Graugußstück überhaupt nicht sagen, welche Zugfestigkeit sein Material aufweist, sondern müßte hierfür eine Topographie aufstellen, wenn man sich nicht auf einen rohen Mittelwert oder Bestwert beschränken will, der dann aber ganz erheblich von einem realen Einzelwert dieser Topographie abweichen kann.

Dieselbe Unsicherheit der Aussage besteht aber auch für eine Festigkeitsprobe. Man kann aus derselben Schmelze getrennt Probestäbe gießen oder diese direkt an das Gußstück mit angießen und nachher abtrennen, an denen man dann die üblichen Festigkeitsprüfungen vornimmt, jedoch stößt man sofort auf die gleiche Schwierigkeit: Die Zugfestigkeit fällt je nach Dicke des gegossenen Probestabes recht verschieden aus. Dünnere Stäbe, die rascher erstarren und weniger Graphit ausscheiden, zeigen höhere Werte als dicke. Ein Rückschluß aus den Festigkeiten verschieden dicker Proben ist, mit gewisser Vorsicht, auf die Topographie der Festigkeitswerte des Gußstückes möglich, eventuell indirekt und über den Umweg einer Härtemessung, die man verhältnismäßig einfach an den verschiedenen Außenflächen des Gußstückes vornehmen kann; hierfür ist eine ganze Methodik ausgearbeitet worden, aber die Frage, welches denn die Festigkeit dieser oder jener GE-Sorte sei, ist damit natürlich nicht beantwortet. Sie läßt sich, in dieser Form gestellt, auch grundsätzlich nicht beantworten.

Zwecks Klassifizierung und Normung von GE-Sorten hat man sich deshalb damit begnügen müssen, Normen für den Rohgußdurchmesser gleichzeitig mitgegossener Probestäbe aufzustellen, aus welchen gesonderte Zerreißstäbe gedreht werden oder die im Rohzustand einer genormten Biegebruchprobe unterworfen werden. Dabei sind dann für diese Probestäbe garantierte Mindestwerte für die Zerreißfestigkeit σ_B, die Biegefestigkeit σ_{bB} und die Bruchdurchbiegung f genormt worden, z. B. nach VSM 10691 oder DIN 1691, wodurch sich eine Einteilung in *Güteklassen* ergibt. Diese Mindestwerte sagen aber nichts über die Festigkeitseigenschaften irgendeines Graugußstückes aus, sondern garantieren lediglich diejenigen eines genormten Probestabes aus der betreffenden Schmelze.

Der Zerreißversuch ist für GE in gewissem Sinn weniger aufschlußreich als der Biegeversuch, bei welchem ein rohgegossener Probestab von 30 mm Durchmesser auf zwei Stützen in $l = 600$ mm Abstand aufgelegt und in der Mitte mit einer Last P bis zum Bruch belastet wird, wobei die Durchbiegung f in Millimeter gemessen und die scheinbare größte Zugspannung oder Biegespannung σ_{bB} aus der Beziehung $M_b = \dfrac{P \cdot l}{4} = W \cdot \sigma_{bB}$ (W = Widerstandsmoment) berechnet wird. Diese scheinbare Spannung σ_{bB} ist bei GE 1,7 bis 2mal größer als σ_B (Abb. 168). Die leicht und eindeutig zu messende Durchbiegung f gibt ein besseres Maß für die Sprödigkeit bzw. Zähigkeit des GE als die schwer zu bestimmende, sehr geringe Bruchdehnung ($\delta \leq 1\%$) des Zerreißversuches, σ_e und σ_s bzw. $\sigma_{0,01}$ und $\sigma_{0,2}$ sind bei den technologischen Materialprüfungen, abgesehen von ihrer Streuung, so schwierig zu messen, daß man sie als Materialcharakteristik nicht heranzieht.

Ebenso wie σ_B hängt der E-Modul von der Graphitisierung (Menge, Form, Verteilung) ab. Er variiert daher für GE sehr stark, zwischen 4000 und 14 000 kg/mm². Da keine Proportionalität $\sigma - \varepsilon$ besteht, haftet auch der Definition des E-Moduls eine Willkürlichkeit an. Man kann ihn ebensogut als Tangente der $\sigma - \varepsilon$-Kurve im Nullpunkt definieren wie als Quotient aus σ_B und ε_{max}. Der E-Modul schwankt somit innerhalb großer Bereiche von Sorte zu Sorte und auch innerhalb der Sorte selbst sowie in Abhängigkeit von der Spannung; Abb. 385 zeigt dies für die genormten Sorten nach DIN 1691.

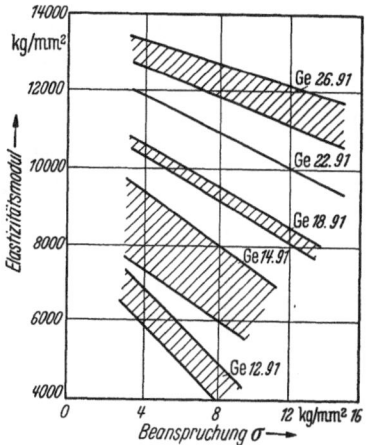

Abb. 385. Elastizitätsmodul genormter Gußeisensorten nach DIN 1691

Die Härte des GE hängt umgekehrt vor allem vom Sekundärgefüge ab, das seinerseits unabhängig vom Primärgefüge alle Spielarten vom Ferrit über den Perlit bis zum Sekundärzementit aufweisen kann. Die schlechte Bearbeitbarkeit von „hartem Guß" ist deshalb nicht auf Graphitmangel, sondern auf Zementit im Sekundärgefüge zurückzuführen.

Es erhellt daraus, daß zwischen σ_B und HB keine Korrelation bestehen kann wie beim Baustahl. Schlußfolgerungen aus der Härte auf die Gesamtqualität und insbesondere σ_B, wie sie manchmal gemacht werden, sind unzulässig, wenn nicht falsch. Wenn trotzdem HB zur Qualifikation oft herangezogen wird, so ist dies nur im Sinn der leichten Bearbeitbarkeit sinnvoll, und deshalb sind auch Höchstwerte für HB, freilich in großen Grenzen, in der Normung vorgesehen.

4.16.5. Festigkeitsschwankungen genormter Sorten

Als Beispiele für die Problematik der Festigkeitsangaben, vor allem der Zugfestigkeit, genormter Sorten seien einige Ergebnisse aus Versuchsreihen und Untersuchungen von COLLAUD angeführt, die zugleich die Wirkung der obenerwähnten Einflüsse auf die Struktur verdeutlichen.

Untersucht wurden die 4 unlegierten genormten Sorten Ge 15.91 ÷ 30.91 nach VSM 10691 sowie eine 5. schwachlegierte Sorte, bezeichnet als 35.91. Die

Tabelle 11. *Festigkeitseigenschaften verschiedener Gußeisensorten nach Versuchen von* COLLAUD.

| Nr. | Bezeichnung | Gehalt in % | | | | | | | | σ_B kg/mm² | σ'_B kg/mm² | HB kg/mm² | l_B mm | Garantierte Mindestwerte nach VSM-Normen | | |
		C	Si	Mn	P	S	Ni	Cr	Mo					σ_B	σ'_B	t
(1)	GE 15.91	3,4	2,6	0,52	0,84	0,128	—	—	—	16	33	164	11	15	30	8
(2)	GE 20.91	3,44	2,05	0,9	0,14	0,124	—	—	—	23	45	189	13	20	38	8
(3)	GE 25.91	3,41	1,38	0,91	0,24	0,122	—	—	—	30	53	213	13	25	45	8
(4)	GE 30.91	3,03	1,82	0,87	0,37	0,174	—	—	—	33	55	225	12	30	50	8
(5)	GE 35.91	3,01	2,02	0,75	0,13	0,06	0,58	0,73	0,47	39,5	63	268	10,8	—	—	—

Probestäbe hatten 30 mm Durchmesser, entsprechend der Norm. Tab. 11 gibt die Mittelwerte aus jeweils zehn Proben jeder Sorte.

Man erkennt sofort, daß die geringen Unterschiede der Legierungsanteile der Sorten (1) bis (4) unmöglich die großen Unterschiede in der Festigkeit hervorrufen können, daß diese vielmehr die indirekten Folgen der verschiedenen Graphitisierung sind. Es kommt hinzu, daß die vorstehenden Werte Mittelwerte aus jeweils zehn Einzelwerten sind und daß die Einzelwerte der Analysen teilweise so streuten, daß sie sich überschnitten, während die resultierenden Festigkeitseigenschaften wenig streuten, so daß sich die fünf stark differenzierten Festigkeitsqualitäten eindeutig ergaben.

Für die indirekte Festigkeitsbeeinflussung über die Graphitisierung ist die Wirkung der Begleitelemente auf die Lage der eutektischen Konzentration des Systems Fe—C von stärkster Bedeutung; von HANE-MANN wurde hierfür der Begriff des *eutektischen Sättigungsgrades* η_k eingeführt und auf Grund des Umstandes, daß der Einfluß von Mn und S auf die eutektische Konzentration gering ist und sich außerdem gegenseitig aufhebt, die vereinfachte Korrelation aufgestellt:

$$\eta_k = \frac{C\%}{4{,}23 - 0{,}275\,P - \dfrac{Si}{3{,}2}}.$$

Als Mittelwert ergab sich für η_k der Sorten (1) bis (4):

Nr.	η_k	σ_B kg/mm²
(1)	1,066	16
(2)	0,990	23
(3)	0,913	30
(4)	0,852	33

Erst auf diesem Umweg erkennt man den Zusammenhang zwischen Ursache und Wirkung, und diese Korrelation ist überdies eindeutig, insofern die Streuung der η_k-Werte sich nirgends überschnitt, im Gegensatz zu den Legierungsprozentsätzen der Einzelwerte.

Da alle Probestäbe gleich groß waren und bei gleicher Temperatur gegossen wurden, ist das eindeutige Ergebnis:

Bei gleicher Abkühlgeschwindigkeit wird

a) um so weniger Graphit ausgeschieden; – b) der

Graphit um so feiner verteilt; – c) die Graphitbildung um so mehr verzögert, je kleiner der eutektische Sättigungsgrad ist.

Ein Vergleich der Schliffbilder der Sorten (1) und (2) (Abb. 386 und 387) zeigt zur Genüge, welch starken Einfluß η_k auf die Graphitisierung und damit auf σ_B hatte.

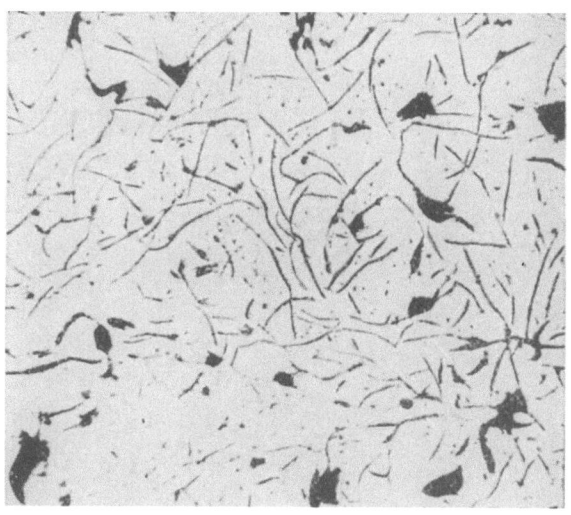

Abb. 386. Graphitverteilung in der Gußeisensorte Ge 15.91, Probestab 30 mm ⌀, Vergr. 50×

Den anderen Einfluß, nämlich den der Abkühlgeschwindigkeit v_k auf die Graphitisierung, erkennt man wiederum sehr deutlich, wenn man die Schliffbilder der Sorte (2), gewonnen an Probestäben von 15 mm Durchmesser (Abb. 388), 30 mm (Normalstab, Abb. 387) und 60 mm Durchmesser (Abb. 389) vergleicht. Je kleiner der Stabdurchmesser, desto größer v_k und desto feiner die Graphitverteilung und desto besser σ_B.

Neben der Graphitisierung bzw. dem Primärgefüge hat aber auch das Sekundärgefüge einen Einfluß auf σ_B, welches nach Unterschreitung von A_1 entsteht.

Auf dessen Struktur hat ebenfalls wieder a) die Zusammensetzung des Primärgefüges, aus dem es entsteht; – b) die Abkühlgeschwindigkeit nach erfolgter Graphitausscheidung einen Einfluß.

War im Primärgefüge viel Graphit enthalten, so waren die restlichen Bestandteile (Austenit) relativ

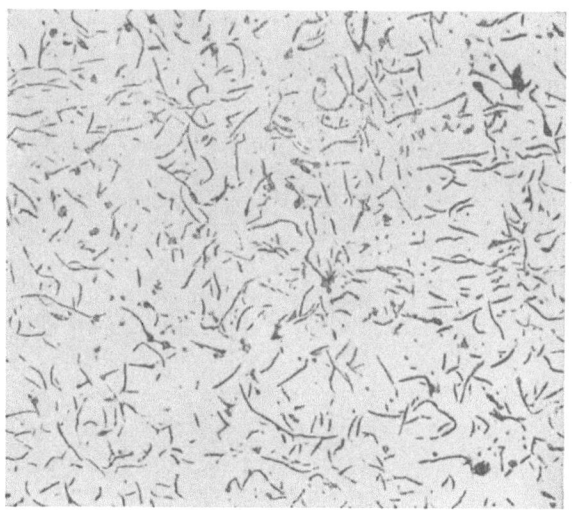

Abb. 387. Graphitverteilung in der Gußeisensorte Ge 20.91, Probestab 30 mm ⌀, Vergr. 50×

an C verarmt, weshalb bei der Transformation $\gamma \rightarrow \alpha$ neben Perlit relativ viel Ferrit entstehen kann. Starke Graphitausscheidung bewirkt also zugleich eine Verschlechterung der Festigkeit des Sekundärgefüges und damit auch auf diesem *indirekten* Weg eine Verschlechterung des Gesamtgefüges. Abb. 390 und 391

zeigen das deutlich. Es sind dieselben Proben wie die in Abb. 386 und 387 darge-
stellten, nur anders geätzt und stärker vergrößert.

In Sorte (1) enthält das Sekundärgefüge viel Ferrit, der überdies ungünstig in

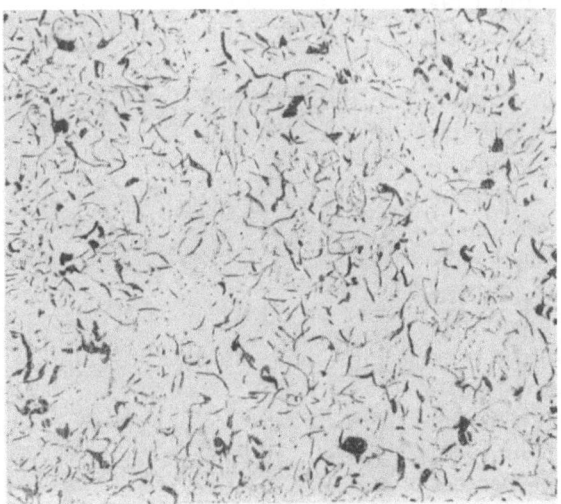

Abb. 388. Graphitverteilung in der Gußeisensorte Ge 20.91, Probestab 15 mm ⌀, Vergr. 50×

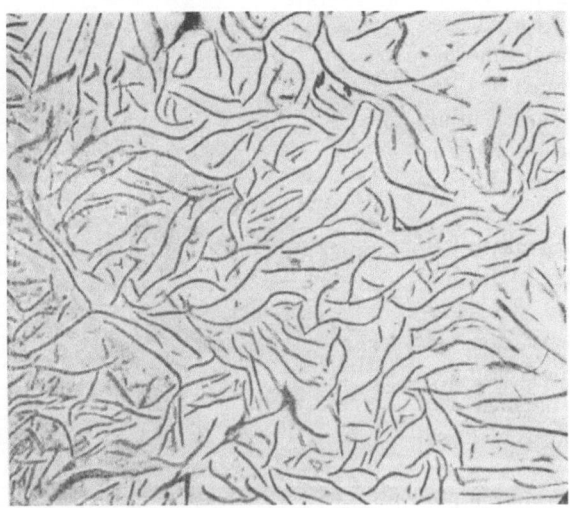

Abb. 389. Graphitverteilung in der Gußeisensorte Ge 20.91, Probestab 60 mm ⌀, Vergr. 50×

Form größerer Bänder längs den Graphitadern abgeschieden ist, in der Sorte (2)
ist mehr regelmäßig gebildeter Perlit vorhanden.

Daß schließlich größere Abkühlgeschwindigkeit die Festigkeit des Sekundärgefüges dadurch erhöhen muß, daß der Perlit feinlamellarer ausfällt, ergibt sich
aus der Analogie zum Stahlgefüge.

Demzufolge muß die Festigkeit dünner Probestäbe aus derselben Schmelze höher ausfallen als diejenige dicker, und zwar aus zwei Gründen, sowohl wegen der geringeren Graphitisierung als auch wegen der höheren Widerstandskraft des

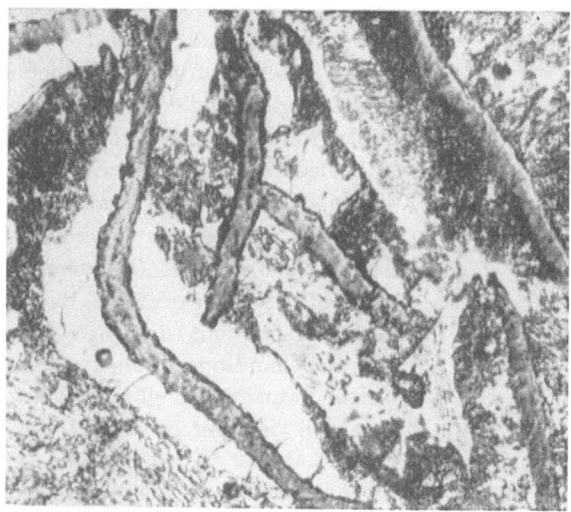

Abb. 390. Gußeisen Ge 15.91, wie Abb. 386. Graphit + Ferrit (weiß) + Perlit, Vergr. 500×

Abb. 391. Gußeisen Ge 20.91, wie Abb. 386, Graphit + Perlit. Vergr. 500 ×

Sekundärgefüges. Tatsächlich ist dies der Fall, wie Abb. 392 zeigt, in welcher ein Ergebnis mit den Schmelzen (1) bis (5) zusammengestellt ist. Welche Festigkeit soll man unter diesen Umständen als die wahre bezeichnen? Sie hängt für jede Sorte entscheidend vom Durchmesser der Probe ab. Proben gleichen Durchmessers sind relativ vergleichbar, aber die Festigkeit, die am Probestab gemessen wurde, ist nicht identisch mit der des Gußstückes, dessen Eigenschaften von Stelle zu Stelle, je nach der dort erfolgten Abkühlung, verschieden ist.

Den Vergleich von Härte und Zerreißfestigkeit für die erwähnten fünf Sorten zeigt Abb. 393, wodurch die obenerwähnte Feststellung, daß für GE zwischen σ_B bzw. σ_s und HB keine eindeutige Korrelation bestehen kann, bestätigt wird.

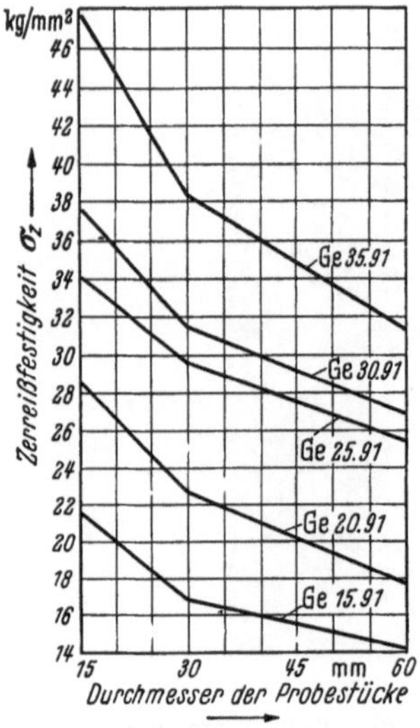

In welchem Ausmaß schließlich durch Spannungsfreiglühen die inneren Gußspannungen beseitigt werden können, zeigt Abb. 394, deren Werte an denselben Sorten gewonnen wurden. *Die gute Warmfestigkeit des GE erklärt sich danach durch eine Abnahme der inneren Spannungen, wodurch die Festigkeitsabnahme der Grundmasse kompensiert wird.*

Schließlich sei erwähnt, daß bei hochwertigem Guß zugleich mit dem Spannungsfreiglühen eine Wärmebehandlung (Glühen) stattfinden kann, durch welche zwar die Zerreißfestigkeit vermindert, aber, was viel wichtiger ist, die Zähigkeit und damit die Sicherheit der Konstruktion gegen unvorhergesehene Stoßbeanspruchungen erhöht werden kann. Allgemein gültige Zusammenhänge sind hierfür noch nicht erforscht, wie denn überhaupt in der Herstellung hochwertiger Graugußstücke, zumal der thermisch nachbehandelten, heute noch viel Erfahrung steckt.

Der Phosphorgehalt begünstigt einerseits die Dünnflüssigkeit,

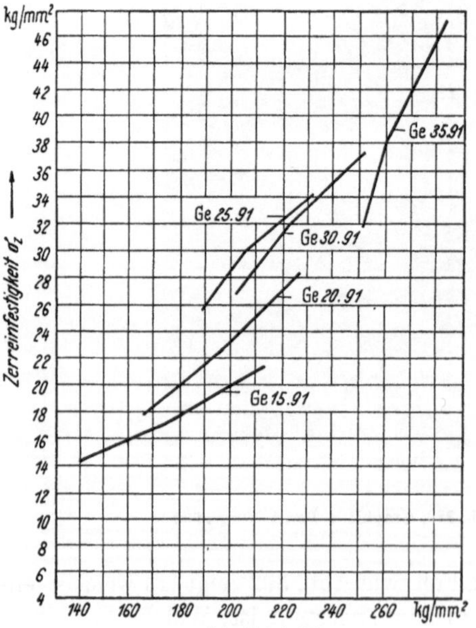

Abb. 392. Einfluß des Durchmessers gegossener Probestäbe auf die Zerreißfestigkeit des Gußeisens, n. COLLAUD

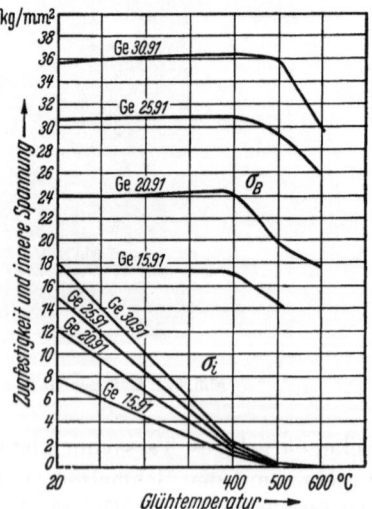

Abb. 393. Zerreißfestigkeit und Brinellhärte verschiedener Gußeisensorten, n. COLLAUD

Abb. 394. Einfluß der Glühtemperatur auf die Zerreißfestigkeit und die inneren Spannungen des Gußeisens, n. COLLAUD

wirkt sich andererseits dahin aus, daß P mit dem System Fe und C ein *Phosphid-eutektikum* bildet, das aus dem Karbid Fe_3C und dem Phosphid Fe_3P sowie Mischkristallen des ternären Systems Fe—C—P aufgebaut ist. Chemisch enthält dieses Phosphid 2% C, 7% P und 91% Fe. Phosphid sowie Sulfide können versprödende, festigkeitsmindernde Einschlüsse bilden.

Für Qualitätsguß muß deshalb das Eisen rein sein, denn vor allem der Schwefelgehalt beeinflußt bereits in Beträgen von 0,5 bis $0,8^0/_{00}$ die Erstarrung ungünstig und verursacht harte, versprödende Stellen. Durch Einschmelzen oder Raffinieren im Elektroofen wird Schwefelaufnahme aus dem Schmelzkoks unterbunden.

Da die Gefügebildung stark von der Abkühlgeschwindigkeit und damit von der Wandstärke abhängt, muß die Gattierung sich nach der mittleren Wandstärke der Gußstücke richten und sollte eng toleriert sein, was im Elektroofen besser zu erreichen ist als im Kupolofen.

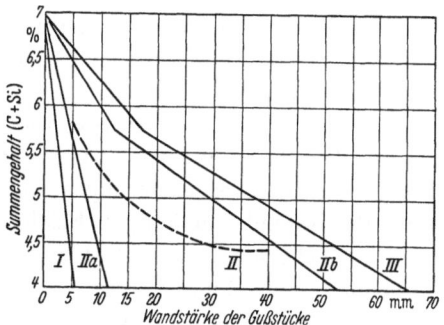

Abb. 395. Schema für die Gattierung von Gußeisen, entsprechend der Wandstärke:
I weißer Hartguß, *II* perlitisches Gußeisen, *III* ferritisches Gußeisen. *IIa—IIb* Übergangsgefüge, – – – – Gattierungen für Perlitguß, n. Ludw. Loewe

Beispielsweise wird in Abhängigkeit von der Wandstärke der Einsatz für Perlitguß wie folgt geregelt:

	Wandstärke in mm		
	4—12	10—20	> 20
% C	3,1—3,3	3,0—3,2	2,9—3,1
% Si	2,0—2,4	1,8—2,0	1,6—1,8
Dabei Mn 0,8—1%, P ≦ 0,25%, S ≦ 0,025%			
σ_B kg/mm²	20—25	24—28	26—38
f mm	≧ 10	≧ 12	≧ 14

Das zugehörige schematische Schaubild für die Charakteristik des Gefüges zeigt Abb. 395.

4.16.6. Legiertes Gußeisen

Zur Verbesserung der Festigkeitseigenschaften wird GE schwach mit Ni, Cr, Ni—Cr oder Mo legiert. Man strebt dadurch weniger eine Festigkeits- oder Zähigkeitsverbesserung der stahlähnlichen Grundmasse an, sondern eine günstige, d.h. feine Graphitverteilung, die aber, wie oben erwähnt, auch durch andere Maßnahmen, wie Überhitzung, niedriger C-Gehalt, Reinheitsgrad, eutektischer Sättigungsgrad und sorgfältige Abstimmung der C- und Si-Konzentrationen auf die Wandstärken erreicht wird. Ni begünstigt allgemein die Graphitisierung, Cr die Karbidbildung. Beide Elemente begünstigen die Feinstruktur des Perlits und wirken sich dadurch günstig aus, um einen Perlitguß mit Feinstruktur zu erzielen. Die Kombination Ni—Cr wird angewendet, um die unerwünschte Graphitisierung durch Ni und Karbidbildung durch Cr gegenseitig zu kompensieren. Graphitisie-

rung erhöht andererseits den Verschleißwiderstand bei trockener Reibung (Schmier-
wirkung des Graphits), was z. B. für Bremstrommeln im Automobilbau wichtig ist.

Zylinderguß für Automobile weist beispielsweise folgende Analyse auf:

C 3,25% — Si 2,25% — Mn 0,65% — Ni 0,75% — Cr 0,3% — P 0,15% — S 0,1%.

Für Bremstrommeln findet man Ni bis 1,25% oder auch statt dessen Mo
bis 0,5%.

Andere Wege zur Herstellung von hochwertigem Guß bestehen im Zusatz von
Kalziumsilizid, dessen Grundlegierung ohne diesen Zusatz weiß erstarren würde.
Das Ca_2Si wird erst dem geschmolzenen Eisen zugefügt (in den USA als *Meehanite*
bezeichnetes Gußeisen).

Wenn auch weitere Elemente, wie V, in Zehntelprozenten zugefügt werden,
z. B. für den Guß von Lokomotivzylindern, so lassen sich dadurch keine zahlenmäßig vergleichbaren Änderungen von Einzeleigenschaften nachweisen, sondern
es beruht dies auf langjährigen Erfahrungen und Beobachtungen des Verhaltens
der Gußstücke unter den komplexen Betriebsverhältnissen, wie überhaupt die
Herstellung eines guten Gusses nach wie vor eine Kunst ist, die nicht einfach
nach fertigen Rezepten ausgeübt werden kann.

Deshalb können auch höher Ni- oder Cr-legierte *säurefeste* Sorten nur als
Spezialitäten weniger Gießereien ausgeführt werden, die Einzelheiten ihrer Verfahren nicht preisgeben.

4.16.7. Wärmebehandlungen des Gußeisens

Außer dem Spannungsfreiglühen, auf welches schon im Abschn. 4.16.3 hingewiesen wurde, läßt sich durch höhere Glühtemperaturen erreichen, daß das
Sekundärgefüge konstitutionell gleichmäßiger wird in dem Sinn, daß die Unterschiede des Sekundärgefüges eines Gußstückes, die durch die verschiedenen
Abkühlgeschwindigkeiten der einzelnen Stellen entstanden waren, ausgeglichen
werden; es wird in diesem Sinn eine *größere Homogenität des Sekundärgefüges*
erreicht, aber auch im Sinn einer *zunehmenden Ferritisierung*, d.h. des Zerfalles
der Karbide zu Ferrit und Graphit. Bei 850 °C erhält man z. B. in den im Abschn.
4.16.5 erwähnten Sorten (1) bis (4) ein reines Ferrit—Graphit-Gefüge, mit *HB*
110 ÷ 130 kg/mm², und zwar gleichmäßig über den ganzen Querschnitt verteilt,
ohne daß dabei die Graphitisierung des Primärgefüges berührt würde. Es ist eben
zusätzlich, aus dem *Sekundärgefüge*, Graphit entstanden.

Die Homogenisierung des Sekundärgefüges setzt allgemein σ_B etwas herab, erhöht dafür das Arbeitsvermögen bzw. die Duktilität und erhöht dadurch letztendlich auch wieder den Sicherheitsgrad der ganzen Konstruktion. Solche Wärmebehandlungen müssen aber hinsichtlich Temperatur und Zeitdauer sorgfältigst
dem individuell vorliegenden Gefüge angepaßt werden und können daher praktisch im allgemeinen nur für Serienprodukte vorgenommen werden, bei welchen
man Probestücke für die Untersuchungen opfern kann.

Eine Oberflächenhärtung kann außer durch die erwähnte Beeinflussung des
Primärgefüges mittels Abschreckwirkung auch durch Flammhärtung, also durch
Martensitbildung im Sekundärgefüge, vorgenommen werden, jedoch bedarf auch
dieses Verfahren großer Erfahrung und Erprobung und wird deshalb verhältnismäßig selten angewendet.

Die Ferritisierung des Sekundärgefüges durch Wärme-Zeit-Einwirkung führt wegen der dabei entstehenden Graphitbildung zu einer Vergrößerung des spezifischen Volumens. Dieser Effekt kann aber auch durch die Betriebsverhältnisse ausgelöst werden, denen das Gußstück unterliegt; z.B. unterliegen Kolben in Dieselmaschinen, Roststäbe für Feuerungen usw. lang dauernden Wärmewirkungen. Das „Wachsen des Graugusses" kann dann die Folge dieser ungewollten Wärmebehandlung sein, das bis zum Klemmen von Kolben oder Kolbenringen führen kann.

4.16.8. Duktiles Gußeisen (mit Kugelgraphit)

Die Graphitlamellen sind innere Kerben im zähfesten Stahlgefüge. Sie verringern nicht nur die tragfähigen Querschnitte, sondern üben außerdem Kerbwirkungen aus. Wenn dieselbe Graphitmenge feindispers-kugelig eingelagert ist, wird das Gefüge wesentlich zäher sein. Der Effekt einer *kugeligen* Graphitausscheidung im Primärgefüge wird durch Zusatz von Impfstoffen in die Schmelze vor dem Vergießen erreicht. Die Impfstoffe, die zur Bildung von *sphäroidalem Graphit* und zur Erzeugung eines neuen Werkstoffes, des duktilen Gußeisens, geführt haben, sind Cer und Magnesium. Möglicherweise wird man noch andere Impfstoffe finden. Das Mg kann nicht direkt der Schmelze zugesetzt werden, es würde sofort explosionsartig verbrennen, vielmehr wird es in Form einer Mg—Ni-Legierung mit eingeschmolzen. Es ist auch gelungen, das Mg ohne Nickel,

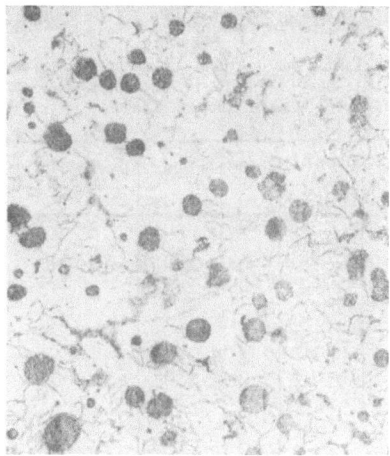

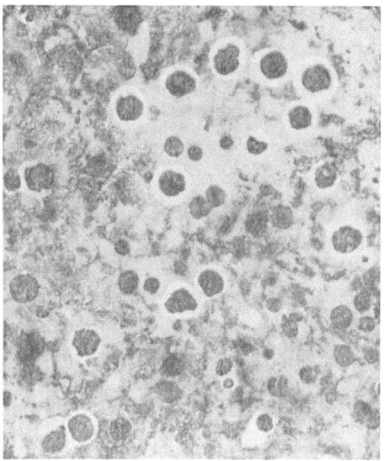

Abb. 396. Duktiles Gußeisen. Graphitknötchen in ferritischer Grundmasse. Ätzung HNO₃. Vergr. 100 ×, n. Escher-Wyss

Abb. 397. Duktiles Gußeisen. Grundmasse lamellarer Perlit. Graphitknötchen teilweise in Ferrithöfen. Ätzung HNO₃. Vergr. 100 ×, n. Escher-Wyss

in seiner Dampfphase, in die Schmelze einzubringen. Die kleinen Mengen dieser Impfstoffe, die überdies oxydieren, haben keinen direkten Einfluß auf das Gefüge im Sinne von Legierungselementen, sondern beeinflussen katalytisch die Form der Graphitausscheidung.

Abb. 396 und 397 zeigen Gefüge von duktilem GE, die größte Ähnlichkeit zum schwarzen Temperguß (Abschn. 4.17) aufweisen.

Durch eine thermische Nachbehandlung – kurzzeitiges Glühen unterhalb Ac_1 – läßt sich die Zähigkeit auf Kosten der Zugfestigkeit verbessern.

Die folgende Tabelle zeigt Festigkeitswerte im Vergleich zu normalem Gußeisen, Stahlguß und Temperguß.

Abb. 398 gibt ein eindrucksvolles Bild von einem Kaltverdrehungsversuch, Abb. 399 zeigt die Verwendung dieses neuartigen Werkstoffes im Großmaschinenbau. Derartige Stücke könnten bei weitem nicht in Temperguß hergestellt werden, der nur für wesentlich kleinere Stückgewichte in Frage kommt (Abschn. 4.17).

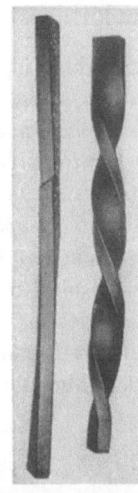

Abb. 398. Kaltverdrehte Probestäbe aus gewöhnlichem und aus duktilem Gußeisen, n. ESCHER-WYSS

Abb. 399. Eckstück aus duktilem Gußeisen zu einem Gehäuseunterteil einer 43 200-PS-Peltonturbine, Gewicht, 15 000 kg, n. ESCHER-WYSS

Werkstoff	Festigkeit kg/mm²			Bruchdehnung %		Härte kg/mm² HB	E-Modul kg/mm²
	σ_S	σ_B	σ'_B	δ_3	δ_5		
Gußeisen Ge 20.91 n. VSM 10691	—	$\leqq 20$	$\leqq 38$	—	—	$160 \div 220$	$\sim 10\,000$
desgl. hochwertig...	—	$\leqq 30$	$\leqq 50$	—	—	$180 \div 260$	—
Temperguß, weiß, hochwertig, TeW 92 n. VSM 10692, Stabdurchmesser 15	$\leqq 23$	$\leqq 41$	—	$\leqq 4$	—	$125 \div 220$	$\sim 18\,000$
desgl. schwarz, TeS 92	$\leqq 19$	$\leqq 36$	—	$\leqq 10$	—	$110 \div 140$	—
Stahlguß Stg 45.97 n. VSM 10697	$\leqq 23$	$45 \div 55$	—	—	$\leqq 17$	$125 \div 155$	$22\,000$
Duktiles GE, gegossen	$40 \div 60$	$55 \div 70$	$70 \div 100$	—	$1 \div 6$	$250 \div 325$	$18\,500$
desgl. thermisch nachbehandelt ...	$35 \div 45$	$40 \div 55$	—	—	$6 \div 20$	$170 \div 220$	$17\,500$

GE mit Kugelgraphit dürfte in Zukunft an vielen Stellen den Stahlguß und den Temperguß verdrängen.

4.16.9. Gewalztes Gußeisen

PIWOWARSKY und seinen Mitarbeitern ist der Nachweis gelungen, daß sich GE mit $2 \div 3{,}7\%$ C und $\leqq 0{,}1\%$ P zwischen 750 und 1050 °C rißfrei walzen läßt, wo-

bei der Graphit eine vollständig anisotrope Faser- oder Zeilenstruktur in der Walzrichtung annimmt.

Derart gewalztes Material hat *in der Faserrichtung* Eigenschaften, die den-
jenigen hochfester Stähle mit geringer Dehnung ähneln, $\sigma_B = 90$ bis 120 kg/mm², $\delta = 2$ bis 5%. Bemerkenswert ist die deutliche Bildung einer Streckgrenze, die bei 60 bis 70 kg/mm² liegt, und auch der E-Modul mit 16000 bis 19000 kg/mm² nähert sich dem des Stahles an.

Es bleibt abzuwarten, welche praktische Anwendung gewalztes Gußeisen in der Technik finden wird, wenn es industriell hergestellt wird.

4.17. Der Temperguß

Temperguß, bisweilen auch als „*schmiedbarer Guß*" bezeichnet, ist analog dem Maschinengrauguß und dem Stahlguß ein in Sand gegossener unlegierter Eisen-
formguß, dessen Gefüge nach dem Gießen durch eine besondere Glühbehandlung umgewandelt wird, wodurch er in seinen Festigkeitseigenschaften eine Mittelstellung zwischen dem Maschinengrauguß und dem Stahlguß erhält.

4.17.1. Herstellungsverfahren und Gefüge

Die Stücke werden aus einer Schmelze mit 2 bis 3% C, also ähnlichem C-Gehalt wie Grauguß, gegossen. Im Gegensatz zum Grauguß enthält die Schmelze aber wenig Silizium, weshalb das Gefüge *vollständig metastabil* erstarrt. Dieser weiß-
brüchige *Temperrohguß* ist hart und spröde wie Glas und deshalb konstruktiv unverwendbar (Abb. 400).

Anschließend erfolgt das *Tempern*, wofür 2 Varianten angewendet werden, die zu den beiden Grundsorten *schwarzer und weißer Temperguß* führen.

1. Durch längeres Glühen unterhalb Solidus entsteht allmählich das Gefüge des stabilen Systems, d.h. der im Fe_3C gebundene Kohlenstoff kristallisiert als Graphit aus. Im Gegensatz zur Primär-
graphitisierung des Graugusses bildet der Graphit in diesem Sekundärgefüge nicht Lamellen oder Schichten, sondern *kuge-
lige Gebilde*, gleichförmig im Grundgefüge verteilt, wobei letzteres den Variationen des Stahlgefüges entspricht. Der Prozeß wird meist so weit getrieben, daß fast aller Kohlenstoff als Temperkohle ausgeschieden wird, die in der ferritischen

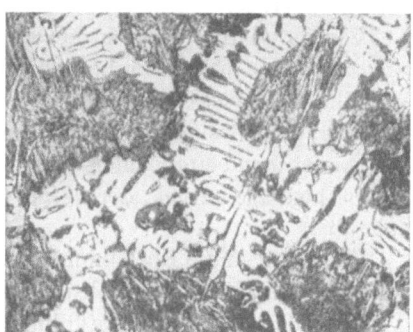

Abb. 400. Temperrohguß, weißbrüchig, Zementit + Mischkristalle. Vergr. 100 ×

Grundmasse eingelagert ist (Abb. 401). Wegen des schwarzbrüchigen Gefüges heißt diese Sorte *schwarzer Temperguß*. Durch entsprechende Steuerung des Glüh- und Abkühlprozesses kann die Matrix auch als Ferrit—Perlit-Gemenge entstehen.

Schwarzer TG wird zumeist in Amerika hergestellt und angewendet.

2. Wenn die Gußstücke während des Glühens in einem festen Sauerstoffspender eingepackt werden, so wird dadurch die Temperkohle oxydiert und entweicht in Form von CO und CO_2.

Der Prozeß kann soweit getrieben werden, daß das Gefüge fast völlig entkohlt wird, also aus Ferrit besteht; es kann aber auch eine Stahlmatrix, d.h. Ferrit + Perlit, entstehen mit oder ohne eingelagerte Temperkohlennester. Das keine oder nur spärliche Graphitnester enthaltende Gefüge ist weißbrüchig, *weißer Temperguß*, der in Europa vorwiegend ist.

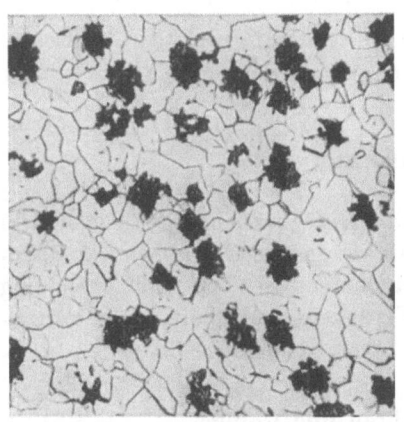

Abb. 401. Schwarzer Temperguß (Schwarzguß), ferritische Grundmasse und Temperkohle (Graphit). Vergr. 100×

Beide Prozesse verwirklichen einen gemeinsamen technologischen Grundgedanken: Hochgekohlte Schmelze hat einen niedrigeren Schmelzpunkt und ein besseres Formfüllungsvermögen als der niedriggekohlte, zähflüssige Stahlguß. Es lassen sich deshalb dünnwandige, kleine Stücke mit sauberer Oberfläche gießen, was im Stahlguß nicht möglich ist. Mit viel Si-Zusatz entstünde aber der relativ spröde Grauguß, ohne Si-Zusatz entsteht weißbrüchiger Hartguß. Man nützt nun den gießtechnischen Vorteil aus und verwandelt das Gefüge erst hinterher durch Glühen in einen relativ duktilen und konstruktiv wertvollen Werkstoff, durch die *Graphitausscheidung im festen Zustand*.

Die schon als „Wachsen des Graugusses" erwähnte *ungewollte* Graphitausscheidung (Abschn. 4.16.7) wird hier *gewollt* durchgeführt. Da sich der Graphit im Sekundärgefüge *kugelig* ausscheidet, ist das Endgefüge fester und zäher als das Gußeisengefüge.

Von da an trennen sich die Wege. Läßt man den Graphit drin, so hat man *schwarzen* TG. Er unterscheidet sich quantitativ-analytisch nicht vom GE und enthält ebensoviel C wie der Rohguß. Strukturell ist er das gleiche wie GE mit Kugelgraphit, deshalb dem Ge in der Zähigkeit weit überlegen.

Brennt man beim Glühen den entstehenden Graphit heraus, so bleibt nur noch ein Stahlgefüge zurück, der *weiße* TG, der weniger C aufweist als der Temperrohguß.

Da allgemein die Entkohlung einer Fe—C-Legierung als „Frischen" bezeichnet wird (z.B. entsteht der Rohstahl durch „Frischen" des Roheisens im flüssigen Zustand) und da hier die Entkohlung durch Glühen erfolgt, wird das Tempern des weißen TG auch als *Glühfrischen* bezeichnet.

Das Gefüge des schwarzen TG ist gleichmäßig, z.B. Ferrit und etwas Perlit mit gleichmäßiger Verteilung der Temperkohlennester im Querschnitt.

Im Gegensatz dazu ist dasjenige des weißen TG ungleichmäßig, sowohl hinsichtlich der Matrix als auch der Temperkohlenverteilung, sobald die Querschnitte einige Millimeter übersteigen.

Der Grund liegt darin, daß es sich beim Glühfrischen um ein Herausdiffundieren des C von innen nach außen handelt. C wird an der Außenfläche oxydiert und entweicht dabei. In die an C verarmte Außenschicht diffundieren aus Gleich-gewichtsgründen C-Atome aus dem Inneren hinein. Die C-Verteilung wird deshalb ungleichmäßig; tiefer im Inneren bleiben Graphitnester zurück. Das Glühfrischen ist die Umkehrung des Zementierens. Beim Tempern wird durch Glühen in Berüh-rung mit einem Sauerstoffspender entkohlt, beim Zementieren wird mittels eines Kohlenstoffspenders aufgekohlt. In beiden Fällen läßt sich in größeren Quer-schnitten kein gleichmäßiger C-Gehalt erreichen.

4.17.2. Die Gefügebildung beim Glühfrischen

Aus der Schmelze mit beispielsweise

$$\% \; C \; 2{,}8 \div 3{,}2 \; / \; Si \; 0{,}6 \div 0{,}8 \; / \; Mn \; 0{,}25 \div 0{,}4 \; / \; P \; 0{,}08 \div 0{,}12 \; / \; S \; 0{,}15 \div 0{,}25$$

entstehen die Temper*rohguß*stücke.

Die Teile werden, nach ähnlichen Wandstärken sortiert, in Glühkisten ver-packt und geglüht, für schwarzen TG in neutraler Atmosphäre insgesamt etwa 160 h einschließlich Aufheizen auf 820 bis 900 °C und Abkühlen. Für weißen TG werden die Teile in den Sauerstoffspender eingepackt, beispielsweise Roteisen-stein, Walzzunder oder Hammerschlag, und ebenfalls mehrere Tage bei 900 bis 1000 °C geglüht. Im Glühtopf entwickelt sich ein $CO-CO_2$-Gemisch. Die Frisch-reaktion erfolgt im wesentlichen mittelbar über die Gasphase. Zur Einleitung des Vorganges genügt grundsätzlich 1 Sauerstoffatom, das natürlich stets vorhanden ist. Dieses reagiert mit irgendeinem C-Atom der Gußoberfläche nach

a) Graphit + Luftsauerstoff → CO.

Das CO-Molekül trifft bei seiner Wanderung auf die Oberfläche des sauerstoff-reichen Tempermittels und oxydiert mit dessen Eisensauerstoff nach

b) CO + Sauerstoff des Tempermittels → CO_2.

Das CO_2-Molekül kommt aber wiederum mit einem C-Atom der Gußoberfläche in Berührung und wird dabei reduziert nach

c) CO_2 + Graphit → 2 CO,

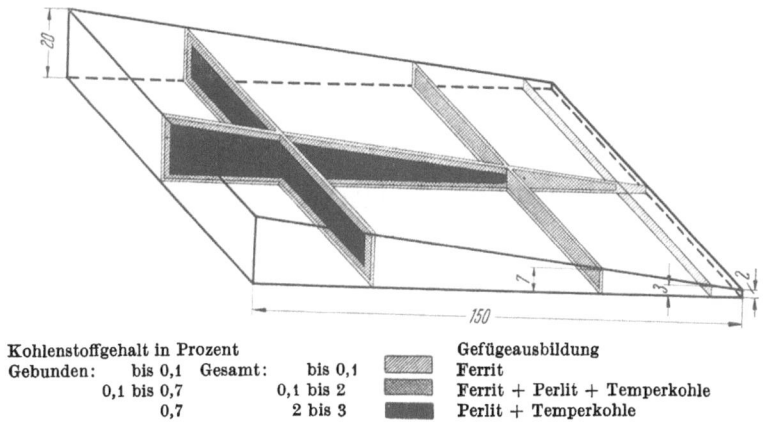

Kohlenstoffgehalt in Prozent			Gefügeausbildung
Gebunden:	bis 0,1	Gesamt: bis 0,1	Ferrit
	0,1 bis 0,7	0,1 bis 2	Ferrit + Perlit + Temperkohle
	0,7	2 bis 3	Perlit + Temperkohle

Abb. 402. Kohlenstoffverteilung und Gefügeausbildung in einem glühgefrischten Gußstück mit unterschiedlicher Wandstärke, n. + GF +

24*

wodurch sich ein zweites CO-Molekül bildet. Der Kreislauf geht fort, jedesmal unter Verdoppelung der CO-Moleküle, wodurch immer mehr C-Atome der Guß-oberfläche entzogen werden. Dadurch werden die Graphitnester an der Oberfläche weggeschafft. Andererseits sucht sich der im Inneren befindliche Kohlenstoff gleichmäßig zu verteilen und diffundiert deshalb gegen die entkohlte Oberfläche hin.

Das Endgefüge hängt von der Wandstärke der Gußteile ab, da die Entkohlung bei zu langen Diffusionswegen steckenbleibt.

Abb. 402 zeigt schematisch die Gefügeausbildung in Abhängigkeit von der Wandstärke, Abb. 403 das Gefüge im Querschnitt eines Prüfstabes von 9 mm Durchmesser und Abb. 404 in starker Vergrößerung das Gefüge an einzelnen charakteristischen Stellen dieses Querschnittes.

Wegen dieser Ungleichmäßigkeit ist der weiße TG praktisch auf dünnere Wandstärken und leichte Gußstücke von wenigen Gramm bis ~ 50 kg beschränkt. Dasselbe gilt aber auch aus technischen und wirtschaftlichen Gründen für den schwarzen TG.

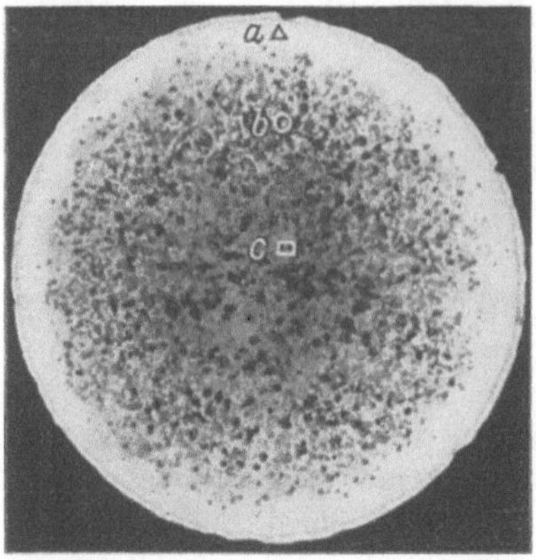

Abb. 403. Gefügeausbildung im Querschnitt eines glühgefrischten Prüfstabes von 9 mm ⌀. *a* helle Randzone: Ferrit, *b* Übergangszone: Ferrit + Perlit + Temperkohle, *c* dunkle Kernzone: Perlit + Temperkohle. Vergr. 5 ×, n. + GF +

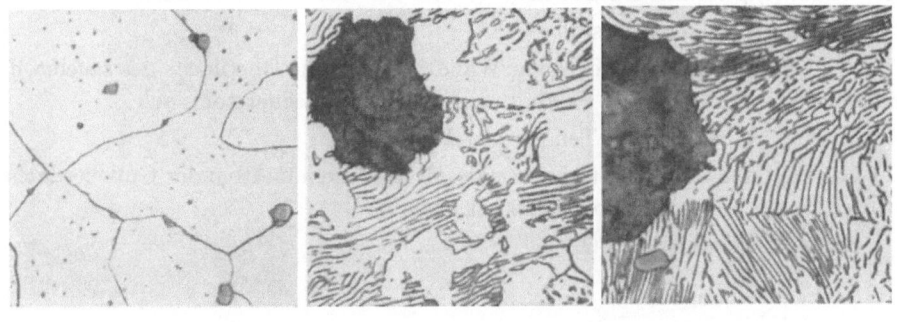

a   b   c

Abb. 404a—c. Stellen *a—c* des Schliffbildes 403 in starker Vergrößerung, n. + GF +

4.17.3. Sorten und Eigenschaften

Temperguß wird nicht in legierten Qualitäten hergestellt, wenngleich die Hersteller im einen oder anderen Fall auch geringe Zulegierungen von Cu, Mo u.ä., vor allem für den schwarzen TG, vornehmen, um den Temperprozeß dadurch günstig zu beeinflussen. Der weiße TG hat im allgemeinen die höhere Streckgrenze, Zugfestigkeit, Wechselfestigkeit und Verschleißfestigkeit, während beim schwarzen die Dehnung und die magnetischen Eigenschaften besser sind. Ein weiterer Vorteil des weißen TG ist seine Schweißbarkeit und Lötbarkeit. Der schwarze ist sehr wärmeempfindlich, hat dafür gleichmäßige Festigkeit im ganzen Querschnitt. Da vor allem beim weißen TG die Festigkeitseigenschaften stark vom Querschnitt abhängen, werden ähnlich wie beim GE die garantierten Festigkeitseigenschaften für bestimmte Durchmesser der Probestäbe angegeben, die aus der gleichen Schmelze gegossen und mit den Formstücken getempert werden.

Beim weißen TG besteht die Möglichkeit einer weiteren Qualitätsverbesserung durch eine zweite Glühbehandlung, durch welche die Perlitanteile des Gefüges in körnigen Perlit umgewandelt werden.

Die nachstehende Tabelle gibt einen Überblick über garantierte Mindestwerte, wobei ein Prüfstab von 12 mm Durchmesser zugrunde gelegt ist und die Bruchdehnung für $L = 3D$, also δ_3, gilt.

Die thermisch nachbehandelte weiße Sorte weist neben dem günstigen Streckgrenzenverhältnis eine hohe Wechselfestigkeit auf, beispielsweise an Flachproben 12×35 mm eine — 1-Biegewechselfestigkeit bis zu 20 kg/mm².

Wegen seines stahlähnlichen Gefüges läßt sich weißer TG auch im Einsatz oder nach Entfernen der ferritischen Randzone durch Flammhärtung oder Hochfrequenzhärtung an der Oberfläche härten.

Das größte Anwendungsgebiet des TG bilden die Fittinge, Muffen, Kreuz-, T-Stücke usw. für die Verschraubungen von Stahlrohren. Aber auch im Maschinenbau (Automobilbau, Textilmaschinen u. a.) werden dünnwandige und leichtere Bauteile mit komplizierten Formen, vor allem im Serienbau, vielfach aus TG gemacht.

	σ_S kg/mm²	σ_B kg/mm²	δ_3 %	HB kg/mm²
Weißer TG, nach DIN 1692	—	35	4	125—220
desgl. hochwertiger, nach VSM-Norm 10692	22	40	5	125—220
desgl. thermisch nachbehandelt[1] .	30	48	10	125—170
Schwarzer, hochwertiger TG, nach VSM-Norm 10692	19	36	10	110—140

4.2. Die Nichteisen-Schwermetalle

Man pflegt bei den zahlreichen metallischen Werkstoffen, die kein oder nur sehr wenig Fe enthalten, einen Unterschied zwischen *Schwermetallen* und *Leichtmetallen* zu machen, wobei die Grenze etwa bei einem spezifischen Gewicht von 3,8 gezogen wird. Zu den Leichtmetallen gehören Aluminium und Magnesium und deren Legierungen, zu den ersteren alle übrigen metallischen Elemente. Die Unterteilung ist willkürlich und erklärt sich historisch aus dem Umstand, daß die wirtschaftliche Aluminiumgewinnung erst in der zweiten Hälfte des klassischen Entwicklungszeitalters des Maschinenbaus gelang. Die Unterteilung bleibt aber gerechtfertigt, weil die Leichtmetallbauweise einen deutlichen Markstein in der Entwicklung der Technik bedeutete dadurch, daß sie den Metallflugzeugbau ermöglichte. Nachdem neuerdings das Titan mit dem spezifischen Gewicht 4,5 als Konstruktionswerkstoff Eingang gefunden hat, ist es eine Ermessensfrage, ob man es als schwerstes Leichtmetall oder als leichtestes Schwermetall gelten lassen will.

---

[1] Qualität + GF +, Eisen- und Stahlwerke Georg Fischer, Schaffhausen.

Es finden so ziemlich alle Schwermetalle im Maschinen- und Apparatebau Anwendung, wenn sie in größeren Mengen und zu wirtschaftlichen Preisen gewonnen werden können. Eine deutliche Ausnahme macht das Gold, das technisch das wertloseste aller Metalle sein dürfte.

Verglichen mit dem Eisen und dem Aluminium tritt die Verwendung der sonstigen Metalle mengenmäßig stark zurück. Wegen ihrer allgemeinen physikalischen Eigenschaften sei auf die technischen Handbücher verwiesen.

Die *Nichteisen-Schwermetalle* (NE-SM) werden, analog dem Eisen, im Maschinenbau vorwiegend legiert verwendet. Im technisch reinen Zustand findet vor allem das Kupfer Anwendung als elektrisches Leitungsmaterial, so gut wie Silber oder Platin für elektrische Kontakte.

Kupfer und seine Legierungen bezeichnet man auch zusammengefaßt als *Buntmetalle*, eine andere zusammenfassende Bezeichnung ist *Weißmetalle* für Legierungen des Systems Sn—Pb—Sb, die zum Ausgießen von Lagerschalen für Gleitlager verwendet werden. Andere Gruppierungen werden bisweilen nach dem Verwendungszweck getroffen, wie z.B. elektrische *Widerstandsmetalle* oder *Lagermetalle* u.a., wobei dann ganz verschiedenartige Legierungen innerhalb der Gruppierung vorliegen. Wiederum eine Gruppe für sich bilden die auf der Basis von Wolframkarbid, WC, aufgebauten durch Sinterung hergestellten *Hartmetalle*.

4.21. Die wichtigsten Sorten

4.21.1. Das Zink

Das Zink ist das billigste NE-SM. Das technische Metall wird mit verschieden genormtem Reinheitsgrad zwischen 97,5 und 99,9% und unter Bezeichnungen wie *Hüttenrohzink, Raffinadezink* und *Elektrolytzink* verwendet. Die Verunreinigungen werden durch Pb, das bis 1,6% erreichen kann, sowie Cd, Sn und Fe gebildet. Das Gitter ist hexagonal, der Schmelzpunkt ~ 420 °C.

Für Maschinen- und Apparatebauzwecke kommt Zinkguß wegen seiner geringen Festigkeit ($\sigma_B \sim 2 \div 2,3$ kg/mm², $\delta \sim 0$!) und Porosität überhaupt nicht, Walzmaterial nur in seltenen Fällen in Form von Feinblechen für Verschalungen u.ä. in Frage, die $\sigma_S = 15 \div 18$, $\sigma_B = 20 \div 25$, $HB = 55$ kg/mm² und $\delta_{10} \leqq 20\%$ aufweisen können. Dabei ist aber zu berücksichtigen, daß Zn wegen seiner tiefen Rekristallisationstemperatur schon bei Raumtemperatur zu kriechen beginnt, weshalb keine nennenswerten Festigkeitsbeanspruchungen auftreten dürfen. Mit zunehmender Temperatur sinkt nicht nur die Festigkeit, sondern auch die Dehnung ab. Trotzdem nimmt man Biegearbeiten an Zinkblechen vorwiegend im leicht angewärmten Zustand vor, da dann weniger Rißgefahr infolge des stark anisotropen Charakters der Walzprodukte besteht. Die Lötfähigkeit mit Weichlot ist gut.

Viel wichtiger ist die Anwendung des reinen Zinks als Korrosionsschutz gegen die freie Atmosphäre oder säurefreies Wasser auf Stahl, wofür der Grund im Abschn. 3.25.5 angegeben wurde. Die Überzüge werden auf dreierlei Art erzeugt: a) durch Eintauchen der Stahlteile in ein geschmolzenes Zinkbad, sogenannte *Feuerverzinkung* oder Vollbadverzinkung, wodurch zugleich Falznähte, Punktschweißnähte usw. an Feinblechkonstruktionsteilen gedichtet werden können;

b) durch *galvanische Verzinkung*, wobei sich die Schichtdicke besser regulieren läßt, andererseits keine Abdichtung erreicht wird; c) durch *Einsintern*, wobei die Stahlteile in Zinkpulver gepackt und geglüht werden, sogenanntes *Sherardisieren*. Letzteres Verfahren wird selten und nur für Kleinteile angewendet.

Feuerverzinkte und galvanisch verzinkte Stahlbleche, Bänder, Drähte, Röhren, Fittings usw. unterscheiden sich äußerlich leicht dadurch, daß die ersteren bläulich-weiß glänzen, die letzteren stumpf mattgrau aussehen.

Ein typisches Beispiel für die sinnvolle Anwendung der Feuerverzinkung sind Wärmeaustauschapparate, bestehend aus Stahlrohren mit aufgefädelten Blechlamellen (Rippenheizkörper, für Lufterwärmung durch Dampf), wobei zugleich ein Korrosionsschutz und eine feste metallische, wärmeleitende Verbindung zwischen den gebördelten Löchern der Lamellen und den Stahlrohren geschaffen wird.

Der weitaus überwiegende Teil der Zinkerzeugung wandert in die Legierungen, und zwar vor allem in das Messing, die Cu—Zn-Legierung (Abschn. 4.21.61), oder in Zinkspritzlegierungen.

4.21.11. Zinklegierungen

Als Beispiele für *Spritzgußlegierungen*, deren Gießtemperaturen zwischen 400 bis 460 °C liegen, seien erwähnt:

	%			σ_B	δ_{10}
	Zn	Al	Cu	kg/mm²	%
1. Zn—Al-Legierung	95,9—96,5	3,5—4,1	—	22—27	6 —3
2. desgl. kupferarm	93,4—95,75	3,5—4,1	0,75—2,5	27—33	5 —2
3. desgl. kupferreich	91 —94	3,5—5	2,5 —4	32—38	2,5—2

Diese Zinkspritzlegierungen enthalten zum Teil noch geringe Beimischungen ($\leqq 0{,}1\%$) von Mg, Si, Mn u.a. sowie geringe Verunreinigungen von Pb, Fe u.a.

4.21.2. Das Blei

Technisch reines Blei mit Bezeichnungen wie *Weichblei, Hüttenweichblei, Feinblei, Elektrolytblei* u.a. enthält $\sim 99{,}7$ bis 99,99% Pb nebst Spuren zahlreicher anderer metallischer Elemente. Das Gitter ist kb-fl, Sm 327 °C, Dichte $\sim 11{,}4$. Es besteht keine Allotropie.

Das ausgedehnteste Anwendungsgebiet in reinem oder leichtlegiertem Zustand bilden Kabelmäntel, Akkumulatorenplatten, Bleibleche und Bleirohre, Dichtungsblei, Überzugsmetall auf Stahlblechen oder Stahlrohren und Spritzgußmetall, insbesondere für Lettern.

Als besonders hervortretende Eigenschaften werden dabei ausgenützt:

a) Für Akkumulatoren die besonderen elektrochemischen Reaktionen zwischen dem Blei und seinen Salzen.

b) Bei Kabelmänteln, Bleirohren, Bleiblechen und Überzugsmetall die gute Korrosionsfestigkeit. Blei wird infolge seines sich rasch bildenden Oxydfilms PbO_2 gegenüber Luft jeder Zusammensetzung völlig passiv. Bei Zutritt von Feuchtigkeit bildet sich das ebenfalls passive Karbonat $PbCO_3$. Sehr gut ist ferner die

Beständigkeit gegen Schwefelsäure, wobei die Passivierung durch eine Deckschicht aus $PbSO_4$ erfolgt. In hochkonzentrierter Schwefelsäure nimmt die Löslichkeit freilich wieder zu. Unter bestimmten Temperatur- und Konzentrationsverhältnissen ist die Korrosionsfestigkeit auch gegenüber anderen anorganischen und organischen Säuren bemerkenswert, die unter Umständen im Einzelfall noch durch leichte Zulegierungen verbessert wird. Dies erklärt die Anwendung von Blei im chemischen Apparatebau. Andererseits sind die Festigkeitseigenschaften so gering, $\sigma_B \sim 2\ \mathrm{kg/mm^2}$, $\delta_{10} = 27$ bis 28%, daß es dort nur als Überzugsmaterial (im Schmelzbad oder durch Aufschmelzen hergestellte verbleite Stahlbleche, Rohre, Behälter usw.) verwendet wird oder für druckfreie Röhren oder zur Auskleidung von Stahlbehältern mittels Bleiblechen. Hinzu kommt, daß dieses Metall schon bei Raumtemperatur kriecht, da die Rekristallisationstemperatur entsprechend tief liegt. Es erklärt dies die ausgezeichnete plastische Verformbarkeit im „kalten" Zustand, der physikalisch betrachtet dem „hochwarmen" teigigen Zustand des Stahles entspricht und auch eine entsprechend hohe Dämpfungsfähigkeit zur Folge hat. Man kann Blei nicht durch „Kaltreckung" härten. Wohl nimmt die geringe Härte durch Hämmern oder Walzen zunächst etwas zu, aber der Effekt verschwindet bald wieder durch Kriechen bzw. Rekristallisation. Das Gitter verbleibt nicht im elastisch-deformierten Zustand. Die hohe Plastizität ermöglicht die Herstellung der Kabelummantelung auf Strangpressen im kontinuierlichen Verfahren.

4.21.21. Bleilegierungen

Die vielseitigen Legierungen, in denen Blei die Hauptkomponente bildet, lassen sich hinsichtlich des Zweckes und Anwendungsgebietes etwa wie folgt unterteilen:

1. *Hartblei*sorten, bei welchen durch geringe Zusätze von Sb, As, Sn, Ni, Ca u.a. in erster Linie die schlechten Festigkeitseigenschaften etwas verbessert werden, ohne daß die elektrochemische Grundeigenschaft, die als Korrosionsschutz oder für Akkumulatoren ausgenützt wird, wesentlich verändert würde, so wenig wie die hohe Bildsamkeit, die für die Technologie der Kabelummantelung Vorbedingung ist. Die Festigkeit bzw. Härte wird dabei vor allem durch Antimon beeinflußt, das stets in Höhe von einigen Prozenten im Hartblei vorhanden ist (Abb. 405). Niedriglegierte Hartbleisorten haben das nämliche Verwendungsgebiet wie unlegiertes Blei, wobei im Einzelfall das Kompromiß zwischen den günstigen und ungünstigen Auswirkungen der Legierungszusätze angestrebt wird.

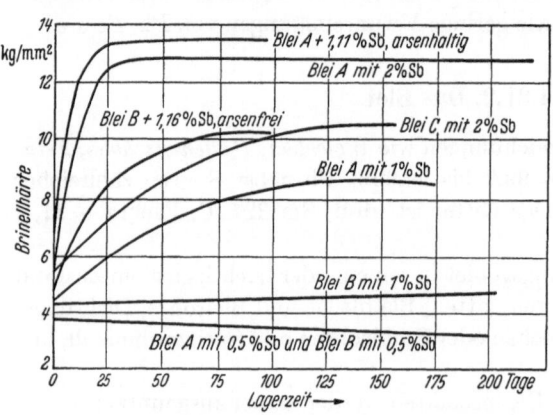

Abb. 405. Aushärtung verschiedener Bleisorten bei Raumtemperatur.
Blei A: Bi 0,022 / Cu 0,014 / Pb 99,961% Blei B: Pb 99,994%, Blei C: Pb 99,990%, n. HOFMANN

2. *Spritzgußlegierungen*, die billiger sind als diejenigen auf Sn- oder Al-Basis (Abschn. 4.21.31 und 4.32). Sie weisen einen höheren Legierungsgehalt auf und haben Gießtemperaturen von 270 bis 330 °C. Sie seien durch einige Sorten nach deutschen Normen charakterisiert:

%				σ_B kg/mm²	δ_{10} %
Pb	Sb	Sn	Cu		
86÷88	12÷14	—	—	6,5	10
84÷86	9÷11	4÷6	—	7,5	8
58÷60	12÷14	24÷26	2,5÷3,5	8	3

In diese Gruppe gehören auch die *Letternmetalle*.

3. *Lagermetalle*. Es sind dies entweder zinnhaltige Bleilegierungen, die der allgemeinen Gruppe der Weißmetalle zugerechnet werden, oder zinnfreie. An Metalle für Gleitlager werden besondere Anforderungen gestellt, die sich durch die allgemeinen Festigkeitseigenschaften nicht ausdrücken lassen. Deshalb und wegen ihrer besonderen Bedeutung im Maschinenbau sind sie zusammengefaßt und vergleichsweise im Abschn. 4.4 beschrieben.

4. *Weichlote*. Weichlote des Systems Pb–Sn erstrecken sich über einen so großen Legierungsbereich, daß man ebenso Sn wie Pb als Hauptkomponente bezeichnen kann. Da auch diejenigen mit $\geq 50\%$ Pb als „Lötzinn" bezeichnet werden, sind sie im Abschn. 4.21.31 unter den Zinnlegierungen aufgeführt.

Blei ist ferner neben dem Wismut die Hauptkomponente der niedrig schmelzenden 3- und 4-Stoff-Legierungen, die als *Schmelzsicherungen* für automatische Feuerlöschanlagen benützt werden. Die niedrigst schmelzende ist das Eutektikum aus 53,5% Bi, 17% Pb, 19% Sn und 10,5% Hg mit Schmelzpunkt 60 °C. Bekannter ist das sogenannte *Woodmetall* mit 50% Bi, 25% Pb, 12,5% Sn und 12,5% Cd und Schmelzpunkt 68 °C.

4.21.3. Das Zinn

Das technische Zinn, mit einem Reinheitsgrad von 98 bis 99,9%, in zwei Modifikationen kristallisierend (Abschn. 1.16.3), Sm 232 °C, hat ähnlich wie Blei sehr geringe Festigkeit, $\sigma_B \sim 2 \div 4$ kg/mm² (gegossen), hohe Bruchdehnung, $\delta_{10} \leq 45\%$ und gute Korrosionsbeständigkeit gegen die freie Atmosphäre sowie gegen manche organische Säuren, vor allem auch Fruchtsäuren, nicht aber gegen anorganische Säuren und Alkalien.

Unlegiert findet Zinn als Maschinenbaustoff keine Anwendung, es sei denn, man rechne die Weißbleche dazu, die aus Stahlfeinblech bestehen, welches mit einer Deckschicht aus Reinzinn überzogen ist, die im Schmelzbad oder galvanisch aufgetragen wird; sie bilden schlechterdings die Voraussetzung für die Existenz der Konservenindustrie, da andere Metalle nur ein beschränkter und notdürftiger Ersatz für die Weißblechdosen sind. Weißblechteile findet man aber auch an feinmechanischen Apparaten, meist als Stanzteile. Noch an anderer Stelle findet das Zinn als Deckschichtmaterial ausgedehnte Verwendung, nämlich auf den verzinnten Kupferdrähten gummiisolierter Leiter. Man schützt dadurch das Kupfer gegen die korrodierende Wirkung des vom Vulkanisationsprozeß herrührenden Schwefels der Gummiisolierung und macht zugleich die Drahtenden gut lötfähig. Auch

Wärmeaustauschapparate aus Kupfer werden bisweilen im Vollbad verzinnt, wobei das Zinn den Korrosionsschutz übernimmt und zugleich die wärmeleitende Verbindung herstellt, analog der Rolle des Zinks bei eisernen Apparaten dieser Art. Stählerne und gußeiserne Apparaturen der Nahrungsmittelindustrie werden ebenfalls häufig im Schmelzbad verzinnt.

Die hohe Plastizität erklärt sich aus der niedrigen Rekristallisationstemperatur, ebenso das Kriechen bei niedrigen Temperaturen.

Diese Eigenschaft macht es auch zum bestgeeigneten Metall für die Formgebung durch *Kaltspritzen* (Tubenfabrikation) und für das Kaltauswalzen zu dünnen Folien, zu *Stanniol*.

4.21.31. Zinnlegierungen

Als Legierungszusatz findet Zinn vielfach Anwendung.

Als eigentliche Zinnlegierungen, d.h. mit Zinn als Hauptkomponente, gelten *Lötzinn, Zinnspritzguß* und *Weißmetall* auf Zinnbasis (Lagermetall).

1. *Die genormten Lötzinnsorten* des Systems Sn—Pb erstrecken sich von 25% Sn + 75% Pb bis 90% Sn + 10% Pb, die meist verwendeten Sorten sind dabei die Weichlote 50/50 und 60/40, letzteres mit dem niedrigsten eutektischen Schmelzpunkt von 183 °C (Abb. 114).

Die Festigkeit und Härte, letztere etwa $HB = 15$ kg/mm², erreicht beim Eutektikum ihr Maximum innerhalb der Legierungsreihe, jedoch ist dies für die Wahl der Lotsorte oft nicht entscheidend, da z.B. das Festigkeitsmaximum, vor allem auch der Warmfestigkeit, gegen Scherbeanspruchung sich in Richtung des zunehmenden Bleigehaltes verschiebt, weshalb sich für Lötverbindungen an Wicklungen elektrischer Maschinen usw., deren Betriebstemperaturen über der Raumtemperatur liegen, eher die hochbleihaltigen Sorten empfehlen.

2. Die *Spritzgußlegierungen* mit Schmelzpunkten 270 ÷ 330 °C bestehen aus Sn, Pb, Sb und Cu.

Als Beispiel seien nach deutschen Normen angeführt:

	%				σ_B kg/mm²	δ_{10} %
	Sn	Pb	Sb	Cu		
Hochzinnhaltige ..	77÷79	≦ 1,5	16÷18	3,5÷4,5	11,5	2,5
Zinnarme	49÷51	32÷34	12÷14	3,5÷4,5	8	1,9

3. Wegen der *Lagermetalle* (Weißmetalle auf Zinnbasis) wird wiederum auf Abschn. 4.4 verwiesen.

4.21.4. Das Nickel

Nickel mit Schmelzpunkt 1452 °C, Curiepunkt 360 °C, besitzt mittlere Festigkeitseigenschaften, läßt sich gut plastisch verformen und zeichnet sich vor allem durch hohe Korrosionsfestigkeit an der freien Atmosphäre sowie gegen Wasser, Salzwasser, Basen, Fett- und Fruchtsäuren aus.

Die Festigkeit des wenig verwendeten Formgusses, der leicht mit C, Si, Mn und Fe legiert wird, liegt bei etwa $\sigma_B = 40$ kg/mm² bei ~ 20% Dehnung. Das gewalzte Reinnickelhalbzeug mit 99% Reinheitsgrad kann durch Kaltreckung stark verfestigt werden, so daß für Bleche σ_S zwischen 10 und 45, σ_B zwischen 38 und 60 kg/mm² mit entsprechender Dehnung von 38 bis 5% ausfällt. An gezogenen Drähten steigt σ_B bis auf 85 kg/mm².

Diese Eigenschaften machen Nickel zu einem sehr wertvollen Baustoff im Apparatebau der chemischen und der Nahrungsmittelindustrie. Wegen des hohen Preises werden statt Reinnickelblechen oft auch *nickelplattierte Stahlbleche* angewendet, d.h. solche, auf welche dünne Nickelbleche ein- oder beidseitig warm aufgewalzt werden, wodurch sie ausgezeichnet haften. Ebenso lassen sich dünne Nickelschichten sehr gut galvanisch auf fast allen Grundmetallen

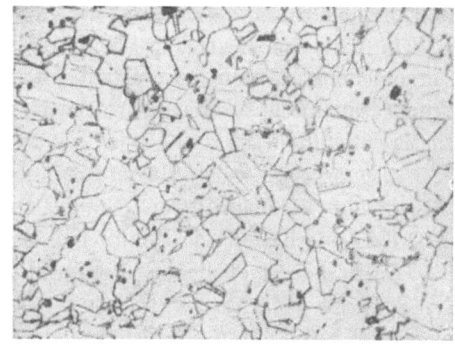

Abb. 406. Nickelgefüge. Vergr. 100 ×, n. DORNACH

als Korrosionsschutz auftragen. Ein anderes Anwendungsgebiet bilden die Nickel—Eisen- und Nickel—Kadmium-Akkumulatoren.

Wichtiger fast als die direkte Verwendung des Nickels ist seine indirekte als Legierungskomponente in fast allen Legierungen, vorab der Stähle.

Abb. 406 zeigt ein Schliffbild des Nickels.

4.21.41. Nickellegierungen

Mit Nickel als Basis, d.h. mit $\geq 50\%$ Ni, sind mehrere Gruppen von Zwei- und Mehrstofflegierungen entwickelt worden.

Sie sind dadurch gekennzeichnet, daß sie allgemein gute Festigkeitseigenschaften und vielseitige Bearbeitbarkeit aufweisen, daß andererseits daneben entweder ihr elektrischer Leitwiderstand oder ihre Korrosionsbeständigkeit gegen spezifische Agenzien besonders günstig liegen.

Umfangreichere Bedeutung bzw. Anwendung haben darunter die Ni—Cr- und die Ni—Cu-Legierungen.

Beide werden als elektrisches Widerstands- und Heizmaterial angewendet, das zusammengefaßt im Abschn. 4.5 beschrieben ist.

Die technischen Legierungen des Systems Ni—Cu, das eine ununterbrochene Reihe von Mischkristallen bildet (Abb. 110), erstrecken sich fast über dessen ganzen Bereich. Unter denjenigen mit $> 50\%$ Ni sei die Legierung 67% Ni, 33% Cu hervorgehoben, das sogenannte *Monelmetall*, die einzige natürlich vorkommende Metallegierung im engeren Sinn.

Im technischen Monelmetall sind je nach Sorte etwas Fe, Si, Mn, C oder Al hinzulegiert.

Die nachstehenden Zahlen charakterisieren eine Guß- und eine Knetlegierung der Gruppe „Monel", deren Festigkeit von der Kaltreckung abhängt.

	Ni	Cu	% Fe	Si	Mn	σ_S kg/mm²	σ_B kg/mm²	δ_5 %
Gußlegierung	67	29	1,5	1,5	0,5	25	50	30
Knetlegierung	68	29	2	+ C, Si, Mn		21—67	53—88	45—15

Besonders bemerkenswert ist die Konstanz der guten Zähfestigkeit des Monelmetalls innerhalb eines sehr großen Temperaturbereiches. Im Tieftemperaturbereich nimmt sie noch erheblich zu (Abschn. 3.21.61). Die Warmfestigkeit ist bei 650 °C noch durch $\sigma_S = 13$, $\sigma_B = 22$ kg/mm^2, $\delta_5 = 33\%$ charakterisiert.

Die Korrosionsfestigkeit ist u. a. sehr gut gegen Luft, Wasser, Salzwasser und verschiedene Säuren und Salzlösungen, was zur Anwendung im chemischen Apparatebau und für Marinezwecke geführt hat, aber auch für Ventile, Düsen usw. im Turbinenbau.

Ausgeprägte Zweistofflegierungen sind die Ni—Mn-Legierungen mit $2 \div 15\%$ Mn, die im warmgewalzten Zustand $\sigma_B \leqq 67$ kg/mm^2 aufweisen, mit ähnlichem Korrosionsverhalten wie Reinnickel.

Unter den eigentlichen Mehrstofflegierungen seien diejenigen des Systems Ni—Mo—Fe $\pm$ C, Mn, Cr, W, Cu, Al und Si hervorgehoben. Die große Zahl der eventuell beigefügten Legierungselemente zeigt, daß dadurch eine weitgehende Anpassung an die jeweils vorliegenden korrodierenden Einflüsse angestrebt wird. Vielfach sind solche Speziallegierungen patentiert und unter Markennamen im Handel.

Als Beispiel sei die amerikanische Sorte „*Hastelloy*" erwähnt.

Diese Legierung ist u. a. korrosionsfest gegen HCl und H$_2$SO$_4$ bei beliebiger Temperatur, läßt sich gut plastisch verformen, zerspanen und schweißen. Es wird auch sogenannter Präzisionsguß (Wachsformprozeß) daraus hergestellt. Auch die Warmfestigkeit liegt hoch, bei 1000 °C ist σ_B im Kurzzeitversuch immer noch 16,5 kg/mm^2. Die Vereinigung vorzüglicher Korrosions- und Verschleißfestigkeit in Verbindung mit hohen Festigkeiten und beides in einem erheblichen Temperaturbereich erklärt die Breite des Anwendungsgebietes im chemischen Apparatebau einschließlich der zugehörigen Ventile, Rohrleitungen, Pumpen, Trockner usw.

Durch Hinzulegieren der obenerwähnten Nebenkomponenten wird die Korrosionsfestigkeit auch auf andere Säuren, wie HNO$_3$, H$_3$PO$_4$ usw., ausgedehnt. Die Entwicklung geht auf diesem Gebiet weiter.

4.21.5. Das Chrom

Chrom wird weitgehend als galvanisch aufgetragene Schutzschicht auf fast allen Grundmetallen angewendet. Es zeichnet sich durch höchste Korrosionsbeständigkeit an der Luft aus, vor allem auch in dem Sinn, daß es durch seine dünne, passivierende Oxydschicht seinen Glanz nicht verliert, weshalb die früher übliche Vernickelung von Gebrauchsgegenständen (Wasserleitungsarmaturen, Fahrrad- und Automobilteile usw.) weitgehend durch Verchromung ersetzt wurde bzw. über die Nickelschicht noch eine Chromschicht aufgetragen wird.

Die Chromschicht ist überaus hart, spröde und verschleißfest, einesteils, da das Chrom selbst diese Eigenschaft hat, andererseits, weil beim galvanischen Verchromen unvermeidlich Wasserstoff in die Chromschicht eingelagert wird, der zusätzlich härtend und versprödend wirkt.

Im Maschinenbau werden dickere Schichten als sogenannte „Hartverchromung" aufgetragen, bis zu einigen Zehnteln Millimeter Dicke. Sie besitzen eine Härte HV bis 625 kg/mm^2, was gutgehärtetem Stahl entspricht. Die Verschleißfestigkeit ist aber in vielen Fällen derjenigen des gehärteten Stahles überlegen, weshalb vor allem die Meßflächen von Werkstattmeßgeräten vielfach hartverchromt werden (Abb. 363). Auch an Zerspanungswerkzeugen für die Bearbeitung von Kunststoffen, Hartgummi, Fiber u.a. wird durch Verchromen der Schneiden deren Standzeit erhöht, ebenso die Lebensdauer von Ziehwerkzeugen.

Während Cr als Legierungselement eine sehr bedeutsame Rolle spielt, sind keine eigentlichen Chromlegierungen, d.h. solche, in denen Cr den größten Anteil hätte, entwickelt worden.

4.21.6. Das Kupfer

Kupfer, Schmelzpunkt 1083 °C, mit nur einer Modifikation, ist charakterisiert durch mittlere Festigkeit, hohe Dehnung und Plastizität, vielfach guten Korrosionswiderstand, gute Legierungsfähigkeit vor allem mit Sn, Zn und Ni, hohe elektrische und Wärmeleitfähigkeit.

Die Festigkeit läßt sich in hohem Maß durch Kaltreckung beeinflussen. Abb. 407 zeigt durchschnittliche Festigkeitswerte von Kupferhalbzeug, das in Form von Blechen, Bändern, Stangen, Drähten und Rohren vielseitig angewendet wird. Durch Glühen läßt sich die Kaltverfestigung wieder beheben (Abb. 408).

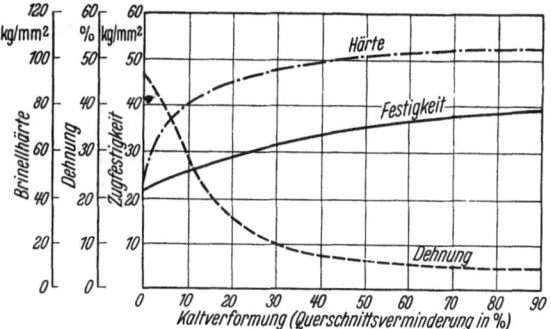

Abb. 407. Durchschnittliche Festigkeitseigenschaften von kaltgerecktem Kupferhalbzeug, abhängig vom Reckgrad

Kupferformguß wird nicht angewendet, da Kupfer sich nicht genügend porenfrei gießen läßt, weil die Schmelze reichlich Gase löst, die beim Erstarren nicht genügend aus der zähflüssigen Schmelze entweichen können und Gasblasen bilden. Auch das Formfüllungsvermögen der Schmelze ist schlecht.

Die Schweißbarkeit durch Widerstandsschweißung macht infolge der hohen Wärmeleit-

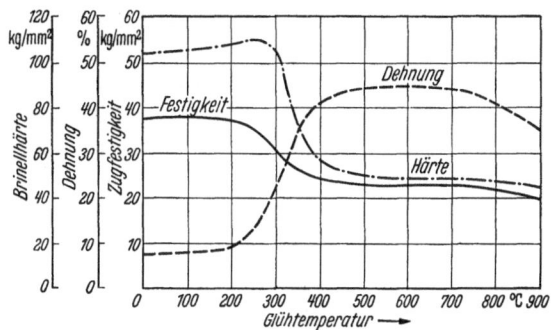

Abb. 408. Festigkeitsänderungen von kaltverfestigtem Kupfer durch Ausglühen

fähigkeit und des geringen elektrischen Widerstandes Schwierigkeit, nicht dagegen die Lichtbogen- und Gasschweißung, wobei freilich bei letzterer auf die Gefahr der Wasserstoffkrankheit (siehe weiter unten) geachtet werden muß. Hart- und Weichlötbarkeit sind sehr gut.

Die Warmverformbarkeit (Schmieden, Gesenkpressen) ist im Temperaturbereich von 680 bis 790 °C sehr gut, im Bereich von 450 bis 650 °C, der sogenannten Blauwärme, gefährlich, da dort das Gefüge mürbe und brüchig werden kann.

Die Kaltverformbarkeit ist sehr gut und erfordert im allgemeinen keine Zwischenglühungen.

Wohl die technisch wichtigste Eigenschaft ist die elektrische Leitfähigkeit, nach Silber die zweitbeste aller Stoffe, mit 58 m/Ω · mm², sowie die entsprechend hohe Wärmeleitfähigkeit mit 0,92 cal/cm · sek · °C.

Die elektrische Leitfähigkeit wird aber äußerst empfindlich durch Verunreinigungen oder Legierungselemente beeinflußt (Abb. 409). Man erkennt, daß sie bereits durch Spuren von Fremdelementen sehr stark herabgesetzt wird. Dies wäre an sich noch nicht der entscheidende Grund, weshalb für Leitungszwecke höchster Reinheitsgrad angestrebt wird, sondern es ist vor allem die Intensität der Beeinflussung, die zur Folge hat, daß unvermeidliche kleine Schwankungen der Art und Menge von Verunreinigungen sofort eine große Streuung des Leitwertes verursachen, was zur Folge hat, daß in die Berechnung der elektrischen Maschinen usw. eine große *Unsicherheit* hineingetragen wird.

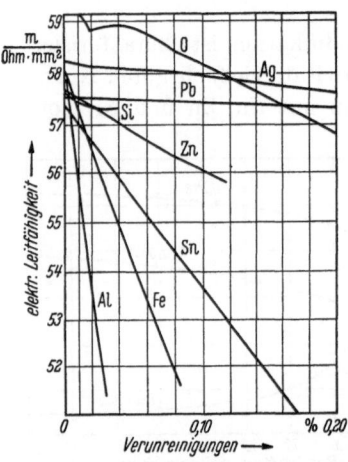

Abb. 409. Einfluß der Verunreinigungen auf die elektrische Leitfähigkeit des Kupfers

Die technischen Kupfersorten sind deshalb sehr fein nach dem Reinheitsgrad abgestuft oder genormt. Man unterscheidet z. B. *sauerstofffreies Elektrolytkupfer* (elektrolytisch raffiniert) mit $\geq 99,95\%$ Cu, *Elektrolytkupfer* mit $\geq 99,9\%$ Cu, *Raffinadekupfer* mit Phosphor im Schmelzfluß desoxydiert, mit 99,6% Cu, dasselbe mit 99,0% Cu usw., wobei noch für die Verunreinigungen an O, As, Sb, Bi, Fe, Pb, Zn und Ni im einzelnen höchstzulässige Zehntelpromillesätze festgelegt sind.

Das technische Anwendungsgebiet sind die Stromleiter und Wärmeaustauschapparaturen, wobei für letztere freilich nicht der hohe Reinheitsgrad nötig ist (z. B. Lokomotivfeuerbuchsen, Kühlerlamellen). Im chemischen Apparatebau wird im Interesse besserer mechanischer oder Korrosionsfestigkeit oft Legierungen der Vorzug gegeben.

Die erwähnte *Wasserstoffkrankheit* ist eine Gasblasenbildung im Gefüge. Sie wird dadurch verursacht, daß, von höchstem Reinheitsgrad abgesehen, stets Cu₂O-Partikelchen im Gefüge eingesprengt sind. Wenn nun, aus einer Schweißflamme oder Glühofenatmosphäre herrührend, H₂-Moleküle an die Oberfläche gelangen, so diffundieren diese bei hoher Temperatur intensiv ins Innere, reduzieren das Kupfer und bilden Wasserdampf nach $Cu_2O + H_2 \rightarrow Cu_2 + H_2O$, der expandiert, die Korngrenzen lockert und Hohlräume oder Blasen nach außen bildet. Die Gefahr des Wirkens besteht aber nur im Temperaturbereich von etwa 650 bis 850 °C. Ähnlich wirkt auch CO in Anwesenheit von Wasserdampf, das aus der Glühatmosphäre eindiffundiert und zur Reaktion $CO + H_2O \rightarrow CO_2 + H_2$ führt, wobei dann das Wasserstoffgas das Gefüge sprengt. Die Erscheinung kann bereits bei den Glühprozessen der Halbzeugherstellung auftreten, aber ebenso bei der

Weiterverarbeitung beim Schweißen, Löten oder Glühen, wenn die Flamme bzw. Glühatmosphäre Sauerstoffmangel hat. Abb. 410 bis 411 zeigen wasserstoffkrankes

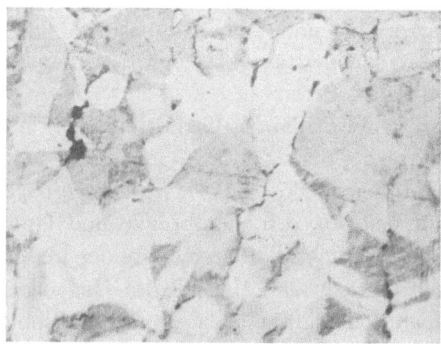

Abb. 410. Kupfergefüge mit „Wasserstoffkrankheit".
Vergr. 200 ×, n. Dornach

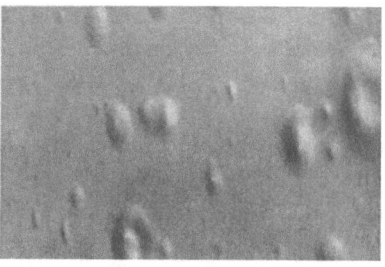

Abb. 411. Blasiges Kupferblech als Folge der „Wasserstoffkrankheit", n. Dornach

Kupferblech und die Auswirkung dieses Werkstoffehlers auf die Dehnbarkeit.

Starke Verunreinigung an Cu_2O hat auch die nachteilige Folge, daß beim Feuerverzinnen des Kupfers, wie sie häufig an Wärmeaustauschapparaten zugleich als Lötverbindung ausgeführt wird (Abschn. 4.21.3), die an der Oberfläche liegenden Cu_2O-Partikelchen kein Zinn annehmen, so daß dort Poren des Überzugmetalls entstehen, die in gleicher Weise wie die Poren von Weißblech durch Lokalelementbildung Lochfraß zur Folge haben (Abschn. 3.22.5).

Abb. 412. Falt-Biege-Probe an einwandfreiem und wasserstoffkrankem Kupferblech, n. Dornach

4.21.61. Kupferlegierungen—Buntmetalle

Unter den Buntmetallen findet man die älteste technisch angewendete Metallsorte, die Bronze, nach der ein ganzes Zeitalter der Menschheit seinen Namen erhalten hat. Wenn also früher einmal ein Buntmetall „das Metall" schlechthin war, so ist die Bedeutung und der Umfang der Buntmetallanwendung im Laufe der technischen Entwicklung immer mehr zurückgegangen. Noch im 19. Jahrhundert waren unlegierter Stahl, Gußeisen, Temperguß, Bronze und Messing bzw. „Rotguß" und „Gelbguß" praktisch die einzigen Maschinenbauwerkstoffe, wobei in kleinem Umfang noch der „Weißguß" hinzukam. Durch die Entwicklung der legierten korrosionsfesten und zähfesten Stähle und der Leichtmetalle verloren die Buntmetalle an Bedeutung. Sie ist aber nach wie vor groß, zumal auch neue Verwendungsgebiete hinzutraten, wie beispielsweise für Dampfturbinenschaufeln, für Bauteile des Elektroapparatebaues, für Kondensatoren oder für Schiffsschrauben. So wie z. B. früher Kanonenrohre ausschließlich aus Bronze gemacht wurden, werden heute Schiffsschrauben ausschließlich aus Bronze gemacht, so gut wie für Lagerschalen, Schneckenräder, Pumpen u. a. vielfach Bronze angewendet wird oder Messing für feinmechanische Apparate aller Art. Der Grund liegt in der oft günstigen Kombination der Festigkeit, Korrosions- und Verschleißbeständigkeit, Bearbeitbarkeit und der elektrischen oder Wärmeleitfähigkeit der betreffenden Buntmetallsorte und nicht zuletzt auch häufig im Preis.

Die Buntmetallegierungen hatten ursprünglich, solange die Sortenzahl klein war und sich auf die Systeme Cu—Sn und Cu—Zn, d. h. „Bronze" und „Messing" beschränkte, Namen nach dem Verwendungszweck, z. B. „*Kanonenbronze, Glockenbronze*", oder sie hießen *Rotguß* und *Gelbguß*, d. h. Gußbronze und Gußmessing für Maschinenbauzwecke. Bunt- und Weißmetalle bezeichnete der klassische Maschinenbauer zusammengefaßt auch einfach als „Metall", im Gegensatz zum „Stahl" und „Guß" oder „Eisen". Noch heute unterscheidet man in Gießereien die Abteilungen Eisengießerei und „Metallgießerei". Auch in der neueren Entwicklung wurden solche Namen teilweise in der technischen Sprache beibehalten, wie z. B. „Rotguß", oder es entstanden neue nach Verwendungszweck, wie „*Patronen-, Kondensator-, Uhrenmessing*" oder „*Admiralitätsbronze*". Mit der verfeinerten Abstufung der Legierungen, vor allem durch Entwicklung von Mehrstoffspeziallegierungen, traten weitere Bezeichnungen, wie *Phosphor-, Mangan-, Siliziumbronze*, hinzu. Dabei entstanden aber auch irreführende Bezeichnungen. Während ursprünglich „Bronze" eindeutig die Metalle der Basis Cu—Sn bezeichnete, spricht man heute auch von *Aluminiumbronze* beim System Cu—Al oder *Bleibronze* beim System Cu—Pb. Hinzu kamen häufig nichtssagende Phantasienamen oder Markenbezeichnungen, wie *Tombak, Neusilber, Alpaka, Argentan, Rübelbronze* usw. Da dieselbe Entwicklung mit allen Metallegierungen eintrat, war die Entstehung von Speziallexika mit Tausenden(!) von Legierungsnamen eine Notwendigkeit.

Ein orientierender Überblick über die Buntmetallsorten führt zu folgender schematischen Einteilung.

Systembasis	Eventuelle weitere Zusätze	Allgemeine Bezeichnung
1. Cu—Zn	Pb	Messing und Tombak
2. Cu—Zn	Ni, Sn, Al, Pb, Mn, Fe, Si	Sondermessing
3. Cu—Sn	Zn, P	(Zinn-)Bronze
4. Cu + →	Mn, Si, Ni, Cd, Be	Sonderbronze
5. Cu—Ni	—	Kupfernickel
6. Cu—Ni—Zn	Pb, Mn, Fe, Al	Neusilber
7. Cu—Al	Ni, Fe, Mn	Aluminiumbronze
8. Cu + →	Zn, Ni, Mn, Si, Ag, P	Hartlote

Allen Buntmetallegierungen ist gemeinsam, daß sie sich durch Kaltreckung stark verfestigen lassen, und zwar am intensivsten durch Kaltwalzen, analog Abb. 407.

Gemeinsam, wenn auch für die einzelnen Legierungen verschieden, ist die verhältnismäßig gute Lötbarkeit mit Weich- und Hartloten, außer bei der Aluminiumbronze.

Ebenso haben sie gemeinsam eine verhältnismäßig gute Warmverformbarkeit und Schweißbarkeit, jedoch nur, wenn die Legierung bleifrei ist, da durch Bleizusatz diese beiden Eigenschaften stark beeinträchtigt werden.

4.21.61.1. Messing

Im System Cu–Zn (Abb. 413, s. a. Abb. 142ff.) werden die Legierungen mit 56 ÷ 72% Cu als Messing, mit 72 ÷ 95% als *Tombak* bezeichnet. Für technische Zwecke wird Tombak nicht verwendet, dagegen wegen des Goldglanzes im Schmuckgewerbe u. ä.

Aus der Farbe der Messingsorten darf man nicht, wie dies bisweilen fälschlich geschieht, auf den Cu-Gehalt schließen, s. Abschn. 2.2. Manche völlig verschiedenen Buntmetalle haben die gleiche Farbe, wie z. B. die Legierung 65 Cu/35 Zn (Messing) und 92 Cu/8 Al (Aluminiumbronze).

Die Legierungen mit $\leq 56\%$ Cu sind nicht verwendbar, da sie wegen der dort auftretenden β- und γ-Phasen bzw. Mischkristallen nur geringe Festigkeit und zugleich hohe Versprödung aufweisen.

Die η-Phase, schwach kupferlegiertes Zink, ist wieder brauchbarer und findet vereinzelt Anwendung als Zinklegierung.

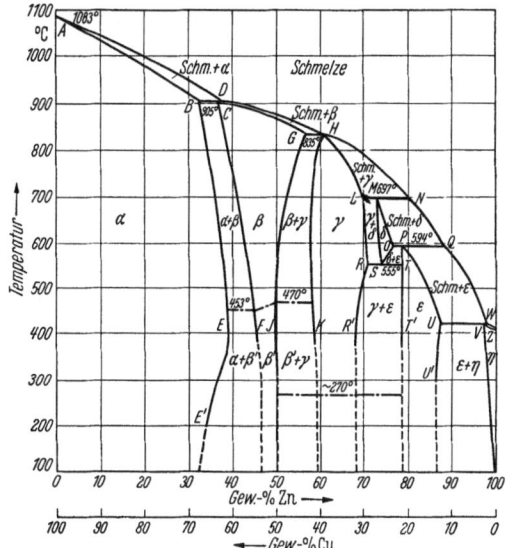

Abb. 413. Zustandsschaubild des Systems Cu—Zn

Innerhalb 56 bis 75% Cu liegen die verschiedenen *Guß*- und *Walzmessing*sorten. Sie bestehen aus reinem α-Messing oder aus einem Gemenge von α- und β-Messing.

Die Phasengrenze für Ms$_\alpha$ verläuft unterhalb 400 °C unsicher, da die Löslichkeitsabnahme der Mischkristalle bei normaler Abkühlung technischer Schmelzen kaum auftritt, so daß sich der Bereich des Ms$_\alpha$ im technischen Messing infolge Unterkühlung zu niedrigeren Cu-Konzentrationen erstreckt, als es dem Gleichgewichtszustand bei Raumtemperatur entspricht. Die β-Phase tritt deshalb erst unterhalb 64,5% Cu in Erscheinung.

Die kb-fl α-MK sind sehr duktil, die β-MK hingegen fest, hart und so spröde, daß reines β-Messing als Werkstoff unbrauchbar ist.

Bei höheren Temperaturen kehren sich die Verhältnisse um. Ms$_\beta$ läßt sich dann besser plastisch verformen als Ms$_\alpha$, weshalb Preßmessing für Warmpreßteile mit niedrigerem Cu-Gehalt und entsprechend mehr β-Anteil legiert wird.

Die β-MK bilden sich bei der Abkühlung zuerst mit ungeordneter und dann mit geordneter Verteilung. Diese Varianten sind mit β und β' bezeichnet, ohne daß dieser Unterschied eine Wirkung auf die technologischen Eigenschaften hat. Abb. 414 zeigt das Schliffbild von α-Messing, Abb. 415 ein solches von $\alpha + \beta$-Messing im Normalzustand.

Die Festigkeitseigenschaften einiger handelsüblicher oder genormter gewalzter Messing- und Tombaksorten gehen aus Abb. 416 hervor, die auch die große Breite erkennen läßt, innerhalb deren diese Eigenschaften durch die Kaltreckung (Walzgrad, Reduktion beim Ziehen) variiert werden können. Abb. 417 zeigt gewalztes

$\alpha + \beta$-Messing, wobei die Zeilenstruktur, die Anisotropie der Festigkeitseigenschaften zur Folge hat, stark hervortritt.

Abb. 416 läßt erkennen, daß

1. die technisch meistverwendeten Sorten mit etwa 63 bis 70% Cu legiert sind, denn dort liegen die günstigsten Kombinationen von σ_B und δ;

2. ein Mindestgehalt von Cu nicht unterschritten werden kann, da mit Zunahme des β-Anteils die starke Gefügeversprödung eintritt.

Abb. 414. Gefüge des α-Messings, zum Teil mit Zwillingsbildung. Vergr. 100 ×, n. DORNACH

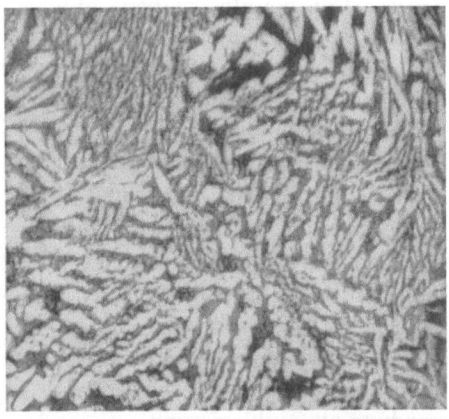

Abb. 415. Gefüge von α- und β-Messing. α: weiß, Vergr. 130 ×, n. DORNACH

Gußmessing wird im allgemeinen zwischen 63 und 67% Cu-Gehalt legiert, in Sonderfällen für den Elektrobau auch bis zu 90%, um dadurch bessere Leitfähigkeit stromführender Formgußteile zu erhalten, bis 25 m/Ωmm^2 gegenüber 12 der normalen mittleren Sorten. Das Primärgefüge des Formgusses hat wesentlich schlechtere Festigkeitseigenschaften als das gewalzte Material gleicher Legierung. Zum Beispiel wird für die bleifreie Legierung Ms 63 für σ_B nur 18 kg/mm^2, für δ_5 nur 10% garantiert, während die Härte mit $HB = 45$ kg/mm^2 wenig unter derjenigen des weichgeglühten Knetgefüges bleibt.

Ms 58 und Ms 60 mit etwas Pb-Zusatz werden auch als *Spritzgußlegierung* verwendet.

Die *Zerspanbarkeit* des Messings ist an sich gut, sofern man als Kriterium hierfür den spezifischen Schnittwiderstand und die Schneidentemperatur heranzieht. Sie ist aber schlecht insofern, als sich lange, zähe Späne bilden, wodurch auch rauhere Oberflächen entstehen als bei kurzen, spritzigen Spänen. Letztere lassen sich aber durch Bleizusatz erreichen.

Für die Herstellung der zahlreichen feinmechanischen Drehteile auf Automaten usw. verwendet man deshalb Messingsorten mit niedrigem Cu-Gehalt und *Bleizusatz* zwischen 0,8 und 2%, die als *bestzerspanbarer metallischer Werkstoff* gelten. Abgesehen von der ausgesprochen ungünstigen Wirkung auf die Warmverformbarkeit und Schweißbarkeit werden dadurch zwar auch die Festigkeitseigenschaften etwas beeinflußt (Abb. 416), jedoch hat dies bei den feinmechanischen Kleinteilen praktisch keine Bedeutung.

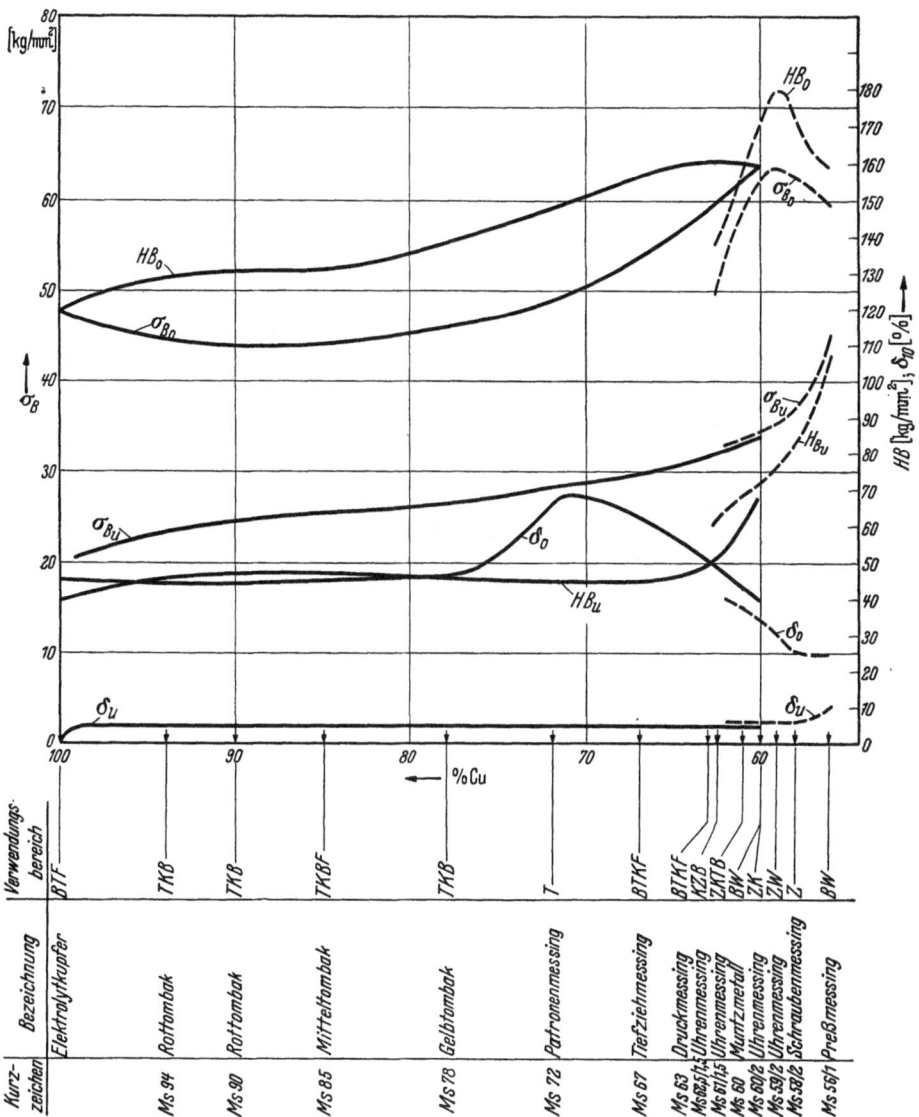

Abb 416. Einfluß des Zn- und Pb-Gehaltes auf die Festigkeitseigenschaften des Messings
Festigkeitswerte sind obere (o) und untere (u) Grenzwerte für blankhart gewalztes bzw. weichgeglühtes Material
——— bleifreies Messing, ———— Messing mit 0,8 ÷ 2% Pb. Verwendungsbereich: B = Biegen, T = Tiefziehen, K = Kaltstauchen, F = Federnfabrikation, W = Warmpressen, Z = Zerspanen

Die hervorragende Zerspanbarkeit ist häufig der Grund, weshalb derartige Kleindrehteile trotz dem höheren Materialpreis wirtschaftlicher aus Messing statt aus dem billigeren Stahl hergestellt werden.

Allgemein kann gesagt werden, daß Messing das *bestgeeignete Metall für die Formgebung* ist.

Da die Korrosionsfestigkeit gegen Luft und Wasser außer Meerluft und Salzwasser wesentlich besser ist als die des unlegierten Stahles, so gut wie die elektrische Leitfähigkeit, erklärt sich daraus das breite Anwendungsgebiet im Apparatebau, vor allem in der Feinmechanik und für elektrische Apparate. Im engeren Maschinenbau ist die Anwendung selten, immerhin wird Ms 72 für Dampfturbinenschaufeln verwendet, deren schwierige Formgebung durch Anwendung gezogener Profile wesentlich verbilligt wird.

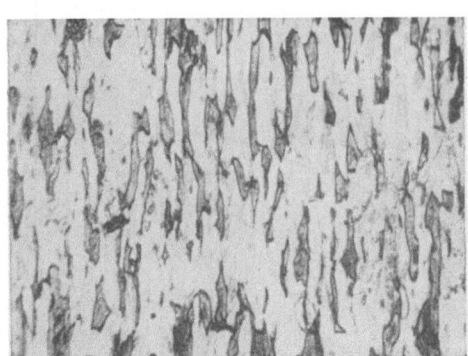

Abb. 417. α- und β-Messing, gewalzte Zeilenstruktur. Vergr. 125×, n. DORNACH

Materialfehler des Messings. Neben den Materialfehlern allgemeiner Art versagt bisweilen das Messing als Werkstoff infolge dreier Erscheinungen, die zwar nicht nur auf das Messing beschränkt sind, dort jedoch wegen ihrer technischen Bedeutung bzw. Folgen zu einer besonders umfangreichen Erforschung und technischen Diskussion geführt haben, wobei freilich noch manche Einzelfragen offenstehen. Es sind dies

1. die Spannungsrisse; 2. die Entzinkung; 3. der Korrosionswiderstand gegen Meerwasser.

Bei den Spannungsrissen handelt es sich darum, daß hart gezogene Rohre oder Blechziehteile bisweilen ohne äußere Beanspruchung nach einiger Zeit als Alterungserscheinung aufplatzen. Abb. 418 zeigt derart aufgeplatzte Rohre. Die Ursache liegt primär in inneren Reckspannungen, die aber allein nicht zum Reißen führen würden, vielmehr wird der Riß durch eine Korrosion, die von außen her längs den Korngrenzen fortschreitet, ausgelöst. Diese interkristallinen Spannungsbrüche unterscheiden sich dadurch deutlich von den intrakristallin verlaufenden normalen Gewaltbrüchen (Abb. 419 und 420). Die korrosive Lockerung

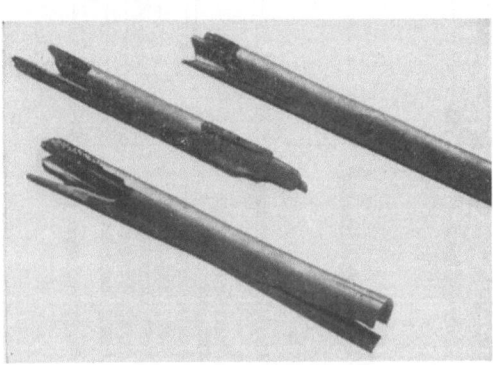

Abb. 418. Messingrohre mit Spannungsrissen nach der Quecksilberprobe, n. DORNACH

der Korngrenzenverkittung kann durch verschiedene Agenzien erfolgen. Besonders wirksam sind dabei Ammoniak und Quecksilber. Das erstere wird häufig für die in der Praxis auftretenden plötzlichen Spannungsrisse verantwortlich gemacht, da es bisweilen, wenn auch nur in Spuren, in der Luft vorhanden ist. Die besonders schnelle und ausgeprägte Wirkung des Hg benutzt man andererseits zur Prüfung der *Spannungsempfindlichkeit* von Messingrohren, indem man sie in meist 1,5%ige Quecksilbernitratlösung taucht, worauf sich durch Niederschlag von Hg und korrodierendes, die Zwischensubstanz versprödendes Vordringen desselben längs den Korngrenzen nach kurzer Zeit Risse bilden, falls die inneren Spannungen zu groß sind.

Diese Spannungsempfindlichkeit des Messings steigt mit dem Zinkgehalt. Durch Glühen im Bereich der Kristallerholung, also unterhalb der Rekristallisationsschwelle, lassen sich die inneren Reckspannungen genügend mildern und damit die Rißgefahr praktisch beheben, ohne daß dadurch die Festigkeitseigenschaften gemindert würden. Die kombinierte Zeit- und Temperatureinwirkung (200 bis 300 °C, Zeit bis zu 1 h) muß aber der betreffenden Legierung und ihrem Reckgrad nach Erfahrung genau angepaßt sein.

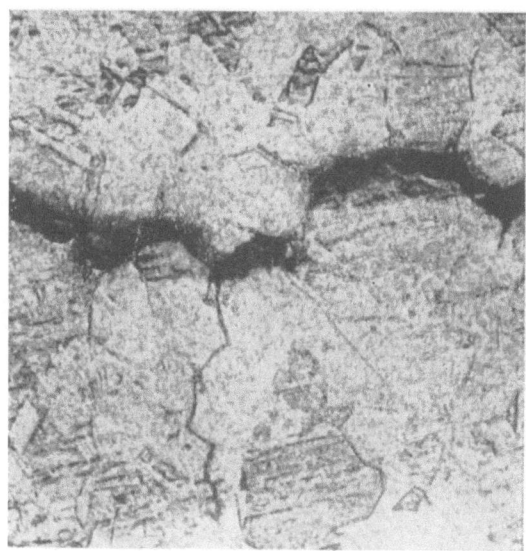

Abb. 419. Interkristalliner Korrosionsbruch im Messinggefüge. Vergr. 100×, n. DORNACH

Bei der *Entzinkung* des Messings handelt es sich um die eigenartige Korrosion, bei welcher infolge Lokalelementwirkung, eventuell unterstützt durch Fremdströme, aus den Mischkristallen das Zink herausdiffundiert, so daß nur gelockertes, pulvriges Kupfer übrigbleibt bzw. sich kathodisch niederschlägt, was schließlich zum *Lochfraß* führt, wenn beispielsweise Rohre von korrodierendem Wasser oder Gas durchströmt werden. Die Entzinkung entwickelt sich ebenfalls an den Korngrenzen sowohl der α- als der β-MK und zermürbt das Gefüge.

Besteht das Gefüge aus einem α- und β-Gemenge, so

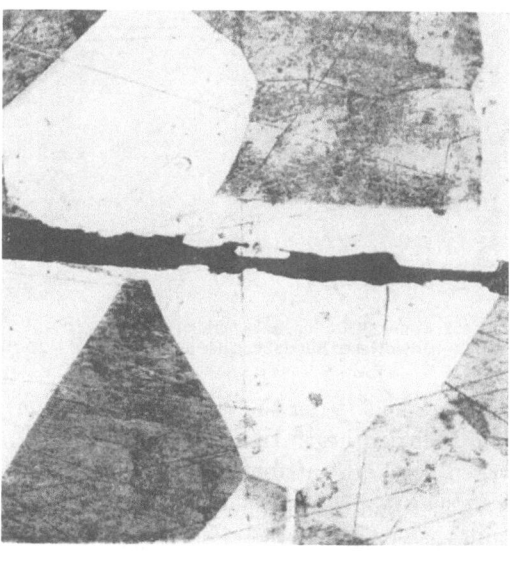

Abb. 420. Intrakristalliner Gewaltbruch im Messinggefüge. Vergr. 100×, n. DORNACH

wird im allgemeinen das unedlere β-Korn zuerst bzw. allein entzinkt, während im reinen α-Gefüge die Entzinkung längs den Korngrenzen einsetzt und fortschreitet. Homogenes Ms_α ist in diesem Sinn korrosionsfester gegen Entzinkung.

Abb. 421 zeigt ein durch Entzinkung zerstörtes α-Gefüge, wo sich ein regelrechter mürber Kupferpfropfen gebildet hatte, Abb. 422 demgegenüber den Vorgang in einem α — β-Mischgefüge, wo die β-Anteile allein entzinkt sind.

Abb. 421. α-Messing, links normal, rechts mit einem durch Entzinkung gebildeten Kupferpfropfen. Vergr. 250×

Die Entzinkung kann unter Umständen durch verhältnismäßig schwache Lösungen der korrodierenden Agenzien eintreten. Die Kausalzusammenhänge sind oft unklar, weshalb diese Erscheinung ein noch nicht befriedigendes Problem der *Korrosionsfestigkeit von Kondensatorrohren* aus Messing bildet.

Für Kondensatorrohre wird vorwiegend als Werkstoff Messing verwendet, obgleich dieses weder gegen Süßwasser, geschweige denn gegen Meerwasser als völlig korrosionsfest gelten kann. Messing bietet aber wegen der günstigen Kombination seiner Festigkeit, Wärmeleitfähigkeit und bequemen Verarbeitbarkeit (Löten, Schweißen, Bördeln) und nicht zuletzt wegen seines Preises einen solchen Vorteil gegenüber korrosionsfesteren Metallen, daß man in Kauf nimmt, Kondensatorenrohre im Betrieb wegen Korrosion auswechseln zu müssen. Andererseits liegt hier ein bedeutendes Werkstoff- und Korrosionsproblem vor, dessen

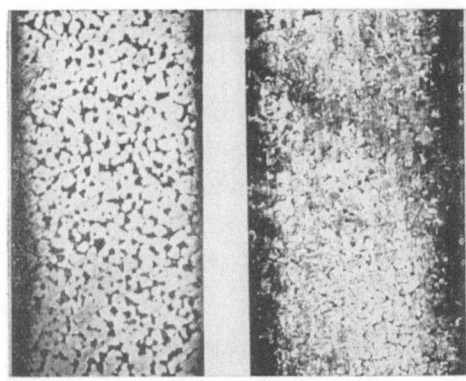

Abb. 422. α- und β-Messing, links normal, rechts mit fortgeschrittener Entzinkung der β-Anteile

Schwierigkeit in der Vielseitigkeit der oft nur in Spuren im Kühlwasser auftretenden Agenzien liegt. In der Seeschiffahrt sind manche Hafengewässer verrufen wegen der dort entstehenden Kondensatorschäden.

Für Kondensatorrohre verwendet man nur möglichst reines α-Messing, für Süßwasserkondensatoren mit 63% Cu-Gehalt, während für Salzwasser die Sondermessingsorten bevorzugt werden.

4.21.61.2. Sondermessing

In den Sondermessingsorten sind dem Messing Pb, Al, Mn, Ni, Fe, Si oder Sn in kleineren Mengen zulegiert.

Die Zulegierung vom Pb allein verbessert die Zerspanbarkeit. Derartiges Ms wird im allgemeinen nicht als Sondermessing, sondern als „bleihaltiges Messing" unter die Normalsorten gerechnet (Abb. 416).

Mit den Legierungszusätzen sucht man häufig die Verarbeitbarkeit durch Warmpressen im Gesenk oder in der Strangpresse zu verbessern oder auch die Farbe, wenn es sich um Sorten für das Bau- oder Kunstgewerbe handelt. Der Cu-Gehalt geht dann bis auf 53% herunter.

Für Maschinen- und Apparatebauzwecke sind hervorzuheben:

a) Das *Siliziummessing* mit 58,5% Cu, 40% Zn und 0,5% Si, das für Kugellagerkäfige verwendet wird.

b) Das *Manganmessing*, als Knetlegierung mit 58% Cu, 39% Zn und 3% Mn, mit hoher Warmfestigkeit und günstigen Gleiteigenschaften, für kleine Lager im Apparatebau.

c) Vor allem die *Admiralitätslegierung* mit 70% Cu, 29% Zn und 1% Sn für Kondensatorrohre, wobei die Verunreinigung durch Pb 0,075% nicht übersteigen darf. Festigkeit für weiche und halbharte Rohre zwischen $\sigma_S = 14 \div 35$, $\sigma_B = 30 \div 40$ kg/mm², $\delta_{10} = 50 \div 25\%$.

d) *Aluminiummessing*, als verbessertes Kondensatorrohrmaterial, mit 76% Cu, 22% Zn und 2% Al und ähnlichen Festigkeitseigenschaften. Durch den Aluminiumzusatz sucht man vor allem dem Lochfraß durch schnellströmendes und luftführendes Wasser zu begegnen.

4.21.61.3. Bronze (Zinnbronze)

Bronzen sind die klassischen Legierungen des Systems Cu—Sn mit Cu als Hauptkomponente. Durch die Bezeichnung der Cu—Al-Legierungen als Aluminiumbronze müßte man sprachlich zwischen Zinn- und Aluminiumbronzen unterscheiden. Meistens versteht man aber unter Bronze schlechthin eine Legierung auf der Basis Cu—Sn.

Abb. 423 zeigt das Zweistoffsystem Cu—Sn.

Es treten viele Phasen und peritektische Reaktionen auf. Die technischen Werkstoffe mit 80% Cu würden lediglich α- bzw. α + ε-MK enthalten, wenn die Schmelzen im Gleichgewicht abkühlen würden. Letzteres läßt sich aber nur im Laboratorium erreichen, und die technischen Bronzen bestehen deshalb aus α-MK oder α + unterkühlten δ-MK bzw. dem α — δ-Eutektoid, ohne daß sich die ε-Phase ausbildet. Die unterkühlte δ-Phase ist metastabil, d.h. praktisch stabil. Der δ-Anteil wächst mit ab-

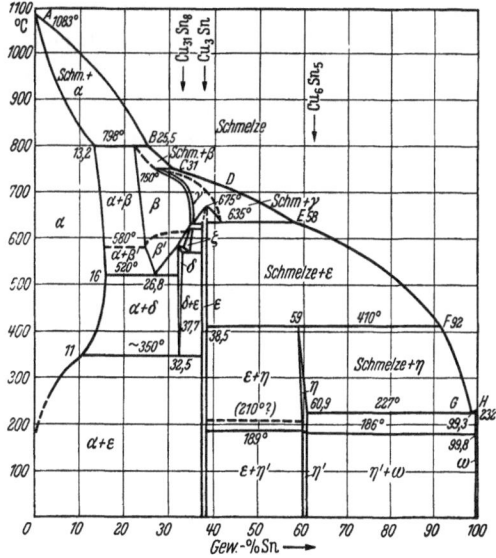

Abb. 423. Zustandsschaubild des Systems Cu—Sn

nehmendem Cu-Gehalt. Da er versprödend wirkt, enthalten Knetlegierungen relativ wenig Sn. Früher war die Grenze für Walzbronzen bei ~ 6% Sn gezogen, heute gelingt auch das Walzen mit höheren Sn-Gehalten.

Die reinen Zinnbronzen lassen sich deshalb in die *Gußbronzen* mit 80 bis 94% Cu, Rest Zinn und in die *Walzbronzen* mit 92 bis 94% unterteilen, wobei die letzteren im kalten Zustand gut, im warmen mäßig gut bis schlecht plastisch verformbar sind.

Bei den Knetlegierungen lassen sich die Festigkeitseigenschaften durch Kaltreckung wiederum in großem Bereich variieren, wodurch überaus zähfeste oder auch federharte Werkstoffe entstehen können.

Bei den Gußbronzen nützt man die günstige Kombination guter Gießbarkeit mit Korrosions- und Verschleißfestigkeit aus. Sie sind der klassische Werkstoff für hochbeanspruchte Gleitlagerschalen (Abschn. 4.42.2), aber auch für Schnekkenräder (Verschleißfestigkeit!), Kolben- und Schleuderpumpen, wobei dann die im Einzelfall günstige Korrosionsbeständigkeit den Ausschlag gibt. Freilich sind für das letztere Anwendungsgebiet (z.B. Pumpen für saures Grubenwasser) hochlegierte Stähle wesentlich überlegen. Gegen die freie Atmosphäre sind alle Bronzen ebenso korrosionsfest wie Kupfer, durch Bildung von *Patina* (Edelrost).

In den Knetlegierungen verbindet sich die Korrosionsfestigkeit mit hoher Zähfestigkeit. Für den Elektrobau kann relativ gute elektrische Leitfähigkeit den Ausschlag geben, z.B. für Schleifringe, die verschleißfest und leitend sein müssen.

Den Grundlegierungen werden zwecks Verbesserung der einen oder anderen Eigenschaft, vor allem der spezifischen Korrosionsbeständigkeit, weitere Elemente zulegiert. In anderen Fällen (Gußbronzen) bezweckt man den Ersatz des teuren Zinns durch das billigere Zn und Pb, ohne eine wesentliche Verschlechterung der Eigenschaften, auf die es im Einzelfall ankommt, in Kauf nehmen zu müssen (Abschn. 4.21.61).

Eine wichtige Legierungshilfskomponente ist der Phosphor. Er wird häufig in kleinen Mengen sowohl reinen Zinnbronzen als auch Sonderbronzen zulegiert, die dann meistens als *Phosphorbronzen* bezeichnet werden.

Der Zusatz hat eine doppelte Wirkung. P desoxydiert die zur Porosität neigende Schmelze, reinigt sie dadurch und verringert die Porosität. Für Walzbronzen bemißt man den Zusatz so gering, 0,1 ÷ 0,2%, daß nach der Desoxydation kein P mehr vorhanden ist; sich bildendes Cu_3P wäre wegen seiner Härte und Sprödigkeit im Walzmaterial unerwünscht. Für Gußbronzen geht man oft höher, bis zu 1%, wodurch nicht alles P verbrennt, so daß durch Phosphide die Verschleißhärte gesteigert wird. P setzt anderseits die elektrische Leitfähigkeit so stark herab, daß Leitungsbronze P-frei sein muß.

Für Gußbronze ist charakteristisch:

90% Cu + 10% Sn: $\sigma_B = 20$ kg/mm², $\delta_{10} = 15\%$, $HB = 60$ kg/mm²,

80% Cu + 20% Sn: $\sigma_B = 15$ kg/mm², $\delta_{10} = 0\%$, $HB = 180$ kg/mm².

(Glockenbronze)

Für Walzbronze, Phosphorbronze mit 94% Cu, 5,8% Sn, 0,2% P: Weich bis federhart gewalzt: $\sigma_S = 18$ bis 60, $\sigma_B = 37$ bis 75, $HB = 80$ bis 240 kg/mm², wobei $\delta_{10} = 40 ÷ 2\%$.

4.21.61.4. Sonderbronzen

Es sind zahlreiche Buntmetallsorten entwickelt worden, die, gleichgültig ob neben dem Cu als zweitgrößte Menge Sn enthalten ist oder nicht, als Bronzen bezeichnet werden. Soweit es sich dabei um die Systeme Cu—Al oder Cu—Ni und weitere Nebenkomponenten handelt, wird auf Abschn. 4.21.71 verwiesen. Im übrigen findet man bisweilen dieselbe Gruppe, z.B. des Systems Cu—Sn—Zn, als „Sonderbronze" oder als „Sondermessing" bezeichnet. Die Vielzahl der Legierungsvarianten ist technisch nicht immer gerechtfertigt. Es seien deshalb nur Vertreter derjenigen Gruppen erwähnt, die durch eine Sondereigenschaft sich deutlich auszeichnen.

Hierzu gehören

1. diejenigen Sorten, in denen ein Teil des Zinns durch Zink oder Blei oder durch beides ersetzt ist, vorab hierunter der klassische „Rotguß"; – **2.** die Manganbronzen, die ebensogut als Manganmessing bezeichnet werden können; – **3.** die Siliziumbronzen; – **4.** die Mangan—Silizium-Bronzen; – **5.** die Berylliumbronzen; – **6.** die Leitungsbronzen.

Gemeinsam ist allen ein hoher Cu-Gehalt, vorwiegende α-Phase und gute spezifische Korrosionsfestigkeit, verbunden mit guter Festigkeit.

a) Rotguß. Rotguß, das klassische Gleitmetall, wird entweder im System Cu—Sn—Zn, z.B. 88—10—2, oder im System Cu—Sn—Pb, z.B. 86—10—4, oder im System Cu—Sn—Zn—Pb, z.B. 82—8—7—3, legiert. In allen drei Systemen benützt man die verschiedensten Varianten in der Zusammensetzung. Die Festigkeitseigenschaften liegen nicht hoch, zwischen 15 und 20 kg/mm² für σ_B und 8 bis 15% für die Dehnung. Für die große Bedeutung dieser Gußlegierungen als Lagermetall ist das unwesentlich, vielmehr treten dort die im Abschn. 4.42.2 näher erörterten Sondereigenschaften in den Vordergrund. Die Sorten sind zum Teil genormt.

b) Manganbronze. Als solche sei in Anlehnung an den technischen Sprachgebrauch eine Gußlegierung mit $64 \div 71\%$ Cu, $19 \div 22\%$ Zn, 0,02% Sn, $3,5 \div 4,5\%$ Mn, $4,5 \div 6\%$ Al, $2 \div 3\%$ Fe, $\leq 0,02\%$ Pb bezeichnet, die infolge ihrer hohen Salzwasserbeständigkeit und Zähfestigkeit der bevorzugte Werkstoff für Schiffsschrauben ist. Die Festigkeit ist durch $\sigma_S = 40 \div 53$, $\sigma_B = 70 \div 80$, $HB = 200 \div 270$ kg/mm² und $\delta_{10} = 10 \div 20\%$ charakterisiert. Eine Knetlegierung des Systems Cu—Zn—Mn ist im Abschn. 4.21.61 als Sondermessing erwähnt.

Einer anderen Gruppe gehören die höher, mit $5 \div 6\%$ Mn, legierten Manganbronzen an, die wegen ihrer guten Warmfestigkeit für die Stehbolzen in Lokomotivfeuerbuchsen verwendet werden.

c) Siliziumbronze. Eine Knetlegierung des Systems Cu—Si mit 98,5% Cu, 1,5% Si mit guter Kalt- und Warmverformbarkeit weist als gezogenes Material je nach Kaltreckung ein σ_S von $15 \div 30$, σ_B $25 \div 35$ kg/mm² und $\delta_{10} = 30 \div 2\%$ auf und findet für korrosionsbeständige Armaturenteile u.ä. Anwendung, wegen der guten Schweißbarkeit auch im Behälterbau der chemischen Industrie. Als Varianten sind auch Sn oder Pb zulegiert, der Si-Gehalt kann bis zu 4,25% steigen.

d) Mangan—Silizium-Bronze. Die Knetlegierung 96% Cu, 3% Si und 1% Mn, ebenfalls gut verformbar und schweißbar, besitzt zwischen dem weichgeglühten und hartgewalzten Zustand noch bessere Festigkeitseigenschaften, nämlich:

σ_S 30 ÷ 60, σ_B 35 ÷ 75, HB = 60 bis 180 kg/mm² mit δ_{10} = 50 ÷ 5% und eignet sich deshalb u.a. auch für Turbinenschaufeln oder Ritzel.

e) Berylliumbronze. Der große Nachteil des Kupfers als eines vorzüglichen elektrischen Leitungsmaterials ist der, daß es sich nicht für Formguß verwenden läßt wegen der Porosität des Gusses. Dem Bedürfnis des Elektroapparatebaus für gut leitenden Formguß, z.B. für Schaltkammern an Druckluftschaltern u.ä., kommt die teure Cu—Be-Bronze nach, eine Legierung von Cu mit 0,6 ÷ 2,75% Be ± 0,5% Ni zwecks Kornverfeinerung. Die Berylliumbronze wird aber vor allem auch als Knetlegierung zu Blechen, Stangen, Drähten usw. verarbeitet.

Die Berylliumbronzen gehören zu den eigentümlichen, seltenen Legierungen, die durch Abschrecken aus hoher Temperatur, 750 ÷ 800 °C, weich werden. Durch anschließendes Anlassen auf 300 ÷ 600 °C während mehrerer Stunden werden sie dann wieder härter und fester infolge Ausscheidungshärtung. Während dieses eigentümliche Verhalten, mit dem eine starke Änderung der Leitfähigkeit verbunden ist, bei dem technisch uninteressanten System Kupfer—Gold hinsichtlich seiner tieferen Ursachen völlig geklärt ist (Abschn. 2.71.2), ist dies beim System Cu—Be noch nicht der Fall.

Die Festigkeit der Knetlegierung kann in doppelter Weise verändert werden,
a) durch zusätzliche Kaltverformung des nach dem Abschrecken weichen, –
b) durch zusätzliches Anlassen des kaltverformten Materials.

Eine Gußlegierung mit 2,2% Be weist beispielsweise nach dem Abschrecken aus 750 °C auf: σ_B = 30, HB = 100 kg/mm², δ_{10} = 10%.

Nach vierstündigem Anlassen bei 350 °C erhöht sich σ_B auf 90, HB auf 360 kg/mm², während δ_{10} auf 2 zurückgeht.

Den Einfluß der kombinierten Kaltreckung durch Walzen mit dem Anlassen illustrieren folgende Festigkeitswerte:

	σ_B kg/mm²	HB kg/mm²	δ_{10} %
a) gewalzt und abgeschreckt aus 750 °C	55	100	40
b) desgl. bei 320 °C 4 h angelassen	140	360	2
c) abgeschreckt und 50% kaltverformt	105	240	4
d) desgl. + 4 h bei 305 °C angelassen	150	380	1

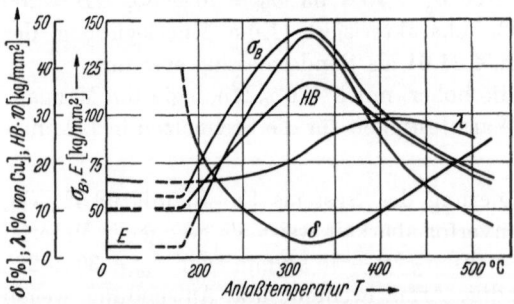

Abb. 424. Einfluß der Anlaßwirkung auf die Eigenschaften von 2,23%iger gewalzter und abgeschreckter Berylliumbronze, n. ETIENNE

Abb. 424 zeigt für eine Legierung mit 2,23% Be, nach dem Walzen abgeschreckt, den Einfluß der Anlaßtemperatur bei vierstündiger Einwirkung auf die Elastizitätsgrenze E (σ_e), Zugfestigkeit σ_B, Dehnung δ_{10}, Härte HB und elektrische Leitfähigkeit λ_e. Das Anwendungsgebiet der Cu—Be-Bronze liegt außer im erwähnten Formguß in der Möglichkeit, hochwertige, ermüdungsfreie und stromleitende Federn für Schaltapparate herzustellen, aber auch in der Ausnützung der guten Federungseigenschaften, verbunden mit Korrosionsfestigkeit im feinmechanischen Apparatebau überhaupt.

f) Leitungsbronzen. Für Freileitungen größerer Leistung genügt die Festigkeit von Kupfer nicht. Bereits vor der Entdeckung der Berylliumbronze, die übrigens für diese Anwendung auch zu teuer wäre, wurde als genügend feste Legierung mit einem für Schwachstrom annehmbaren Leitvermögen die sogenannte Leitungsbronze oder Telefonbronze entwickelt, die auch korrosionsfest gegen die freie Atmosphäre ist. Es sind dies hochkupferhaltige (97 bis 99%) Sonderlegierungen, mit Sn, Mg, Sn + Zn oder Sn + Cd u.a. legiert. Die gezogenen Drähte erhalten dadurch Zugfestigkeiten zwischen 50 und 100 kg/mm², je nach Legierung und Drahtdurchmesser, wobei durch die Zusätze allgemein die Festigkeit erhöht, die Leitfähigkeit herabgesetzt wird. Letztere beträgt bei den festesten Sorten etwa 18 m/Ω mm², bei den schwächsten 48. Eine mit 0,8% Cd legierte Leitungsbronze ist sogar durch $\lambda_e = 52$ m/Ω mm² und $\sigma_B = 40 \div 50$ kg/mm², $\delta_{10} = 10 \div 6\%$ charakterisiert.

4.21.61.5. Kupfernickel

Da das System Cu—Ni sich durch eine ununterbrochene Reihe von Mischkristallen auszeichnet (Abb. 110), besteht legierungskundlich gesehen kein Unterschied zwischen nickellegiertem Kupfer und kupferlegiertem Nickel. Im ganzen Legierungsbereich Cu—Ni findet man deshalb technisch wertvolle Legierungen. Die Festigkeit erreicht bei 60% Ni ein Maximum (Abb. 425). Wegen der Legierungen mit 50% Ni s. Abschn. 4.21.41.

Die starke Verbesserung der Festigkeitseigenschaften des Cu durch Nickelzusatz hat zur Anwendung der Kupfer—Nickel-Legierungen im engeren Sinn, d.h. mit $\geq$ 50% Cu geführt. Mit zunehmendem Ni-Gehalt tritt dabei die Konstanz der guten Zähfestigkeit im Bereich tiefer und hoher Temperaturen immer mehr hervor (Abschn. 4.21.41). Neben ausgezeichneter Kalt- und Warmverformbarkeit und Schweißbarkeit besitzt Kupfernickel eine recht gute Korrosionsfestigkeit, die etwa in dem Sinn charakterisiert werden kann, daß zur spezifischen Korrosionsbeständigkeit des Kupfers diejenige des Nikkels hinzutritt, so daß sie gegen die Luft, Wasser und auch Salzwasser sowie viele Säuren beständig sind und mit zunehmendem Ni-Gehalt auch gegen Alkalien.

Die Kombination dieser Eigenschaften führt zur Anwendung handelsüblicher oder genormter Sorten, wie beispielsweise Cu 85/Ni 15 – Cu 80/Ni 20 – Cu 75/ Ni 25 oder Cu 70/ Ni 30 im chemischen Apparatebau, aber auch

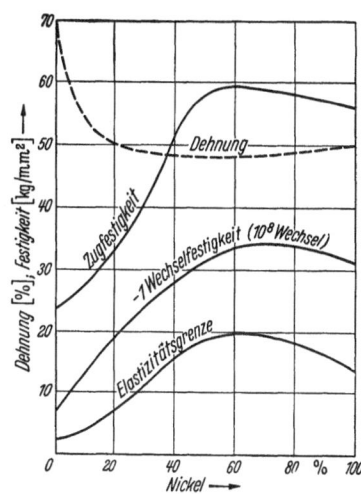

Abb. 425. Mechanische Eigenschaften von geglühten Kupfer—Nickel-Legierungen, n. WISE

für Scheidemünzen und Geschoßmäntel für Stahlkerngeschosse (z.B. die Legierung 85/15). Auch für Kondensatorrohre wird Kupfernickel angewendet. Sie können dadurch korrosionsfest gemacht werden, aber nur auf Kosten der guten Wärmeleitfähigkeit, die ebenso wie die elektrische Leitfähigkeit im ganzen Legierungsbereich sich außerordentlich verschlechtert gegenüber derjenigen der reinen

Komponenten (Abb. 409). Die Wärmeleitfähigkeit beträgt z. B. für die Legierung 80/20 nur $\lambda_W = 0,087$ cal/cm · sek · °C gegenüber 0,92 des Elektrolytkupfers oder 0,27 der Admiralitätslegierung (Abschn. 4.21.61).

Wegen des hohen elektrischen Leitwiderstandes wird Kupfernickel vor allem auch als elektrisches Widerstandsmaterial verwendet (Abschn. 4.5).

4.21.61.6. Aluminiumbronze

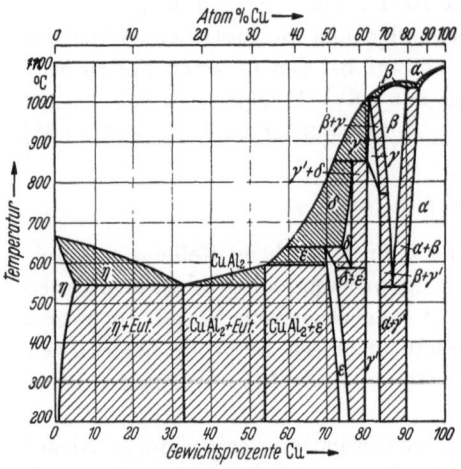

Abb. 426. Zustandsschaubild des Systems Cu—Al

Die Aluminiumbronze (AlBz) ist ein Werkstoff des Systems Cu—Al, das mehrere MK-Phasen und Metallide sowie peritektische Reaktionen aufweist. Die höheren Konzentrationen kommen wegen Sprödigkeit als Werkstoff nicht in Betracht, sondern nur Cu mit wenig Al als Aluminiumbronze und Al mit wenig Cu als Leichtmetalllegierung, s. für letzteres Abschn. 4.32.

Abb. 426 zeigt das System Cu—Al. Die duktile kb-fl α-Phase wird als AlBz benützt, als Guß- und als Knetlegierung. Für die Festigkeit reiner AlBz geben die nachstehenden Werte einen Anhalt:

	σ_B kg/mm²	$\delta_{10}\%$	HB kg/mm²
Gußlegierung 91/9	35	12	80
Walzlegierung 95/5, weich — hart	35÷65	60÷5	75÷180
desgl. 90/10	46÷75	45÷8	95÷230

Die hohe Zähfestigkeit und der weite Spielraum der Kaltverfestigung ist augenfällig. Beides wird noch durch Zulegierung von Fe, Ni, Mn, Sn, Si verbessert. Zum Beispiel weist eine amerikanische Sorte auf: 83% Cu − 5,36% Al − 3,06% Fe − 8,58% Ni. In anderen wird Fe bis zu 3,7%, Ni oder Mn bis zu 9% gesteigert, so daß legierte AlBz bis zu insgesamt 15% der erwähnten Zusätze enthalten kann.

Dadurch wird bei Gußbronzen $\sigma_B \leq 40$, $HB \leq 100$ kg/mm², $\delta_{10} \leq 20\%$ und für gewalztes oder gezogenes Material lassen sich Spitzenwerte wie $\sigma_S = 72(!)$, $\sigma_B = 78$ kg/mm² bei $\delta_4 = 20\%$, $HB = 240$ kg/mm² erreichen. Bei federharter Auswalzung kann σ_B sogar Werte bis 100 erreichen.

Die Aluminiumbronzen haben also die Festigkeit mittlerer unlegierter Stähle, zugleich sind sie korrosionsfest gegen Luft, Wasser, Salzwasser, schwefelhaltige Säuren und andere Agenzien. Sie lassen sich gut warm und kalt verformen und auch schweißen, dagegen nicht löten wegen der festen Oxydhaut. Die elektrische und Wärmeleitfähigkeit ist gering, erstere zwischen 7 bis 10 m/Ω mm², letztere 0,17 bis 0,19 cal/cm · sek · °C, wodurch trotz der sonstigen guten Eigenschaften die Anwendung im elektrischen und chemischen Apparatebau oder für Kondensatorrohre usw. verhindert ist. Trotzdem gibt es viele Anwendungsgebiete im Maschinen- und Apparatebau, für Behälter, Rohrleitungen, Ventile, Pumpen,

Schiffsschrauben, Verschraubungen an Kondensatoren sowie auch für Gleitlagerschalen, zumal die guten Festigkeitseigenschaften, ähnlich dem Kupfernickel, in
einem erheblichen Temperaturbereich über und unter der Raumtemperatur erhalten bleiben.

4.21.61.7. Neusilber

Neusilber (NS) ist eine Dreistofflegierung des Systems Cu—Zn—Ni, etwa mit
den Konzentrationsgrenzen 46 Cu/44 Zn/10 Ni bis 62 Cu/20 Zn/18 Ni. Man könnte
es auch als hochnickellegiertes Sondermessing Ms 46 bis Ms 62 bezeichnen, dessen
Zn im Ausmaß von etwa 10 bis 18% durch Ni ersetzt ist. Wegen seines Silber-
glanzes hat diese sehr alte Legierung jedoch den besonderen Gattungsnamen.
In der mechanischen und Korrosionsfestigkeit unterscheiden sich die NS nicht
bemerkenswert von anderen Sonderbronzen und Sondermessingen, hingegen sind
sie wegen des Nickelgehaltes verhältnismäßig teuer; sie werden vor allem im Bau-
und Kunstgewerbe (Bestecke, Alpaka usw.) und in der Uhrenindustrie verwendet, selten als hochfester und korrosionsfester Werkstoff im Maschinen- und
Apparatebau, wo dann durch Al-, Mn- und Fe-Zusatz die Festigkeit oder durch
Pb-Zusatz die Zerspanbarkeit verbessert wird.

Hochfestes Neusilber ist beispielsweise wie folgt legiert: 47% Cu – 38% Zn –
10% Ni – 2% Mn – 1% Al – 1% Fe mit den Eigenschaften

	σ_S kg/mm²	σ_B kg/mm²	δ_{10}%	HB kg/mm²
Warmgepreßt	35	60—70	20	150—200
Gezogen	40	65—75	10	170—220

An federharten Bändern mit 60% Cu – 20% Zn – 20% Ni wird $\sigma_S = 65$,
$\sigma_B = 85$, $\delta_{10} = 2$ gemessen.

4.21.61.8. Hartlote

Alle Buntmetalle, die Zn enthalten, eignen sich mehr oder weniger gut zur
Ausführung von Hartlötungen, da sie infolge der guten Legierungsfähigkeit des Zn
mit den meisten Metallen gut binden. Deshalb lassen sich auch Gußeisen und
unlegierte und legierte Stahlsorten bei der auf Erfahrung beruhenden Wahl einer
geeigneten Buntmetallsorte gut löten.

Diese Hartlötung wird bisweilen auch als „Schweißung", der Lotstab als
„Schweißstab" bezeichnet. In dieser Art ist die Bezeichnung falsch, da beim
Schweißen ein Werkstoff gleicher Art, beim Löten jedoch ein solcher ungleicher
Art in die Trennfuge eingeschmolzen wird. Es wird deshalb besser die Bezeichnung
„Lotschweißung" oder auch „Nichtschmelzschweißung" verwendet.

Der metallurgische Vorgang beruht dabei darauf, daß das zu verbindende
Metall nicht auf dessen Solidustemperatur erwärmt wird, wohl aber auf eine
Temperatur, die über dem Schmelzpunkt der Legierung liegt, welche sich entweder zwischen den beiden zu verbindenden, verschiedenartigen Grundmetall-
sorten bilden kann oder zwischen dem Grundmetall und dem Lotmetall. Diese
„Oberflächenlegierung", die mehr oder weniger tief eindiffundiert, bewirkt die
gute metallische Verbindung. Ein Beispiel für den Vorgang ist folgendes Phänomen.

Wenn man einen Aluminiumdraht, SmP 658 °C, senkrecht auf ein Kupferblech, SmP 1083 °C, preßt und die Berührungsstelle unter Beigabe eines geeigneten Flußmittels erwärmt, so wird das Blech nach kurzer Zeit vom Draht durch-
stoßen, ohne daß dieser abschmilzt. Die gebildete Cu—Al-Oberflächenlegierung
hatte eben einen SmP, der unter demjenigen des Cu oder Al lag, was aus dem
Zustandsdiagramm (Abb. 426) ohne weiteres hervorgeht.

Durch geeignete Wahl des Hartlotwerkstoffes können deshalb sehr feste Verbindungen zwischen zwei gleichartigen oder ungleichartigen Grundmetallen infolge

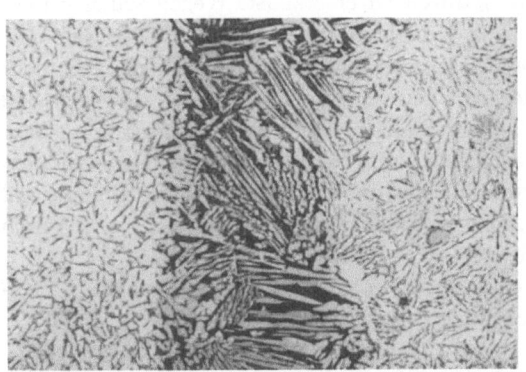

von Oberflächenlegierung hergestellt werden, bei Temperaturen, die erheblich unter dem
SmP des Grundmetalls liegen.
Beispielsweise läßt sich Gußeisen mit SmP 1200 °C mit ge-
eignetem Hartlot bei 760 °C
löten. In manchen Fällen ist die
Festigkeit der Naht höher als
die des Grundmetalls. Abb. 427
zeigt die Lötstelle bzw. Diffusion und Oberflächenlegierung
einer an Messing ausgeführten
Stumpfnaht, wobei das Lot mit
45 kg/mm² Zugfestigkeit bereits
bei 770 °C gebunden, d.h. legiert hat.

Abb. 427. Durch Diffusion und Oberflächenlegierung gebildete
Stumpfnaht an Messing, deren Lot mit 45 kg/mm² Zugfestigkeit
bereits bei 770 °C gebunden, d.h. legiert hatte. Vergr. 70×,
n. SVS.

Die einfachsten und ältesten Sorten sind kupferarmes Messing mit 42 bis
54% Cu, als *Schlaglot*, und normale Messinge sowie blei- und zinnfreie Sondermessinge und Neusilber als Stablot. Zur Erniedrigung des Schmelzpunktes,
Erhöhung der Leichtflüssigkeit und Verbesserung der Bindefähigkeit sind aber
auch Hartlote mit weiteren Zusätzen als denjenigen der Sondermessinge, also Ni,
Mn, Si, entwickelt worden, vor allem die Silberlote mit 50 bis 30% Cu, 46 bis
25% Zn und 4 bis 45% Ag, deren SmP zwischen 855 ÷ 720 °C liegt. Für Sonderzwecke geht man mit dem Silbergehalt auch höher. Zum Löten von Stahl und
Eisen eignet sich auch Phosphorbronze mit 1% P.

4.22. Sonstige Schwermetalle

Die sonstigen Schwermetalle haben rein oder als Hauptbestandteil von Legie-
rungen im Maschinen- und Apparatebau bis heute keine breitere, allgemeine
Anwendung gefunden, mit Ausnahme des Wolframs und Kobalts und des Titans.
Alle anderen findet man entweder als Nebenkomponenten in den verschiedenen
Legierungen, oder ihre Anwendung ist auf spezielle Apparaturen, oft mehr physikalischen als technischen Charakters, beschränkt, beispielsweise Platin für
Schmelztiegel, Silber für Kontakte, Platin—Rhodium-Thermoelemente, Molyb-
dän- und Tantalbleche für Senderöhren und Kunstseidespinndüsen, weshalb sie
als solche übergangen werden.

Auch vom *Wolfram* finden schätzungsweise 98% der Erzeugung als Legierungskomponente der Schnelldrehstähle und der Hartmetalle (Abschn. 4.63) Verwendung und nur 2% als Reinmetall für Glühlampendrähte und anderes.

Kobalt, SmP 1489 °C, in seinen Eigenschaften dem Nickel verwandt, wird als
Reinmetall nicht angewendet. Außer als Legierungskomponente der Schnelldrehstähle, der Magnet- und Invarstähle bildet es aber die Hauptkomponente einer
Gruppe von Mehrstofflegierungen auf Co—Cr-Basis mit dem Markennamen *Stellit*,
die interessante Kombinationen von Eigenschaften aufweisen. Typische Vertreter
haben:

$$65\% \text{ Co, } 27\% \text{ Cr, } 4\% \text{ W, } 1,25\% \text{ C, } 2,7\% \text{ Si}$$
oder auch $\quad 54\% \text{ Co, } 30\% \text{ Cr, } 12\% \text{ W, } 2,00\% \text{ C, } 0,9\% \text{ Si.}$

Diese Legierungen zeichnen sich neben hoher Korrosionsbeständigkeit vor
allem durch hohe Verschleißfestigkeit, hohe Härte, hohe *Warmhärte, Dauerwarmhärte* und *Warmverschleißfestigkeit* aus.

Unter den Stelliten, deren Entwicklung noch stark im Fluß ist, gibt es Guß-
und Knetlegierungen, zum Teil auch mit Fe-Basis, dem Co, Cr, Mo und V zulegiert
sind, im Gesamtbetrag von ~ 40%. Der Formguß wird auch als Wachsmodell-
präzisionsguß ausgeführt und kommt als solcher für hochwärmebeanspruchte
Teile an Gasturbinen, Düsentriebwerken usw. in Frage. Die Knetlegierungen haben
die bemerkenswerte Eigenschaft, daß sie in Form von Lichtbogenschweißelektro-
den als Auftragsschweißung auf Stahl aufgeschweißt werden können, wodurch es
möglich ist, Stahlteile an den Stellen intensiver Verschleißbeanspruchung besonders auch mit gleichzeitiger hoher Temperatureinwirkung und korrodierender
Beanspruchung widerstandsfähiger zu machen. Ein typisches Anwendungsbeispiel
ist die Auftragsschweißung von Stellit auf Ventilsitze und Ventilteller von Verbrennungskraftmaschinen, deren Lebens-
dauer dadurch vervielfacht wird.

Die hohe Warmverschleißfestigkeit
macht Stellite auch geeignet zur Herstellung von Zerspanungswerkzeugen.
Sie nehmen dabei eine Mittelstellung
zwischen den Schnelldrehstählen und
den Hartmetallen (Abschn. 4.63) ein.
Sie sind warmfester, warmhärter und
warmverschleißfester als die besten
Schnelldrehstähle und diesen daher in
der Standzeit überlegen, wenn der Zerspanungsvorgang zu hohem Reibungsverschleiß und hohen Schneidentempe-

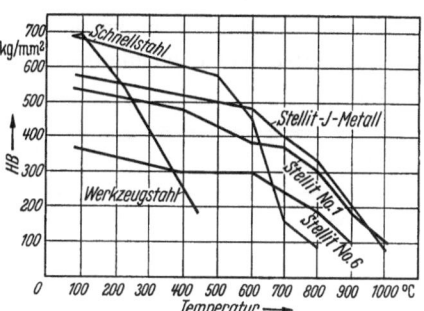

Abb. 428. Warmhärte von Stellitsorten, unlegiertem
und hochlegiertem Werkzeugstahl, n. HAYNES-
STELLITE

raturen führt. Sie errreichen andererseits nicht die Warmhärte der Hartmetalle,
sind dafür weniger spröde als die letzteren.

Abb. 428 zeigt die Warmhärte verschiedener Stellitsorten im Vergleich zu
unlegiertem Stahl und Schnelldrehstahl, gemessen jeweils nach halbstündiger
Temperatureinwirkung und im warmen Zustand mittels Hartmetallbrinellkugeln.

Die Meßwerte können als erste Anhaltspunkte für das vergleichsweise Verhalten gegen Verschleiß unter hohen Temperaturen gelten, sind aber in anderer Hin-

sicht problematisch. Wegen der noch im Gang befindlichen Entwicklung sind Forschungsergebnisse und charakteristische Zahlenwerte für die Eigenschaften noch lückenhaft.

Das *Titan*, SmP 1680 °C, mit den zwei Modifikationen Ti_α und Ti_β (s. Abschn. 1.16.3), ist mit einer Dichte von 4,5 das leichteste Schwermetall. Ti bzw. seine Legierungen sind für den Leichtbau bedeutsam, da sie bei Temperaturen bis etwa 400 °C die *höchsten spezifischen Festigkeitseigenschaften*, d.h. Festigkeitszahlen je

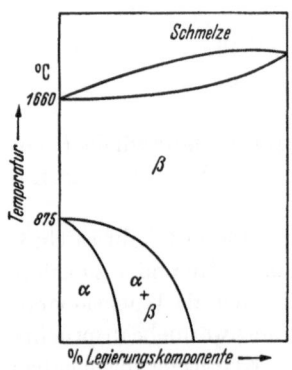

Abb. 429. Einfluß der Legierungskomponenten auf die Modifikationen des Titans, schematisch

Gewichtseinheit unter allen metallischen Werkstoffen aufweisen. Die praktische Anwendung bleibt vorderhand wegen des hohen Preises auf den Flugzeugbau beschränkt. Die Legierungen sind noch in starker Entwicklung. Bisher angewandte Sorten enthalten geringe Prozentsätze von Cr, Fe, Mn, Al und Mo. Beispiele hierfür: 2,7% Cr + 1,3% Fe oder 2% Cr, 2% Fe, 2% Mo oder 4% Mn, 4% Al.

Durch die erwähnten Legierungskomponenten entstehen Zweistoffsysteme, die man entsprechend ihrer Einwirkung auf die $\alpha - \beta$-Umwandlung schematisch in reine α-Typen, in $\alpha + \beta$-Typen und in unstabile oder stabile β-Typen einteilen kann, s. Abb. 429.

Je nach dem einen oder andern Typus sticht die eine oder andere technologische Eigenschaft stärker hervor, beispielsweise bei den α-Typen gute Warmfestigkeit bis 650° sowie gute Schweißbarkeit, bei den $\alpha + \beta$-Typen Verdoppelung der Festigkeiten gegenüber reinem Ti, bei den stabilen β-Typen die hohe Zähfestigkeit bis $\sim 550°$ neben guter Schweißbarkeit.

Die unstabilen β-Typen wiederum lassen sich durch Aushärtung vergüten. Die nachstehenden Werte geben einen Anhaltspunkt für erreichbare Festigkeitseigenschaften.

Legierung	Cr %	Fe %	Mo %	Mn %	Al %	Zustand	$\sigma_{0,2}$ kg/mm²	σ_B kg/mm²	δ %
Ti, sehr rein	—	—	—	—	—	weichgeglüht	—	25	55
						desgleichen hartgewalzt		68	11
Ti, rein	—	—	—	—	—	kaltgewalzt	—	88	12
Ti—Cr—Fe	3	1,5	—	—	—	warmverarbeitet und bei 700 °C geglüht	110	125	10
Ti—Mn	—	—	—	7	—	Blech, weichgeglüht	100	105	15
Ti—Al—Cr—Fe—Mo	1,6	1,5	1,5	—	5,5	Schmiedestücke	100	110	12

Die hohe Neigung zur Sauerstoffaufnahme ist nicht nur der Grund für die kostspielige und schwierige Gewinnung des Metalls aus dem reichlich vorhandenen TiO_2, sondern erfordert auch besondere Vorsicht oder Maßnahmen bei den Wärmebehandlungen (Glühen, Schweißen). Der Sauerstoffgehalt beeinflußt in Promillesätzen die mechanischen Eigenschaften im Sinne der Versprödung sehr stark. Die Zerspanbarkeit ist sehr schlecht. Aus noch nicht geklärten Gründen verschleißt dieser Werkstoff die Schneiden sehr stark, durch Verschweißwirkung an der Spanfläche.

4.3. Die Leichtmetalle

Die Leichtmetallwerkstoffe sind das Aluminium und das Magnesium und deren Legierungen mit spezifischem Gewicht $\leq$ 3,5 bis 4,0. Häufig wird auch das Titan noch dazu gerechnet.

4.31. Das Aluminium

Al, spezifisches Gewicht 2,7, SmP 659 °C mit kb-fl-Gitter, wird mit verschiedenem Reinheitsgrad von 99,0 bis 99,99% verwendet, die unreineren Sorten nur für Legierungszwecke oder Bedarfsartikel oder Folien, die hochwertigen elektrolytisch raffinierten für Stromleitungszwecke.

Die mechanische Festigkeit des Al ist gering, je nach Reinheitsgrad für *gegossenes* Material durch $\sigma_{0,2} = 2,5 \div 5,5$, $\sigma_B = 7 \div 10$, $HB = 20$ bis 24 kg/mm², $\delta_{10} = 20$ bis 30%, für *geknetetes* durch $\sigma_{0,2} = 1,5 \div 1,7$, $\sigma_B = 4 \div 18$, $HB = 12 \div 45$ kg/mm², $\delta_{10} = 60 \div 2\%$ gekennzeichnet. Die Dauerstandfestigkeit ist schlecht. Aluminium neigt zum Kriechen bei Raumtemperatur.

Infolge seiner hohen Plastizität ergibt sich für das Walzmaterial die vorstehende große Spanne der Festigkeitseigenschaften zwischen dem weichen und dem stark kaltgereckten Werkstoff. Al läßt sich gut gießen und auch schweißen, letzteres jedoch nur im Lichtbogen unter Schutzgas oder bei Anwendung besonderer Flußmittel, da sich sofort eine natürliche, festhaftende Oxydschicht, Al_2O_3, bildet, mit hohem Schmelzpunkt. Diese intensive Passivierung verleiht dem reinen Metall eine recht gute Korrosionsfestigkeit gegen Luft, Wasser sowie Salzwasser und Meerluft, auch gegen manche anorganische und organische Säuren, während umgekehrt Alkalien äußerst korrodierend wirken.

Die elektrische Leitfähigkeit wird durch die Verunreinigungen herabgesetzt, jedoch nicht in dem empfindlichen Ausmaß wie die des Kupfers. Sie beträgt für den Reinheitsgrad 99,99% 37 bis 38 m/Ωmm², für 99,5% immer noch 35 bis 36. *Ein Stromleiter gleichen Widerstandes hat nur etwa das halbe Gewicht wie derjenige aus Kupfer, jedoch den 1,3fachen Durchmesser.* Der letztere Umstand schränkt die stärkere Verwendung als Wicklungsmaterial im Elektrobau ein, da er entsprechend größere Abmessungen und Gewichte des aktiven Eisens und damit der ganzen Maschinen usw. zur Folge hat. Eine weitere Einschränkung bildet die *schlechte Lötbarkeit* sowie die Korrosionsempfindlichkeit von Löt- und Schraubverbindungen beim Übergang von Aluminium- auf Kupferleiter, die in dem starken Potentialunterschied dieser beiden Metalle in der Spannungsreihe begründet ist, der zu intensiver Lokalelementbildung führt. Sehr günstig liegen die Verhältnisse jedoch z.B. bei Kurzschlußkäfigankern, deren Wicklung ohne Verbindungsstellen direkt in die Nuten des aktiven Eisenkörpers im *Spritzguß*verfahren eingespritzt werden kann. Ebenso findet Aluminium Anwendung im *Freileitungsbau*. Da Reinaluminiumseile keine genügende Festigkeit besitzen, werden sie mit einer Stahldrahtseele versehen.

Die Festigkeitseigenschaften des Aluminiums werden durch Hinzulegieren kleiner Mengen von Cu, Si, Mg, Mn, Ni, Fe und mancher weiterer Elemente wesentlich verbessert, wodurch die elektrische Leitfähigkeit stets verschlechtert, die Korrosionsfestigkeit je nach Legierung oder Agenzien verbessert oder verschlechtert wird.

Es sind *Hunderte* solcher Aluminiumlegierungen entwickelt worden und teilweise unter Phantasie- oder Markennamen auf den Markt gekommen, seitdem an einer Al—Cu-Legierung entdeckt worden war, daß die Festigkeit des Aluminiums sich nicht nur durch das Legieren, sondern durch *Vergüten* der Legierungen mittels thermischer Behandlung wesentlich steigern läßt.

4.32. Aluminiumlegierungen

Dieses Vergüten erfolgt durch eine kombinierte Temperatur- und Zeiteinwirkung, durch welche eine *Ausscheidungshärtung* entsteht.

4.32.1. Die Ausscheidungshärtung

Das Phänomen der Ausscheidungshärtung zeigt sich beispielsweise an einer Legierung 4,2% Cu – 0,25% Mg – 0,6% Mn – Rest Al (Duralumin oder Dural) wie folgt:

Das Metall weist im Normalzustand, je nach Kaltreckung,

$$\sigma_B = 16 \div 22, \; HB = 40 \text{ bis } 60 \text{ kg/mm}^2, \; \delta_{10} = 25 \text{ bis } 15\% \text{ auf.}$$

Nach viertelstündigem Glühen bei 500 °C und nachfolgendem Abschrecken in Wasser zeigt es folgende Eigenschaften:

$$\sigma_B = 32, \; HB = 78 \text{ kg/mm}^2, \; \delta_{10} = 25\%.$$

Nach etwa einer Stunde beginnt die Festigkeit und Härte bei Raumtemperatur zuzunehmen, die Dehnung nimmt etwas ab.

Die Zeiteinwirkung sei durch folgende Zahlen illustriert:

	Bei Raumtemperatur			
	abgeschreckt	nach 16 Std.	nach 64 Std.	nach 400 Std.
$\sigma_{0,2}$ kg/mm^2	10	22	23	26
σ_B kg/mm^2	32	40	40,2	42
$\delta_{10}\%$	25	22	21,5	21
HB kg/mm^2	78	118	120	122

Die Werte nähern sich asymptotisch den letzten Grenzwerten. Bemerkenswert ist dabei die geringe Abnahme der Dehnung trotz erheblicher Zunahme der Festigkeit und Härte, im Gegensatz zu den Erscheinungen der Umwandlungshärtung beim Stahl oder der Härtung und Verfestigung durch Kaltreckung.

Die Festigkeit derart vergüteter Aluminiumlegierungen kann aber weiter durch Kaltreckung gesteigert werden. Durch diese *Überlagerung der Verfestigung* sind Leichtmetalle mit den Festigkeitseigenschaften mittlerer, zähfester Konstruktionsstähle bis zu $\sigma_B = 55$ kg/mm^2, $\delta_{10} = 10\%$ und hohem Streckgrenzenverhältnis entstanden (Abb. 430).

Die Ausscheidungshärtung wurde seither nicht nur bei den Aluminiumlegierungen, sondern bei vielen anderen Legierungen des Stahls, der Buntmetalle, des Mg und des Ti festgestellt; allerdings äußert sich das Phänomen dort längst nicht so stark wie gerade bei den Leichtmetallegierungen, weshalb es lange Zeit unbeachtet bzw. unentdeckt blieb, zumal es auch bei anderen Legierungen von geringerer praktischer Bedeutung ist.

Die Forschung hat sich intensiv bemüht, die atomaren Vorgänge bei der Ausscheidungshärtung aufzudecken, ohne daß dies völlig gelungen ist. Beim System Al—Cu ist die Einsicht in die Vorgänge am weitesten gediehen, weshalb dieses System als Prototyp der Ausscheidungshärtung gilt.

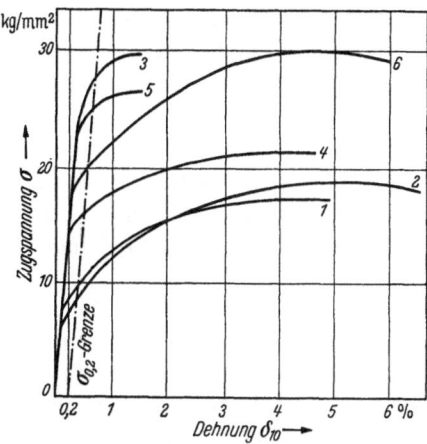

Abb. 430. Spannungs-Dehnungs-Diagramm einiger Aluminiumlegierungen:

Markenname	% Mg	Si	Mn	Cu	Ti	Rest Al	
1. Peraluman 5	4 ÷ 6	—	0 — 1	· —	—	Rest Al	
2. Silumin	—	11 ÷ 13	—	—	—	Rest Al	
3. Silumin-Gamma	0,1 ÷ 1	11 ÷ 13	0,2 ÷ 0,6	—	—	Rest Al	
4. Anticorodal A	0,5 ÷ 1	0,5 ÷ 1,5	0,2 ÷ 1	—	—	Rest Al	vergütet
5. Anticorodal B	0,5 ÷ 2	1 ÷ 3	0,5 ÷ 1	—	—	Rest Al	
6. Alufont 3	0 ÷ 0,5	—	—	4 ÷ 5	0,2 ÷ 0,5	Rest Al	

n. ZEERLEDER

Im System Al—Cu (Abb. 426) ist die aushärtbare Legierung mit 5% Cu legiert. In diesem Bereich existieren bei Raumtemperatur im Gleichgewicht bis 0,3% Cu kb-fl-η-MK, bei höherer Konzentration η + Eutektikum, letzteres aufgebaut aus η und dem Metallid $CuAl_2$, welches bei $33^1/_3$ Atomprozent Cu mit peritektischer Reaktion bei höheren Temperaturen zerfällt. Abb. 431 zeigt die Aluminiumseite des Schaubildes mit größerem Abszissenmaßstab. Durch Erwärmen einer z. B. 4%igen Legierung über die Temperatur E wird alles in η-MK umgewandelt. Durch *Abschrecken* erhält man unterkühlte, unstabile, übersättigte η-MK, was eine gewisse Festigkeitszunahme bewirkt. Das unstabile Gefüge sucht sich durch Ausscheiden von Cu-Atomen aus der festen Lösung und Bildung der stabilen Phase $CuAl_2$ zu stabilisieren. Dieser *Diffusions-*

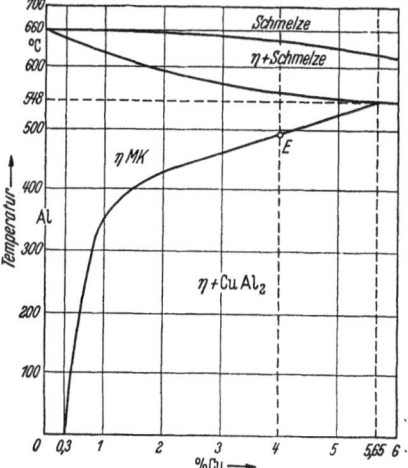

Abb. 431. Zustandsdiagramm des Systems Al—Cu, Aluminiumseite

vorgang verläuft sehr träge und bleibt bei Raumtemperatur schließlich stecken. Die Wirkung nach außen ist die zunächst rasche, dann immer langsamer verlaufende Festigkeits- und Härtesteigerung, die *Vergütung oder Alterung bei Raumtemperatur.* Im vergüteten Gefüge kann man mit keinem Mittel, weder mikroskopisch noch röntgenographisch, $CuAl_2$-Partikelchen, also die stabilen Metallide, feststellen.

Durch Erwärmen des Gefüges nach dem Abschrecken auf ~ 200 °C beschleunigt man den Ausscheidungsvorgang und die Festigkeitssteigerung, wobei aber zunächst die Härte etwas absinkt, um sich dann rascher als bei Raumtemperatur dem Endzustand zu nähern, der beim Altern bei Raumtemperatur erreicht wird.

Beim Erwärmen über 200 °C (diese Temperaturgrenze darf nicht als ein scharfes Kriterium aufgefaßt werden) verläuft die Erscheinung ähnlich, jedoch mit steigender Temperatur immer schneller, aber es werden bald $CuAl_2$-Gefügeteile sichtbar, wobei die Festigkeit wieder auf diejenige des normalen, stabilen Gefüges vor dem Vergüten zurückgeht.

Durch das Pulververfahren kann röntgenographisch von diesen submikroskopischen Vorgängen nichts festgestellt werden, hingegen führten röntgenographische Untersuchungen an Einkristallen nach dem LAUE-Verfahren zur Begründung verschiedener Theorien. Wahrscheinlich treten zunächst im übersättigten Al-Gitter örtliche Anreicherungen von Cu-Atomen auf, die bereits zu örtlichen Verzerrungen des kb-fl-Mischkristallgitters führen. An diesen Stellen bilden sich Keime für die $CuAl_2$-Kristallite, die aus einem geordneten Gitter des Typus nach Abb. 53 bestehen, jedoch möglicherweise mit einer geänderten Richtung einer ihrer kristallographischen Achsen gegenüber derjenigen des η-MK. Diese Bezirke sind noch sehr klein, sie mögen eine Raumausdehnung von 10^3 Atomabständen haben und bilden deshalb im Grundgitter stärkere Verformungsbezirke, welche dessen Gleitebenen blockieren und dadurch die Festigkeitssteigerung hervorrufen. Je kleiner diese Störstellen sind und je häufiger sie im Grundgitter auftreten, desto intensiver ist ihre Wirkung auf die Festigkeitssteigerung. Von eigentlichen, stabilen $CuAl_2$-Kristalliten kleinsten Ausmaßes, eingebettet in das stabile η-Grundgitter, kann man dabei noch nicht sprechen, denn abgesehen von ihrer Winzigkeit liegt ihr Parameter zwischen dem der stabilen kb-fl-η-Phase und dem der stabilen tetragonal-flächenzentrierten $CuAl_2$-Phase. Es ist also ein steckengebliebener Zwischenzustand, es sind $CuAl_2$-*Kristallite in statu nascendi.*

Bei genügender Erwärmung und Zeitdauer werden normale $CuAl_2$-Kristallite im Mikroskop sichtbar, der Härtungseffekt verschwindet wieder.

Die Ausscheidungshärtung tritt auch bei anderen Systemen vor allem der Leichtmetallegierungen auf. Bei manchen Legierungen muß nach dem Abschrecken durch mäßige Temperatur nachgeholfen werden. Es gibt deshalb *warmhärtende* und *kalthärtende* Legierungen. Immer kann der Vorgang bei den kalthärtenden durch Wärmezufuhr beschleunigt werden, doch wird dabei unter Umständen nicht ganz dieselbe Vergütung erreicht wie beim Altern bei Raumtemperatur. Oberhalb einer kritischen Temperatur, verbunden mit ihrer Wirkungsdauer, verschwindet der Effekt durch Ausscheiden einer stabilen Phase.

Die notwendige, aber nicht ausreichende Vorbedingung einer Ausscheidungshärtung ist also allgemein:

1. Im stabilen Zustand Bildung einer Mischkristallphase mit abnehmender Löslichkeit bei abnehmender Temperatur.

2. Erwärmung in das Gebiet höherer Löslichkeit und die Bildung übersättigter Mischkristalle durch Unterkühlung.

Nach dieser Voraussetzung kann eventuell durch die kombinierte Wirkung von Zeit und Temperatur die Ausscheidung der neuen, stabilen Phase aus der unterkühlten Grundphase in statu nascendi, d.h. in atomaren Bereichen und mit feinstdisperser Verteilung der neuen Kerne steckenbleiben, was zu einer Festigkeitssteigerung, mit oder ohne nennenswerter Versprödung, führt.

Die technischen Rezepte für die Vergütung von Leichtmetallegierungen sind durch Probieren festgelegt. Sie sind für die einzelnen Legierungen sehr verschieden und werden von den Herstellern für ihre Produkte mitgeliefert.

4.32.2. Legierungsgruppen und Sorten

Die praktisch angewendeten zahlreichen Sorten sind mit seltenen Ausnahmen Mehrstofflegierungen, die durch Hinzufügen kleiner Mengen weiterer Elemente zu den Zweistoff- oder Basislegierungen Al—Cu, Al—Si, Al—Mg und Al—Mn gebildet werden.

Es werden dabei nicht nur Legierungen mit feinster Abstufung der mechanischen (Festigkeit, Verschleißfestigkeit), chemischen (Korrosionsfestigkeit) und sonstigen physikalischen (elektrische und Wärmeleitfähigkeit) bzw. Kombination dieser Eigenschaften entwickelt, sondern auch besonders für Sand-, Kokillen- und Spritzguß geeignete sowie Knetlegierungen, differenziert nach günstiger Warm- und Kaltverformbarkeit. Eine Klassifikation der zahlreichen Sorten nach Legierungskomponenten und deren Mengen und zugleich nach Eigenschaften und Anwendungsgebieten ist deshalb gänzlich unmöglich. Immerhin kann man, von den Basiszweistofflegierungen ausgehend, an einigen Beispielen erkennen, wie solche Mehrstofflegierungen aufgebaut sind, welche Eigenschaften sie besitzen und wo ihr technisches Anwendungsgebiet liegt.

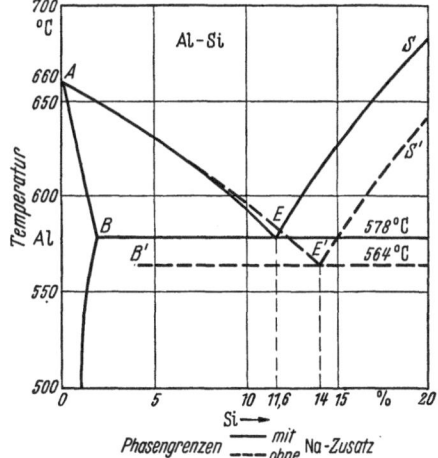

Abb. 432. Verschiebung des Eutektikums im System Aluminium—Silizium durch Natriumzusatz (Silumin)

Die Komponente der Basislegierungen liegt dann oft im Betrag von $2 \div 15\%$ vor, während die weiteren Komponenten mit $\leq 2\%$ hinzutreten. Als letztere kommen wiederum in erster Linie Mg, Si, Mn und Cu in Frage, weiter aber auch Ni, Fe, Co, Ti, Cr und sogar W.

Von den Zweistoffbasissystemen haben Al—Cu und Al—Mg den ausgeprägten Vergütbarkeitscharakter. Im System Al—Si (Abb. 432) ist die eutektische Gießlegierung, meist mit Silumin bezeichnet, bemerkenswert durch die spontan entdeckte, katalysatorähnliche starke Wirkung eines Zusatzes, der nachher im Gefüge

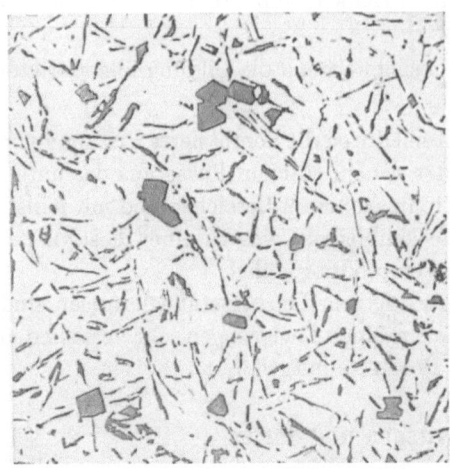

Abb. 433. Al—Si-Legierung, 13%, unveredelt, Grobgefüge. Vergr. 150×, n. AIAG

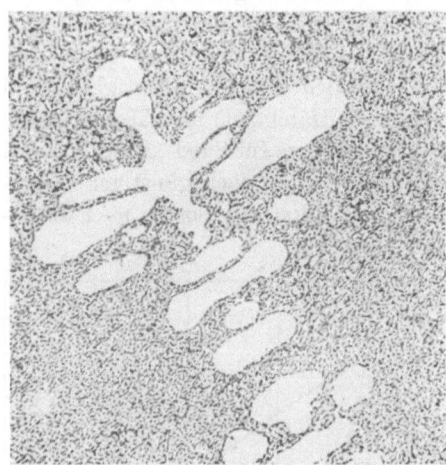

Abb. 434. Al—Si-Legierung, 13% Si, veredelt, Feinkorn
mit Dendriten. Vergr. 150×, n. AIAG

nicht mehr feststellbar ist. Das Eutektikum mit 11,6% Si und SmP 578 °C
erstarrt zu einem unbrauchbaren
grob-dentritischen Gefüge (Abb. 68
und 433). Durch Zusatz von 0,05
bis 0,1% Natrium verschiebt sich
die eutektische Konzentration nach
14% Si, der SmP auf 564 °C, das
Gefüge wird veredelt und erstarrt
feinkörnig globulitisch, eventuell mit
einigen Dendriten (Abb. 434), ohne
daß das Na nachweisbar wäre, welches
lediglich die Keimbildung stark beeinflußt und wegoxydiert. Silumin ist
sehr gut gießbar, die spezifische
Korrosionsfestigkeit des Al ist noch
verbessert.

Durch geringen Mg-Zusatz wird
die Legierung vergütbar, sogenanntes
Silumin-Gamma.

Abb. 430 zeigt Spannungs-Deh-
nungs-Diagramme einiger typischer
Grundlegierungen, alle mit guter
Korrosionsbeständigkeit gegen die
freie Atmosphäre, Meerwasser und
Meerluft.

Während aus diesen Gußlegierungen Maschinen- und Apparatebauteile
bis zu beträchtlicher Größe, jedoch
mit dem geringen spezifischen Gewicht von 2,65 bis 2,7 hergestellt
werden, enthalten die *Spritzgußlegierungen* mit ähnlichen spezifischen
Gewichten meistens zusätzlich Fe,
daneben auch kleine Mengen von
Zn, Sn, Cd u. a. Es sind Cu-haltige und Cu-freie Sorten im Gebrauch, mit
SmP 600 bis 700 °C, z. B.:

| | Legierung in % | | | | | | | σ_B kg/mm² | δ_{10} | HB kg/mm² |
	Al	Cu	Si	Mg	Mn	Fe	Ni			
1	92—94	6—8	—	—	—	2,5	—	18—23	2—1,5	60—75
2	90—92	6—8	1,5—2	—	—	2,5	—	20—25	1,5—1	70—90
3	92—94	4,5—6	—	—	—	2,5	1,5—2	19—24	2,6—1,6	70—90
4	89,3—91,5	—	8—10	—	0,5—0,7	1,8	—	20—25	2,2—1,6	70—90
5	88,5—96	—	≦ 1,2	4—9,5	≦ 0,8	1,8	—	20—24	2—1	70—90

Die Festigkeitseigenschaften der *Knetlegierungen* werden sowohl durch die
Vergütung als auch durch die Kaltreckung verbessert. Dabei ist es bemerkens-

wert, daß die Überlagerung der beiden Effekte durch verschiedene Kombinationen möglich ist.

a) Wenn das Material vor der Vergütung gereckt wird, so wird durch die hohe Temperatur des Vergütens der Kaltreckungseffekt keineswegs vollständig aufgehoben, sondern der letztere verbessert noch die Festigkeit, die durch Vergüten erreicht wird.

b) Vergütetes Material kann durch Kaltreckung weiter verfestigt werden.

c) Die Kaltreckung kann auch nach dem Abschrecken, also vor dem Einsetzen des Ausscheidungsvorganges, vorgenommen werden und wirkt dann ebenfalls festigkeitssteigernd.

Dadurch erzielt man praktisch einen ungewöhnlich großen Spielraum der Festigkeitseigenschaften von ein und derselben Legierung.

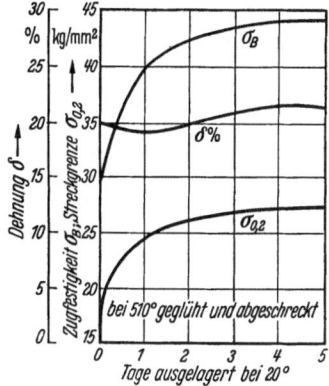

Abb. 435. Vergütungseffekt (Ausscheidungshärtung) der Aluminiumlegierung „Avional", aus 510 °C abgeschreckt und kalt ausgehärtet, n. ZEERLEDER

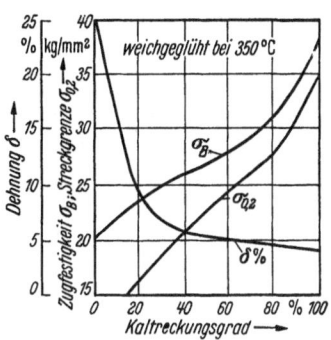

Abb. 436. Kaltreckungseffekt der Aluminiumlegierung „Avional", n. ZEERLEDER.

Die Wirkung der Vergütung einerseits, des Kaltreckens andererseits sowie die Kombination beider Wirkungen nach dem vorstehenden Varianten a) bis c) sei an Hand des Legierungstypus „Avional" gezeigt, einer dem „Dural" entsprechenden Mehrstofflegierung mit der Ausgangsbasis Al—Cu.

Die Zusammensetzung dieses Typus ist: Cu $2,5 \div 5,0\%$, Mg $0,2 \div 1,5\%$, Si $0,1 \div 1,5\%$, Mn $0,2 \div 1,5\%$, Rest Aluminium.

Abb. 435 zeigt den Vergütungseffekt nach Abschreckung aus 510 °C und selbsthärtender Lagerung bei Raumtemperatur,

Abb. 436 den Kaltreckungseffekt an der weichen, unvergüteten Legierung,

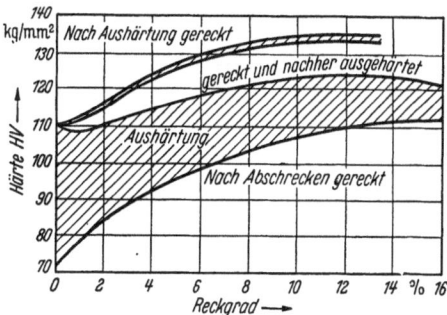

Abb. 437. Kombinierter Vergütungs- und Kaltreckungseffekt der Aluminiumlegierung „Avional", n. ZEERLEDER

Abb. 437 den kombinierten Effekt beider Behandlungen in den Varianten a) bis c).

Mit den Legierungen der *Basis* Al—Cu, Typus „Avional", werden die Spitzenwerte für die Festigkeit erreicht, jedoch auf Kosten der Korrosionsbeständigkeit,
die gegen die freie Atmosphäre mäßig, gegen Seewasser schlecht ist. Der Typus
ist der geeignetste Werkstoff für den Leichtbau, wenn alle anderen Rücksichten
hinter der Forderung geringsten Gewichtes zurückzutreten haben, und damit der
Grundwerkstoff für den Flugzeugbau, wobei der Korrosionsschutz dann durch eine
geeignete Oberflächenbehandlung erreicht wird.

Gute Korrosionsfestigkeit, vor allem im vergüteten Zustand, jedoch geringere
Festigkeit hat der Mehrstofftypus Al—Mg—Si, kupferfrei; der hierzu gehörige
Typus „Anticorodal" ist charakterisiert durch: Si 0,5 bis 1,0%, Mg 0,5 bis 1,0%,
Mn 0,2 bis 1,0%, Rest Aluminium, mit den Festigkeiten: $\sigma_{0,2}$ 5 ÷ 38, σ_B 8 ÷ 42,
HB 25 ÷ 115 kg/mm², δ_{10} 30 ÷ 8%, wobei die Grenzwerte vom weichen, unver-
güteten bis zum vergüteten und kaltgereckten Zustand gelten.

Eine noch wesentlich bessere Korrosionsfestigkeit, jedoch auf Kosten der
Festigkeit, zeigen der *Mangantypus* und der *Magnesiumtypus*.

Als Vertreter seien angeführt:

Typus	Marke	% Mn	% Mg	$\sigma_{0,2}$ kg/mm²	σ_B kg/mm²	δ_{10}	HB kg/mm²
Mangan	Aluman	1—2	—	4—22	9—25	20—8	20—60
Magnesium	Peraluman	0—1	4—6	11—35	25—40	15—10	60—110

Die Grenzwerte gelten hier nur für den Grad der Kaltreckung.

In Abb. 438 sind die Spannungs-Dehnungs-Diagramme einiger Vertreter dieser
drei Knetlegierungsgruppen vergleich-
weise gegenübergestellt, und zwar auch
mit Variationen der Vergütung und
Kaltreckung. Neben den erwähnten
klassischen Ausscheidungslegierungen
haben neuerdings auch solche des
Systems Al—Zn—Mg technische Anwendung gefunden, beispielsweise eine
kalt und warm gut verformbare Legierung „Unidal" mit 4,5% Zn, 1% Mg,
Rest Al mit oder ohne einigen ⁰/₀₀ Mn.
Ihre Ausscheidungshärtung weist gegenüber den vorerwähnten einige bemerkenswerte Eigentümlichkeiten und
damit technische Vorteile auf. Hervor-

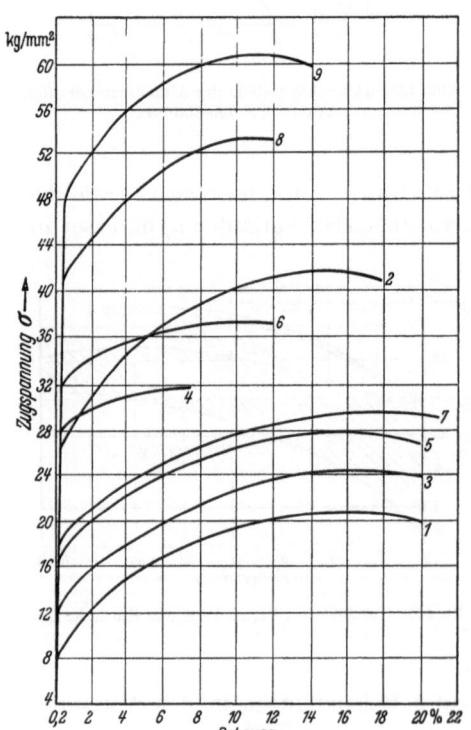

Abb. 438. Spannungs-Dehnungs-Diagramme einiger
Aluminiumlegierungen, n. ZEERLEDER

1 Avional D, weich, Al—Cu—Mg (0,2 ÷ 1,5% Mg,
0,1 ÷ 1,5% Si, 0,2 ÷ 1,5% Mn, 2,5 ÷ 5% Cu); —
2 Avional D, vergütet; — *3* Peraluman 3, Preßqualität. Al—Mg—Mn (2 ÷ 4% Mg, 0 ÷ 1% Mn); — *4* Peraluman 3, hart; — *5* Anticorodal A,¹/₂ hart vergütet;
— *6* Anticorodal B, hart vergütet. Al—Si—Mg (0,7%
Mg, 0,7 Mn, 1% Si); — *7* Peraluman 5, Preßqualität.
Al—Mg—Mn (4 ÷ 6% Mg, 0 ÷ 1% Mn); — *8* Avional
5, plattiert, hart vergütet; — *9* Perunal. Al—Mg—
Zn (2,5% Cu, 2% Mg, 6% Zn, 0,25% Cr)

zuheben ist vor allem die *Unemp-findlichkeit* gegenüber einem weiten Temperaturbereich von 350 + 500 °C für das *Lösungsglühen* sowie gegenüber der *Abschreckgeschwindigkeit*, die praktisch keinen Einfluß auf die Festigkeit hat, so daß *ebensogut in Luft wie in Wasser* abgekühlt werden kann. Auch die Glühzeit ist relativ gering, 30 min im Salzbad.

Abb. 439 zeigt den Vergütungseffekt bei Kaltaushärtung, Abb. 440 die Möglichkeit der Beschleunigung und Steigerung der Effekte durch Warmaushärtung. Die lange Dauer des Vorganges ist ebenfalls bemerkenswert, wobei freilich die wesentliche Festigkeitssteigerung nach ~30 Tagen abgeschlossen ist. Durch kurzzeitige Wärmebehandlung läßt sich der Härtungseffekt zurückbilden.

Die plastische Verformbarkeit ist zwischen 300 und 500 °C sehr gut, aber auch bei Raumtemperatur im weichen Zustand oder unmittelbar nach dem Vergüten. Die Korrosionsfestigkeit liegt zwischen derjenigen des Avionals und des Peralumans.

Die Bedeutung der Aluminiumlegierungen für den Leichtbau geht aus Abb. 441 hervor, in welcher einfache Bauelemente gleicher Festigkeit oder elastischer Formänderung aus Stahl und Leichtmetall einander gegenübergestellt sind, sowie aus Abb. 442.

Für den Flugzeugbau ist dabei der Umstand von besonderer Bedeutung, daß die Al-Legierungen bei tiefen Temperaturen weder an Zähfestigkeit noch Kerbschlagzähigkeit einbüßen, sondern daß diese Eigenschaften sogar noch verbessert werden (Abb. 175 und 235).

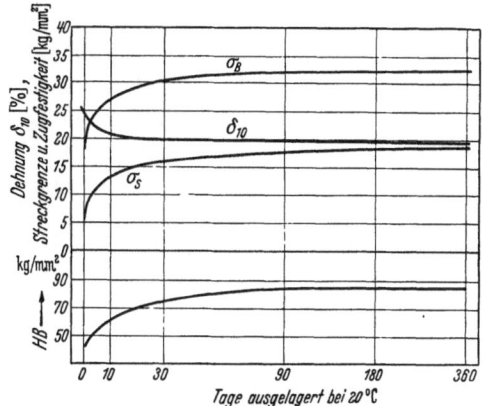

Abb. 439. Ausscheidungshärtung der Aluminiumlegierung „Unidal", n. AIAG

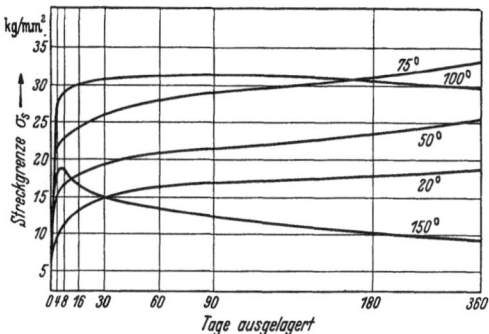

Abb. 440. Einfluß der Auslagerungstemperatur auf die Streckgrenze der Aluminiumlegierung „Unidal", n. AIAG

Beanspruchung	Abmessungen	Gewichtsersparnis gegenüber Stahl in %
auf Zug P≈40t	St. 50.11 Avional Runder Querschnitt ⌀ 71,5mm ⌀ 80mm	55
auf Biegung P≈40t f≈0,193mm	I Profil a. für gleiche Festigkeit NP36 NP38 b für gleiche Durchbieg. NP36 NP50	59 34
auf Knickung P≈40t	Rohr, 10mm Wandstärke ⌀ 71mm ⌀ 100mm	48

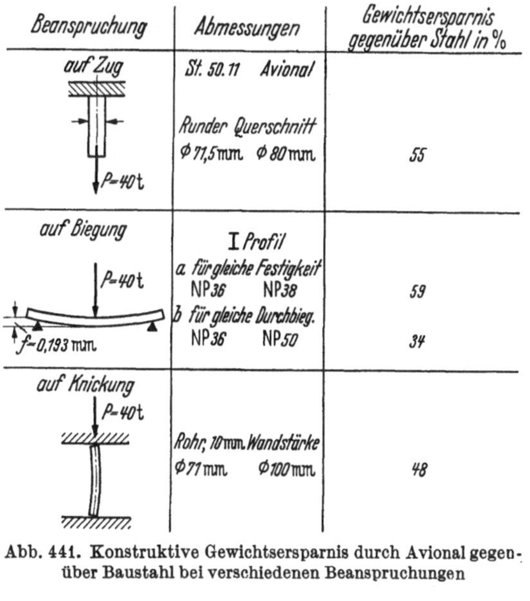

Abb. 441. Konstruktive Gewichtsersparnis durch Avional gegenüber Baustahl bei verschiedenen Beanspruchungen

Die Legierungen sind kalt und warm plastisch verformbar, freilich nicht so gut wie Reinaluminium, und der Verformungswiderstand variiert ziemlich stark nach Art der Legierung. Ebenso sind sie schweißbar.

Wenn auch Aluminium und seine Legierungen infolge der starken Passivierung in vielen Fällen einen guten natürlichen Rostschutzüberzug besitzen, so wird häufig die Korrosionsfestigkeit von Leichtmetallkonstruktionen noch durch künstliche Verstärkung der Oxydschicht mittels *anodischer Oxydation* verbessert, oft auch in Kombination mit einer besonderen Imprägnierung oder Farbanstrich.

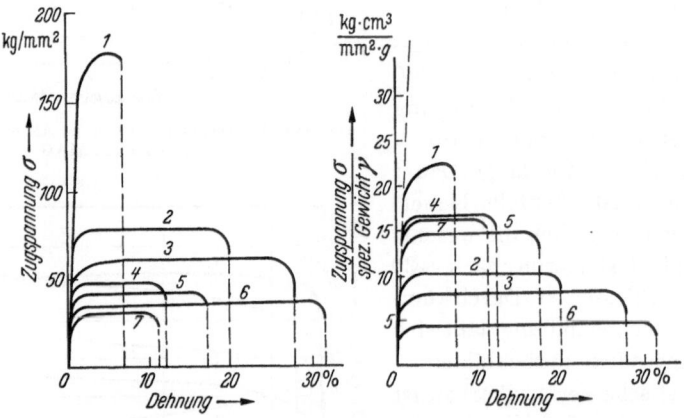

Abb. 442. Spannungs-Dehnungs-Diagramm einiger Flugzeugbaustoffe, absolut und auf das Gewicht bezogen, n. ZEERLEDER

1. rostarmer Cr-Stahl, *2.* 0,6 C-Stahl, *3.* 0,35 C / 0,53 Mn / 0,43 Si-Stahl (schweißbar), *4.* Duralumin 681 ZB, *5.* Duralumin 681 B, *6.* 0,11 C / 0,48 Mn-Stahl (schweißbar), *7.* Elektron AZM

Neben den vielen Sorten für allgemeine Konstruktionszwecke sind auch Legierungen für besondere Anforderungen entwickelt worden, und zwar

1. als Lagermetalle, s. hierzu Abschn. 4.42.3,

2. als Leitungsmaterial für Hochspannungsfreileitungen,

3. als Kolbenmaterial für Benzinmotoren.

Die Verwendung für Freileitungen verdanken diese Legierungen der günstigen Kombination von Leitfähigkeit, Korrosionsfestigkeit, Zähfestigkeit und geringem Gewicht. Als Beispiel sei die Legierung „Aldrey" erwähnt, mit $0,5 \div 0,6\%$ Si, $0,4 \div 0,5\%$ Mg, Rest Al, $\lambda_{el} = 30$ m/$\Omega \cdot$ mm^2, $\sigma_B = 30$ kg/mm^2. Infolge des leichteren Gewichtes im Vergleich zu Kupferseilen oder Reinaluminiumseilen mit Stahldrahteinlage können derartige Leitungen mit leichteren Masten gebaut werden, was für die Gesamtkosten der Anlage oft entscheidend ins Gewicht fällt.

Für die Wahl als Kolbenmaterial ist neben genügender Warmfestigkeit, Wärmeleitfähigkeit, Korrosionsbeständigkeit und geringer Neigung zum Anfressen oft das geringe Gewicht (Massenkräfte!) von entscheidender Bedeutung. Viel verwendet wird die Speziallegierung „Y", aushärtbar, mit $3,5 \div 4,5\%$ Cu, $1,2 \div 1,7\%$ Mg, $1,8 \div 2,3\%$ Ni, $\leq 0,6\%$ Si und eventuellen geringen Zusätzen ($\leq 0,1\%$) an W und Ti zwecks Kornverfeinerung.

4.33. Magnesiumlegierungen

Magnesium, mit hexagonalem Gitter, hat das niedrigste spezifische Gewicht – 1,74 – aller Metalle für den Maschinen- und Apparatebau und ist dadurch für den Leichtbau, besonders den Flugzeugbau, interessant.

Wegen seiner geringen Festigkeit wird es nicht rein angewendet, sondern nur legiert, und zwar mit Al oder Zn oder beidem, mit höchstens ~10% Legierungszusatz; dadurch sowie durch Wärmebehandlungen läßt sich die Festigkeit so weit erhöhen, daß es als Leichtbaustoff in manchen Fällen einer Aluminiumlegierung vorgezogen wird, vor allem dann, wenn aus anderweitigen Gründen die Abmessungen des Bauteils ohnehin über die Mindestmaße hinausgehen, die durch die Festigkeit bedingt wären, wie z.B. Verschalungen, Gehäuse, Beschlagteile u.ä. Die Mg-Legierungen haben u.a. auch summarisch die sinnlose Handelsbezeichnung „Elektron".

Die Korrosionsfestigkeit gegen Luft ist gut, gegen weiches Wasser und vor allem Salzwasser sehr schlecht. Allgemein ist sie gegen Säuren schlecht und gegen Basen gut, ebenso gegen Benzin, Benzol und manche Öle, weshalb auch die Anwendung für Benzintanks, Ölpumpen u.ä. im Flugzeugbau gegeben ist.

Mn-Zusatz verbessert die Korrosionsfestigkeit. Die Mg—Al- und Mg—Al—Zn-Legierungen enthalten meistens einige Zehntelprozente Mn. Die gleiche Wirkung hat auch Be. Auch kleine Mengen anderer Metalle, wie Cu, Si, Cd, Zr u.a., werden zulegiert, um die eine oder andere Eigenschaft zu verbessern, jedoch ohne starke Wirkung.

Die Gießbarkeit und Zerspanbarkeit der Mg-Legierungen ist gut. Der Verformungswiderstand gegen plastische Verformung ist wegen des hexagonalen Gitters hoch, weshalb die Kaltverformbarkeit beschränkt ist und das Schmieden oder

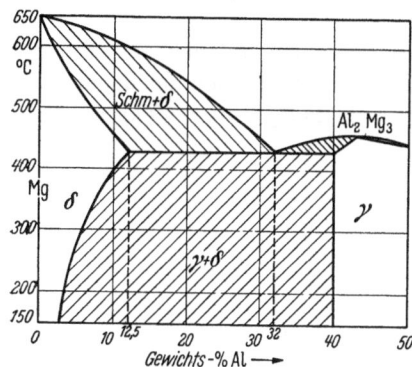

Abb. 443. Zustandsdiagramm der Al—Mg-Legierungen

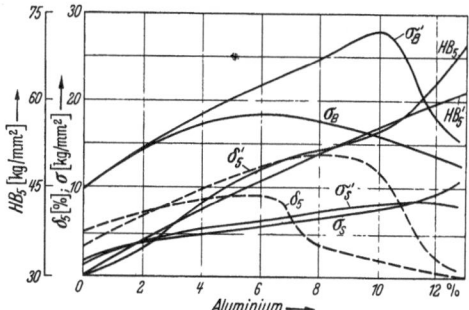

Abb. 444. Einfluß des Aluminiumgehaltes und der Glühbehandlung auf die Festigkeitseigenschaften des Mg—Al-Gusses, n. WOOD, σ = Rohguß, σ' = vergütet

Warmpressen relativ hohen spezifischen Energieaufwand erfordert (s. Abschn. 3.23.2).

Das System Mg—Al (Abb. 443) zeigt eine beschränkte Löslichkeit für Mg—Al-MK und mehrere intermetallische Verbindungen, wie z.B. Mg_3Al_2. Das Diagramm läßt erwarten, daß eine Ausscheidungshärtung möglich ist. Tatsächlich ist dies der Fall, jedoch liegen für die Gesetzmäßigkeit der Phänomene, geschweige denn für deren Gründe keineswegs eindeutige oder widerspruchsfreie Forschungsergebnisse vor. Die Festigkeitseigenschaften der gegossenen Legierung können durch längeres Glühen im Gebiet der δ-Mk bei $\sim 400\,°C$ verbessert werden, aber nur bei den höherlegierten, etwa ab 8% Al, kann bei anschließender künstlicher Alterung bei höheren Temperaturen eine weitere Festigkeitssteigerung festgestellt werden. Gewalztes Material läßt sich durch Ausscheidungshärtung nicht vergüten. Abb. 444 zeigt den Einfluß des Aluminiumgehaltes und der Glühbehandlung auf den Mg—Al-Guß, Abb. 445 desgleichen auf gepreßtes Material.

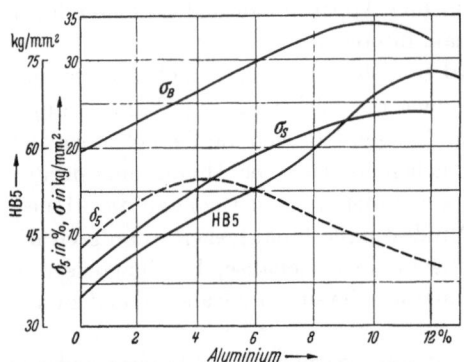

Abb. 445. Einfluß des Aluminiumgehaltes auf die Festigkeitseigenschaften von Mg—Al-Knetlegierungen (stranggepreßt), n. WOOD

Die üblichen Magnesiumlegierungen liegen in den Grenzen von $2,5 \div 10\%$ Al, $0 \div 3,5$ Zn und $0,1 \div 0,5\%$ Mn, Rest Mg für Gußlegierungen (einschließlich Spritzguß) und $1,5 \div 9\%$ Al, $0 \div 2\%$ Zn, $0,1 \div 2,5\%$ Mn für Knetlegierungen.

Beispiele im einzelnen sind:

	Legierungen in %			$\sigma_{0,2}$ kg/mm²	σ_B kg/mm²	HB_5 kg/mm²	δ_{10} %
	Al	Zn	Mn				
Gußlegierung, vergütet ..	$7\div 10$	$0\div 1,5$	$0,1\div 0,5$	$9\div 13$	$24\div 29$	$50\div 60$	$12\div 7$
Knetlegierung	$5\div 6,5$	$0\div 1,5$	$0,1\div 0,5$	$10\div 20$	$27\div 33$	$55\div 70$	$16\div 10$

Korrosionsfester und besser schweißbar sind die Legierungen Mg—Mn, von denen vor allem die Knetlegierung mit 98% Mg, 2% Mn vielfach im Behälterbau angewendet wird, mit $\sigma_{0,2} = 12 \div 18$, $\sigma_B = 19 \div 26$, $HB_5 = 40 \div 50$ kg/mm² und $\delta_{10} = 12 \div 5\%$.

4.4. Lagermetalle

4.41. Die Anforderungen an Lagermetalle

Für die Eignung eines Werkstoffs als Lagermetall haben die üblichen technologischen Festigkeitseigenschaften nur eine untergeordnete Bedeutung, entscheidend ist vielmehr das Verhalten des Gefüges bei trockener, halbtrockener und flüssiger Reibung.

Nach der hydrodynamischen Schmierkeiltheorie findet bei ideal-flüssiger Reibung keine direkte Berührung mehr zwischen Welle und Lagerschale statt, vielmehr entsteht nach Überschreitung einer kritischen Gleitgeschwindigkeit v ein ununterbrochener Schmierfilm unter hohem Druck, der die beiden Grenzflächen trennt. Unterhalb der kritischen Geschwindigkeit, im Stillstand und beim An- und Auslauf, wirkt dagegen die trockene oder halbtrockene Reibung, wobei die metallischen Grenzflächen sich ganz oder teilweise berührend aufeinander gleiten. Ohne auf die subtile Frage der Vorgänge in den Grenzschichten weiter einzugehen, läßt sich der grundsätzliche Unterschied der Reibungszustände experimentell durch die starke Änderung des Reibungswiderstandes nachweisen; dabei wird der Verlauf der gemessenen Werte des Reibungsbeiwertes μ in Abhängigkeit von der dimensionslosen Größe $\dfrac{\eta \cdot v}{p}$ aufgetragen, wobei η die Zähigkeit des Schmiermittels, v die Gleitgeschwindigkeit und p der spezifische Lagerdruck ist. Abb. 446 zeigt den typischen Charakter einer solchen Korrelation.

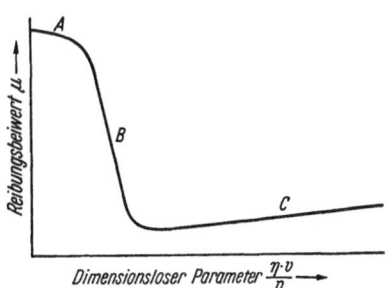

Abb. 446. Zusammenhang zwischen dem Reibungskoeffizienten μ und dem dimensionslosen Parameter $\dfrac{\eta \cdot v}{p}$ für ein Gleitlager, n. FORRESTER

Im Kurvenzweig A besteht trockene, im Zweig C flüssige Reibung, die einsetzt, wenn μ ein Minimum wird, während B den als halbtrocken bezeichneten Übergangszustand charakterisiert.

Die Ausdehnung des Bereiches A und B, d. h. der Mindestwert von $\dfrac{\eta \cdot v}{p}$ der für die Entstehung flüssiger Reibung erforderlich ist, hängt unter anderem von dem Lagermetall ab und liegt bei gleichen Verhältnissen bei weicherem Werkstoff niedriger als bei härterem. Bei weicherem Werkstoff setzt also der angestrebte Betriebszustand der flüssigen Reibung, für welchen die Lager auf Grund von Erfahrungswerten für μ, p und v berechnet wurden, schon bei kleinerer Geschwindigkeit oder höherer Belastung ein als bei harten Werkstoffen. Die zulässigen Betriebsbedingungen sind aber nicht allein durch die Grenzbedingungen für die Entstehung des kontinuierlichen und stabilen Schmierfilms eingeschränkt, sondern weiterhin durch die höchstzulässige Beharrungstemperatur, die das Schmiermittel erträgt, ohne zu dünnflüssig zu werden oder sich zu zersetzen, und schließlich durch die Festigkeitseigenschaften des Lagermetalls, das sich nicht zu stark verformen oder gar brechen darf.

Die erste Grenzbedingung ist in Abb. 447 mit dem für das betreffende Lager gültigen Parameter $\dfrac{\eta \cdot v}{p}$ als Kurvenzweig 1 eingetragen, die zweite

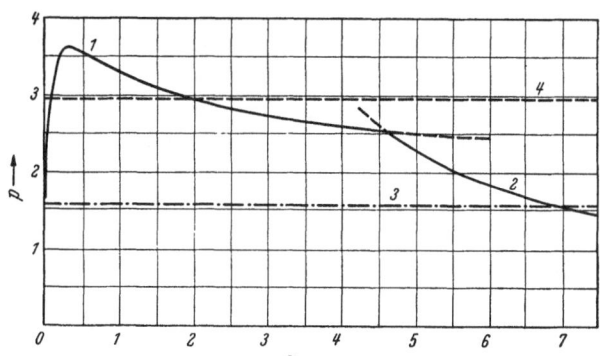

Abb. 447. Zulässige Belastung und Gleitgeschwindigkeit eines Gleitlagers bei verschiedenen Grenzbedingungen, n. FORRESTER

mit der zulässigen Temperatur T als Parameter als Kurvenzweig 2, wodurch für das betreffende Lager der Zusammenhang zwischen der spezifischen Belastung p und der Gleitgeschwindigkeit experimentell festgelegt ist.

Die dritte Grenzbedingung, daß p nicht einen gewissen Verformungswiderstand des Lagerwerkstoffes überschreiten darf, ist in der vorstehenden Figur durch *3* und *4* eingetragen. *3* wäre beispielsweise die Quetschgrenze für reines Zinn. Danach könnte bei einer Zinnlagerschale die Schmierfilmgrenzbelastung gar nicht ausgenützt werden. Wird aber das weiche Lagermetall durch eingebaute harte Gefügebestandteile tragfähiger gemacht und außerdem mit einer festen Unterlage (Stahl, Bronze o.ä.) versehen, so würde p_{max} des Lagermetalls beispielsweise auf *4* gesteigert. Das Lagermetall wäre für kleine Geschwindigkeiten nicht geeignet, wohl aber für große. Die Quetschgrenzen $p =$ const für ein hartes Lagermetall (Gußeisen, Bronze, Leichtmetall) würde dort weit über p_{max} der Grenzbedingung *1* liegen. Das Metall wäre dann für alle Betriebszustände mit dem betreffenden Parameter, also der betreffenden Zähigkeit η des Schmiermittels, brauchbar.

Das alles gilt für den Zustand *flüssiger Reibung*. Die einzige Anforderung an den Werkstoff lautet dabei: Seine *Druckfestigkeit* darf nicht zu tief liegen und seine *Wärmeleitfähigkeit* muß genügen, um die Temperatur der Schmierschicht nicht zu hoch anwachsen zu lassen, da mit abnehmender Wärmeleitfähigkeit Kurve *2* nach links verschoben wird. Als dritte Forderung muß das Lagermetall korrosionsfest gegenüber dem Schmiermittel sein. Im übrigen ist es im Bereich stationärer flüssiger Reibung gleichgültig, aus welchem Stoff das Lager besteht.

Ganz anders liegen die Verhältnisse bei *trockener* und *halbtrockener* Reibung, die stets, wenn auch nur kurzzeitig, beim An- und Auslauf vorliegt und nur durch starke Preßölschmierung gemildert werden kann. Jetzt tritt ein Verschleiß des Lagers und der Welle ein. Die sehr komplexen Vorgänge, die sich beim Reibungsverschleiß zweier metallischer Werkstoffe abspielen, haben vornehmlich zwei Wirkungen: 1. Aus den Grenzschichten werden die Vorsprünge abgeschert. Sie bilden ein feinkristallines Pulver, das je nach Umständen weiterhin mit Verschleißwirkung zwischen den Grenzschichten verbleibt oder vom Schmiermittel weggeschwemmt wird. Diese Wirkung sei als *Abriebwirkung* bezeichnet. 2. Die Grenzschichten beider Metallflächen nähern sich einander stellenweise derart eng, daß eine feste atomare Kohäsion entsteht, eine „Kaltverschweißung", wobei es dahingestellt bleibt, ob nicht diese sogenannte Kaltschweißung durch Verflüssigung äußerst dünner Grenzschichten infolge örtlicher Temperaturspitzen erfolgt. Bei der Gleitbewegung werden durch die Verschweißung örtlich aus der einen oder anderen Gleitfläche oder aus beiden Gefügeteilchen herausgerissen. Das Ergebnis ist ein *Anfressen* und eine *Aufrauhung*, die Wirkung sei als *Verschweißwirkung* bezeichnet.

Jede „glatte" Oberfläche der Welle oder der Bohrung ist aber auch von vornherein schon „rauh", sobald man sie mit genügender Vergrößerung betrachtet oder ausmißt. Die Abriebwirkung hängt deshalb von der Rauheit der Oberflächen oder deren „mikrogeometrischen Formfehlern" ab; welche der beiden Gleitflächen dabei mehr verschleißt wird, hängt von der Festigkeit und Härte der beiden Metalle im Mikrogebiet ab. Durch Abriebwirkung kann andererseits auch eine rauhe Fläche geglättet werden, wodurch sie wiederum verschleißfester gegenüber der weiteren Abriebwirkung wird. Das durch Abriebwirkung entstandene Abriebpulver verschmutzt das Öl und wirkt selbst weiter verschleißend. Vorzugsweise werden beim Abrieb aus einem nicht homogenen Gefüge die aus harten Kristalliten bestehenden Vorsprünge abgebrochen oder herausgerissen, während Vorsprünge aus weichen Kristalliten plastisch breitgequetscht, geglättet werden. Besteht das Lagermetall aus einem heterogenen Gemenge harter und weicher Kristallite, so tritt sogar der Effekt ein, daß die bereits herausgerissenen harten Kristallite wieder durch den Druck der Gegenfläche in die weiche Grundmasse eingebettet werden, vorausgesetzt, daß die Gegenfläche härter ist als diese weiche Grundmasse. Im Endeffekt wird eine Lagerschale, bestehend aus einer weichen Grundmasse mit eingebetteten harten Kristalliten durch eine härtere Welle allmählich geglättet, d.h., *das Lager läuft sich ein.*

Neben diesem *Glättungsvorgang* sollte sich aber noch ein anderer Vorgang, nämlich der Ausgleich der makrogeometrischen Formfehler, abspielen. Welle und Bohrung haben ein nominelles Lagerspiel, das nach der Schmierkeiltheorie berechnet werden kann und der gewählten Passung entspricht. Das nominelle Lagerspiel ist aber dabei schon deshalb eine Fiktion, weil beide Durchmesser nur mit Toleranzen angefertigt werden können. Der wirkliche Lagerspalt variiert außerdem innerhalb der Oberfläche, einmal wegen der makrogeometrischen Formfehler, worunter man z.B. die Unrundheit oder die Konizität innerhalb des Toleranzfeldes versteht, zum anderen infolge elastischer Verformung, vor allem der Welle, bei Belastung (Kantenpressung durch Krümmung der Wellenachse). Dadurch variiert auch die örtliche spezifische Pressung, die weit über den durchschnittlichen rechnerischen Wert steigen kann. Hohe örtliche Pressung kann örtliche Verschweißung, also die Verschleißwirkung 2 zur Folge haben. Das Lagermaterial sollte deshalb durch plastische Nachgiebigkeit beim Einlaufen sich den Makroformfehlern der Welle möglichst anpassen.

Wegen der makro- und mikrogeometrischen Formfehler können auch im scheinbar ideal flüssigen Reibungszustand örtlich in kleinen Bezirken Verschleißwirkungen vor sich gehen, wie sie für den trockenen und halbtrockenen Reibungszustand charakteristisch sind. Durch die mikro- und makrogeometrische Anpassungsfähigkeit der Lagermetalle an die Wellenform kann andererseits nach der Einlaufperiode, wenigstens im flüssigen Betriebszustand, der Verschleiß weitgehend zum Stillstand kommen, wenn das Schmiermittel sauber ist. Die Verschleißwirkung des An- und Auslaufs kann dagegen nie völlig verschwinden, weshalb Gleitlager mit unbeschränkter Lebensdauer undenkbar sind; es sei denn, daß es gelingt, durch Preßschmierung auch im Ruhe- oder Anlaufzustand jegliche metallische Berührung der beiden Grenzflächen zu verhindern.

Intensität und Umfang der Kaltverschweißung hängen nun nicht nur von den äußeren Ursachen wie spezifische Pressung und Dauer der Preßwirkung, sondern auch von der Natur der beiden Werkstoffe ab. Der Lagerwerkstoff soll deshalb schlechte Kaltverschweißbarkeit gegenüber dem Wellenwerkstoff haben, d.h. keine Neigung zum Anfressen.

Wenn Verschweißung eingetreten ist, so soll die Grenzschicht des Lagermetalls nachgeben und nicht die der Welle, da ein Ersatz der letzteren meistens wesentlich teurer ist als derjenige der Lagerschalen. Die Anfressung soll am Lager einsetzen, nicht an der Welle.

Schließlich soll im *Notlauf*, d.h. bei rasch fortschreitender Zerstörung, das Lagermetall schmelzen und auslaufen und nicht die Welle.

Zusammengefaßt ergeben sich deshalb folgende Anforderungen an das Lagermetall:

1. Das Lagermetall soll sich durch Einlaufen mikro- und makrogeometrisch den Formfehlern der Welle anpassen können. *Die Vorbedingung hierfür ist, daß das Metall heterogen aufgebaut ist aus einer weichen plastisch verformbaren Grundmasse mit harten Einschlüssen.*

Die Grundmasse muß weicher sein als das Wellenmaterial, die Einschlüsse dürfen härter sein. Letzteres ist sogar erwünscht, da sie dann beim Einlaufen eventuell einen Glättungseffekt auf die Welle ausüben.

2. *Die Grundmasse oder Matrix* soll die *Fähigkeit* haben, verschleißend wirkende, losgerissene *harte Kristallite wieder einzubetten*, aus dem Öl zu adsorbieren.

3. Das Lagermetall soll eine gute *Benetzungsfähigkeit* durch das Schmiermittel haben, d. h. ein gutes Haftvermögen für die molekulare Grenzschicht des Schmiermittels.

4. Gutes *Wärmeleitvermögen.*

5. *Korrosionsfestigkeit* gegen das Schmiermittel.

6. *Geringe Kaltverschweißbarkeit* (Preßverschweißbarkeit) mit dem Wellenmaterial.

7. Genügende *mechanische Druckfestigkeit* auch bei höheren Temperaturen und wechselnder Belastung.

8. Falls das Metall keine genügende Eigenfestigkeit besitzt, gute *Bindungsfähigkeit an eine härtere Unterlage.*

9. *Wärmeausdehnungskoeffizient im richtigen Verhältnis* zu dem der Welle, da sich sonst der Lagerspalt unzulässig stark ändert bei den verschiedenen Betriebstemperaturen.

10. Genügend *tiefer Schmelzpunkt*, damit beim Notlauf das Lager schmilzt, ehe die Welle angefressen wird.

Die wichtigen Forderungen 1. und 2. werden in dem Maß unwesentlicher, je genauer und glatter man Welle und Bohrung herstellen kann. Die fabrikatorischen Fortschritte in dieser Hinsicht haben es deshalb erlaubt, diese Anforderungen herabzusetzen, die Einlaufperioden zu verkürzen und Metalle als Lagerwerkstoff zu benutzen, die früher versagt hätten.

Rangordnung oder Gewicht dieser einzelnen Anforderungen sind bei jedem Lager verschieden. Das erklärt zur Genüge die starke Verschiedenartigkeit der einzelnen Gruppen von verwendeten Lagermetallen. Den meisten ist gemeinsam, daß sie ein heterogenes Gefüge, d. h. weiche Grundmasse mit harten Bestandteilen, aufweisen. Je härter die Matrix ist, desto härter muß andererseits das Wellenmaterial sein, beispielsweise eignen sich Bronzelager, bestehend aus α-Bronze als Matrix und δ-Bronze als harte Einschlüsse, in erster Linie für *gehärtete* Wellen, Weißmetall mit viel weicherer Matrix für *ungehärtete.*

Ein weiches Grundmaterial gestattet andererseits nicht, die durch die Schmierfilmbildung gezogene Belastungsgrenze bei niedrigen Drehzahlen auszunützen, denn es würde zu stark plastisch verformt, förmlich ausgewalzt. Wenn die Lagerkonstruktion im Gewicht und Volumen beschränkt und gute Schmierung gewährleistet ist, wird in solchen Fällen der im allgemeinen niedrigere Reibungskoeffizient eines Weichmetallagers zugunsten der höheren Druckfestigkeit eines härteren Lagermetalls geopfert werden, z. B. an einem Kolbenbolzenlager einer Pleuelstange. Wo andererseits Raum und Gewicht es zulassen und in der Schmierung ein Unsicherheitsmoment liegt, wird spezifisch größer dimensionierten Lagern aus Weichmetall, d.h. vor allem Weißmetall, der Vorzug gegeben, wie z.B. für Eisenbahnachslager oder für Lager im Schwermaschinenbau für Turbinen usw.

4.42. Gruppen und Sorten

Die beiden klassischen Lagermetallgruppen sind die *Weißmetalle* und die *Bronzen*. Die ersteren können nur zum Ausgießen fester Schalen aus Gußeisen oder Bronze benutzt werden, da sie als selbsttragende Konstruktion zu wenig Festigkeit besitzen. Beim Trockenlauf frißt die Welle nicht an, beim Heißlauf schmilzt das Lager aus, die Welle bleibt unversehrt.

Nach dem *Gefügeaufbau* kann man unterscheiden: 1. Weißmetalle; – 2. Bronzen; – 3. Leichtmetalle; – 4. homogene Metalle; – 5. Metalle mit Graphiteinlagerung.

4.42.1. Weißmetalle

Das sehr weiche, plastische Grundmetall kann rein sein oder aus fester Lösung bestehen oder aus einem binären oder ternären Eutektikum. In diese Matrix sind harte, verschleißfeste Gefügebestandteile eingebaut.

Es sind drei Gruppen im Gebrauch, mit der Basis *Zinn, Blei* oder *Kadmium*.

Die Sn-Weißmetalle sind stets durch Sb gehärtet, ebenso ist Cu hinzulegiert. Beispiele für die mancherlei Sorten:

%			HB kg/mm²
Sn	Sb	Cu	
92	4	4	20
79	12	7	29
80	10	10	30

Zur Verbilligung wird auch ein Teil des Sn durch Pb ersetzt, eventuell auch durch Cd. Ebenso wird auch etwas Ni zwecks Kornverfeinerung zugesetzt.

Die Grundmasse besteht aus Sn- und Sn/Cu-Eutektikum, in welche harte nadelige, stern- oder würfelförmige Mischkristalle oder Metallide des Systems Sn—Sb und Sn—Cu eingebaut sind, z.B. Cu_6Sn_5 oder SbSn.

Die Pb-Weißmetalle gehören dem Dreistoffsystem Pb—Sb—Sn an, z.B. mit der Zusammensetzung 75% Pb, 15% Sb und 10% Sn, $HB = 22,5$ kg/mm². Die weiche Grundmasse besteht hier beispielsweise aus dem ternären Eutektikum mit 84% Pb, 12% Sb und 4% Sn, in welche wieder Metallide des Systems Sn—Sb eingebaut sind. Höhere Zinngehalte ergeben keinen Vorteil. Die Zwischenstufen des Systems Sn—Pb mit 20 bis 80% Sn haben im Gegenteil den Nachteil, daß infolge der Senkung der Schmelztemperatur der Matrix auch deren Warmfestigkeit zurückgeht. Auch in dieser Gruppe trifft man auf zahlreiche Hilfskomponenten wie Cu, Cd, Ni, As in kleinen Beträgen, wozu auch Graphit gehört. Dadurch entstehen auch andere Metallide, z.B. des Systems Cu—Sb. Die Druckfestigkeiten dieser Sorten liegen im Bereich von 5 ÷ 19 kg/mm², die Brinellhärten bei Raumtemperatur zwischen 20 und 30 kg/mm²; der Schmelzbereich ist 240 bis 440 °C.

Das Schliffbild (Abb. 448) zeigt den komplexen Gefügeaufbua eines Weißmetalls auf Pb-Basis.

Ein Nachteil der Sn- und Pb-Weißmetalle ist, daß die Festigkeit mit steigender Temperatur stark abnimmt, bei 100 bis 150 °C bereits etwa auf die Hälfte. Das kann bei wechselnder Belastung, z.B. Kolbenstangen, nicht nur zu einem Fließen, sondern unter Umständen zu Rissen führen.

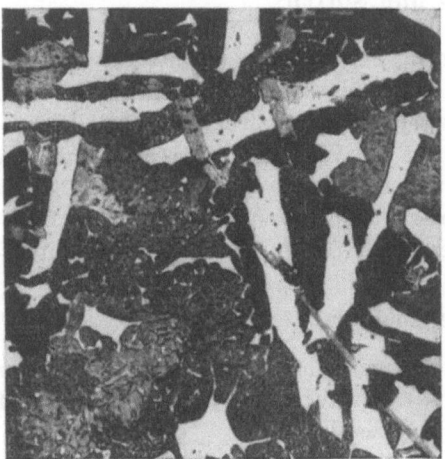

Die Kadmium-Weißmetalle sind in dieser Hinsicht günstiger. Sie bestehen aus 97 bis 99% Cd + 1,5% Ni oder + 2% Ag mit eventuellen weiteren geringen Zusätzen von Mg, Cu oder Zn. Auch hier sind harte Metallide in die weiche Grundmasse eingelagert, die aber härter und weniger bildsam ist als diejenige der Sn- und Pb-Sorten, vor allem auch bei höheren Temperaturen, immerhin noch genügend weich für das Einlaufen ungehärteter Wellen ohne Anfreßgefahr der letzteren. Die Legierung ist andererseits korrosionsempfindlicher, was die Auswahl der Ölsorten einschränkt.

Abb. 448. Komplexer Gefügeaufbau eines Weißmetalllagers auf Pb-Basis. Vergr. 150×

Durch Iridiumzusatz hat man die Korrosionsfestigkeit verbessert, dabei aber die Neigung zum Anfressen erhöht, wodurch die Anwendung auf Lager für gehärtete Wellen eingeschränkt wurde.

4.42.2. Bronzen

Hier ist umgekehrt die Grundmasse relativ fest, zäh und verschleißfest, in welche die weicheren, plastischen Gefügebestandteile eingebettet sind. Es gehören dazu Zinn- und Bleibronzen, in denen vor allem die unlöslichen Bleibestandteile zwischen den Mischkristallen der Cu-Basis auftreten.

Die Bleibronzen sind dabei die weichere Gruppe. Sie enthalten $60 \div 80\%$ Cu, $7 \div 10\%$ Sn, $1 \div 10\%$ Pb und $0,5 \div 5\%$ Ni, eventuell + Mn u.a. Ihre Festigkeit, gekennzeichnet durch $\sigma_B \geq 15$ kg/mm², $\delta_{10} \geq 10\%$, $HB \geq 60$ kg/mm², genügt für selbsttragende Lagerschalen. Sie sind weniger bildsam und einbettungsfähig als die Weißmetalle, daher nur für härtere Wellen geeignet, mit $HB \geq 300$ kg/mm², und zum Betrieb mit schmutzfreiem Öl. Wegen ihrer Korrosionsempfindlichkeit bedingen sie Spezialöle. In der Wechselfestigkeit sind sie den Zinnbronzen überlegen.

In den Zinnbronzen mit $10 \div 18\%$ Sn und $\leq 0,5\%$ Pb sind wieder die härteren Teile (δ-Bronze) in die weichere α-Grundmasse eingelagert, aber letztere ist bereits so fest, daß die makro- und mikrogeometrische Anpassungsfähigkeit des Lagers an die Welle schon weitgehend verringert ist im Vergleich mit den Weißmetallen. Sie verlangen deshalb *gehärtete Wellen* und *hohe Formgenauigkeit. Sind diese Bedin-*

gungen erfüllt, so bilden sie den besten, d.h. höchstbelastbaren und verschleißfestesten Lagerwerkstoff.

Wegen der Festigkeitseigenschaften s. Abschn. 4.21.61.

Zwischen den Zinn- und Bleibronzen liegen die Sorten Cu—Sn—Pb- und Cu—Sn—Pb—Zn-Bronzen, in der Festigkeit unter den Zinnbronzen, dafür etwas bildsamer. Der Bleigehalt verringert die Gefahr des Versagens im Notlauf.

4.42.3. Leichtmetalle

Aluminiumlegierungen können in ihrem Verhalten eher mit den Bronzen verglichen werden, verlangen also hohe Formgenauigkeit und harte Wellen. In der Wärmeleitfähigkeit sind sie den Weißmetallen überlegen, über ihr sonstiges Verhalten bestehen widersprechende Meinungen und Erfahrungen. So sollen z.B. bei halbtrockener Reibung die Bronzen und Weißmetalle sich günstiger verhalten, nicht aber bei trockener. Bei flüssiger Reibung sind sie selbstverständlich allen anderen Metallen gleichwertig.

Verwendet werden auch hier Sorten mit relativ weicher Grundmasse und harten Einlagerungen, aber auch der umgekehrte Aufbau.

Beispiele für den ersteren Grundtyp sind Legierungen $Al + \sim 6\%$ Cu mit Zusätzen von Si, Ni, Mn und Mg, bis $\sim 170\ °C$ anwendbar, oder auch $Al + \sim 8\%$ (Sn + Cu) + etwas Ni und Mg.

Beispiele des zweiten Typus sind die im Flugzeugbau (Rolls-Royce) verwendeten Sorten, von denen die eine auch für weiche Wellen bis herunter zu $HB = 320$ kg/mm² angewendet wird.

Sie besteht aus:

$Sn = 5,5 \div 7,0\%$, $Cn = 0,8 \div 0,9\%$, $Ni = 1,5 \div 1,8\%$, $Mg = 0,7 \div 1,0\%$, Rest Aluminium.

Legierungen, die harte Wellen voraussetzen, bestehen beispielsweise aus 6,5% Sn, 1% Ni, 1% Cu, Rest Al.

4.42.4. Homogene Metalle

Es sind auch Lagermetalle völlig anderer Art in Anwendung, die man metallkundlich eher als einphasige, homogene Metalle bezeichnen kann. Dazu gehören vor allem alkalisch gehärtetes Blei.

Die Härtung beruht auf einem Ausscheidungsvorgang.

Als *Beispiel* sei angeführt: „Satco-Metall" (USA) mit 0,15% Ca + 0,07% K, 2,4% Sn, Rest Pb und das deutsche „*Bahnmetall*" mit 0,69% Ca, 0,62% Na, 0,04% Li und 0,02% Al, Rest Pb.

Dieses Lagerblei wird an Stelle von Weißmetall mit gutem Erfolg zum Ausgießen von Lagerschalen verwendet. Die Quetschgrenze $\sigma_{D0,2}$ ist 6,3, die Druckfestigkeit σ_D 17 ÷ 20, die Härte $HB = 27 \div 37$ kg/mm², die auch noch bei 150 bis 200 °C erheblich ist. Das Bahnmetall ist hinsichtlich Belastbarkeit und Gleitgeschwindigkeit dem Sn-Weißmetall unterlegen, jedoch dem Pb-Weißmetall in der Belastbarkeit bei nicht zu hoher Geschwindigkeit stark überlegen.

27*

Ein echt einphasiges Lagermetall ist *Silber*, eventuell mit geringem Bleizusatz, um die Ölbenetzbarkeit zu steigern. Es verhält sich ausgezeichnet gegen harte Wellen bei hoher Formgenauigkeit der Herstellung und bei Verwendung von reinem Öl.

4.42.5. Metalle mit Graphiteinlagerung

Da Graphit ein gutes Schmiermittel ist und vor allem das Anfressen verhindert, ist *Gußeisen* ein gutes Lagermetall, freilich wegen seiner Sprödigkeit und Starrheit nur unter der *Voraussetzung höchster Formgenauigkeit der Welle und der Bohrung*. Die Graphitnester bilden auch günstige Taschen für die Öleinlagerung. Das ist auch der Grund für die einzigartige Kombinationsmöglichkeit von Welle und Lager aus demselben Metall, d. h. Gußeisenwelle und Gußeisenlager.

Die günstige Wirkung des Graphits bzw. der ölimprägnierten Poren hat zur Entwicklung sogenannter *selbstschmierender Lagermetalle* geführt.

Es sind dies die gesinterten Lagerbronzen (Abschn. 4.62).

4.5. Widerstandsmetalle

Die Grundanforderung an Widerstandsmetalle ist ein hoher spezifischer elektrischer Leitwiderstand ϱ [$\Omega\,mm^2/m$]. Die weiteren Anforderungen unterscheiden sich nach den beiden wichtigsten Anwendungszwecken, nämlich 1. *Widerstände* für den elektrischen Apparatebau und 2. *Heizwiderstände* oder *Heizleiter*.

Für den Apparatebau wird auf einen möglichst niedrigen Temperaturkoeffizienten α Wert gelegt, damit der Widerstand bei verschiedenen Belastungen möglichst konstant bleibt. Für Heizwiderstände ist eine möglichst hohe *Warmfestigkeit* und *Hitzebeständigkeit* (Zunderfestigkeit) die Hauptforderung.

4.51. Widerstandsmetalle für den Apparatebau

Widerstände im Apparatebau sind entweder in *Meßgeräten* (Voltmeter usw.) oder als *Anlaß-* und *Regulierwiderstände* anzutreffen.

In beiden Fällen sind weder Dauerbelastungen noch hohe Eigentemperaturen die Regel. Die Konstanz des Widerstandes, d. h. die Unabhängigkeit von der Eigentemperatur, wird vor allem für Meßgeräte gefordert. Dementsprechend lassen sich Legierungen für den Apparatebau in zwei Untergruppen einteilen: teure Speziallegierungen mit besonders niedrigem Temperaturkoeffizienten und billigere, bei denen diese Eigenschaft unwesentlich ist.

Verwendet werden Legierungen der Systeme:

a) Cu—Ni, eventuell mit etwa Mn-Zusatz. ϱ_{max} liegt bei $\sim 50\%$ Ni-Gehalt. Hierzu gehören die unter den Namen „*Nickelin*" und „*Konstantan*" bekannten Widerstandsmetalle.

b) Cu—Mn + etwas Ni oder Al, wozu das „*Manganin*" sowie das „*Cumal*" gehören.

c) Cu—Ni—Zn, also Neusilbersorten, deren Legierungen im einzelnen ebenfalls häufig Phantasienamen haben.

Die nachstehende Tabelle zeigt die physikalischen Eigenschaften einiger Legierungen dieser Systeme; die ersten drei Sorten werden wegen des sehr niedrigen Temperaturkoeffizienten für Meßinstrumente, Präzisionswiderstände usw. bevorzugt, Nr. 4 bis 6 für Anlaß- und Regulierwiderstände.

Nr.	Bezeichnung	Legierung in %					Spez. Widerstand ϱ Ω mm²/m	Temperaturkoeffizient α	Schmelzpunkt °C	Zulässige Höchsttemperatur °C
		Cu	Ni	Mn	Zn	Al				
1	Cumal......	~85	—	~15	—	~1÷2	0,5	$\pm 2 \cdot 10^{-5}$	940	300
2	Konstantan .	55	45	—	—	—	0,49	$\pm 4 \cdot 10^{-5}$	1276	600
3	Manganin ...	~85	~1÷2	~15	—	—	0,43	$\pm 1 \cdot 10^{-5}$	960	300
4	Kupfernickel	65	35	—	—	—	0,42	$\pm 1,5 \cdot 10^{-4}$	1200	500
5	Nickelin	70	30	—	—	—	0,40	$\pm 1,5 \cdot 10^{-4}$	1180	500
6	Nickelin-Neusilber ...	60	20	—	20	—	0,36	$\pm 3,1 \cdot 10^{-4}$	1120	500

Durch künstliche Alterung (Wärmebehandlung) kann α für die Sorten 1 und 2 bis auf $2 \cdot 10^{-6}$ bzw. $5 \cdot 10^{-6}$ gesenkt werden.

4.52. Heizleiter

Je nach dem Anwendungszweck von Industrieöfen ist für die Heizleiter die Zunderfestigkeit nicht nur gegenüber neutraler Atmosphäre, sondern auch gegenüber den korrodierenden Einflüssen von Wasserdampf, schwefel- oder kohlensäurehaltigen Gasen, Stickstoff, Wasserstoff u.a. erwünscht. Die Wärmeleistung des Heizleiters hängt stark (in der 4. Potenz!) von der Glühtemperatur ab, die er dauernd ertragen kann. Als technische Maßzahl wird häufig die *Oberflächenbelastbarkeit* E_0 in Watt/cm² herangezogen, die für runde Drahtquerschnitte gilt. Für sehr hohe Temperaturen, etwa 1200 bis 1600 °C, sind in erster Linie reines Molybdän und Platin geeignet; sie sind für Industrieöfen zu teuer, weshalb für Temperaturen ≤ 1350 °C Legierungen verschiedener Systeme entwickelt wurden, die freilich auch nicht billig sind, da sie zumeist im Vakuum erschmolzen werden müssen.

Ihr wichtigster Bestandteil ist Cr, die wichtigsten Sorten gehören den Systemen a) Ni—Cr; – b) Ni- Cr– Fe; – c) Fe– Cr– Al $\pm$ Co an. Weitere Sorten, die weniger Bedeutung haben, sind Legierungen der Systeme Fe–Cr oder Fe– Cr– Si oder Fe—Cr– Si—Al.

In der nachstehenden Tabelle sind wesentliche Daten für einige Beispiele von Heizleitern angegeben, wobei die Legierungen auch noch etwas Mn, Si oder Fe enthalten.

Nr.	Legierung in %				ϱ $\frac{\Omega \text{ mm}^2}{\text{m}}$	α $\times 10^6$	Oxydationsbeständig in Luft bis °C	Praktisch zulässige Eigentemperatur °C	Grenztemperatur der Korrosionsfestigkeit gegen					
	Cr	Ni	Fe	Al					H_2O	N_2	CO CO_2	H_2	NH_3	S
1	20	78—90	—	—	1,08	16,5	1150	1050	1000	1000	1000	1000	1000	—
2	16	60	17	—	1,12	16,5	1050	950	900	—	—	1900	—	700
3	30	—	63	5,5	1,4	15,5	1350	1250	—	—	1100	1250	1200	1000
4	20	—	73	5	1,38	15,0	1200	1100	—	—	950	1200	1000	900

Man erkennt die Verschiedenartigkeit der Eignung in Glühatmosphären, die Wasserdampf, CO, schwefelhaltige Gase usw. enthalten.

Der Typus 3 und 4 unter dem Markennamen *Kanthal* enthält auch etwas Co, z.B. in folgenden Varianten: Cr 20 ÷ 30%, Al 5%, Co 2 ÷ 3%, Rest Fe.

Die Ni—Cr-Sorte 80/20 ist die Standardlegierung für Temperaturen $\leqq$ 1000 °C und besitzt gute Warmfestigkeit. Die Fe-haltigen, für die höheren Temperaturen, neigen zu Versprödung durch Ausscheidung; sie sind vor allem gegen häufigen und starken Temperaturwechsel empfindlich.

Abb. 449 zeigt die Oberflächenbelastbarkeit E_0 verschiedener Heizleiter bei verschiedenen Temperaturen.

Nach anderen Prüfmethoden ermittelt man für Heizwiderstände eine sogenannte Lebensdauerkennzahl. Ein gewendelter Heizdraht wird in regelmäßigen

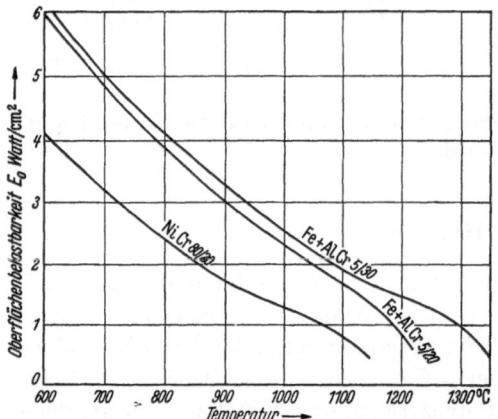

Abb. 449. Oberflächenbelastbarkeit runder Querschnitte von Heizleitern bei verschiedenen Temperaturen, n. SELVE

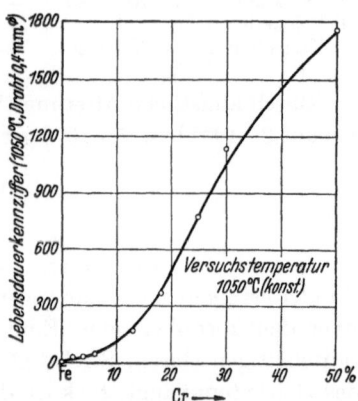

Abb. 450. Lebensdauer von Cr—Fe-Legierungen in Abhängigkeit vom Cr-Gehalt, n. HESSENBRUCH

Intervallen auf eine bestimmte Temperatur erhitzt, durch periodische Strombelastung und Abschaltung von je 2 min Dauer. Als *Lebensdauerkennzahl* bezeichnet man dann die Anzahl Schaltungen, die der Heizdraht bis zum Durchbrennen aushält. Die Temperatur und der Drahtdurchmesser sind dabei die Parameter für die vergleichsweise Prüfung von Drähten. Abb. 450 zeigt den Einfluß des Cr-Gehaltes auf die Lebensdauer.

4.6. Sintermetalle

4.61. Definition und Eigenart

Die beiden klassischen Wege der Gewinnung, der Raffinierung und der Legierung von Metallen sind der *Schmelzprozeß* und die *Elektrolyse*. Der dritte Weg, die *Sinterung*, auch als *Pulvermetallurgie* bezeichnet, fällt demgegenüber mengenmäßig nicht ins Gewicht. Durch Sinterung können aber Werkstoffe erzeugt werden, deren Legierung oder Gefügestruktur Eigenarten und Eigenschaften aufweisen, die auf keinem der beiden anderen Wege erreichbar sind. Dies rechtfertigt die technische Bedeutung und die zusammenfassende Betrachtungsweise der „Sintermetalle", obgleich sie chemisch-analytisch auch nichts anderes sind als eben Werkstoffe der verschiedensten metallischen Elemente.

Sintermetalle sind solche, deren Gefüge durch *Zusammenpressen von Metallpulver* in Formen unter *hohem Druck* und durch gleichzeitige oder nachfolgende *Erhitzung* gebildet wird, ohne daß dabei das Metall geschmolzen wird. Handelt es sich dabei um Legierungen, so sind zwei Wege möglich. Entweder besteht das Metallpulver selbst aus legiertem Metall, oder es werden, wie beim Schmelzlegieren, verschiedene Sorten durch Sinterung miteinander legiert. Im letzteren Fall kann die Erwärmungstemperatur unter Umständen über dem Schmelzpunkt der niedrigst schmelzenden Komponente liegen, es braucht dies aber nicht der Fall zu sein; ebenso ist es von Fall zu Fall verschieden, ob das Pressen und das Erwärmen gleichzeitig oder nacheinander oder in Stufen erfolgt. Die Kornbildung und die Legierung erfolgen demnach vorwiegend durch *Diffusionen im festen Zustand,* in seltenen Fällen tritt bei der Legierungsbildung die flüssige Phase einer Komponente auf, die dann beispielsweise zu einem Bindemittel für die Körner der festen Phasen erstarrt. Die physikalisch-chemischen Vorgänge, die zur Bildung von Sintermetallen führen, sind im übrigen noch nicht alle erforscht, hingegen hat die praktische Pulvermetallurgie große Fortschritte gemacht, deren Bedeutung in folgenden Umständen liegt:

1. *Die technische Herstellung hochschmelzender* Metalle, wie Wolfram, Molybdän oder Tantal, in Form von weiterverarbeitbaren Blöcken ist nur pulvermetallurgisch gelungen. Auch wenn man sie wirtschaftlich aus der Schmelze gewinnen könnte, wäre das sehr grobkörnige Gußgefüge zu spröde, um weiter verarbeitet zu werden. Dagegen läßt sich Wolfram-Sintermetall bis zu feinen Glühlampendrähten verarbeiten.

2. Reine Metalle oder Legierungen lassen sich pulvermetallurgisch mit sehr *hohem Reinheitsgrad* oder mit sehr *eng tolerierter* Konzentration herstellen.

3. Es lassen sich Legierungen aus Komponenten herstellen, die sich *schmelzflüssig nicht legieren* lassen, wie z.B. Cu—Pb, Cu—Cr, Cu—W oder Cu—Mo. Die beiden letzteren Legierungen werden z.B. als Kontakte für Hochstromschalter verwendet. Auch manche harte *Magnetwerkstoffe* lassen sich nur durch Sintern der pulverförmigen Komponenten herstellen.

4. Es lassen sich auch Gefüge oder Legierungen aus *Metallen und Nichtmetallen* herstellen, die besser als *Verbundgefüge* bzw. als *Zwitterwerkstoffe* und nicht mehr als Legierungen bezeichnet werden, wie z.B. Kupfer oder Bronze mit Graphiteinschlüssen, das erstere als Werkstoff für Kollektorbürsten, das andere für *selbstschmierende Gleitlager* (Abschn. 4.42.5 und 4.62). Es werden auch schon Verbundgefüge von Metallpulvern und Kunstharz für Sonderzwecke der Hochfrequenztechnik verpreßt, jedoch können solche Werkstoffe dann nicht mehr als Sintermetalle bezeichnet werden.

5. Es lassen sich Metalle mit einer *bestimmten Porosität* herstellen, z.B. poröse Bronze für *selbstschmierende* Lager, die *mit Öl imprägniert* wird, oder poröse Gefüge für Filterzwecke.

6. Da durch das Pressen des Pulvers zugleich eine *Formgebung* erfolgt, lassen sich in vielen Fällen fertige kleine Bauteile mit eng tolerierten Massen direkt aus dem Metallpulver herstellen. Die *Metallherstellung* (Metallurgie) und die *Formgebung fallen in einen Prozeß* zusammen, was *wirtschaftlicher* sein kann als jeder

andere Herstellungsweg für die fertigen Teile, freilich nur unter der Voraussetzung von *Massenproduktion*. Abb. 451 zeigt eine Auswahl gesinterter Stahlteile.

Die für den Preß- und Sinterprozeß verwendeten Metallpulver werden nach den verschiedensten Verfahren hergestellt, mit verschiedenem Reinheitsgrad, Korngröße und Kornform, von wenigen Mikron aufwärts. Die meisten technischen Metalle können pulverisiert hergestellt werden, wie Fe, Ni, Cu, Cr, Zn, Sn, Pb, W, Ti, V, Al und andere, aber auch legierte Sorten, wie Bronze u. a.

Abb. 451. Gesinterte Stahlteile n. PLANSEE

Die *Festigkeitseigenschaften* der Sintermetalle entsprechen denen der entsprechenden Gußgefüge, sind aber in dem Maße *verschlechtert*, wie das Gefüge zusätzliche *Poren* enthält. Die Porosität hängt wiederum von der Intensität des Preßdruckes ab. Nicht in allen Fällen läßt sich praktisch porenfreies Gefüge erzeugen. Bisweilen ist, wegen der feineren Körnung, das Sintergefüge duktiler als das Gußgefüge.

Eine bemerkenswerte Ausnahme hinsichtlich der Festigkeitseigenschaften bildet das *Sinteraluminium*. Die erhebliche Steigerung seiner Festigkeit gegenüber dem normalen Guß- oder Knetgefüge wurde durch einen Zufall entdeckt und hat ihre Ursache darin, daß die dünnen Oxydschichten, welche die Körner des Aluminiumpulvers bedecken, durch das Pressen und

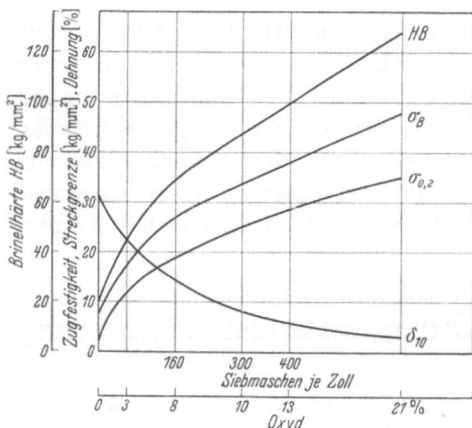

Abb. 452. Einfluß der Körnung und des Oxydgehaltes auf die Festigkeit von Sinteraluminium (Marke S.A.P.), n. ZEERLEDER

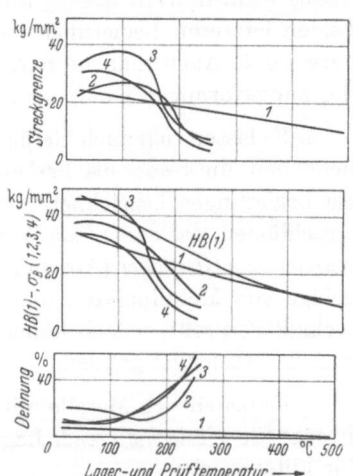

Abb. 453. Warmfestigkeit von Sinteraluminium und Al-Legierungen nach zwei Jahren Lagerung bei Prüftemperatur, n. ZEERLEDER 1. S.A.P., 2. Avional M, ausgehärtet, 3. Anticorodal ausgehärtet, 4. Reinaluminium $^{1}/_{2}$ hart.

Erhitzen zertrümmert und feindispers in das kompakte Sintergefüge eingebaut werden.

Die Korngröße des Ausgangspulvers, die bis $< 1\,\mu$ heruntergeht und der Oxydgehalt des Sintermetalls beeinflussen und steigern die Festigkeitseigenschaften erheblich. Offensichtlich werden dabei die freien Weglängen der plastischen Verformungsgleitungen verkürzt und dadurch die Festigkeit und Härte so erhöht, daß sie an diejenige von Al-Legierungen heranreichen. Da außerdem durch die feine Körnung und die Korngrenzenoxyde die Rekristallisation und das Kornwachstum verhindert werden, übertrifft auch die Warmfestigkeit und Zeitstandfestigkeit diejenige von vergüteten Al-Legierungen. Der bei 500 bis 600 °C gesinterte und warm gepreßte Werkstoff läßt sich analog dem gegossenen durch Warmpressen oder Walzen plastisch zu Profilen, Formstücken oder Blechen weiterverarbeiten.

Abb. 452 zeigt die Festigkeitseigenschaften, abhängig von der Korngröße und dem Oxydgehalt im Vergleich zu Reinaluminium, Abb. 453 die Warmfestigkeit im Vergleich mit Al-Legierungen.

Von den Sintermetallen haben vor allem zwei Legierungsgruppen große praktische Bedeutung im Maschinenbau erlangt, die *Sonderbronzen für selbstschmierende Gleitlager* und die *Hartmetalle* für Schneidwerkzeuge, aber auch für kleine Bauteile.

4.62. Selbstschmierende Lagerbronze

Selbstschmierende Lagerbronze wird in zwei Varianten erzeugt:

a) Graphitfrei, jedoch mit einem gleichmäßig porösen Gefüge, wobei der Grad der Porosität durch den Prozeß genau geregelt werden kann. Anschließend wird das Gefüge mit Öl imprägniert.

b) Graphithaltig und entsprechend leicht porös.

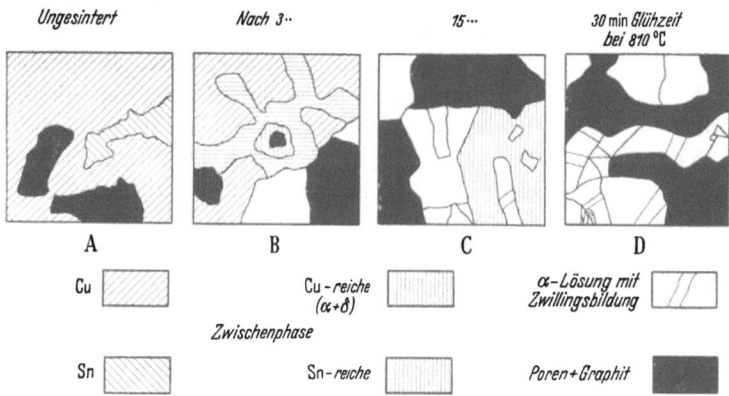

Abb. 454. Schema des Sintervorganges bei Entstehung graphithaltiger und poröser Lagerbronze, n. MESSNE

Abb. 454 zeigt schematisch, wie ein solches Gefüge durch Diffusionen im festen Zustand entsteht:

A. Cu-, Sn- und Graphitpulver werden gemischt und zu einem Formkörper gepreßt, der keine Festigkeit besitzt.

B. Das Formstück wird bei ~ 800 °C geglüht. Durch Diffusion im festen Zustand entstehen örtlich zinn- und kupferreiche Zwischenphasen des Systems Cu-Sn.

C. Die Diffusion geht weiter. Nach etwa 15 Minuten streben die Zwischenphasen dem Gleichgewichtszustand, der Bildung von α-Bronze, entgegen. Zugleich tritt starke *Schrumpfung* ein, wodurch das Gefüge außer dem unlöslichen Graphit auch Poren erhält.

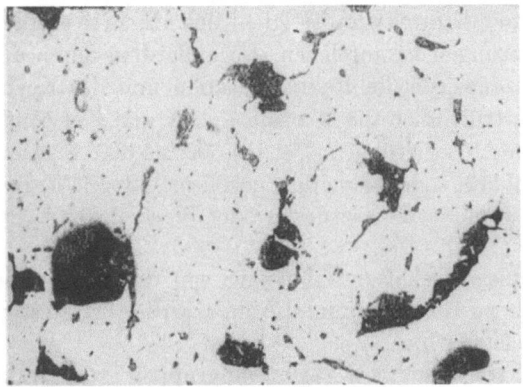

D. Nach 30 Minuten ist die Legierung fertig. Sie besteht aus α-Bronze, Graphit und Poren.

Derartige selbstschmierende Bronzen sind für kleinere Gleitlager geeignet, die dann keiner weiteren Wartung bedürfen. Sie haben sich vor allem im feinmechanischen Gebiet so gut bewährt, daß ihre Anwendung allmählich auch zu größeren Lagern vordringt.

Abb. 455. Schliffbild graphithaltiger Lagerbronze. Vergr. 50 ×, n. KANZ

Abb. 455 zeigt ein Schliffbild graphithaltiger Lagerbronze.

4.63. Hartmetalle

Die ersten Sintermetalle, die in breiterem Umfang in der Technik Anwendung fanden, waren die sogenannten Hartmetalle, die als Schneidenwerkstoff für Zerspanungswerkzeuge entwickelt wurden. Die grundlegende Erfindung war das unter dem Markennamen „*Widia*" bekanntgewordene Metall von Krupp, das fast vollständig aus Wolframkarbid, WC, besteht. Das künstlich hergestellte WC-Pulver wird im Sinterprozeß mit einigen Prozentsätzen Kobaltpulver zu einem festen Gefüge zusammengebacken. Letzteres besteht aus einem festen *Skelett aus* WC, dessen Poren durch Co ausgefüllt sind. Erst bei $\geqq$ 10% Co-Gehalt geht der skelettartige Zusammenhang der WC-Körner verloren. Das beispielsweise zu 95% aus WC, 5% aus Co bestehende Gefüge weist eine Härte, vor allem aber eine *Dauerwarmhärte und Dauerwarmverschleißfestigkeit* auf, die derjenigen der höchstlegierten Schnelldrehstähle weit überlegen ist. Durch die bei hohen Zerspanungsleistungen bzw. Schnittgeschwindigkeiten entstehende hohe Schneidentemperatur nimmt die Warmhärte nur unwesentlich ab, während die Zähigkeit verbessert wird.

Wegen der großen *Sprödigkeit* der Hartmetalle sind für deren praktische Anwendung als Schneidenwerkstoff hohe Schnittgeschwindigkeiten und entsprechend hohe Schneidentemperaturen nicht nur zulässig, sondern erwünscht, um dadurch die Zähigkeit zu verbessern. In vielen Fällen steigt außerdem der Verschleißwiderstand mit steigender Schnittgeschwindigkeit zunächst an, um dann erst abzunehmen. Es kann deshalb ohne weiteres mit so hohen Geschwindigkeiten zerspant werden, daß die Schneide und die Späne rotglühend werden. Die Abstumpfung der Schneide erfolgt dabei nicht durch Erweichen und plastische Deformation, sondern ausschließlich durch mechanischen Abrieb (Verschleiß) und vor allem durch mechanisches Ausbröckeln, d.h. Schartigwerden der Schnittkante infolge Überschreitung der Biegewechselfestigkeit in kleinen Bezirken der

Schneide, da beim Abscheren des Spanes schwingende Kräfte auf die Schneide einwirken. Ist die Schneide in kleinen Bezirken schartig geworden, so folgen rasch größere Ausbrüche wegen der örtlichen Kraft- und Spannungsspitzen an den beschädigten Stellen. Die Schneidfähigkeit und Schneidhaltigkeit der Hartmetalle hängt deshalb davon ab, daß die Schneidkante möglichst schartenfrei geschliffen ist und der Zerspanungsvorgang möglichst schwingungsfrei durchgeführt wird. Außer durch Ausbrechen wird aber die Schneide bzw. der Schneidenkopf allmählich durch Reibverschleiß zerstört, wobei, wie bei jeder trockenen Reibung, die Verschweißfähigkeit der Grenzschichten des Schneidenkopfes einerseits (Spanfläche und Freifläche), des abgleitenden Spanes und der Arbeitsfläche des Werkstücks andererseits wohl den stärksten Einfluß haben.

Während also die Dauerwarmhärte der auf WC-Basis gesinterten Hartmetalle so hoch liegt, daß ihr Ungenügen nicht zur Abstumpfung führen kann, wurde die ursprüngliche Legierung im Sinn besserer Zähigkeit und Verschleißfestigkeit verbessert, wodurch verschiedene Hartmetallsorten mit besonderer Eignung für die Zerspanung einzelner Werkstoffgruppen entstanden sind. Dabei blieb aber als Grundbaustein der reichliche Anteil von WC in diesen Sinterlegierungen unverändert, jedoch wurde bei einigen Sorten ein kleinerer Anteil des Wolframkarbides durch Titankarbid, TiC, ersetzt.

Dadurch entstanden die zwei Hauptgruppen:

I. titanfrei, aufgebaut aus WC + Co,

II. titanhaltig, aufgebaut aus WC, TiC + Co.

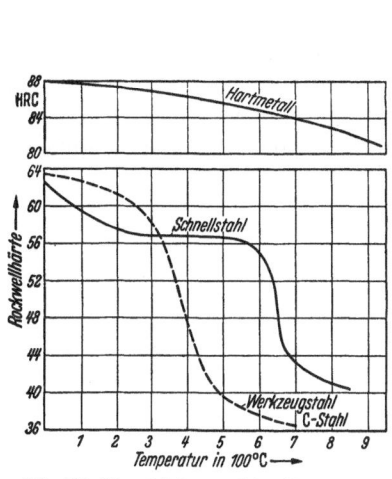

Abb. 456. Warmhärte von Schneidenwerkstoffen

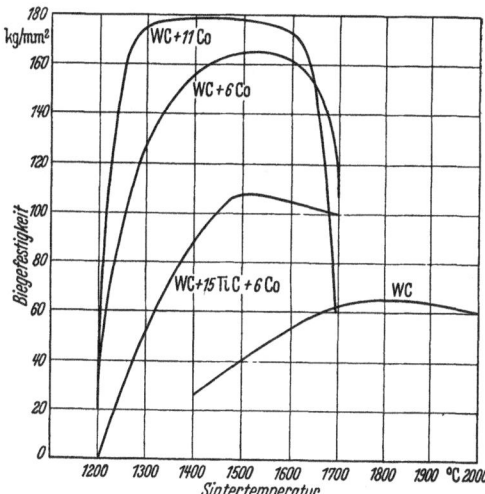

Abb. 457. Biegefestigkeit von Hartmetallen in Abhängigkeit der Sintertemperatur, n. HIRSCHFELD

Die titanhaltigen Sorten, mit beispielsweise 73% W, 12% Ti, 7% C und 8% Co oder z.B. 79% WC, 15% TiC, 6% Co, sind für die Stahlbearbeitung geeignet, die titanfreien mit beispielsweise 88% W, 6% C und 6% Co, d.h. 94% WC und 6% Co, für alle anderen Werkstoffe einschließlich nichtmetallischen. Für die Bearbeitung hochlegierter warmfester Stähle scheinen ebenfalls die titanfreien geeigneter zu sein.

In beiden Gruppen gibt es Spezialsorten, die für den einen oder anderen Werkstoff besonders geeignet sind. Sie variieren hinsichtlich der Anteile von WC, TiC und Co, eventuell auch durch Beifügung von etwas Tantalkarbid, TaC, der verwendeten Pulverkorngröße (1 bis 4 μ) und des Preß- und Sintervorganges (Sintertemperatur).

Die Charakteristik der mechanischen Festigkeitseigenschaften geht durch folgende Werte hervor:

	Druckfestigkeit σ_D kg/mm²	E-Modul kg/mm²	−1 Wechsel-biegefestigkeit σ_{WB} kg/mm²	Rockwellhärte HRC
Sorte:				
I, titanfrei	425	62000	46	~ 75
II, titanhaltig	425	54000	38	~ 77
zum Vergleich:				
Schnellstahl, gehärtet	300—400	21000	—	65

Die Dehnung ist nicht meßbar.

Die Warmhärte im Vergleich zum Stahl geht aus Abb. 456 hervor.

Die Biegefestigkeit und damit die Zähigkeit hängt im übrigen stark von der Sintertemperatur und vom Co-Gehalt ab. Abb. 457 zeigt diesen Zusammenhang für verschiedene Hartmetalle.

Die Warmverschleißfestigkeit und damit die Standzeit (Schneidhaltigkeit), soweit die letztere durch kontinuierlichen Verschleiß und nicht durch mechanisches Ausbröckeln (Schartigwerden) der Schneide beeinflußt wird, hängt von der Intensität der Verschweißwirkung zwischen dem abgleitenden Span oder dem Werkstück und dem Hartmetall ab. Die Intensität dieser Verschweißung hängt aber nicht nur von den beiden miteinander in Berührung kommenden Metallen Werkstück—Hartmetall ab, sondern auch von der Schneidentemperatur, der Schnittgeschwindigkeit und dem Schnittdruck. Da die Schneidentemperatur ihrerseits stark von der Wärmeleitfähigkeit λ_w des betreffenden Hartmetalls abhängt,

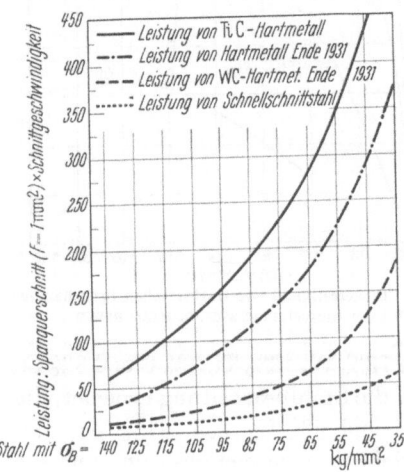

Abb. 458. Schnittleistungen verschiedener Schneidenwerkstoffe n. STELLRAM

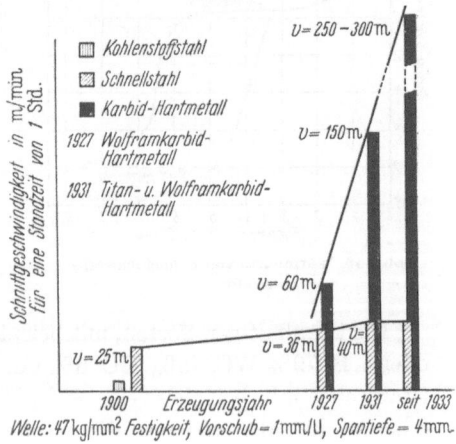

Abb. 459. Steigerung der Schnittgeschwindigkeit durch Verbesserung der Schneidmetalle n. STELLRAM

und da λ_w für die einzelnen Sorten trotz der Ähnlichkeit des Gefügeaufbaues recht verschieden ist – z.B. $\lambda_w = 0,19$ gcal/cm · sek · °C für titanfreies, dagegen 0,09 für titanhaltiges! –, ergibt sich daraus der *stark differenzierte Verschleißwiderstand* der beiden Hauptgruppen gegenüber den verschiedenen zu zerspanenden Werkstoffgruppen. Die Zerspanungsforschung hat die komplexen Zusammenhänge und Phänomene wenigstens qualitativ zu erklären vermocht, während durch praktische Erprobung die obenerwähnten Spezialsorten entstanden.

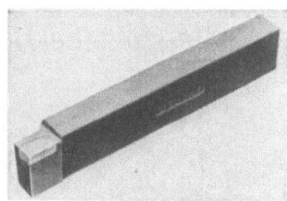

Abb. 460. Drehstahl mit aufgelöteter Hartmetallschneide n. STELLRAM

Abb. 461. Messerkopf mit Hartmetallschneide n. STELLRAM

Die wirtschaftliche Bedeutung der Hartmetalle geht am eindrücklichsten aus der etwas schematischen Darstellung der Steigerung der angewendeten Schnittgeschwindigkeiten (Abb. 458 und 459) hervor.

Die Sprödigkeit der Hartmetalle gestattet es nicht, größere Werkzeuge massiv aus Hartmetall zu konstruieren, vielmehr bestehen sie aus einem Stahlkörper mit aufgelöteten oder festgeklemmten Hartmetallschneiden (Abb. 460 und 461).

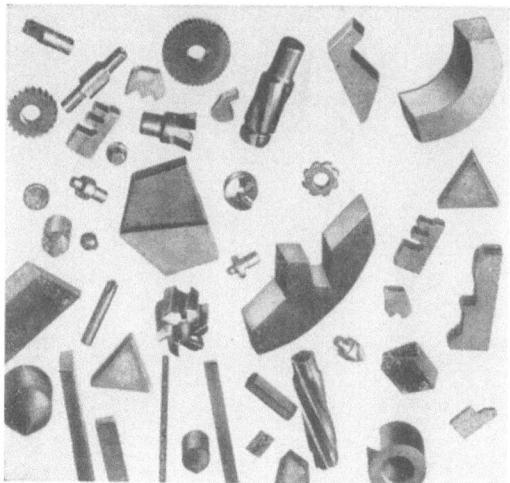

Abb. 462. Auswahl von kleinen Bauteilen aus Hartmetall n. STELLRAM

Gegenüber der Verwendung als Schneidenwerkstoff tritt die Anwendung für *Bauteile*, die starkem Verschleiß unterliegen, mengenmäßig sehr zurück, nicht hingegen in der Bedeutung. Für kleinere Bauteile, die nicht auf Zug beansprucht werden und möglichst verschleißfest sein sollen, sind Hartmetalle der geeignetste Werkstoff, freilich auch der teuerste. Abb. 462 zeigt eine Auswahl solcher Bauteile.

Ein anderes Anwendungsgebiet für Hartmetalle bilden die Schnittstempel und Schnittplatten von *Stanzwerkzeugen,* deren Schneidhaltigkeit ebenfalls weit über derjenigen von gehärteten Stählen liegt. In kleineren Abmessungen können sie massiv hergestellt werden, bei größeren muß das Hartmetall, analog den Zerspanungswerkzeugen, auf einer Stahlunterlage aufgelötet werden.

Hartmetalle lassen sich im übrigen nur durch Schleifen oder Funkenerosion bearbeiten. Sie verlangen auch sehr harte Schleifkörner (Karborundum oder Diamant). Die Formgebung erfolgt deshalb roh durch den Preßprozeß des Sinterns, während genaue Maße geschliffen werden müssen.

Sachverzeichnis[1]

---

[1] Kursive Ziffern verweisen auf die wichtigste Seite.